国家骨干高等职业院校
重点建设专业(电力技术类)"十二五"规划教材

锅炉设备与运行

主　编　王向阳
副主编　何　鹏　李　腾

合肥工业大学出版社

内 容 提 要

本书以火电厂和城市集中供热大型锅炉典型基本工作过程为对象,着重介绍了发电、供热生产企业的300MW和600MW锅炉系统与常见的主要设备结构及其基本工作过程、基本工作特性以及实际生产过程中的典型故障与问题等内容。

本书为电力技术类和能源类相关专业的专业课程教材,也可作为火电厂和城市集中供热单位职工岗位职业技能培训和技能鉴定教材。

图书在版编目(CIP)数据

锅炉设备与运行/王向阳主编. —合肥:合肥工业大学出版社,2013.10
ISBN 978-7-5650-1251-8

Ⅰ.①锅… Ⅱ.①王… Ⅲ.①火电厂—锅炉运行 Ⅳ.①TM621.2

中国版本图书馆 CIP 数据核字(2013)第 056481 号

锅炉设备与运行

王向阳 主编   责任编辑 汤礼广

出 版	合肥工业大学出版社	版 次	2013 年 5 月第 1 版
地 址	合肥市屯溪路 193 号	印 次	2013 年 5 月第 1 次印刷
邮 编	230009	开 本	787 毫米×1092 毫米 1/16
电 话	理工编辑部:0551-62903087	印 张	28.25
	市场营销部:0551-62903198	字 数	620 千字
网 址	www.hfutpress.com.cn	印 刷	安徽江淮印务有限责任公司
E-mail	hfutpress@163.com	发 行	全国新华书店

ISBN 978-7-5650-1251-8   定价:55.00 元

如果有影响阅读的印装质量问题,请与出版社市场营销部联系调换。

国家骨干高等职业院校

重点建设专业(电力技术类)"十二五"规划教材建设委员会

序 言

为贯彻落实《国家中长期教育改革和发展规划纲要》（2010—2020）精神，培养电力行业产业发展所需要的高端技能型人才，安徽电气工程职业技术学院规划并组织校内外专家编写了这套国家骨干高等职业院校重点建设专业（电力技术类）"十二五"规划教材。

本次规划教材建设主要是以教育部《关于全面提高高等教育质量的若干意见》为指导；在编写过程中，力求创新电力职业教育教材体系，总结和推广国家骨干高等职业院校教学改革成果，适应职业教育工学结合、"教、学、做"一体化的教学需要，全面提升电力职业教育的人才培养水平。编写后的这套教材有以下鲜明特色：

（1）突出以职业能力、职业素质培养为核心的教学理念。本套教材在内容选择上注重引入国家标准、行业标准和职业规范；反映企业技术进步与管理进步的成果；注重职业的针对性和实用性，科学整合相关专业知识，合理安排教学内容。

（2）体现以学生为本、以学生为中心的教学思想。本套教材注重培养学生自学能力和扩展知识能力，为学生今后继续深造和创造性的学习打好基础；保证学生在获得学历证书的同时，也能够顺利地获得相应的职业技能资格证书，以增强学生就业竞争能力。

（3）体现高等职业教育教学改革的思想。本套教材反映了教学改革的新尝试、新成果，其中校企合作、工学结合、行动导向、任务驱动、理实一体等新的教学理念和教学模式在教材中得到一定程度的体现。

（4）本套教材是校企合作的结晶。安徽电气工程职业技术学院在电力技术类专业核心课程的确定、电力行业标准与职业规范的引进、实践教学与实训内容的安排、技能训练重点与难点的把握等方面，都曾得到电力企业专家和工程技术人员的大力支持与帮助。教材中的许多关键技术内容，都是企业专家与学院教师共同参与研讨后完成的。

总之，这套教材充分考虑了社会的实际需求、教师的教学需要和学生的认知规律，基本上达到了"老师好教，学生好学"的编写目的。

但编写这样一套高等职业院校重点建设专业（电力技术类）的教材毕竟是一个新的尝试，加上编者经验不足，编写时间仓促，因此书中错漏之处在所难免，欢迎有关专家和广大读者提出宝贵意见。

国家骨干高等职业院校

重点建设专业（电力技术类）"十二五"规划教材建设委员会

前　　言

　　本书是为高职高专国家级骨干院校电厂热能动力装置专业的核心课程——"锅炉设备与运行"课程建设而编写的教材。

　　本书结合火电厂锅炉运行、检修和设备安装等岗位技能标准及专业认知需求，并参照国家与行业内相关设备系统的技术标准、工作规范及管理标准来组织教学内容，确定教学内容的深度、广度及教学内容的展示方式。本书重点阐述当前火电厂锅炉发电实际生产过程中典型锅炉设备系统在典型生产过程中的工作特性及常见问题与故障等。

　　为了让本书更贴近生产岗位的实际情况，我们还专门聘请来自发电行业生产一线的技术专家、火电厂的生产管理者参于对本书内容的规划、设计和有关章节的编写工作。

　　针对实际火电厂锅炉发电生产工作过程的特点及岗位分布与岗位技能需求，我们在书中将本课程教学内容设计为十个相关的工作项目，在每一个工作项目下再分列若干个相关工作任务。这样编写的目的：一是在典型基本工作任务基础上结合大量生产过程的实例分析，以增强学生综合分析问题的能力；二是通过对特定设计的工作任务操控演练，以培养学生的实际岗位操控技能和综合判断能力。

　　本书项目一至项目四由安徽电气工程职业技术学院王向阳编写，项目五至项目九由安徽电气工程职业技术学院何鹏编写，项目十由安徽皖能发电集团运行检修公司李腾编写。王向阳担任本书的主编并负责全书的统稿工作。

　　在本书的编写过程中，皖能发电集团合肥发电厂厂长俞民、神皖贵池九华发电厂厂长孙雪松曾给予大力支持，安徽电力公司赵世民处长提供了许多宝贵建议，在这里一并表示感谢。

　　限于编者的能力与见识，书中难免存在疏漏与不妥之处，希望读者批评指正。

　　使用本书的单位或个人，若需要与本书配套的教学资源，可发邮件至 wangxyo330@126.com 索取，或通过 www.hfutpress.com.cn 下载。

编　者

前　言

目　　录

项目一 火电厂典型锅炉发电生产工作过程及系统(设备)结构认知入门

任务一 火电厂典型锅炉发电生产基本过程、工作特性及锅炉系统(设备)组成、作用

学习目标

结合目前火电厂中常见典型锅炉的系统(设备)结构特征与运行工作特性,通过对火电厂锅炉发电机组火力发电基本生产工作过程的认知,了解和掌握火电厂中锅炉在发电生产工作过程中的作用及典型锅炉发电机组热力发电生产工作流程,进而明确火电厂中三大主机及其作用;了解和掌握火电厂常见典型锅炉的系统设备组成、典型系统设备结构与相关设备的作用、工作特性。

能力目标

通过对火电厂典型锅炉发电机组热力发电生产工作过程介绍,帮助学生了解和掌握目前火电中锅炉的基本作用,掌握火电厂常见典型锅炉系统组成及系统主要设备结构,掌握火电厂热力发电生产基本工作过程及生产过程中三大主机的作用。

知识准备

关 键 词

锅炉 汽轮机 发电机 锅炉汽水系统 锅炉燃烧系统 锅炉风烟系统

锅炉制粉系统 锅炉本体 锅炉辅机系统

人们的日常生活,各行各业的生产、经营过程中所耗用的电能主要来自于发电厂,其中73%左右的电能来自于火力发电厂。那么在火力发电厂中电能是经过怎样的生产过程,如何被生产出来的呢?我们知道火力发电厂大都有高高的烟囱、巨大的冷水塔、堆着用于火电厂锅炉燃烧所需原煤的储煤场。让我们仔细看一下图1-1、图1-2和图1-3,我们未来也许将在

如图所示这样的工作环境中为社会提供日常生活和生产、经营过程中所必需的电能与供热需求。

图 1-1　火电厂全景之一：厂房、烟囱、储煤场

图 1-2　火电厂全景之二：冷水塔、厂房、烟囱

图1-3 火电厂干煤棚与输煤斗轮机

在火力发电厂中,热力发电生产过程是如何开始进行的呢?当进行热力发电生产时,首先由输煤斗轮机将储煤场所储存的到厂原煤通过输煤皮带(如图1-4所示),输送到锅炉制粉系统中的原煤斗中(如图1-5所示),而现代火力发电厂中锅炉大都不直接燃用到厂原煤颗粒,因为这既不能让入炉原煤颗粒有效着火燃烧,同时也不能满足火电厂中大型锅炉单位时间内对

图1-4 火电厂干煤棚与输煤皮带

锅炉燃烧供热量强度的要求。因此在火电厂中通常大型锅炉总是被设计成燃用经过锅炉制粉系统的磨煤机破碎磨制成具有一定细度要求的煤粉。当入炉煤粉被送入锅炉炉膛时,煤粉被同时进入炉膛的热空气托起,在锅炉炉膛内悬浮燃烧放热。锅炉各级受热面管内的工质吸收锅炉炉膛内煤粉燃烧释放的热量,成为高温高压的过热蒸汽。

图 1-5 通过输煤栈桥将储煤场原煤输送到原煤斗

在火电厂热力发电生产过程中锅炉需要燃用大量的原煤,这是因为在原煤颗粒中蕴存有大量化学能。如何将原煤颗粒中所蕴存的化学能有效释放出来并转换为高温烟气热能,这是火电厂中各类锅炉必须面对的基本问题。当燃料送入锅炉,通过锅炉炉膛内的燃烧可将入炉燃料中所蕴存的燃料化学能释放出来并转换成为高温烟气热能,再利用锅炉各级受热面将高温烟气热能转换成为锅炉受热面管内过热蒸汽热能;同时通过锅炉尾部烟气余热加热提高入炉空气温度,以满足锅炉在运行过程中煤粉燃烧助燃、入炉原煤颗粒干燥和输送合格煤粉进入锅炉炉膛工作需求。锅炉是火电厂通过燃烧方式利用燃料化学能并最终实现电能生产输出的基础,这也正是火电厂发电生产过程中必须有锅炉设备系统的原因。这向我们揭示了火力发电生产过程中锅炉的基本作用,在后面的章节中我们将渐次展开有关火力发电生产过程中锅炉的有关专业认知与面对的实际岗位工作问题,通过对锅炉课程相关专业知识和岗位技能的学习,为未来火电厂发电生产工作过程中我们专业岗位职业能力的不断提高打好基础。

在火力发电厂中通常锅炉不直接燃用到厂原煤,而是燃用通过锅炉制粉系统将原煤破碎磨制、干燥成具有一定细度和规定水分的煤粉。煤粉在锅炉炉膛内燃烧,煤粉中化学能释放产生大量的高温烟气热,通过锅炉各级受热面传热,将锅炉各级受热面管内工质侧的给水加热成为高温高压的过热蒸汽,过热蒸汽通过热力系统主蒸汽管送入汽轮机。汽轮机外观形状及内部叶轮结构如图 1-6、图 1-7、图 1-8 及图 1-9 所示。

图1-6　汽轮机房内汽轮机、发电机、励磁机

图1-7　汽轮机房1000MW汽轮机本体

图1-8　汽轮机低压转子在吊装

图1-9　汽轮机内部叶轮结构

　　高温高压过热蒸汽通过固定在汽轮机缸体上的喷嘴降压增速,快速流动的蒸汽通过汽轮机转子叶片时,带动汽轮机转子转动起来;转动的汽轮机转子带动与之相连接的发电机转子。发电机在励磁机励磁作用下在发电机转子与定子间形成交变磁场,当发电机转子在发电机定子内高速旋转产生交变的感应电动势,从而将发电机转子机械能转换成为发电机的输出电能。通过火电厂主变压器(如图1-10所示)将生产出的电能升压后向电网输出电能,再由电网将电能送入与电网相连的各类电用户。高压电能通过输电塔输电如图1-11所示。

图 1-10 火电厂输出电能主变压器

图 1-11 火电厂高压电能通过输电塔输电

在火力发电厂中,我们将锅炉、汽轮机和发电机并称为发电生产过程中的三大主机。

通过燃烧的方式,锅炉将原煤中的化学能释放出来并通过各级受热面传热使之最终转换成高温高压的过热蒸汽热能。如何有效地提高锅炉燃烧效能,降低锅炉燃烧传热过程中的各种能量损失,同时减少在火电厂发电生产过程中因燃料燃烧所产生的有害气体对环境的排放,以及降低在发电运行生产过程中的各类各级电能与热能消耗,这些问题的解决既与锅炉设备系统的组成、结构有关,也与锅炉设备系统所处实际运行工作状态和设备检修维护、实际岗位运行操控技能水平有关。

火电厂发电生产过程及系统工作流程如图 1-12 所示。为便于分析探讨,结合火电厂实际运行工作过程规范、检修工作流程及既往行之有效的运行、检修安装工作操控惯例所形成的认知,通常我们将火电厂室燃煤粉锅炉设备系统分为两大系统:锅炉汽水系统和锅炉燃烧系统。锅炉燃烧系统又可分为锅炉制粉系统、锅炉风烟系统和锅炉燃烧系统。在锅炉设备系统中,锅炉汽水系统相当于我们日常生活中所使用的"锅",而锅炉燃烧系统则相当于我们日常生活中所使用的"炉"。注意,在这里我们不能用日常生活中"锅"的形式去硬套锅炉汽水系统。在火电厂中,大型锅炉的"锅"是一系列可不断吸热并流通水、过热蒸汽的各级受热面管道;而"炉"则是一个可供入炉煤粉持续进入锅炉炉膛并保持煤粉悬浮燃烧的由受热面管壁限定构成的固定燃烧空间。事实上,锅炉系统还包括一些辅助系统,例如锅炉安全保护系统、炉膛安全监控系统、锅炉输煤系统和锅炉排污水处理系统等,这些内容有部分将在锅炉运行分析中涉及,还有一些则因实际生产岗位设置与现行工作流程规范不属于锅炉岗位工作群,故不在本书中具体详尽论述。

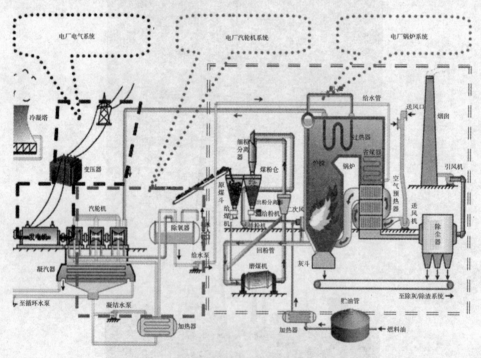

图 1-12 火电厂发电生产过程及系统工作流程示意

在火电厂中存在不同类型的锅炉,例如锅炉的水循环方式不同,或是锅炉的燃烧方式不同,这常常会造成锅炉在汽水系统设备和燃烧系统设备构成、系统架构上存在很大差异。为满足锅炉运行特定目标而设计的锅炉特定系统架构,其在火力发电生产过程中所表现出的锅炉工作特性明显不同。随着科技水平的不断提高,针对特定工作需求、锅炉运行安全和经济性指标以及生产周边生态环境保护的不同,即使是同类锅炉在系统架构和设备构成上也会存在很大改变。这就提醒学习者:在工程学习领域,我们必须关注对象的应用场所和设备系统的特定架构与设计,以及因此形成的设备系统的特定工作属性。

但在课程学习中,我们则选择一些目前和未来一段时期内在火电厂中常见的典型锅炉作为初学者的学习对象。

如图 1-13 所示,这是在火电厂中常见的配 300MW 发电机组的亚临界自然循环锅炉,锅炉额定蒸汽生产量为每小时 911t,额定工作压力为 18.2MPa,锅炉过热蒸汽温度为540℃,再热蒸汽温度 540℃。锅炉在整体结构布置上采用典型的Ⅱ型布置形式,为单炉膛Ⅱ形布置。通常自然循环锅炉在外观上都具有一个十分显著的特点:在这类锅炉顶部都有一个筒径大约 2m,筒长与锅炉炉膛宽度大约相一致的锅炉汽包。自然循环锅炉汽包在锅炉运行过程中,既能起到一定的蓄水作用,还可进行锅炉饱和状态下汽水混合物的汽水分离,同时也能进行锅炉管内水处理和炉水排污,以保证锅炉各级受热面管道在良好的锅炉给水水质和蒸汽品质下工作,这样可有效防止锅炉各级受热面管道内的结垢与氧化过程,提高锅炉各级受热面的有效传热,减少给水和蒸汽流通过程中的流动阻力,以免影响锅炉管内各级受热面的对流换热和因流动阻力增加而引起的发电成本增加。锅炉给水从锅炉尾部垂直烟道内的省煤器进口联箱进入锅炉汽水系统各级受热面,锅炉给水在省煤器内通过对流换热方式吸收锅炉燃烧所形成的高温烟气余热;进入锅炉省煤器的给水通过省煤器出口联箱由省煤器引出管引入锅炉汽包,经由锅炉汽包下部的大口径下降管、下降管分配联箱,通过锅炉水冷壁进口联箱进入锅炉炉膛水冷壁,锅炉给水在锅炉炉膛水冷壁管内吸收锅炉炉膛内入炉煤粉悬浮燃烧所形成的高温烟气热,由未饱和的给水变成饱和状态下的汽水混合物;由水冷壁出口联箱再重新回入锅炉汽包进行汽水分离;汽水分离后的饱和蒸汽进入锅炉各级过热器,进一步吸收锅炉高温烟气热,过热蒸汽的温度控制采用二级喷水减温调节,第一级喷水减温器的作用是保护屏式过热器管壁温度不超温,并作为过热蒸汽气温的粗调,第二级喷水减温器的作用是保护末级高温过热器管壁温度不超温,并作为过热蒸汽温度的细调。这样既可以保护过热器的安全,又可以减少过热汽温调节的迟延,提高过热汽温调节的灵敏性。由末级过热器出来的满足汽轮机运行设计、调试要求的额定参数的过热蒸汽通过主蒸汽管道主蒸汽门直接送入 300MW 汽轮机高压缸内膨胀加速做功。过热蒸汽在汽轮机高压缸内降压降温膨胀做功后,被重新引入锅炉再热器,首先进入低温再热器,然后进入高温再热器吸收锅炉高温烟气热,当被高温烟气加热提高到汽轮机运行设计、调试的额定再热蒸汽温度后,再热后的蒸汽被重新送入汽轮机的中压缸和低压缸继续膨胀做功。在低温再热器进口安装有事故喷水减温器,通常仅当再热蒸汽严重超温时才投入,在低温再热器出口安装有微量喷水减温器,以控制低温再热器出口再热蒸汽左右温差。为保证锅炉运行效能,通常再热蒸汽汽温调节常采用烟气侧调节作为再热汽温调节的主要手段,如烟气再循环、烟气挡板和锅炉炉膛内火焰位置调节,而工质侧的喷水减温常常只作为对再热器的保护和对再热蒸汽温度调节的辅助手段。

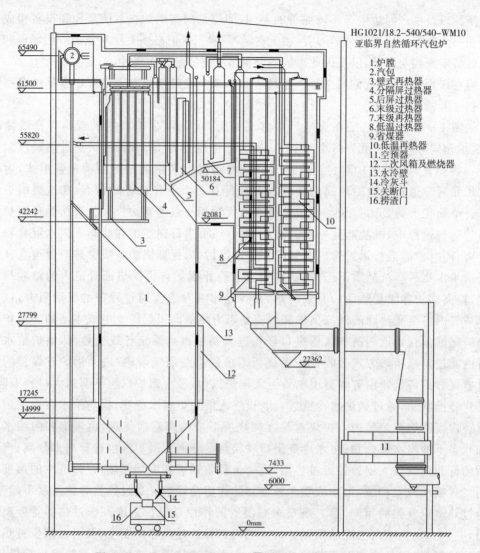

HG1021/18.2-540/540-WM10
亚临界自然循环汽包炉

1.炉膛
2.汽包
3.壁式再热器
4.分隔屏过热器
5.后屏过热器
6.末级过热器
7.末级再热器
8.低温过热器
9.省煤器
10.低温再热器
11.空预器
12.二次风箱及燃烧器
13.水冷壁
14.冷灰斗
15.关断门
16.捞渣门

图 1-13　配 300MW 发电机组Ⅱ型亚临界自然循环锅炉

　　在汽轮机内完成膨胀做功的蒸汽被排入凝汽器中,在凝汽器内通过循环水的冷却冷凝为水,通过凝结水泵冷凝的给水被送入各级低压加热器,在低压加热器中利用汽轮机抽汽加热,以提高给水温度,在除氧器内利用汽轮机抽汽进一步加热并对给水进行除氧处理,通过给水泵对除氧后的给水进行加压,然后送入各级高压加热器内,加压后的给水在各级高压加热器内进一步被汽轮机各级高压抽汽加热升温,由高压加热器流出的给水即到达锅炉汽水系统进口——锅炉省煤器进口联箱。

　　如图 1-14 所示,这是在火电厂中常见的配 600MW 发电机组的超临界直流锅炉,锅炉额定蒸汽生产量为每小时 1810.6t,额定工作压力为 25.3MPa,锅炉过热蒸汽温度为 571℃,再热蒸汽温度 569℃。超临界锅炉不同于自然循环锅炉,自然循环锅炉在锅炉炉膛水冷壁蒸发受热面管内,工质的流动依靠的是不受热的大口径下降管与受热的锅炉炉膛水冷壁管内工质间的汽水重度差,而超临界锅炉在超临界状态下水不存在相态差别,即不存在汽与水的重度差,故而在锅炉炉膛蒸发受热水冷壁管内工质的流动依靠的是锅炉发电机组系统给水泵所提供的能量。直流锅炉在外观上有一个显著的不同于自然循环锅炉的特征即没有锅炉汽包,没有蓄水、蓄热功能。当锅炉运行工况或负荷变化时,直流锅炉运行无法像自然循环锅炉那样在锅炉工质侧进行给水水质处理,为防止因水质变差而造成锅炉受热面管内结垢,在凝汽器和低压加热器之间,设有锅炉水质精处理装置,对凝结水进行 100% 的除盐处理。

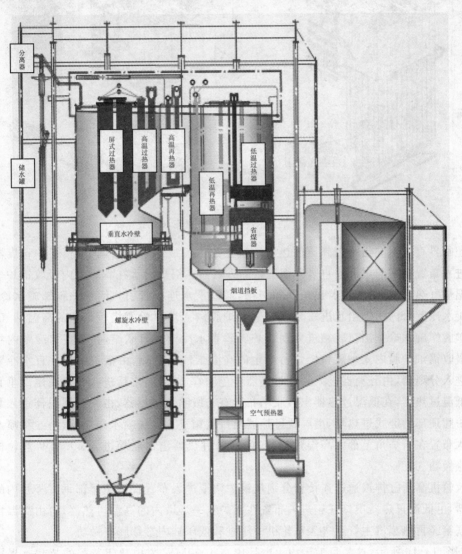

图 1-14　配 600MW 发电机组 II 型超临界直流锅炉

　　自然循环锅炉水冷壁管采用垂直上升膜式管屏,超临界直流锅炉下部水冷壁常采用全焊接的螺旋上升膜式管屏,上部水冷壁则与自然循环锅炉炉膛水冷壁布置相类似,采用全焊接的垂直上升膜式管屏。螺旋水冷壁管采用内螺纹管结构,如图 1-15 所示。过热蒸汽温度调节常采用燃水比调控,并用二级喷水减温进行辅助调节,再热蒸汽温度则通过尾部双烟道平行烟道挡板进行调节,必要时使用事故喷水减温进行再热器的调温保护。

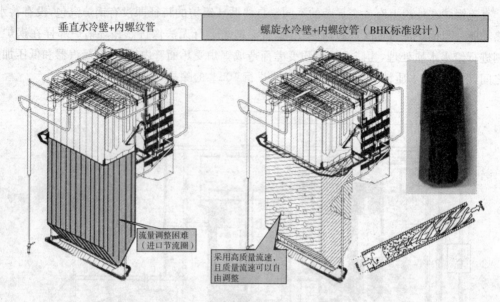

图1-15　垂直水冷壁管屏与螺旋水冷壁管屏

　　超临界直流锅炉给水由高压加热器通过主给水门或给水旁路调节门、锅炉省煤器入口联箱进入布置在锅炉尾部垂直竖井烟道内的省煤器。锅炉给水在省煤器内吸收锅炉燃烧产生高温烟气热,经锅炉省煤器出口联箱引出,通过下水连接管引入锅炉炉膛螺旋水冷壁管,在螺旋水冷壁管内锅炉给水进一步吸收锅炉炉膛内入炉煤粉燃烧所产生的高温烟气热,由锅炉炉膛螺旋水冷壁出口联箱进入锅炉炉膛垂直水冷壁进口联箱,在垂直水冷壁内给水进一步吸收锅炉炉膛内入炉煤粉燃烧所产生的高温烟气辐射热,由锅炉炉膛垂直水冷壁出口联箱进入分离器,由分离器进入顶棚过热器及包墙管过热器,之后进入布置在尾部垂直竖井内的低温过热器,在低温过热器出口联箱布置有一级喷水减温器,由一级减温器进入悬吊在锅炉炉膛顶部的屏式过热器,由屏式过热器出口联箱进入二级喷水减温器,由二级喷水减温器进入布置在折焰角上部的高温过热器,由高温过热器出口联箱进入600MW汽轮机高压缸膨胀做功。

　　汽轮机高压缸排汽通过连接管分别从锅炉两端进入布置在锅炉尾部垂直竖井内的低温再热器,由低温再热器出口联箱进入布置在锅炉水平烟道内的高温再热器,再由高温再热器出口联箱经再热蒸汽主管道进入汽轮机中压缸和低压缸内继续膨胀做功。

　　如图1-16所示,这是目前国内火电厂中与1000MW发电机组相配的超超临界塔形布置直流锅炉。锅炉额定蒸汽生产量为每小时2955t,额定工作压力为27.4MPa,锅炉过热蒸汽温度为605℃,再热蒸汽温度603℃。此锅炉在整体结构布置上不同于前述的两种锅炉整体结构布置形式,为单炉膛塔形布置,所有悬吊在锅炉炉膛内的受热面均为水平布置,穿墙结构为金属全密封形式,这保证了所有受热面能够完全疏水干净。锅炉出口前部、左右两侧和炉顶部分也是由管子膜式壁构成,但这些部分的管子内部是空的,没有流体介质。

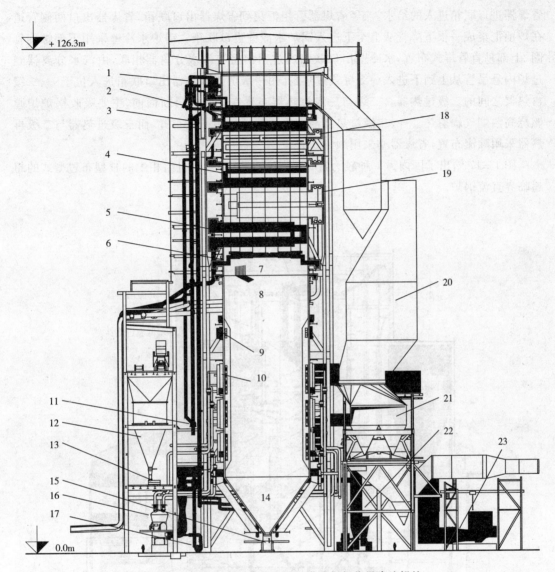

图 1-16 配 1000MW 发电机组塔式超超临界直流锅炉

1—汽水分离器；2—省煤器；3—汽水分离器疏水箱；4—二级过热器 5—三级过热器；
6—一级过热器；7—垂直水冷壁；8—螺旋水冷壁；9—燃尽风 10—燃烧器；11—炉水循环泵；
12—原煤斗；13—给煤机；14—冷灰斗；15—捞渣机；16—磨煤机；17—磨煤机密封风机；
18—一级再热器；19—二级再热器；20—脱硝装置；21—空气预热器；22—一次风机；23—送风机

除水冷壁联箱之外，所有受热面进、出口联箱都布置在锅炉上部的前后部位上。炉前联箱包括一级过热器，二级过热器，三级过热器和省煤器的进、出口联箱；炉后联箱包括一级再热器，二级再热器进、出口联箱。这些联箱一端有悬吊管支撑，另一端搁在前、后墙水冷壁上。

过热蒸汽温度通过煤水比调节和二级喷水减温器控制，再热蒸汽温度通过采用燃烧器摆动调节，一级再热器进口连接管道上设置了事故喷水减温器以保护再热器，一级再热器出口连接管道上设置微量喷水减温器以辅助再热蒸汽汽温调节。

锅炉给水由锅炉炉前单路进入，通过主给水门分左右两侧进入锅炉省煤器进口联箱，由省煤器进口联箱进入的给水,流经省煤器管组汇集到省煤器出口联箱,省煤器出口两侧管道在炉前汇集成一根下降管从上至下进入锅炉水冷壁进口联箱。锅炉水冷壁采用下部螺旋管圈、上部垂直管屏式布置,水冷壁出口联箱通过引出管与汽水分离器相联,由汽水分离器经过炉内悬吊管从上到下进入一级屏式过热器,由一级屏式过热器出口联箱进入位于一、二级再热器之间的二级过热器。二级与三级过热器布置在炉膛出口断面前,主要吸收锅炉炉膛燃烧高温烟气辐射热。一、二级过热器与一级再热器采用逆流布置,而三级过热器与二级再热器采用顺流布置,省煤器亦采用顺流布置。

图1-17给出了国内另一种较为常见的与1000MW发电机组相配的Ⅱ型布置型式的超超临界直流锅炉。

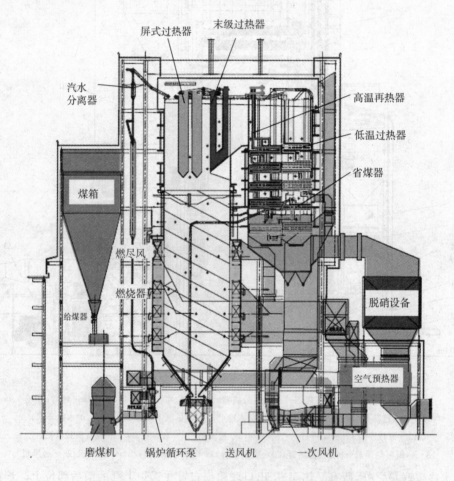

图1-17 配1000MW发电机组Ⅱ型超超临界直流锅炉

上述4种常见的典型锅炉结构,它们"锅"的构成、具体设备结构与布置不尽相同,但它们都有一个共同特点:管内流动的工质通过不断吸收高温烟气热,从液态给水转化为饱和状态下的汽水混合物,再到额定温度与压力的过热蒸汽。工质在锅炉各级受热面管内不仅要完成由液态给水变成为额定温度与压力的过热蒸汽,同时必须完成对锅炉各级受热面管壁的有效冷却,保证锅炉各级受热面管壁温度在规定的管壁金属材料许用极限温度范围内,确保锅炉各级受热面的运行安全。

锅炉的燃烧系统是由锅炉风烟系统、锅炉制粉系统和锅炉燃烧系统所构成,锅炉制粉系统的作用是将火电厂到厂原煤颗粒通过磨煤机将之破碎磨制成满足锅炉燃烧所需的具有一定细度、一定水分含量的煤粉;锅炉的燃烧系统是将送入锅炉炉膛的煤粉与燃烧所需热空气进行有效组织,保证煤粉在锅炉炉膛有效燃烧时间内充分有效、完全燃烧,同时有效控制有害气体物质的产生。

　　锅炉的汽水系统构成,不同参数和结构布置形式的锅炉具有很大的区别。但是锅炉的风烟系统在系统设备组成上十分相近。一般情况下锅炉风烟系统是通过两台动叶可调轴流式送风机和动叶可调轴流式一次风机将环境中的空气送入两台三分仓回转式空气预热器的空气侧。当空气流经回转式空气预热器的金属波纹板时,空气被加热。被加热的热空气其中一路直接送入锅炉炉膛,入炉煤粉的燃烧提供所需氧气,这路热风我们称之为二次风,主要用于入炉煤粉燃烧助燃。另一路则被送入锅炉制粉系统,用于锅炉制粉系统的煤粉干燥和输运。在锅炉运行中我们把输运煤粉到锅炉炉膛的热风称为一次风。煤粉和热风在锅炉炉膛内混合燃烧后形成高温烟气,在送、引风机和一次风机的作用下通过屏式过热器、水平烟道内的高温过热器和高温再热器、锅炉尾部竖直烟道内的低温过热器、低温再热器和省煤器,通过尾部烟道挡板进入回转式空气预热器烟气侧,再通过除尘器对烟气中的大量飞灰进行除尘后,由两台静叶可调轴流式引风机将除尘后的烟气通过烟囱送入大气。通常情况下火电厂室燃煤粉锅炉炉膛燃烧运行,烟气运行气压维持微负压状态,即锅炉炉膛内高温烟气所形成的炉膛压力略低于锅炉运行所处环境的大气压力。这样操作控制锅炉炉膛运行压力有两点好处:其一有助于锅炉运行工作现场的安全、卫生,例如,锅炉炉膛维持正压运行,若锅炉炉膛密封不严,将会产生锅炉炉膛内向外漏风漏粉,大量的煤粉漏出不仅影响环境,还将对工作现场产生安全隐患,同时因锅炉炉膛漏粉而造成入炉煤粉量增大,这将增加火电厂发电成本;其二以低于周围环境而又接近于环境气压的微负压运行将有助于控制锅炉炉膛漏风,降低因漏风量大而引起的额外风机电耗的增加。

　　目前从环境保护的角度,火电厂锅炉生产运行燃烧产生的烟气在排放进入大气环境前不仅需清除烟气中的大量飞灰,还需进行必要的烟气处理,以清除火电厂室燃煤粉锅炉因高温燃烧所形成的 SO_x 和 NO_x 有害物质,即在火力发电行业内所常说的烟气的脱硫和脱硝工作过程,这将增加火力发电成本,但从长远看这将有助于改善人类的生存环境。

工作任务

　　通过到火电厂生产现场参观、实训或在校内相关锅炉设备实训室的参观,对所参观、实训的火电厂热力发电机组的锅炉系统组成、设备系统工作流程、热力发电生产循环工作流程和热力发电生产过程中的能量转换过程作出概括总结。

能力训练

　　通过现场观察和在有关指导教师的启发、引导下,学会将书本的知识与现场实际观察所见所、感结合起来;在实际生产过程中当面对错综繁复的设备系统时,学会如何进行系统地观察与思考,并能发现对象的主要工程特征;对重要设备、系统及相应的实际生产工作流程应能形成简单、明确的基本认知。

思考与练习

1. 在火电厂热力发电生产过程中,三大主机通常指哪三个重要设备? 它们在热力发电生产过程中起着怎样的作用,其中能量形式的转换主要通过三大主机中哪些设备完成? 通过本节的学习你能概要地说出火电厂是如何进行热力发电生产的吗?

2. 锅炉在火力发电生产过程中的作用是什么? 锅炉系统是由哪两大主要系统构成? 分别概述它们的作用是什么。

3. 根据本项目相关工作任务的学习,利用各种有效方式收集相关信息,试用流程箭头形式构写出在本项目任务中所论四种常见典型锅炉其中之一的汽水系统设备流程示意图,并能概述其主要工作特性、结构特征。

4. 简述火电厂室燃煤粉锅炉燃烧系统构成,其各子系统的作用,用流程箭头形式构写出锅炉风烟系统工作设备流程示意图。

5. 在火电厂实际生产现场试对其中一两个锅炉主要设备和系统进行仔细观察并收集相关资料,用图片并配以文字说明,简明概述所观察设备对象的结构、作用与工作特性。

任务二 火电厂锅炉的基本参数、系统结构与型号

学习目标

掌握火电厂常见典型锅炉运行的基本工作特性指标参数和锅炉系统结构,对火电厂常见典型锅炉(设备)系统的基本运行工作参数、性能指标有充分认知和掌握,并对具体性能指标参数值进行记忆。

能力目标

让学生记住火电厂常见典型锅炉系统设备的运行基本工程特性和相关运行基本参数指标,特别是对工程应用中量化指标参数要引起足够的重视。只有量化的知识才能更好地应用服务于生产实际。

知识准备

关 键 词

锅炉容量 额定蒸汽压力 额定蒸汽温度 给水温度 排烟温度
热风温度 燃煤消耗量 塔式布置 Ⅱ型布置

当我们进入火电厂或是供热电站,面对一台未来将实际操控运行或进行检修维护工作的锅炉,通常我们最需要了解、掌握哪些基本数据信息呢? 我们之所以要学习有关火电厂锅炉设备与系统的专业知识与掌握相关专业岗位职业技能,就是当我们对锅炉运行进行实际操控时,保证锅炉运行工作的安全稳定,并在此基础上实现锅炉运行工作过程实际经济效能

的最大化。

一台锅炉在外观体形上比另一台锅炉大，是否意味着其能生产更多的蒸汽量，支持更大的汽轮机发电机组发电呢？一般从常识上和事实上说这种判断是正确的。但是我们的学习并不仅仅止步于常识的建立，我们希望知道这台锅炉在正常运行时能够生产多少满足汽轮机工作需求的、并按汽轮机安全经济运行设计规定的额定参数的蒸汽量。换一种角度看，当我们在工作时，为了保证汽轮机发电机组的正常发电生产，我们所操控运行的锅炉的蒸汽生产量和设计规定的额定压力、温度的过热蒸汽是否能够满足实际发电生产工作需求，这从技术上讲我们需要知道这台锅炉的具体容量或者说生产符合汽轮机工作需求的额定参数的过热蒸汽的能力。那么什么是锅炉容量呢？

锅炉容量是指单位时间内锅炉连续的最大的额定参数的蒸汽生产量。这里需要明确指出锅炉容量所反映的是锅炉保持长期运行过程中，能不断生产满足汽轮机正常工作所需要供给的额定压力与温度的最大过热蒸汽生产量。这就是说锅炉在短期内能维持高于锅炉容量的蒸汽生产量不能作为锅炉的容量，因为这个蒸汽生产量值不能长期稳定维持；另外在发电生产过程中汽轮机对所流通的过热蒸汽入口压力与温度有十分明确的设计额定数值规定，发电生产中的许多运行调节正是在于保持和稳定汽轮机进口过热蒸汽压力和温度，因此锅炉容量所指过热蒸汽量必须是由设计规定的额定压力和温度的锅炉出口过热蒸汽量。

锅炉容量我们常用 BMCR 表示，其单位常常采用 t/h 或 kg/h。这里需要注意一个问题，在实际生产过程中当我们进行技术数据交流时，为了便于口头交流，技术数据单位常常有别于在设计、计算过程中相关技术数据单位。例如锅炉容量我们常说每小时多少吨，而不说每小时多少千克，因为现在火电厂中锅炉容量都很大，如按每小时多少千克表达的数值势必会很大，在实际生产交流中既不方便也不合常规交流习惯。当然随着企业生产过程中数据交流的不断规范与逐渐统一，这种情况会渐次减少，但在目前仍应引起我们应有的注意。

在锅炉设计和生产运行过程中，除 BMCR 外我们还会经常涉及 BRL。BRL 为锅炉的额定蒸汽生产量，它不同于 BMCR，它是指在保证锅炉设计或试验校核锅炉效率目标达成的条件下单位时间内锅炉额定参数的蒸汽生产量。这也就是说在锅炉运行中当蒸汽生产量偏离额定设计或试验校核工况时，将会影响锅炉运行过程中锅炉效率，因而造成锅炉经济效益的下降，导致火电厂热力发电生产成本的增加。

为保证锅炉、汽轮机发电机组的运行安全、稳定和保证热力发电运行的经济性，我们还需在运行中掌握和控制锅炉生产过热蒸汽的锅炉出口额定压力与额定温度值。如果锅炉生产的出口过热蒸汽压力不能稳定在设计额定值而是偏高，对于锅炉各级受热面管内工作压力将可能高于设计值，这将使锅炉各级受热面管道可能工作在较高工作压力下，会降低锅炉运行过程中各级受热面管道的工作安全可靠性；过热蒸汽温度高于设计额定值，这不仅影响锅炉各级受热面管道的工作安全同时也将引起汽轮机设备运行工作的安全不稳定，如果进入汽轮机的过热蒸汽温度高于设计额定值，这将影响汽轮机进口初级叶片强度安全，而当汽轮机入口过热蒸汽温度偏低则又将影响汽轮机末级湿度上升，造成汽轮机末级叶片工作的不安全，这都将造成汽轮机运行的不安全稳定。所以为保证火力发电生产过程的安全稳定，必须控制锅炉过热蒸汽生产过程，并使之提供给汽轮机膨胀做功的过热蒸汽压力与温度在设计规定的额定数值上。那么什么是锅炉额定蒸汽压力与温度呢？在目前火电厂中大型锅炉俱为水管式锅炉的情况下,沿锅炉各级受热面管道汽水流动方向,工质的压力与温度是在不断变化的,那么锅炉的额定蒸汽压力与温度是指哪一点的蒸汽压力与温度呢?从工程控制管理的角度看,我们习惯于将锅炉主蒸汽阀门出口处过热蒸汽压力作为锅炉额定蒸汽压力,这是一个结合锅炉、汽轮机运行安全、稳定和热力系统高效运行的设计值,实际运行过程中我们应将过热蒸汽压力控制和保持在这一额定设计值上。同样我们将锅炉额定过热蒸汽温度定义在锅炉过热蒸汽主蒸汽阀门出口处。不同于锅炉额定压力,目前火电厂中大型锅炉都具有蒸汽再热系统,为保证汽轮机工作的安全、稳定和高效,应将过热蒸汽和再热蒸汽的出口温度控制和维持在额定设计值,同时保持过热蒸汽出口压力在额定设计值。因此对具有再热系统的大型锅炉,锅炉额定温度包括过热蒸汽出口温度和再热蒸汽出口温度。在实际发电生产过程中,常常将过热蒸汽出口压力和温度称为新蒸汽压力与温度。

当我们已知了锅炉容量、新蒸汽压力和温度、再热蒸汽温度,为了更好地完成锅炉运行工作,进一步深入学习相关岗位专业知识与岗位职业技能,还应掌握以下数据参数以便于我们更为有效、准确地认知和操控所面对的锅炉,更有助于锅炉运行岗位工作技能水平的提高。

(1)给水温度,即给水进入锅炉省煤器进口联箱时的给水温度。进入锅炉给水温度的高低将直接影响工质在锅炉炉膛内热量吸收和对锅炉炉膛内入炉煤粉燃烧温度的影响,在锅炉燃烧负荷一定时,给水温度的变化将影响到单位时间内锅炉额定参数的过热蒸汽生产量。通常锅炉给水温度设计控制在270℃以上,一般不超过300℃。

(2)排烟温度,即在锅炉烟囱出口处的烟气排放温度。排烟温度的降低有助于锅炉燃烧所产生的高温烟气热能的充分吸收利用,提高锅炉效率,但排烟温度过低将会直接影响锅炉尾部低温各级受热面管道烟气侧一面的管壁的低温酸腐蚀,同时,为降低排烟温度势必将增加尾部受热面布置,这将增加尾部受热面的建设投资成本,使锅炉尾部受热面运行过程中烟气流通阻力增大,引起风机电耗增大。通常在额定负荷下锅炉排烟温度一般控制在130℃～135℃,当低于额定负荷时锅炉排烟温度控制在110℃左右。

(3)热风温度。通过轴流式送风机和一次风机将外部环境中的空气吸送到锅炉回转式空气预热器的空气侧,回转式空气预热器金属波纹板通过旋转在空气预热器烟气侧吸收锅炉尾部烟气余热。在回转式空气预热器空气侧,则利用被旋转至空气预热器空气侧被烟气预热的金属波纹板加热送入的冷空气,提高送入锅炉燃烧系统的空气温度。在实际发电生产运行过程中,我们更为关心空气预热器出口处一次风温和二次风温的高低与热风温度控制。通常锅炉一次风温与二次风温是依入炉煤粉的挥发分大小和水分变化结合燃烧需求进行有效调控。热风温度的高低会直接影响锅炉燃烧运行过程中进入锅炉炉膛煤粉的着火燃烧的快慢,而这不仅会影响进入锅炉炉膛煤粉在锅炉炉膛内是否能够充分燃烧,也将影响到进入锅炉炉膛煤粉着火燃烧速度控制。煤粉入炉着火提前将会引起锅炉燃烧器喷口的结焦与烧蚀;而当进入锅炉炉膛热风温度偏低时,则将导致入炉煤粉着火燃烧推迟,这将降低煤粉在锅炉炉膛内的燃烧时间与完全燃烧程度,增大入炉煤粉的投入量,增加了热力发电成本。通入锅炉制粉系统的热风温度如若控制不当,不仅会影响锅炉制粉系统在制粉工作过程中的煤粉干燥,形成结块堵煤,同时也将会引起锅炉制粉系统在破碎研磨煤粉的生产过程中发生因干燥风温过高而引起煤粉的自燃或爆炸,从而危及制粉系统设备的运行安全。

锅炉燃煤消耗量,单位时间内锅炉在正常运行负荷下投入锅炉炉膛燃料消耗量值,其实际应用单位为 t/h 或 kg/h,实际运行过程中它的数值大小会直接影响到锅炉发电的运行生产成本,同时它也为火电厂燃料输运与储存提供必要的燃料需求准备参考。

下面选择目前国内火电厂中几种常见的典型室燃煤粉锅炉系统的设计额定参数,对不同类型锅炉系统的基本参数和指标进行比较(如表 1-1 所示)。

表 1-1 不同类型的锅炉系统基本参数和指标

与 300MW 发电机组相配的亚临界自然循环锅炉								
项目	过热蒸汽量	过热蒸汽温度	过热蒸汽压力	再热蒸汽温度	给水温度	热风温度	排烟温度	燃料消耗量	锅炉效率
锅炉额定工况 BRL	911t/h	540℃	17.3MPa	540℃	274℃	336℃	130℃	113t/h	91.70%
锅炉最大连续工况 BMCR	1025t/h	540℃	18.2MPa	540℃	281℃	340℃	135℃	133.7t/h	91.94%

与 600MW 发电机组相配的超临界直流锅炉								
项目	过热蒸汽量	过热蒸汽温度	过热蒸汽压力	再热蒸汽温度	给水温度	热风温度	排烟温度	燃料消耗量	锅炉效率
锅炉额定工况 BRL	1810.6t/h	571℃	25.3MPa	569℃	277℃	321℃	112℃	234.2t/h	93.13%
锅炉最大连续工况 BMCR	1913t/h	571℃	25.4MPa	569℃	281℃	325℃	118℃	245.2t/h	92.98%

与 1000MW 发电机组相配的超超临界直流锅炉								
项目	过热蒸汽量	过热蒸汽温度	过热蒸汽压力	再热蒸汽温度	给水温度	热风温度	排烟温度	燃料消耗量	锅炉效率
锅炉额定工况 BRL	2955t/h	605℃	27.38MPa	603℃	295℃	325.6℃	124.4℃	400.2t/h	93.85%
锅炉最大连续工况 BMCR	3044t/h	605℃	27.46MPa	603℃	297℃	327.2℃	125.6℃	409.8t/h	93.82%

从以上具体数据的比较分析中我们可以得到一些有益的启示:热力发电机组发电容量越大则所配锅炉容量就越大,但从表中我们可以发现热力发电机组发电容量翻倍而锅炉容量并未翻倍,当我们对比锅炉蒸汽参数时发现随着锅炉容量的增加,过热蒸汽参数也在不断提高,从 300MW 的 540℃ 到 600MW 的 569℃ 再到 1000MW 的 603℃,锅炉过热蒸汽压力也从亚临界到超临界再到超超临界,这保证了大容量热力发电机组经济效能高于小容量热力发电机组经济效能;同时对比锅炉燃料消耗量和锅炉效率也可看出,当锅炉发电机组发电容量翻倍,燃料消耗量并未翻倍,即每单位同质入炉煤粉在大容量热力发电机组中可产生更多输出电能;锅炉发电机组的经济效能何以随着锅炉容量的增加而改善提高呢?结合实际火电厂运行锅炉设计基本参数指标,我们可以发现火电厂锅炉发电机组容量越大,锅炉过热蒸汽压力、温度越高,再热蒸汽温度也相应提高,由 300MW 发电机组的亚临界 18.2MPa、540℃,到 600MW 发电机组的超临界 25.4MPa、569℃,再到 1000MW 发电机组的超超临界

27.46MPa、603℃，为了进一步提高火电厂锅炉发电机组的热力发电循环效率，在原有600MW发电机组基础上，扩容为660MW超超临界发电机组，而1000MW发电机组则在进一步提高锅炉过热蒸汽和再热蒸汽温度，目标将达到700℃；给水温度则基本在280℃～295℃；热风温度这里主要指一次风温，则在320℃～340℃之间，实际运行中需依据入炉煤煤粉挥发分大小和入炉煤水分进行相应调控；过热蒸汽温度和再热蒸汽温度在实际锅炉设计中一般基本保持一致，随锅炉容量增加由540℃至569℃，最终达到603℃；过热蒸汽压力则由亚临界的18.2MPa到超临界的25.4MPa，最终达到27.46MPa的超超临界；锅炉排烟温度则基本在120℃～130℃之间，锅炉炉膛维持微负压运行。

锅炉系统结构目前在火电厂中常见的锅炉本体结构布置型式有两种，一类是塔式布置，而另一类则为Ⅱ型布置。如图1-18所示，塔式布置具有如下特点：

(1)塔式布置锅炉常采用单炉膛切圆燃烧的方式，在锅炉负荷变化时，锅炉水冷壁出口工质温度分布均匀。

(2)锅炉炉膛上部水冷壁布置简单，没有折焰角复杂形状，因此水冷壁出口工质温度均匀，有利于超临界及以上超超临界锅炉设计。

(3)在各级对流受热面传热过程中，由于没有烟气气流90°的流向转弯，在对流受热区域烟气温度分布较Ⅱ型布置锅炉的对流受热区域烟气温度分布均匀；烟气对对流受热面冲刷较均匀，使对流受热面局部磨损减轻。

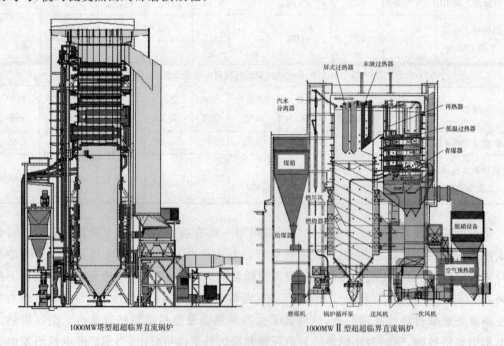

1000MW塔型超超临界直流锅炉　　　1000MWⅡ型超超临界直流锅炉

图1-18　塔式锅炉布置结构与Ⅱ型锅炉布置结构

(4)均匀的锅炉炉内烟气温度分布，形成了均匀的过热器、再热器蒸汽出口温度的均匀分布。

(5)所有悬吊在锅炉炉膛内的各级受热面均为水平布置，这保证了所有受热面能够完全疏水干净，有利于停炉保养和启动时蒸汽通畅流动，具备优异的备用和快速启动特点，有利于延长对流受热面的使用寿命。

（6）没有尾部后烟井，也就没有复杂的包覆过热系统，整个锅炉汽水系统简单。

（7）悬吊结构规则，支撑结构简单。塔式锅炉各级受热面的悬吊是通过锅炉过热器悬吊管来实现的，除了水冷壁外所有锅炉受热面均为水平布置，各级受热面进、出口联箱均布置在炉前或炉后。

（8）由于不存在穿过锅炉炉顶的垂直管屏受热面布置，因此锅炉炉顶布置便利。

（9）塔式结构锅炉体型较高，布置在锅炉炉内的各级水平受热面布置位置较高，这在锅炉炉体钢结构设计上具有较高要求。

在火力发电厂生产技术交流和岗位培训学习过程中，我们经常会接触到一些标识锅炉特性的锅炉型号信息，如 DG－1900/25.4－Ⅱ1，它向我们传达的信息是：这是一台东方锅炉厂生产的锅炉容量为 1900t/h、新蒸汽压力或锅炉过热蒸汽出口额定工作压力为 25.4MPa、设计序号为Ⅱ1 的锅炉。又如 HG－1025/18.2－YM，它向我们传达的信息是：这是一台哈尔滨锅炉厂生产的锅炉容量为 1025t/h、新蒸汽压力或锅炉过热蒸汽出口额定工作压力为 18.2MPa、设计煤种为烟煤的锅炉。而标识为 SG－3044/27.46－M535 的锅炉，它向我们传达的信息是：这是一台上海锅炉厂生产的锅炉容量为 3044t/h、新蒸汽压力或锅炉过热蒸汽出口额定工作压力为 27.46MPa、设计为燃煤锅炉、设计序号为 535 的锅炉。实际中常常在新蒸汽压力标识后会增加一组数，它反映的是锅炉新蒸汽温度或锅炉过热蒸汽出口额定工作温度与再热蒸汽出口额定工作温度，如 HG－1025/18.2－540/540－PM7，它向我们传达的信息是：这是一台哈尔滨锅炉厂生产的锅炉容量为 1025t/h、新蒸汽压力或锅炉过热蒸汽出口额定工作压力为 18.2MPa、锅炉新蒸汽出口温度或锅炉过热蒸汽出口工作额定温度为 540℃、再热蒸汽出口额定温度为 540℃、锅炉设计燃用煤种为贫煤、设计序号为 7 的锅炉。

工作任务

收集火电厂常见典型锅炉（设备）系统基本工作性能指标和主要相关运行基本参数与安全、经济效能指标，并对不同锅炉（设备）系统主要工作特性及相关运行参数进行比较。

能力训练

基于火电厂锅炉系统设备运行安全、经济性要求，让学生对锅炉系统设备运行工作参数与安全、经济性指标有一个充分的认知与掌握。

思考与练习

1. 试简述掌握锅炉基本参数和指标对锅炉运行岗位工作和汽轮机发电机组运行工作具有怎样实际应用价值，就其中你认为重要的参数指标进行分析。

2. 结合锅炉认知实训过程中对锅炉生产过程的认识，试分析提高锅炉过热蒸汽压力和温度的好处与存在的问题。

3. 在锅炉参数中为什么要区分额定负荷与最大连续负荷？在哪种情况下锅炉运行最经济、安全？为什么？

4. 当我们面对一台火电厂锅炉时，从火电厂锅炉运行岗位基本工作需求出发，我们首先应掌握哪些锅炉的基本工作特性数据和运行安全、经济性指标,结合火电厂锅炉认知实训试对所实习的火电厂锅炉进行基本工作特性数据和安全经济性指标采集和基本信息整理。

任务三 火电厂中常见锅炉的分类及工作特性概述

学习目标

结合锅炉设备系统工作条件、环境状况、发电运行工作状况,以及火力发电生产过程中的安全与经济效能要求,使学生掌握在火电厂中锅炉系统容量规模、蒸汽参数、工质蒸发循环加热方式、燃烧方式、排渣方式、燃料种类与组织燃烧过程方式的差别,并了解锅炉的分类。

能力目标

通过对锅炉分类方法及有关工作特性的介绍,使学生认识到锅炉分类是为了凸显锅炉在某一工程应用方面的工作特性,并有利于对相关工作特性的比较。

知识准备

关 键 词

自然循环锅炉　强制循环锅炉　直流锅炉　复合循环锅炉
多次强制循环锅炉　层燃炉　室燃炉　沸腾炉　旋风炉　中压炉
高压炉　超高压炉　亚临界炉　超临界炉　超超临界炉　固态排渣炉
液态排渣炉　小容量锅炉　中等容量锅炉　大容量锅炉　超大容量锅炉

在火电厂中我们经常会发现技术人员面对同一台锅炉进行技术交流和分析探讨时,有时会称之为超临界锅炉,有时又称之为煤粉炉,或称之为固态排渣炉。为什么面对同一台锅炉会有几种不同的称谓呢?事实上当我们面对一台锅炉时基于不同的工程需求和设备系统结构考量,我们常常会更关注锅炉的某一特定结构所展示的实际工作特性,从这一点出发锅炉便有了不同的称谓。如一个社会的人,在家中他(她)可以是儿子(女儿)或是一个父亲(母亲),在社会上他(她)可以是一个工程师、同事或朋友,他(她)的身份及称谓根据其在社会中不同的属性与关系而发生变化。

在火电厂中依从不同的工程应用与特定的设备系统结构考量需求,将常见的锅炉进行了多角度、凸显锅炉某一特定工作属性的分类。

按锅炉容量分,火电厂常见锅炉依单位时间内所生产的额定参数蒸汽量值,可将锅炉分为小容量锅炉、中等容量锅炉、大容量锅炉和超大容量锅炉。这是一个相对变化的、没有明确数值界定的划分。在 20 世纪 80 年代,那时在我国火电厂中,125MW 锅炉发电机组便是当时火力发电生产中的大容量机组,后来有了 300MW 锅炉发电机组,再后来又有了600MW 锅炉发电机组。随着国内外火电厂锅炉制造技术的不断发展,社会生活与生产对电能需求量和需求特点的变化以及对电网安全和控制技术、发电生产成本等诸多方面的考量，对锅炉容量的界定也是在不断的发展变化过程中。目前在火电厂中，我们常将与300MW发电机组相配的每小时额定参数蒸汽生产量为1000t左右的锅炉作为中等容量锅炉，而将小于1000t的火电厂锅炉作为小容量锅炉，而与600MW发电机组相配的1900～2008t的锅炉作为大容量锅炉，与大于600MW发电机组相配的锅炉我们称之为超大容量锅炉。大容量锅炉发电机组的投运可以大大降低火电厂电力生产发电成本，可有效降低发电生产煤耗，提高发电生产经济性，但在实际生产建设规划过程中却存在许多实际问题，在锅炉容量选择时必须进行认真考量分析。如该区域长期发电负荷偏低，地区周边没有能够大量可供的燃煤矿点，可供利用的水资源限制以及为保证输电网工作稳定安全所做出的大容量锅炉发电机组的储备待机冗余，这都将会增大火力发电生产的财务成本。从发电生产的经济效能和维持电网安全生产稳定以及对周边生态环境的保护的角度看并不是锅炉发电机组锅炉容量越大越好。

按锅炉新蒸汽(过热蒸汽)出口压力分，火电厂中锅炉通常可分为中压锅炉、高压锅炉、超高压锅炉、亚临界锅炉、超临界锅炉和超超临界锅炉。目前火电厂中大多数锅炉都为超高压以上锅炉，随着对火电厂热力发电生产安全与经济性要求的不断提高，在火力发电厂中超临界与超超临界锅炉发电机组所占比例日益扩大。在火电厂中超高压锅炉发电机组的新蒸汽(过热蒸汽)压力为13.7MPa，超临界锅炉机组新蒸汽(过热蒸汽)压力为25.4MPa，超超临界锅炉机组新蒸汽(过热蒸汽)压力则为27.46MP。随着锅炉新蒸汽(过热蒸汽)压力和温度参数的不断提高，将不断提高火电厂热力发电生产循环运行经济效能，当然也会使锅炉设备系统用材、制造成本和运行监控要求大幅增加。目前国内火电厂承担基本发电生产负荷的发电机组为600MW(660MW)超临界(超超临界)锅炉发电机组，300MW左右的亚临界锅炉发电机组日渐减少，1000MW的超超临界锅炉发电机组日渐增多。近几年我国投运的1000MW超超临界发电机组总数已远远超过世界各国的1000MW超超临界锅炉发电机组总数之和。这样我们就知道了在火电厂中，一般按锅炉新蒸汽(过热蒸汽)出口压力分，有新蒸汽(过热蒸汽)出口工作压力在13.7MPa的超高压锅炉、新蒸汽(过热蒸汽)出口工作压力在16.7～18.3MPa的亚临界锅炉，新蒸汽(过热蒸汽)出口工作压力在25.3MPa的超临界锅炉和新蒸汽(过热蒸汽)出口工作压力在27.46MPa的超超临界锅炉。需要注意的是在一些小的城市集中供热电站里或是在一些偏远地区，我们常会见到一些工作压力在9.8MPa左右的高压锅炉和工作压力在3.82MPa左右的中压锅炉。

按锅炉运行所燃用的燃料种类分，火电厂锅炉可分为燃煤炉、燃油炉和燃气炉。目前国内在火电厂中大多数发电生产锅炉为燃煤的煤粉锅炉；由于我国的燃油物质缺乏，只有很少的为便于锅炉发电机组的快速启停所应用的燃油－蒸汽联合循环余热锅炉发电机组；在有些大型钢铁公司为进行生产资源的综合利用，而燃用高炉煤气或焦炉煤气，但常常因为高炉煤气和焦炉煤气发热值低而采用煤气与煤粉混合燃烧的方式，此外在燃气－蒸汽联合循环余热锅炉发电机组中一般燃用天然气。

按燃烧方式分，火电厂发电生产锅炉可分为层燃炉、室燃炉、沸腾炉和旋风炉。

层燃炉的常见结构如图1-19所示，此类锅炉具有一个可以缓慢平移运动的金属炉排。层燃炉所采用的是固定床燃烧方式。经过破碎的原煤颗粒通过抛煤挡板被抛在平移运动的

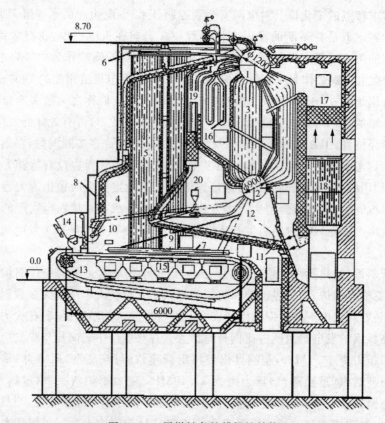

图 1-19 层燃链条炉排锅炉结构

1—上锅筒;2—下锅筒;3—对流管束;4—炉膛前拱;5—水冷壁;6—水冷壁上联箱;7—水冷壁下联箱;
8—锅炉前墙;9—炉膛后拱;10—抛煤挡板;11—渣井;12—水冷壁下联箱;13—链条炉排;14—煤斗;
15—二次风口;16—过热器;17—省煤器;18—空气预热器;19—凝渣管

金属炉排上,由炉排下方向上鼓入热风为炉排上的原煤燃烧提供所必需的氧气,炉排上原煤相对炉排固定不动。炉膛前拱反射来自炉膛火焰中心的高温辐射热将原煤颗粒中的水分、挥发分加热析出,挥发分析出并首先着火燃烧,金属炉排上的原煤颗粒经加热,促使原煤中主要发热物质碳的着火燃烧,在锅炉燃烧室后拱区原煤颗粒进一步燃尽,通过锅炉清渣装置将燃尽后的炉渣排入渣井。原煤颗粒燃烧所需的热空气通过链条金属炉排下的二次风口送入。燃烧生成的高温烟气通过炉膛水冷壁、穿过凝渣管、过热器、对流管束、省煤器、空气预热器、除尘设备、引风机至锅炉烟囱将烟气排出。

因为原煤颗粒可固定平铺在炉排上燃烧,故而在实际中常将采用此种燃烧方式的锅炉称为层燃炉。由于固定床燃烧方式燃料热量的释放集中,金属炉排在机械设计上受到限制,故而层燃锅炉的容量一般都较小,当前层燃锅炉的蒸发量一般不超过130t/h。由于层燃锅炉的入炉原煤颗粒平铺固定在锅炉金属炉排上,燃烧过程难于组织燃烧强化,在燃烧过程中由于炉排无法有效控制细煤粉的漏煤和增强可燃质与氧气的充分混合,层燃锅炉的炉渣和飞灰中未燃尽碳含量高,锅炉燃烧效率低,通常不超过90%,锅炉热效率一般不超过80%。这是一种对燃烧控制技术要求不高、燃烧炉温较低的低效能锅炉,早期锅炉容量不大时,常使用此种锅炉炉型,目前火电厂已很少使用,在一些生物质发电厂中有一些改进型的振动式链条炉排的锅炉应用。

在火电厂中使用最为广泛的锅炉燃烧方式是室燃炉型式,又称为悬浮燃烧锅炉。此种锅炉不同于前述的层燃锅炉,它没有炉排,原煤在投入锅炉炉膛前首先经过锅炉的制粉系统将原煤破碎研磨制成具有一定细度的煤粉,然后通过来自于空气预热器的热风将磨制好的合格煤粉输运投入到锅炉炉膛,煤粉依靠同时进入锅炉炉膛的热风悬浮在炉膛内吸收炉膛高温烟气热,入炉煤粉被加热,挥发分析出,首先低燃点的挥发分着火燃烧,加热入炉煤粉颗粒并使之着火燃烧。这种锅炉一般容量都很大,由于是在锅炉炉膛内悬浮燃烧煤粉,入炉煤粉颗粒可燃质与入炉热空气相互混合充分,燃烧剧烈,燃烧温度高,在锅炉炉膛内煤粉虽停留燃烧时间极短,但也能保持很高的燃烧效率。由于锅炉炉膛内燃烧温度高,入炉煤粉在燃烧过程中会在烟气中形成有害的酸性物质和NO_x,如果烟气不经过净化处理直接排入大气环境,则将形成对环境的大气污染,目前在火电厂中此类锅炉常采用尾部烟气脱硫(FGD)和尾部烟气脱硝(SNCR或SCR)设备系统对锅炉尾部排烟进行烟气净化,以减小锅炉排烟中的有害物质对大气环境的污染,减少火电厂锅炉在发电生产过程中对大气环境的影响。但这将额外增加一笔脱硫脱硝设备费用和脱硫脱硝生产过程的运行成本,加大了火电厂的发电生产成本,但是在有效控制工业生产对环境的破坏影响,营造一个更适合人类生存的环境方面还是十分必要的。

在我国基于国内煤炭资源的特点,对于优质的动力用煤,重点发展高效室燃煤粉炉,并配备烟气脱硫脱硝装置,是目前最为高效、环保和经济的选择。但还有25%以上的高灰分劣质燃料、低挥发分无烟煤、低灰熔点易结渣煤。在现实发电生产过程中,我们会经常遭遇到这样一种情况,原煤含灰量极大,发热量很低,是一种不易着火燃烧的劣质煤或煤矸石。如何有效利用此类燃料资源,工程技术人员设计了一种新型的燃烧型式,沸腾燃烧方式。目前这种燃烧形式的锅炉在实际应用领域更多见地被称作为循环流化床锅炉,如图1-20所示。

常见的循环流化床锅炉系统结构与工作流程如图1-21所示,原煤经过破碎后通过配料口和用于烟气脱硫的石灰石一起进入炉膛。一次风通过炉膛下部的布风板进入炉膛,作为入炉原煤颗粒一次燃烧用风,同时炉膛内向上的气流将炉膛内燃烧的原煤颗粒和石灰石固体粒子托起(被流化),并充满整

图1-20 循环流化床
锅炉燃烧过程示意

个锅炉炉膛燃烧空间。炉膛内入炉原煤颗粒的燃烧以二次风入口为界分为两个区。二次风入口以下为锅炉炉内还原气氛燃烧区,二次风入口以上为氧化气氛燃烧区。入炉原煤颗粒的燃烧过程、脱硫过程、NO_x和N_2O的生成及分解过程主要在锅炉炉膛内完成。炉膛下部锥段以下及炉内其他易磨损部位敷设耐火浇筑材料,以保护锅炉相关各级受热面不被磨损。二次风分两级送入炉膛,由此实现锅炉炉膛入炉煤粉颗粒的分级燃烧。大部分未燃尽的原煤粉尘颗粒被烟气带出锅炉炉膛,进入旋风分离器,在旋风分离器内烟气中的固体颗粒被分

离,通过水冷锥形阀对分离出的固体颗粒流量进行分配,一部分通过回料器直接送入锅炉炉腔下部,以维持主循环回路固体颗粒平衡;另一部分从旋风分离器分离下来的固体颗粒通过布置在类似鼓泡床中的外置式换热器(外置流化床)放热后被送回炉腔。回料器及外置流化床组成可分别用于控制炉腔温度及再热蒸汽汽温。

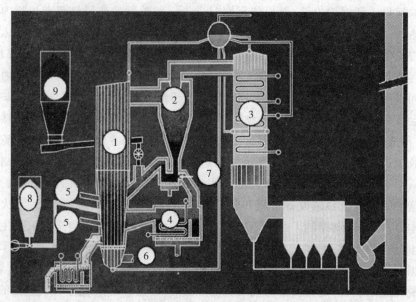

图 1-21 循环流化床锅炉系统结构与工作流程

1—炉腔;2—旋风分离器;3—尾部垂直竖井;4—外置换热器(外置流化床);5—二次风;6——一次风;

7—水冷锥形阀;8—石灰石;9—原煤;10—除尘器;11—空气预热器;12—布风板

回料器既是一个物料回送器也是一个锁气器,它的主要作用是将在旋风分离器中分离下来的未燃尽燃料颗粒重新送回锅炉炉腔继续燃烧,并控制锅炉流化床内的高温烟气不会从回料器短路回流入旋风分离器。

在我们国内 135MW 级以下容量的循环流化床锅炉中,一般均不带外置式换热器。随着循环流化床锅炉容量的不断增大和蒸汽参数的不断提高,炉内需布置更大比例的过热、再热蒸汽受热面,而同时炉腔比表面积相对减少。对于 200～300MW 级容量的循环流化床锅炉,如果不带外置式换热器,锅炉炉腔内势必将布置大量的屏式受热面,流化运动的烟气流速将增加,使各级布置在烟气流通通道上的受热面管壁磨损的风险增大,因此必须配外置式换热器。而对更大级别的 600MW 容量的循环流化床锅炉,则必须采用外置式换热器以布置更多过热、再热蒸汽受热面。

采用外置式换热器不仅可解决大型循环流化床锅炉炉内受热面布置不下和磨损增加的问题,同时也为循环流化床锅炉过热、再热蒸汽的调温提供了很好的手段,增加了循环流化床锅炉的负荷调节范围,增大了锅炉对燃料变化的适应能力。

经过高效旋风分离器分离后含少量飞灰的高温烟气进入尾部垂直竖井,向布置在尾部竖井内的各级对流受热面工质通过对流传热方式交换热量,经空气预热器进一步放热以加热入炉空气。之后进入除尘器,净化烟气中的飞灰。由于循环流化床锅炉往往燃用高灰分劣质燃料,排烟烟气中含灰浓度较高,越来越多的循环流化床锅炉采用布袋(或静电布袋复合)除尘器来代替以往常规的静电除尘器,除尘器除下的细灰,由灰泵打入灰仓,并送往储灰场。除尘后的烟气最后通过引风机由烟囱排入大气环境。

循环流化床锅炉在燃烧过程中,被流化风携带离开炉膛仍带有可燃质的颗粒在进入旋风分离器后被分离下来,经回料器,返送回炉膛形成循环燃烧,这延长了入炉原煤在炉膛内的燃烧时间。由于循环燃烧的特点,循环流化床锅炉可以在相对较低的燃烧温度下获得与室燃煤粉炉在较高燃烧温度下的同等燃烬水平和燃烧效果。通常为保证脱硫最佳温度和控制 NO_x 排放,循环流化床锅炉燃烧床温一般控制在 850℃～920℃。

循环流化床燃烧技术是近几十年迅速发展起来的高效清洁燃烧技术,这项技术在世界各国的火电厂锅炉、工业锅炉和废弃物处理利用等领域都取得了广泛的应用,特别是燃用劣质煤和油页岩方面表现出比其他燃烧形式的锅炉更强的竞争力。

旋风炉在我国火电厂中应用十分稀少,它以圆柱形旋风筒作为主要燃烧室,煤粉气流沿燃烧室切向进入形成高速旋转,较细的煤粉在燃烧室内悬浮燃烧,而较粗的煤粉则被抛在燃烧室筒壁上燃烧。高速旋转的气流有助于燃烧室内煤粉与热空气间的充分混合燃烧和燃烧过程中烟气所含大量灰渣的分离,但限于技术与锅炉工程应用取向在我国火电厂中此类燃烧方式的锅炉很少有应用。

按锅炉的水循环方式分,目前火电厂中常见的锅炉可分为两大类:自然循环锅炉与强制循环锅炉。强制循环锅炉又依循环工作原理和锅炉结构上的差异特点可分为:直流锅炉、复合循环锅炉和多次强制循环锅炉。

那么,什么是自然循环锅炉呢?在前面的章节里我们已经知道,当锅炉内工质压力低于水的临界压力时,水被加热则液态的水将会变成为气态的水蒸气。如果我们将自然循环锅炉结构进行简化(如图 1-22 所示),就会发现:在自然循环锅炉汽水系统中,锅炉炉膛水冷壁管内工质的流动并没有依靠外界提供动力,此时锅炉水冷壁管内给水因吸收炉膛燃料燃烧所形成的高温烟气辐射热而由液态的水变成为饱和状态下的汽水混合物,这就使得锅炉下降管与水冷壁上升管之间产生了汽水重度差,正是这一特定的结构形成的汽水重度差使得水冷壁上升管内工质向上流动,汽包内给水顺下降管不断流下。水冷壁上升管内工质不断吸收锅炉炉膛燃料燃烧所形成的高温烟气辐射热,形成饱和状态下的汽水混合物不断上升。进入锅炉汽包进行汽水分离,分离出的饱和蒸汽进入锅炉过热器进一步加热,而分离出的饱和水则进入汽包水室流入下降管,重入锅炉水冷壁管进一步不断循环受热。

由此我们知道了自然循环锅炉是指在锅炉蒸发受热面管内依靠下降管与锅炉水冷壁上升管之间汽水的重度差来实现上升管内工质流动的锅炉。

锅炉在实际运行工作过程中,进入锅炉炉膛水冷壁上升管的工质需完成两个基本任务:其一是吸收锅炉炉膛内入炉煤粉燃烧所形成的高温辐射热,以完成液态给水向饱和状态下汽水混合物的转变;其二则是对锅炉水冷壁管进行有效冷却,以保证锅炉水冷壁管壁温度在规定的许用管壁温度极限范围内,保证锅炉水冷壁管不因管壁超温、管壁材料强度下降而引起锅炉水冷壁管发生爆管事故和长期超温所形成的金属材料性能改变。

如何对锅炉水冷壁管进行有效冷却,以控制锅炉水冷壁管壁温度的在许用管壁温度范围内呢?通过传热学的学习我们知道这取决于锅炉水冷壁管内工质流速,而工质流速则决

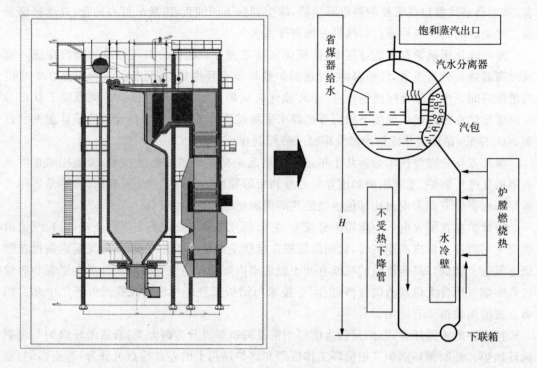

图 1-22　自然循环锅炉结构及水循环原理示意图

定于锅炉炉膛水冷壁管内工质与锅炉下降管内工质间所形成的汽水重度差。自然循环锅炉在超高压的工作条件下能够充分利用锅炉炉膛水冷壁管内工质与锅炉下降管内工质的汽水重度差对水冷壁管壁温进行有效控制保护。但随着社会的不断进步,社会对于电能的需求量越来越大,单台发电机组的发电能力不断提高,相应所配套的锅炉容量也越来越大。为了保证发电机组的安全、高效运行,锅炉新蒸汽(过热蒸汽)工作压力不断提高,由超高压提高到亚临界压力,又由亚临界压力提高到超临界压力,再由超临界压力上升到超超临界工作压力。在这个过程中随着锅炉容量的不断增大,锅炉炉膛内燃烧强度也在不断提高,要保证锅炉水冷壁管管壁温度在规定的许用温度极限范围内,就需要提高水冷壁管内工质的冷却能力。但随着锅炉工质工作压力的不断提高,锅炉炉膛水冷壁管内工质与锅炉下降管内工质间的汽水重度差变得越来越小,当锅炉工作压力超过并大于临界压力即进入超临界和超超临界时,完全没有汽液两相,不再存在汽水重度差。这时该如何保证锅炉炉膛水冷壁管管壁温度在规定的许用温度极限范围内呢?可以有两种解决问题的方案。其一是在原有自然循环锅炉的蒸发受热面循环回路上提供外部循环动力,用来提高锅炉炉膛水冷壁管内工质流速,以提高和改善工质对锅炉水冷壁管管壁温度的有效控制;其二则取消原有自然循环锅炉的蒸发循环回路,利用给水泵直接控制锅炉炉膛水冷壁管内工质流速,以实现锅炉水冷壁管壁温的有效控制。如图 1-23 所示。

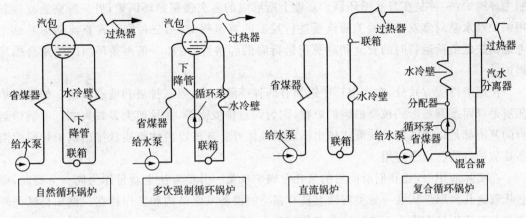

图 1-23　不同类型锅炉水循环工作示意图

　　这样便产生了强制循环锅炉,即在锅炉蒸发受热面内工质的流动依靠外界所提供的动力。在自然循环锅炉基础上在锅炉下降管处增加循环泵,这便是多次强制循环锅炉;而取消蒸发循环回路,直接利用锅炉给水泵提供蒸发受热面管内工质流动动力的锅炉,则称为直流锅炉。

　　直流锅炉在实际运行过程中有一个必须考虑的运行负荷变化问题。我们已经知道在锅炉蒸发受热面管内流动的工质需要承担并完成两个基本任务:其一是吸收锅炉入炉煤粉燃烧所形成的高温烟气辐射热使工质由液态的水变成为可用于做功的高温过热蒸汽;其二是对锅炉受热面受热管壁进行有效冷却,以有效控制受热面管壁壁温在材料设计允许温度范围内。在单位时间内要生产出汽轮机正常工作所需要额定参数的过热蒸汽量,这就要求管内工质必须具有一定的流速,不同发电负荷条件下,过热蒸汽生产量是不同的,过热蒸汽生产量在蒸发受热面管内形成的工质流速变化取决于外界所需电负荷变化;由传热学知识,我们又知当工质一定、管内受迫流动时管内对流换热能力主要取决于管内工质流速,换句话说就是管内工质对受热面管壁温度能否有效控制主要取决于蒸发受热面管内工质流速。这就是说两个任务的有效完成都与蒸发受热面管内工质的流速控制有关。设想一下当发电机组发电负荷较低时,锅炉蒸汽生产量也将随之减少,而蒸汽流量的减少必将引起受热面管内工质流速的下降,这将直接影响到工质对锅炉受热管壁的有效冷却,如何在低负荷时保证锅炉受热面壁温的有效控制?可以采用提高受热面管材的等级以增强受热面管壁的耐热强度,这将大幅增加锅炉的制造价格;另一种方法则是在锅炉设计最低运行负荷时保证锅炉受热面管壁壁温能够得到有效控制的管内最低工质工作流速。这种方案依然有一个问题,当我们保证了锅炉在低负荷运行时的最低有效安全工作流速,而在通常情况下锅炉未必总是运行在最低负荷上,更多时间里锅炉运行在额定负荷或较高工作负荷上,这时工质流速将偏高,将引起在额定负荷或较高工作负荷运行时锅炉受热面管内工质流动阻力偏大,给水泵电耗增加,发电经济效能下降。为了解决这个问题,通过多年的实践积累和不断地探索、分析、设计,这便有了复合循环锅炉。它是这样一种锅炉:在低负荷时为保证锅炉受热面管壁壁温的有效安全控制,利用再循环回路提高水冷壁回路中工质流速,以保证工质对水冷壁管的有效冷却,随着负荷的增加水冷壁管内工质流速增加,这时逐渐降低再循环回路中工质流量,以减少锅炉水冷壁管内再循环工质流量,在保证锅炉水冷壁管安全有效冷却的条件下通过减少再循环流量以降低蒸发受热面管内工质流动阻力。如上所述,我们有了三种形式的强制循环锅炉：一种是在自然循环锅炉基础上所形成的多次强制循环锅炉；另一种则是直接利用锅炉给水泵对蒸发受热面工质流量进行控制的直流锅炉；第三种则是在直流锅炉基础上考虑锅炉低负荷运行时的安全和高负荷运行时的经济性，增加一条再循环回路的复合循环锅炉。

按锅炉排渣方式分，在火电厂中锅炉有两种排渣方式：固态排渣和液态排渣。如果锅炉灰渣是以固态颗粒形式被排出锅炉炉膛，则为固态排渣锅炉，在目前大多数火电厂中锅炉运行的灰渣都是以固体颗粒的形式排出锅炉炉膛体外。灰渣以液体流质状排出锅炉炉膛的液态排渣炉目前已很少应用。

在实际应用中，当我们所面对的某几台锅炉从某一分类方法上看可作为同一分类时，则意味着这几台锅炉从这一分类特性上具有相类的设备系统结构和工作特性。例如自然循环锅炉与直流锅炉在汽水系统结构和工作特性上有着十分明显的差别，前者具有汽包而后者则有螺旋水冷壁管；前者水冷壁内工质流动依靠汽水重度差而后者则利用给水泵所提供的能量。面对这两种水循环方式不同的锅炉如从燃烧方式角度看则都为室燃煤粉悬浮燃烧方式，这意味着在燃烧系统的构成和工作特性上二者具有相类性，从而提示我们在工作中关注相关的锅炉运行规程、操作流程与检修安装工程规范等级，在已有的工作认知基础上更好地掌握差异特点，以促进锅炉运行工作过程安全、高效。

工作任务

了解和掌握从不同工程应用角度对火电厂锅炉进行分类的意义，并比较同一工程应用角度分类范围内，相关而又有所不同锅炉的主要工作特点差别。

能力训练

让学生认识到火电厂中实际设备系统在结构上的差异与改变常常只是为解决实际工程应用中所面对的问题。

思考与练习

1. 结合火电厂专业认知实训或在指导教师的帮助下，试论述在火电厂中锅炉是如何分类的，通过收集资料你能就其中 2～3 个分类方法解释如此分类的目的与工程实践中的应用价值吗？

2. 通过广泛收集信息，你能简单叙述自然循环锅炉与强制循环锅炉的主要差异吗？引进强制循环锅炉是为了解决哪些问题？强制循环锅炉较之自然循环锅炉具有哪些优势和需要关注的问题？

3. 在老师指导下通过独立收集资料，简单叙述室燃煤粉炉与循环流化床锅炉在锅炉燃烧方式上有哪些异同，在锅炉系统结构上存在哪些差异，并简单叙述二者的燃烧工作过程。

4. 你认为大容量发电机组较中等容量发电机组具有哪些优势？在火力发电生产过程中，哪些是我们必须面对的问题？何谓超临界锅炉？使用超临界锅炉的最大好处是什么？

5. 就你在专业认知实训过程中所面对的锅炉，考察一下它们分别属于分类中的哪一种，并描述锅炉的系统结构特征和工作特性。

任务四　国内外火电厂锅炉发展概况

学习目标

了解目前社会对火力发电生产的电能需求状况、燃料供应状况（价格、煤质和运输渠道状况）、绿色环保要求和电网工作稳定性需求以及锅炉在制造技术与系统集成方面的发展趋势。

能力目标

了解本专业发展历史，并能结合生产实际需求与实际工作环境状况了解专业发展方向以及了解专业发展所需面对的主要问题。

知识准备

关 键 词

低碳电力　基本负荷机组　调频负荷机组　电网运行稳定性

发电机组冗余量　坚强智能电网

　　人类社会的生产、生活越来越依赖于电能。在我国目前社会所利用的电能，73%左右来自于火力发电生产，火力发电生产的实现主要是建立在燃烧原煤的基础上，将原煤中所蕴含的化学能通过燃烧的方式释放出来，将燃烧所产生的高温烟气热能通过热力发电机组设备不断转化成电能输出。火力发电生产在未来的发展过程中始终将面临两个主要问题，其一煤炭资源是有限的，如何提高发电效率，减少供电能耗，以提高火力发电生产对煤炭资源的充分有效利用；其二人类的生存需要一个良好的环境，如何在提高火力发电生产规模的同时注意保护我们赖以生存的生态环境。

　　在我国一次能源以原煤为主，二次能源电力以火力发电为主，在电力生产中燃煤发电生产占据着主导地位。近10多年火电年平均发电量占全国年平均发电量的82%，火电年平均装机容量占全国各类发电设备年装机容量的75.4%。在未来很长的一段时间内，火电为主的电能生产格局不会发生根本性改变。因此，开发和推广应用高效清洁燃煤发电将是我国在未来的一项长期的能源战略。发展高效清洁燃煤发电有利于提高能源利用效率，减少一次能源消耗，是火电生产结构优化和发电生产技术升级的重要命题，是我国能源工业可持续发展的可靠保证，也是建设能源节约型、环境友好型社会的重要举措。

　　从当前技术积累和实现发展条件看，大力发展超临界和超超临界火力发电生产技术，提高火电生产发电机组中超临界和超超临界机组比例，同时采用先进的脱硫、脱硝及除尘技术是整体提高火力发电机组循环效率、减少有害物质排放的有效途径，已被世界公认是一种高效洁净的燃煤发电技术，是优化煤电结构的主要方向，符合我国实际发展的需求，所以超（超）临界火力发电机组是我国火力发电机组的主要发展方向，是当前最为现实、可行、可靠、经济地降低有害物质排放的燃煤发电技术,是实现高效洁净低碳电力的重要途径。

自从 1998 年世界第一台超超临界锅炉发电机组在丹麦投产发电以来,人们发现超超临界锅炉发电机组较此前盛行的亚临界锅炉发电机组,其机组热效率平均提高 10% 以上。目前世界单台超临界锅炉发电机组发电效率最高可达 50%。

我国自 2002 年将超超临界锅炉研制计划列入国家"863"重大攻关项目以来,不仅引进、消化国外的先进技术,而且自主研发了许多新技术。近几年来,我国新装火力发电机组的参数和单机容量有了较大飞跃,参数从过去的亚临界机组升级到超临界和超超临界锅炉发电机组;单机容量由 300MW 和 600MW 发电机组升级为 600MW 和 1000MW 发电机组,与 600MW 发电机组相配的锅炉基本上采用超临界或超超临界参数,与 1000MW 发电机组相配的锅炉全部采用超超临界参数,并且已积累了一定的商业运行经验,超(超)临界火力发电机组在我国的火电发电生产机组结构中已占有相当大的比例。国内通过 600℃ 超超临界锅炉发电机组的技术开发和工程实践,已投运近 90 台 600℃、1000MW 超超临界锅炉发电机组,在建和规划建设的 1000MW 超超临界锅炉发电机组数量已超过世界各个国家的同类发电机组的数量总和,机组制造、安装和运行水平大幅提高,已建立起完整的设计体系,拥有了相应的先进制造装备和工艺技术,具有一支完整的人才队伍。

表 1-2   国内外近 10 年投运的部分超超临界机组主要参数及技术经济指标

序号	项目	机组容量	机组参数	设计机组热效率(%)	设计厂用电率(%)
1	丹麦 Nordjylandsvaerket #3 机组	385MW	29MPa/582℃/582℃/582℃	47	6.5
2	日本橘湾电厂 #1 机组	1050MW	25MPa/600℃/610℃	44	4.9
3	德国 Niederaussem 电厂	1027MW	29MPa/580℃/600℃	45.2	实际供电煤耗 292g/kWh
4	上海外高桥三厂	1000MW	27MPa/600℃/600℃	45.58	实际供电煤耗 287g/kWh
5	华能玉环电厂 #1 机组	1000MW	26.25MPa/600℃/600℃	45	实际供电煤耗 290.9g/kWh
6	华电邹县电厂 #7 机组	1000MW	25MPa/600℃/600℃	45.46	5.34

从表 1-2 的国内外近 10 年投运的部分超超临界机组的发电技术经济指标看,与发达的国家相比,我国新上的燃烟煤超超临界锅炉火力发电机组已与国际先进水平十分接近,有些超超临界机组已经达到国际先进煤耗水平。

但在设计理念上我们与德国、日本等发达国家相比仍有一定差距,在超超临界锅炉发电机组设计技术集成化、发展高耐热合金材料及应用技术上仍有很长的路要走。

我国的上海外高桥发电三厂 #1、#2 机组是世界上应用于燃烟煤超超临界锅炉火力发电机组设计技术集成化最成功的范例,它采用了超超临界参数、冷端优化、锅炉系统优化、汽轮机系统优化、热力系统优化、余热回收等集成技术,使年平均供电标煤耗达到 282.16g/kWh。

大容量高参数锅炉发电机组的建设投运,固然有利于降低火力发电生产成本,但应注意到这样一个事实:这就是火力发电生产过程是一个即时供需必须保持平衡的生产过程,这就为火力发电生产带来了一系列我们必须思考面对的问题:

(1)社会对于电力生产的需求量不仅与一个地区的社会生活、生产活动和商业发展紧密关联,还受制于季节与环境温度的变化、自然灾害的影响。

(2)大容量高参数锅炉发电机组的建设是一个初投资极其巨大的建设生产过程,必须充分分析预测未来一个时期内社会对于电力生产是否能够有效保证在建大容量高参数发电机组的建设投运的经济效益。

(3)火电生产是一个极其繁复的系统工程建设,当建设投运大容量高参数的锅炉发电机组时,必须考虑周边的输配电线路系统是否能够支持相应的电能输送。

(4)火电生产是一个即时供需平衡的生产过程,这就带来一个问题:从供的角度,处在生产运行的发电机组不可能保持永不发生事故,当发生事故时,则必须及时利用备用机组替换下事故机组。这就要求我们在采用大容量高参数发电机组运行时,为保证整个输电网的运行安全和即时保持供需平衡,必须冗余一台大容量高参数锅炉发电机组作为电网安全性的保证。电网内单台机组容量越大则冗余待发电的机组容量就越大。总体上将会降低发电生产效能,提高发电成本。

(5)锅炉发电生产效能的最大化,并不是在任一负荷下始终都能保持最优,一般情况下锅炉运行在额定负荷时经济效能好,而在低负荷时常常经济效能差。当一个地区供电需求饱和,大容量高参数锅炉发电机组始终处于低负荷运行,或是日均负荷波动较大,这对于投运大容量高参数锅炉发电机组是不利的。

(6)在改善锅炉启停速度、多负荷运行工况经济效能提高的基础上进一步完善火电生产过程中烟气净化,降低有害物质的排放。

工作任务

就电力生产需求、绿色环保、燃煤价格、煤质的复杂多样性和不同地区的运输差异、电网工作的稳定需求与社会发展的关系,写一篇关于火力发电行业未来锅炉发展的设想报告。

能力训练

重点在于培养学生综合收集信息并结合实际工作情况进行合理分析问题的能力。

思考与练习

1. 火电厂锅炉发电机组的发展方向是什么?这样做有哪些好处?需要面对哪些问题?

2. 结合专业认知实训,就 600MW 超临界锅炉发电机组与 1000MW 超超临界锅炉发电机组的主要工作参数和锅炉安全经济运行指标进行收集整理,试找出实际发电生产提高发电生产效能的措施。

3. 在指导教师帮助下,收集国内外火电厂锅炉设备系统发展信息,分析未来火电厂锅炉运行主要面临的问题是什么,如何解决和改善所面临的问题。

项目二 火电厂燃煤数据分析与煤粉生产工作过程

任务一 火电厂燃煤成分数据分析与燃煤成分对锅炉运行及环境影响分析

子任务一 火电厂锅炉燃煤常用成分数据分析方法及分析过程

学习目标

学习掌握火力发电生产过程中,燃煤成分分析所常用的元素成分分析法和工业成分分析法。了解掌握在工业成分分析方法中燃煤成分是如何划分定义并如何进行有效测定的。了解掌握在元素成分分析方法中燃煤成分是如何划分和定量表示的。两种分析方法各自有何工作特点,各侧重满足于哪些工程方面的应用需求。

能力目标

通过对燃煤工业成分分析方法、燃煤成分划分和成分测量定义的分析讨论,使学生认识到在工程应用领域中,某一工程量的定义必是缘于满足实际问题处理的需要,而依此定义的工程量又必须是实际可测量操控的。工程应用过程中不同分析方法必是缘于满足实际工程问题处理应用的需要,因此应能区分工业成分分析方法与元素成分分析方法。

知识准备

关 键 词

燃料 劣质煤 工业成分分析法 元素成分分析法 水分 挥发分

焦炭 固定碳 灰分 收到基成分(应用基成分) 空干基成分(分析基成分)

干燥基成分(干燥基成分) 干燥无灰基成分(可燃基成分)

全水分 外部水分 内部水分

从社会生产、经营及人类生活对二次能源——电能的极大依赖性可以发现,在火力发电厂生产过程中就必然要求保证发电生产过程的安全、稳定和高效。锅炉燃烧工作过程的安全、稳定和高效则是保证火力发电生产的必要基础。要有效地保持和控制锅炉燃烧,我们必须能够准确、定量地掌握实际入炉燃料燃烧的相关基础数据。我们首先要了解在火电发电生产过程中何为燃料,能够燃烧放热的物质是否就是燃料? 很明显能够放热的物质并不都是燃料,生活中的桌椅是一种燃烧时能够放出热量的物体,但它们大多数情况下是不能算作燃料的,这是因为在日常生活中如果把它们作为燃料在经济上很不合算。能够燃烧放热且在经济上十分低廉的物质是否就是燃料呢? 现代火力发电生产过程是一个大规模的生产过程,燃料除了应具备价格低廉并能在燃烧过程中放出大量热的物质特性外,还应是能够大量获取并能够被有效加工成为满足锅炉特定燃烧方式需求的燃料形式的物质。在社会生活中我们每天都会制造产生许多生活垃圾,生活垃圾大多数情况下是可以燃烧放热的,且价格低廉,但是目前我们没法有效地将之加工成为满足锅炉特定燃烧形式的燃料,所以从目前的技术支持水平来看生活垃圾还不能作为燃料。综上所述,我们可以明确所谓燃料是指可以燃烧放出大量热能,经济上是合算的且可大量获取,技术上能够支持和满足锅炉相应特定燃烧形式的物质。

我们的国家是一个经济与技术正在高速发展中的国家,随着工业生产技术的不断提高和改进,开发和发现了许多新的有经济利用价值的原料,例如石油和天然气目前已日益成为各种工业生产过程中的重要原料,如果将其作为火力发电生产的锅炉燃料则将严重影响其他工业的发展。因此目前火力发电生产中从充分利用自然资源的角度考虑应尽量燃用那些只有燃烧热量可供利用而不具有其他经济利用价值的所谓劣质燃料。随着火力发电生产过程中的锅炉设计技术和燃烧控制技术的不断改进和提高,以往十分难以控制燃烧的煤泥与油页岩将日益成为重要的火电厂锅炉的燃料来源。

在我国火电厂锅炉燃烧主要以燃煤为主,辅之以其他形式、种类的燃料。火电厂发电生产过程不同于其他工业生产过程,它的生产与外界需求紧密联系,严格匹配,需要多少火电厂电力生产量便需即时满足需求量。而电力生产量的最终调节则在于锅炉生产满足汽轮机发电机组额定参数蒸汽量的调节,额定参数蒸汽量的调节则又在于锅炉燃烧工况和给水量的调节,即入炉燃料供给量的调节控制。如果在燃料入炉前锅炉运行操作控制人员对入炉燃料性质一无所知,则安全、高效的发电生产运行便根本无从谈起。

目前在火电厂中,常见的形态是将到厂原煤在入炉前首先送入锅炉制粉系统进行破碎、干燥、研磨成粉后利用热风将其吹送入锅炉炉膛燃烧。

为了保证锅炉入炉煤粉燃烧的安全、稳定和高效,从锅炉送入炉膛煤粉充分完全燃烧的运行控制和锅炉安全生产角度我们希望掌握哪些重要的燃料数据信息呢? 火电厂锅炉燃烧不同于我们日常生活中所使用的炉子,为保证正常的发电生产,锅炉燃烧所需入炉煤粉必须源源不断地被热风吹送入锅炉炉膛,入炉煤粉在炉膛内的燃烧时间被设计控制在很短的规定时间内,为保证入炉煤粉进入锅炉炉膛后能够及时着火燃烧,我们需要知道燃煤中所含水分量的多少,以便在锅炉制粉系统的煤粉生产过程中对入炉煤粉的水分做出有效调节控制。入炉煤粉水分量大则煤粉在锅炉炉膛内将需吸收更多炉内高温烟气对流热和辐射热量,以便将煤粉中水分蒸发析出,煤粉入炉着火燃烧则必将推迟。在设计规定的入炉燃烧时间内燃烧推迟则意味着煤粉在炉膛内燃烧时间的缩短。那么入炉煤粉水分量是否越小越好? 如果入炉煤粉水分量过小,同样条件下则煤粉着火将提前,因燃烧所形成的高温火焰过于靠近燃烧器喷口,会增大燃烧器喷口被烧蚀的危险,因此在锅炉运行过程中我们需定量掌握控制原煤水分,以便在煤粉生产过程中依据原煤水分量控制调节生产,磨制出适合锅炉安全生产,保证入炉煤粉稳定、充分燃烧的入炉煤粉水分。

不同的到厂原煤由于其所形成的地质环境条件和形成年代差异,其中所含有的低碳链可燃有机性气体含量差异很大。在入炉燃烧过程开始阶段首先是煤粉中水分的蒸发析出,进而是煤粉中低碳链的可燃有机性气体的析出,它们由于低燃点性十分易于着火燃烧并放出大量的燃烧热,其含量的多少直接影响到燃料着火初期的煤粉中主要发热物质碳的被加热升温和着火燃烧的速度。在锅炉运行中我们希望控制入炉煤粉的燃烧速度。要控制入炉煤粉的燃烧速度我们必须掌握燃料中水分和易于着火燃烧的低碳链可燃有机性气体的含量,通过调节控制吹送煤粉入炉热风温度和速度以保证入炉煤粉的及时有效着火燃烧。如不能有效控制入炉煤粉着火燃烧,使入炉煤粉燃烧提前则将会烧蚀锅炉燃烧器喷口,而燃烧推迟则将影响入炉煤粉的充分有效燃烧,降低锅炉燃料燃烧效率,从而提高火力发电成本。

原煤中碳的含量多少将直接影响原煤的发热量的高低,通常当煤中的含碳量较高时,易于着火燃烧的低碳链的可燃有机性气体则会相应减少,此类原煤常常不易于着火燃烧,但当此类原煤充分燃烧时其所放出的发热量值很高。实践中发现这种煤一般较硬,在煤粉的生产破碎磨制过程中会影响磨煤设备的工作性能,并产生较大的磨损。因此为控制与稳定锅炉燃烧我们必须掌握原煤中碳的含量。

在火电厂锅炉运行生产过程中我们发现当煤中灰的含量增加时,将会影响锅炉炉膛内煤粉的着火燃烧速度和燃烧效率,还将使锅炉炉膛内受热面管壁发生结焦的概率增加;同时煤中含灰量高则锅炉燃烧所形成的高温烟气中含灰量亦高,当含有大量飞灰的烟气通过各级受热面时,各级受热面管壁积灰增加,这将造成积灰较重的区域易形成受热面管壁温度的上升,从而引发因管壁温度上升导致管壁材料强度下降,因而引起锅炉受热面爆管事故。同时积灰分布的不均匀性也易在管壁流通区域形成"烟气走廊",造成受热面的热偏差,增加受热表面的飞灰磨损。当高温烟气自锅炉炉膛流向尾部竖直烟井并对所流经各级受热面不断放热,烟气温度因不断放热而逐渐下降,这时烟气中的大量飞灰逐渐变硬,当烟气流经低温受热面省煤器和空气预热器时将受热面形成飞灰磨损,这使得省煤器受热面管壁因飞灰磨损造成管壁减薄、强度下降,从而引起爆管事故以及空气预热器因受热面磨损而引起漏风量增加。煤中含灰量大,锅炉燃烧所形成的烟气中飞灰含量自然就高,为保护火电厂周边的生态环境,则必须减少锅炉烟气中的飞灰排放,加大锅炉电除尘器的除灰出力,这将影响锅炉电气除尘器的工作负担和电能付出。因此从锅炉运行安全、稳定和高效的控制需要以及对环境的保护出发,有必要掌握锅炉所用燃煤的水分含量、低碳链有机性气体又称挥发分的含量、煤中单质碳又称固定碳的含量和煤中灰的含量的相关定量数据信息,以便于定量、可控锅炉的燃烧运行过程。

在火电厂发电生产运行过程中,为快速有效地获得锅炉运行所必需的入炉燃煤基本成分数据信息,我们常采用燃料的工业成分分析方法,在原煤的工业成分分析中,以实际工作需求和数据应用检验效果为燃煤成分分析基础,将原煤认作为由四个成分构成:原煤水分、挥发分、固定碳和灰分(如图2-1所示)。在实际火电厂发电生产过程中,一般把测定煤的水分、挥发分、固定碳和灰分作为入炉原煤成分分析的方法称为煤的半工业分析；如包括硫分和发热量等分析项目，则称为全工业分析。

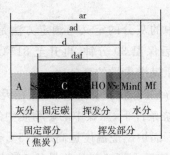

图2-1 燃料成分及元素成分分析各成分基准关系

ar—收到基 ad—空气干燥基 d—干燥基 daf—干燥无灰基 M—水分

Ss—硫酸盐硫 Sc—可燃硫 A—灰分 FC—固定碳 V—挥发分

那么在工业成分分析中这四种成分又是如何定义测量呢？

1. 水分

在工业成分分析测定中原煤的水分分外在水分和内在水分。外在水分是附着在原煤颗粒表面的水分，在实际测定中是指煤样达到空气干燥状态所失去的水分。内在水分是吸附或凝聚在煤内部毛细孔中的水，在实际测定中是指煤样达到空气干燥状态时仍保留下的那部分水分。外在水分与内在水分之和称为全水分。

全水分测定，国家标准规定：将煤样置于鼓风干燥箱内，在一定温度下加热，逐出水分，当达到恒重时，以煤样失去的重量与原煤样重量之比作为原煤的全水分。实际操作中干燥温度一般控制在102℃～105℃，干燥时间保持在2h左右。在称量时应注意原煤颗粒状况，当原煤试样颗粒粒度在6～13mm时，应取500g原煤样进行干燥，干燥完成取出应立刻进行称量，这是因为颗粒粗、样品数量较大，加热后如不趁热称重，会因为样品在冷却时有水分凝结于煤颗粒表面而引起误差。当原煤试样颗粒粒度小于6mm取10～12g煤样进行干燥处理，干燥完成后待其冷却至室温时再称重。

内在水分（分析基水分）测定，与测定全水分一样，将一定重量的经过空气干燥的原煤煤样置于一定温度的干燥箱内进行干燥，求其减重占原煤煤样重量的百分数作为原煤内在水分。

从以上全水分与内在水分测定可以看出，其有效地避免了前述的煤中水分子的全体重量的这一完全无法获得有效数据的原煤水分定义，从绝对意义上说，当对原煤进行加热时，从原煤中析出的并非完全都为水分子，一定含有别种气体成分。但是，当我们依据所测定的数据量在实际应用中的效果检验，规定对原煤煤样加热温度和相应的加热时间限制，这就保证了我们做出实际可测并经过实际效果检验确定的原煤成分定义具备了应用价值，而前述的煤中全体水分子重量之和虽从观念上说精确完满，但在实际应用中却无法实现，不具备可操作性。在工程应用中我们更关心的是数据的可获得性与数据的有效应用价值。

2. 挥发分

现行的国家标准（GB212-77）定义和测定挥发分的方法是：将煤样放入高温炉内，在900℃±10℃的温度下，隔绝空气加热7分钟，待其中的有机物质和部分矿物质热解成气体析出,已失去的重量与原煤样重量的百分比,减去原煤样的全水分后,即为工业成分分析中的原煤挥发分。

3. 灰分

现行的国家标准规定原煤中的灰分的定义与测定方法是:将盛有原煤样的器皿放进高温炉,高温炉的炉温达到 500℃后保温 30 分钟,再升至 815℃±10℃无火焰灼烧 1 小时,原煤样最后所形成的残渣重量与原煤样重量的百分比。

这里需注意工业成分分析方法测定的灰分值比原煤在天然状态下包含的矿物质要小一些,这是因为在 815℃±10℃燃烧条件下,原煤中的矿物质中的结晶水及部分二氧化碳、氯化物等挥发出来。另外实际火电厂锅炉燃烧温度远高于 815℃±10℃,这时还会有部分灰分继续热解或升华变为气体,其减少值最大可达灰分总量的 5%左右,因此锅炉实际排灰量少于工业成分分析测定值。

4. 固定碳

固定碳是工业成分分析的一项重要成分,它与后面将要述及的元素成分分析中的碳不是同一概念,固定碳所含的主要元素是碳,另外还包括少量的硫和极少量未分解彻底的碳氢物质。固定碳是在测定水分、灰分和挥发分后,用差减法求的,它集中了水分、灰分和挥发分的测量误差,所以它是一个近似值。

在火电厂中除上述的工业成分分析中对原煤做四种成分划分定义与测量外,我们经常还会在锅炉各项工程应用计算和燃料化学成分分析中利用所谓元素成分分析数据。煤的元素成分分析是根据化学反应的机理,按照定量分析的原则进行的。它不像工业成分分析那样的规范性测定,而是运用客观规律,设计一个分析方法去获得煤中与锅炉运行密切相关的元素成分的测定方法。它不如工业成分分析简单快捷,但却能为锅炉设计、校核计算和运行生产过程控制提供更为精细的来自燃料数据信息的支持。

在元素成分分析中原煤被看做由 7 个成分所构成,它们分别是:碳、氢、硫、氧、氮、灰分、水分。在元素成分分析中之所以如此划分和定义原煤成分,原因如下。

这是因为煤中的碳是原煤中最为重要的提供热量的物质成分,原煤碳化程度越高原煤中含碳量就越高,有些煤如我国京西某些超无烟煤碳元素含量可高达 97%。这种煤因挥发分含量低,不易着火燃烧,但当原煤燃烧持续进行时燃烧放热量很高,这种煤一般煤质也较硬。而当煤的碳化程度较低时,如一些泥煤与褐煤,煤中含碳量较低,这种煤挥发分含量高,易于着火燃烧,但持续燃烧过程中放热量不高,一般煤质也较软。通常原煤的埋藏地质时间越长,埋藏越深,原煤的碳化程度往往较高;而埋藏较浅,地质年代短,原煤的碳化程度往往较低。原煤中碳的含量多少不仅直接影响原煤发热量的大小,同时也会影响原煤入炉时是否易于着火燃烧。

原煤中氢元素的含量直接反映原煤中挥发分含量的多少,这将直接影响送入锅炉炉膛的煤粉燃烧着火速度。通常原煤碳化程度越高的煤,氢元素含量就相应较低,而原煤碳化程度越低的煤则氢元素含量就相对较高,此外原煤中氢元素含量高也意味着在原煤存储过程中应防止原煤自燃现象的发生,同时在制粉过程中应防止因挥发分高、热风温度控制不当而引起煤粉的自燃与爆炸,危及锅炉制粉系统的设备及运行安全。

原煤中氧元素的含量可以间接反映原煤的碳化程度,含氧量越高则意味着原煤碳化程度越低。

原煤中氮元素含量。因现代火电厂锅炉大多采用室燃煤粉锅炉,燃烧温度高,在锅炉燃烧过程中导致原煤中氮元素反应生成有害气体 NO_x,当 NO_x 随烟气排放到大气中时则将污染大气环境。为防止 NO_x 对大气的污染,现代锅炉常采用烟气脱硝处理,这将增大锅炉运行生产过程中的用电率,增大发电成本。

原煤中硫元素的含量。同样因现代火电厂锅炉大多采用室燃煤粉炉,燃烧温度高,在燃烧过程中会形成 SO_x 物质,这类有害气体在锅炉受热面高温段会促成高温腐蚀的发生,在锅炉尾部受热面低温段则因烟气温度降低,当烟气温度控制不当时,将会形成受热面管壁的低温腐蚀和堵灰;若将其随烟气排入大气则将污染大气环境。为此现代锅炉常安装设置脱硫设备以去除烟气中 SO_x 物质。在实际应用中发现原煤中含硫量与原煤碳化程度无明显关系,而与成煤的地质年代和地质环境有关。原煤中的硫常以 3 种形式存在于原煤中:有机硫、黄铁矿硫和硫酸盐硫,前两种硫参加锅炉燃烧过程,后一种硫则不参加锅炉燃烧直接转化成灰分。

原煤中灰分,是燃料中不可燃部分。原煤中矿物质在原煤燃烧过程中,经过一系列的分解、化合等反应后剩余下的残渣称为灰分。原煤灰分也包括原煤在运输过程中混入的各类矿物质所转化而来的灰分。灰分是原煤中的无用而有害物质,它会导致锅炉高温受热面的结渣(结焦),烟气中的大量飞灰会形成表面积灰,在锅炉低温段各级受热面和锅炉炉膛水冷壁凸出部分形成飞灰磨损,灰分也是导致锅炉受热面高温腐蚀和低温腐蚀的重要因素之一。当原煤中灰分增加会使锅炉入炉煤粉着火燃烧困难,这将使入炉煤粉有效燃烧受到影响。同时入炉煤粉含灰量的增加也将增加锅炉电气除尘器的工作负荷,加重排烟中的飞灰排放,污染环境。

原煤中的水分和燃料中的水分,一种是以游离水的形式吸附在原煤中固体颗粒表面或混合在原煤中;另一种则是以化合方式同原煤中的矿物质结合,形成结晶水。游离水吸附或凝聚在原煤颗粒表面,当环境干燥条件改变时,这一部分水分值会发生变化,我们称为外部水分;而把凝聚在原煤内部和颗粒毛细管中的水分称为内部水分,通常当环境干燥条件改变时其值不发生改变。原煤中水分的存在不仅会影响原煤发热值,而且会对原煤着火、燃烧过程产生重大影响。当水分含量很大的原煤入炉时如未注意落煤控制,将很容易导致原煤斗落煤管的堵煤,高水分的原煤还会使锅炉制粉系统磨煤机的破碎磨制合格细度煤粉量下降,磨煤电耗增加。过低的入炉原煤水分,则在锅炉制粉系统入炉原煤制粉过程中应注意防止因热风干燥煤粉颗粒温度上升而引起的煤粉自燃与爆炸,在煤粉入炉热风输运过程中则应注意因煤粉水分控制不当而导致煤粉的着火提前。这提醒我们在工作中不能简单地以控制参数大小作为标准,而应依据实际具体对象的工作特性,确定控制参数的数据变化范围。原煤水分在火力发电生产过程中必须引起我们运行操控人员的足够重视。

在原煤的元素成分分析中为定量给出分析结果,满足火力发电生产过程的不同需求分析与计算,实际应用过程中将原煤工业成分分析和元素成分分析的结果用 4 种成分分析基准来表达,它们分别是:收到基(ar)、空气干燥基(ad)、干燥基(d)、干燥无灰基(daf)。在早前的有些相关书中它们又分别被称为:应用基(y)、分析基(f)、干燥基(g)、可燃基(r)。

以实际收到状态的原煤作为基准来表示煤中各元素成分的百分比,相应各元素成分称为该元素的收到基成分,各元素成分关系为:

$$C_{ar} + H_{ar} + S_{t,ar} + O_{ar} + N_{ar} + A_{ar} + M_t = 100\%$$

$$M_{ar} + A_{ar} + V_{ar} + FC_{ar} = 100\%$$

其中相关符号定义见图 2-1 中符号说明。

以空气干燥状态下的煤作为基准来表示煤中各元素成分的百分比,即失去了外部水分的原煤作为基准,相应各元素成分称为该元素的空气干燥基成分。

$$C_{ad} + H_{ad} + S_{t,ad} + O_{ad} + N_{ad} + A_{ad} + M_{ad} = 100\%$$

$$M_{ad} + A_{ad} + V_{ar} + FC_{ad} = 100\%$$

以去除全水后的煤作为基准来表示煤中各元素成分的百分比,相应各元素成分称为该元素的干燥基成分。

$$C_d + H_d + S_{t,d} + O_d + N_d + A_d = 100\%$$

$$A_d + V_d + FC_d = 100\%$$

以去除全水和煤的灰分后的煤作为基准来表示煤中各元素成分的百分比,相应各元素成分称为该元素的干燥无灰基成分。

$$C_{daf} + H_{daf} + S_c, d_{af} + O_{daf} + N_{daf} = 100\%$$

$$V_{daf} + FC_{daf} = 100\%$$

不同的元素成分分析基准应用于不同的锅炉设计、校核计算与分析过程中,以便于更好地凸显所面对问题的本质和便于问题的求解与分析。例如,锅炉设计及实际锅炉运行过程中计算锅炉实际燃料消耗量时要求采用原煤入厂时的状态,即以收到基作为燃料的成分数据作为依据,使之符合锅炉的实际运行工作状况;研究煤的组成结构则要采用燃料的干燥基和干燥无灰基作为原煤成分数据的表示基准,以排除水分和灰分的影响。而有时,同一个应用目的又会使用不同基准的燃料分析数据,如讨论煤质特性对锅炉燃料燃烧的影响时,挥发分取用干燥无灰基 V_{daf},灰分用干燥基 A_d,水分取用收到基 M_{ar},而发热量则大多采用收到基发热量,这时就不能把不同基准的分析数据简单相加,而必须通过基准换算。基准换算系数可利用质量守恒关系结合各基准成分定义利用数学关系推导获得。

工作任务

走进锅炉煤质分析实训室,了解掌握原煤工业成分分析的基本工作流程、基本操作方法和相关操作规范,建立对燃煤工业成分分析过程中所使用的分析设备和分析器具的基本认知。

能力训练

结合原煤工业成分分析,通过原煤工业成分分析实训过程操作和基本技能训练,培养学生在完成某一项具体工作过程中对该项目工作流程和相关工程操作规范的足够重视,同时培养学生对完成这一工作的相关分析测量设备和相关器具的作用、性能的自觉认知能力。

思考与练习

1. 何谓工业成分分析?工业成分分析中各成分是如何规范定义并获得相关分析数据的?在相关教师指导下收集一个火电厂到厂原煤工业成分分析的信息,如何确定到厂原煤分析数据的可靠性?

2. 何谓元素成分分析?元素成分分析中原煤由哪几个成分组成?元素成分分析数据有哪几种表示基准?在相关教师指导下收集不同成分分析基准在实际锅炉设计、校核计算和运行控制中的应用。

3. 原煤中硫有哪几种存在形态?试着去收集一下硫分对锅炉运行的危害影响。通常在火电厂中对于烟气中的 SO_x 是如何进行脱硫减排的?你能说出一种火电厂锅炉烟气脱硫方式及工作原理吗?

子任务二 燃煤基本特性参数及燃煤特性对锅炉运行生产过程及环境影响

学习目标

结合到厂原煤的基本特性以及对设备运行安全性、经济性及环境的影响分析,使学生理解和掌握所述燃煤基本工作特性参数的应用意义。

能力目标

通过对到厂燃煤基本工作特性对锅炉(设备)系统燃烧运行安全、经济性影响及环境影响分析,使学生从锅炉发电机组运行安全和经济性角度出发,认识到定义、采集分析和准确量化燃煤相关特性指标数据的原因和重要意义。

知识准备

关键词

燃料发热量(高位发热量) 低位发热量 燃料可磨性系数 灰试验

变形温度(DT) 软化温度(ST)熔化温度(FT) 折算水分($M_{ar,zs}$)

折算灰分($A_{ar,zs}$) 折算硫分($S_{ar,zs}$)

当我们已通过可测的量化实验方法掌握了到厂原煤的相关成分分析数据信息后是否就能凭这些数据信息为锅炉的安全、稳定和高效运行提供有效的、量化的、可控的参数数据信息支持与保证呢?当我们通过工业成分分析或是元素成分分析已知到厂原煤的固定碳或收到基含碳量时,并不能在直观上给我们一个到厂原煤的发热量的大小量化概念,在实际运行中锅炉内可供交换的燃料发热量值并不完全取决于到厂原煤的含碳量的高低，我们常常需依据到厂原煤采样所得的到厂原煤发热量大小进行锅炉燃烧运行控制调整与判断；在大多数火电厂中送入锅炉炉膛的常常不是原煤而是经过锅炉制粉系统磨煤机破碎研磨加工后的具有一定细度和煤粉水分的煤粉，从锅炉制粉系统破碎磨制煤粉工作过程的运行可控角度，单纯依据原煤的收到基灰分、水分及煤的含碳量高低，我们无法直观把握到厂原煤在锅炉制粉系统破碎磨制过程中原煤磨制的难易状况，我们希望能有一个参数指标来直观地反映到厂原煤在锅炉制粉系统中破碎研磨加工的难易程度；在锅炉运行过程中燃烧工况的控制十分重要，我们希望在运行过程中锅炉燃烧能够保持足够高的炉内燃烧温度，以便于煤粉在有限燃烧时间里充分完全燃烧，但是炉膛温度过高常常会引起锅炉炉膛受热面的结焦，造成锅炉出力下降和爆管事故，这就要求我们不仅是已知原煤的灰的成分及原煤中灰的收到基含量，还需对入炉原煤灰的温度特性有进一步的了解掌握；单纯依据原煤的收到基成分不足于帮助我们判断单位时间内锅炉炉膛内入炉原煤其中某一成分总量的多少，而原煤中某些成分的总量的多少又会直接影响锅炉运行过程的安全性和经济性，进而影响锅炉运行参数指标的运行控制调整。

一、燃料发热量

燃料发热量是指单位物量的燃料完全燃烧时，从某一规定起点温度经过某一规定状态变化又回复到这一规定温度的过程中所放出的最大热量，又称为燃料的高位发热量。在这里需要说明的是，这里不是单位质量而是单位物量，是因为在现实生产、生活中，不同物质形态的物质量的计量我们常会采用不同的计量方法，譬如到加油站为汽车加油，我们一定说请给车加多少升汽油，用的是体积量，决不会说给车加多少千克的汽油，对于液体或气体燃料的计量我们惯常用容积去计量；另外在一些燃料相关燃烧反应计算中常出于简化计算而采用千摩尔单位。所以在这里我们的定义是单位物量，既可以是千克，也可为标准立方米或千摩尔，视燃料的物态和计算应用的实际需要而定。为了保证单位物量的燃料发热量值的唯一性、确定性，所以要求完全燃烧，若非如此，则由于不完全燃烧的份额变化不确定，在不完全燃烧过程中放出的热量也必将是一个变化数。当确定为完全燃烧时，对应燃烧状态完全唯一，则此燃烧过程中所放出完全燃烧热量必是唯一和确定的；确定了初始温度经过各种可能过程又回到初始温度原煤燃烧放热量值是不同的，其中最大的那一过程中所放热量值，即为燃料的发热量或燃料的高位发热量。在实际应用中燃料发热量常用符号 $Q_{gr,ar}$ 表示，符号 Q 表示的是到厂原煤的发热量，符号的第一个下标表示高位发热量，第二个下标则表示收到基。在煤粉炉中常用的单位是 kJ/kg 或 kcal/kg，1kcal 等于 4.1816kJ。

在生产实际中原煤的发热量是通过一个叫做氧弹测热计进行测量，如图 2-2 所示。首先通过人工采集或机器采集的方式收集回来原煤，将到厂原煤在实验室条件下做好原煤试样，放入充有 2.5～2.8MPa 的氧弹内燃烧，待完全燃烧后冷却至室温，其间所释放的热量即是该煤样的发热量。

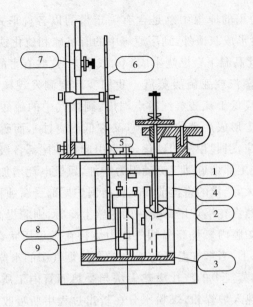

图 2-2 氧弹测热计结构

1—氧弹量热容器;2—浆式搅拌器;3—绝缘底垫;4—双壁外筒;5—顶盖

6—温度计;7—温度计照明装置;8—氧弹;9—坩埚

　　由于氧弹中有过剩氧存在,煤中的硫和氮被氧化成三氧化硫和二氧化氮,并溶解于事先置于氧弹内的水中形成硫酸和硝酸,因此利用氧弹测热计测定的总热量中包括了硫酸和硝酸的形成热,这样测出的发热量称为氧弹发热量($Q_{b,ad}$)。

　　而在锅炉实际燃烧过程中原煤中的硫和氮不一定形成硫酸和硝酸,或形成硫酸和硝酸时其形成热也不一定能利用,因此这部分形成热要去除。除去这部分形成热后的热量值即为燃料的发热量或燃料的高位发热量($Q_{gr,ad}$)。

　　因为测定到厂原煤煤样在氧弹中释放的热量,是以氧弹浸没在一定量的水中,利用燃烧前后的水温差来计算发热量的。实际上煤试样放出的热量不仅被水吸收,而氧弹、内筒、搅拌器、温度计等也都吸收了一定的热量,因此到厂原煤试样放出的热量应该是整个量热系统所吸收的热量总和,而且量热系统与周围环境也在发生热交换。因此,为力求原煤发热量的准确测量,就要辅以各种措施,减少或隔绝氧弹计与量热系统、量热系统与周围环境的热交换,诸如改善实验室的环境,保持恒温及采用绝热式量热计等。

　　在实验室空气干燥条件下通过氧弹测热计所得到的发热量为燃料的空气干燥基高位发热量,而在实际生产应用过程中进入锅炉系统的并非是经过空气干燥后的原煤而是到厂的未经处理的原煤,即处在收到基状态的原煤,因此在得到氧弹测热计测的原煤发热量后,需通过到厂原煤收到基和实验室环境条件下的空气干燥基的转换系数间接获得到厂原煤的收到基发热量

$$Q_{gr,ar}=Q_{gr,ad}\times(100-M_{ar})/(100-M_{ad})$$

　　在火电厂发电生产过程中锅炉炉膛内燃料燃烧并转化为高温烟气的热量真正能够用于锅炉炉内高温烟气与各级受热面内工质间进行热交换的热量是多少呢?在这里首先要说明

一个事实,锅炉燃烧所使用的原煤中总是含有一定量的以各种形式存在的硫,而这些硫元素,除硫酸盐中的硫直接形成灰渣外,到厂原煤中的有机硫和硫化铁硫因锅炉炉膛内燃烧温度高达1600℃左右,如此高温下会燃烧生成SO_2或SO_3,这些有害的气体物质与烟气中的水蒸气结合便会形成硫酸蒸汽或亚硫酸蒸汽。我们实际观测发现硫酸蒸汽的露点温度常在130℃以上,如果烟气温度低于硫酸蒸汽露点温度,则烟气中的硫酸蒸汽将会冷凝在锅炉尾部各级金属受热面管壁上形成严重的酸腐蚀(又称低温腐蚀),而硫酸液的存在又会与受热面上的积灰发生化学反应,引起积灰的硬化,使得引起锅炉尾部各级受热面管壁发生酸腐蚀和堵灰,这将会引起锅炉尾部烟道烟气流动阻力增加,风机电耗增加,排烟温度提高,锅炉发电机组发电生产成本增大,严重的将提前需要更换锅炉尾部受腐蚀积灰的相关受热面管。

为避免烟气中硫酸蒸汽在锅炉尾部受热面管壁上冷凝,则需提高锅炉尾部排烟温度,目前大多数室燃煤粉锅炉炉膛内燃烧高温烟气压力维持在微负压状态下,即在接近于一个大气压状态下,在此种状态下,当烟气温度高于100℃时,烟气中的水蒸气的汽化潜热因无法冷凝释放出来,使蕴含在水蒸气中的汽化潜热无法与受热面管内工质进行热交换。这部分在煤粉燃烧过程初期因加热入炉煤粉,煤粉水分在析出过程中所吸收的高温烟气热量因无法在此后的锅炉各级受热面管内工质进行这部分热量的交换,则在锅炉炉内可与各级受热面管内工质进行热交换的热量实际上只有从燃料发热量(高位发热量)中扣除掉这部分煤粉在着火初期水分析出时所吸收的水蒸气汽化潜热后的热量值,这部分才是可以真正用于炉内各级受热面管内工质热交换的热量,称其为燃料低位发热量,常用$Q_{net.ar}$表示,单位与燃料发热量或燃料高位发热量相同。从以上的分析中我们可以发现,在火电厂室燃煤粉炉中入炉煤粉燃烧所放出的热量在炉内可供各级受热面内工质进行热交换的热量只是燃料的低位发热量而不是燃料发热量或高位发热量。

二、燃料可磨性系数

目前火电厂中大多数锅炉采用室燃煤粉炉,对到厂的原煤需进行原煤的破碎研磨以生产具有一定细度和干燥水分的煤粉。为保证锅炉制粉系统煤粉生产过程的安全、稳定,希望能够掌握综合反映到厂原煤煤质硬度和对磨煤机单位时间内生产满足煤粉设计指标的合格煤粉量相关影响因素的指标参数,定量掌握到厂原煤入炉制粉的难易程度。燃料的可磨性系数正是这一综合指标参数。

在自然风干和原煤实验规定的破碎条件下,将单位质量的标准燃料和被测燃料由相同破碎粒度下磨制到相同煤粉细度所消耗的电能之比,称为被测原煤的燃料可磨性系数

$$K_{km} = E_b / E_x$$

式中:E_b——磨制标准煤所耗电能;

E_x——磨制测试煤所耗电能。

通常标准煤是一种统一规定、制作的难于磨制的煤试样。

有定义可以发现,原煤可磨性系数值越大则意味着该原煤煤质越易于破碎磨制成煤粉,反之则意味着原煤越难于磨制成煤粉。可磨性系数值小并不一定意味原煤煤质硬,只表示原煤难于磨制成煤粉,例如原煤水分较大时常常难于磨制成煤粉。这一点在实际工作中应引起足够重视。

三、灰试验

在火电厂中由于室燃煤粉锅炉炉膛内燃烧温度高,常常会出现由于高温烟气气流控制不当,高温烟气气流冲刷水冷壁管壁或过热器管壁,其中的大量飞灰未完全硬化,具有一定的黏性,当烟气冲刷或流经受热面管壁时飞灰将会黏附在受热面管壁上形成结渣(结焦),在高温对流过热器的受热管组间形成结灰搭桥,严重时会使炉内燃烧工况恶化,甚至会引起大块焦渣落下砸坏锅炉炉膛下部的冷灰斗的水冷壁管而被迫造成停炉。在运行过程中应控制高温烟气温度以保证高温烟气中的飞灰在流经各级受热面管壁时不具有黏性,这一高温烟气控制温度实际上则是通过对到厂原煤的灰试验来确定的。

原煤中多成分的灰没有明确的熔化温度,它的熔融特性常用 $DT(t_1)$、$ST(t_2)$ 和 $FT(t_3)$ 三个特征温度来反映。DT 为灰的开始变形温度,ST 为灰的软化温度,FT 则为灰的熔化温度。

灰的熔融特性的测定采用角锥法,如图 2-3 所示,在实验测定中首先将原煤燃尽后的灰的粉末制成高为 20mm,底边长为 7mm 的直角三角形或等腰三角形,然后将它放在灰锥

| 灰锥的原始形状 | 变形 | 软化 | 熔化 |

特征温度:DT——灰的开始变形温度; ST——灰的软化温度; FT——灰的熔化温度

图 2-3 角锥法测定灰熔点时的灰锥状态

托盘上送入高温加热炉中加热,依规定的速度升温(900℃之前为 15~20℃/min,900℃以后 5±1℃/min),加热炉中保持弱还原性气氛。随着炉温的升高,灰锥的形状将发生变化,如图 2-3 所示定出相应三个特征温度。当角锥顶端尖角开始变圆或弯曲时的温度为变形温度 DT,当角锥顶端弯曲到灰托盘上时或整个弯曲成半球形时的温度为灰的软化温度 ST,当灰完全熔融成液态并在灰托盘上流动或灰锥显著缩小到接近消失时的温度为灰的熔化温度 FT。

灰的熔融特性实验一定要在弱还原气氛中加热进行,因为煤粉在锅炉炉膛内燃烧,在形成灰渣的区域常存在着弱还原性气氛。所谓弱还原性气氛是指,还原性气体(CO、CH_4、H_2)在 1000℃~1300℃范围内的体积百分数为 10%~70%,同时在 1100℃以下时,它们和 CO_2 的体积比小于 1∶1,含氧量小于 0.5%。做灰实验时可以通过在加热炉中封入一定量的石墨粉或通以一定量的氢和二氧化碳混合气体来达到。在弱还原性气氛中灰的 DT、ST 和 FT 会较低,这也更接近实际锅炉炉膛内的运行环境,以此测量灰实验数据应用于锅炉运行安全性分析则更为可靠。

角锥法简单易做,但实际测定更多凭肉眼来观察断定灰锥的状态,准确性较差,需依实际工作经验的不断积累。

实际运行中如果对入炉煤样所做灰实验中测得较低的 FT 可能导致结焦发生，对此应足够地警惕，此外当 DT、ST 和 FT 间隔很大时，例如达 200℃ 称为长渣，间隔很小的，例如 100℃ 左右，称为短渣。长渣凝固慢，短渣凝固快。短渣凝固后内应力大，渣块容易脱落，因此短渣的结焦现象可以减轻。

灰的 DT，ST 和 FT 高低除与原煤的灰的成分有关外，实际观测和分析发现原煤灰的 DT、ST 和 FT 还与在炉膛内单位时间内灰的浓度及烟气中飞灰所处的高温烟气中还原性气体的多少有关。

四、折算水分（$M_{ar,zs}$）、折算灰分（$A_{ar,zs}$）、折算硫分（$S_{ar,zs}$）

为什么当我们已知原煤的元素成分分析数据，在实际锅炉发电生产过程中我们还要引进原煤成分的折算系数？这是因为在锅炉实际运行过程中，依据入炉原煤的元素成分分析数据，不足于帮助我们判断单位时间内锅炉炉膛内原煤水分、灰分和硫分在炉膛内相应总量的多少，而水分总量的多少会直接影响煤粉在锅炉内的燃烧着火以及在烟气中的硫酸蒸汽的数量，继而影响到锅炉排烟温度的控制；灰分的总量多少则会影响单位时间内炉膛灰的浓度，进而影响灰的实际熔融特性温度值的变化，使得当烟气流经受热管束时积灰和飞灰磨损的影响亦增大；硫的总量的多少则会影响锅炉炉内的高温腐蚀、低温腐蚀的危害程度，同时影响到锅炉排烟温度的控制变化。正因为如此我们需要了解掌握锅炉在燃烧过程中入炉煤粉单位时间内相应成分在炉内的总量的多少，以便于更好地控制锅炉实际燃烧运行过程的安全、稳定。

在锅炉实际燃烧运行过程中，当锅炉负荷一定时，单位时间内投入锅炉炉膛的入炉煤粉量的多少则显然取决于投入锅炉炉膛煤粉可用于炉内进行热交换的燃料的发热量值，即如前述对于室燃煤粉为燃料的低位发热量的大小，低位发热量越高则为满足锅炉一定负荷所投入的入炉煤粉量相应减少，低位发热量越低则投入的入炉煤粉量就越多，相应煤粉中某一成分的总量随入炉燃料的增加而增大也就越高。所以我们发现对煤粉中某一成分总量多少的判断，可用原煤元素成分分析中相应的分析数据与煤粉的低位发热量之比来综合定量反映。在实际应用中炉煤粉低位发热量值如用大卡作为单位时表示数值为千位数量级，如用千焦作为单位时低位发热量数值为万位数量级，而煤粉元素成分分析数据为小于 1 的数，二者之比数值过小不便于实际工作过程中入炉原煤相关成分折算系数数据信息交流，为此将二者之比放大 1000 倍或 4187 倍，我们就得到了煤粉相应成分的折算系数：

$$M_{ar,zs} = M_{ar}/Q_{ar,net} \times 1000 \quad \%$$

$$S_{ar,zs} = S_{ar}/Q_{ar,net} \times 1000 \quad \%$$

$$A_{ar,zs} = A_{ar}/Q_{ar,net} \times 1000 \quad \%$$

或

$$M_{ar,zs} = M_{ar}/Q_{ar,net} \times 4187 \quad \%$$

$$S_{ar,zs} = S_{ar}/Q_{ar,net} \times 4187 \quad \%$$

$$A_{ar,zs} = A_{ar}/Q_{ar,net} \times 4187 \quad \%$$

式中：$M_{ar,zs}$——水的折算系数；

　　　　$S_{ar,zs}$——硫的折算系数；

　　　　$A_{ar,zs}$——灰的折算系数。

工作任务

　　让学生通过比对实际入炉煤种煤质的分析数据信息，认识到单纯掌握燃煤工业成分分析和元素成分分析数据，不足以判断某一入厂原煤煤质对锅炉实际运行具体工作过程的影响程度是否仍处在安全的可控范围，是否需做出运行调整才能保证锅炉设备及系统的运行安全。

能力训练

　　收集来自不同矿点的燃煤分析数据，结合火电厂某一典型室燃煤粉锅炉设备及系统，针对某一典型具体设计煤种煤质进行比对分析，引入燃煤折算系数，对不同入厂原煤煤质进行锅炉运行安全性分析，进而给出数据分析结果及相关锅炉设备及系统调整运行的建议方案。

思考与练习

　　1. 结合生产岗位实训，试收集锅炉在运行过程中应特别关注哪些入炉燃料分析数据参数，它们分别用于监控和调节锅炉运行工作过程中的哪些方面？

　　2. 结合生产岗位实训，在指导教师的指导下，利用灰试验注意观察和收集影响入炉原煤灰试验温度的因素有哪些，实际运行过程中应如何有效防止锅炉炉膛内的结焦现象发生？

子任务三　火电厂锅炉基本燃用原煤分类及燃油工作
特性参数指标量值对锅炉运行安全生产过程的影响

学习目标

　　结合到厂原煤煤质特性参数值对火电厂常见典型锅炉运行安全性和经济性影响分析，培养学生对燃煤主要分析数据变化对实际锅炉运行工作状况影响的敏感，进而结合到厂原煤煤质区域特点引入火电厂燃煤分类和相关原煤煤质特点，掌握必要的有助于保证实际锅炉运行工作过程安全的燃油特性参数指标。

能力目标

　　了解和掌握火电厂燃煤分类和相关燃煤煤质特点，以便于在实际工作中具备基本电煤煤质分布及相关煤质特点的知识。了解火电厂锅炉燃油安全使用原则和相关特性参数指标。

锅炉设备与运行

知识准备

关 键 词

无烟煤　烟煤(贫煤、劣质烟煤)　褐煤　泥煤　黏度(恩氏黏度)

闪点　燃点　自燃点　凝固点　硫分与杂质

一、火电厂锅炉用煤分类

目前在火电厂中使用最广的是固体燃料,固体燃料使用最广和最多的是煤炭。在我国,煤炭最早的分类与世界其他国家一样,都是依据以炼焦为主的工业分类,其所依据分类的主要参数指标并不能很好满足火电厂室燃煤粉炉的设计和运行控制对煤质的数据信息需求,如胶质层最大厚度 Y 值,这个指标是反映煤加热时析出的胶质体数量及其稳定性,它决定着焦炭的质量,但是与火电厂锅炉的典型悬浮燃烧方式的燃烧关系不大。又如工业分类法中,煤炭有所谓贫煤与瘦煤,瘦煤可以炼焦,但贫煤则属于非炼焦用煤,但对火电厂室燃煤粉炉的燃烧来说几乎没有什么区别。而在工业分类法中分出的肥煤、气煤、弱粘煤、不粘煤,就火电厂室燃煤粉锅炉燃烧而言同样几乎没有什么本质的区别,都可归属于高挥发分烟煤的同一类别。在火电厂锅炉设计和燃烧运行生产过程中更为关注的是原煤的收到基的低位发热量,因为其数值的高低将会直接影响到锅炉的燃烧过程与运行控制,而这在煤炭工业分类法中并未加以区分,对火电厂锅炉热力工作过程影响十分重大的参数指标,如收到基的灰分 A_{ar}、收到基的水分 M_{ar}、干燥基的硫分 S_d 以及原煤灰的熔融性,在煤炭的工业分类法中都未作为煤炭分类的重要依据参数。对火电厂锅炉用煤来说,这种分类方法远远不能满足火电厂锅炉及其辅助系统的通用设计和运行控制对煤质相关数据信息的需求,对加强发电用煤管理,提高火电厂发电经济效益也缺乏有力的数据信息支持。因此在 1982 年原国家煤炭部和国家水电部共同组织对燃用不同煤种的锅炉的燃烧设计系统规范、设计煤种、煤质、运行安全、经济指标等进行了全面调查,对所收集到的大量的现场统计资料进行了相关数理统计分析,选择对火电厂室燃煤粉锅炉设计、运行影响较大的、基本上是互无依赖关系的独立参数干燥无灰基挥发分 V_{daf}、干燥基灰分 A_d、全水分 M_t、干燥基全硫 $S_{t,d}$、灰的熔融点温度 T 作为火电厂煤粉锅炉用煤的分类特征指标,制订了《发电煤粉锅炉用煤质量标准》。1983 年通过国家标准局的审定,并于 1986 年 10 月正式颁布使用。

在《发电煤粉锅炉用煤质量标准》中将煤炭分为三个类别:无烟煤、烟煤(包括贫煤)、褐煤。

1. 无烟煤

碳化程度最深的煤,含碳量高,一般 $C_{ar} > 50\%$,最高可达 95%,含灰量不高,$A_{ar} = 6\% \sim 25\%$,水分较低,$M_{ar} = 1 \sim 5\%$,发热量很高,一般 $Q_{ar,net} = 25000 \sim 32500 kJ/kg$。挥发分含量很少,通常 $V_{daf} \leqslant 10\%$,挥发分释出温度高,焦炭没有黏结性,着火和燃尽均较困难。燃烧时无烟,火焰较短呈青蓝色。无烟煤表面有明亮的黑色光泽,机械强度高。储存时稳定,不易自燃。

2. 烟煤

碳化程度低于无烟煤,就火电厂室燃煤粉锅炉燃烧而言含碳量最为适中,一般 $C_{ar} =$

40%～60%，少数可达 75%，含灰量不多，$A_{ar}=7\%\sim30\%$，水分较少，$M_{ar}=3\%\sim18\%$，但个别产地的烟煤灰水含量会更高一些。烟煤发热量适中，一般 $Q_{ar,net}=20000\sim30000kJ/kg$。挥发分含量较高，通常 V_{daf} 为 10%～45%，其中 $V_{daf}=10\%\sim20\%$ 的烟煤又可称为贫煤。除贫煤外，烟煤一般着火燃烧较容易。烟煤的焦结性各不相同，贫煤呈粉状，而优质烟煤呈强焦结性，多用于冶金工业。烟煤精选过程中得到的洗中煤和煤泥是劣质烟煤：M_{ar} 为 10% 左右，A_{ar} 高达 50%，$Q_{ar,net}=10000\sim18000kJ/kg$。劣质烟煤常作为火电厂锅炉燃料。

3. 褐煤

碳化程度低于烟煤，含碳量一般 $C_{ar}=40\%\sim50\%$，含灰量很高，$A_{ar}=10\%\sim50\%$，含水分很高，$M_{ar}=20\%\sim50\%$。发热量偏低，一般 $Q_{ar,net}=10000\sim21000kJ/kg$。挥发分含量很高，通常 V_{daf} 为 40%～60%，挥发分释出温度低，所以容易着火燃烧。褐煤外表多呈褐色或黑褐色，机械强度低，化学反应性强，在空气中易风化变质，不易储存和远途运输，在夏季高温时未经处理的褐煤在存储煤场常易发生自燃。

在我国目前探测到的原煤储量中无烟煤占 14.3%，褐煤储量大致与无烟煤储量相当，占 14.1%，烟煤所占比例最大，占我国煤炭保有储量的 62.3%，另有 9.3% 为未分类煤。我国的无烟煤主要分布在华北和西南地区，分别占 54% 和 34%；褐煤主要分布在内蒙古东部地区和云南省；烟煤分布较广，在我国东北、华东、华中、西北地区和内蒙古西部地区都有大量烟煤蕴藏。

在火电厂生产现场我们常常还会接触到贫煤、瘦煤等概念。

贫煤是碳化程度最高的烟煤，干燥无灰基挥发分仅高于无烟煤，干燥无灰基含碳量可高达 90%，干燥无灰基含氢量一般为 4%～4.5%，这种煤燃点高，燃烧时火焰短，但发热量高，燃烧持续时间较长。

瘦煤是碳化程度最高的炼焦用煤。就燃烧而言，瘦煤的燃烧特性与贫煤相类，瘦煤的灰软化温度高，煤质易碎。

长焰煤是碳化程度仅高于褐煤的最年轻的烟煤，其特点是挥发分高，水分仅低于褐煤，在我国长焰煤主要用于火电厂发电和其他动力用煤。它主要分布在东北和西北地区。

了解了在火电厂中电煤的分类，这对于我们在实际工作中能够十分快捷地建立起到厂原煤煤质对入炉燃烧影响的概念是十分有益的。如到厂原煤为无烟煤，而锅炉设计煤种为烟煤，则这十分明确地提醒我们到厂原煤煤质可能无法满足锅炉燃烧运行安全稳定的基本需求。当属同类煤种时，在实际工作中我们应进一步关注实收到厂原煤煤质与锅炉设计或燃烧试验煤种煤质的差别，做出相应运行调整，以便于在实际工作中保证锅炉运行的安全、稳定与高效。对于不同分类电煤性质的了解掌握，也有助于我们在实际运行工作中保证生产工作过程安全、有效地进行。如到厂原煤属褐煤，在天气高温的夏季则应引起我们的注意：在存煤场如不对褐煤进行处理，那么存储在存煤场的褐煤就有可能出现自燃事故。同时高挥发分的褐煤在锅炉制粉过程中干燥热风温度控制不当，极易产生制粉过程中的自燃与爆炸。

二、火电厂燃油

在我国火电厂中锅炉燃用的燃料主要为固体燃料——煤炭，在一些化工或冶金企业的自备发电厂中会使用一些企业生产过程中的工业废气，如冶金企业炼焦的焦炉煤气。燃油在我国国内一般不作为火电厂锅炉常态燃用的燃料,但在火电厂锅炉运行负荷较低,引起燃烧不稳,或是锅炉燃用的实际煤质与锅炉设计煤质或运行试验煤质差别较大时,入炉煤发热量过低,为稳定锅炉燃烧,保证锅炉发电机组的安全、正常运行,我们常常会向锅炉投运燃油。此外为保证锅炉发电机组的正常启动和停运的安全、顺畅,常常也会依运行规程正常投运燃油。正是因为以上诸多运行的考量与需求原因,在火电厂发电生产过程中需要存储和投运燃油,这就需要我们对燃油具备一定的满足火电厂锅炉发电机组正常运行控制的燃油基本指标参数的认知和安全用油常识。

1. 黏度

黏度是反映燃油流动时相应所产生的流动阻力大小。是用来表征燃油流动性的重要参数指标,它对燃油的输送、进入锅炉炉膛燃烧前的燃油雾化、充分有效燃烧有直接的影响。

在实际生产过程中,燃油的黏度大小有多种表达形式:动力黏度、运动黏度和条件黏度。

动力黏度,又称绝对黏度,即两个面积为 $1cm^2$,相距 $1cm$ 的液面,以 $1cm/s$ 的相对速度运动时所产生的内摩擦力。动力黏度常用符号 μ 表示,单位为 $Pa \cdot s$。

运动黏度就是燃油的动力黏度与其所处状态下的燃油的相应密度之比,运动黏度常用符号 ν 表示,单位为 m^2/s。

$$\nu = \mu/\rho = \mu g/\gamma$$

条件黏度就是采用某种黏度计,在规定的条件下所测得的黏度。由于所用的仪器和测定的方法不同,条件黏度的度量有几种不同的方法。常用的条件黏度为恩氏黏度,即用恩氏黏度计测量的黏度值,常用符号 $°E$ 表示,在火电厂发电生产实际应用过程中也有用符号 E_t 表示。恩氏黏度是用某一温度下 $200ml$ 的油样,从恩氏黏度计中流出的时间,与 $20℃$ 时 $200ml$ 蒸馏水流出时间之比来表示的。除恩氏黏度外。还有赛氏黏度和雷氏黏度,但更为常用的是恩氏黏度。

影响燃油黏度的因素很多,主要有以下几个方面:

(1)油的组成成分及其含量。黏度和燃油的组成成分以及各组成成分在油中的比例有直接的关系。燃油中含胶质状物质越多,燃油黏度越大,但不论哪一种燃油,它的黏度都随组成成分的分子量增大而升高。

(2)温度。黏度与温度的关系很大,通常油温升高,燃油黏度下降,油温降低,燃油黏度增大。因此在涉及燃油黏度时,必须说明其时燃油所处温度,如 $80℃$ 的恩氏黏度为 26.2,则表示为 $°E_{80}=26.2$。

黏度与油温的关系通常称为油的黏温特性,用来反映黏度和油温之间关系的曲线称为黏温曲线。但是在实际应用中我们应注意燃油温度对燃油黏度的影响不是均衡的,一般说来,燃油温度在 $50℃$ 以下变化,燃油温度对燃油黏度影响很大;燃油温度在 $50℃\sim100℃$ 变化时,对燃油的黏度影响较小;而燃油温度在 $100℃$ 以上变化时,对燃油的黏度影响就更小。

此外,燃油黏度随燃油温度的变化关系还与燃油的化学组成有关,不同的燃油,黏温特性不同。例如,渣油的黏度随温度变化较大,而含蜡较多的重油不仅其黏度小,而且它的黏温曲线较平坦,即随温度变化时,黏度变化很小。

(3)压力。当压力较低(1~2MPa)时,压力对燃油的黏度影响实际应用中可忽略不计,但当压力较高时,燃油黏度将随压力的升高而发生剧烈的变化。

　　燃油与其他流体一样,在输运过程中,当它流经管道、阀门、弯头和伸缩节等附件时,由于它与管壁间的摩擦、流向改变以及形成漩涡等造成了能量损失,即流动阻力损失。流动阻力损失主要可通过燃油的运动黏度的大小反映,实践发现,运动黏度越大则燃油流动阻力损失也越大。

　　一般,燃油的黏度在 $3°\sim8°E$ 时,才能保证在输油管内顺利输送,这时火电厂中惯常使用的燃油一般需被预热至 $30℃\sim60℃$。在锅炉运行中为保证燃油在锅炉炉膛内的良好雾化,一般要求进入喷嘴时燃油的黏度不大于 $3\sim4°E$(指简单机械雾化)。对于不同种类的燃油,因其黏度特性不同,加热温度也应不同,一般,重油的加热温度不宜超过 $110℃$,否则,易产生"残碳",阻塞雾化器。

　　这里需注意,恩氏黏度值越大则意味燃油流动性越差,流动过程中流动阻力越大,相应油泵所耗电功率值也越高。

　　2. 燃油的闪点

　　当燃油被加热到某一温度时,在燃油表面便会有油气产生,油气和空气混合到某一比例,又有明火接触时,便会产生短暂的闪光。这时的燃油温度称为闪点。燃油的闪点与其馏分中的碳氢化合物的组成有密切关系。燃油的沸点越低,气化性越大,其闪点也越低。燃油中只要含有少量的轻质成分(分子量小的碳氢化合物),就会使燃油闪点显著下降。燃油闪点与燃油所受压力有关,压力升高则燃油闪点上升。

　　燃油闪点反映燃油的着火性能和爆炸的危险性,这关系到火电厂锅炉燃油的贮存、输运和使用的安全。当火电厂锅炉燃用闪点较高的燃油时,可以采用较高的燃油预热温度,如果燃油的闪电较低(如原油),预热燃油的温度就不能过高。为了安全,在火电厂锅炉运行过程中,如是在无压开口容器(开式油槽、贮油罐)中加热燃油,一般应加热到低于闪点 $20℃\sim30℃$;在无空气的压力容器中则无此限制。

　　闪点的测定是在一定条件下加热进行的,测定闪点的仪器有开式和闭式两种。开式测定的闪点要比闭式高,差值一般在 $15℃\sim25℃$。

　　在火电厂中锅炉所用重油依恩氏黏度等级,分为不同牌号的重油。20 号重油闪点温度不大于 $80℃$,60 号重油则不大于 $100℃$,100 号重油则不大于 $120℃$,200 号重油则不大于 $130℃$。

　　3. 燃油的燃点

　　在常压下对某燃油加热,当燃油蒸汽与空气的混合物遇明火能着火连续燃烧(燃烧时间不少于 5 秒)时的最低燃烧温度,称为此燃油的燃点或着火点。燃油的燃点一般要比燃油的闪点高 $20℃\sim30℃$,其具体数值则与燃油的品种和性质有关。

　　4. 燃油的爆炸浓度界限

　　当油蒸汽(或可燃性气体)与空气混合物的浓度达到某个范围值时,遇到明火或温度升高就会发生爆炸,这个浓度范围就称为该燃油的爆炸浓度界限。燃油的爆炸浓度是一个范围值,有上限和下限之分。当燃油蒸汽浓度低于燃油爆炸浓度下限时,由于混合物中可燃物比空气少得多,即使明火接触,也不易着火爆炸;当燃油蒸汽温度高于燃油爆炸浓度上限时,因严重缺氧,混合物也不能着火爆炸。

　　混合物的浓度在燃油爆炸浓度界限内时,具有着火爆炸的危险性,因此在实际生产过程中,应注意避开燃油爆炸浓度界限范围。通常燃油的爆炸浓度界限范围越宽,引起火灾爆炸的危险性就越大,反之则越小。

5. 燃油的自燃点

燃油在规定加热的条件下,不接近外界火源而自行燃烧的现象叫做自燃。燃油自燃时的最低温度称为燃油的自燃点。

燃油的自燃点和它们的燃点没有直接关系。燃油的燃点低,其自燃点未必低。如汽油燃点较柴油燃点低,但汽油自燃点是在 450℃～530℃,而柴油的自燃点在 300℃～350℃。燃油的自燃点随着油压的改变而有所改变,油压越高,其自燃点越低。

一般在火电厂中锅炉燃油常采用柴油,轻质柴油自燃点在 350℃～400℃,重质柴油则在 300℃～350℃。在生产中应引起我们足够重视。

6. 燃油的静电特性

原油和各类油品在流动过程中很容易与空气、钢铁管道和设备产生摩擦,由摩擦生成静电,静电荷在它们的表面上集积和保留相当时间。实际经验数据证明,燃油与输油管道摩擦,燃油在空气中流动和下落时油流的冲击,都能产生很高的静电压。燃油的流动速度越快,所产生的电压就越高,特别在油流从一定高度冲至储油罐底面时,产生的电压会更高。

在一定的静电作用下,绝缘物如原油层等被击穿,就会导致油面上放电而产生电火花,而此火花极有可能引燃油层表面的油蒸汽。静电压越高,其击穿能力就越大,产生的电火花越大,电火花的温度也越高,燃油起火的危险性就越大。但如果在实际工作中能够采取适当的措施及时将所产生的静电荷连续不断地释放掉而不使之积累下来的话,则将可以有效避免这种危险。因此在实际火电厂输油管路、储油罐和相关燃油设备等均须具有良好的接地装置。

从锅炉运行安全和对环境的影响考虑,运行中还应掌握控制燃油的含硫量和燃油中的杂质含量。含硫量会引起锅炉受热面的高温腐蚀、低温腐蚀和积灰,同时也会影响锅炉排烟温度,增加脱硫电耗。燃油中的杂质,可能引起阀门和喷嘴的阻塞、磨损。

工作任务

在指导教师的指导下,结合火电厂锅炉岗位实训,确定火电厂某一典型锅炉型号,收集相关锅炉设备系统资料信息,依据相关资料给出两组不同于该锅炉原设计煤种的燃煤煤质分析数据信息,让学生就锅炉燃烧过程、设备运行安全性、制粉系统工作过程及对节能减排的影响进行分析。

能力训练

培养学生对入炉原煤煤质发生变化,对锅炉运行稳定安全性影响的严重关注警觉力和基本的分析操控技能。

思考与练习

1. 在火电厂中为何要使用《发电煤粉锅炉用煤质量标准》而不用原有的工业煤炭分类标准,从火电厂锅炉实际生产应用需求角度试分析,在《发电煤粉锅炉用煤质量标准》中采用 V_{daf}、A_d、M_t、$S_{t,d}$、原煤灰的熔融性和原煤发热量作为主要分类指标参数的意义。

2. 在我国火电生产中主要以煤炭作为锅炉燃料,燃油通常应用于哪些发电生产环节过程中? 为保证锅炉运行的安全稳定,应主要掌握控制哪些燃油指标参数?

任务二　火电厂典型室燃煤粉炉燃烧生产运行工作过程

子任务一　煤粉特性对火电厂典型室燃煤粉锅炉生产运行过程的影响

学习目标

结合煤粉生产过程和火电厂室燃煤粉锅炉燃料燃烧工作过程,学习和掌握如何保证锅炉制粉和燃烧工作过程的安全与经济效能需求的协调操作。

能力目标

从锅炉制粉系统和锅炉燃烧工作过程安全和经济性角度来认知火电厂室燃煤粉锅炉燃用的煤粉相关工作特性参数指标;学会如何有效保证锅炉制粉系统和锅炉燃烧运行工作过程的安全性和可靠性,提高锅炉燃烧过程的经济效能。

知识准备

关 键 词
煤粉的流动性　煤粉的自燃爆炸性　煤粉的变密度性　煤粉细度
煤粉的均匀性　燃料可磨性系数与燃料对设备磨损系数
哈氏可磨性系数　原煤水分　煤粉水分

在火电厂中 90% 以上的锅炉采用的是悬浮燃烧方式,即在火电厂中最为常见的是室燃煤粉锅炉。这类锅炉并不直接燃用到厂原煤颗粒,而是燃用经过锅炉制粉系统磨煤设备破碎研磨加工生成的满足锅炉燃烧需求的具有一定细度和干燥水分的煤粉。当原煤颗粒被锅炉制粉系统加工磨制成为煤粉,这时煤粉燃料工作特性与原煤颗粒燃料工作特性相比已有了很大变化。通常到厂原煤颗粒不具有流动的特性,而当原煤颗粒被加工磨制成为煤粉时,煤粉便具有很强的流动性。在有些锅炉制粉系统中煤粉输送储存时,可能会遇到煤粉泄漏的问题,造成工作现场既不安全也不卫生,因此必须引起足够重视。通常火电厂所燃用的烟煤为原煤颗粒形态,在自然存储堆积状态下很少会发生自燃爆炸,而在通过制粉系统破碎研磨生成煤粉后,在储存和输运过程中当疏于热风温度控制或由于通风不畅,煤粉常会发生自燃与爆炸。此外煤粉在进入锅炉炉膛后能否及时有效燃烧与煤粉的粗细度、煤粉水分控制有很大关系。无论从锅炉制粉系统单位时间内磨煤设备破碎研磨加工煤粉生产量的多少还是制粉系统设备工作的安全性和经济效能方面考量,都需掌握原煤破碎磨制成粉的可磨性和对设备的磨损性。下面我们结合火电厂中锅炉实际生产过程的工作需求,从安全性和经济性角度,分析探讨掌握煤粉重要特性参数指标的意义与应用价值。

一、煤粉的流动性

原煤常用输出设备如图2-4、图2-5、图2-6所示。当到厂原煤由火电厂燃运输煤皮带,经原煤斗通过落煤管进入锅炉制粉系统,通过锅炉制粉系统磨煤机破碎研磨、热风干燥,被加工成为具有一定细度和干燥水分量的煤粉时,煤粉颗粒表面积较原煤颗粒表面积大幅增加。煤粉颗粒间附着大量空气,每个煤粉颗粒四周均形成一层空气膜,这使得煤粉具有了很强的自流特性,在输运过程或储存过程中将会引起煤粉在密封不严处发生泄漏,造成锅炉运行现场的不安全、不卫生。有时即使停止送粉,煤粉因关断不严也会自动流入炉膛,对锅炉的安全运行造成威胁。同时因煤粉流失而需额外增加锅炉入炉原煤燃料量,这将增大发电燃料成本。另外,因煤粉颗粒具有流动性,在实际锅炉运行过程中必须重视锅炉制粉系统的严密性,在故障小修时严禁随便进入锅炉煤粉仓,以免沉没在煤粉中或因通风不畅而引起煤气中毒。

图2-4 斗轮机将干煤棚内所存储的原煤通过输煤皮带向原煤仓输煤

图2-5 到厂原煤通过燃运输煤皮带栈桥向锅炉制粉系统的原煤斗输煤

图 2-6　火电厂锅炉输煤皮带栈桥

二、煤粉的自燃与爆炸性

当到厂原煤经由输煤皮带、原煤斗、原煤落煤管进入锅炉制粉系统,在锅炉制粉系统内通过磨煤机等设备将入炉原煤颗粒破碎磨制加工成煤粉时,煤粉表面积大幅增加,原煤颗粒中所蕴含的挥发分在原煤颗粒破碎研磨加工过程中大量析出,为保证锅炉燃烧过程的安全稳定,通常在煤粉的磨制加工过程中需对煤粉采用热风或热烟气进行干燥以控制入炉煤粉中所含水分。大量的挥发分的析出和热风所形成的高温有氧环境,当煤粉在输运和存储时煤粉和空气混合至一定浓度时,会因输运过程中的静电火花产生明火或煤粉沉积物的自燃而引发煤粉的自燃与爆炸;锅炉制粉系统内长期积存的煤粉在高温有氧作用下会缓慢氧化放热,如通风不畅,热量集聚温度上升而引燃煤粉中大量易燃的挥发分,也会导致发生煤粉的自燃与爆炸。在一般情况下,对于到厂原煤干燥无灰基挥发分 $V_{daf}<10\%$,多灰多水的煤粉不会轻易发生自燃与爆炸,对大多数烟煤而言,煤粉颗粒较粗,粒径大于 $100\mu m$ 时,自燃与爆炸的可能性也很小。而对一些高挥发分的褐煤,即使到厂原煤未经锅炉制粉系统磨煤机破碎研磨处理,只是被自然堆放在存煤场,时值夏季高温,也仍会发生原煤的自燃,这一点必须引起我们在燃运生产管理过程中的足够重视。当这类原煤入厂存储时应考虑用机械暂时压实或适当浇水降温。为避免煤粉在存储过程中的自燃与爆炸,应注意锅炉煤粉仓的通风降温;煤粉在输运过程中应注意输运热风的温度控制,以防止因风温过高或在输运过程中摩擦静电火花引燃管道内沉积的煤粉,造成自燃爆炸。

在实际生产过程中,为有效防止锅炉制粉系统中煤粉颗粒的自燃与爆炸,在锅炉制粉系统的设计、安装过程中应尽力避免制粉系统流通管路系统内存在流通死角,以防煤粉集积滞留,保持煤粉气流有足够高的流速,从而克服煤粉在流通过程中的沉积。此外,在运行过程中还应防止易燃易爆物混入入炉原煤颗粒中,严格控制磨煤机出口气粉温度,一般情况下:烟煤与褐煤,当原煤水分小于 25% 时,磨煤机磨后温度控制在 70℃ 以下;当原煤水分大于25% 时,磨煤机磨后温度控制在 80℃ 以下;对挥发分较低的贫煤,则磨煤机磨后温度控制在130℃ 以下;对无烟煤,磨煤机磨后温度控制可不受限制。近年来火电厂中锅炉制粉系统常采用直吹式制粉系统,相应制粉系统运行气粉温度控制:褐煤,磨煤机磨后温度控制在 80℃

～100℃以下；烟煤，磨煤机磨后温度控制在80℃～130℃以下；贫煤，磨煤机磨后温度控制在130℃～150℃以下；无烟煤则不受限制。

三、煤粉的变密度性

煤粉的变密度性是必须引起我们重视的安全性指标。实践中我们发现不同的原煤煤质当被破碎研磨加工制成煤粉时，都存在一个极易发生自燃与爆炸的危险气粉混合密度，而这一密度的具体数值与实际生产煤粉细度、煤粉水分、煤中挥发分、输运煤粉的热风中含氧量和输粉热风温度有关。

通常在火电生产运行现场，烟煤与褐煤的气粉混合物在锅炉运行过程中因挥发分较高，制粉系统热风温度控制不当易发生自燃爆炸，它们的最危险气粉混合密度分别为：烟煤，1.2～2kg/m³；褐煤，1.7～2kg/m³。

四、煤粉细度

在火电厂室燃煤粉炉生产运行过程中，煤粉细度是一个直接影响锅炉燃烧控制和锅炉燃烧经济效能的重要指标。通常煤粉在进入锅炉炉膛后燃烧停留时间一定，当加工煤粉过程中煤粉颗粒控制过粗，则在锅炉炉膛内煤粉着火推迟，煤粉颗粒在炉膛内燃烧时间相应缩短，造成煤粉颗粒燃烧不充分，锅炉燃烧效能下降。同时因煤粉颗粒较粗较沉，设计入炉热风无法有效托住入炉粗颗粒煤粉，致使锅炉燃烧高温火焰区下移，这将会危及锅炉炉膛下部冷灰斗处水冷壁管的工作安全；而当加工煤粉过程中煤粉颗粒控制过细，则又将引起细煤粉颗粒着火较设计要求提前，造成锅炉燃烧器喷口附近烟气温度过高，从而引起燃烧器喷口被烧蚀或增加结焦的危险，同时这也会造成锅炉炉膛内燃烧高温火焰区域上移。目前火电厂中典型室燃煤粉锅炉在炉膛上部大都布置悬吊有屏式过热器，火焰上移将影响屏式过热器的运行安全。此外煤粉磨制过细锅炉制粉系统煤粉生产过程中磨煤电耗将相应增加，要有效控制煤粉在炉膛内着火燃烧时间和火焰位置，煤粉细度是锅炉制粉系统运行生产过程中必须有效控制的重要参数指标。

在火电厂中，煤粉细度是通过利用不同的筛孔孔径的筛子进行筛分测量。因此在火电厂锅炉制粉生产应用中对煤粉细度作如下定义：将需测定的煤粉，通过某一特定大小筛孔的筛子进行筛分，将未通过筛孔而残留在筛子上的煤粉质量与进行筛分的煤粉总质量之比，称为相对于这一特定筛子的煤粉细度。

$$R_x = a/(a+b) \times 100\%$$

式中：a——未通过筛子而残留在筛子上得粗颗粒煤粉质量；

b——通过筛子的细颗粒煤粉质量。

R_x下标x指相应筛子的筛孔孔径，一定的筛孔孔径对应一定的筛子规格号。如R_{90}是指筛孔孔径为90微米的筛子，对应的筛子规格号为70。而R_{200}的筛孔孔径为200微米，对应的筛号为30。

由于不同煤种的到厂原煤其硬度常常存在差别，所以要破碎研磨到同样细度煤粉所消耗的磨煤电耗是不相同的。软煤如褐煤和脆性的煤，在相同细度要求下每生产单位量的煤粉，磨煤电耗小，磨煤设备的磨损也较小。而硬煤如无烟煤或水分较大的煤则磨煤电耗较大，一些硬煤对锅炉制粉系统磨煤设备的磨损也较大。

煤粉细度的大小会直接影响到煤粉在锅炉炉膛内的着火燃烧速度和充分燃烧程度。通常煤粉越细小,越有助于着火和充分燃烧,但这也必将会增加锅炉制粉系统的磨煤成本,影响锅炉制粉系统的运行安全,同时着火燃烧提前将造成锅炉燃烧器喷口的烧蚀和结焦,锅炉炉膛内燃烧高温火焰上移。所以依据原煤挥发分大小和煤粉水分控制,结合磨煤电耗与锅炉燃烧效率设计,对不同煤种都有一个煤粉设计综合经济细度值。

在火电厂生产实践中,对燃用烟煤与无烟煤的锅炉,煤粉细度常用 R_{90} 和 R_{200} 表示,而对燃用褐煤的锅炉则常用 R_{200} 和 R_{500} 表示。对于不同种类煤种,长期的火力发电生产实践经验积累总结发现,一般煤粉细度控制推荐范围:

褐煤　　$R_{90}=40\%\sim60\%$

烟煤　　$R_{90}=25\%\sim40\%$

无烟煤与贫煤　　$R_{90}=6\%\sim14\%$

在学习中应注意:煤粉细度值越大,则意味着煤粉越粗,而细度值越小则意味煤粉中细粉颗粒越多,煤粉细度值介于 $0\sim1$ 之间。

五、煤粉的均匀性

煤粉的均匀性是火电厂室燃煤粉炉控制锅炉燃烧过程必须考虑的重要参数指标。锅炉制粉系统通过磨煤机磨制生产出的煤粉均匀性越好,即意味着磨制出的煤粉颗粒尺寸大小越接近。煤粉在锅炉炉膛内的燃烧控制主要是通过风量的组织与调控来实现的,有越多的煤粉颗粒大小彼此接近,并接近煤粉的整体燃烧设计规定的颗粒尺寸,则锅炉燃烧过程的安全、稳定与充分燃烧便越易于通过锅炉入炉燃烧风量的组织与调控来实现。煤粉均匀性的提高,取决于我们在锅炉制粉系统设计中磨煤机的选型和粗粉分离器的选型。通常情况下中速磨煤机磨制出的煤粉均匀性最好,低速钢球筒式磨煤机磨制出的煤粉均匀性好于高速风扇磨煤机所磨制出的煤粉均匀性。磨煤机磨制出的煤粉在送入锅炉炉膛前还需经过粗粉分离器进一步分离,将不合格的粗煤粉颗粒通过回粉管重新送回到磨煤机内研磨。选用何种粗粉分离器,这也将会影响到入炉煤粉颗粒的均匀性。通常情况下回转式粗粉分离器的分离工作效果要高于固定离心式粗粉分离器,但是应注意到回转式粗粉分离器不同于固定离心式粗粉分离器,它在煤粉分离过程中因分离转子的转动是需要额外增加电能消耗的,且因分离转子这一转动件在工作过程中必须注意转动件的润滑维护,而这将限制通过回转式粗粉分离器的热风温度,以保证转动件的润滑正常。这也就意味着热风温度的限制将影响到系统对原煤颗粒水分干燥能力的限制。

煤粉的均匀性可通过下式计算:

$$n=\frac{\lg\ln\dfrac{100}{R_{200}}-\lg\ln\dfrac{100}{R_{90}}}{\lg\dfrac{200}{90}}$$

由于 $R_{90}>R_{200}$,所以 n 值是正值。由上式可知,对一定的 R_{90},n 值越大则 R_{200} 越小,即大多数的煤粉颗粒通过了较粗筛孔的 R_{200},煤粉中粗粉较少。同理,当 R_{200} 一定,n 值越大则 R_{90} 也越大,即大多数煤粉未通过筛孔较小的 R_{90},煤粉中细粉较少,过粗和过细煤粉较少则意味着煤粉颗粒分布较为均匀。

当 n 均匀性指数值越大,则意味着大于 R_{200} 尺寸颗粒少,小于 R_{90} 尺寸颗粒亦少,而大多数煤粉颗粒尺寸介于 R_{200} 和 R_{90} 颗粒尺寸之间。n 值一般介于 0.8~1.5 之间。

六、燃料可磨性系数

在火电厂发电生产过程中,我们已知大多数锅炉都是燃用煤粉的室燃煤粉炉,锅炉燃用的煤粉需通过锅炉制粉系统磨煤机磨制生产。在火电厂中锅炉的制粉系统生产煤粉可有两种形式向锅炉炉膛供给煤粉,一种是将磨制好的煤粉先放在煤粉仓内存储起来,再根据锅炉负荷状况与需求向锅炉炉膛供给所需煤粉量;另一种则是直接将磨煤机磨制出的合格煤粉向锅炉炉膛供给,煤粉生产量根据锅炉负荷状况,通过调节磨煤机磨煤生产量来加以控制。我们知道不同的煤种它们的机械破碎特性是各不相同的,当原煤在运输和存储过程中外来灰量的掺入以及水分的变化都将会影响到磨煤机的合格煤粉生产量。在锅炉设计过程中制粉系统的磨煤机选型常需考虑锅炉设计燃用的煤种及原煤煤质可磨性,并以此确定锅炉制粉系统磨煤机选型,计算出所选用磨煤机磨制规定煤粉细度与干燥水分的煤粉生产量是否能满足锅炉生产负荷变化需求及相应磨煤电耗以测算磨煤经济性。原煤的可磨性除会影响锅炉设计过程中制粉系统磨煤机选型、磨煤机的大小确定,还将会影响运行过程中锅炉负荷变化和磨煤电耗。因此原煤可磨性性能测定与锅炉生产运行的安全、稳定有着十分重要的联系。

原煤的可磨性主要通过测定原煤的燃料可磨性系数来定量反映原煤的软硬和磨制煤粉的难易程度。在我国存在两种燃料可磨性系数标准。一种是前苏联全苏热工所所采用的测量方法,另一种则为欧美等国家采用的哈德罗夫法测定原煤的可磨性系数,二者间存在数据关联。通常在我国更多使用的是前者,所以我们惯常将之称为原煤的燃料可磨性系数,而将后者称为哈氏可磨性系数。

那么什么是燃料可磨性系数呢?煤是一种脆性物质,在机械力的作用下可以被粉碎研磨成煤粉。煤的可磨性标志——粉碎研磨煤炭成粉的难易程度,可以通过研磨煤粉所消耗的功量与原煤产生的新表面的面积量建立关联。

在实验室风干、破碎条件下,将单位重量的标准煤和入炉原煤试样由相同的初始破碎粒度磨制到某一规定煤粉细度时所消耗的电能之比,称为该试验原煤的燃料可磨性系数。

$$K_{km} = E_b/E_x = ((\ln 100/R_{90x})/(\ln 100/R_{90b}))^{1/p}$$

式中:E_b——磨制标准煤消耗的电能;

E_x——磨制试验原煤消耗的电能。

燃料可磨性系数与哈氏可磨性系数间关系为:

$$K_{km} = 0.0034(HGI)^{1.25} + 0.61$$

燃料可磨性系数值越大则意味着原煤越易于磨制成煤粉,而燃料可磨性系数值越小则意味着原煤越硬或难于磨制成粉。原煤的可磨性系数一般具有可加成性,混合煤的可磨性系数可由其混合煤的可磨性系数按加权平均计算出来。这在实际应用中具有很重要的意义。

入炉原煤燃料可磨性系数值越小,是否意味着原煤越硬,对磨煤设备的磨损就越严重呢?在生产实际过程和原煤实验中发现并非必然。当煤中水分较大时,原煤的燃料可磨性系数会降低,而一些脆性度较高的原煤十分易于成粉,燃料可磨性系数值较大,但常常对磨煤设备有很大磨损。燃料的可磨性系数与燃料对设备的磨损系数并不存在必然联系,易于成粉的煤未必软,而难于成粉的煤未必硬,这必须依据实际测定数据进行判断。这一点在实际工作中,万不可自以为是,以为硬煤便是难磨之煤,难于成粉;软煤便是易于成粉之煤。

七、原煤水分与煤粉水分

在许多人看来,由于锅炉制粉系统对所磨制的入炉原煤进行水分干燥,故而对锅炉炉膛内的煤粉燃烧不存在必然的影响,但是原煤水分的大小会直接影响锅炉制粉系统的工作安全。当原煤水分较大,锅炉高负荷运行时,给煤机向磨煤机供煤量很大,湿煤易结团,极易造成原煤斗落煤管的堵煤,磨煤机进口因落煤不均匀也易形成堵煤事故。堵煤是一个我们在工作中必须重视的问题,而造成堵煤的一个极重要原因便是原煤水分过大。哪些因素会造成原煤水分的增加呢?人为的加水、长时间的下雨和原煤中较大的灰泥量都会使原煤水分增加。干煤棚的设置便是为火电厂减少因雨水变化对入炉原煤水分值的影响。在沿海地区干煤棚的存在则也可有效规避台风的影响。

入炉煤粉的水分是一个会直接影响锅炉炉膛内煤粉着火燃烧的重要因素。煤粉水分量较大会引起锅炉炉膛内煤粉着火燃烧推迟,降低锅炉煤粉燃烧效能;煤粉水分过大还会引起粉仓内煤粉的结块和落粉管落煤不畅,进而引起入炉煤粉分配不均。在锅炉运行中如煤粉水分值控制过低,则对高挥发分的褐煤易产生输运过程中的自燃与爆炸,影响锅炉制粉系统的运行安全。此外当煤粉水分值偏小,还将会引起煤粉着火提前,危及锅炉燃烧器喷口的安全。入炉原煤磨制成煤粉的过程中,锅炉制粉系统内将通入一定量具有一定温度的热风。热风在锅炉制粉系统内具有两个任务,其一干燥原煤使原煤易于制粉,同时控制煤粉水分以保证煤粉在锅炉炉膛内的有效燃烧;其二则是为了有效输运锅炉制粉系统磨制出的合格煤粉,将煤粉直接送入锅炉炉膛燃烧或送入锅炉制粉系统煤粉仓内存储起来。如果煤粉水分控制不当,在锅炉制粉系统煤粉仓内则将会引起煤粉的结块,煤粉管路的堵塞不畅。当水分值偏小,挥发分析出过多时,热风气温偏高,易引起自燃与爆炸,这将危及锅炉制粉系统的运行安全和制粉系统管道有效密封性。

煤粉的工作特性指标是保证锅炉制粉系统安全和经济性运行以及保证锅炉制粉系统所生产煤粉在锅炉炉膛内有效和稳定燃烧的重要控制依据和参考运行指标信息。

工作任务

针对某一特定矿点原煤煤质,结合火电厂某一典型锅炉制粉系统,试分析煤粉细度变化对锅炉制粉系统和锅炉燃烧工作过程的影响及煤粉的均匀性对火电厂典型室燃煤粉锅炉燃烧过程控制的影响。

能力训练

结合火电厂中常见典型锅炉制粉系统,试就煤粉细度和均匀性对锅炉燃烧运行工作过程的影响,分析如何有效控制煤粉细度和均匀性。

思考与练习

1. 你能说出煤粉有哪些重要工作特性指标参数吗？各工作特性指标参数分别针对锅炉制粉及锅炉燃烧工作过程的哪些方面，其数值的大小变化对锅炉制粉及锅炉燃烧具有哪些安全、经济方面的重大影响？

2. 通过对煤粉变密度与煤粉自燃爆炸之间关系的学习，试独立地收集相关资料，明确不同煤质煤粉危险密度与自燃爆炸的关联，拟定一个锅炉制粉和存储安全的有效方案。

3. 你认为在锅炉运行过程中，不同煤质的煤粉细度主要取决于哪些锅炉运行需求？从安全、经济两个方面该如何确定煤粉的经济细度？

4. 何谓燃料可磨性系数？在目前我国的火电厂生产过程中，常应用哪两种燃料可磨性指标，二者是如何关联的？我国的大多数火电厂所用原煤燃料可磨性系数值在怎样的数值范围内？对可磨性系数指标在锅炉生产和锅炉设备系统设计过程中有哪些具体应用和考量？

5. 煤粉水分的控制是保证锅炉制粉和燃烧系统运行安全、经济的重要指标，你能具体说出是哪些方面吗？当挥发分值偏高而原煤水分又较大时，如何进行既保证煤粉干燥又能防止煤粉的自然与爆炸的运行工作方案？

子任务二 火电厂锅炉制粉系统及生产运行工作过程

学习目标

了解掌握到厂的原煤被磨制成煤粉的生产工作流程及生产工作过程原理；了解掌握相关制粉系统及设备的组成、工作特性与不同锅炉制粉系统间的工作特性差异；了解掌握锅炉制粉系统的运行安全生产规范。

能力目标

通过对火电厂锅炉制粉生产过程及不同锅炉制粉系统中各设备的作用、性能结构、系统构建、相关工作性能的分析比较，培养学生在掌握设备性能结构基础上对相互关联设备所构建的总的制粉系统工作特性和系统运行技术缺陷有所了解，进而完善和优化缺陷设备的设计性能，同时在设备运行巡检和检修时注意易出现故障的相关设备性能。

知识准备

关 键 词

直吹式制粉系统　中间储仓式制粉系统　正压中速磨直吹式制粉系统
负压中速磨直吹式制粉系统　热风干燥直吹式制粉系统
热风炉烟干燥直吹式制粉系统　双进双出钢球式直吹式制粉系统
中间储仓式热风送粉制粉系统　中间储仓式乏气（干燥剂）送粉制粉系统
乏气　三次风

目前火电厂中90%以上的锅炉采用的是控制入炉热风风量与风速、有效组织炉内燃烧空气动力场、使入炉煤粉在锅炉炉膛内有效悬浮燃烧的燃烧方式，即室燃煤粉锅炉。这类锅炉并不直接燃用到厂原煤而是燃用经过锅炉制粉系统加工生成的具有设计规定细度和干燥水分的煤粉。那么在火电厂发电生产过程中锅炉燃烧的煤粉又是如何由到厂原煤颗粒被破碎磨制成煤粉的呢？在前面我们已经知道这一生产过程是在锅炉的制粉系统内完成的。锅炉的制粉系统在火电厂中常见的有两大类：直吹式制粉系统和中间储仓式制粉系统。直吹式制粉系统就是依据锅炉负荷将锅炉制粉系统内磨煤机所磨制出的合格煤粉直接送入锅炉炉膛燃烧的锅炉制粉系统；而中间储仓式制粉系统则是依据锅炉燃烧负荷需求，利用制粉系统的煤粉仓的冗余煤粉功能而不必与锅炉运行负荷保持一致，对所生产出的合格煤粉先进行气粉分离，储存在煤粉仓内，再依据锅炉负荷及相应燃烧工况需求向锅炉炉膛供给燃烧所需煤粉的锅炉制粉系统。在直吹式制粉系统中磨煤机所生产的合格煤粉量与锅炉负荷、燃烧所需煤粉量在运行过程中始终保持一致，这也就意味着磨煤机的磨煤负荷或所磨制合格煤粉量应随锅炉负荷对煤粉需求的变化而变化。而在中间储仓式制粉系统中磨煤机的煤粉生产量与锅炉运行负荷没有直接关联，磨煤机所生产的合格煤粉是先在锅炉制粉系统煤粉仓内存储起来，锅炉实际运行负荷所需入炉合格煤粉量依据锅炉负荷所相对应的燃烧需求定量供给锅炉炉膛所需煤粉，再通过排粉机或一次风机向锅炉炉膛输粉，通过锅炉燃烧器喷口利用热风吹送入锅炉炉膛内燃烧。这种磨煤机工作状态无需与锅炉实际燃烧运行负荷保持一致，这就保证磨煤机可以始终保持在最佳磨煤工作状态下，提高磨煤运行经济效能。

通常锅炉直吹式制粉系统依其所配磨煤机的不同可分为：与中速磨煤机相配的正压直吹式制粉系统和负压直吹式制粉系统；与高速风扇磨相配的热风干燥和热风炉烟干燥直吹式制粉系统。随着火电厂设备制造技术和控制技术的不断提高，目前在火电厂中有与双进双出低速钢球磨相配的直吹式正压制粉系统和改进的半直吹式正压制粉系统。

中间储仓式制粉系统又可分为热风送粉和乏气送粉中间储仓式制粉系统两种。

首先我们来看一下直吹式制粉系统的工作过程。目前在大多数火电厂中较多倾向采用与中速磨煤机相配或与双进双出低速钢球磨煤机相配的直吹式正压制粉系统。

与中速磨煤机相配的正压直吹式制粉系统如图2-7所示，原煤通过原煤斗经给煤机向磨煤机供煤，供煤量依据锅炉实际运行负荷对入炉原煤量需求控制。而外部空气通过送风机被送入锅炉空气预热器空气侧，通过回转式空气预热器受热金属波纹板将烟气热量传递给空气，空气吸收锅炉尾部烟气余热被加热成为具有一定温度的热风，热风在直吹式制粉系统中被分为两路，一路作为二次风通过锅炉燃烧器二次风喷口直接吹送入锅炉炉膛用于入炉煤粉的燃烧助燃，另一路则通过高温一次风机作为一次风被送入中速磨煤机内，它的作用：其一用于干燥中速磨煤机内原煤水分，使煤粉达到设计燃烧运行规定的煤粉水分量值；其次用于将磨煤机内所磨制煤粉输运出磨煤机送入粗粉分离器，在粗粉分离器内不合格的粗煤粉颗粒从煤粉气流中被分离出来，重新送回到磨煤机内进行磨制，而合格细度煤粉则被高温一次风机的热风通过锅炉燃烧器一次风喷口直接吹送入锅炉炉膛燃烧。正压直吹式制粉系统，因风机布置在磨煤机之前，目前大多数火电厂锅炉炉膛燃烧气压控制在接近于大气压的微负压工作状态。从锅炉炉膛燃烧烟气气压接近一个大气压可以判断磨煤机内及连接锅炉炉膛燃烧器的管道内的气流工作压力一定高于锅炉炉膛工作环境大气压力，即磨煤机与输粉管道内工作压力大于锅炉运行环境大气压为正压。这就要求对于正压制粉系统设备及送粉管道的密封要求高,否则磨煤机内和管道内煤粉会大量外泄,造成煤粉流失和工作现场环境不卫生,同时大量煤粉的泄漏与集积也会引起现场工作的不安全。由于高温一次风机布置在磨煤机之前,一次风机是转动设备,则在工作运行时必须考虑转动件的润滑,而润滑油的正常使用需考虑其适用的有效油温工作范围,这将限制进入高温一次风机的热风温度,从而也就限制了热风对入炉原煤及煤粉的干燥能力,这对一些高水分、高挥发分的入炉原煤磨制合格煤粉是一个需要考虑的问题。以前由于火电厂设备制造和检修工艺水平低下,密封工作难于做到很好符合现场的工作需求,所以许多直吹式制粉系统均采用负压直吹式制粉系统。负压直吹式制粉系统如图 2-8所示,在此图中我们可以发现高温一次风机从磨煤机前被改为布置安装在磨煤机后,并被称为排粉机。之所以被称为排粉机这是由于原来布置在磨煤机之前通过风机的流体仅为热风,而当被布置安装在磨煤机之后,通过风机的流体是气粉混合物,故而改称为排粉机。由于风机布置在磨煤机之后,由炉膛微负压的工作状态可以判断磨煤机内压力及相应连接管道内工作压力低于锅炉系统工作现场的环境大气压力,这在密封条件存在一定问题时,可以保证煤粉不大量外泄,维持工作现场的安全、卫生,但系统漏风量增加,会影响锅炉燃烧效能、增大锅炉尾部排烟量和引风机电耗。同时由于有大量的气粉混合物通过排粉机,易引起排粉机的磨损,在正压直吹式制粉系统中则无此问题。

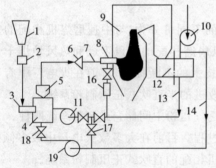 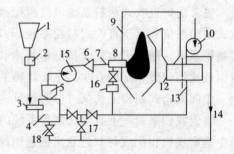

图 2-2-1 正压直吹式制粉系统　　　　图 2-2-2 负压直吹式制粉系统

1—原煤斗;2—自动磅秤;3—给煤机;4—中速磨煤机;

5—粗粉分离器;8—燃烧器;10—送风机;

11—一次风机;12—空气预热器;15—排粉机

　　中速磨煤机由于其自身结构特点所带来的局限,对于一些高水分的原煤和入炉原煤煤质硬度变化较大的工作条件下常无法保证锅炉制粉系统的正常工作,为满足这一特定的工作需求,在目前火电厂锅炉制粉生产过程中引进了双进双出低速钢球磨煤机,利用它取代原有中速磨煤机,构成与双进双出低速钢球磨煤机相配的正压直吹式制粉系统,其工作流程与中速磨煤机相配的正压直吹式制粉系统十分相似,如图 2-9所示,原煤通过原煤斗经给煤机由落煤管从磨煤机两侧落入磨煤机筒体内,双进双出低速钢球磨煤机结构如图 2-10所示,在磨煤机内磨煤机两头热风对冲,这十分有利于磨煤机内原煤与煤粉的干燥,同时也有利于落煤沿磨煤机筒体轴向的均匀分布,促进了磨煤机内磨煤效能的充分发挥,提高了磨煤经济性。磨煤机磨制出的煤粉通过螺旋带利用热风送入粗粉分离器,在粗粉分离器内将不合格的粗煤粉颗粒从煤粉气流中分离出来,通过回粉管重新送回磨煤机内磨制。由于一次风机布置在磨煤机之前,所以锅炉制粉系统内磨煤机和系统输粉管道内工作压力高于环境大气压力,对于实际运行制粉系统必须注意系统磨煤设备与输粉管路的密封性,以防止煤粉外泄,保证实际运行工作现场的安全、卫生。

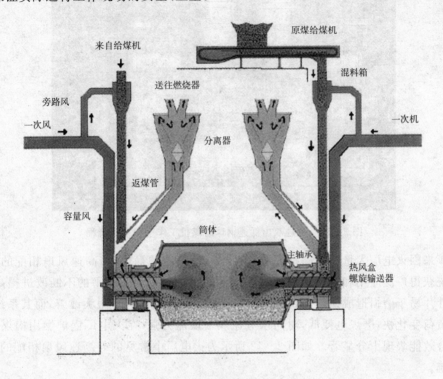

图 2-9 双进双出低速钢球磨煤机正压直吹式制粉系统

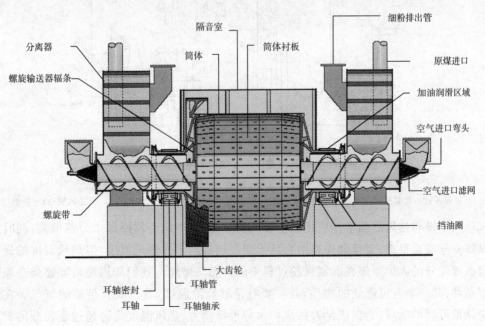

图 2-10 双进双出低速钢球磨煤机结构

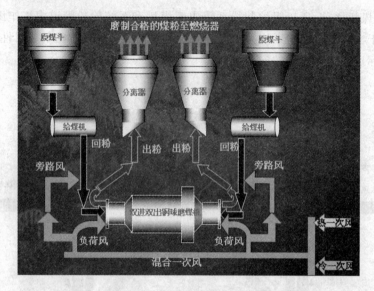

图 2-11　双进双出低速钢球磨煤机工作过程系统流程

近年来因火电厂大量燃用高挥发分、大水分、低热值的褐煤,与高速风扇相配的直吹式制粉系统获得广泛应用和发展。由于材料技术和风扇制造工艺水平的不断改进提高,以往风扇磨叶片易于磨损造成锅炉制粉系统工作不稳定的问题已有了很大改善,而其系统简单,随锅炉负荷变化快,磨煤电耗低,对高水分原煤干燥能力强,在火电厂锅炉燃用褐煤生产过程中综合效能表现十分显著。如图 2-12 所示为火电厂中常见的与高速风扇相配的直吹式制粉系统。

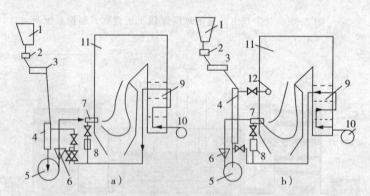

图 2-12　与高速风扇相配的直吹式制粉系统

a)热风干燥直吹式制粉系统;b)热风炉烟干燥直吹式制粉系统

1—原煤斗;3—给煤机;5—高速风扇磨;6—粗粉分离器;7—燃烧器;9—空气预热器;10—送风机;12—抽烟口

热风干燥与热风炉烟干燥应用最主要区别就在于:当所磨制原煤水分值偏高,同时入炉原煤挥发分值也很高,要保证煤粉的有效干燥必须提高干燥热风温度,但热风温度的提高易引起高挥发分的入炉原煤在磨制煤粉过程中的自燃与爆炸。我们知道燃料要燃烧必须满足几个条件:其一要有可燃烧的物质,其二要有足够高的温度,其三要有足够的氧气。在这里煤粉就是可燃的物质,为保证足够的煤粉水分干燥能力,热风温度将会超过挥发分的着火温度,这将会导致锅炉运行的不安全。要想有效防止煤粉在运行过程中的自燃与爆炸则只有降低热风中氧气的含量,而采用在热风中掺入热烟气的方法既能保持对煤粉的干燥又能有效防止煤粉在制粉系统运行过程中的自燃与爆炸性。

2000 年以前在国内的火电厂中我们见到更多的锅炉制粉系统是中间储仓式制粉系统。这是因为在那个时候火电厂的发电机组的装机容量远远低于社会对火电厂发电量生产的需求,单台锅炉发电机组年发电小时数和发电负荷量都很高;在火电厂制粉系统设备的制造工艺与技术上远不能满足火电厂实际发电生产过程对锅炉制粉系统设备的工作稳定性和可靠性的要求;在实际生产运行技术和调节控制上更多关注的是锅炉发电机组系统运行的稳定性。而中间储仓式制粉系统恰好能够满足这种实际需求。煤粉仓的存在使得磨煤机出现故障时可以利用其他制粉系统磨煤机或是本制粉系统内其他几台磨煤机增加煤粉生产量,磨煤机单位时间内煤粉的生产量与锅炉实际运行负荷变化无关。当采用低速钢球磨煤机可以使磨煤机始终运行在最佳磨煤运行工作状态下,同时当到厂原煤煤种煤质发生较大变化时对磨煤机的运行工作稳定性和安全性影响不大。中间储仓式制粉系统的工作系统如图 2-13、图 2-14 所示。

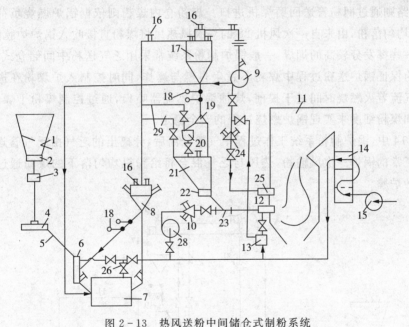

图 2-13　热风送粉中间储仓式制粉系统

1—原煤斗;3—自动磅秤;4—给煤机;7—磨煤机;8—粗粉分离器;9—排粉机;
12—燃烧器;14—空气预热器;15—送风机;17—细粉分离器;18—锁气器;19—切换阀;
20—螺旋输粉机;21—煤粉仓;22—给粉机;25—三次风口;28——次风机;29—吸湿管

从图 2-13 中我们可以看到入炉原煤从原煤斗 1 由煤闸门 2 通过自动磅秤 3 到达给煤机 4,并通过给煤机依据磨煤机单位时间内所需磨制的煤粉量向磨煤机供给一定量的原煤并均匀落煤。锅炉制粉系统与锅炉燃烧过程所需热风通过送风机 15 将大气中的空气吸入,送入锅炉空气预热器 14 的空气侧吸收锅炉尾部烟气余热,使吸入的冷风被加热成为具有一定温度的热风。热风分两路:一路作为助燃的二次风由二次风箱 13、锅炉燃烧器 12 的二次风口直接进入锅炉炉膛;另一路则送入锅炉制粉系统磨煤机 7 用于煤粉磨制过程中的煤粉干燥。当煤粉达到一定细度时则又起到将煤粉颗粒输送出磨煤机,送入粗粉分离器 8 进行分离,将不合格的粗煤粉颗粒从煤粉气流中分离出来,通过粗粉分离器到磨煤机进口的回粉管,重新送回磨煤机内继续研磨。合格煤粉则通过送粉管被送入细粉分离器 17,在细粉分离器内气粉混合物被进行气粉分离,分离出的煤粉经落粉管落入煤粉仓 21 储存起来。气粉分离后的热风被称为乏气。

在这里需要说明的是热风送粉一般用于原煤挥发分不高的无烟煤或一些低挥发分的劣质烟煤。其中在细粉分离器内气粉分离后,分离出的热风中仍含有 5% 的细煤粉。为回收这 5% 的细粉进行了如下处理,其一将乏气直接送入锅炉炉膛内燃烧,此时送入锅炉炉膛的乏气称为三次风,因其中含有大量的水分,当送入锅炉炉膛燃烧时常常会影响锅炉炉膛内燃烧过程的稳定性。为减少三次风的送入对锅炉炉膛内燃烧过程的影响,通常将三次风喷口布置在锅炉燃烧器的顶部,但这样有时又会因控制不当引起火焰上移危及悬吊在锅炉炉膛上部的屏式过热器的安全。其二将一部分乏气通过再循环管送回磨煤机,对磨煤机的磨内温度进行调节控制。

图 2-13 中,气粉分离后的乏气正是通过排粉机 9,一部分作为三次风直接吹送入锅炉炉膛,另一路则通过回粉管送回磨煤机进口。煤粉仓内煤粉则依据锅炉燃烧负荷需求通过给粉机 22 均匀落粉,由来自一次风机 28 的一次风热风将煤粉直接吹入锅炉炉膛内燃烧。

对于一些挥发分较高的烟煤,一般锅炉制粉系统常采用乏气送粉中间储仓式制粉系统。正如前述为保证锅炉送粉过程中煤粉不发生自燃与爆炸,同时控制入炉煤粉在进入锅炉炉膛时煤粉气流着火燃烧时间过于提前,烧蚀锅炉燃烧器喷口,通过控制煤粉干燥水分、输粉热风温度和煤粉细度来实现锅炉燃烧过程的安全稳定。

图 2-14 中,锅炉制粉系统工作过程中气粉分离后,分离出的乏气由乏气管送入排粉机 9,为保证正常的锅炉一次风输粉,热风与乏气混合将给粉机均匀落下的煤粉通过一次风管吹送入锅炉炉膛。

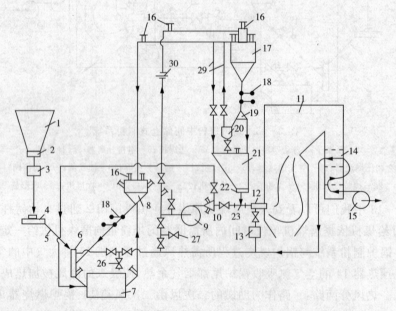

图 2-14　乏气送粉(干燥剂)中间储仓式制粉系统

无论是热风送粉还是乏气送粉,中间储仓式制粉系统较前述的直吹式制粉系统来说,无论在系统的构成复杂性上、制粉系统投建的费用上,还是在制粉设备系统的布置难度与所占空间上都远高于直吹式制粉系统,但它的最大好处是在运行人员素质水平不高时,能最大限度维持锅炉制粉系统运行的安全稳定性。同时因多数情况下所配磨煤机为低速钢球磨煤机,在入炉煤种煤质变化较大时能最大限度地保证磨煤机的工作稳定与安全。当然它的设备投资大,运行成本高,增大了锅炉发电运行的相应生产发电成本。安全、稳定与经济效能的提高是一个在生产实践中我们必须综合考虑的复杂问题。

工作任务

给出一种类无烟煤和类烟煤煤质指标,让学生就直吹式制粉系统来说应如何选择磨煤机类型,从锅炉机组所带负荷状况、设备投资、设备布置空间状况及煤质等影响因素进行综合分析,完成磨煤机选型和系统架构。

能力训练

培养学生在掌握系统设备各自工作性能基础上结合工作需求和实际工作状况来合理选择系统架构,有效规避相互关联设备可能引起的系统技术缺陷和运行问题,从而具有在系统安全性和经济性间进行平衡抉择的能力。

思考与练习

1. 结合火电厂专业认知实训,试对直吹式制粉系统与中间储仓式制粉系统的工作特点与存在的主要问题进行比较分析,提出你的改进设想。

2. 你认为在锅炉制粉系统直吹式与中间储仓式制粉系统选择及磨煤机的选型上,我们应重点考虑哪些因素? 锅炉年运行小时与负荷量,锅炉燃用煤种是否持续稳定,煤质灰分、水分,设备初投资费用、运行人员素质等,你是如何考虑的?

3. 在老师指导下,请你独立进行资料收集,结合锅炉直吹式制粉系统的风机布置,完成说明采用三分仓空气预热器的原因,以及它带来的好处与问题。

子任务三 火电厂锅炉制粉系统主要设备结构与工作特性

学习目标

结合火电厂锅炉制粉系统主要设备结构进行工作性能和操作运行工作规范的讨论认知,同时分析其因特定的结构和系统布局所导致的工作性能的局限,并知晓在实际工程应用中如何有效控制和规避设备运行风险,了解掌握针对典型的锅炉设计煤种煤质所采用的锅炉制粉系统主要设备选型方案和其中各主要设备的常见组合方式、性能特点和运行参数控制调节特点。

能力目标

培养学生掌握制粉系统主要设备具体结构和工作特性,并了解在制粉系统中不同组合方式将会引起制粉系统工作性能的改变和可能导致制粉系统相关设备技术的限制与缺陷问题,培养建立合理的系统设备配置和合理有效的运行参数调节控制将有助于改善控制制粉系统主要设备技术限制和有效克服设备缺陷的认知,使学生具有正确探索系统设备配置、合理调控系统运行参数和技术革新的理念。

知识准备

关 键 词

磨煤机　低速磨煤机　中速磨煤机　高速磨煤机　磨煤出力
干燥出力　给煤机　粗粉分离器　细粉分离器　给粉机
锁气器　螺旋输粉机

在火电厂发电生产过程中,要保证发电生产的持续稳定,就必须保证锅炉燃烧生产过程的安全、稳定。锅炉制粉系统生产过程的运行安全、稳定是保证锅炉燃烧生产过程的安全稳定的重要前提之一。锅炉制粉系统是由许多设备构成,其中一些设备的工作性能将会直接影响锅炉制粉系统生产过程的运行工作特性,下面我们就来探讨一下锅炉制粉系统的主要设备的结构、工作原理、工作特性与存在的问题。

一、磨煤机

在锅炉制粉系统中磨煤机是最为关键的设备之一。锅炉制粉系统生产过程是将入炉原煤颗粒尽可能地依据锅炉燃烧运行负荷需求均匀投入到磨煤机内,在磨煤机内投入的原煤颗粒经过磨煤设备的破碎研磨被磨制加工成具有设计要求的一定细度的煤粉,在完成煤粉加工过程的同时将具有一定温度的热风通入磨煤机内完成对入炉原煤干燥和煤粉水分的干燥和控制。

目前在火电厂中锅炉制粉系统中常用的磨煤机按其工作转速可分为三类:

低速磨煤机:工作转速在 15~25r/min,常见的有单进单出低速钢球筒式磨煤机、双进双出低速钢球筒式磨煤机。

中速磨煤机:工作转速在 50~300r/min,常见的有平盘中速磨(辊盘式 LM 型磨)、碗式中速磨(辊碗式 RP 型磨、HP 型磨)、球环式中速磨(E 型磨)、辊环式中速磨(MPS 型磨)。

高速磨煤机:工作转速在 500~1500r/min,常见的有高速风扇磨煤机和高速锤击式磨煤机。

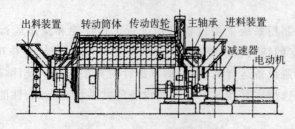

图 2-15　低速钢球筒式磨煤机

1. 低速磨煤机

低速钢球筒式磨煤机简称球磨机,其结构如图 2-15 所示。在火电厂中常见的低速钢球筒式磨外观如图 2-16 所示。筒径一般 2～4m,筒长 3～10m,筒内用高硬度、耐磨的锰钢做磨煤机内衬护板。内衬护板又称波纹板,常见形状有波纹形和锯齿形,其主要功能除保护磨煤机筒体在磨煤过程中不受敲击和磨损外,还能增加筒内钢球与内衬护板间的摩擦阻力以增加筒内钢球的提升高度,加大钢球在跌落过程中对原煤颗粒的敲击力,有助于原煤颗粒的破碎。在护板与磨煤机筒体间有一层石棉衬垫,起保温隔热作用,原煤颗粒在磨煤机筒体内需通过热风对其进行加热干燥。在磨煤机筒体外附着一层隔音毛毡,以削弱或减少磨煤机在制粉过程中钢球与筒体间敲击研磨所产生的巨大噪声。磨煤机筒体的最外层则为一层起到保护、固定作用的钢板外包层。筒内装有占总容积 20%～25%、直径为 30～60mm 的钢球。筒外的大功率电机通过变速箱带动磨煤机笨重的筒体转动,筒内的钢球在筒体内衬板摩擦力和筒体转动所产生的离心力作用下被提升到一定高度后跌落下来,通过钢球对原煤颗粒的撞击及钢球之间、钢球与筒内衬板之间的挤压和相对运动的研磨作用,把原煤磨制加工成具有一定细度的煤粉。入炉原煤通过给煤机从磨煤机的进口端落入磨煤机,同时具有一定温度的热风也从磨煤机进口端与原煤一同吹入,对原煤和破碎过程中的原煤、煤粉颗粒进行干燥处理和搬运、输送,磨制成的煤粉颗粒被通入的热风从磨煤机的出口端带出。进入磨煤机的热风量和热风速度大小决定了被带出的煤粉细度,风量越大或风速越高则带出的煤粉就越粗,过粗的不合格煤粉当流经磨煤机后的粗粉分离器时将被从煤粉气流中分离出来,由回粉管重新送回磨煤机内研磨。

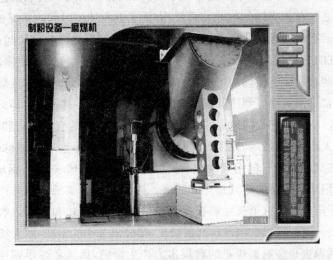

图 2-16　低速钢球筒式磨煤机实际外观结构

原煤的破碎研磨制粉过程中不可避免地伴随着钢球和磨煤机内衬板的磨损,因此在锅炉制粉系统运行过程中每天都需加入一定量的新钢球,可在进料管与原煤一起加入。锅炉运行过程中制粉系统大约每三个月停机一次,这时可对全部钢球进行一次筛分,换入新钢球,并对磨损的磨煤机内衬板进行必要的更换。

当煤粉细度不变时,低速钢球磨的运行指标主要是磨煤出力和磨煤电耗。磨煤出力是指在单位时间内当磨煤机功率一定的条件下,磨煤机所磨制的设计规定细度和干燥水分量的合格煤粉量。而磨煤电耗则指每生产一吨合格煤粉锅炉制粉系统相应付出的磨煤耗电量。磨煤出力与磨煤电耗主要与磨煤机的工作转速大小、钢球大小、钢球装载量、入炉原煤煤质、入炉原煤水分、热风温度与通风量大小有关。由于低速钢球磨所消耗的电功率主要用在巨大沉重的低速磨煤机筒体的转动和举起筒内众多沉重钢球,因此一般说来,不论低速钢球筒式磨煤机单位时间内生产多少煤粉,磨煤机所消耗的电功量几乎不变,所以低速钢球筒式磨煤机常配于中间储仓式制粉系统中或是常年锅炉运行负荷较为饱满磨煤机工作负荷较高的直吹式制粉系统中,当低速钢球磨煤机在满载时磨煤电耗最小。

低速钢球筒式磨煤机的工作转速对磨煤机的磨煤出力有很大影响,当低速钢球筒式磨煤机的工作转速较低时,由于筒体转动所产生的离心力较小,钢球与筒体内衬板的正压力小,摩擦力小,钢球被提升的高度就小,当钢球跌落时钢球对磨煤机内的原煤颗粒的撞击作用就小,磨煤破碎效果差;但当低速钢球筒式磨煤机的工作转速过高时,这时因筒体转动所产生的离心力过大,钢球不能正常有效跌落,也就不能产生钢球对原煤颗粒的有效撞击作用,磨煤效果同样也不理想。在生产实践中我们把钢球不再跌落的低速钢球筒式磨煤机筒体最低转速称为临界转速 n_{lj}。显然低速钢球筒式磨煤机的最佳工作转速一定低于临界转速。生产实际运行经验发现,最佳工作转速与钢球大小及钢球装载量、筒体内衬板的形状、钢球与筒体内衬板的摩擦阻力等因素有关,据我国火电厂锅炉制粉系统实际运行经验低速钢球筒式磨煤机最佳工作转速与临界转速的关系为:

$$n_{zj} = (0.75 \sim 0.78) n_{lj}$$

低速钢球筒式磨中钢球装载量与钢球大小对磨煤机的工作影响:如果保持煤粉的细度不变,在一定的磨煤工作范围内增加钢球装载量,有助于提高单位时间内磨煤机筒体内参加磨煤有效撞击和挤压、研磨的钢球数,提高磨煤机磨煤出力。但当钢球装载量超过了一定范围时,一方面降低了钢球的有效跌落高度,进而影响到钢球对原煤颗粒的有效撞击力,磨煤出力下降;同时还会造成转动筒体电能输出增大,造成磨煤电耗增加,故而钢球装载量有一运行最佳值。实际运行中,常是加装钢球到达低速钢球磨磨煤出力的某一稳定值,即此时再稍加钢球而磨煤出力不见增大,就停止继续加载钢球。钢球的大小对原煤的有效撞击和挤压、研磨也有很大影响,钢球球径太小,钢球跌落时对原煤颗粒的有效撞击作用小,但当钢球球径大,则在磨煤机筒内一方面因参加有效撞击的钢球数将减少,另一方面因钢球球径大,钢球间的间隙也就增大,这也会影响到钢球对原煤的有效挤压和研磨。因此实际装入低速钢球筒式磨煤机的钢球直径大小也应有一定尺寸。这个尺寸需根据入炉原煤煤种、煤质和原煤入磨煤机时的破碎程度而定。运行一段时间后应检查钢球的磨损情况,筛分出过小的钢球,加入新钢球。

通风量和通风温度也会对磨煤机的磨煤出力产生影响,通风量过小则相应磨煤机内磨煤通风风速就小,磨煤通风的携带煤粉颗粒的能力就小,一部分合乎锅炉设计燃烧煤粉颗粒细度要求的煤粉由于磨煤通风风量偏小而无法被携带出,仍留在磨煤机内继续进一步研磨,这将造成煤粉偏细,磨煤出力下降,磨煤电耗增加;同时在磨煤机筒体内因磨煤通风量偏小而造成沿磨煤机筒体轴向、沿筒体方向落煤分布不均匀,将会导致沿磨煤机筒体轴向磨煤机内钢球工作出力分布不均匀,这也将使磨煤机的总体磨煤出力下降。反之如有效提高磨煤通风量则有助于落煤沿磨煤机筒体轴向的落煤均匀性,提高磨煤机整体工作效能,同时将磨煤机内合格煤粉及时输送出磨煤机以提高磨煤机磨煤工作效能。但通入磨煤机风量过大或风速过高则也将会引起不合格的粗煤粉颗粒被大量带出磨煤机,造成制粉系统回粉管粗颗粒煤粉回粉增加,间接造成锅炉制粉系统磨煤电耗增加。一般通过低速钢球磨煤机的风速应控制在 $1.2\sim3.2m/s$。

进入低速钢球筒式磨煤机的热风温度一般不能过低,因为这会影响原煤和煤粉的干燥。原煤太湿不易在磨煤机内进行原煤的有效破碎研磨,煤粉也会黏结在磨煤机筒体上使磨煤机磨煤出力下降;在管道气粉流动输运中,水蒸气会凝结在管壁上粘连煤粉,增大流动阻力;进入煤粉仓则会引起煤粉黏结结块,造成煤粉仓或落粉管堵塞或落粉不畅。因此任何形式的磨煤机出口的煤粉必须干燥一定程度。提高热风温度可提高煤粉的干燥出力,即在单位时间内磨煤机能够生产的合乎锅炉运行水分干燥要求的煤粉量。但是当热风温度过高时,则又将会引起锅炉制粉系统运行工作过程中的煤粉自燃与爆炸。一般在锅炉制粉系统实际运行过程中注意控制低速钢球筒式磨煤机的出口温度不超过 $70℃\sim80℃$。具体的还需根据煤中挥发分的大小和原煤水分的多少进行调整。挥发分高,热风温度适当调低,水分偏大则热风温度相应提高。当遇高挥发分、高水分入炉原煤时,则可考虑利用高温烟气与热风混合进行原煤与煤粉水分干燥。

低速钢球筒式磨煤机的最大优势是对入炉原煤煤种及煤质变化的适用范围广,磨煤设备工作可靠性高,磨煤出力大,可以长期不间断地工作,煤粉的均匀性能够满足火电厂室燃煤粉锅炉燃烧运行的基本安全、稳定与燃烧效能需求。但其系统初投资费用高,占地面积大,有较复杂的附属设备和管路系统,磨煤电耗高,磨煤电耗几乎不随锅炉负荷改变而改变,磨煤机磨煤出力最大时磨煤电耗最小。因此此类磨煤机适合于在电网中承担基本发电负荷,或是适用于到厂原煤煤质的变化较大,原煤灰分大、煤质较硬的原煤制粉生产过程。

近年来随着国内火电厂生产设备制造技术水平的不断提高,国外先进生产技术工艺与技术数据信息的引入,锅炉制粉系统常用的低速磨煤机,在原有低速钢球筒式磨煤机结构的基础上进行了重新结构设计,将原来的单进单出式改进为双进双出式低速钢球筒式磨煤机,这便有了目前在火电厂中较常使用的双进双出低速钢球筒式磨煤机,如图 2-10、图 2-17 所示。

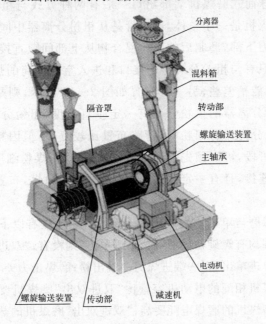

图 2-17　双进双出低速钢球筒式磨煤机与粗粉分离器

如图 2-18 所示,双进双出低速钢球磨煤机每端进口有一个空心圆筒,外壁有用弹性固定的螺旋输煤器,螺旋输煤器和空心圆管可随磨煤机筒体一起转动,螺旋输煤器像连续旋转的铰刀,使从给煤机落下的原煤颗粒被不断地刮向磨煤机筒体内。

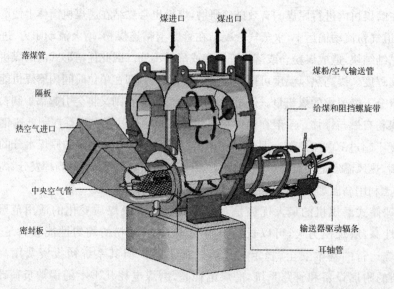

图 2-18　双进双出低速钢球筒式磨煤机两侧落煤与气粉混合物进出装置结构

在螺旋输煤器和空心圆筒的径向外侧是一个固定的圆筒通道,固定圆筒通道与螺旋输煤器之间有一定间隙。这个间隙的作用:上部可供流通磨制后的气粉混合物,下部可供流通原煤颗粒。对于通过的原煤或其中的硬杂物可能会使螺旋铰刀卡涩,因为螺旋铰刀是弹性固定在空心圆筒上的,允许有一定位移变形作用,因而不易被卡坏。

双进双出低速钢球筒式磨煤机端部出口一般有两种方式与粗粉分离器连接:一种布置是粗粉分离器与磨煤机是一个整体,落煤管是从粗粉分离器中间下来,原煤直接落入到磨煤机端部的螺旋铰刀下部,磨制后的风粉混合物从上部间隙直接进入粗粉分离器进口,从外部看磨煤机端部只有与粗粉分离器的接口和进入空心圆筒的热风接口。这种布置结构紧凑,但煤粉分离性能稍差些;另一种布置如图 2-17 所示,则是将磨煤机与粗粉分离器分开布置,进入粗粉分离器的风粉管具有一定垂直高度,粗粉分离器采用高位布置,其落煤管单独连接,粗粉分离器有回粉管,管路布置比较复杂,但因粗粉分离器进口有一段具有一定高度的垂直管段,可以预先起到重力分离的作用,煤粉细度控制比整体式布置要好。又因落煤管单独连接,且有一定高度,对水分较大的原煤,布置热风和入炉原煤的预干燥装置比较有利。

双进双出低速钢球磨与单进单出低速钢球筒式磨相比具有以下结构与工作性能区别:结构上"双进双出"两端均有螺旋输煤器,而"单进单出"则没有;"双进双出"正常运行时进煤与出粉在同一侧,而"单进单出"则一端进煤另一端出粉;磨煤出力差不多的磨煤机,"单进单出"占地面积大,与磨煤机相配的电动机容量比"双进双出"磨煤机要大,因此"单进单出"磨煤电耗较"双进双出"磨煤机的磨煤电耗要高;"双进双出"磨煤机的热风、原煤是分别从磨煤机端部的不同通道进入,在磨煤机筒体内混合,而"单进单出"则在磨煤机的进口端即已混合;从煤粉分配和输粉管管路阻力平衡上,"双进双出"磨煤机要优于"单进单出"磨煤机。

由于"双进双出"磨煤机都是采用正压运行的方式,因此双进双出低速钢球筒式磨煤机均装有密封风机,向中空轴的固定件与旋转件之间提供密封风,防止空气与煤粉的对外泄漏。

直吹式制粉系统中使用"双进双出"磨煤机则对监控数据信息测量与控制技术的要求较高。磨煤出力与给煤量是单独控制的。磨煤出力是靠调节磨煤机的通风量实现的。此外"双进双出"磨煤机还能够实现单侧运行,这一特点使得"双进双出"磨煤机系统能够适用于大容量锅炉运行且磨煤机台数较少的场合。当磨煤机两侧的给煤量下降至60%以下时,控制系统可以实现自动过渡到单侧运行工况。

2. 中速磨煤机

中速磨煤机按其研磨部件的形状可分为:锟盘式和球环式两种。锟盘式中速磨煤机又可分为平盘磨、斜盘磨(RP磨和HP磨)和锟盘磨(MPS磨),球环式中速磨又称为E型磨。目前,国内火电厂锅炉制粉系统中使用最多的中速磨煤机常见的有三种:斜盘式(碗式)RP磨和改进型HP磨、锟盘式MPS磨。斜盘式改进型HP磨其结构如图2-19所示,图2-20则为锟盘式MPS磨。如图2-21所示为斜盘式改进型HP中速磨煤机结构图。它的上部带有粗粉分离器,下部磨盘为浅碗形。磨煤机主要由下部的磨煤机的主体和上部粗粉分离器两部分组成。磨煤机的主体部件主要有传动装置、浅碗形磨盘、风环、磨辊和落煤管等。煤粉粗粉分离器有内锥体、折向门和出粉管阀门。

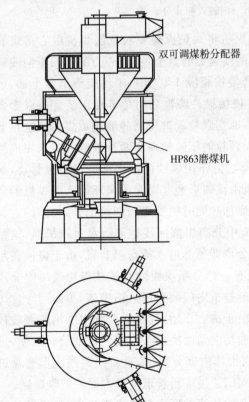

图2-19　HP中速磨煤机结构

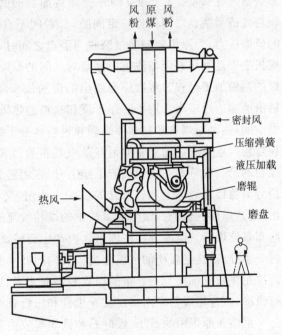

图2-20　MPS中速磨煤机结构

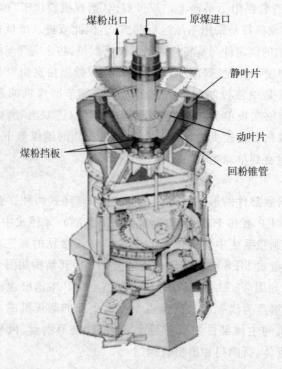

图 2-21　MPS 中速磨煤机与回转式粗粉分离器

　　HP 中速磨煤机的工作原理是：制粉系统给煤机将入炉原煤颗粒从磨煤机中心落煤管送入 HP 中速磨煤机内，原煤颗粒落在旋转运动的浅碗形磨盘上，在离心力的作用下向浅碗形磨盘边缘移动。3 个独立的外置弹簧加载的磨辊按相隔 120°分布于浅碗形磨盘上部，磨辊与浅碗形磨盘之间保持一定间隙，二者间不直接接触。磨辊利用弹簧加压装置施以必要的研磨压力，当原煤颗粒通过磨辊与磨盘之间时，原煤颗粒就被压磨碎磨制成煤粉。这种磨煤机主要是利用磨辊与浅碗形磨盘对其间的原煤颗粒的压碎和碾压两种破碎方式来完成原煤的制粉加工过程。压磨碎磨制出的煤粉依靠离心力作用继续向浅碗形磨盘边缘移动，最后沿磨碗边缘溢出。用于磨煤干燥和输粉的热风由浅碗形磨盘周缘的风环通入磨煤机的磨煤空间，热风对煤粉颗粒和原煤颗粒进行水分干燥加热同时携带煤粉颗粒上升，较重的大颗粒煤粉因重力和运动能量的消耗从气粉混合气流中分离出落回浅碗形磨盘重新研磨，这是煤粉的第一级分离。煤粉气流继续上升，在粗粉分离器顶部进入折向门装置，由于碰撞在粗粉分离器顶部壳体上和转弯处的惯性力作用，又有一部分粗煤粉颗粒被从煤粉气流中分离出，这是煤粉气流的二级分离。较细的煤粉气流通过折向门装置进入内锥体，折向门叶片切向布置使煤粉气流混合物在内锥体内产生旋转，由于离心作用，气粉混合物中的粗粉颗粒被进一步分离，这是煤粉的三级分离。折向门叶片的切向角度决定了煤粉气流的旋转强度，进而决定煤粉的细度。不合格的粗煤粉颗粒沿着内锥体内壁分离出，重新回到浅碗形磨盘进行研磨，而合格煤粉经由出口文丘里管和出粉管阀门通过煤粉管道被送入锅炉炉膛燃烧。

　　混杂在原煤中的石子、煤矸石和铁块等较重杂质从浅碗形磨盘边缘溢出后，从风环处落下。在浅碗形磨盘下部的热风室内装有可转动的石子煤刮板，它将上述杂质刮入石子煤排出口,进入石子煤箱中。石子煤出口装有阀门,在磨煤机正常运行时,此阀门必须保持开启,仅当在清理石子煤时才关闭此出口阀门。否则过多杂物留在石子煤箱内会危及刮板支架,使刮板断裂,并会引起火灾。

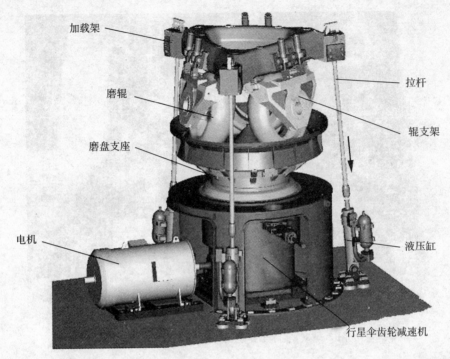

图 2-22　MPS 中速磨煤机内部磨辊结构

如果在石子煤箱内发现有原煤落入,则表明磨煤机给煤量过大、磨辊压力过小、一次风量不足或磨煤机出口温度过低。总之当磨煤机在运行时石子煤箱内发现原煤颗粒则意味着磨煤机的运行已出现问题,应立刻采取措施进行处理。

HP 中速磨煤机是 RP 中速磨煤机的进一步改进型。

RP 与 HP 中速磨煤机的主要区别是,RP 中速磨煤机传动装置采用蜗轮蜗杆,而 HP 中速磨煤机采用伞形齿轮传动,HP 中速磨煤机传动力矩大;此外 RP 中速磨煤机磨辊直径较小,磨辊长度大,而 HP 中速磨煤机磨辊直径大,磨辊长度小,因此磨煤出力大;同时因磨辊与浅碗形磨盘没有直接接触,间隙可调,因此能作空载启动,启动力矩小,安全平稳;此外更换磨损件方便,停机时间短;噪音低,密封性好。

如图 2-23 所示为 MPS 中速磨煤机,其外形如图 2-23 所示。MPS 中速磨煤机是一种新型的外加压力的中速磨煤机。3 个磨辊形如钟摆一样相对固定在相距 120° 的位置上,磨盘为具有凹槽滚道的碗式结构。MPS 中速磨煤机磨盘通过齿轮减速机由电动机驱动,磨辊在压环的作用下向原煤、磨盘施加压力,有压力产生的摩擦力使磨辊绕磨辊轴心旋转。磨辊转轴固定在支架上,而支架安装在压环上,可在机体内上下浮动。磨辊除转动外,还能相对于磨煤机轴心作 12°～15° 的摆动。研磨所需的压紧力由液压装置在 3 个位置上通过弹簧施加于压环上,并通过拉紧原件受力直接传到基础上,压力能用拉索调整。小型 MPS 中速磨煤机用螺杆和螺母调整,大型 MPS 中速磨煤机采用液压缸调整。由于磨煤机的机体是不受力的,所以可以把磨辊的压紧力调得很高,而不影响机体连接的密封性。采用3个位置固定的磨辊,形成三点受力状态,研磨的压紧力是通过弹簧压盖均匀地传递给3个磨辊,从而使转动件受到均匀的载荷。

图 2-23　实际工作现场中速磨煤机外观结构

磨辊的辊套采用对称结构,当一侧磨损到一定程度后(磨损不超过对称线),可拆下翻身后继续使用,从而提高了磨辊的利用率。与磨盘尺寸相仿的其他磨煤机相比,MPS中速磨煤机的磨辊直径较大,这样一方面使磨辊具有较大的研磨面积,从而有效提高了磨辊的研磨能力,同时提高了磨煤机的磨煤出力;另一方面也改善了磨辊的工作条件,使磨辊的磨损比较均匀,提高研磨原件金属的利用率。磨辊与磨盘之间具有较小的滚动阻力,磨煤机启动阻力矩小,同时空载电耗也较低,这将有效降低磨煤过程中的电能消耗。

MPS中速磨煤机在原煤颗粒和煤粉颗粒的水分干燥、输运上与其他中速磨煤机类似,利用热风完成原煤干燥、煤粉气流的水分干燥与输运,在此过程中利用安装在磨煤机上部的粗粉分离器对煤粉气流中的粗颗粒煤粉进行分离,将合格煤粉送入锅炉炉膛,不合格粗煤粉通过落煤管重新送回磨煤机研磨,而原煤中混杂的石子煤、煤矸石和铁块经风环落入到磨煤机下部的石子煤箱内。

MPS中速磨煤机与RP及HP中速磨煤机相比磨煤电耗更小,为6.5kWh/t。

中速磨煤机与低速钢球筒式磨煤机相比设备结构较紧凑,相对磨煤机布置便利,初投资费用也相对较小,在运行中设备运行噪声小,能较好地适应负荷变化,磨煤电耗低,仅为低速钢球磨的1/3左右,同时研磨部件磨损小,为4~20g/t,而低速钢球磨则为400~500g/t,煤粉的均匀性要远高于低速钢球筒式磨煤机,这使得中速磨煤机磨制出的煤粉更易于在锅炉炉膛内的燃烧控制。

但中速磨煤机也存在一些必须认真关注的问题:中速磨煤机对原煤中的石子煤、煤矸石和铁块、木块敏感性高于低速钢球筒式磨煤机,运行中容易引起震动、石子煤排放量增大。

由于中速磨煤机的结构复杂,因此运行过程中设备工作安全、稳定性需更多关注,运行维护工作量大,设备检修过程中技术工艺水平要求高,在实际运行过程中对大水分入炉原煤和硬质煤的磨制适应性较差。

二、给煤机

在火电厂发电生产过程中给煤机是锅炉制粉系统供给和控制磨煤机磨煤量的主要辅机设备,对大型锅炉给煤机不仅要求保证单位时间内依据锅炉负荷确定锅炉燃烧生产运行过程给煤需求量,并有效、均匀地向磨煤机提供入炉原煤供给量,而且应具有良好的原煤供给调节性能,供煤的连续性、均匀性,以保证锅炉运行过程中对原煤的实时供给调节需求,稳定锅炉燃烧。在直吹式锅炉制粉系统中由于磨煤机所磨制的煤粉需求量直接受控于锅炉实际燃烧运行负荷需求,而磨煤机磨煤出力则受控于锅炉给煤机的原煤量的供给控制,对锅炉给煤量的精确控制有助于精确控制锅炉炉膛过量空气系数和风粉的精确混合,这将有效保证锅炉燃烧运行的安全、稳定和良好的充分完全燃烧状况。在中间储仓式制粉系统中给煤机的原煤供给量与锅炉负荷间没有直接联系,在锅炉负荷较低时常疏于锅炉制粉系统煤粉仓的粉位监控,这在一些特定状况下常会引起锅炉制粉系统运行事故,如在南方地区夏季常会有一段较长的雨水期,由于采用中间储仓式制粉系统,如对煤粉仓粉位监视不够,当发现煤粉仓缺粉时,急于加大磨煤机的磨煤出力,给煤机给煤落煤量大,由于湿煤极易引起落煤不均匀,这将会造成磨煤机的进口堵煤,同时水分较大的原煤也会降低磨煤机的磨煤出力,这也就要求我们在工作中对给煤机的工作性能和调节性能及在不同工作状况下的磨煤机的磨煤出力变化有一个充分认知,才能在实际工作中不犯错误或少犯错误。

在火电厂中锅炉制粉系统中的给煤机常见种类有:圆盘式、皮带式、刮板式、电磁振动式和目前使用较多的皮带重力式,其中皮带重力式是按质量给煤,属重力式,而其他类型则是按容积给煤的,属容积式给煤机。重力式给煤机以称量给煤质量来弥补实际原煤堆积密度的变化所造成的计量偏差,尽管它不能完全弥补单位质量的原煤所含的发热量变化,但重力式给煤机较容积式给煤机能够更好地贴合实际生产过程控制需求和生产运行管理需求。

如图 2-24 所示为火电厂中常见的皮带重力式给煤机结构,给煤机由机体、输煤皮带、电动机驱动装置、清扫装置、控制箱、皮带堵煤及其断煤报警装置、取样装置和工作灯等组成。

原煤从原煤斗经给煤机到磨煤机进口的工作流程是:锅炉原煤斗→煤流检测器→煤斗闸门→落煤管→给煤机进口→给煤机输送皮带→称重传感组件→断煤信号→给煤机出口→磨煤机进口端。

给煤机机体上设有进煤口、出煤口、进煤端门、出煤端门、侧门和照明装置,在进煤口处设有导向板和煤闸门,以控制原煤颗粒在给煤机内皮带上形成一定断面的煤流。为有效避免工作过程中发生锈蚀,所有与原煤接触的部分均用合金不锈钢构成。

进煤端门和出煤端门采用螺栓紧固在给煤机机壳上,并保持密封,在所有门体上都装有窥视窗用于检查机内运转情况。在窥视窗内装有清扫喷头,当窗孔内侧积有煤灰影响正常观察时,可用压缩空气或水进行清洗。

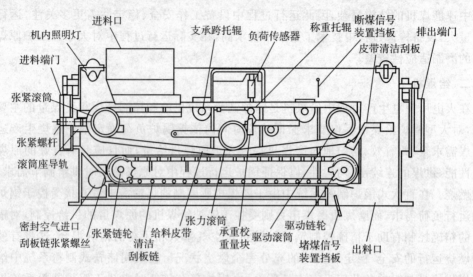

图 2-24 皮带重力式给煤机结构图

具有密封结构的照明灯,供观察给煤机内部运行情况时照明使用。

给煤机的皮带机构由皮带驱动滚筒、张紧滚筒、张力滚筒、输煤皮带及皮带支承架板构成。为保证在运行过程中输煤皮带不发生左右偏移,输煤皮带采用带有边缘的、且内侧中间具有凸筋的皮带,并配置以表面具有相应凹槽的滚筒,从而使皮带具有良好的导向,运动时不发生偏移。

驱动滚筒与减速机相连,通过电动机被驱动,在驱动滚筒端装有皮带清洁刮板,用于刮除粘接在皮带外表面上的原煤。皮带中部安装的张力滚筒,使皮带保持一定的张力以得到最佳的称重效果。皮带的张力随着温度和湿度的变化而有所改变,在运行中应经常注意观察。在张紧滚筒侧利用张紧螺杆来调整输煤皮带的张力。

为了能及时清除沉落在给煤机机体下部的积煤,防止积煤的自燃。在给煤机皮带机构的下部设置了链式清理刮板机构,以作为清理给煤机下部的落积原煤。链式清理刮板机构由驱动链轮、张紧链轮、链条及刮板组成。刮板链条由电动机通过减速机驱动链轮而移动,连接在链条上的刮板将给煤机底部的积煤刮到给煤机的出口排出。

给煤机底部的积煤主要来自:皮带刮板刮落下来的原煤颗粒、空气中沉落下的煤粉尘、皮带从动轮自清扫下的原煤颗粒、调节不当的密封空气从皮带上吹落下来的原煤颗粒。链式清理刮板是随着给煤机皮带的运转而同时连续运转的,这种方式可以有效减少给煤机下部的积煤。同时这些积煤未有效经过给煤机称量,因而可以有效减少给煤量的误差。此外,及时连续的清理,还可以防止链销粘连和生锈。

断煤信号装置安装在皮带上方,当皮带上无煤时,由于信号装置上挡板的摆动,使信号装置轴上的凸轮跟着转动,随即能触动限位开关,从而可停止皮带驱动电机的运转,启动原煤仓振动器,并在运行控制盘上发出"皮带上无煤"报警信号。堵煤信号装置安装在给煤机出口处,其结构与工作原理与断煤信号装置类似。当煤流堵塞至出煤口时,限位开关动作,停止给煤机运转,并发出报警信号。

在实际运行过程中采用正压直吹式制粉系统,因磨煤机内处于正压力工作状态,为有效防止磨煤机内的热风倒流进入给煤机,给煤机设有专用的密封空气系统。在给煤机的进口端机体下部,设有密封空气法兰接口,密封空气管上的法兰与它相连,密封空气从这里进入给煤机。密封空气的压力应略高于磨煤机进口热空气的压力。密封空气压力过低,会导致磨煤机内热风倒灌进给煤机,使原煤积滞在给煤机与磨煤机管道的凸起部分,易引起积滞原煤的自燃;密封空气压力过高,易将原煤从输煤皮带上吹落,飞扬原煤粉尘,污染观察窗,影响正常的观察控制。

三、粗粉分离器

在锅炉制粉系统中粗粉分离器常用于将来自于磨煤机的气粉混合物中的不合格大颗粒粗煤粉分离出来,通过回粉管将不合格粗煤粉颗粒送回磨煤机重新研磨,以便于保持进入锅炉炉膛的煤粉颗粒细度能够保证入炉煤粉及时有效地在锅炉炉膛内充分燃烧;此外在锅炉燃烧运行过程中当入炉原煤煤质、原煤水分和挥发分变化时,为充分有效地控制锅炉燃烧过程,利用粗粉分离器对入炉煤粉细度进行调节。常见粗粉分离器和细粉分离器外观如图 2-25 所示。

图 2-25 粗粉分离器和细粉分离器外观

在火电厂中常见的粗粉分离器有:重力式、惯性式、固定离心式和回转式粗粉分离器。

重力式是在磨煤机出口与粗粉分离器进口间采用具有一定高度的竖直管道和用于输粉的热风流速控制,利用气粉混合物在竖直管道内受重力作用和紊流干扰交互作用进行气粉混合物中不合格大颗粒粗煤粉的初次分离,一般其不单作为锅炉的粗粉分离设备。

惯性式则主要通过在煤粉气流通道上加装可调节的风道挡板,利用大颗粒的煤粉惯性大,不易改变流通运动方向的特性,通过调节风道挡板改变气流流动方向来完成煤粉气流中不合格大颗粒粗煤粉的粗分离,在现代火电厂中亦很少单独使用。

固定离心式粗粉分离器早期结构如图 2-26 所示,它由内锥体、外锥体、回粉管、可调折向挡板所组成。当来自磨煤机的气粉混合物通过竖直管道进入粗粉分离器,在内外锥体之间的环形空间内,由于流通截面扩大,通入的气粉混合物流速由原来的 15~20m/s 速度降低为 4~6m/s,这使得气粉混合物中大颗粒不合格粗煤粉在流体紊流和重力共同作用下被第一次分离出来,分离出的粗颗粒煤粉经由外锥体回粉管被送回磨煤机重新研磨。气粉混合物向上流动,在折向挡板处改变方向,利用气粉混合物气与粉的惯性差异对气粉混合物中的大颗粒不合格粗煤粉进行第二次分离。当气粉混合物通过折向挡板则将产生旋转运动,在内锥体内气粉混合物旋转,依靠离心力对其中的粗颗粒煤粉进行第三次分离,也是最为强烈的对气粉混合物中的粗颗粒煤粉进行分离,分离出的粗颗粒煤粉通过回粉管被送回磨煤机重新研磨,分离完成的气粉混合物则由粗粉分离器上部引出管引出通向细粉分离器或是直接利用一次热风吹送入锅炉炉膛内燃烧。

在这里需要指出,在内锥体内气粉混合物的强烈分离过程中,使许多合格的细粉也会被分离出,通过回粉管被送回磨煤机,这将造成煤粉中的合格细粉被重复研磨,增加不必要的磨煤电耗和气粉混合物的循环流动电耗。为此对原有的固定离心式粗粉分离器内锥体进行改造,在原回粉管处改装一个锁气器,这样当过多地在内锥体内被分离的落粉颗粒集积在锁气器上时,落粉将会使内锥体锁气器打开,利用内锥体锁气器正下方进入粗粉分离器的气粉混合物气流将落下回粉重新吹起以降低内锥体分离出的回粉中的细粉含量。这种径向离心式的粗粉分离器流动阻力大,气粉分离过程中有较多合格细粉被分离,被反复在磨煤机内研磨,增加了制粉系统的磨煤电耗。

为提高锅炉制粉系统的磨煤出力,降低磨煤电耗。目前火电厂中大量采用轴向离心式粗粉分离器,其结构如图 2-27 所示,它利用轴向调节挡板改变气粉混合物的流动特性,分离效率高,合格煤粉通过率高,同时流动阻力小,有效地降低了磨煤电耗。其常见应用的结构如图 2-28 所示。

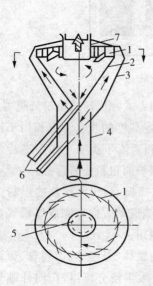

图 2-26　固定离心粗粉分离器

1—可调折向挡板;2—内锥体;3—外锥体;

4—进口竖直管;5—出粉管;6—回粉管

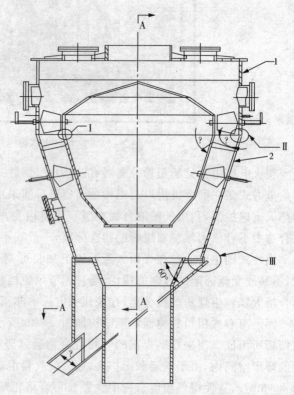

图 2-27　轴向离心式粗粉分离器

a)　　　　　　　　　　　　　　　　　　b)

图 2-28　制粉系统分离器外观结构

a)仓储式制粉系统分离器；b)直吹式制粉系统分离器

　　在实际生产应用中,如图 2-29 所示的回转式粗粉分离器亦得到较为广泛的应用,它区别于固定离心式粗粉分离器结构的是它有一个转速可调的转动叶片,当气粉混合物气流进入外锥体,在内外锥体之间的环形空间内,由于流通截面扩大,气粉混合物流速由原来的15~20m/s 速度降低为 4~6m/s,气粉混合物中不合格大颗粒粗煤粉在流体紊流和重力共同作用下被第一次分离出,经由外锥体回粉管被送回磨煤机内重新研磨。上升气粉混合物流经静叶轮,利用惯性和旋转离心作用对气粉混合流体中的不合格粗颗粒煤粉进行第二次分离,当气流通过旋转的动叶片时,煤粉中的不合格大颗粒煤粉极易受到旋转叶轮干扰碰撞而被分离,改变动叶转速可调节对煤粉气流分离的煤粉细度,转速越高,分离作用越强,分离后的气粉混合物中的煤粉越细,粗颗粒煤粉越少。回转式粗粉分离器的最大优点在于:在锅炉运行过程中依入炉原煤煤质变化和锅炉运行负荷状况可对煤粉细度值随时进行调节,有效改善锅炉燃烧运行工况,提高锅炉燃烧效能。但因有转动设备需额外增加粗粉分离电能消耗,同时由于转动设备的润滑油温需求将限制磨煤机的干燥出力。因此较固定离心式粗粉分离器在锅炉制粉系统运行过程中需更多地对设备进行巡查、维护、监察、调节控制。

四、细粉分离器

　　在中间储仓式制粉系统中,经过粗粉分离器分离后的气粉混合物需进行气粉分离,以便于将分离出的煤粉在锅炉制粉系统的煤粉仓内储存起来,这就需要细粉分离器进行煤粉气流的气粉分离,细粉分离器又称旋风分离器,其结构如图 2-30 所示,来自于粗粉分离器的气粉混合物沿圆筒切向进入旋风分离器的分离筒内作自上而下的螺旋运动,由于强烈的离心作用气粉混合物中的煤粉颗粒被抛向细粉分离器分离筒壁,并沿筒壁落下,而气粉分离后

锅炉设备与运行

的气流,又称乏气,经由内套筒引出,经过排粉机被送入锅炉炉膛或被送入磨煤机进口端。在乏气中含有 5%～10% 的细粉,为进一步降低乏气中的细粉含量,提高气粉分离效率,对细粉分离器又做了如图 2-30b 所示的细粉分离器结构改造。

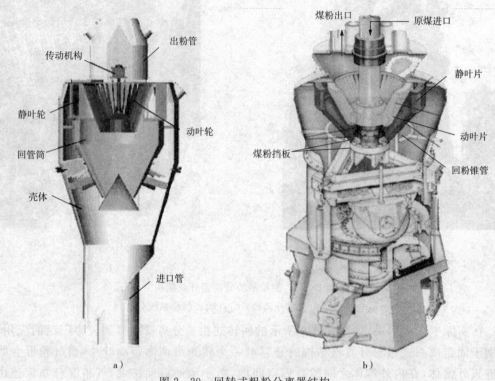

a)   b)

图 2-29 回转式粗粉分离器结构

a)储仓式制粉系统粗粉分离器结构图;b)直吹式制粉系统粗粉分离器结构图

五、给粉机

在中间储仓式制粉系统中,需将煤粉仓内所储存的煤粉通过给粉机依锅炉运行燃烧负荷需求,将所需煤粉量均匀、有效地送一次风管,与一次热风一起经喷燃器、一次风喷口吹送入锅炉炉膛。目前在火电厂生产现场常见的给粉机为叶轮式给粉机,其外观结构如图2-31所示。叶轮式给粉机通过电动机经由减速器带动给粉机叶轮转动,煤粉由煤粉仓通过输粉管经遮断挡板进入叶轮式给粉机,首先通过搅拌器叶轮将落下的煤粉通过固定盘的左侧上板孔落入上叶轮,再通过上叶轮将落下的煤粉刮推到固定盘右侧,通过右侧的下板孔将煤粉落入下叶轮,由下叶轮将落下的煤粉拨送至给粉机出口,将煤粉送入一次风管。依此可

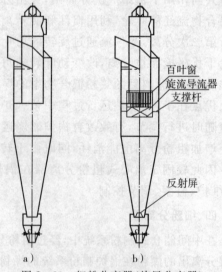

a)   b)

图 2-30 细粉分离器(旋风分离器)

a)改造前普通型;b)改造后高效型

· 82 ·

保证煤粉仓内煤粉连续均匀不断地向一次风管供粉,同时也可防止锅炉停机时煤粉仓内煤粉自流。需要注意在实际运行中要求保持煤粉仓内具有一定的粉位,否则一次风管风压较高时,一次热风可能穿过给粉机吹入煤粉仓,破坏正常的供粉。

图 2-31 叶轮式给粉机外观结构

与其他形式的给粉机相比,叶轮式给粉机的最大优点是给粉均匀,不易发生煤粉自流,且可防止一次风倒冲入煤粉仓。当煤粉仓很满时,在煤粉层压力作用下,煤粉仓出口处可能形成拱,此时下粉量减少,当煤粉拱突然倒塌时,大量的煤粉进入给粉机,这时从煤粉仓落入给粉机内的煤粉量是不均匀的,然而叶轮式给粉机上下部隔板上的落粉孔相差180°,这种结构有效地控制了给粉机的出口粉量,使之连续均匀,并阻止了煤粉自流,因此得到了广泛应用。叶轮式给粉机的主要缺点是构造复杂,易被煤粉中的木屑或异物卡涩、堵塞,形成设备运行事故,同时这种给粉机运行电耗也较大。

六、锁气器

锁气器在锅炉制粉系统中是一个我们在工作中必须认真关注的重要"小"设备。锁气器的作用是只允许煤粉通过而不允许气流通过。在火电厂中锁气器常见的类型有两类:翻板式锁气器、草帽式锁气器。其结构如图2-32所示,它们的工作原理都是利用杠杆原理。如果翻板上或活门上的煤粉超过一定数量,当翻板或活门上的集落煤粉量所形成的力矩大于重锤所形成的力矩时,翻板或活门自动打开,煤粉落下。随着煤粉落下,翻板或活门又因重锤所产生的力矩作用而关闭。翻板式锁气器可以安装在垂直或有一定倾斜角度的管段上,而草帽式则一般只能安装在垂直管段上。翻板式锁气器不宜卡住,工作可靠性高;草帽式锁气器动作灵活,落粉均匀,而且严密性好。但在运行中易于出现卡

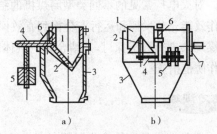

图 2-32 锁气器结构
a)翻板式;b)草帽式
2—翻板、活门;4—杠杆;5—重锤

涩,造成关断不严。

　　实际中为有效完成管路的锁气功能,总是成对安装锁气器,这样才能有效保证当一只锁气器打开时,另一只锁气器仍处在关断状态,保证管路始终隔绝。在实际运行中要注意锁气器前后的风压监视,注意及时清除锁气器翻板或活门上的悬挂物或粘连的异物,防止风粉短路或倒流。

　　在图 2-13 和图 2-14 中间储仓式制粉系统中,在粗粉分离器的粗粉颗粒回粉管路上和细粉分离器气粉分离后煤粉的落粉管路上都加装有锁气器,并且是成对安装的,图 2-33 所示即为锁气器外观。如若在回粉管路上不加装锁气器,则易导致热风短路,这将使磨煤机无法正常工作。

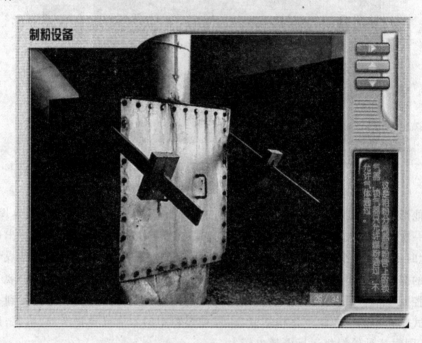

图 2-33　实际安装的锁气器

工作任务

　　对火电厂常见的不同类型磨煤机的结构、工作性能和技术限制进行比较,给出各类磨煤机工作效能充分发挥和运行安全得到有效保证所相适应的工作条件和范围。就给煤机入口出现堵煤现象进行分析探讨,并结合某一具体工作状况,给出火电厂中常见给煤机入口防堵的合理工作防范措施。

能力训练

　　培养学生具有结合实际锅炉发电生产工作状况对锅炉制粉系统主要设备的工作效能和安全运行工作条件进行综合分析的能力;进而学会对同一功用设备的不同结构以及设备结构与运行工作调控进行比较。

思考与练习

1. 就本任务所学,结合实训,说明锅炉制粉系统特征及主要设备构成,它们的结构与工作特性你知道吗?

2. 就你实训的火电厂锅炉制粉系统,结合入炉原煤煤种与煤质、火电厂发电生产状况,分析锅炉制粉系统磨煤机选型是否合适,为什么? 你能说明磨煤机工作原理和影响磨煤出力的因素吗?

3. 试比较固定离心式粗粉分离器与回转式粗粉分离器在结构与工作特性上有哪些差异? 就你实训火电厂生产实际状况,做出你的选择,并说明选择的理由。

4. 双进双出低速钢球筒式磨煤机与单进单出低速钢球筒式磨煤机在结构与工作原理上有哪些区别? 你认为在实际磨煤机设备选型时应如何考量,为什么?

5. 面对锅炉中间储仓式制粉系统图,你是如何读图的? 原煤是如何落入磨煤机的? 制粉系统热风是如何流通的? 它起到怎样的作用? 气粉混合物又是如何过滤粗粉颗粒,最终吹送入锅炉炉膛内燃烧的? 热风输粉与乏气输粉是出于怎样的运行考量?

6. 直吹式制粉系统与中间储仓式制粉系统在工作特性与系统构架上都有哪些考量与差别? 结合实训过程中你了解到的火电厂锅炉生产需求进行分析比较。

子任务四　火电厂典型锅炉制粉系统启、停及运行控制

学习目标

结合火电厂300MW/600MW锅炉运行仿真系统操作,理解掌握锅炉系统(设备)运行相关DCS控制系统的组成与功能作用;熟悉火电厂中常见典型锅炉制粉系统构成及相关DCS控制系统操作界面,通过制粉系统的启、停操作及相关运行参数的调节;学习并掌握控制锅炉运行和制粉系统运行安全、经济性的关键性参数指标。

能力目标

培养学生从实际锅炉运行和制粉系统运行过程安全、经济性出发,理解掌握相关煤粉和燃煤特性数据及相关调控方法和操作技能,熟悉火电厂300MW/600MW锅炉发电机组常见典型锅炉制粉系统的启、停工作流程和相关操作,了解并掌握锅炉制粉系统工况调节控制的基本原则与操作。

知识准备

关　键　词
锅炉运行仿真操作系统　分散控制系统(DCS)　工作票
运行操作工作流程　启磨条件　磨后温度

在火电厂发电生产过程中,锅炉制粉系统一个十分重要的系统,其任务就是将入炉的原煤破碎研磨、水分干燥、并磨制加工成为符合一定设计要求细度和水分的合格入炉煤粉,通过热风或干燥剂依据锅炉负荷需求状况将所需定量的合格煤粉送入锅炉炉膛燃烧。这一系

列工作过程的完成与监控、调节是通过集成在锅炉系统中的分散控制系统 DCS 来实现的，它可以实现生产实时数据的自动采集，设备的自动调节和顺序控制，主、辅机的自动保护，还可以对生产信息进行自动处理，为火力发电生产过程中的生产运行、管理人员提供相应决策数据信息支持。

为完成火电厂生产设备与系统的正常运行、调节控制和相关设备的启、停的操作技能培养，火电厂运行员工在实际正式上岗参与火力发电生产过程操作控制之前，都需在与实际发电生产运行系统环境完全相似的锅炉仿真系统上进行必要的相关运行操作岗位技能培训。

锅炉制粉系统可分为直吹式制粉系统和中间储仓式制粉系统。不同形式的锅炉制粉系统通常根据不同的锅炉工作状况需求配置与之相适宜的磨煤机，中间储仓式制粉系统，除个别特殊情况外，一般总是配置低速钢球筒式磨煤机，而直吹式制粉系统则多为 HP 中速磨、MPS 中速磨或双进双出低速钢球筒式磨煤机。

在我们国内火电厂中各类锅炉制粉系统及相应磨煤机配置都有采用，过去采用较多的是与低速钢球筒式磨煤机相配的中间储仓式制粉系统，随着国内用电环境和电力生产规模与技术水平的不断提高，在新安装和投运的许多火电厂大容量锅炉发电机组中，配置 HP 或 MPS 中速磨或双进双出低速钢球筒式磨煤机的直吹式制粉系统已得到越来越普遍地采用，600MW 的锅炉发电机组所配锅炉制粉系统几乎大都采用冷一次风机正压直吹式制粉系统。

现就常见的 600MW 超临界锅炉配双进双出低速钢球筒式磨煤机冷一次风正压直吹式制粉系统的启动、运行维护、停运操作步骤与工作流程采用手动启、停和运行的调节方式进行介绍，事实上锅炉制粉系统的启、停还可采用顺控启、停。

一、火电厂典型锅炉制粉系统组成

如图 2-34 所示，双进双出低速钢球筒式磨煤机直吹式制粉系统由两个独立对称的回路构成。每个回路的流程为：入炉原煤经锅炉原煤斗依靠自重通过落煤管进入给煤机，经给

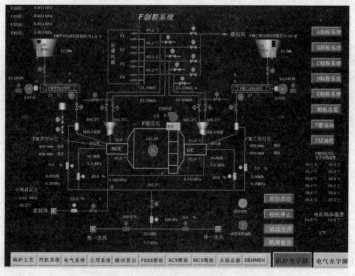

图 2-34　配双进双出低速钢球筒式磨煤机直吹式制粉系统

煤机进入混料箱,通过高温旁路风干燥并与粗粉分离器的回粉汇合,再通过落煤管滑落进入磨煤机的螺旋输煤器,螺旋输煤器随磨煤机筒体一起转动,螺旋输煤器像连续旋转的铰刀,使从给煤机落下的原煤颗粒被不断地刮向磨煤机筒体内。热一次风通过中空轴内的中央空气管进入磨煤机筒体内,完成对进入磨煤机内原煤颗粒的水分干燥与颗粒翻动,并把磨好的煤粉颗粒沿着进煤的反方向带出磨煤机,煤粉、一次风和混料箱出来的旁路风混合在一起,进入布置在磨煤机上部的粗粉分离器。粗粉分离器通过调节折向挡板调节煤粉细度。被分离的粗颗粒煤粉靠重力的作用落回到磨煤机,与磨煤机内的原煤颗粒一起重新进行研磨。合格细度煤粉则通过粗粉分离器被一次风输送到锅炉燃烧器,经锅炉燃烧器一次风喷口吹送进入锅炉炉膛燃烧。

双进双出钢球磨煤机的磨煤出力与磨煤机的给煤量是分别单独控制的。磨煤出力通过调整磨煤机的通风量来实现,当磨煤机的磨煤出力需要增加时,首先要增加磨煤机的通风量,然后再调整给煤机的给煤量。由于此时磨煤机筒体内存有大量的煤粉,通过调整一次风阀门的开度调整一次风量,就可实现磨煤机出口的风粉量的同步增加,并始终保持煤粉浓度不变。

当锅炉在低负荷下运行时,磨煤机内的通风量和给煤量都较少,会导致煤粉管内气粉混合物的流速降低,可能造成煤粉的沉积,为保证输粉管路的通畅,在锅炉低负荷运行时,应补充一定量的旁路风。

一次风有两个主要控制量:磨煤机的出口风温和一次风流速。一次风温控制将影响磨煤机内的原煤颗粒的水分干燥与破碎研磨,同时也将影响煤粉在磨煤机内是否会引起自燃与爆炸;而一次风流速则将影响煤粉的细度和磨煤出力。出口风温过高或流速过低则会导致入炉煤粉着火提前,这将会烧蚀锅炉燃烧器喷口;风温过低或流速过高会导致入炉煤粉着火推迟或炉内燃烧时间缩短,煤粉充分完全燃烧经济效能下降。磨煤机出口风温和一次风速这两个控制量均由磨煤机出口一次风温度控制器分别控制冷一次风门和热一次风门来实现。

轴承密封风机:由于磨煤机处于正压工作状态,为防止煤粉外泄,利用轴承密封风机产生高压空气,送往磨煤机转动部件的轴承,防止磨煤机筒体内煤粉外泄。

齿轮密封风:防止异杂物进入磨煤机驱动齿轮而产生振动。风源来自于室内风。

加球系统:磨煤机内钢球在工作一定时间后会因磨损而变小,钢球变小会影响磨煤出力和煤粉细度。加球系统可以在不停磨的状态下向磨煤机加入钢球。一般情况下每台磨煤机都配有加球系统。

灭火系统:当有火警信号时,可向磨煤机内喷水。

清扫风:主要用于锅炉制粉系统启、停磨煤机时对风管和磨煤机筒体内进行吹扫,以防止风管或磨煤机筒体内存在积粉或残余可燃性气体。风源取自冷一次风。

冷却风:当一次风管停止供粉时用来冷却锅炉燃烧器一次风喷口,防止锅炉炉膛内高温烧蚀锅炉燃烧器喷口。风源取自二次风。

惰化系统:当磨煤机停机时,如磨煤机内温度偏高,为防止磨煤机内发生自燃,可向磨煤机内喷入水蒸气进行惰化。

磨煤机润滑油系统:如图2-35所示,锅炉制粉系统磨煤机润滑油系统是由两台低压油泵、两台高压油泵和冷油器等设备组成。磨煤机轴瓦采用高低压联合油泵强制循环润滑、工业水强制冷却方式,两台低压润滑油泵从上部向轴瓦提供连续油流进行润滑,两台高压润滑油泵油管从轴瓦底部接入,用于磨煤机启、停,盘车过程中或其他异常情况下建立油膜;大、小齿轮啮合部位采用喷射润滑装置周期喷射润滑油脂进行润滑、降温和减振。制粉系统运行时,低压油泵从润滑油箱内提油增压,经三通阀、过滤网、冷油器,进入磨煤机相关轴承和转动件润滑,润滑后回油至润滑油箱内。当油温过高时,冷油器供水电磁阀自动开启,降低油温,而当油压过高时油泵旁的溢流阀自动开启降压。

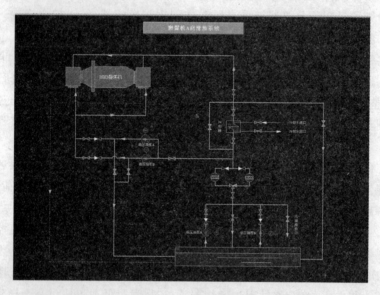

图 2-35　锅炉制粉系统磨煤机润滑油系统

实际锅炉制粉系统运行操控是通过分散控制系统来实现完成的。所谓分散控制系统(Distributed Control System,DCS)是以微处理器为核心,采用数据通信技术和 CRT 显示技术,对火电厂锅炉发电生产过程进行集中操作管理和分散控制的系统。分散控制的基本思想是:控制与危险分散,管理与监视集中。它将连续生产流程分散在多台计算机上进行控制,即整个控制系统的目标和任务事先按一定方式或原则分配给各个子系统,而各子系统间可以进行信息交换,系统内所有计算机可能处于平等地位,也可有主从之分,它将全部信息集中到运行控制室,以便操作人员监视、操控和集中生产过程控制管理。锅炉制粉系统的运行操控是在 DCS 操控界面和 JD 操控界面上来实现完成的。

二、制粉系统启动

在实际生产过程中,当我们需进行锅炉制粉系统的启动也即锅炉制粉系统中磨煤机启动时,我们都需完成哪些实际工作呢?我们必须对我们操作目标的最终实现作出具体规划。规划的是否合理、有效取决于我们对实际生产设备状况和控制系统状况以及入炉的原煤煤质状况、锅炉系统生产状况的掌握认知。当然大多数情况下我们有生产运行规程可供参考,锅炉运行的基本操作原则有两个:第一是设备的运行安全保证,其次在安全运行的前提下能否进一步提高锅炉运行的经济效能。基于这样一个基本原则,我们首先应对启动锅炉制粉系统这个目标的实现进行工作流程的规划,并对每一个阶段的操作和可能面对的问题有所准备和处理判断,这就是实际运行工作中的工作票。当我们在锅炉仿真系统运行操作训练中准备得越充分,工作票拟定的越细致,在实际锅炉运行操作中我们才能更从容自信,有效判断和快速作出应有的操作反应,保证锅炉运行的安全、稳定和经济效能。

在锅炉仿真运行操作中对于锅炉运行操控和监视界面的关联和切换,操控界面的设备操控、参数监控方法应有充分的掌握和基本技能训练。需要注意对于发电机组来自于不同公司的控制系统集成、操控界面及操控方法并不统一,存在一定差别,我们在生产中每当面对新的发电机组控制系统时,即使是已知的同类机组,仍需小心验证控制系统的各个部分、操作方法与操作性能。

下面就给出配双进双出低速钢球筒式磨煤机冷一次风机正压直吹式制粉系统启动,在600MW仿真操作系统上的实际操作流程与相关操作界面,帮助大家对火电厂锅炉运行系统操控及操作界面有所熟悉,为进一步学习锅炉运行系统操控及仿真实训练习建立基础。

1. 锅炉仿真运行系统锅炉制粉系统启动基本操作流程

(1)在一次风机电机润滑油系统就地站操作界面(如图2-36所示)上,打开A、B两台一次风机电机轴承润滑油系统相关就地手动门。

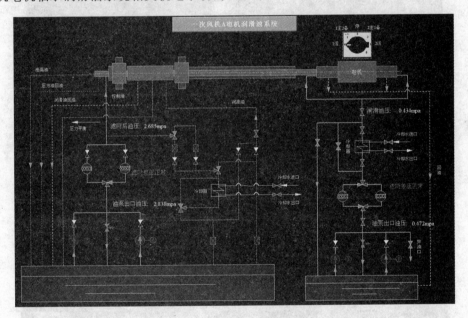

图2-36　一次风机电机润滑油系统就地站操作界面

(2)在锅炉"一次风机油站及本体监视"DCS操作界面(如图2-37所示)上,启动A、B两台一次风机电机轴承润滑油泵,并投入联锁。

(3)在"锅炉风烟系统"DCS操作界面(如图2-38所示)上,检查一次风机启动条件,如果满足,启动一次风机,热一次风出口门联动打开,打开一次风机出口电动门,调整一次风机动叶开度,一次风压8~9kPa。此时一次风量比较小,等至少一台磨煤机已经启动后将一次风机投入自动。

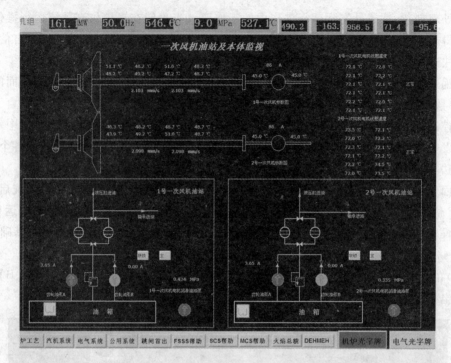

图 2-37 一次风机油站及本体监视 DCS 操作界面

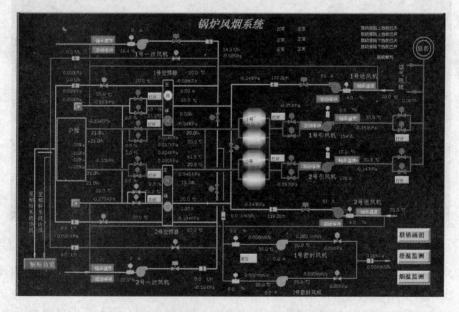

图 2-38 锅炉风烟系统 DCS 操作界面

（4）在"锅炉风烟系统"DCS 操作界面（如图 2-38 所示）上，启动一台密封风机，检查出口门联动开启是否正常，调整入口挡板，密封风压力与磨煤机一次风压差大于 2kPa，投入密封风压自动，另一台密封风机投入联锁备用。

（5）在锅炉"磨煤机润滑油系统"就地站操作界面（如图 2-39 所示）上，打开相关就地手动门。

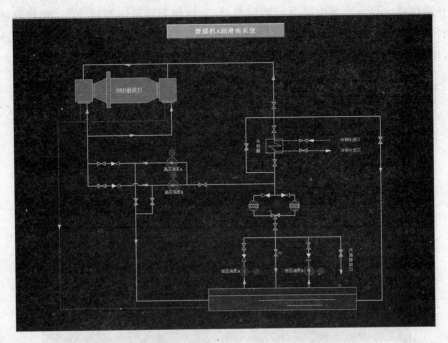

图 2-39　锅炉磨煤机润滑油系统就地站操作界面

（6）在磨煤机油站 DCS 操作界面（如图 2-40 所示）上，启动低压油泵，待压力信号 OK 出现后，启动高压油泵。

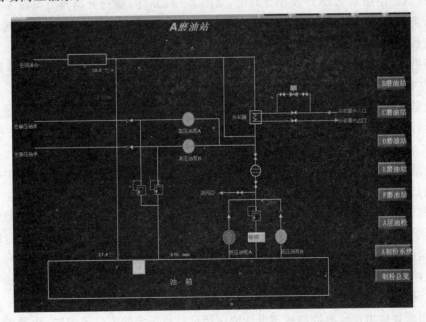

图 2-40　磨煤机油站 DCS 界面

（7）在锅炉制粉系统 DCS 操作界面（如图 2-41 所示）上，启动减速机润滑油泵，开分离器出口挡板，启动大齿轮罩密封风机。

全开磨煤机密封风入口电动门，调节入口调节门，维持密封风/一次风差压 2～4kPa。

打开磨煤机入口一次风电动总门和调节总门,两侧旁路风门各开30%,两侧容量风门开10%左右,启动时入口一次热风门开度至100%,冷风门暂不开,调节热一次风门和冷一次风门开度,控制磨煤机进口一次风温在180℃~280℃之间。

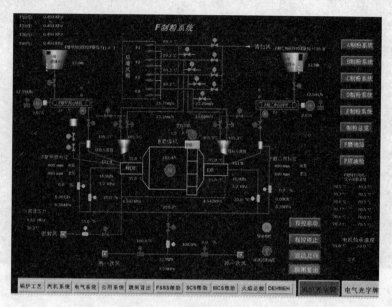

图2-41　锅炉制粉系统 DCS 操作界面

(8)在锅炉制粉系统 DCS 操作界面上,如图2-41所示,煤粉分离器出口温度高于65℃时暖磨结束,如果磨煤机满足启动许可条件启动磨煤机;开启给煤机,打开下煤闸板和给煤机进煤闸板;观察磨煤机燃料差压料位在400~500mm左右。

维持磨煤机出口风温在110℃~125℃,磨煤机压差1.3kPa左右,制粉系统负压在4.0kPa左右。

以上是在锅炉仿真系统中如何操作启动锅炉制粉系统。在实际工作中我们所面对的锅炉系统运行操作界面可能会有所不同,但基本的工作流程与操作原则本质上应是一致的。

2.锅炉制粉系统运行的基本原则

制粉系统运行过程操控的核心设备是磨煤机,磨煤机在制粉系统运行过程中应注意的基本原则是:

(1)对于中速 HP 磨和 MPS 磨,当磨碗溢出煤量过多时,应注意溢出过多的原煤颗粒常会堵塞石子煤排出口,这会增加原煤颗粒在磨煤机内的积沉,增加自燃爆炸的危险性。

(2)当磨煤机出口风温控制长期低于设计或燃烧试验所规定的出口风温时,将会影响磨煤机内对原煤颗粒和煤粉水分的有效干燥,同时会造成煤粉在磨煤机与输送煤粉管道上煤粉的粘连,引起煤粉管的堵塞,增加自燃爆炸的危险。

(3)当磨煤机出口风温控制高于设计或燃烧试验所规定的出口风温时,会导致煤粉中挥发分的析出,增加磨煤与输粉过程中自燃爆炸的危险性,实际运行中一般控制磨煤机出口风温不高于设计规定值10℃左右,当高于规定限制温度时控制系统应及时自动关闭热一次风门。

(4)一次风速不能低于规定极限风速下限,风速过低会引起煤粉管中一次风不足于保持煤粉颗粒的悬浮流动,会引起煤粉在煤粉管内的沉积,造成煤粉管堵塞,影响炉内燃烧空气动力场的有效组织,易引起在管道内的煤粉自燃与爆炸。

(5)一次风速不能高于规定极限风速上限,风速过高会引起制粉系统气粉混合物中粗粉颗粒增加,导致回粉增加,造成制粉系统磨煤电耗增加,同时大量粗颗粒煤粉与高流速的气粉混合物将会增加磨煤机与输粉管的磨损。

(6)运行中对于中速 HP 磨和中速 MPS 磨,应关注石子煤箱内石子煤的顺畅排出,否则将会引起石子煤在磨煤机的热风室内堆积,造成石子煤刮板严重磨损,甚至会造成石子煤刮板的断裂。

(7)在磨煤机启动时对磨煤机暖磨不充分,如若给煤机加煤,入磨原煤水分较大时,湿煤会积附在磨煤机和煤粉管道的死角处,会引起磨煤机的自燃着火。

(8)如果锅炉制粉系统停磨,在关闭一次风时冷却不充分,会在停磨后使残留在磨煤机内的气粉混合物因温度上升而造成磨煤机和煤粉管道的自燃着火。

(9)运行中应有效控制入炉煤粉细度与干燥水分值,煤粉过细,干燥水分值小,磨煤电耗增加,磨煤出力下降,同时入炉煤粉着火提前,这将危及锅炉燃烧器一次风喷口,引起烧蚀或结焦,也会造成炉膛火焰上移,危及炉膛上部屏式过热器的运行安全。煤粉颗粒过粗,干燥水分值偏高,则不利于入炉煤粉的着火燃烧与在炉膛内的充分完全燃烧,使机械不完全燃烧热损失增加。

3. 锅炉制粉系统正常启动的基本工作流程与原则

(1)启动磨煤机前的检查

① 检查润滑油箱内是否有足够的润滑油,轴承的润滑油应建立起来;

② 检查磨煤机与电动机的轴承是否已连接好,齿轮箱的输入轴可以手动盘转;

③ 粗粉分离器叶片位置校准;

④ 检查磨辊油位是否正常;

⑤ 关闭检修门,检修人员全部退出磨煤机;

⑥ 对于中速磨石子煤排出口阀门打开;

⑦ 打开所有煤粉管阀门,打开冷一次风门,保证磨煤机内一次风道通畅;

⑦ 建立润滑油冷却器的冷却水流,维持水温为 45℃～55℃;

(2)投入磨辊和磨碗毂的密封空气。

(3)启动磨煤机

在磨煤机初次启动期间或调换推力轴承填料后,使用一个数字显示器测量推力轴承温度和所供润滑油温度,推力轴承温度应稳定在润滑油进口温度之上 10℃～20℃,如果不稳定则应停机检查。

(4)打开热一次风门,调节冷、热一次风门挡板以控制磨煤机出口温度在设计规定值;在启动磨煤机后首先对磨煤机暖磨。由于磨煤部件是厚壁部件,为防止在暖磨时出现过大热应力,暖磨温升速度 3～5℃/min,在磨煤机进煤前,磨煤机至少在规定运行正常温度上维持运行 15min 以上。正常运行磨后温度控制在 65℃～85℃。

(5)利用点火装置进行锅炉点火。

(6)启动给煤机。操作给煤机控制键盘,设置一个最低出力(25%额定出力),给煤机以该速率自动向磨煤机供煤。当磨煤机磨后温度稳定在设计规定值后,再依据锅炉负荷增加给煤量。

(7)监视炉内燃烧温度和炉膛负压,保证煤粉投入后燃烧火焰的稳定。

(8)增加磨煤机的磨煤出力,当磨煤机磨煤出力达到额定出力的 60%~70%时,依序开启下一台磨煤机。

(9)当给煤量满足锅炉运行负荷需求后,给煤机投自动,要求各台给煤机在相同转速下运行。

4.锅炉制粉系统正常停运的基本工作流程与原则

在正常停运磨煤机之前,要求将磨煤机冷却到正常运行温度以下,并吹空磨煤机内残余的煤粉颗粒,停磨前的磨煤机出口温度应控制在 50℃以下。

(1)逐渐减少给煤机的给煤量,直至减到最低值,给煤量每次减少 10%,在进行下一次的递减之前应控制磨煤机出口温度在设计规定值上,磨煤机一次风量投自动,并监视磨后出口温度,控制磨后温度达到设计温度,增加不超过 8℃。注意保持炉内燃烧火焰的稳定。

(2)当给煤量达到最低值时,关闭热一次风风门以降低磨煤机磨后出口温度,此时应自动开启冷一次风风门。

(3)当磨煤机冷却到磨后温度 50℃以下时,停止给煤机运转。

(4)停止运行给煤机后,磨煤机应继续运行至少 10min,以便于吹空磨煤机内残余煤粉颗粒。

(5)停止运行磨煤机。

(6)关小冷一次风风门,留下 50%的开度,让一部分冷风继续吹扫、冷却磨煤机,磨煤机出粉管阀门仍然保持打开。如锅炉仍然在运行的话,5%的开度将有助于对停用的锅炉燃烧器一次风喷口进行有效冷却。

(7)保持润滑油系统。当关闭润滑油系统后在冬季低温时,应注意将润滑油冷却水放空。

当热风门关闭,热风隔绝门关闭,冷风门关闭,磨煤机进口封门全部关闭后,60min 后关闭密封风机。

工作任务

在 300MW/600MW 锅炉仿真系统上进行锅炉制粉系统的启、停和相关运行参数的调控操作,熟悉制粉系统启、停工作流程,制粉系统运行安全、经济性工作规范,培养基本岗位操作技能。

能力训练

通过在仿真系统上对 300MW/600MW 锅炉制粉系统启、停和相关运行参数的调控操作练习,培养学生对有关入炉原煤和煤粉特性有一个深刻认知和掌握,通过对锅炉仿真系统运行操作,熟悉锅炉制粉系统和相关系统启、停工作流程,掌握关键控制运行参数指标数据,促进学生实际岗位运行工作能力的提高。

思考与练习

1. 通过本任务的学习,结合你实训的火电厂锅炉制粉系统或锅炉仿真运行系统,试写出锅炉制粉系统启动的操作工作流程与注意事项,并注意具体磨后控制温度是多少。

2. 在教师的指导下试收集双进双出低速钢球筒式磨煤机与 HP 中速磨、MPS 中速磨在实际运行过程中,工作特性有哪些相同点与不同点。

3. 就你实训的锅炉仿真运行操作系统,试写出锅炉制粉系统停运的基本工作流程、注意事项以及冬季停运时应注意的问题。

子任务五 锅炉燃料供给系统运行常见设备故障

学习目标

结合火电厂典型室燃煤粉锅炉燃料供给系统运行中常见运行故障的探讨分析,使学生认识到现有设备在不同运行工况和不同原煤煤质条件下运行可能存在的工作局限和常见的运行故障,进而了解掌握对锅炉燃料供给系统运行常见故障排除、检修的方法与步骤。

能力目标

培养学生从实际工作出发,根据锅炉运行工作状况,到厂原煤煤质和实际设计、安装选用的相关锅炉燃料供给系统设备工作特点和在锅炉燃料供给系统中设备存在的工作局限,形成一个综合有效的保证锅炉燃料供给系统正常、高效运行的工作方案和设备检修紧急处理预案。

知识准备

关 键 词
原煤煤质 入炉煤煤质 锅炉负荷 实际燃料消耗量
给煤机堵煤 原煤斗堵煤 给粉机卡涩(死)

在火电厂中,大多数锅炉发电机组中的锅炉燃烧方式均采用悬浮燃烧方式即室燃煤粉炉,而室燃煤粉炉的燃烧所需煤粉来自于锅炉的制粉系统,锅炉制粉系统的作用是将入炉原煤通过磨煤机破碎研磨加工成设计要求的具有一定细度和煤粉水分的煤粉,利用通入锅炉制粉系统具有一定温度的热风干燥煤粉水分,使之符合或满足锅炉燃烧设计或燃烧试验煤粉细度与干燥水分要求。锅炉制粉系统运行稳定性将会直接影响到锅炉运行的燃烧稳定性。那么哪些因素会影响到锅炉制粉系统的运行稳定性,进而影响到锅炉燃烧运行的稳定与燃烧效率呢? 这是一个需要综合考量分析的问题。首先我们从到厂原煤的工作特性变化结合目前火电厂生产过程中实际设备状况进行探讨。

由于原煤开采的方式不同,到厂原煤颗粒的破碎程度存在很大差别,当原煤中大颗粒煤块较多,而入厂原煤在到厂过衡称重后由翻车机直接翻倒入输煤池,在上输煤皮带前原煤大颗粒未经破碎处理,这些大颗粒煤块可能因过于沉重而造成皮带打滑、摩擦生热而引起输煤皮带着火燃烧,造成输煤无法正常运行;过大的煤块也可能在输煤过程中导致输煤皮带断裂从而影响锅炉正常的原煤上炉输送。入炉原煤粗颗粒过多,进入锅炉制粉系统也将影响到锅炉正常的磨煤出力。到厂原煤颗粒状况与原煤开采方式和原煤煤质有关,在实际生产过程中应对锅炉发电机组主要原煤供应矿点煤矿工作方式有所了结掌握。

在火电厂原煤储存场,一般都会有干煤棚,干煤棚的主要作用是为了保证在雨天时,入炉原煤颗粒水分值不会因雨天而变化过大。当入炉原煤水分值增加时,原煤易结团,这常常会引起原煤斗落煤管管壁形成粘连,增大落煤阻力,形成落煤管堵塞;水分值过大的原煤极易结团,造成落煤不均匀,也极易形成落煤管的堵塞;而入炉原煤中过多的异物也易形成落煤管的堵煤,进而影响到正常的原煤颗粒的破碎研磨。水分值过大也将影响到给煤机落煤的均匀性,在锅炉高负荷时含有大水分的原煤,因原煤结团、给煤机落煤量大,极易造成磨煤机进口的堵煤,从而造成磨煤机无法继续进行原煤颗粒破碎研磨加工煤粉的生产过程,而须停运磨煤机进行堵煤的清理,这是一个既繁重又脏的清理过程。因此在实际发电生产运行过程中,干煤棚的作用十分重要。但实际生产现场干煤棚的存煤量是有限的,目前火电厂中锅炉发电机组容量一般都很大,日消耗原煤量单台 600MW 发电机组锅炉基本保持在 6000 吨左右。在我国一些地区夏季常会有一个较长时期的雨季,这时尽管有干煤棚但入炉原煤水分仍将会有可能受雨天环境的影响,这一点在实际工作中必须引起我们的注意。

当到厂原煤存储在露天煤场时应注意在雨天对到厂原煤煤质较为细碎的原煤煤堆做保护,防止细煤颗粒因雨水浇淋而流失。在我国东南沿海地区常会经历台风侵袭,西北地区则会受强风侵袭,我们常常在煤场四周加装防风护栏,降低强风所引起的煤场存煤量因吹刮所造成的原煤量损失。

当高挥发分原煤到厂存储在原煤场,在夏季应注意防止原煤煤堆可能发生的自燃情况,可进行浇水压实处理,但在原煤入炉时应注意原煤结团的影响。

当高挥发分原煤入炉进入锅炉制粉系统时应注意控制原煤干燥水分热风温度,以保证锅炉制粉系统的运行安全,防止因热风温度过高而引起的制粉与输粉过程中的煤粉自燃与爆炸。

在火电厂锅炉燃料输运过程中应注意清理到厂原煤中的木枝、木块、铁丝和丝状物,这会在落煤管形成阻塞和积挂,导致落煤管的阻塞。木枝、木块在磨煤机内磨制过程中会形成木屑,当它进入煤粉仓通过给粉机时易造成给粉机的卡涩,使给粉机无法正常落煤粉,同时造成给粉电耗的增加,影响锅炉炉膛内正常燃烧工况的维持。入炉原煤中丝状物的存在,则会在煤粉气流的流通管道上形成积挂,这将导致煤粉气流流动阻力的增加,同时造成流通管道内的煤粉积存,在制粉系统运行过程中极易引起积存煤粉的自燃与爆炸,此外丝状物积挂在锁气器则会造成锁气器关断不严,形成管道流通短路;在给粉机内形成卡涩,与木屑类似形成给粉机堵粉,影响锅炉正常燃烧。

到厂原煤在储存过程中易受氧化作用而降低其原有发热量值和粘接性,在夏季,严重时会产生煤堆自燃;堆积在煤场的原煤也会被风吹走或雨水冲走而造成原煤损失;而在一些地区由于尘土落积在煤堆上,这也会影响入炉煤质。所以无论是露天储煤,还是筒仓储煤,都应加强堆存煤的科学有效管理,选择合理的储煤方法,以降低锅炉发电成本。

各种原煤在煤场堆放都会有不同程度的氧化趋向,通常这个过程比较缓慢,但其结果会造成燃料发热量的降低。大多数煤种在第一年储备中,会丢失 3% 的发热量值,而一些劣质煤则可降低达 5% 发热量值,并改变其燃烧特性。

风化能使块煤变成碎片。此种现象在劣质煤及靠近煤堆表面尤为明显,当煤炭的氧化过程较为迅速时,将会产生足够的热量使煤堆出现自燃现象。因此在堆放储煤时应将不同品种的到厂原煤分类组堆存放。需长期储存的到厂原煤,在组堆时要采取预防措施,限制空气流过通道,以减少或消除过度氧化。煤堆分层压实,使其密度达 1～1.1t/m³,以减少空气占有的空隙。煤堆顶层略呈凸状,且成对称以使雨水能及时流走,这样做可以使煤堆表面形成硬壳,不仅减少雨水和空气透入,而且可使煤堆中块煤间隙缩小,这是有效防治煤堆自燃的常用措施。

到厂原煤组堆完成,要进行煤堆测温,如发现煤堆上部 0.5m 处有一点或多点温度超过周围环境温度 10℃ 左右时,应及时补充压实,当温度超过 60℃～65℃ 时,应迅速采取降温措施,有条件的地方应立即浇水降温。

煤堆不宜堆积过高,堆积过高,万一发现有自燃的危险,在较短的时间内很难倒堆,煤堆堆积角度以 40°～45° 为宜。

工作任务

结合本地火电厂常见燃煤煤质状况,在夏季连续阴雨天,当锅炉负荷发生变化时,就现有设备状况形成防止给煤机堵煤故障、磨煤机堵煤和保证磨煤机正常工作出力做出相关工作预案。

能力训练

针对各种可能发生情况对锅炉输煤系统及制粉系统各主要设备工作性能进行比较分析,了解掌握各类相关设备的基本结构、工作特性与工作局限,并具备拟定保证锅炉输煤与制粉系统正常稳定工作的预案和应急检修措施的能力。

思考与练习

1. 结合在火电厂中岗位实训,在指导教师的指导下收集火电厂燃料运输运行过程中出现的问题与事故,进行分析,找出问题或事故发生的原因,并给出如何防止和控制事故发生的方案。

2. 给煤机的堵煤是如何形成的?结合岗位实训,收集形成原因,并结合自己所学给出应如何有效防止给煤机的堵煤事故发生的方案。

3. 在储煤场如何有效防止储煤堆发生自燃?造成储煤堆自燃的原因是怎样的?应如何有效控制储煤堆的自燃?

项目三 火电厂锅炉燃烧过程与燃烧系统设备

任务一 火电厂典型锅炉悬浮燃烧工作过程

子任务一 火电厂典型煤粉锅炉燃烧系统与设备

学习目标

通过对火电厂典型煤粉锅炉燃烧设备与相关系统介绍,使学生掌握火电厂典型煤粉锅炉燃烧系统构成、相关燃烧设备结构及工作特性;通过具体实例分析,使学生了解和掌握常见典型煤粉锅炉燃烧系统及设备的工作局限以及在实际工作现场为保证锅炉燃烧的稳定、安全所采取的相应系统架构与运行操控规范。

能力目标

培养学生从实际工作需求出发,根据火电厂典型锅炉燃烧系统及设备状况,针对实际入炉原煤煤质,结合相关燃烧设备工作特点和相关设备工作局限,合理架构锅炉燃烧系统,合理组织炉内燃烧工况,保证锅炉燃烧的稳定、安全和燃烧效能的提高,降低锅炉有害气体排放。

知识准备

关 键 词

燃烧设备 燃烧器 炉膛 点火装置 直流式燃烧器 旋流式燃烧器
流体射流刚性 流体射流旋度 十字风 夹心风 周界风 侧边风
一次风 二次风 均等配风 分级配风 前后墙布置 四角切圆布置

在火力发电厂发电生产过程中,75%~80%的生产成本来自于锅炉的燃料燃烧成本,锅炉燃料燃烧的充分、稳定将会对火力发电生产过程和生产效能发生重大影响。目前大多数火电厂锅炉燃烧的是经磨制加工的煤粉,即火力发电厂大多数锅炉采用室燃煤粉炉,室燃煤粉炉在锅炉燃烧系统构成和燃烧设备结构上不同于目前正在大力发展的循环流化床锅炉和用于生物质发电生产的锅炉系统构成与设备结构。在这一任务里我们主要探讨室燃煤粉炉的燃烧系统构成、燃烧设备结构及室燃煤粉炉的工作特性,而对于另一类十分重要的循环流化床锅炉则放在下一个任务中进行探讨。

室燃煤粉炉不同于循环流化床锅炉,它燃烧的是经过锅炉制粉系统磨制加工的具有一定细度要求的煤粉,煤粉的细度变化不仅会影响锅炉制粉系统的磨煤电耗,同时对煤粉在锅炉炉膛内的着火与是否充分有效燃烧也会产生重大影响。过细或过粗的煤粉都将会影响炉膛内的火焰原有位置,而火焰位置的偏斜或改变将会造成锅炉炉膛受热面的结焦、高温腐蚀与热偏差。室燃煤粉炉燃料在炉膛内的燃烧停滞时间极短,燃烧强度极高。当锅炉容量越大燃烧强度也相应增加,这造成锅炉炉膛内燃烧温度高,燃烧速度也越快。因此室燃煤粉炉的煤粉是否能充分燃烧取决于热风所提供的氧气能否有效地与煤粉混合。过高的燃烧温度与烟气中含有较高的过剩氧量也将会造成在烟气中 SO_x 和 NO_x 有害物质的增加,前者会引起锅炉炉膛内的高温腐蚀、尾部受热面省煤器和空气预热器的低温腐蚀,当烟气中的硫酸蒸汽不经脱硫处理排放到大气中将会污染环境,NO_x 如不经烟气脱硝处理则同样会对环境产生重大污染。当锅炉燃烧负荷低或是入炉煤质差,含灰量大、水分高、发热量低时,如何有效稳定锅炉燃烧是锅炉燃烧系统和相关设备必须解决的问题;而合理地设计架构锅炉燃烧系统和燃烧设备选型,合理配置燃烧运行参数配合及有效控制将有助于稳定锅炉燃烧,提高锅炉燃烧效能。

室燃煤粉炉的燃烧系统主要由下列设备构成:锅炉炉膛(燃烧室)、燃烧器(喷燃器)、辅助燃烧的燃油设备与锅炉点火装置。

一、锅炉炉膛(燃烧室)

锅炉炉膛的作用就是利用锅炉工质受热管屏和锅炉炉墙构成一个可供锅炉入炉燃料燃烧和流通的燃烧空间。它在结构上应能保证燃料(在室燃煤粉炉中为煤粉)在炉膛空间内的有效着火燃烧,同时在单位时间内能够通过炉膛受热面向锅炉工质侧传热,提供完成额定参数锅炉蒸汽量生产所需的热量,保证入炉煤粉燃烧所生成的炉渣、大量烟气与飞灰的及时排出。如图3-1、图3-2所示为室燃煤粉炉锅炉炉膛及直流燃烧器、旋流式燃烧器。

图3-1　室燃煤粉炉锅炉炉膛及直流燃烧器

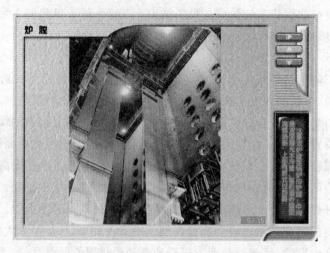

图 3-2　室燃煤粉炉锅炉炉膛及旋流式燃烧器

锅炉炉膛的尺寸大小与锅炉容量大小紧密相关,通常锅炉容量越大,锅炉炉膛尺寸也就越大。与 300MW 发电机组相配的锅炉在规模高度上一定小于与 600MW 发电机组相配的锅炉。当锅炉容量一定时,锅炉炉膛的尺寸大小,是由两个因素来决定的:其一是要保证入炉的燃料在炉内有足够的燃烧时间与空间,以便单位时间内进入炉膛的燃料能够充分有效着火燃烧;其二必须布置足够的受热面以控制炉膛内燃烧温度。炉膛燃烧温度过低,不利于煤粉在进入锅炉炉膛后的着火与在有限的炉内燃烧时间内的充分燃烧;炉膛燃烧温度过高,炉膛内烟气温度上升,这会造成烟气中的飞灰在接触或流经锅炉受热面时,由于灰温过高而形成受热面结焦。受热面的结焦会降低单位时间内锅炉炉膛内的有效传热,降低额定参数的蒸汽生产量,同时会使受热面壁温上升,受热管材料强度下降产生爆管事故;受热面的结焦将使烟气流动阻力增加,导致风机电耗增加,发电成本增加;过高的燃烧温度也会在烟气中形成更多的 SO_x 和 NO_x 有害物质。

在火电厂中,大多数锅炉炉膛的横截面形状为矩形,当锅炉燃烧器采用四角切圆布置方式时,通常炉膛横截面为接近于正方形的矩形。锅炉炉膛的后上方通常为烟气流出炉膛的通道,叫做炉膛出口。为改善烟气对屏式过热器的冲刷,充分利用炉膛空间,在炉膛出口处下方设有凸起的折焰角。在锅炉炉膛底部,目前大多数火电厂室燃煤粉锅炉均采用固态排渣的方式,因此炉膛底部为有前后水冷壁管弯曲而形成的倾斜冷灰斗(如图 3-3 所示)。

当锅炉容量一定时,即单位时间内额定参数的蒸汽生产量一定时,通常依据锅炉炉膛容积热强度来决定锅炉炉膛容积。锅炉炉膛容积热强度是指每小时每立方米锅炉炉膛容积内燃料燃烧所释放出的热量,即

$$q_v = Q_{ar,net} \times B_j / V_l \qquad (kJ/m^3 \cdot h)$$

式中: q_v ——锅炉炉膛容积热强度;

$Q_{ar,net}$ ——燃煤收到基低位发热量;

B_j ——锅炉实际计算燃料消耗量;

V_l ——锅炉炉膛容积。

图 3-3　室燃煤粉炉锅炉炉膛下部冷灰斗

当锅炉容量及蒸汽参数一定时,实际上 $Q_{ar,net}B_j$ 是一定的,通常我们依据实际经验积累和理论分析所获得的 q_v 范围值来确定 q_v 值,便可确定锅炉炉膛容积的大小。

q_v 值如在推荐范围值内选取偏大值时,炉膛容积偏小,有利于保温,但对火电厂大容量锅炉来说,由于炉膛壁面积的增加慢于炉膛容积的增加,则将会产生炉膛燃烧温度偏高,容易引起受热面结焦,此外炉膛容积偏小,煤粉在炉膛内燃烧时间缩短,煤粉燃烧不充分,降低锅炉燃烧经济性。q_v 值如在推荐范围值内选取偏小值时,炉膛容积偏大,这将降低锅炉炉膛燃烧温度,在有限的炉膛燃烧时间内煤粉因为燃烧温度低同样无法充分燃烧,较大的锅炉炉膛容积则意味着将增加锅炉炉膛的金属消耗量,增加锅炉投资成本。因此 q_v 值在推荐范围值内的选取,应进行充分的综合考量。

当锅炉炉膛容积确定后,锅炉炉膛尺寸仍未定。同样的锅炉炉膛容积,可以将炉膛设计成瘦长形或是矮胖形。过于瘦长的锅炉炉膛设计,虽在炉膛内气流充满程度好,但这会引起锅炉炉膛水冷壁处烟气温度偏高,易形成水冷壁结焦;而过于矮胖的锅炉炉膛设计,则会造成锅炉燃烧器处温度偏低,不利于入炉煤粉的着火燃烧,且煤粉在炉膛内燃烧时间短,燃烧不充分,高温烟气充满程度不好,易引起受热面吸热不均。因此必须合理选择锅炉炉膛炉形(如图 3-4 所示)。

通常锅炉炉膛的尺寸通过锅炉炉膛截面热强度确定,锅炉炉膛截面热强度是指每小时在锅炉燃烧区域的单位横截面上燃料所释放出的热量,即

$$q_F = Q_{ar,net} \times B_j / F_1 (KJ/m^2 \cdot h)$$

式中:q_F——锅炉炉膛截面热强度;

$Q_{ar,net}$——燃煤收到基低位发热量;

B_j——锅炉实际计算燃料消耗量;

F_1——锅炉炉膛横截面。

图 3-4 锅炉炉膛折焰角

锅炉炉膛截面热强度与锅炉炉膛容积热强度相似,在实际锅炉炉膛设计选形时同样依据实际经验积累和理论分析所给出的锅炉炉膛截面热强度范围值进行综合考量确定。当确定了锅炉炉膛截面热强度,则锅炉的高度便基本确定下来。但炉膛宽度与深度仍需确定,当锅炉炉膛燃烧器布置采用四角切圆布置时,通常锅炉炉膛宽度与深度相等或相近,最大也不要超过 1∶1.2;如采用的是前后墙对冲布置,则可灵活设计锅炉炉膛的宽度与深度。

二、燃烧器(喷燃器)

在室燃煤粉中燃烧器又称煤粉喷燃器,它是室燃煤粉锅炉的主要燃烧设备。其作用是将输送煤粉的一次风和用于锅炉入炉煤粉燃烧助燃的二次风经过喷燃器喷口吹入锅炉炉膛,并使风粉在锅炉炉膛内有效混合,及时着火燃烧。锅炉燃烧器的性能及合理布置对锅炉燃烧的稳定性和经济性具有十分重大的影响。性能良好的喷燃器应具备下列性能指标要求:

① 一、二次风出口截面应能保证适当的一、二次风速比;

② 要能形成足够的搅动性,以使风粉在锅炉炉膛内充分有效混合;

③ 能使煤粉气流着火稳定,火焰在锅炉炉膛内充满程度好;

④ 风阻小;

⑤ 具有一定的可调燃烧扩散角,以适应入炉煤质变化和锅炉负荷变化;

⑥ 能够有效控制燃烧过程中 SO_x 和 NO_x 有害物质的生成;

⑦ 沿出口截面的煤粉分布要均匀,煤粉燃烧迅速而充分。

在现代火电厂中大型室燃煤粉锅炉上,锅炉煤粉喷燃器常见的有两类:即直流式喷燃器和旋流式喷燃器。

1. 直流式喷燃器

直流式喷燃器的结构如图 3-5 所示,从外观上看它是一个瘦长的矩形,在这瘦长的矩形上开通安装了如 3-6 图所示的一、二次风喷口,在有些燃用无烟煤、贫煤和劣质烟煤的锅炉燃烧器上还安装有三次风喷口。一次风喷口用于向锅炉炉膛喷入气粉混合物,燃料主要通过这条通道进入锅炉炉膛;二次风喷口主要向锅炉炉膛供给进入锅炉炉膛大部分煤粉燃烧所需的氧气,用于提供助燃的空气,在二次风喷口内都布置有燃油喷嘴支架,当锅炉运行、启动、停炉需用燃油时只要将油喷嘴插入即可。为了便于锅炉运行过程中的燃烧调节,锅炉喷燃器的喷口上下倾角是可以调节的,其范围在±20°内,具体数值须视锅炉的设计需求与设计方案。

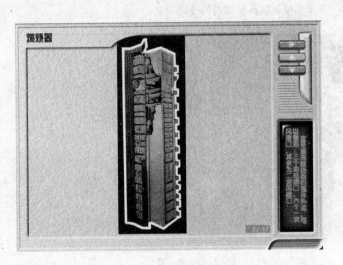

图 3-5　直流式喷燃器的结构

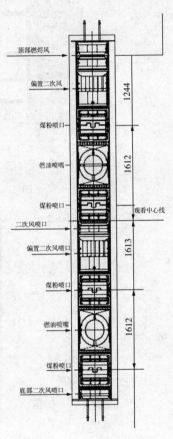

图 3-6　直流式喷燃器喷口形状

　　直流式喷燃器一次风喷口通常为矩形,当煤粉通过一次风喷口进入锅炉炉膛时,一次风气流通过其矩形外缘卷吸锅炉炉膛高温烟气热和炉膛火焰辐射热,使煤粉中水分析出,煤粉温度上升,煤粉中挥发分析出并着火燃烧,释放出大量热,进一步加热煤粉使煤粉中的碳达到着火点温度着火燃烧。由于煤粉在锅炉炉膛内燃烧时间极短,要保证进入锅炉炉膛的煤粉气流的充分完全燃烧,就要求通过直流式喷燃器喷口进入锅炉炉膛的煤粉气流能够迅速着火,而要迅速着火就必须强化煤粉气流的着火条件,限于直流式喷燃器的特定结构,我们采用了四角切圆燃烧的喷燃器结构布置和燃烧运行方式。将体型瘦长的直流式喷燃器分别布置在锅炉炉膛横截面为矩形的炉膛四角,这在锅炉炉膛水冷壁管只需做不大的弯曲即可让出一条瘦长的区域用于安装直流式喷燃器(如图 3-7、图 3-8所示)。

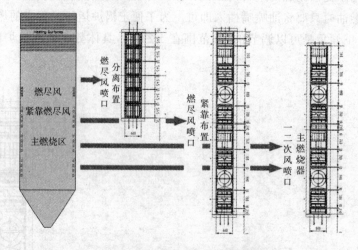

图 3-7 直流式喷燃器在炉膛内的分组布置

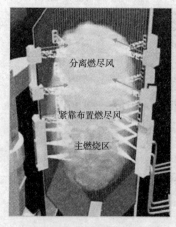

图 3-8 四角切圆布置锅炉炉膛内燃烧示意

　　布置在锅炉炉膛四角的直流式喷燃器,在锅炉运行时从布置在四角的喷燃器的喷口中喷射出的四股气流在炉膛中心形成一个切圆,火焰集中在炉膛中心,形成一个旋转的高温火球,强烈旋转的气流有效地增强了煤粉在锅炉炉膛内燃烧过程中氧气与可燃质的混合,强化了煤粉气流的充分完全燃烧,在锅炉炉膛中心形成高温区。强烈的旋转将压迫来自喷燃器喷口的通过炉膛高温火焰区的高温气流冲向下一喷燃器的喷口喷射出的气流,这将有效改善直流式喷燃器单体着火条件不够好的问题。

　　为了有效保证入炉煤粉的及时着火与充分燃烧,在一、二次风喷口的分配布置上结合入炉煤粉的挥发分及煤质状况,有采取一、二次风喷口间隔布置的均等配风方式,也有采用一次风喷口相对集中,二次风喷口分布其间的分级配风方式。通常对锅炉燃用挥发分较高的烟煤与褐煤时,直流式喷燃器喷口分布常采用均等配风的方式,由于煤粉挥发分较高,挥发分能否充分燃烧放热取决于锅炉喷燃器能否及时提供挥发分燃烧所需要的大量氧气与可燃质的充分混合,因此采用均等配风,使一、二次风喷口间隔布置便能有效解决煤粉着火初期的燃烧需求。当锅炉燃用挥发分较低,含碳量高的较难着火燃烧的无烟煤或贫煤、劣质烟煤时,由于在着火初期入炉煤粉着火需有较高的温度环境,这就需要在入炉煤粉着火初期尽量提高着火环境温度,尽管输运煤粉的一次风温和用于助燃的二次风温都很高,但与煤粉气流的着火温度要求仍有一定距离,因此入炉的一次风在卷吸锅炉炉膛内高温烟气热和炉膛高温火焰辐射热的同时应尽量少受温度较低的二次风干扰,只有这样才能保证一次风中煤粉的及时着火燃烧,故在直流式喷燃器喷口的布置上采用分级配风的方式。

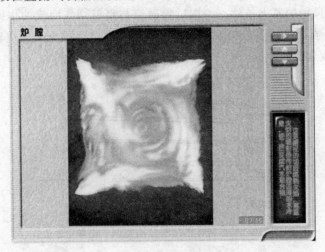

图 3-9　采用四角切圆燃烧的锅炉炉膛内的火焰

在室燃煤粉锅炉的实际燃烧运行过程中,为保证入炉煤粉的及时着火与充分燃烧,一次风流速应尽量小一些,以保证煤粉在锅炉炉膛内有尽可能多的充分燃烧时间,而用于助燃的二次风为保证其与可燃质之间的充分有效混合,这就要求提高气流的紊流扰动。由流体力学知识我们知道最为直接简单的方法就是提高流体流速,因此一般二次风速常比一次风速高许多。这就带来一个问题:在四角切圆燃烧过程中由于一次风速较低,则一次风气流射流刚性较差,在剧烈的旋流燃烧过程中一次风气流将无法很有效地投入炉膛中心的剧烈旋转的高温火焰区,甚至一次风气流会被剧烈旋转的高温气流压向锅炉炉膛水冷壁管,而造成锅炉炉膛水冷壁管的结焦。为提高一次风的射流刚性而又不改变原有一次风风速,在一次风喷口周围设计一圈可用风道挡板进行调节的周界风风口。周界风的风层很薄,其流速高,它有助于增强一次风的射流刚性,同时因气流流速高,比一次风具有更强的卷吸炉膛高温烟气的能力。对于烟煤和挥发分较高的贫煤,实践运行证明燃烧工作稳定,但对低挥发分的原煤则会使燃烧不稳定。为增强一次风射流刚性而又对煤粉气流着火燃烧影响较小可在一次风喷口设计安装夹心风喷口,或是在被强烈旋转气流压迫的一次风气流喷口的另一侧设计安装高速流动的侧边风喷口以提高一次风射流刚性,有效克服一次风被炉膛高速旋转的中心火焰气流压向水冷壁管造成水冷壁结焦。

锅炉燃烧器的喷口辅助风,如喷燃器的喷口周界风一般与入炉原煤的着火燃烧特性有关,对于燃用挥发分较高的原煤时,周界风量可适当控制大些,而对于燃用挥发分较低的原煤时,为保证入炉原煤的及时着火及有效燃烧,周界风量可适当控制的小一些。目前火电厂中大容量锅炉燃烧器配风采用大风箱系统,通向锅炉燃烧器的热风经过周界风挡板(燃料风挡板)和二次风挡板(辅助风挡板)分别进入周界风风道和锅炉二次风风道,在实际运行中当

锅炉设备与运行

入炉煤特性与设计煤质有较大差别时应及时利用上述风道挡板进行风量调节。

为了改善锅炉在低负荷运行时的燃烧稳定性,在20世纪90年代以后国内在结合吸收美国CE公司技术的基础上,研制开发出了带V形钝体的浓淡分离宽调节比煤粉燃烧器,如图3-10所示。这种燃烧器在锅炉燃烧运行过程中,一次风粉射流绕V形钝体,在钝体尾部形成高温烟气回流区,在一次风射流内部开辟出一次风粉气流与炉内高温烟气直接混合的途径,改善了一次风粉的着火条件。一次风粉射流与高温烟气回流的作用同时也有效滞缓了一次风流速,加强了一次风气流混合扰动,强化了煤粉气流的充分燃烧程度。同时利用一次风气流中煤粉浓度分布控制,进一步加强燃烧器的稳定燃烧能力。

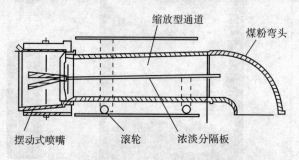

图 3-10   V形钝体的浓淡分离宽调节比煤粉燃烧器

在我国火电厂锅炉从国产300MW机组至目前600MW和1000MW机组,当采用直流式燃烧器大都采用四角切圆燃烧技术,自从20世纪80年代后300MW、600MW机组CE型锅炉技术的引进开始,我国的四角切圆燃烧技术日趋成熟。毫无疑问,四角切圆燃烧技术在今后相当长的时间内,仍将是我国火电厂大型锅炉采用的主要燃烧方式之一。

在我国四角切圆燃烧均采用直流式燃烧器,直流式煤粉燃烧器从单只燃烧器的角度看初期着火条件不够理想,正是为了有效改善煤粉初期的着火,在室燃煤粉锅炉的设计中采用了四角切圆燃烧,它利用布置在锅炉炉膛四角的燃烧器共同向炉膛中心的设计假想圆喷射一、二次风气流,形成旋转燃烧高温火焰,而旋转的高温火焰气流又会将来自布置在四角燃烧器的经过炉膛高温火焰区被加热成高温的气流压向紧邻的燃烧器的气流根部,从而极大地改善了直流式燃烧器一次风中煤粉的着火条件。炉膛内气流的旋转有效地增强了风粉之间的相对运动,使煤粉颗粒在燃烧过程中所产生的灰壳因强烈扰动,而易于脱落,加快了煤粉颗粒在锅炉炉膛内燃烧,有利于煤粉的充分完全燃烧;旋转运动的气流同时延长了煤粉颗粒在锅炉炉膛内的燃烧时间;强烈的旋转在炉膛火焰中心形成低压区,促成部分烟气自上而下的倒流,有助于改善由于锅炉炉膛的特定结构所形成的燃烧涡流区,从而有效地降低了燃烧涡流区内的还原性气体含量,有利于防止锅炉结焦。近年来由于有效地采用了WR煤粉燃烧器(图3-11),进一步提高了锅炉燃烧稳定性,使锅炉烟煤无油助燃稳定运行最低负荷由40%BMCR降低到30%BMCR,贫煤锅炉由60%BMCR降低到55%BMCR左右。四角切圆燃烧系统煤粉喷燃器与二次风喷嘴是分开布置的,燃料风、辅助风和燃尽风是分批加入射流火焰,煤粉火焰是一种边燃烧边同二次风混合的扩散火焰,因此形成了一种较长的火焰结构。这种燃料与空气混合方式,具备分级燃烧的性质,对于降低NO_x的生成起到有利的作用。特别是一次风射流切圆较小、二次风射流切圆较大或一、二次风反切的布置方式,更加推迟了一、二次风的初期混合,加强了空气分级的效果,更是起到抑制NO_x的生成作用。

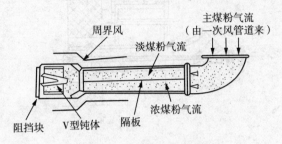

图 3-11 WR 燃烧器结构

但是我们也应看到采用四角切圆燃烧必须面对和关注的问题：四角切圆燃烧一般要求锅炉炉膛横截面应尽可能接近正方形，这增大了锅炉炉膛设计难度；强烈旋转的高温火焰气流也增大了火焰位置控制的难度，而火焰位置的偏斜则会引起炉膛受热面的结焦、高温腐蚀和热偏差；此外四角切圆燃烧锅炉炉膛出口普遍存在左右两侧烟温偏差，这是四角切圆燃烧技术的主要问题所在，也是人们普遍关心和忧虑的问题，这种烟温偏差一般为 50℃~60℃，个别火电厂锅炉有的高达 150℃ 以上，国内很多科研单位和制造厂家对其做了不少研究工作，但目前仍无切实有效的解决方案。

2. 旋流式燃烧器

旋流式燃烧器不同于直流式燃烧器，其喷射的射流，通常一次风可能是旋转的或是直流射流，但二次风射流均为绕旋流式燃烧器喷口轴线旋转的射流。

在火电厂中旋流式燃烧器常见的有蜗壳式旋流燃烧器和叶片式旋流燃烧器，如图 3-12和图 3-13 所示，蜗壳式旋流燃烧器又可分为单蜗壳式与双蜗壳式旋流燃烧器，但单蜗壳式旋流燃烧器一次风不旋，二次风因切向进入燃烧器二次风蜗壳而被加旋；双蜗壳式旋流燃烧器则因一、二次风分别进入两只蜗壳而产生同向的旋转运动。叶片式旋流燃烧器可分为切向可动叶片式旋流燃烧器和轴向叶轮式旋流燃烧器。

(1)单蜗壳旋流式燃烧器(直流蜗壳旋流燃烧器)(如图 3-12a 所示)。煤粉一次风混合物经中心管以直流方式喷进锅炉炉膛，一次风管出口装有扩流锥，其位置可沿燃烧器轴线前后移动，用以改变一次风气流的扩展角和内回流区的位置与尺寸，并能调整一、二次风气流的混合位置。二次风气流经过蜗壳产生旋转运动，以旋转射流方式进入炉膛，调节二次风蜗壳进口舌形挡板位置，就可改变二次风射流的旋转强度。

(2)双蜗壳旋流式燃烧器(如图 3-12b 所示)。一、二次风分别经过各自的蜗壳同向旋转进入锅炉炉膛，依靠内回流抽吸炉膛内高温烟气来加热和点燃气粉混合物中的煤粉。二次风蜗壳进口处装有舌形挡板，用来调节二次风射流的旋转强度，以控制和改变回流特性，来适应煤质变化和锅炉燃烧运行的控制需求。运行实践发现实际上这种调节功能作用很弱。只有当调节舌形挡板的开度减小到设计正常开度的一半时，实际气流旋转强度才略有增加。因而在实际运行中，当入炉煤质变化时，燃烧工况不易调整。

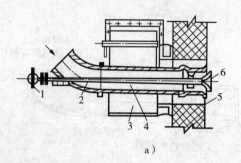

a)

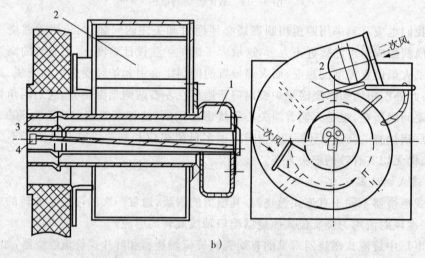

b)

图 3-12　蜗壳式旋流燃烧器

a)单蜗壳；b)双蜗壳

1——次风蜗壳；2—二次风蜗壳；3——次风；4—油枪

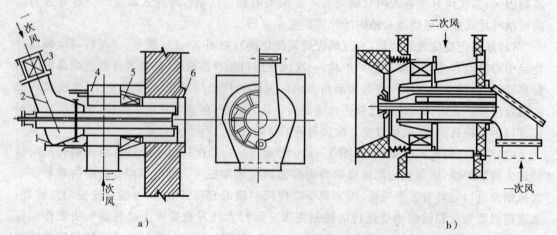

a)　　　　　　　　　　　　　　　　　b)

图 3-13　叶片式旋流燃烧器

a)轴向叶片型；b)切向叶片型

1—拉杆；2——次风管；3——次风舌形挡板；4—二次风；5—二次风叶轮；6—油喷嘴

　　这两种旋流式燃烧器在燃用低挥发分煤种时,燃烧器出口(图 3-14)虽然有一定的内回流,但由于一、二次风很快混合,着火效果不好,锅炉运行过程中容易出现燃烧不稳甚至灭火现象。又因为着火阶段旋转扰动强,则在燃烧后期气粉间混合不够充分,影响煤粉颗粒在炉内的充分有效燃烧;在燃用高挥发分入炉煤种时,由于前期着火阶段旋转扰动强,煤粉气流常常因着火提前,而造成锅炉燃烧器喷口的结焦和烧蚀。因此近年来这两种蜗壳式旋流燃烧器在实际生产现场应用已逐渐减少。

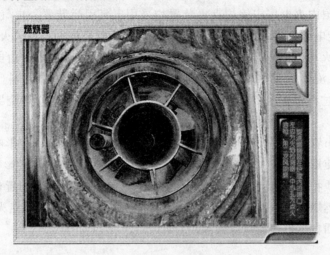

图 3-14　旋流式燃烧器喷口

(3)切向可动叶片式旋流燃烧器(如图 3-13b 所示)。在燃烧器的二次风道内装有 8～16 片可动叶片,改变叶片的角度可使二次风产生不同的旋转强度,一次风缩进燃烧器喉部相应的预混段,缩进的尺寸取决于入炉煤种的挥发分大小对煤粉气流着火燃烧的影响。一次风出口处设有多层盘式稳焰器,在锅炉燃烧运行过程中煤粉气流通过稳焰器可形成一个高温烟气回流区,同时使一次风产生轻度旋转,并可将一次风引进到二次风中,以促进煤粉与空气间的有效混合,提高锅炉燃烧效能。稳焰器可通过遥控气缸沿轴向移动,以调节燃烧器一、二次风射流回流区的形状和大小。

(4)轴向叶轮式旋流燃烧器(如图 3-13a 所示)。煤粉一次风气流为直流或靠一次风挡板产生微弱旋转。一次风通道出口处装有扩流锥,用于改变一次风出口射流进入锅炉炉膛时的扩展角,进而影响与二次风的混合切入点和一次风回流区的大小形状。二次风气流通过蜗壳产生一定旋转,再通过可调的轴向叶轮调节二次风旋转强度。当将轴向叶轮沿燃烧器轴向向后拉出,则会增加未通过轴向叶轮加旋的二次风气流,降低二次风旋转强度。由于二次风风量及风速都比一次风大,所以二次风射流的旋转强度除了影响二次风射流本身的扩展之外,也将对一次风射流的扩展角和内回流区的大小产生影响。

目前火电厂锅炉当选择旋流式燃烧器时,常常采用各种在切向可动叶片基础上做出某些结构调整改进的旋流式燃烧器。

旋流式燃烧器较直流式燃烧器,着火条件好,适用于挥发分较高的煤种,但后期扰动不够,常常会影响煤粉气流的后期充分完全燃烧,为此,在锅炉炉膛燃烧器的设计布置常采用前后墙对冲布置,以增强煤粉气流的后期扰动。

三、点火装置

锅炉点火装置主要是在锅炉启动时用于锅炉点火;此外在锅炉运行过程中因入炉煤

质改变或是锅炉低负荷运行时燃烧不稳定、火焰发生脉动,这时利用锅炉点火装置用于稳定燃烧,防止锅炉熄火事故;当锅炉停炉燃烧负荷降低到一定值时,常常为有效控制锅炉受热面设备运行安全,需要利用锅炉点火装置稳定锅炉燃烧以控制锅炉受热面的温度变化。

目前在我国国内火电厂中锅炉点火装置均采用电气引燃装置。电气引燃装置有高压电火花点火、高能电弧点火、高能电火花点火和高能等离子点火。目前火电厂大容量锅炉的煤粉燃烧器点火均采用液体燃料或气体燃料,采用多级点火方式。由电引燃器发火,逐级点燃气体燃料、液体燃料和煤粉;或者由电引燃器直接点燃液体燃料(轻油或重油),再点燃煤粉。点火过程可在主燃烧器上进行,也可先点燃启动(辅助)燃烧器,再由它来点燃主燃烧器。

点火装置的布置是否得当不但会影响锅炉点火、稳燃效果,而且会影响点火、稳燃过程中的点火燃料的使用量。在大多数火电厂中锅炉燃油的使用量,将直接影响锅炉运行成本。对于使用入炉煤质特性的不同和采用燃烧器型式的不同,点火装置的布置也是不同的。

对于旋流式燃烧器点火装置(图3-15)常见的有两种布置方式,即点火器在主燃烧器喷口中心和倾斜地插在主燃烧器喷口旁。

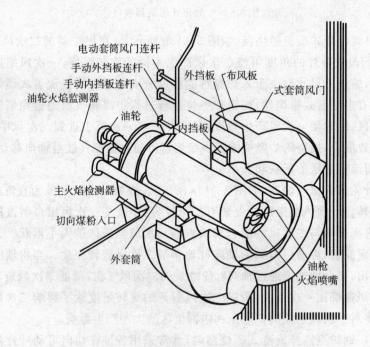

图 3-15　旋流式燃烧器点火装置布置

中心布置的方式较为紧凑,点火器易于支托固定,点火耗油量也较小,且也能较好保护火焰检测器正常工作,但燃烧器中心管径较大,点火器与油枪的自动位移装置较倾斜地插在主燃烧器喷口旁布置困难。

点火器倾斜地插在主燃烧器喷口旁的布置方式,它有两种情况。其一是油枪与点火器布置在一起,都有侧面倾斜插入,而火焰检测装置则布置在中心管内。采用这种方式,点火器本身的点火较为容易,但点燃煤粉时则要求点火器的位置适当。另一种点火用油枪仍布置在中心管内,点火器和火焰检测器则由侧面倾斜插入。这种布置方式也需预先确定点火气与油喷嘴的相对最佳位置。不过油枪位于燃烧器喷口中心位置可减少锅炉点火和稳燃过程中所需能量。

对于四角切圆燃烧布置的直流式燃烧器点火器的布置方式也有两种:中心布置与侧面布置。中心布置是将点火器与油枪设置在二次风喷口内,用于点燃邻近一次风喷口喷出的煤粉气流,由点火器的电火花点燃油枪中的轻油,由轻油枪点燃临近的一次风煤粉,称为二级点火方式,这种方式的布置、安装以及系统均甚为简单,国内大多数火电厂采用四角切圆燃烧的煤粉锅炉多采用此种点火方式。

中心布置方式,将主油枪与高能点火器组装在一起,实现同步进退和自动点火,并且高能点火器在主油枪上也可以有一定位移距离进行推进或缩回。

侧面布置又有两种,即在每一个主燃烧器的侧面均布置相应的点火器,当主燃烧器启动、停运或燃烧不稳时投入点火装置以保证锅炉燃烧运行稳定。另一种则是在主油枪的侧面布置点火器,通过点燃主油枪(重油燃烧器)再点燃一次风煤粉,即所谓的三级点火方式。

工作任务

根据火电厂常见 600MW 超临界煤粉锅炉实际燃烧系统及设备结构状况,分析在采用前后墙燃烧器布置与四角切圆燃烧器布置的锅炉燃烧系统中,当燃用高挥发份原煤和低挥发份原煤时,在保证锅炉燃烧系统运行稳定、安全条件下可能存在的问题与工作优势。

能力训练

结合实际设备的具体结构所呈现的工作特性,学习如何通过合理布置系统构架来有效克服相关设备的工作局限,使学生将来具有综合分析、选择配置系统的工作能力。

思考与练习

1. 在指导教师的指导下收集你实习实训的锅炉采用的炉膛结构、燃烧器的形式及布置方式,试结合实际入炉煤粉性质,分析如此设计的优点与可能存在的问题。

2. 结合火电厂锅炉岗位实训,根据实际入炉煤粉性质和燃烧器运行配风方案,分析当实际入炉煤粉挥发分增大、灰分增高,入炉配风可以考虑哪些调整。

3. 试收集你实习实训的室燃煤粉锅炉的燃烧工作特点、锅炉燃烧系统设备与相关结构特点,掌握相关锅炉燃烧运行控制基本参数值,试分析当这些参数指标变化时会产生怎样的影响,应如何监控。

4. 直流式燃烧器与旋流式燃烧器各有何工作特点? 实际锅炉燃烧工况的设计组织,是如何利用其长处而有效克服其短处的? 结合实习实训现场锅炉情况进行分析。

5. 锅炉一、二次风的分配原则是什么? 一次风与二次风在锅炉燃烧过程中各承担怎样的工作任务? 当入炉煤粉挥发分、灰分发生变化时应如何考虑?

子任务二　火电厂典型煤粉锅炉燃烧工作过程

通过对火电厂典型煤粉锅炉燃烧过程分析,引入相关燃烧分析概念与过程分析方法,进而获得对实际锅炉燃烧过程变化的综合分析与控制能力。

能力目标

通过对火电厂典型煤粉锅炉燃烧过程影响因素分析以及对锅炉在特定结构与系统状况下工作特性的总结,使学生学会在复杂状况下如何通过现象和从主要可控参变量变化角度去积累经验与运行数据,形成典型煤粉锅炉燃烧过程工作特征和主要可控参变量的数据关联,帮助学生掌握煤粉锅炉典型燃烧过程变化的综合分析能力和对锅炉燃烧运行的实际控制参数间相互关联认知。

知识准备

关　键　词

燃烧过程三阶段　着火前的准备阶段　燃烧阶段　燃尽阶段

着火区　燃烧区　燃尽区　燃烧速度　燃烧程度

动力燃烧过程　扩散燃烧过程　中间燃烧过程

一、燃烧过程

所谓燃烧,我们大家在以往的学习和生活经历中都以为十分清楚:可燃质在空气中的剧烈氧化放热反应。这是一个明确但却在火力发电生产锅炉燃烧过程中无法真正有效应用的常识性概念。煤粉在锅炉炉膛内的燃烧过程是一个被逐渐加热、燃烧到燃尽的过程,它涉及流体的紊流运动、燃烧过程中的相态变化和多相流体运动。

火电厂中大容量的室燃煤粉炉炉膛燃烧温度高,燃烧的是通过锅炉制粉系统磨制出的具有一定细度的煤粉,煤粉被热风通过燃烧器喷入锅炉炉膛,在锅炉炉膛内煤粉被进入炉膛的一、二次风托起在锅炉炉膛内悬浮燃烧。燃尽后的高温烟气依靠风机经锅炉炉膛出口被排出锅炉炉膛。当煤粉通过锅炉燃烧器一次风喷口被喷入锅炉炉膛,对于大多数燃用烟煤与褐煤采用直吹式制粉系统的室燃煤粉炉其进入锅炉炉膛的一次风温被控制在60℃~80℃,当煤粉被具有一定流速的气流带入锅炉炉膛时,将卷吸炉膛内的高温烟气热,吸收炉膛中心的高温火焰辐射热,其中的水分和挥发分将不断析出,当挥发分析出时将与热风中的氧气发生放热反应,随着煤粉气流温度的不断提高,挥发分在热风中的混合浓度不断增加,实践发现当褐煤到达250℃~450℃、烟煤到达380℃~480℃时煤粉将由原本缓慢的氧化状态转变到能自动加速的高速燃烧反应状态,这一瞬间过程称为着火,这时的温度称为着火温度。当挥发分大量燃烧放热,进一步提高煤粉温度引燃煤粉中的焦炭,焦炭是原煤中主要热量来源,当焦炭燃烧时,煤粉气流即进入了燃烧阶段。焦炭燃烧是不同相态的燃烧,炉膛内热风中的氧气需不断与煤粉颗粒中的焦炭表面接触,燃烧反应才能持续进行,焦炭表面的碳燃烧生成烟气,而其中的矿物质将形成灰壳,包裹在尚未燃尽的焦炭周围,要使燃烧继续进行必须使之脱去周围的气体燃尽物和焦炭的灰壳,实际之中主要利用气粉混合物的旋转运动和保持送入锅炉炉膛的热风所形成的紊流扰动。当焦炭周围的这层"包袱"越快被剥离,热风中的氧气越快到达焦炭表面,燃烧温度足够高时,越有利于煤粉颗粒中焦炭快速、充分地完全燃烧。当大部分煤粉中的焦炭燃尽时,散热量大于燃料的燃烧放热量,流向锅炉炉膛出口的高温烟气温度开始下降,由于可燃质的燃烧趋缓,这时燃烧过程进入到燃尽阶段,这是一个必须引起我们足够重视的阶段,这个阶段释放的热量不多但持续时间长,如燃烧过程处理不当将会因煤粉中的焦炭未充分燃尽而降低锅炉燃烧效能,增大锅炉燃烧发电成本,同时也会引起锅炉排烟中的有害物质 SO_x 和 NO_x 的增加。

室燃煤粉炉煤粉燃烧过程分为三个阶段:着火前的准备阶段、燃烧阶段与燃尽阶段。这三个阶段并非有一个十分明确的阶段界限,实际中我们是通过锅炉炉膛内空间三个区域:着火区、燃烧区和燃尽区来分别界定燃烧过程的三阶段。为保护锅炉燃烧器喷口不被燃烧煤粉高温烧蚀或形成结焦,我们希望将煤粉的着火界定在离锅炉燃烧器喷口一定距离外,当然也不能离远,否则将会影响煤粉在炉内的有效燃烧时间。我们将一个与锅炉燃烧器差不多等高,距离锅炉燃烧器 0.2~0.3 米至多不超过 0.5 米的空间区域界定为着火区,在其中完成入炉煤粉着火前的准备阶段;从锅炉屏式过热器的安全和减少烟气中有害物质 SO_x 和 NO_x 的含量角度,将与锅炉燃烧器差不多等高的区域再去除着火区,剩下的锅炉炉膛中部的空间区域界定为燃烧区,其中完成入炉煤粉的大部分可燃质的燃烧,即燃烧阶段;燃烧区之上到锅炉炉膛出口这部分空间界定为燃尽区,其中完成入炉煤粉的燃尽阶段。煤粉在锅炉炉膛内的全部燃烧时间极短,只有 2~3 秒钟,实际着火前的准备阶段与燃烧阶段所占时间只是煤粉在锅炉炉膛燃烧过程时间的 1/3 左右。

讨论锅炉炉膛内燃烧过程无外乎是为了这样几个目的:其一,有效保证入炉煤粉及时、稳定燃烧,不发生熄火与炉内爆燃;其二,在燃烧过程中保证锅炉炉膛内设备运行安全,不发生高温烧蚀、结焦、高温腐蚀;其三,保证入炉煤粉在锅炉炉膛内的充分完全燃烧,提高锅炉燃烧效率,有效降低炉渣与飞灰中的可燃质含量;其四,控制入炉煤粉的燃烧进程,以降低烟气中有害物质 SO_x 和 NO_x 的含量。

要完成以上锅炉运行控制目标,还需建立几个基本概念和明了一些基本事实。

燃烧速度,反映单位时间内入炉煤粉参与燃烧过程物质量多少的一个概念,在燃烧过程中必须有效控制的燃烧过程量。燃烧速度决定于在燃烧过程中可燃质与氧气发生化学反应所需时间(即化学反应速度)与热风中氧气扩散到达煤粉中可燃质所需时间(即混合接触速度)。此外还与入炉原煤焦炭结构及燃烧环境是否存在催化剂有关。

入炉煤粉的化学反应速度与燃烧过程燃烧温度、燃烧反应物入炉煤粉和氧气的物质浓度紧密相关。燃烧温度越高燃烧化学反应速度也越快;当燃烧温度一定时,提高反应物质浓度有助于化学反应速度的提高。

入炉煤粉的混合接触速度，主要取决于锅炉炉膛内的物理状态、热风与入炉煤粉间的相对运动速度、炉膛内的气流运动分布（紊流扰动、煤粉气流的旋转运动）、反应物因物质浓度差所产生的扩散运动速度、热量传递速度与分布。

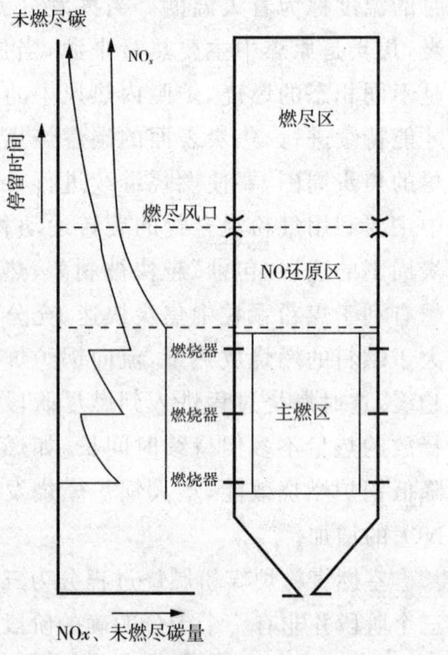
未燃尽碳
NO_x
停留时间
燃尽区
燃尽风口
NO还原区
燃烧器
燃烧器
主燃区
燃烧器
NOx、未燃尽碳量
图 3-16　炉膛内燃烧区域的划分

实际室燃煤粉锅炉炉内燃烧过程是一个化学反应速度与物理混合接触速度相互影响、相互关联缠绕的复杂过程。例如：在高温下本可以有很高的化学反应速度，但是如果混合接触速度不够，氧气与煤粉中可燃质不能及时接触，势必将影响到入炉煤粉的燃烧速度；再如：锅炉炉膛内总的反应物浓度并不低，燃烧温度也很高，但是反应物中的氧气与煤粉中的可燃质间未能及时有效地混合，炉内燃烧温度分布不合理同样将会降低入炉煤粉的燃烧速度。影响燃烧速度的因素可能是主要来自于化学反应速度，也可能决定于物理混合接触速度，实际中为便于及时判断和分析影响燃烧速度的主要原因，将锅炉燃烧过程划分为三种类型：其一，化学因素或条件主要影响燃烧速度的燃烧过程，称为动力燃烧过程；其二，物理因素或条件主要影响燃烧速度的燃烧过程，称为扩散燃烧过程；其三，燃烧速度既受化学因素又受物理因素影响的燃烧过程，称为中间燃烧过程。

这样对燃烧过程进行划分有一个好处，例如：在火电厂中常见的室燃煤粉炉，其燃烧温度高，影响其燃烧速度的主要因素来自于反应物的混合扩散速度，即是物理因素主要影响燃烧速度的燃烧过程。这是一个扩散燃烧过程。在实际生产过程中当燃烧发生问题时，类型的划分有助于帮助我们及时发现问题，并做出快速处理。

此外，催化作用对燃烧速度的影响应引起我们足够的重视，例如：非常干燥的CO，在纯氧中被加热到700℃时还不起反应，但如在其中加入少量的水蒸气就能很快地烧起来，水蒸气就是CO的催化剂。当在实际燃烧过程中某种重要影响因素很难做出调整时，燃烧催化环境的改变应是我们进行探寻尝试改变的一个方向。

燃烧速度提高是否便能保证入炉煤粉的燃烧效能的提高？实践发现燃烧速度的提高并不意味着燃烧效能的提高。燃烧效能的好坏取决于燃烧过程中入炉煤粉的燃烧程度的高低，燃烧程度是反映参加完全燃烧的可燃质比例，燃烧程度越高烟气中未完全燃烧的可燃性气体就越少，反之则越高。

与燃烧速度一样，燃烧程度与炉内燃烧温度有很大关系。当炉内燃烧温度提高，入炉煤粉燃烧程度提高，但是实践发现当炉内燃烧温度到达某一区域时，继续提高炉内燃烧温度，燃烧速度将进一步提高，燃烧程度则开始降低，这是由于过高的炉内燃烧温度引起了 CO_2 和 H_2O 的分解反应。对于火电厂中室燃煤粉炉过高的炉内燃烧温度可能引起的燃烧效能下降应引起足够的重视。此温度区间在1600℃～1700℃。提高燃烧温度并不总是能提高锅炉燃烧效能，且过高的炉内燃烧温度还将引起烟气中有害物质 SO_x 和 NO_x 的增加。

要保证室燃煤粉炉入炉煤粉的迅速完全燃烧,实践经验使我们认识到应关注这样几个方面的条件控制:

(1)足够高的炉内燃烧温度

尽量保证炉内燃烧温度能够满足入炉煤粉及时着火燃烧,在煤粉入炉的有限燃烧时间内保证完成煤粉可燃质完全燃烧的燃烧速度,应注意过高的燃烧温度可能引起着火提前,造成锅炉燃烧器喷口烧蚀与结焦、炉膛水冷壁和炉膛出口处过热蒸汽管屏受热面的结焦、煤粉燃烧程度下降和烟气中有害物质 SO_x 和 NO_x 的增加。

(2)合适的空气量

实际送入锅炉炉膛内的空气量大小,既会影响入炉的氧气数量与浓度,同时影响到炉内气流流动状况,这将影响氧气的扩散速度与在燃烧反应过程中氧气是否充足。但是过大的入炉空气量,其一将会因较低温度的热风进入降低炉内燃烧温度,从而降低入炉煤粉的燃烧速度,使煤粉在有限的入炉燃烧时间内来不及充分完全燃烧;其二过高的入炉空气量将增大锅炉炉膛内的烟气流速,而这将降低入炉煤粉在炉内的有效燃烧时间;其三入炉空气量的大小将影响到入炉气流的流速与其流速分布状况,从而影响氧气与煤粉中可燃质的混合扩散速度。

(3)煤粉与空气间的有效混合

煤粉是通过一次风被带入炉膛,进入的一次风中煤粉需及时有效着火,而能否及时着火燃烧则取决于入炉一次风是否能被及时加热到着火点温度,这就要求合理分配一、二次风量比率。一次风速不能过高,这会影响煤粉在炉内的燃烧有效时间,同时增加一次风的加热时间,推迟煤粉的着火燃烧,使煤粉在炉内无法充分完全燃烧;当然一次风比率也不能太低,这一方面会影响一次风的射流刚性,影响煤粉气流在锅炉炉膛内的燃烧组织,另一方面严重时会影响煤粉的着火燃烧。除了需控制并合理分配一、二次风比率外,一、二次风入炉后的配合亦十分重要,在一次风着火前应尽量避免二次风加入,以免影响一次风煤粉的着火燃烧,在一次风着火燃烧后,应及时送入二次风加强煤粉气流与热风间的充分混合,以保证煤粉燃烧的持续稳定进行。二次风的投入与投入量对燃烧过程中所生成的 SO_x 和 NO_x 的有害物质多少将产生十分重要的影响。

(4)足够的炉内燃烧时间

要保证入炉煤粉在锅炉炉膛内充分有效燃烧,就必须保证煤粉在锅炉内有足够的燃烧时间,燃烧时间过短,在一定的燃烧速度内将无法完成入炉煤粉的充分完全燃烧,但是如果燃烧时间过长,则将会影响单位时间内锅炉的燃烧放热强度,这将无法保证锅炉的额定蒸汽生产量,同时将影响炉内燃烧温度,形成炉内燃烧不稳。

火电厂室燃煤粉炉的实际燃烧过程是煤粉气流的运动燃烧过程,要保证煤粉气流在锅炉炉膛内的充分完全燃烧,就必须掌握控制入炉煤粉特性;燃烧运行过程中风量、风温控制及一、二次风的配合;在锅炉燃烧设备选型与布置上结合实际运行需求充分考量室燃煤粉气流的燃烧特点。

二、煤粉特性参数

每一台实际运行的火电厂锅炉在最初的结构设计中,都明确针对某一特定的设计煤种进行锅炉结构设计,针对设计煤种结合锅炉炉膛结构设计与燃烧设备选型、设计布置,将给出相应的煤粉细度,煤粉水分与一、二次风温控制范围,但在实际运行中当入炉原煤不同于设计煤种时该如何调整入炉煤粉的相关燃烧指标以保证煤粉在锅炉炉膛内的充分完全燃烧? 在实际锅炉运行燃烧之前,会针对锅炉运行的某几个负荷点进行燃烧试验,给出相应的保证入炉煤粉充分完全燃烧的相应风粉参数指标,实际运行同样未必总是运行在这些试验点上,这就要求我们对实际运行的风粉指标参数关联有所认识。

1. 煤粉的挥发分与水分

通常入炉原煤的挥发分大,当原煤被锅炉制粉系统磨制成煤粉,煤粉进入炉膛相应易于着火燃烧,反之则难于着火燃烧。有人认为原煤的挥发分是无法变动的,但是近年来许多火电厂对到厂原煤进行混配,以使入炉原煤性质接近锅炉设计煤种性质。原煤水分对锅炉运行燃烧并没有直接影响,但在实际生产中,由于各火电厂干煤棚存煤有限,当遭遇较长时间的雨水天气,运行人员未及时调整磨煤参数,将可能引起制粉系统的堵煤。煤粉水分的大小不仅仅会影响入炉煤粉能否及时着火燃烧,同时会影响到锅炉制粉系统的干燥风温。干燥风温偏高常会引起制粉系统的煤粉自燃与爆炸,危及制粉系统设备运行工作安全,同时当干燥风温偏高,入炉煤粉着火提前将危及锅炉燃烧器的运行安全。当煤粉水分值偏大,将推迟着火燃烧,运行中煤粉易结团,影响入炉煤粉在有限的炉内燃烧时间内充分完全燃烧。

2. 煤粉含灰量与煤粉细度

含灰量高的煤粉在锅炉运行中常常易于结焦,同时入炉燃烧着火困难易造成锅炉燃烧不稳,过多的灰会形成灰壳,阻碍在灰壳中可燃质的充分燃烧。煤粉越细越易于入炉煤粉的着火燃烧,但是偏细的煤粉意味着锅炉制粉系统磨煤电耗的增加,入炉时着火提前将危及锅炉燃烧器喷口的运行安全,同时也会引起锅炉炉膛火焰上移。对于低挥发分的原煤,应向锅炉炉膛投燃较细的、水分值相应较低的煤粉。

3. 入炉风量分配与风速、风温控制

一次风量应以满足入炉煤粉挥发分的充分燃烧为原则。一次风量与一次风速都不亦过大,因为一次风量增加将使入炉煤粉气流加热到着火温度所需热量增加,这将延缓煤粉气流的着火燃烧。一次风速过高则将使得煤粉在炉膛内的燃烧时间缩短,煤粉燃烧不充分。但应注意一次风速也不能过小,否则会引起一次风管的堵塞,入炉一次风射流刚性不够,难于组织有效的炉内燃烧空气动力场,同时过小的一次风流速,会使一次风着火气流过于贴近锅炉燃烧器喷口,危及锅炉燃烧器的运行安全。目前大多数火电厂锅炉均采用直吹式制粉系统,一次风温受制于制粉系统的磨后温度控制,一次风温高,入炉煤粉易于着火燃烧,反之将推迟煤粉着火燃烧,磨后温度一般控制在 $60℃\sim85℃$。

二次风量大于一次风量,二次风速也较一次风速为大。二次风速较高有助于增强锅炉炉膛内煤粉燃烧气流工况的组织,增强煤粉气流扰动,提高氧气与煤粉中可燃质的充分混合燃烧。为了有效降低锅炉烟气中有害物质 SO_x 和 NO_x 含量,目前火电厂锅炉厂采用二次风分级投入的方式。在锅炉燃烧运行中二次风与一次风的混合节点十分重要,如在一次风着火之前,二次风混入,这等于增加了一次风量,使一次风着火推迟;如二次风混入过迟,又会使着火后的煤粉气流缺氧,影响燃烧速度,严重时甚至会影响锅炉炉膛内的燃烧稳定。二次风一下子全部混入一次风对炉内燃烧也是不利的。因为二次风温远低于炉内燃烧温度,大量相对低温的二次风混入会降低炉内燃烧火焰温度,使燃烧速度下降,甚至可能引起锅炉炉膛熄火。通常二次风总是按照煤粉气流燃烧需求分级送入,二次风的送入节点不仅会影响锅炉燃烧是否完全充分,近年来的实践发现对降低烟气中 SO_x 和 NO_x 有害物质含量亦有十分重要的影响。在常见的燃用烟煤的室燃煤粉炉中一次风速在 $20\sim35m/s$,而二次风速则在 $40\sim55m/s$;而相应一次风率(一次风量占总入炉空气量的份额)为 $25\%\sim35\%$。总之当燃用低挥发分原煤煤粉时,应提高一次风温,适当降低一次风速,选用较小的一次风率,这样对着火和燃烧有利。当燃用高挥发分原煤煤粉时,应降低一次风温,提高一次风速,增大一次风率。有时也可有意识地提前将二次风混入一次风中,延缓煤粉气流的着火燃烧,避免锅炉燃烧器的烧蚀与结焦。

4. 保证足够的炉内燃烧时间与燃烧温度

当煤粉气流进入锅炉炉膛从着火到充分完全燃烧需要一定的燃烧时间,燃烧时间过短燃烧不充分,而燃烧时间过长则会影响单位时间内锅炉额定参数的蒸汽生产量。在保证锅炉单位时间蒸汽生产量的前提下,延长炉内燃烧时间有助于煤粉在锅炉炉膛内的充分完全燃烧,实际中采用四角切圆燃烧就有助于通过煤粉气流的旋转运动来增加煤粉在炉内的燃烧时间,控制一次风率与风速亦具有相同目的。保持足够高的炉内燃烧温度是实现入炉煤粉及时着火和充分完全燃烧的基础。炉内燃烧温度偏低,入炉煤粉气流被加热至煤粉着火温度就需花费更多的时间,同时由于燃烧温度低,燃烧速度也相应降低,这将影响入炉煤粉在炉内充分完全燃烧。燃烧温度偏高,一方面会使一次风煤粉气流着火提前,危及锅炉燃烧器喷口的运行安全,另一方面过高的炉内燃烧温度可能会引起煤粉气流燃烧程度的下降,同时过高的烟气温度将会引起炉内受热面的结焦,并增加烟气中 SO_x 和 NO_x 有害物质含量。所以炉内燃烧温度必须控制在合理的燃烧温度范围内。

工作任务

针对火电厂典型锅炉燃烧过程,结合入炉原煤煤质特性,分析当入炉原煤水分、挥发分、煤粉细度、热风风量和热风温度发生变化时,如何稳定锅炉燃烧和强化锅炉燃烧效能。

能力训练

通过对火电厂典型 300MW/600MW 锅炉运行仿真机组实训操控,培养学生建立当入炉原煤水分、挥发分,热风风量、温度发生变化时,如何有效控制锅炉炉膛燃烧温度,保持燃烧稳定和燃烧效能的能力。

思考与练习

1. 结合火电厂锅炉实训,试说明应如何强化煤粉气流在锅炉炉膛内的着火燃烧。在保证锅炉燃烧稳定的条件下,如何提高锅炉燃烧效能?

2. 为什么火电厂室燃煤粉锅炉会有很高的燃烧温度?与层燃锅炉相比它有哪些燃烧特点?燃烧过程的高温都引起了哪些问题?就你实习实训现场锅炉进行调查。

3. 在火电厂室燃煤粉炉的燃烧过程中,煤粉的哪些特性会影响到锅炉炉膛内燃烧?实际之中我们是如何协调煤粉特性参数控制与锅炉燃烧安全稳定与经济性的?

4. 结合锅炉仿真实训,试说明当入炉煤煤质发生变化时,应如何调整锅炉燃烧工况,以保证锅炉燃烧的正常稳定与燃烧经济性。

子任务三　火电厂煤粉锅炉燃烧运行控制与燃料运行管理

学习目标

结合目前火电厂典型室燃煤粉锅炉燃烧系统和燃料运行管理模式,就到厂原煤煤质、入炉煤粉性质及生产状况、环境气候变化,燃料运行工作管理流程对锅炉燃烧工作过程的影响进行分析探讨,培养学生对火电厂燃料运行管理工作的深刻认知和对保持锅炉燃烧过程稳定、安全这个综合系统控制管理过程的认知。

能力目标

让学生了解火电厂典型室燃煤粉锅炉保持燃烧过程的稳定、安全和燃烧效能应从多方面进行管理控制,从而培养学生在处理、分析实际工作问题时能具有综合、系统、多方面、多角度的全面考量意识。

知识准备

关 键 词

锅炉设计煤种　锅炉实际燃用煤种　混配掺烧　翻车机
输煤皮带　干煤棚　原煤自燃

火电厂锅炉的燃烧运行调整主要围绕着当入炉煤粉性质不同于锅炉的设计煤种性质时,或是锅炉负荷变化时,如何保持锅炉燃烧稳定和充分完全燃烧及锅炉设备的安全运行。

我们知道目前火电厂锅炉实际燃用的到厂原煤常常因为价格、运输渠道和发电生产周期所引起的供货紧缺的原因而无法与锅炉原设计煤种保持一致。火电厂锅炉在规划建设之初是按某一指定煤种设计的,而指定煤种可以是某一单一煤种也可以是某一混配煤种,实际生产过程中当入炉原煤性质与原设计煤种性质差别较大时,直接将到厂原煤入炉通过锅炉制粉系统制粉并投入锅炉膛燃烧,对锅炉运行的安全性、经济性及锅炉设备的使用寿命都有直接的影响。因此可能导致设备的运行事故、燃烧熄火和停炉停电。

近年来燃料费用在火电厂发电生产成本中所占比例已达 70%~80%,目前国内煤炭市场为卖方市场,随着火电厂的不断扩容和煤炭供应的市场化,以往计划经济时代的火电厂计划用煤指标越来越不能满足火电厂锅炉发电生产需求。实际到厂的原煤煤质品种众多,劣质煤比例增加,为保证火电厂锅炉运行的安全、经济,十分有必要同时选用到厂的多种原煤进行混配掺烧。

此外近年来随着我国经济发展的规模不断扩大,电网容量随之发展不断增加,电网调峰任务日趋繁重。为保证电网工作安全稳定,常常要求大量在线运行机组较长时间在30%~50%低负荷下运行。此时对火电厂运行锅炉来说必须解决锅炉在低负荷运行条件下的燃烧稳定性。在低负荷运行条件下,锅炉实际燃用与设计煤种差别较大的到厂原煤,尤其是到厂劣质原煤时,很难保证锅炉燃烧运行稳定。近些年我们虽已就劣质原煤或劣质混配煤进行锅炉设计,但在如此低负荷下运行,要保持锅炉燃烧稳定就必须针对低负荷下入炉原煤煤质进行调整,这也将涉及对到厂原煤的混配掺烧。

为保证锅炉运行的安全性、经济性和调峰时的运行需要与稳定,对到厂各类原煤依据锅炉设计煤种和实际燃烧过程稳定需求进行必要的混配掺烧。对混配掺烧的煤质主要需控制达到的煤质指标为:可燃质挥发分、收到基低位发热量、灰分、水分、硫分和灰的熔融特性。这些指标构成煤质混配中的约束条件。其中与煤质配比成线性条件关系的为线性约束条件,如挥发分、收到基低位发热量、灰分、水分与硫分;灰的熔融特性与配比成非线性关系,则为非线性约束。在煤质配比计算中应将其近似转化为相应的线性约束条件。

对于如何进行具体混配掺烧不是我们这里需探讨的内容,我们需要明白的是实际火电厂锅炉燃烧的工作环境与工作需求。正是因为到厂原煤煤质的多样性和锅炉低负荷时燃烧稳定性需求,使我们认识到对到厂原煤进行必要的混配掺烧的重要意义。

在进行火电厂锅炉到厂原煤混配掺烧过程中,我们需建立如下认知:

(1)通常情况下煤中碳含量越高,则挥发分相应减少,发热量增加,煤中含硫量无规律可循,一般煤种硫的干燥无灰基成分在 $0.5\%\sim1.5\%$,而高硫煤可达 $4\%\sim7\%$,含硫量越高,则煤的含碳量相应减少,煤的发热量也越低。煤中水分与灰分因经济与人为的许多原因亦无规律可循,但一般说含碳量低的煤,相应水分和灰分较大。

(2)在进行混配掺烧到厂多种原煤时,挥发分应控制在某一范围内。挥发分高值用于控制防止入炉混配煤粉过于提前着火燃烧,而引起锅炉燃烧器喷口烧蚀或形成结焦;挥发分低值则用于控制锅炉低负荷运行时燃烧的稳定性与经济性。

(3)原煤的发热量以往更多的是对其经济价值的考量,当我们进行多种原煤混配时,必须注意过低的入炉煤粉发热量将会影响锅炉燃烧运行的稳定性,同时增大单位时间内磨煤和输粉以及锅炉风烟系统风机电耗,厂用电增加,发电成本上升。此外低发热量的入炉煤的投燃,要保持锅炉原有的额定蒸汽生产量势必需多投煤,这将会引起单位时间内锅炉炉膛内灰的含量增加,引发炉膛内结焦的发生。含硫量的增加,则会加重锅炉烟气侧的高温腐蚀与低温腐蚀。因此入炉混配掺烧煤粉发热量不可过低,尽管高发热量煤价格较高,但应进行综合测算。

(4)混配掺烧的入炉煤水分不能过大,煤中水分含量增加,原煤流动性差易结块,这会引起原煤斗、给煤机、落煤管内原煤黏结堵塞。实践发现当原煤表面水分低于 8% 时能保证正常运行,当原煤表面水分大于 8% 时即会引起输煤、给煤系统运行上的问题,若超过 $12\%\sim17\%$ 时,对于一般的火电厂设备,运行的可靠性将受到严重影响,此即为火电厂燃用烟煤所允许的原煤水分上限值,对于褐煤上限值可提高到 22%。混配入炉煤水分也不能太低,过低将会引起锅炉制粉系运行不安全,同时入炉煤粉着火过于提前不利于对锅炉燃烧器喷口的保护。

(5)混配掺烧的入炉煤硫分,应在可能范围内尽量降低,单位时间内锅炉炉膛内含硫量增加会引起省煤器、空气预热器的腐蚀与堵灰,并会使烟气中 SO_x 增加,增大脱硫电耗。

(6)灰的熔融特性对锅炉运行的安全性影响很大。所配掺烧煤的灰分变形温度应高于锅炉炉膛出口烟温50℃～100℃,方能避免结焦的发生。

火电厂锅炉燃烧所用原煤主要通过三种运输方式输送进入火电厂:通过铁路运输、通过水路船运和汽车运输,如图3-17、图3-18、图3-19所示。一般火电厂座落在铁路线周围,铁路运输较为便利的常采用铁路运输的方式。贴靠河道或坐落在沿海区域,水路运输方便常采用水路船运。而对一些坐落在矿区的坑口电厂常采用汽车运输的方式。当然许多火电厂亦会根据需要采用多种辅助运输方式,如以铁路运输为主的火电厂会辅之以汽车运输或水路船运。

图3-17　水路船运卸煤码头与设备

图3-18　铁路运输卸煤翻车设备

图 3-19 火电厂存煤场及斗轮机

到厂原煤经过过衡称量或运输船只吃水线变化测量称重之后,利用翻车机或斗轮机通过输煤皮带将到厂原煤输送存储到煤场。

存储在煤场的原煤应依据到厂煤质采样化验数据或矿发煤质数据对到厂原煤进行合理堆放,以便于对入炉煤质状况进行有效控制和便于进行混煤掺烧。到厂原煤存储在煤场应进行有效管理,原煤在煤场存储会因原煤中挥发分的挥发而造成原煤热值丢失,原煤中的粉状可燃质也会因强风吹失或雨水冲流排水而流失,实际煤场管理中应设置有效的防风墙和对煤场排水地沟中的流失地沟的细粉状原煤回收。当到厂原煤挥发分较高,又正处夏季高温,应关注存储在煤场的原煤可能发生的自燃,注意观测煤层温度,及时对煤场原煤进行洒水降温或压实处理。

通常火电厂一个干煤棚的存煤容量在 4～8 万吨,这就存在一个在锅炉运行过程中必须引起运行操控人员注意的问题——天气。南方许多地区在夏季用电高峰时期常常面临一个较长时间的雨水期。如火电厂内有两台 600MW 发电运行机组,则一天在正常运行负荷下锅炉将消耗 1.3～1.5 万吨原煤,当雨水期时间较长时,入炉原煤水分会增加,如疏于考虑因雨水对入炉原煤水分的影响,则可能会引起运行过程中原煤落煤管的堵煤,落煤控制不当,严重时会造成磨煤机堵煤,水分较大的原煤进入磨煤机会使锅炉制粉系统磨煤出力下降,对现实大多数火电厂锅炉采用直吹式制粉系统来说,这必须引起锅炉运行操控人员的足够重视。

对到厂原煤中的大块原煤应及时进行处理,以有效防止原煤在输运过程中因皮带负荷超载引起的皮带磨损增加和皮带失火事故的发生。及时清理原煤中的异物以保证原煤从存储煤场顺畅通过输煤皮带设备进入锅炉制粉系统。

工作任务

针对本地区某一火电厂典型煤粉锅炉系统及原设计煤质状况,试分析讨论当本地区电力负荷较大、入厂原煤量紧张、天气正处在雨季时,为保证锅炉燃烧稳定、安全应如何进行燃料运输管理和锅炉燃烧控制调节;对入厂煤挥发分较大,同时近期来煤量较大,天气正处于夏季高温,此时应如何进行燃料管理和锅炉燃烧调节控制。

能力训练

利用所学知识,面对实际具体的锅炉工作需求,学会从技术、管理和外部环境以及工作习惯等方面去综合考虑实际生产和管理问题。

思考与练习

1. 结合火电厂锅炉实习实训,就所实习锅炉进行锅炉设计煤种数据信息收集,与实际锅炉燃用煤质进行比较,当实际入炉煤种煤质与设计煤种煤质差别较大时,在生产实际现场都出现哪些问题与故障? 实际之中是如何解决这一问题的?

2. 在火电厂中燃料集控运行是保证锅炉运行的辅助生产岗位,为保证锅炉正常安全有效的运行,燃运集控岗位应从哪几个方面入手以保证锅炉的正常稳定、安全、经济运行?

3. 在指导教师指导下,试收集目前在铁路运输中到厂原煤是通过怎样的设备进行到厂原煤的卸载,不同的卸载方式各有哪些优点? 同时存在哪些问题? 分析讨论如何有效改善实际存在的问题。

4. 当实际到厂原煤煤质与锅炉设计煤种煤质具有很大差异时,我们在现场常常采用掺煤混煤的方式,结合火电厂锅炉实训收集整理实际工作过程中是如何进行掺煤混煤的。

子任务四 火电厂典型煤粉锅炉炉膛烟气侧运行常见危害控制

学习目标

通过对火电厂典型锅炉烟气侧高温腐蚀、结焦、积灰、飞灰磨损和低温腐蚀形成过程及影响因素的掌握认知,以及通过目前火电厂典型锅炉系统、设备结构和设计运行工作状况对锅炉烟气侧的运行常见危害形成的直接或间接、可控或必然的影响认知,综合形成对锅炉烟气侧运行常见危害的综合系统控制意识和方法,形成对锅炉燃烧过程的有效控制,以提高锅炉炉膛运行设备及尾部烟道各受热面的安全性。

能力目标

对实际锅炉系统设备、结构和实际设计运行工作状况所造成的锅炉烟气侧运行常见危害应有一个充分认知,在实际运行中应能综合考虑各危害间的关联影响,能做到通过运行参数控制和在具体设备保护措施上进行综合平衡,使危害的影响得到有效控制和降低。

知识准备

关 键 词

高温腐蚀 结焦 积灰 飞灰磨损 低温腐蚀
低 NO_x 的燃烧 炉膛 尾部烟道 转向烟室 折焰角

在火电厂发电生产过程中目前运行的锅炉大多为室燃煤粉炉,室燃煤粉锅炉的燃烧特点是:煤粉被一次风气流通过锅炉燃烧器一次风喷口喷入锅炉炉膛,煤粉依靠一、二次风气流在锅炉炉膛内悬浮运动燃烧;炉膛燃烧温度高,实际火焰中心温度高达 1600℃以上,煤粉在炉内燃烧时间极短,从着火到燃尽流出锅炉炉膛出口只在 2~3 秒间;原煤中的大量灰分主要通过飞灰的形式混合在烟气中被排出锅炉炉膛,只有 5% 左右的进入锅炉炉膛的灰分以炉渣的形式通过冷灰斗排出锅炉炉膛;火电厂中锅炉燃用的任何原煤中均含有硫,煤中的硫以有机硫和无机硫的形式存在于煤中,无机硫又可分为硫化铁硫和硫酸盐硫。有机硫和硫化铁硫可以被氧化燃烧,锅炉炉膛内的燃烧高温会在烟气中形成 SO_x 和 NO_x 的有害物质,形成炉内受热面的腐蚀,排入大气会形成严重的环境污染;锅炉炉膛内过高的烟温使其中的灰具有黏性,而当炉内燃烧火焰气流控制不当时则易于产生受热面结焦现象。下面结合火电厂室燃煤粉锅炉的典型结构与燃烧特点,就火电厂室燃煤粉锅炉烟气侧和燃烧过程中常见的典型问题进行必要的探讨,以提高对锅炉生产过程的认知与执行处理生产问题能力水平。

在火电厂中室燃煤粉锅炉烟气侧与燃烧过程中常见的问题主要有:锅炉受热面的结焦、高温腐蚀、受热面积灰、飞灰磨损、低温腐蚀、低 NO_x 的燃烧过程控制。

一、锅炉受热面结焦及控制

1. 锅炉受热面的结焦

受热面的结焦现象在火电厂锅炉运行过程中是一个经常要面对的问题。锅炉受热面的结焦通常是在锅炉炉膛水冷壁受热面和布置在靠近锅炉炉膛出口处附近区域的屏式过热器的受热管屏上。

当锅炉炉膛水冷壁表面发生结焦时,常常会引起锅炉水冷壁管内工质吸热量减少,炉膛出口烟气温度上升,过热器出口蒸气温度和再热蒸气出口温度上升。

由于锅炉结焦常常是不均匀分布在水冷壁受热表面上,这会引起自然循环锅炉的蒸发受热面水循环不安全和强制循环锅炉水冷壁的热偏差现象的发生。

锅炉受热面结焦,常常会引起受热面管壁温度的上升,而管壁温度的上升则必将导致管壁材料强度的下降,严重时将引起受热管壁爆管事故的发生。在自然循环锅炉水冷壁上结焦常常会因受热分布失去均衡引起锅炉正常水循环被破坏,进而引起水冷壁的爆管事故。

结焦会引起受热面的长期超温运行,这将会缩短锅炉受热面设备的使用寿命,同时烟气流通通道上布置的受热面结焦,将增大锅炉烟气流动阻力,使锅炉通风系统风机电耗增加。锅炉炉膛内水冷壁结焦将会引起锅炉炉膛吸热量的减少,为保证锅炉单位时间内的额定参数蒸气生产量,就必将增加锅炉单位时间内的入炉燃料量和相应的一、二次风量,而这将缩短燃料在锅炉炉膛内的燃烧时间,引起锅炉燃烧效能的下降。锅炉燃烧器喷口结焦则会严重影响锅炉炉内煤粉燃烧工况的有效组织,增大一次风阻力。

受热表面的大块结焦渣块掉落或锅炉清渣不慎,锅炉炉膛水冷壁管易被砸弯和损坏,当锅炉炉膛出口或水冷壁严重结焦时,将会造成锅炉被迫停炉。

2. 锅炉结焦过程及形成结焦的条件

对于火电厂室燃煤粉炉,在锅炉炉膛火焰中心高温区,煤粉中灰的某些成分(一些熔点较低的成分及一些共晶体混合物)已熔化呈液态,另外一些难熔成分在火焰中心也不熔化。但是,由于原煤中的灰分是由各种成分构成的,因而,在烟气高温处,灰分总体呈现为熔融或软化状态,随烟气的流动不断对锅炉炉膛水冷壁和过热器受热面通过热辐射和对流换热的方式进行传热,烟气温度逐渐下降,当烟气中灰分接触到锅炉受热管壁时,如果这时烟气中灰粒仍保持软化状态,则烟气中灰分将有可能粘连在受热表面上,形成结焦。

过热器管屏上的结焦过程,常始于大量烟气流过受热管屏时,烟气中飞灰积集在流经的受热管壁上,通常由于灰的导热性能差致使积灰的外表面灰温上升,锅炉受热管屏因外表面的积灰而粗糙度增加,使近于软化温度的烟气中飞灰更易黏附在积灰表面,因而在积灰的外表面很容易形成一层软化渣粒,形成第一层焦。当第一层焦形成后,灰渣外表面温度更高,因而再形成第二层焦,如此不断发展,灰渣外表面温度越来越高,结焦层也越来越厚,当灰焦的温度达到入炉煤的灰的熔化温度时,熔渣会漫流到邻近的受热表面上,不断扩大锅炉受热面结焦范围。这应引起我们注意:锅炉受热面的结焦过程是一个自动不断加剧的过程。

形成锅炉结焦的主要成因是由于当烟气与锅炉炉膛受热面接触时,烟气温度高,使得其中的灰质仍处于熔融或软化状态;此外便是烟气中灰质的熔点和软化温度变化。

锅炉运行时当入炉原煤发热量低或灰分含量高,都将使单位时间内锅炉炉膛内所含总灰量提高。实际经验发现,炉膛内总灰量的提高将导致入炉原煤灰质熔点和软化温度降低,这将可能引起锅炉炉膛水冷壁与炉膛出口处屏式过热器受热表面的结焦。因此在实际锅炉生产运行过程中,当入炉原煤品质变差,发热量降低,含灰量增加时,应对锅炉炉膛内可能引起的结焦有足够的关注。

当锅炉超负荷运行或是较长时间高负荷运行,将导致锅炉炉膛内燃烧温度偏高,炉内烟气温度上升,同时由于高负荷运行将会导致受热面管壁温度上升,这将使锅炉受热面结焦可能性增大。

锅炉在运行过程中煤粉的均匀性和煤粉细度控制。当入炉煤粉中细粉较多时,将会引起锅炉燃烧火焰的上飘,增大锅炉上部屏式过热器受热面结焦的危险性,煤粉偏细亦会使通过锅炉燃烧器喷口的入炉煤粉提前着火燃烧,这将会导致锅炉燃烧器喷口结焦。入炉煤粉偏粗,则会引起锅炉燃烧火焰下移,增大锅炉冷灰斗受热管壁的结焦危险性,对于采用四角切圆燃烧的锅炉,在旋转燃烧过程中,则会因入炉煤粉偏粗更易向燃烧火焰外缘运动,这将引起与锅炉水冷壁接触的旋转火焰高温气流温度的上升。

在锅炉运行过程中,由于入炉一、二次风控制失当或是设备出现运行故障而引起锅炉炉膛内燃烧火焰偏斜或是冲刷炉内受热面管屏,而引起锅炉水冷壁或受热管屏的结焦。

当锅炉炉内燃烧空气动力场组织不当,一、二次风控制不当,锅炉低负荷运行燃烧不稳,使得炉内局部区域含有大量还原性气体,这将导致入炉原煤灰质熔点和软化温度下降,引起锅炉结焦危险性增大。

在锅炉运行过程中,由于未能有效及时进行吹灰、清渣,则导致受热壁面积灰转向结焦。小面积的疏松渣层,由于未及时清除,导致壁温升高结焦加剧,而且将越来越严重。

3. 锅炉结焦的预防与防止措施

(1)做好入炉煤燃料管理。当入炉煤质与设计煤种差异较大时,合理进行混煤掺烧,注意控制入炉煤发热量和灰量,以防止因入炉煤发热量过低而造成单位时间内炉膛含灰总量的增加,因而导致炉内灰质熔点和软化温度的下降。在可能的情况下,锅炉制粉系统应尽量选型磨制煤粉均匀性高的磨煤机和分离效果好的粗粉分离器,合理控制入炉煤粉细度。

(2)合理组织炉内燃烧工况,降低烟气中还原性气体。有效控制和组织锅炉炉内燃烧空气动力工况,合理分配一、二次风比率与一、二次风速控制,注意控制燃烧温度和锅炉长期高负荷运行,降低炉内还原性气体含量,以控制因炉内还原性气体增加而导致的入炉煤灰质熔点和软化温度的降低。

(3)防止受热面壁温过高。当锅炉采用四角切圆燃烧时,应注意控制火焰位置防止火焰位置偏斜;选择合理的燃烧切圆半径气流旋转方向,以防止高温气流偏斜冲刷水冷壁管壁。而当采用前后墙对冲燃烧布置时,应注意控制火焰冲刷前后墙水冷壁。

(4)做好运行监控,及时处理运行故障。在锅炉运行过程中,在密切监控锅炉燃烧工况的同时注意监控炉内受热面壁温、炉膛出口烟气温度、炉内燃烧负压变化等,对锅炉受热面应定时进行定期吹灰,发现局部小块结焦应尽快进行清除。注意防止锅炉燃烧器喷口烧蚀和结焦阻塞,保持燃烧系统设备的正常运行和相互间的协调一致。

二、锅炉受热面的高温腐蚀及控制

1. 锅炉受热面的高温腐蚀

在火电厂高压以上锅炉的运行实践过程中发现,锅炉燃烧区域的水冷壁外壁表面、高温过热器与高温再热器管屏外壁表面,常会在表面结积一定煤灰,而当受热管壁温度在某一高温区域时,将会产生严重的金属受热面腐蚀。通过这种在金属管壁高温条件下发生的管壁被表面结积的飞灰侵蚀的现象称为高温腐蚀。实际观察与分析发现,锅炉运行过程中出现的高温腐蚀可以分为两类:硫化物型高温腐蚀、硫酸盐型高温腐蚀(不考虑锅炉燃油时可能发生的高温钒腐蚀)。

2. 锅炉高温腐蚀形成的过程及条件

在锅炉水冷壁外壁表面发生高温腐蚀中过程观察发现,硫化物型高温腐蚀往往与硫酸盐型高温腐蚀交互进行。

在发生硫化物型腐蚀的水冷壁管外壁表面发现,有硫化铁 FeS 和暗黑色磁性氧化铁 Fe_3O_4,腐蚀层剥落后管壁表面呈有光泽的蓝黑色,可溶于酸液中并放出 H_2S。这种类型的高温腐蚀主要发生在管壁被高温火焰或烟气冲刷时,而此时被冲刷管壁温度高于 $350℃$。煤粉中的 FeS_2 随灰粒或煤粉焦炭颗粒黏附在冲刷管壁上,受到高温灼热而分解为 S。

$$FeS_2 \rightarrow FeS + S$$

在还原性气体氛围中 S 与受热管壁中的 Fe 化合生成 FeS,FeS 再继续氧化生成 Fe_3O_4,使受热面管壁被侵蚀。

FeS_2 存在于受热管壁表面的结积物中,在高温火焰或高温烟气冲刷下,受到高温灼热而分离出 S,S 与受热管壁中的 Fe 化合生成 FeS,而 FeS 再继续氧化生成 Fe_3O_4 的过程中产生二氧化硫和三氧化硫,实际观察发现 SO_2 与 SO_3 气体与受热管外壁表面上结积物中的碱金属氧化物(M_2O)发生反应生成碱金属硫酸盐。碱金属硫酸盐(M_2SO_4)产物具有黏性,可捕捉炉膛内飞灰灰粒,形成结焦,最外层形成流渣。锅炉受热管壁壁温在 $310℃ \sim 420℃$ 时,将在受热金属管壁外表面形成 Fe_2O_3 氧化膜。烟气中的 SO_3 能穿过受热金属表面的灰渣层与金属管壁外表面氧化膜的 Fe_2O_3 以及在受热金属管壁表面结积物中的碱金属硫酸盐化合反应,生成复合硫酸盐,即

$$M_2SO_4 + Fe_2O_3 + SO_3 \rightarrow M_3Fe(SO_4)_3$$

这就形成了所谓硫酸盐型高温腐蚀。

当受热管壁温度进一步上升到 510℃～710℃ 时，这时复合硫酸盐将呈液态（510℃ 以下为固态），液态的复合硫酸盐直接与受热管壁表面氧化膜已被破坏后裸露出的 Fe 反应，对金属受热管壁外表面具有强烈的腐蚀作用，受热管壁温在 650℃～700℃ 时腐蚀最为强烈。

通过实际对高温腐蚀现象的观察与分析，我们发现要产生硫化物型的高温腐蚀下须具备这样几个条件：

（1）受热管壁温度应在 350℃ 以上；

（2）煤粉颗粒中含有 FeS_2，在受热管壁外表面结积物中含有 FeS_2；

（3）炉膛高温火焰或高温烟气冲刷受热管壁外表面，被冲刷受热管壁外表面周围含有还原性气体；

（4）受热管壁外表面氧化膜被破坏，高温灼热分解的 S 才能直接与受热管壁中的 Fe 发生反应。

而硫酸盐型高温腐蚀产生的条件为：

（1）受热面管壁温度在 310℃～420℃ 时，与金属表面氧化膜 Fe_2O_3 反应，在 510℃～710℃ 时，液态复合硫酸盐直接与已被破坏金属表面氧化膜的金属管壁表面的 Fe 反应；

（2）在受热管壁外表面有含有碱金属氧化物的结积灰渣层；

（3）在锅炉炉膛内烟气中和受热管壁外表面周围含有 SO_2 与 SO_3 气体。

3. 锅炉高温腐蚀的预防与防止措施

从高温腐蚀的形成过程与条件中可以发现形成高温腐蚀的关键条件：其一，煤粉飞灰中含有升华物——碱金属氧化物；其二，管壁温度维持在几个危险高温区域；其三，受热管壁外表面结积有灰渣层；其四，高温火焰或高温烟气冲刷受热管壁外表面，其五在高温腐蚀发生区域存在还原性气体。

去除煤粉中的升华物显然有很大困难，但可以通过混煤掺烧控制和降低入炉原煤中的含硫量；降低水冷壁管、过热器管壁和高温再热器管壁温度在火电厂大容量高参数机组发展规划下显然也无可能，不过从目前对高温腐蚀温度条件的认知中，在未来发展 700℃ 以上锅炉发电机组时似可规避高温腐蚀的发生。

这样实际中控制高温腐蚀的措施有：

（1）定期、及时对水冷壁管高温段、高温过热器管屏和高温再热器管屏进行吹灰与必要的清焦；

（2）有效组织锅炉炉内燃烧动力工况，提高燃烧效能，降低炉内还原性气体；

（3）锅炉燃烧运行过程中，注意控制燃烧温度、火焰位置，合理配风，采用低氧燃烧技术降低烟气中的 SO_2 与 SO_3 气体；

（4）合理设计、布置受热面，规避高温区燃烧死角，保持一定的烟气流速，以降低受热面的煤灰的结积；

（5）寻找和采用耐高温腐蚀材料。

三、锅炉对流受热面的积灰及控制

1. 锅炉对流受热面的积灰

锅炉受热面的积灰，广义上说，包括锅炉炉膛受热面的结焦、高温对流过热器的高温黏结灰、空气预热器传热面上的低温黏结灰和锅炉对流受热面上松灰的结聚。在这里我们主要探讨锅炉对流受热面上松灰的结聚所引起的积灰。

在火电厂室燃煤粉炉的燃烧运行过程中，入炉煤粉中所含有的大量灰分，在煤粉炉膛内悬浮燃烧过程中大都化作颗粒细小的飞灰，入炉煤粉所含灰分的95%成为烟气中的飞灰，仅5%左右作为炉渣通过冷灰斗利用除渣设备排出。当燃尽的高温烟气经过锅炉炉膛出口进入锅炉对流受热面时，烟气中含有大量的飞灰，使得当高温烟气流过锅炉密集布置的对流受热面管排时，飞灰将会结聚在对流受热面管排的外表面上。由于灰的热传导系数远低于对流受热面金属管壁的热传导系数，当受热面管壁积灰，传热热阻增加，工质吸热量减少，排烟温度上升，锅炉效率下降。严重的积灰将会引起锅炉尾部烟道受热面的堵灰，增加烟气流动阻力，增加锅炉风烟系统风机电耗。在炉膛出口高温区的积灰，严重时会转化为受热面结焦。对流受热面积灰分布的不均匀性，会引起烟气流通分布的不均匀，形成对流受热面热偏差。如前所述积灰亦会影响到高温对流受热面管壁的高温腐蚀。

2. 锅炉对流受热面的积灰形成的过程及条件

在火电厂室燃煤粉炉中，当燃尽的高温烟气携带大量飞灰进入尾部对流受热面时，在对流受热面管壁的正面与背面常会形成积灰。积灰的程度首先与入炉煤粉的含灰量与灰质有关，含灰量大则较易很快形成积灰层，当积灰层厚度达成动态平衡时，烟气中的飞灰量的多少，即飞灰浓度与积灰程度无关。灰质焦结性差形成细小飞灰，则易于形成积灰，当烟气中含有较多大颗粒的飞灰时，由于大颗粒飞灰对积灰层的冲击作用，使得对流受热管壁迎风面不易积灰，背风面由于大颗粒飞灰不易被静电和漩涡区所吸附，当灰层达到某一厚度时便不再增加，达成动态平衡。其次积灰的程度与烟气流速有关，当烟气流速高时，烟气对对流受热管壁的冲刷作用大，削弱积灰层厚度；当烟气流速低时，冲刷作用小，积灰层厚度大。此外积灰程度还与对流受热管束的布置方式、管束结构和管径大小有关。错列布置的管束，由于管子的背风面也较易受到烟气飞灰及气流的冲刷，在背风面积灰层厚度很低时即达成动态平衡；而在顺列布置的管束，由于管束中管子的背风面不易受到烟气和飞灰的冲刷，在第二排以后，即使迎风面亦不易受到烟气与飞灰的冲刷，因此积灰严重。积灰亦与对流管束的纵向节距有关，错排布置，减少纵向节距，有助于增强烟气及飞灰的冲刷作用，减少积灰；顺排布置当减少纵向节距，则可能因烟气冲刷减弱而引起前后管子的积灰搭桥，形成严重积灰。对流管束管径小有助于降低积灰层厚度。最后应注意锅炉对流受热面管束积灰与烟气温度有关，当流进对流管束的烟气温度过高时，则其中的飞灰因具有一定的黏性，更易于结聚在对流受热管束上，具有一定黏性的结聚下的积灰层也更易于粘接飞灰形成积灰。常见对流管束如图3-20、图3-21所示。

3. 减轻和防止锅炉对流受热面积灰的方法与措施

(1)定期吹灰。锅炉尾部对流受热面应定期进行受热面管束的吹灰。对于采用错排布置的锅炉省煤器对流管束，由于吹灰器不易吹去积灰，可采用钢珠除灰。

(2)合理选择、控制烟气流速。在锅炉尾部烟道与对流受热面设计中，烟气流速固然不应太低，过低不仅会影响锅炉尾部受热面的对流换热，且因烟气流速过低加重尾部对流受热面的积灰，严重时将会引起尾部受热面的堵灰事故；但烟气流速也不宜过高，烟气流速高固然有利于锅炉尾部受热面的积灰清理，但过高的流速势必将增加锅炉风烟系统风机电耗，同

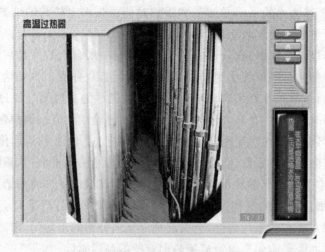

图 3-20 对流过热器对流管束

图 3-21 锅炉尾部烟道内省煤器对流管束

时将会引起尾部低温区对流受热面的飞灰磨损。在锅炉运行过程中,长期的低负荷运行将会使锅炉尾部受热面积灰严重,而长期的高负荷运行固然有利于锅炉尾部受热面积灰的清理,但也会加重锅炉炉膛出口处高温对流受热面的高温粘连性积灰和尾部受热面低温区的飞灰磨损。正常锅炉负荷下烟气流速一般应控制在 8~10m/s。

(3)采用小管径、错排管束布置。这不仅可以降低锅炉尾部对流受热面的积灰,且有助于提高锅炉尾部对流受热面的对流换热,节省尾部对流受热面的金属消耗量。

(4)依据锅炉设计煤种,对到厂原煤进行合理混合掺烧。

四、锅炉尾部受热面的低温腐蚀及控制

1. 锅炉尾部受热面的低温腐蚀

在锅炉尾部低温对流受热面烟气侧,由于烟气中含有硫酸蒸汽,当烟气流经锅炉尾部烟道各级对流受热面不断对流换热,烟气温度不断降低,当烟气温度低于烟气中硫酸蒸汽的露点温度时,烟气中硫酸蒸汽将冷凝到所流经的锅炉尾部低温对流受热面烟气侧,形成对受热面的酸腐蚀,这种现象称为低温腐蚀。

2. 低温腐蚀形成过程与影响因素

在火电厂中锅炉燃用的入炉原煤中,或多或少其中都含有以有机硫或无机硫形式存在的硫分。火电厂室燃煤粉炉在燃烧过程中燃烧温度高,当入炉煤粉投入锅炉炉膛燃烧时,煤粉中的硫分燃烧生成 SO_2,由于室燃煤粉炉燃烧温度高,在高温火焰作用下将火焰中的氧分子热解为原子氧,原子氧与 SO_2 反应生成 SO_3,此外当烟气中含有 Fe_2O_3 或 V_2O_5 时,在其催化作用下 SO_2 直接与氧气反应生成 SO_3。SO_3 与烟气中的水蒸气结合生成硫酸蒸汽。烟气沿锅炉尾部烟道不断向流经的各级对流受热面放热降温,当烟气温度低于硫酸蒸汽露点温度时烟气中硫酸蒸汽开始冷凝,而此时烟气所流经的对流受热面壁温亦低于硫酸蒸汽露点温度时,硫酸蒸汽将冷凝在对流受热面表面形成所谓低温腐蚀。

严重的低温腐蚀区域主要发生在锅炉尾部烟道低温段的空气预热器的冷端。低温腐蚀会引起回转式空气预热器传热波纹板的腐蚀。因传热波纹板受热面的减少,将导致空气预热器出口热风温度的降低,这将会可能影响锅炉制粉系统的煤粉干燥、锅炉炉膛内煤粉燃烧的正常运行工况。同时由于酸性的作用,将会引起受热表面积灰的硬化,加重尾部烟道的堵灰,使烟道流动阻力增加,增大锅炉风烟系统风机电耗,严重时将会导致锅炉停炉。

低温腐蚀的速度与硫酸的凝结量、凝结下的硫酸浓度和腐蚀区域的受热面壁温有关。硫酸凝结量越多的受热壁面,低温腐蚀自然严重,硫酸发生腐蚀区域的对流受热壁面温度越高,低温腐蚀速度也越高,而硫酸浓度与低温腐蚀速度则不成简单同步增长关系,实际发现当凝结硫酸浓度达到56％左右时硫酸的腐蚀速度最大。

对低温腐蚀现象中腐蚀区域的对流受热面壁温变化的实际观察、测量和分析中发现:沿尾部烟道烟气流动方向,当烟气温度低于硫酸蒸汽露点温度时,此时对流受热面壁温达到硫酸露点温度,硫酸蒸汽开始凝结下来,低温腐蚀开始发生。此时因烟气中含有大量硫酸蒸汽,冷凝下的硫酸浓度极高(大于80％),冷凝散布的区域有限,故低温腐蚀并不十分严重。随着烟气温度和对流受热面壁温的进一步降低,硫酸凝结区域扩大,烟气中硫酸分子随硫酸蒸汽的不断冷凝而减少,因此继续冷凝下来的硫酸蒸汽浓度不断下降,腐蚀区域受热面壁温下降不多,因此产生的综合效果是低温腐蚀速度不断提高,腐蚀趋于严重。但沿着烟气的流动方向,受热面壁温不断下降到某一温度点,壁温下降所引起的低温腐蚀速度下降的效果大于硫酸浓度下降和硫酸冷凝区域增大所造成的低温腐蚀速度的增加。总的低温腐蚀速度下降,当达到某一最低点后,由于冷凝硫酸浓度开始接近56％,同时硫酸冷凝区域不断扩大,综合效果大于受热面壁温的下降,低温腐蚀速度重新开始上升,当壁温达到烟气中水蒸气的露点温度时(通常火电厂室燃煤粉炉烟气中水蒸气的露点温度为60℃左右),大量的水蒸气与稀硫酸液冷凝,烟气中大量的 SO_2 能直接溶解于冷凝下的水膜中,形成亚硫酸,对金属壁的腐蚀极为严重。此时烟气中的 HCl 也可溶于冷凝的水膜中引起金属壁的腐蚀,因此当壁温低于烟气中水蒸气露点温度后,腐蚀速度急剧增加。

由此发现,当火电厂室燃煤粉炉高温烟气由锅炉炉膛进入锅炉尾部烟道时,沿烟气流动方向由于不断向尾部各级对流受热面放热,烟气温度逐级降低,当烟气温度低于烟气中硫酸蒸汽露点温度(通常控制入炉煤粉含硫量在规定标准范围以内时硫酸蒸汽露点温度在130℃~150℃之间)时,此时烟气所流经的对流受热面壁温低于烟气的硫酸蒸汽露点温度时，低温腐蚀开始发生，腐蚀最为严重的区域发生在壁温低于烟气中硫酸蒸汽露点温度30℃范围内以及烟气中水蒸气露点温度（通常在60℃左右）以下，在壁温温度变化区间内有一腐蚀较轻之处。不同锅炉当燃用不同煤种时，由于尾部受热面结构与布置，入炉煤粉带入锅炉炉膛的硫分量和相应煤粉水分量的控制不同，使得烟气中硫酸蒸汽汽的露点温度、水蒸气露点温度不同，相应的低温腐蚀严重点与最轻点随具体情况而有所变化。

此外还发现当入炉煤粉带入的硫分量低时，相应的硫酸蒸汽露点温度也较低，则在发生低温腐蚀最严重处的受热面壁温也较低，由前述低温腐蚀现象观察分析知低温腐蚀速度随壁温的提高而上升，故而该处低温腐蚀的绝对速度将下降，因而当入炉煤粉单位时间内带入锅炉炉膛内硫分量少，则烟气中硫酸蒸汽含量低，硫酸蒸汽露点温度低，相应低温腐蚀速度下降，这将有助于减轻低温腐蚀。

受热面壁温应尽可能设法高于烟气中水蒸气露点温度，否则在壁温低于烟气中水蒸气露点温度的受热面区域内，腐蚀将特别严重。

影响低温腐蚀的主要因素有：

（1）入炉煤粉单位时间内带入锅炉炉膛的硫分量，这将影响烟气中硫酸蒸汽的露点温度；

（2）室燃煤粉炉在锅炉燃烧过程中火焰燃烧温度的控制，温度越高，火焰中原子氧越多，则生成的 SO_3 越多，这将使烟气中的硫酸蒸汽含量增加，硫酸蒸汽露点温度上升。

（3）燃烧过程中入炉热风总量的多少和投入方式有关，这将影响在燃烧过程的不同阶段氧气含量，进而影响到生成产物的变化。

（4）烟气中飞灰的灰质变化和灰量的多少，将会影响烟气中 SO_3 的含量。飞灰中未燃尽的碳粒以及钙镁氧化物和磁性氧化铁对 SO_2 和 SO_3 具有吸收作用，故而飞灰量的上升将有助于降低烟气中硫酸蒸汽含量，但过高的飞灰量将会加重受热面积灰与飞灰磨损。

（5）受热面壁温，在烟气温度低于其中硫酸蒸汽露点温度时，受热面壁温在低于硫酸蒸汽露点温度的范围内，壁温越高低温腐蚀越严重。

（6）硫酸蒸汽的凝结范围与冷凝在受热面管壁上的硫酸浓度有关，凝结范围越大低温腐蚀影响就越大。冷凝下的硫酸浓度在56％之前，当硫酸浓度增加时低温腐蚀加重，当超过56％的硫酸浓度后，随着硫酸浓度的增加低温腐蚀速度下降。

（7）当锅炉运行时间较长，受热表面氧化层大量脱落，或是当锅炉运行于低负荷时为稳定燃烧而投油，这将使得烟气中含有 Fe_2O_3 和 V_2O_5 在高温对流受热面壁温为500℃～600℃区域内大量催化生成 SO_2 和 SO_3。

3. 减轻锅炉尾部低温受热面和防止低温腐蚀的方法与措施

（1）有效控制入炉煤含硫量，必要时依据设计煤种，进行混煤掺烧以降低单位时间内入炉煤粉所带入的硫分量值。

（2）有效控制锅炉炉膛燃烧温度，利用分级送风和低氧燃烧方式，减少烟气中 SO_2 和 SO_3 的生成量。

（3）利用汽轮机低压抽气余热或利用热风循环，控制和有效提高空气预热器传热面壁温。

（4）空气预热器冷端采用耐低温腐蚀材料。

(5)在锅炉低负荷运行时,稳定燃烧,利用改进的高能点火装置或等离子点火装置尽量减少燃油投烧量。

五、锅炉尾部受热面的飞灰磨损及控制

1. 锅炉尾部受热面的飞灰磨损

在火电厂中室燃煤粉炉,它的设备磨损占折旧费中的很大部分,锅炉每次大修工作量的一半以上是用于设备磨损部件的检修、更换。磨粉、输粉、除尘、除灰设备和锅炉引风机等都易发生磨损。但锅炉运行中磨损危害影响最大的是锅炉尾部对流受热面的飞灰磨损。

在火电厂室燃煤粉炉燃烧运行过程中,入炉煤粉所带入的 95% 以上的煤灰随锅炉高温烟气以飞灰的形式进入锅炉尾部烟道,在锅炉尾部烟道内高温烟气不断向尾部烟道内各级对流受热面进行对流换热,烟气温度不断降低,其中的飞灰随着烟气温度的不断降低而降低,烟气中的飞灰也变得越来越硬,这时当烟气流经对流受热面时将会造成对流受热面管壁的磨损。

实际观察与检测发现,火电厂室燃煤粉炉的飞灰磨损主要表现为局部磨损特征,即磨损常常发生在某一些特定区域。通常在锅炉炉膛内水冷壁的磨损一般发生的情况不多,只有少数因为锅炉燃烧器未安装到位或是在运行过程中风量风速控制不当造成一次风气流飞边,而引起锅炉紧靠燃烧器的水冷壁易发生磨损。在锅炉尾部烟道内磨损最为严重的是省煤器与低温对流过热器管壁,其发生的主要区域在省煤器和低温过热器靠后墙的管壁部分、靠二侧墙的弯头部分。就错排布置省煤器顺烟气流动方向的第二、三排管壁磨损尤其严重。穿墙管及对流受热面的弯头部分一般较受热管的其他部位磨损严重。就单个管壁磨损来看,当烟气流正向冲刷管壁,磨损对第一排管主要集中在与来流成夹角 30°～40° 的迎风面的对称两点附近,对错排布置的第二排起以后各排管磨损主要集中在与来流成夹角 25°～30° 的迎风面的对称两点附近,而对顺排布置的第二排起以后各排管磨损主要集中在与来流成夹角 60° 左右的迎风面的对称两点附近。

2. 锅炉尾部受热面飞灰磨损的主要影响因素

(1)与锅炉入炉煤粉灰质有关,灰熔点越高,灰质越硬的煤,引起的飞灰磨损就越严重。

(2)与烟气中飞灰浓度和飞灰分布有关,入炉煤带入灰量越大,引起的磨损就越严重。在同样飞灰浓度下,当锅炉的特定结构和燃烧方式引起烟气中飞灰集中分布到烟气中某一区域时,则所流经的对流受热面管壁磨损严重。

(3)烟气流速、烟气与对流受热管壁的冲刷角度。烟气流速高受热面管壁磨损严重。烟气冲刷角度正向冲刷时管壁磨损并不严重,随着冲刷角度趋于与受热管壁相切,管壁磨损不断加重,当达到某一最大磨损效果后,随着冲刷角度的进一步改变,磨损逐渐减轻。

(4)尾部受热面管束的布置方式与结构,受热管在锅炉尾部烟道内的安装位置与安装方式。

3. 减轻锅炉尾部受热面飞灰磨损的方法与措施

(1)合理选用适当的烟气流速,烟气流速过高将引起飞灰磨损严重,同时增大尾部烟道流动阻力,锅炉风烟系统风机电耗增加;烟气流速过低飞灰磨损减小,但尾部对流受热面易于积灰,影响尾部受热面的对流换热。

(2)依据设计煤种,对到厂原煤进行合理混煤掺烧,以改善入炉煤粉的含灰量和灰质。

(3)合理选择对流受热面管束结构,合理布置受热面,通过有效的锅炉炉型设计、炉内燃烧组织方式的选择、布置,以减轻烟气中飞灰分布的不均匀。

（4）在锅炉运行过程中，及时进行锅炉尾部对流受热面管束吹灰，以防止局部区域形成烟气走廊和堵灰。

（5）采用防磨装置，如在受热面管束弯头处加装护瓦和护帘在管壁最易磨损处可以焊上钢条，在穿墙管穿墙处加装套管。

通过本任务内容的学习，充分了解掌握火电厂中室燃煤粉炉烟气侧从锅炉炉膛受热面经锅炉尾部各级对流受热面到锅炉尾部空气预热器受热面、对流受热面管束及管壁所面对的常见运行问题；通过对各个常见问题形成过程的观察与分析，为实际锅炉运行控制和生产过程管理开启一扇思考的窗口。就本任务所涉及的锅炉烟气侧常见的问题，选择一个在火电厂中常见大型室燃煤粉炉作为对象，就其中一个问题，进行必要的信息数据的收集与整理，提出你对问题的观察与思考以及对在锅炉运行中应如何处理控制的方法与措施。

能力训练

培养学生对火电厂典型室燃煤粉锅炉的常见问题和现象进行观察与思考的能力，结合具体锅炉结构和运行情况，学习如何进行数据信息收集、分析并得出有益的处理解决问题的办法。通过解读实际运行和设备结构改造应用成功案例，学会理解什么才是有效地看问题的角度和如何去获取有用的方法与措施。

思考与练习

1. 何谓锅炉结焦？锅炉结焦是如何形成的？锅炉结焦受哪些因素影响？在实际锅炉运行过程中应如何有效控制锅炉结焦？

2. 高温腐蚀在火电厂室燃煤粉锅炉中具有哪两种形式？它们形成的机理是什么？如何有效防止和降低高温腐蚀的影响？就你在火电厂现场锅炉实训，试通过实际信息收集发现室燃煤粉锅炉最易发生高温腐蚀的区域。

3. 积灰现象的发生对锅炉实际设备运行会产生哪些重大影响？实际中是如何有效防止积灰和消除积灰可能对锅炉实际运行带来安全和经济性的影响？

4. 低温腐蚀是如何形成的？低温腐蚀的存在对锅炉运行都产生了怎样的影响？在实际运行过程中，如何有效降低低温腐蚀的影响？从设备结构设计和锅炉运行两个方面，综合锅炉运行安全和经济性分析发现降低锅炉低温腐蚀影响的措施。

5. 在火电厂室燃煤粉炉运行过程中，锅炉哪些受热面区域最易形成飞灰磨损？结合典型室燃煤粉锅炉结构，分析在锅炉运行过程中和设备构造上如何有效降低锅炉飞灰磨损。

任务二　循环流化床锅炉燃烧过程

子任务一　循环流化床锅炉燃烧系统与设备

学习目标

通过对火电厂中常见的典型循环流化床锅炉系统和主要设备的认知,了解掌握循环流化床锅炉的基本工作原理;通过学习对比火电厂室燃煤粉炉与循环流化床锅炉基本系统组成与设备结构差别,了解掌握燃烧工作过程的特点与区别。

能力目标

通过对循环流化床锅炉系统设备结构与工作流程的介绍,使学生学会对相类的实际工程对象的工作过程与工作性能进行多角度比较,在比较中学习工程问题的思考方式与处理问题的方法与手段。

知识准备

关　键　词

循环流化床　布风板　风帽　旋风分离器

外置热交换器(EHE)　回料阀

循环流化床(CFB)锅炉燃烧技术是一种目前在火电厂中得到广泛应用的较为成熟的清洁燃烧技术。

一、循环流化床锅炉特点

(1)循环流化床锅炉在向炉内供给燃料时,同时直接向炉内添加石灰石,可有效脱除90%甚至更高的烟气中 SO_2,相较于室燃煤粉炉需专门增设脱硫设备,循环流化床锅炉所应用的技术与工艺流程相对简单,投资费用也较低。

(2)循环流化床锅炉因特殊的燃烧循环方式,可采用较低的燃烧温度(850℃~920℃),同时利用空气分级燃烧,使烟气中 NO_x 排放浓度仅为室燃煤粉炉排放浓度的1/4左右,远低于国家《火电厂大气污染排放标准》对火电厂锅炉烟气 NO_x 排放标准(<250mg/m³)要求。

(3)循环流化床锅炉具有极佳的燃料适应性。可以设计燃用在通常室燃煤粉锅炉完全无法正常燃用的高灰分低发热量的劣质燃料。由于可以在炉内循环流化燃烧,燃烧时间长,燃烧过程中可燃质与空气中的氧气混合充分,燃烧效率高,可达98%~99%以上,燃料的燃尽程度高,燃烧过程中所生成的灰渣利用价值高于室燃煤粉炉。

(4)调峰性能好。由于循环流化床锅炉特殊的炉膛下部结构和燃烧运行调节方式,保证当锅炉负荷有较大变化时,炉膛内床温基本不变,在无助燃油的情况下最低负荷可达锅炉容量的 25%～30%(BMCR),其负荷变化率可达每分钟 4%～5%锅炉容量(BMCR)。

(5)燃料制备、供应入炉燃烧设备简单。循环流化床锅炉设计入炉原煤颗粒一般要求不大于 10mm 即可,实际运行过程中入炉原煤颗粒在 50mm 左右时仍能基本保持锅炉正常燃烧,因此较室燃煤粉炉,循环流化床锅炉燃料制备无需配置磨煤机,只需单级或二级破碎、筛分装置即可满足入炉原煤的颗粒要求。同时循环流化床锅炉只需将已破碎、筛分的原煤沿给料斜管滑送入锅炉炉膛,系统简单,无需特殊设计的燃烧器,且可集中给料,一个给料点可满足约 100t/h 锅炉蒸发量需求,有利于锅炉大型化。对于燃用高水分褐煤无需配备专门处理系统与设备。

二、循环流化床锅炉系统

循环流化床锅炉系统从结构与功能上主要分为两大类:锅炉本体系统和锅炉辅助系统。锅炉本体系统又分为:锅炉汽水系统和锅炉燃烧系统。锅炉辅助系统则包括燃料与石灰石系统、风烟系统、灰渣处理系统、点火系统、锅炉控制系统。

循环流化床锅炉的燃烧系统即等同于我们生活中的"炉",其主要有锅炉炉膛(流化床燃烧室)、分离器、回料阀和外置换热器(一般小容量循环流化床锅炉不布置该设备)、空气预热器等设备组成。它的主要任务是保证入炉燃料在炉膛内的充分流化燃烧和为锅炉汽水系统内工质提供生产额定蒸汽量所必需的燃烧热量(图 3-22)。

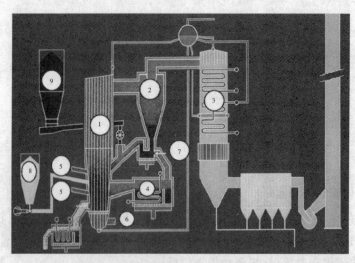

图 3-22　循环流化床锅炉系统结构与工作流程

1—炉膛;2—旋风分离器;3—尾部垂直竖井;4—外置换热器(外置流化床);5—二次风;
6——次风;7—水冷锥形阀;8—石灰石;9—原煤;10—除尘器;11—空气预热器;12—布风板

1. 炉膛(流化床燃烧室)

这是由炉墙、水冷壁管和布风板围成的供入炉燃料和石灰石循环流化和燃烧的空间。通常炉膛下部两侧水冷壁向内斜倾形成循环流化床锅炉炉膛锥段,炉膛上部则为直段。当炉膛底部的布风板上的床料和沿给料斜管滑送入锅炉炉膛的燃料、石灰石在一次风的吹顶下形成流化运动时,沿流化方向气固二相流在流态上分别形成开始的密相区、过渡区与稀相区。炉膛是循环流化床锅炉燃烧过程进行的基本空间,大约 50%的热量传递吸收过程在炉腔内实现。它既是一个锅炉燃烧设备,也是一个热量交换器和脱硫、脱硝装置,集燃烧、流化过程,传热与脱硫、脱硝过程于一体。

火电厂中等以上容量的循环流化床锅炉,炉膛通常利用膜式水冷壁围成,一些小容量循环流化床锅炉有采用光管重型炉墙结构的。炉膛下部水冷壁倾斜成锥形,上部水冷壁则为垂直管壁。炉膛底部为布风板,在布风板上嵌有大量的用于鼓风的风帽,风帽上开有许多通风的气孔,如图 3-23 所示。

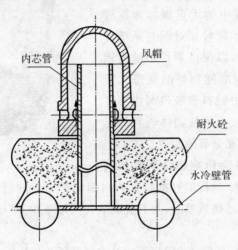

图 3-23 钟罩式风帽布置在布风板上

布风板下是风室。在循环流化床锅炉正常燃烧启动运行时,布风板上铺设有静止厚度为 600~1000mm 的床料,这是有一定粒度要求的固体颗粒。床料一般为底渣或者为含有石英砂成分的砂子,在现场也称为点火底料。

布风板上的风帽气孔将风室内的一次风鼓入炉膛,一次风通过风帽须将布风板上的炉内物料进行均匀流化,另一方面对布风板进行有效冷却保护,以防止因床料紧贴布风板,床温偏高而形成结焦与烧蚀。风帽的结构则需考虑锅炉运行过程中的流动阻力、布风能否有效保证炉膛内物料的均匀流化、在运行过程中是否能有效防止炉膛内细小物料向风室漏渣,出于这些问题的综合考虑,目前应用最为广泛的、效果也相对较好的是钟罩型风帽,其外观形状如图 3-24 所示。

在火电厂中大型循环流化床锅炉的布风板及风室往往是利用水冷壁管弯制而成,形成所谓水冷壁风室与水冷壁布风板结构。这种结构可以较好地控制布风板的温度,以防止启动运行过程中布风板发生高温变形。

循环流化床锅炉炉膛内燃烧以二次风入口为界将燃烧过程控制在两种燃烧状态下。二次风入口以下控制为还原气氛燃烧区,二次风口以上为氧化气氛燃烧区。炉膛下部锥形段及在物料流化循环通道上的易磨损受热管屏部位敷设耐火浇筑料,以有效保护受热面,防止受热管壁磨损。

对于大型循环流化床锅炉,在炉膛上部通常总是布置悬挂有受热面(水冷屏、过热屏、再热屏),也有采用其他形式结构的受热面形式(Ω管、分隔墙),用以吸收炉膛内燃烧释放的热量。

2. 分离器

分离器是循环流化床锅炉的燃烧系统的关键设备之一。在实际循环流化床锅炉结构设计中有多种形式,但在生产现场常见的形式主要是高温绝热旋风分离器和汽(水)冷旋风分离器。它是利用烟气切向进入分离器圆筒高速旋转所产生的离心力对高温烟气中的大量固体颗粒进行分离,并将分离后的固体颗粒通过回料系统将其送回锅炉炉膛继续燃烧,以保证锅炉炉膛内燃烧运行始终处于设计控制浓度物料的流态化流动的良好状态,并保证入炉燃料和脱硫剂能够多次循环燃烧反应,以提高较大颗粒固体燃料的充分完全燃烧和对烟气进行充分有效脱硫。

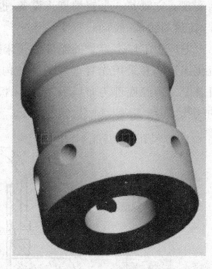

图 3-24 钟罩式风帽外观形状

分离器的型式选择将会影响燃烧系统和锅炉整体布置的紧凑性,设计、运行的性能指标将对锅炉炉膛内的燃烧空气动力工况、炉膛内传热特性、物料循环流化、燃烧效率、石灰石脱硫效能及烟气中 NO_x 和 N_2O 气体生成控制具有重大影响。

高温绝热型旋风分离器是最为成熟可靠也是大型循环流化床锅炉分离器广泛采用的分离器型式。其筒体结构由耐火耐磨砖或浇注料、保温砖、保温棉和钢外壳体等组成(一般耐磨耐火保温层厚度超过 300mm),结构较为简单。由于分离器筒体处于绝热状态,而高温固体燃料颗粒在筒体内处于强烈地混合旋转流动状态,在筒体内燃烧会继续进行,这使高温绝热型旋风分离器内烟气温度高于汽冷旋风分离器 30℃~50℃,有利于烟气中固体颗粒的燃尽,这对于一些较难燃尽的煤种十分适合。但其缺点是耐磨绝热保温层较厚,浇注料用量大,运行维护与检修工作量也大,在锅炉启动过程中将会延长锅炉的启动时间。

另一种在大型循环流化床锅炉中常见的分离器型式是汽(水)冷旋风分离器。这种分离器的结构特点是分离器外壳由过热器受热管和管间鳍片构成,在管子内壁密布的销钉上敷设一层耐磨耐火浇注料(通常厚度约为 50mm)。汽冷旋风分离器增加了循环流化床锅炉过热器受热面,这将有助于减少在炉内布置屏式过热器的数量,减少因磨损所造成的爆管事故。汽冷旋风分离器最大的优点是其分离器外壁是由过热器管和薄型耐磨耐火材料内衬组成。相对于绝热型旋风分离器,运行过程中蓄热,内外表面温差较小,锅炉的启停和变负荷速度不受分离器升温速度的限制,提高了锅炉的升降温速率和负荷调节能力;并且耐磨耐火材料用量的减少,也大大减轻了施工和维护工作量。高温绝热型与汽冷型旋风分离器筒体结构如图 3-25 所示。

汽冷旋风分离器因筒体内温度比高温绝热旋风分离器筒体内温度低 30℃~50℃,因此在燃用较难燃煤种时存在一定问题。此外汽冷旋风分离器的结构相对较为复杂,对设备生产厂家制造技术与制造工艺有较高要求,制造技术要求和制造成本较高,对于大型汽冷分离器,现场安装时组装工艺要求较为复杂。随着生产应用技术的不断进步和经验积累,这些问题将会被不断弱化。

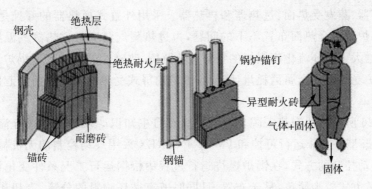

图 3 - 25　高温绝热型与汽冷型旋风分离器筒体结构

3. 外置式换热器

对于循环流化床锅炉来说可以采用外置式换热器也可以不采用外置式换热器,在我们国内与 135MW 发电机组相配的循环流化床锅炉一般都不采用外置式换热器。近几年随着社会生产和生活水平的不断提高,电能的需求不断增加,电煤燃料的紧缺与品质下降,促使循环流化床锅炉容量和工作参数不断提高,这使得炉内过热与再热吸热量增加,也就是要求增大过热与再热器受热面。而随着锅炉容量的增加,炉膛单位燃料所摊到的受热表面积在相对减少,为此对于与 200MW 以上发电机组相配的循环流化床锅炉只有两条可供选择的过热器与再热器受热面增大的设计方案:其一在锅炉炉膛内增加布置炉内屏式受热管组,其二则是采用外置式换热器。如图 3 - 26,对于容量大于 200~300MW 发电机组的循环流化床锅炉,如果不采用外置式换热器,炉内势必布置大量的屏式受热面,这将大大增加屏式受

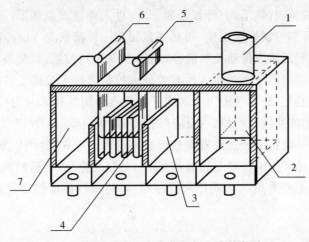

图 3 - 26　分流回灰换热器的三维示意图

1—立管;2—灰分配室;3—均流室;4—受热面;5—进口联箱;6—出口联箱;7—低温回料室

热面的磨损所引起的爆管风险;而对于 600MW 以上超临界循环流化床锅炉则必须通过采用外置式换热器以增加过热和再热受热面。

外置式换热器的主要作用是,使通过旋风分离器分离下来的物料部分或全部(这取决于锅炉实际运行工况和蒸汽参数的调整)通过外置式换热器内受热面进行热量交换,将所通过的高温物料冷却到 500℃左右,再通过回料阀将之送回到锅炉床内继续燃烧。外置式换热器

内可布置省煤器、蒸发受热面、过热器和再热器。采用外置式换热器的好处是：可解决大型循环流化床锅炉炉内受热面布置不下的问题，为过热蒸汽温度与再热蒸汽温度的调节提供了有效手段，增大了循环流化床锅炉的负荷调节范围，改善了循环流化床锅炉对燃料的适应性，节约了锅炉受热面的金属消耗量，降低了因炉内屏式受热面的磨损所引起的锅炉爆管事故的几率。

如图 3-26 所示是西安热工院自主开发具有自主知识产权的紧凑式分流回灰换热器，它结合了 Lurgi 型外置床运行可控和 FW 型 INTREX 采用气动控制的无机械部件的优点，换热器采用气动控制的方式，在锅炉燃烧运行过程中根据运行工况条件变化控制循环物料的分流量，调节方式较为简单，易于布置，且同时兼有循环物料的分流、冷却和回送功能，在结构上整体化实现多项功能。

紧凑式分流回灰换热器的工作原理是灰分配室利用合理的结构设计和配风规划将来自于旋风分离器的循环物料分流成两个部分，一部分直接流向高温回流管作为高温循环物料返回循环流化床锅炉炉膛，另一部分则流向布置有各级受热面的换热床，在其中循环流化物料和热交换器内工质进行热交换，循环流化物料完成交换后从换热床的顶部绕过隔墙进入低温换热床，最后进入低温回料室，冷却放热后的循环物料通过低温回灰管重新返回锅炉炉膛。循环物料分流控制是通过对紧凑式分流回灰换热器的各仓室的风量大小控制来实现的。

实际运行的循环流化床锅炉外置式换热器常见的有两种，一种是 Lurgi 型外置式换热器，采用此种外置式换热器的循环流化床锅炉，在所设计安装的旋风分离器下设计安装一个回料阀，部分循环物料在分流后直接通过高温回流管返回锅炉炉膛，还有一部分循环高温物料通过液压控制的机械阀（锥形阀）分流控制，分流进入外置式换热器。在外置式换热器内布置有各级受热面分别控制炉膛温度、再热蒸汽温度。锥形阀是 Lurgi 型外置式换热器最为关键的设备，它是利用液压传动控制机构对锥形阀头进行控制，以实现循环高温物料的分流控制，锥形阀的磨损和阀杆密封是实现有效分流控制的技术关键。另一种是福斯特惠勒（FW）公司的外置式换热器（INTREX），其为了绕开锥形阀的技术与运行问题，利用烟气挡板对外置式换热器的流通进行调控。在循环流化床锅炉启动时，INTREX 只有高温回流管通道可循环流通，循环物料不经过外置受热面直接返回锅炉炉膛；当正常燃烧运行时，外置受热面仓室被流化，循环物料经过受热面仓室进行热量交换后，再返回锅炉炉膛。其对灰流量采用气动控制，而不是采用机械式排灰控制阀，再热蒸汽温度控制主要通过烟气挡板来实现。

4. 回料阀

回料阀位于旋风分离器和锅炉炉膛之间，它是循环流化床锅炉实现循环流化燃烧的重要组成设备，其作用主要有以下几点：

（1）将循环物料从较低压力的区域（旋风分离器）送入较高压力的区域（锅炉炉膛）。

（2）起密封作用，保证立管、回料阀中的气固二相向锅炉炉膛方向流动，防止炉膛烟气短路直接通过回料管进入旋风分离器，破坏燃烧过程中物料的循环流化过程。

（3）在设置外置式换热器时用于调节物料循环分流量，以适应锅炉负荷变化。

回料阀按照结构形式可分为 L 阀、换向阀、J 阀、U 阀和 N 阀。回料阀按调节方式又可分为可控阀和流通阀。可控阀是可以调节和控制固体流量的回料阀;流通阀则只能进行阀的开启与关闭。阀开启后的固体流量是不可调节或不可控制的,流通阀的固体流量控制完全依靠循环回路的压力平衡来实现。

对于同一设计结构的回料阀,如果充气点的位置和数目不同,将会改变回料阀的调节特性。如 L 阀在合适的一点充气条件下是可控阀,在多点充气的条件下则为流通阀。U 阀在立管一点充气的情况下是流通阀,在合适的二点充气的条件下也可作为可控阀。但在实际应用的大多数循环流化床锅炉中采用 U 阀基本作为流通阀,通过该阀的流化固体物料流量是不可控的,处于自平衡状态。

工作任务

在指导教师的帮助下对火电厂中典型的室燃煤粉炉与循环流化床锅炉进行燃烧过程与锅炉运行工作性能进行比较分析,拟写出相关学习报告。

能力训练

培养学生习惯于对相类的实际工程应用设备的工程性能进行多角度比较以及对特定系统与结构所面对的实际问题的认知,并学习如何去判断问题和解决问题的思考方式与处理手段。

思考与练习

1. 火电厂典型循环流化床锅炉的燃烧系统构成是怎样的?循环流化床锅炉有哪些完成循环流化燃烧的主要设备?它们具有怎样的结构,具有哪些工作特性?

2. 试将循环流化床锅炉循环流化燃烧过程,与火电厂室燃煤粉炉悬浮燃烧工作过程进行比较,说明二者各具有怎样的工作特性。试从锅炉入炉燃料煤质特性、设备运行过程中惯常出现的问题、对环境的影响等多角度进行分析。

3. 何谓外置式换热器?外置式换热器主要作用是什么?在实际生产运行中,惯常采用的外置式换热器结构是怎样的?存在哪些问题?

子任务二 循环流化床锅炉燃烧过程

学习目标

通过对气固流体流动性态的探讨,引进在循环流化床锅炉循环流化燃烧过程中经常涉及的"床"的概念。

能力目标

通过对典型循环流化床锅炉循环流化燃烧过程现象的分析、讨论,培养学生通过实际现象的观察分析去获得有效生产实际知识的能力,养成归纳出相关运行工作特征并应用于生产实践的习惯。

知识准备

关 键 词

固定床　鼓泡流化床　节涌　湍流床　快速流化床　床温

流化风速　燃烧份额　密相区　过渡区　稀相区　循环物料量

循环倍率　烟气中有害物质的排放控制　灰渣处理与综合利用

循环流化床锅炉的燃烧过程不同于室燃煤粉炉的燃烧过程。在室燃煤粉炉燃烧过程中入炉燃料是经过锅炉制粉系统破碎磨制的煤粉,而循环流化床锅炉入炉燃用的燃料则是采用单级或二级破碎装置,经 0～10mm 的宽筛分颗粒。在室燃煤粉炉中,煤粉通过特定设计的燃烧器喷口,利用一次风输送入锅炉炉膛,着火燃烧。二次风及时投入,组织有效的炉内燃烧空气动力场,煤粉在极短的炉内燃烧时间里一次性完成煤粉中可燃质的悬浮燃烧,在炉膛内形成温度极高的高温火焰区。而循环流化床锅炉则只需将补给燃料沿给料斜管滑落入锅炉炉膛(辅以少量播煤风和给煤密封风),对高水分入炉原煤无需干燥处理,经 0～10mm 的宽筛分颗粒在炉内利用炉膛底部的布风板鼓入的一次风处于流化燃烧状态,通常较大颗粒的可燃质一次性无法燃尽,当流化物料烟气混合物通过旋风分离器时被分离,重新送回炉内循环燃烧。入炉燃料需经过多次燃烧循环,炉内物料浓度远大于室燃煤粉炉,在循环流化床锅炉炉膛下部形成一个热容量极大的高温燃烧池,中心区域燃烧温度远低于室燃煤粉炉火焰中心区域燃烧温度。

循环流化床锅炉的燃烧过程事实上是对入炉原煤颗粒与石灰石颗粒流化控制的过程。在这一过程中我们刻意控制炉内燃烧温度以保证石灰石对烟气的脱硫效果和控制 NO_x 物质的生成,但是过低的燃烧温度势将影响到循环流化床锅炉应用的另一初衷:燃用高灰分劣质燃料、低挥发分无烟煤、低灰熔点易结渣煤。如何保证这两个目标同时达成,问题的关键在于炉内物料的流化速度的控制。在实际运行中流化速度的控制将直接反应到循环流化床锅炉炉膛内燃烧床温控制。循环流化床锅炉的燃烧效率与入炉的物料颗粒尺寸、颗粒形状和颗粒尺寸分布有关;与入炉总风量和一、二次风比例控制有关;与二次风的布置所形成的炉内空气动力场有关;与燃料在炉内的循环流化设计燃烧时间和流化循环倍率有关。

一、循环流化床锅炉燃烧过程有关概念

在具体讨论循环流化床锅炉燃烧过程之前我们需要建立几个概念。

1. 循环流化床流态基本概念

在锅炉发展的早期我们知道锅炉燃烧的燃料是被放置在炉排上固定燃烧的,相对于锅炉炉膛燃料在燃烧过程中是相对静止的。在燃烧过程中炉排上的固体原煤颗粒与燃烧所需空气和燃烧所形成的烟气流基本维持静止燃烧状态,这便是所谓固定床燃烧。随着锅炉容量的不断增大,锅炉燃烧方式也从层燃固定燃烧方式进化为室燃煤粉炉燃烧方式。由于这时锅炉燃用的是经过锅炉制粉系统破碎磨制的具有一定细度和水分含量的煤粉,入炉煤粉在炉内燃烧过程中,煤粉及燃烧所需空气、燃烧所形成的烟气流相对于锅炉炉膛处于流动燃烧过程,这便是所谓的气力输送燃烧过程。室燃煤粉炉的燃烧过程便是典型的气力输送燃烧。

循环流化床锅炉的燃烧过程则因流化风量的变化而形成不同的燃烧流化形态。原煤颗粒和炉料被放置在循环流化床锅炉布风板上,从布风板底部风室向炉膛内鼓风,当风量未达到一定值时,风速较小,风无法吹起原煤颗粒与炉料颗粒,入炉原煤颗粒与炉料颗粒基本静止不动,此时的炉内气固状态称为固定床;当风量逐渐增加,风速超过某一速度时炉内固体颗粒将被吹起,并维持在炉内某一高度内上下翻腾,同时可以观察到有大量气泡通过固体颗粒密集区,此时的炉内气固状态称为鼓泡流化床。

实践观察发现鼓泡流化床内的气泡随着流化速度的增加而增大,气泡上升过程中可能发生破裂从而导致床层压力发生剧烈波动;同时气泡尺寸增大至接近床层截面时,气泡运行引起的流动与压力波动达到最大,上升的气泡可能阻塞整个流动通道,固体颗粒流动呈现断续流动状态,发生节涌。这种不稳定现象对于循环流化床锅炉运行安全与稳定性来说是十分不利的。在大容量的循环流化床锅炉上,由于气泡尺寸很难发展达到床层截面尺寸,故而这种现象一般不会发生,但对于中小型循环流化床锅炉的回料阀立管中,这种现象仍有可能出现。

随着气流速度的进一步增加,气泡被打散,并逐渐消失,整个床层重新成为均匀相,床层内的状态波动与鼓泡床相比大幅下降,但颗粒间的对流运动增强,此时床层内气固流动状态被称为湍流床。

如果气流速度继续增加,固体颗粒夹带量急剧增加,当气流速度达到使固体颗粒在其中不再形成下降时,固体颗粒将会被带离床层区域,此时如果不能及时向床层区域补充循环流化物料颗粒,则床中的颗粒将很快被吹空。当持续向床层区域补充循环物料,加料量的大小,将会引起床层区域的流动状态的变化。

当加料量少时,物料颗粒在炉内床层区域分布较为稀薄,颗粒之间相互作用很少,颗粒处于气力输送状态,沿床层高度物料浓度分布均匀;当加料量较大时,颗粒在炉内床层区域分布浓度增加,颗粒间相互作用和影响增大。沿床层高度,物料浓度分布不再均匀,床层下部浓度远高于上部浓度,靠近上部出口的颗粒因浓度较低,其运动接近于气力输送状态,而床层下部因颗粒团聚效应,颗粒与气流间的滑移速度大于颗粒的沉降速度。此时气固流动状态被称为快速流化床,简称快速床。

在这里需说明"床"的概念主要涉及的是气固流动的状态,循环流化床并不特指某一气固流动状态。实际循环流化床锅炉运行中,入炉的物料一般都是宽筛分固体颗粒,对于入炉物料中的大颗粒,气流速度低于颗粒的终端下降速度,而对于入炉物料中的细小颗粒,气流速度已达到进入快速流化床的速度条件。因此在循环流化床锅炉炉膛内通常在下部的密相区内气固流动状态处于鼓泡床和湍流床,而上部稀相区则处于快速床。

2. 循环流化床的物料平衡与循环倍率

循环流化床锅炉的最大特点,也是区别于其他燃烧方式锅炉的基本特点就是入炉循环物料在炉内的循环流动。物料的循环流动过程伴随着物质量与热量的相互交换,会引起所携带热量在炉内各区域之间的再分配,这将改变炉内各级受热面的热量交换,改变各区域的燃烧份额,影响烟气脱硫效果和对设备磨损特性。物料循环受流化风速,入炉原煤颗粒的含灰量、灰特性、入炉物料颗粒特性,旋风分离器分离性能,一、二次风所组织形成的炉内燃烧空气动力场等多种因素影响,保持良好的物料循环将有助于提高循环流化床锅炉的燃烧效能和节能减排。

保持一定的循环物料对循环流化床锅炉的正常运行十分重要,具体表现在如下几个方面:

(1)有助于入炉原煤颗粒的充分完全燃烧。对于较粗的原煤颗粒如大于 1mm 的颗粒,由于气流无法将其带离炉膛,保证了其在炉内的足够燃烧停留时间,原煤颗粒中的可燃质将会得到充分燃烧;颗粒较细的原煤颗粒如小于 $30\mu m$,由于颗粒细小,燃尽所需时间短,一般火电厂所运行的循环流化床锅炉炉膛具有足够的高度,保证其在炉内燃烧停留时间在 5 秒以上,保证了此类细粉可以充分燃尽;对于原煤颗粒尺寸介于粗颗粒低渣与细颗粒飞灰之间的原煤颗粒要实现充分完全燃烧,就必须在炉内多次循环。因此配置高效的旋风分离器,将这种尺寸的原煤颗粒分离下来循环燃烧,这是保证循环流化床锅炉燃烧充分完全的基础。

(2)充分利用石灰石粉完成烟气脱硫。添加到炉膛内的脱硫剂石灰石粉,其颗粒尺寸通常控制在可循环颗粒尺寸范围内,这将有助于石灰石粉的充分利用和通过循环流动加强石灰石粉与烟气的充分混合,提高脱硫效果。

(3)依据循环物料量改变传热特性。循环灰量大量存在于锅炉炉膛内,在炉膛的中上部循环物料的存在将影响这一区域的热量交换。

(4)调节炉膛温度和各级受热区域热量分配。大量循环物料的流动,作为热量的携带者,会改变热量分配,如原主要在炉膛下部燃烧释放转换的热量,由于大量的循环物料使之被携带到炉膛中上部和循环回路中。由此可以发现循环物料的存在对于循环流化床锅炉热量的分配和平衡、保持炉膛及循环回路温度分布均匀起到至关重要的平衡作用。

为了在循环流化床锅炉运行过程中有效控制循环物料量,我们引入了循环倍率这样一个概念,所谓循环倍率是指在单位时间内由回料装置返回至炉膛的循环物料量与入炉原煤量之比。

$$R=G/B$$

式中:R——循环倍率;

  G——通过回料装置返回锅炉炉膛的循环物料量;

  B——单位时间内投入锅炉炉膛的原煤消耗量。

二、常见的循环流化床锅炉的燃烧过程

1. 循环流化床锅炉的燃烧过程

当经过原煤破碎装置破碎,再经过 0～10mm 的宽筛分后的原煤颗粒被送入循环流化床锅炉炉膛,经历了以下燃烧加热过程:原煤颗粒在入炉不到 3s 时间内被加热干燥,在接下的 10s 左右的时间内挥发分被加热析出,在入炉大约 15s 内由于挥发分的大量析出,原煤颗粒着火燃烧、膨胀,使原煤颗粒发生第一次破碎,原煤颗粒中的焦炭进一步地燃烧促成原煤颗粒的第二次破碎,流化过程中的磨损,在此过程中形成入炉原煤颗粒在循环流化过程中的燃烧。

通常新鲜的入炉原煤颗粒投入循环流化床锅炉炉膛后,由于给煤量只占床料量的1%～3%,这些热容量极大的灼热高温床料包围着新鲜入炉的原煤颗粒,使其被迅速加热干燥,同时循环流化床床层内流化所形成的剧烈扰动与掺混作用亦加速了新鲜入炉的原煤颗粒的干燥加热过程。在一些实际循环流化床锅炉的应用设计中,采用新鲜入炉的原煤颗粒与循环物料一起混合加入,以加强对新鲜入炉的原煤颗粒的加热干燥,对于高水分的劣质原煤这是一种有效的处理方法。一般新鲜入炉的原煤颗粒在炉膛内的加热速度在 $100\sim1000℃/s$,实际中针对特殊的情况有大于 $1000℃/s$ 的加热速度。

实际观察分析发现新鲜入炉的原煤颗粒的挥发分析出主要有两个稳定析出阶段:第一个稳定析出阶段在 $500℃\sim600℃$,第二个稳定阶段在 $800℃\sim1000℃$。第一阶段挥发分的析出是原煤颗粒被加热,促成原煤颗粒中有机物的直接析出和受热分解析出,第二阶段挥发分的析出则是因原煤颗粒的燃烧促成原煤颗粒的膨胀破碎挥发分析出。

原煤颗粒中的焦炭燃烧通常是在挥发分析出完成后开始。在循环流化床锅炉内,新鲜入炉原煤颗粒的燃烧过程伴随着原煤颗粒尺寸的逐渐减小过程。原煤颗粒尺寸的减小主要是由于原煤颗粒的燃烧过程的发生,引起原煤颗粒的膨胀、爆裂破碎和燃烧过程中物料流化所造成的颗粒与颗粒之间、颗粒与锅炉炉膛管壁之间的碰撞磨损。原煤颗粒燃烧过程中的膨胀、爆裂破碎主要是由于挥发分的析出与原煤颗粒中的焦炭燃烧所引起的,挥发分的析出产生颗粒空穴,燃烧放热使原煤颗粒体积膨胀并形成更多空穴,这使得原有灰壳无法继续保持原有颗粒形状产生膨胀破碎。这种膨胀破碎造成的原煤颗粒破碎远大于因颗粒碰撞磨损所产生的原煤颗粒破碎。当燃烧持续进行将有助于增强原煤碰撞磨损所引起的原煤颗粒破碎效果。

入炉原煤颗粒进入炉膛后,被加热着火燃烧,随循环物料的流化运动,入炉原煤颗粒中可燃质在炉膛及整个循环回路发生燃烧,将燃料中所储存的化学能释放出来转化成为流化物料的高温热能。燃料在炉膛和循环回路的各部分燃烧释放所转化的热量比例称为燃料在该区域的燃烧份额。

对于炉内某一特定区域热量交换过程是这样的:进入该区域的流化物料会将其所蓄积的热量携带引进该区域,同时进入燃烧的燃料将进一步释放热量。这两部分热量,部分会被流经该区域的受热面管内工质所吸收,另一部分则被流化运动的物料所吸收。当流化物料离开该区域时将带走其所蓄积的热量,在流经该区域时流化运动的物料与该区域所交换的热量将影响该区域的温度及分布状况。

对于循环流化床锅炉来说,其最重要的特点在于,通过物料的循环流动,使燃料在整个炉膛及循环回路循环流动,各部分区域的燃烧份额因而发生改变,特别是通过循环物料的热量携带与持续燃烧放热,使燃烧所释放的热量通过流化运动控制重新分配到整个炉膛和循环回路的各级受热面上。在这一过程中,燃料燃烧所释放转换的热量是系统热量的最根本来源。

研究结果发现在燃烧的密相区,入炉原煤颗粒中大约有 50% 的热量在此释放转化。再循环流化床锅炉密相区中,为了防止受热面的磨损,在四周膜式水冷壁上敷设了耐磨耐火浇注料,因此在该区域内受热面的吸热量十分有限。而如前所述大量的入炉原煤颗粒在此区域燃烧放热,若所释放的热量没有有效途径传递转换,必然会导致密相区内的燃烧温度达到非常高的程度。而实际中循环流化床锅炉密相区燃烧温度大多能够维持在 $850℃\sim920℃$,根本原因在于,循环流化床锅炉炉膛内存在着大量循环流化运动的物料(包括内循环与外循环），循环物料将大量的热量携带到炉膛中、上部及外循环回路的各区域布置的各级受热面所吸收，降温后的循环物料再返回到炉膛密相区，对该区域进行冷却，热量平衡的结果，保持了循环流化床锅炉密相区处于适当的燃烧运行温度。因此可以发现循环物料的运行控制对维持循环流化床锅炉炉内热量交换平衡和流化燃烧床温控制至关重要，这也是循环流化床锅炉设计与运行控制的基础。

对循环物料的运行控制，实践中主要通过流化风速和燃烧份额的运行控制来实现。

对实际循环流化床锅炉运行相关数据的整理分析中发现，随着循环流化风速的降低，被吹到锅炉炉膛上部的循环物料量减少，密相燃烧区的燃烧份额增加，同时也导致循环物料量的减少，为了维持炉膛内热量交换的平衡，保持锅炉炉膛密相区燃烧温度在合适的温度范围内而不致过高，就需要通过其他方法增加循环流化物料量，如提高运行床压，提高入炉原煤颗粒细度，或者提高密相区受热面内工质吸热量。

鼓泡流化床燃烧状态正是由于流化风速过低，鼓泡流化床循环流化物料量很小，燃料燃烧更高的集中在炉膛密相区内，为了有效控制密相区内燃烧温度只能通过增加受热面吸热量的方式，在炉膛密相区内布置了许多埋管受热面。而处于密相的埋管管束，必将承受密相区内高浓度流化物料的冲刷，从而引起十分严重的受热面埋管的磨损，这在鼓泡流化床运行中构成了一个十分难于解决的问题。

理论上随着循环流化床锅炉炉膛高度的增加，累计燃烧份额在到达一定高度时将接近于1。这只是一个理想。实际之中我们发现燃料燃烧份额受入炉原煤煤质，流化风速，一、二次风在炉内形成的燃烧空气动力场等影响。实际循环流化床锅炉运行数据与案例分析发现，一些循环流化床锅炉在锅炉炉膛上部甚至旋风分离器内，仍存在相当高的燃烧份额，造成比较严重的后燃现象，如果对此考虑不足，将会引起分离器出口的循环流化物料的温度较进口温度升高50℃～100℃，甚至更高，从而导致旋风分离器和循环回路的超温和结焦现象的发生。

2. 循环流化床锅炉燃烧效率的主要影响因素

循环流化床锅炉燃烧运行过程是一个极其复杂、多相、非稳态燃烧流动过程，实际应用中我们更多地依据实践数据分析和经验认识，目前对影响循环流化床锅炉燃烧效率的主要影响因素达成基本共识的主要有如下几个方面：

（1）合理的床温

循环流化床温的选取是一个需要多方面考虑的问题，目前较为普遍认为床温应选取在850℃～920℃，主要出于以下考虑：

① 在这样一个温度范围内对大多数煤种均可以获得一个较为良好的燃烧效率；

② 在这样一个温度范围内，一般入炉原煤颗粒中所含灰不会处于熔融状态，从而可以减少结渣的危险性；

③ 利用石灰石对烟气进行脱硫的最佳温度范围是850℃～900℃；

④ 在此温度范围内，碱金属不会燃烧升华，这将有效降低锅炉受热面的结焦形成；

⑤ 在此温度范围内燃烧过程中入炉的空气中所含的大量氮气将无法大量生成NO_x。

（2）合理控制入炉总风量

循环流化床锅炉的送风量既需要保证炉内设计燃烧份额的入炉原煤颗粒的充分完全燃

烧,同时也需要保证炉内循环物料的正常流化运动。通常情况下提高入炉总风量,在一定范围内将有助于提高炉内燃烧效能,但当入炉总风量超过一定范围时,过多的入炉风量将会降低燃烧密相区的床温,导致燃烧速度下降,增加循环物料流量,影响底渣的燃尽。另一方面,入炉总风量的增加也会因传热温差降低,造成排烟热损失增加,同时烟道内烟气流速的增加也会加重炉内与尾部烟道的受热面的磨损。总风量过小,则不能满足炉内的正常流化燃烧,同时还影响循环回路上循环物料与各级受热面的热量交换,影响尾部烟道内各级对流受热面的对流换热。

（3）一、二次风的比例与炉内空气动力场的有效组织

与鼓泡床相比,循环流化床锅炉炉膛上部的燃烧份额增加,因此作为补充燃烧的二次风比例也相应增加。在循环流化床锅炉燃烧过程中,一次风主要起保证燃烧密相区内物料颗粒的流化运动和密相区内原煤颗粒燃烧所需氧气量,一次风量约占总风量的 $40\%\sim80\%$。在锅炉炉膛下部,实际投入的风量值通常总是小于该区域相应燃烧份额入炉原煤颗粒充分完全燃烧所需空气量,这是为了在这一区域形成还原性气氛,降低 NO 在烟气中的生成量,控制密相区燃烧温度。当锅炉负荷增加时,一次风比例增加,这将有助于增加密相区内的流化程度。二次风口一般位于炉膛下部密相区以上,作为燃尽补充风并控制炉膛内的温度分布均匀,尤其在锅炉启动阶段,二次风的另一重要作用是进行分级燃烧,即随着燃烧进行逐步补充二次风,以控制燃烧区域的含氧量,尽可能地保持燃烧区域的还原性气氛,这将有助于降低 NO 的烟气排放量。

（4）有效的炉内燃烧停留时间

循环流化床锅炉燃烧方式不同于其他燃烧方式,它不要求所有送入炉膛的原煤颗粒一次性通过锅炉炉膛就完成原煤颗粒的充分完全燃烧。因为送入炉膛的是经过宽筛分的原煤颗粒,入炉煤颗粒粗细差别很大,其中大量终端速度小于气流速度的细小煤颗粒进入炉膛将被气流吹走,带入旋风分离器。这部分颗粒中粒径大于旋风分离器临界分离粒径的原煤颗粒被分离器分离出,经回料阀送回炉内继续燃烧。只有粒径大于临界分离粒径和终端速度不大于气流速度的原煤颗粒在炉内多次循环燃烧。这就要求所有小于临界分离粒径的原煤颗粒在进入炉膛后需一次性完成充分完全燃烧,否则就会形成机械不完全燃烧热损失。至于不能够被气流携带离开炉膛的粗大原煤颗粒会长期滞留在炉膛内,有较长的燃烧时间,能够保证燃尽粗大颗粒最终作为底渣被排出炉体外。当然这些粗大的颗粒在燃烧过程中,也会因膨胀破碎和磨损破碎由粗大颗粒不断变为细小颗粒,这部分原煤颗粒因在炉内燃烧时间长,通常能够完全燃尽。

（5）合理的设计和布置旋风分离器

理论上期望所设计的旋风分离器能保证不被旋风分离器分离的细小原煤颗粒进入炉膛后一次性完全充分烧尽,而不能一次性燃尽的粗颗粒原煤应能被旋风分离器分离收集并重新送回炉膛循环燃烧。通常旋风分离器在设计中总是尽可能采用大直径的旋风分离器。实践发现直径为 $7\sim8m$ 的旋风分离器在循环流化床锅炉设计中已显示出可靠的运行性能。

（6）良好的入炉原煤颗粒分布

进入循环流化床锅炉炉膛的原煤颗粒粒径大约分布在 $0\sim8mm$ 范围内。进入循环流化床锅炉炉膛的原煤颗粒有三类。一类是粗颗粒,在床内停留、翻滚和燃烧,最终以底渣形式

被排除;第二类则是细小颗粒,在炉膛内基本一次性完成完全燃烧,作为飞灰随烟气排出;第三类则是介于粗细颗粒之间的原煤颗粒,它们经过流化循环反复燃烧直至成为细灰被排出炉体外。由于目前循环流化床锅炉的设计运行中一般没有循环灰的排放,如果第三类循环颗粒不易被破碎磨损为细灰,这将会使炉内循环灰量增加,床压升高,使循环流化床锅炉最终无法正常运行。因此应有效选取入炉原煤颗粒粒径分布。

(7)合理选择流化风速与循环倍率

目前理论上并未有确定的分析结论,实践中一般循环风速控制在 4～6m 范围内,而循环倍率则选择 20。

工作任务

在任课教师的指导下,就某一实际运行的循环流化床锅炉进行调查和收集资料,写出一份关于循环流化床锅炉实际运行燃烧过程特性及其运行控制主要参数数据和所面对的问题的报告。选择其中一个问题进行分析探讨。

能力训练

面对实际生产设备时,应怎样尽快收集和了解掌握所面对实际设备系统的主要工作特性与结构、生产过程和生产过程中的主要问题。

思考与练习

1. 就火电厂循环流化床锅炉的燃烧运行特点,试分析如何有效控制循环流化床锅炉燃烧,以保证燃烧过程的正常稳定?

2. 在保证循环流化床锅炉安全稳定燃烧条件下,应如何有效控制循环物料?

3. 影响循环流化床锅炉燃烧的主要因素有哪些?实际中是如何进行控制调节的?

子任务三 循环流化床锅炉烟气侧的常见危害与控制

学习目标

结合循环流化床锅炉特定结构和运行方式特点,掌握循环流化床锅炉烟气侧常见运行故障的成因;在实际运行过程中如何有效降低或避免这些故障的可能发生与影响,从而提高循环流化床锅炉的运行周期和运行综合效能。

能力目标

在掌握循环流化床锅炉设备结构及工作特性基础上,通过对实际循环流化床锅炉生产事故案例分析,培养学生对运行过程中发生异常时对事故现象和发生点有一基本判断。同时通过分析探讨锅炉运行事故案例,学会在运行中如何尽可能有效减少事故的发生、控制事故的影响范围及及时有效地处理事故。

知识准备

关 键 词

给煤不畅　炉内受热面磨损　非金属膨胀节拉裂　炉体结合部漏灰

外置床流化不良　返料器回料不畅　排渣困难　炉内结焦

　　我国目前是在火电厂中使用循环流化床锅炉最多的国家,已经在火电厂中运行的大大小小循环流化床锅炉有 3000 多台。经过近些年实验研究与经验的不断积累,循环流化床锅炉技术应用的优势正不断凸显,越来越被行业与专业应用领域所看好。但由于其发展时间尚短,相对于室燃煤粉锅炉的技术与应用水平它远未达到成熟,在实际应用中暴露出一些必须引起我们在今后应用实践中努力探索和解决的问题。

　　循环流化床锅炉的问题可以区分为两类,一类是循环流化床锅炉结构设计所带来的运行问题,另一类则是在循环流化床锅炉的运行、检修维护过程中所暴露出的常见故障与问题。

一、结构设计带来的运行问题及控制措施

　　(1)循环流化床锅炉的特定结构所引起的风烟流动阻力大,厂用电率高。由于循环流化床锅炉独有的布风板、风帽、旋风分离器结构和炉内大量的循环流化物料运动的存在,循环流化床锅炉风烟流动阻力要比室燃煤粉炉的风烟流动阻力大得多,因此引起通风电耗大幅增加,循环流化床锅炉为实现炉内物料的循环流化燃烧所配置的高压流化风机这种大功率设备的应用,也在一定程度上增加了厂用电率,提高了发电运行成本。虽然循环流化床锅炉没有使用高能耗的磨煤机制粉系统设备,但总的运行情况分析循环流化床锅炉厂用电率大于室燃煤粉炉。这其中不排除由于循环流化床锅炉系统设计、设备选型和系统优化不够合理所致。

　　(2)N_2O 排放较高。循环流化床锅炉的低温燃烧控制可以有效地抑制 NO_x 和 SO_2 的烟气排放,但是却又产生了另外一个环境问题,即 N_2O 排放的增加。N_2O 俗称笑气,是一种对大气臭氧层有着非常强的破坏作用的有害气体,它同时会影响人的神经系统。近些年的研究结果表明低温燃烧是产生 N_2O 的重要污染源,因此在循环流化床的温度控制设计中,必须综合考量床温对 N_2O、NO_x 和 SO_2 的排放的综合影响。实践发现床温控制在 $880℃$ 以上则可以有效控制 N_2O 的排放。但在循环流化床锅炉低负荷运行时如何保持床温是一个必须认真面对的综合系统设计问题。

　　(3)需敷设大量耐磨耐火浇注料。为了有效防止循环流化床锅炉炉内大量高浓度的循环物料流化运动对锅炉水冷壁和其他受热壁面的磨损,在循环流化床炉内和循环回路上敷设了大量耐磨耐火浇注料,这增加了循环流化床锅炉安装、运行与维护成本和工作量。

　　(4)底渣冷却处理系统主要包括冷渣器、输渣设备(主要为机械式)以及渣仓等,其中冷渣器是系统关键设备,用来将循环流化床锅炉燃烧后从炉腔底部排出的高温底渣进行冷却并回收热量,以满足灰渣后续处理的需要。由于通常循环流化床锅炉底渣颗粒粒度较粗,流动性差,底渣量占入炉原煤总灰量的 50% 左右,再加上因脱硫额外形成的灰渣排放量,这将使得循环流化床的底渣排放量要远高于室燃煤粉炉的炉渣排放量。如果底渣排渣不畅或产

生阻塞,易引起结焦,这将会严重影响循环流化床锅炉的正常运行。目前应用于循环流化床锅炉底渣排放的冷渣器常见的有流化床式冷渣器与滚筒式冷渣器,而流化床式冷渣器存在对大颗粒底渣适应性差的问题,滚筒式冷渣器则存在冷却能力不足的问题。如何有效解决底渣颗粒粗、底渣排量大和高温底渣热量的回收问题是循环流化床锅炉技术发展的重要瓶颈。冷渣器故障也是近年来我国大型循环流化床锅炉运行中故障率最高的一个辅机设备,必须引起我们足够的重视。

二、与循环流化床锅炉运行、检修紧密相关的问题

1. 由于设计不当或施工工艺运用不当所形成的受热面磨损问题

在循环流化床锅炉炉膛内、分离器以及回料装置内,由于有大量的入炉原煤颗粒与炉料颗粒在其中循环流动,极易造成材料的磨损与破坏。一些因设计不当或对循环流化床锅炉内某些安装检修处理不当,出现凸起、接缝等,导致这些部位开始的磨损逐步扩大,形成炉墙和受热管壁的磨损破坏。

循环流化床锅炉在运行过程中,锅炉炉膛内由于入炉原煤颗粒与大颗粒炉料的内循环产生自上而下的紧贴垂直水冷壁管排表面及管间凹槽的大流量的贴壁灰流,冲刷垂直水冷壁管排。实践经验积累发现,自上而下、大流量的贴壁灰流碰到垂直水冷壁管排表面及管间凹槽任何的凸起处,甚至是不足 1mm 的地方都会形成严重的磨损,所以必须采取有效措施对垂直水冷壁管排表面进行防磨处理。

循环流化床锅炉的主要磨损部位一般在浇注料与水冷壁管排的过渡区、喷涂层边缘、炉膛四角打有浇注料部位、喷涂层处、锅炉水冷壁管更换后鳍片打磨不平滑处、各孔门、测点、锅炉炉膛水冷壁的让管处、二次风口、落煤口、进渣口、回料口、中间水冷壁通道、销钉等。

在实际运行中为有效防止炉膛内水冷壁管的磨损问题,在运行调节中应重点从以下几个方面入手:

① 严格控制入炉原煤颗粒度和入炉炉料颗粒度大小,以降低和控制一次风量与风速。循环流化床锅炉受热面的磨损速率与炉膛内循环灰流速度的三次方和入炉原煤颗粒及内循环物料颗粒粒径的平方成正比。

② 控制入炉原煤煤质,应使入炉原煤煤质达到或接近原设计煤种煤质或燃烧试验煤质,这样才能有效保证循环流化床锅炉在设计预定值范围内安全运行。

③ 一、二次风的配比和物料的浓度对炉膛水冷壁管的磨损有直接影响,在保证炉内床料良好流化运行的前提下,尽量减少和控制入炉总风量。

④ 在保证料层压差合理分布的前提下,保证炉膛压差控制在设计范围内。

⑤ 根据燃烧运行需求,合理控制风量配比,尽量控制减少多余风量的送入。

⑥ 高负荷时,在保证锅炉额定参数的前提下,控制外循环物料量。

⑦ 根据排渣粒度情况定期置换床料。

⑧ 严格控制回料量及回料温度。

⑨ 在启、停炉时应严格按照运行规程执行,避免快启急停。

2. 设备检修维护过程中的问题

(1)健全检修检查工作流程、检修质量监察与运行磨损事故记录。

(2)备品备件的选择是保证锅炉正常运行周期的关键。选择好的产品是实现好的检修质量的基础,例如风帽、浇注料、销钉。焊接工艺、喷涂质量和工艺等,它们的质量都会直接影响锅炉检修后的运行周期。

(3)对锅炉受热面实施采用有效的防磨技术:让管技术、凸台技术、超音速电弧喷涂防磨技术、堆焊耐磨合金防磨技术、耐火耐磨可塑料或浇注料技术、防磨槽技术和〈形高铝高耐磨瓦防磨技术。

每台循环流化床锅炉都有各自的工作特性和性能局限,结合各自运行的循环流体床锅炉的工作状况选择必须、有效的防磨技术。常常在实际检修安装过程中,由于防磨技术选用不当而适得其反。问题的关键在于发现形成水冷壁磨损的原因,经过考察论证再确定所采取的防磨措施。

垂直水冷壁管排的磨损限制并缩短了循环流化床锅炉的连续运行周期,磨损使锅炉的运行维护费用增大,机组利用率降低,同时限制了循环流化床锅炉的一些优点的发挥。因此循环流化床锅炉能否采用合理的、有效的、经济的防磨措施和方法是关系到循环流化床锅炉技术成熟及大型化发展的重要一环。炉膛内垂直水冷壁管排的磨损已成为循环流化床锅炉长周期运行的一个亟待解决的问题,已成为影响循环流化床锅炉长周期安全运行的最大制约因素,因此实际循环流化床锅炉运行过程中水冷壁管排因磨损爆管已成为生产者最为担心的(同时也是感到最为棘手的)和最渴望能用有效方法彻底解决的问题。近些年来循环流化床锅炉的防磨技术已在不断地进步。防磨措施主要在锅炉下部密相区的四周水冷壁、炉膛上部烟气出口附近的侧墙和顶棚、炉膛开孔区域、炉膛内屏式受热面之下部迎风面、水冷分隔墙下部等处设计耐磨耐火材料覆盖层。有的循环流化床锅炉在水冷壁耐磨耐火材料终结处附近一小段区域内(100～150mm)的管排表面焊有防磨盖板,这是因为在一些早期设计运行的循环流化床锅炉上磨损事故观察分析中发现,在水冷壁耐磨耐火材料终结处以上一定高度1～2m区域内和炉内各角部区域发生受热管排磨损爆管的几率最大(特别是对没有采用水冷壁让管技术的锅炉),所以对炉内磨损严重的受热面有必要加强防磨处理。对安装检修过程应严把质量关,特别是水冷壁的安装检修,其安装检修工艺标准应高于室燃煤粉锅炉。

3. 飞灰含碳量高的问题

循环流化床锅炉燃烧系统设计合理、燃烧运行工况调整良好,则循环流化床锅炉的底渣含碳量可以控制在理想的低值范围内。但当燃用低挥发分难燃煤种并处于低负荷运行工况时,实践发现烟气飞灰中含碳量值较高。尤其对中小型循环流化床锅炉,由于其炉膛高度有限,炉膛内燃烧时间短,烟气飞灰中含碳量高的问题更为突出。实践中常采用提高循环流化床锅炉炉膛燃烧温度的方法来降低烟气中飞灰中碳的含量,但这又将会影响到烟气中为脱硫所加入石灰石的最佳脱硫温度和增加烟气中NO_x的排放控制量。在实践中应注意依据入炉原煤煤质结合锅炉运行负荷状况控制调整入炉原煤颗粒度和入炉一、二次风量和一次风的配合,调节控制回料量与回料温度。

4. 循环流化床锅炉炉膛、分离器以及回料系统及其相互间的膨胀和密封问题

目前国内大多数循环流化床锅炉炉膛及循环回路相当一部分处于正压运行状态,灰渣的泄漏在循环流化床锅炉的运行中很难避免。当循环流化床锅炉经过一定时间的运行,由于大量循环物料的冲刷、高温物料与气流的流通所引起的热膨胀,再加上循环流化床锅炉的

频繁启停,当锅炉安装、检修工艺质量不佳或是设计有缺陷、运行启停操控不当时,在一些联接部位,循环物料颗粒外泄这一问题十分突出。

炉膛与旋风分离器进口烟道、旋风分离器与旋风分离器出口烟道之间、出口烟道与尾部前墙入口之间、分离器与直管之间、回料器入炉斜管与回料弯管之间、冷渣器进渣管与冷渣器箱体之间、回料器与箱体之间皆安装有非金属柔性膨胀节,以解决从冷态到热态二者之间的三维的相对位移。

在循环流化床锅炉的运行过程中经常发生炉膛与旋风分离器进口烟道之间的非金属膨胀节、伸缩节导向板部分变形、烧坏,且磨损较为严重,以至于部分缝塞和高温棉被烟气吹跑。实际现场观察与分析发现这与实际现场施工工艺标准要求有关,伸缩缝内缝塞质量较差的经常被抽走。所用的导流板耐温性能较差,因此引起热变形。在运行过程中由于操作不当造成该处"负压"过大,致使缝塞被烟气带走。此外当伸缩节前后耐磨料脱落,造成伸缩缝内缝塞失效。

在实际系统设备检修过程中,应注意安装、检修的设备部件的质量品质,在安装过程中严格按照标准工艺制作和安装。在运行过程中加强运行监控,确保分离器入口的压力保持在"微正压"运行状态。在运行中利用停炉的短期机会对伸缩节进行检查,及时清理伸缩缝内的积灰,发现缝塞和倒流板损坏时要及时进行更换处理,防止缺陷扩大。伸缩节前后由于运行过程中流通气流温度波动与分布不均引起膨胀不均会出现纵向裂纹,每次停炉时要针对裂纹中的灰及时进行清理,避免锅炉运行过程中因膨胀受限而损坏伸缩节。伸缩缝内缝塞必须固定好并用 $\phi5mm$ 销钉插入缝塞中,向火侧采用 $\phi2mm$ 的不锈钢网制成的"U"型护网,最后焊上导流板。不锈钢网和导流板材质一般取用 $1Cr25Ni20Si2$ 耐高温材料。

5. 烟气脱硫效率偏低的问题

循环流化床锅炉在以往的设计及运行中片面追求锅炉运行出力,对锅炉运行烟气脱硫问题未给予充分的重视,锅炉炉膛运行燃烧温度偏高,实际数据分析发现入炉石灰石种类选择不当或是颗粒粒度控制不当,在较高的炉膛燃烧温度下,常常会减低石灰石对烟气的脱硫效果。此外以往在循环流化床锅炉运行中并未真正发挥其有效地烟气脱硫功能,为减少运行成本许多锅炉脱硫系统并未真正实际有效地投入运行,缺乏实际烟气脱硫运行经验的积累。

循环流化床锅炉脱硫的石灰石最佳颗粒度一般在 $0.2\sim1.5mm$,平均粒径一般控制在 $0.1\sim0.5mm$。石灰石粒径过大时其表面反应面积小,使石灰石的利用效率下降;如石灰石粒径过小,则因目前常用的旋风分离器只能分离出大于 $0.075mm$ 的颗粒,小于 $0.075mm$ 的颗粒不能再返回炉膛而降低了利用率(还会影响到灰的综合利用)。循环流化床锅炉与其分离器和返料器系统组成外循环回路保证了颗粒粒径在 $0.5\sim0.075mm$ 的石灰石随炉料一起不断循环,这将有助于提高循环流化床锅炉中石灰石的利用率和脱硫效能。$0.5\sim1.5mm$ 粒径的石灰石颗粒则在循环流化床锅炉炉膛内进行内循环,被上升气流携带上升到一定高度后沿炉膛四周水冷壁贴壁流下重新落回流化床。循环流化床锅炉运行过程中保持脱硫效能同时又具较好经济性的 Ca/S 比一般在 $1.5\sim2.5$ 之间。

脱硫固化剂的选择。一般情况下,大多数循环流化床锅炉选择石灰石作为脱硫固化剂,这主要因为石灰石来源广泛,价格低廉且脱硫效率较高。在一些地区也可因地制宜选择石灰、氧化锌、电石渣等作为脱硫固化剂,不过应注意不同的脱硫固化剂产生的硫酸盐性能有所不同,这会影响到灰渣的综合利用性能。

石灰石粉颗粒具有棱角,硬度高,石灰石粉对压缩空气分子的亲和力差,吸水性高,黏度大。在实际运行中对输送管道的磨损较大,气力输送的悬浮速度分布差别大,流态化性能差,气力输送的状态极不稳定(应属难输送物料),石灰石粉颗粒容易沉积,吸潮板结造成堵管。

在运行中应注意,当采用压缩空气输粉时,应注意防止压缩空气带水使石灰石受潮板结;输粉管细长,在中间弯头处已形成堵塞;当投入石灰石后,应注意炉膛内床温会下降,床压则会上升,冷渣器排渣量增大。

6. 炉内耐火耐磨材料的脱落与磨损问题

炉内耐火耐磨材料的脱落与磨损主要集中在炉膛内燃烧密相区内、过热屏底部、旋风分离器进口及切向位置、旋风分离器的入口伸缩节、回料器的平行位置、炉膛出口烟道、点火风道、J阀、回料器。

(1)造成脱落和磨损的主要原因

① 耐火耐磨的材料成分不符合规定标准,使材料的耐火耐磨的工作稳定性达不到设计要求。

② 安装施工工艺不良,在施工过程中没有按照材料及结合质的浓度进行合理配比,耐火耐磨材料水分较大或未按烘炉曲线烘炉,施工过程中膨胀缝未按实际要求,这在实际运行中极易引起耐火耐磨材料的大片脱落。

③ 设计不合理,也会引起耐火耐磨材料的脱落。有的在设计使用销钉、抓钉时设计数量不足,采用的材料不合格,也会造成抓钉碳化而导致耐火耐磨材料的脱落。

④ 在实际施工过程中,膨胀缝过大造成烟气反串到保温浇注料内,烧坏销钉或使销钉碳化失去作用而造成耐火耐磨材料的脱落。

⑤ 在实际运行过程中由于操作不当也会造成耐火耐磨材料的脱落,特别在启、停炉过程中,升、降温度控制不当,温度升降速度过快,造成耐火耐磨材料收缩与膨胀,与受热金属热膨胀不同步,差异过大,则在材料内部将会产生一定的附加热应力。由于耐火耐磨材料属非金属脆性材料,抵抗热应力破坏能力差,从而导致在热应力的作用下耐火耐磨材料因受热不均而产生裂纹或脱落。在运行过程中点火通道内温度控制不当造成风道内温度超过抓钉的使用温度1150℃,造成抓钉碳化,由此引起浇注料的大面积脱落。

(2)预防耐火耐磨浇注料的脱落与磨损的措施

① 对厂家所提供的耐火耐磨材料应进行必要地分析与化验,选择优质材料,并由提供厂家负责安装施工,在施工过程中严把施工工艺质量关,加强监督,对耐火耐磨浇注料进行不定期的抽样化验,不合格的产品及时禁止施工。

② 增加销钉及抓钉相对密度,从而增强防耐火耐磨浇注料的脱落能力。

③ 在实际销钉、抓钉焊接过程中,严格控制焊接质量,对焊接不合格的一定要进行返工重焊。

④ 严格执行施工工艺流程,把好每一关,前一关不合格,严禁进入下一关。

⑤ 点火风道、J阀、回料器等部位烟气流速大,是产生严重磨损的部位,要严格按照现在

改进后的工艺进行施工,对膨胀缝及防治火焰反串部位尤其应重点把好施工质量关。

⑥ 在每次启、停炉过程中要严格执行耐火耐磨材料提供厂家所提供的升、降温曲线进行,不得随意改变升、降温运行曲线。控制炉膛燃烧温度,注意监视炉体和受热面壁温,防止因受热不均而导致耐火耐磨浇注料的脱落。

⑦ 当发生水冷壁管泄漏时,应尽快停炉检修,以减少耐火耐磨浇注材料的大面积损坏。

7. 循环流化床锅炉炉内结焦问题

床温偏高和炉内流化工况不良是形成循环流化床锅炉炉内结焦的两个主要原因。实践发现无论在点火或是在正常运行调整中都有可能引起结焦现象的发生。结焦现象不仅会在锅炉启动或是点火过程中出现在炉内,也有可能出现在炉膛以外如旋风分离器的回料阀内。这在入炉原煤灰渣中含有较高碱金属钾、钠含量时较易发生。当回料阀出现回料故障、炉内浇注料脱落、床下点火(流化)风量过小、床料层过薄等均有可能引起结焦。当床料中含碳量过高时,如未能及时调整风量或返料量控制床温,就有可能出现高温结焦。无论高温结焦还是低温结焦常发生在锅炉点火过程中,结焦一旦出现就会迅速增长,由于结焦是一个自动加剧的过程,因此结焦块成长的速度会越来越快。床料流化不良造成堆积、给煤不均、燃烧不充分等都将促成局部区域的结焦。

布风系统设计、安装质量存在问题,风帽设计、选型和制造存在一定问题;入炉原煤颗粒过大,甚至给煤中存在大块;运行参数控制不当、粗细煤颗粒分布不合理,造成密相区燃烧份额增大引起床温过高而结焦;锅炉流化试验未注意流化风量甚或流化试验做得不合格,这些都是引起渐进性结焦的主要原因。

运行过程中由于入炉原煤灰熔点过低或是床料熔点低,当床温控制在较高值时将导致结焦。流化风量偏低长时间流化不良,当一次风量过小时,物料流化不好;布风不均,也易使炉内流化不良,在床层内出现局部吹穿,而其他部位供风不足,床温偏高而形成结焦。风帽的损坏造成布风板布风不均,部分物料层不流化。此外还与返料控制有关,当返料风过小造成返料器返料不正常或是返料器突然因耐火耐磨材料脱落而形成阻塞,返料无法正常返至炉内,造成床温过高而形成结焦。锅炉的长期高负荷运行或负荷增加过快,由操作不当引起。锅炉启动时炉料层过薄或过厚,这将造成床层部分被吹空,烟气形成短路,而另一部分却因此未能良好流化形成结焦;当炉料层过厚,料层阻力过大同样形成床料流化不良而结焦。运行过程中由于给煤机工作不稳定,给煤测量不准确,给煤量过高,造成床层局部超温。

要有效地防止并控制结焦现象的发生,应从提高运行人员的岗位责任心及操作技术水平、加强规范运行设备监控两个方面入手。

在实际运行中,要保持良好而稳定的入炉煤质,入炉煤粒度、细度、含灰量及灰熔点控制应严格依循或贴近于锅炉设计或燃烧试验值。在锅炉点火前一定要认真做好流化试验,就地观察底料流化情况及厚度,确保合格。良好的炉内空气动力场,可有效地控制旋风分离器的二次燃烧,避免燃烧室、旋风分离器和回料器的超温结焦。提高播煤风压、低负荷时减少两侧边给煤可基本避免炉膛低温结焦。当返料系统投入运行后,应注意监控检查返料是否顺畅,防止因返料故障而引起结焦。

再循环流化床锅炉启动过程中应尽量缩短启动时间,这是因为启动时间过长,则会延长油煤混烧时间,调控不当,极易发生结焦,尤其投煤初期油煤混烧阶段,大量的煤投到炉内不能完全燃烧,很容易和未燃烧的油粘连在一起形成局部高温结焦。刚开始投煤时,不得过猛过快,应遵循少量间断的原则。

在循环流化床锅炉运行过程中应严格监控床温,实际中有一种较为实用的床温测量即采用在床面垂直均布的方式,这可及时发现超温结焦。运行中通过监视布风板上均匀布置的热电偶测点,可尽早发现异常情况并采取措施。当发现床温过高时应增加一次风量或减少入炉原煤量以降低床温。根据床温上升情况,及时细调、微调送风量和给煤量,保持炉内良好的流化燃烧状态,有效控制床温波动。有效控制床压,当发现床压过高时应立即进行排渣,同时降低锅炉机组出力,使床压回复到设计运行范围值内。在运行过程中应注意检测炉膛内壁面温度,防止因炉内浇注料及耐火耐磨材料的质量及施工质量不良而引起的浇注料的脱落形成受热管壁的结焦。

在循环流化床锅炉的点火启动过程中,应注意关注回料腿内温度与压力变化。由于回料温度低流动性差,容易形成回料腿的阻塞。如温度停滞不变时,应及时利用压缩空气进行吹扫流化,同时应注意避免防止回料腿内的物料突然大量返回炉膛内,影响炉内燃烧稳定性。

在锅炉检修过程中当更换风帽后,需重新测定布风板阻力特性,并让运行人员及时知晓此工作特性的改变。在锅炉启动前应做临界流化风量试验,一方面检测风帽是否有阻塞,另一方面在运行过程中以此风量值指导运行调整,正常运行中要保证流化正常,一般一次风量不能小于此风量值。

严格执行各厂家的运行规程要求,确保回料罗茨鼓风机设备安全运行。避免回料阀内因局部死区而产生结焦现象。回料阀的充气量应严格控制在规定范围之内,以防止未燃碳粒在回料过程中的某一区域内复燃,形成回料阀内结焦。

对于采用后墙回料阀给煤的循环流化床锅炉,在调试点火阶段,易于出现回料口超温结焦现象。这是因为在点火阶段回料量少,导致炉内烟气反窜至回料口,在回料口处形成漩涡,入炉原煤析出挥发分在此燃烧形成超温结焦。

实际运行的经验与思考分析,有一个较为切实的循环流化床锅炉结构改进方案,即增加循环流化床锅炉流化床两侧和水冷风室两侧人孔上的看火孔,以便于运行人员能够及时观察到床料的流化情况、风帽漏渣在水冷风室里的堆积情况。

设计时选择适当的布风板结构及床层阻力,以基本保证循环流化床锅炉在运行过程中床层流化均匀,有效避免大颗粒炉料在布风板上沉积。保证布风均匀,流化良好,床层内无死区。采用炉前气力播煤装置,以保证入炉原煤给煤均匀,有效避免富煤区在运行过程中遇氧爆燃而引起局部超温,导致结焦现象的发生。

8. 原煤斗、给煤机的堵煤

在循环流化床锅炉运行过程中出现最为频繁的问题就是给煤机的断煤。经过细碎机破碎后的原煤颗粒粒径一般小于 10mm,而当进入原煤斗的原煤颗粒由于外部的原因水分或湿度增加时,则十分易于形成原煤斗的堵煤。实践案例也证实了形成原煤斗堵煤确与进入原煤斗原煤颗粒粒径和原煤湿度有关。某电厂 240t/h 室燃煤粉炉与 240t/h 循环流化床锅炉在相同的入炉原煤煤质条件和工作环境下,室燃煤粉炉的煤斗虽细长但落煤仍十分通畅,但循环流化床锅炉则已发生原煤斗的严重堵煤。分析认为这是由于原煤经细碎机破碎后在粒径低于 10mm 而又未形成煤粉时，原煤颗粒的流动性不好，当原煤颗粒水分含量在 8％～15％时，更大大增加了原煤颗粒流动的黏性，在原煤斗内极易形成结块导致堵煤。产生原煤斗内堵煤、断煤的原因错综复杂，但进入循环流化床锅炉原煤斗的原煤颗粒粒径和原煤颗粒所含水分是产生堵煤的主要因素，而入炉原煤颗粒粒径范围则受制于循环流化燃烧特定过程的需要。在实际运行过程中要有效避免原煤斗的堵煤现象，则只有通过对入炉原煤颗粒水分的含量控制。循环流化床锅炉给煤系统运行是否正常对循环流化燃烧过程影响极大。当含水量高、且经细碎机破碎后的原煤颗粒进入原煤斗时极易形成堵煤，从而造成给煤机的断煤，循环流化床锅炉的床温则会因给煤机的断煤而出现大幅波动，这将严重影响循环流化床锅炉燃烧运行的稳定性。同时旋转给料阀在入炉原煤水分偏大时易于产生叶轮严重积煤，使叶轮形成圆筒，无法将原煤正常送入炉腔。

原煤斗和入口电动门设计结构不合理：通常原煤斗设计为方锥形，入口电动门为方形结构，两台给煤机共用一个原煤斗。中间分叉后变两个煤斗分别与两台给煤机关联，由于原煤斗仓壁四角产生"双面摩擦"和挤压，越接近落煤口摩擦力和挤压力会越大，所以在四角部位积煤特别严重。电动插板门后为"天方地圆"结构，且设计预留高度一般较短，收缩太快，坡度较小容易形成堵煤。

原煤斗内由于内衬板长期使用造成腐蚀磨损，容易造成脱落，造成粘煤与堵煤；给煤机入口插板选型不当；运行中疏松机或空气炮使用不当，也易造成堵煤。

为了有效防止循环流化床锅炉运行过程中的原煤斗堵煤和给煤机的断煤，在循环流化床锅炉给煤系统的设计中，对原煤斗结构进行改造，选用适合的给煤机入口插板门，有条件的可增加具有一定存煤量的干煤棚，以降低和减少雨水对入炉原煤颗粒水分含量的影响，增加干煤储存量。加强入炉原煤的掺配，严格健全入炉煤的化验制度，控制入炉原煤颗粒的水分含量在 8％以下。

在运行过程中合理地使用疏松机和空气炮，每周利用低负荷运行时段，进行一次原煤斗低煤位燃烧运行，以便于将积存在原煤斗煤仓四周的积煤"清理"干净，避免长期煤仓高位运行形成四角积粘原煤颗粒最终形成堵煤。加强上煤巡检制度，杜绝因杂物进入原煤斗形成堵煤。当循环流化床锅炉长期停炉时，必须进行空仓燃烧处理，防止原煤颗粒在原煤斗内长期堆积结块形成堵煤。遇雨天或是入炉原煤颗粒水分较大时，煤仓上煤可采取低煤位、勤上煤的办法，始终保持煤位在较低状态下运行，有助于避免湿煤在煤仓内结块。

工作任务

结合本任务的学习，在指导教师的指导下收集相关循环流化床锅炉在实际生产运行过程中常见的运行问题与事故的资料，就其中某一个典型问题或运行事故，从设备系统结构设计、实际运行控制、设备安装检修工艺、相关设备材料质量及入炉原煤性质等几个方面对所形成的运行事故进行分析，形成一个可操作实施的有效避免事故的方案。

能力训练

利用对实际发生的循环流化床锅炉运行问题与事故的分析，培养学生学习从怎样的角度对问题与事故进行分析,并形成有效的可操作方案。对于问题与事故案例的研究与分析,旨在树立一个榜样,使学生学会如何去处理现实问题。

思考与练习

1. 在循环流化床锅炉的实际运行过程中,有哪些典型常见的运行问题与事故? 试分析形成的主要原因。

2. 在指导老师指导下,试就循环流化床锅炉运行中某一典型事故进行资料收集,从设备系统设计结构角度、运行参数调控角度、设备材料、安装工艺和入炉原煤煤质状况进行分析,给出相应的解决方案,与同类成功解决案例进行比较,以获得有益的启示。

项目四 火电厂锅炉运行安全、经济指标参数

任务一 火电厂典型室燃煤粉锅炉运行过程中各项热损失控制

子任务一 火电厂典型室燃煤粉锅炉设备及系统热平衡计算、锅炉各项热损失及燃料耗用量分析

学习目标

掌握锅炉效率计算方法；从能量守恒角度分析锅炉运行生产过程中存在有哪些热损失，掌握锅炉生产运行过程中燃料实际耗用量计算方法。

能力目标

通过了解掌握分析对象的实际具体数据来源以及对相关生产过程的计算分析方法比较分析，使学生学生通过准确利用数据分析手段发现生产过程流程中在管理规范方面存在的问题，让学生认识到生产过程效能指标的改善，不仅仅是设备系统技术含量的提高，也是生产过程指标量化和有效利用量化指标进行生产流程优化和提高管理水平的过程。

知识准备

关 键 词

排烟热损失　化学不完全燃烧热损失　散热损失

机械不完全燃烧热损失　灰渣物理热损失　锅炉有效利用热

锅炉输入热量　热平衡　标准煤　锅炉正平衡效率

锅炉反平衡效率　实际燃料消耗量　计算燃料消耗量

在火电厂发电生产过程中，在保证锅炉设备系统运行安全的基础上，我们总希望能最大可能地提高锅炉设备系统运行经济性和燃烧过程的最佳效能。这是一个十分复杂的问题。

当我们采用燃烧的方式利用燃料中所储存的化学能进行电能生产时，事实上我们已在

这种通过燃烧将化学能转换为热能并通过传热将烟气热能转换成工质侧蒸汽高温热能的过程中严重地降低了原有能量的品位,即一部分原本可能转化为电能形式的化学能形式的能量已不可逆地在这种能量形式的转换过程中被消耗掉了。

从热力学第一定律角度看,不同形式的能量不存在着差别,100kJ 的热能等价于 100kJ 的电能或化学能、机械能,但事实并非如此。由热力学第二定律我们发现,电能、化学能和机械能之间可以相互等量转换,但热能与电能、化学能和机械能却无法等量转换,而只能是部分转换,即要实现热能向电能、化学能和机械能转换必须付出代价。热能与热能之间也存在着差别,同样 100kJ 的 1000℃烟气热能与 200℃的 100kJ 的烟气热能,其能够转化为机械能的份额是完全不同的,温度越高的热能转化成机械能的份额就越大,反之则越小。

化学能、机械能或电能转换成热能,这十分类似用优质货币购置了劣值股票,当我们再将之兑换成货币时与原持有货币相比数量上大幅缩水。通过燃烧的方式将燃料中所储存的燃料化学能释放出来,形成高温烟气热能,通过锅炉、汽轮机和发电机进行热能向电能转换的生产过程,事实上是一个十分低效的能量转换过程,当高品位的、能完全等量转换为机械能和电能的化学能通过燃烧转换成 1600℃左右高温烟气热能时,能量品位已不可逆地的下降,1600℃高温烟气热能通过传热又转换成 540℃~605℃的高温蒸汽热能,这时其中热能转换成机械能的份额更低。由此我们可以看到利用燃烧将原煤化学能转换成为电能的生产过程中,即原本与电能等质的化学能燃烧、传热,蒸汽加速、冲转到输出电能的一系列发电生产过程中只有 40%~50%的化学能转换为电能,其余都在这一系列的转换过程中损耗掉了。

当今火力发电生产过程是世界能源生产的最重要的基础,我们生活中利用的大部分能量均来自火力发电厂生产的电能。如前所述通过燃烧方式利用燃料中所储存的化学能进行电能生产未必是一种高效利用能源的方式。因此如何在现有发电设备系统架构内最大可能地提高发电生产效能是一个必须面对的问题。

以往在火电厂发电生产过程锅炉运行的经济性分析中,常采用建立在热力学第一定律基础上的所谓热平衡方法。即在锅炉运行过程中输入锅炉的各类可交换能量与锅炉工质侧获得的有效利用热、锅炉各项可交换能量的损失之间的能量守恒关系。在这里化学能与热能只注重量,而不区别能量转换的质的差别,如不同温度的热能不做区别只关注量。这在我们后续的探讨中将有所修正,以便于使我们在工作中不被假象和虚假数据所蒙蔽,为提高热能转换获得真正有效的方法与途径。

一、锅炉热平衡方程

锅炉热平衡方程是指锅炉在稳定的热力过程中,锅炉输入的各类可交换的能量与锅炉工质侧所获得的有效利用热、各类输出能量损失间的守恒关系。

以火电厂现有大型室燃煤粉锅炉作为对象,首先我们看一下有哪些可供锅炉热交换的输入能量。

锅炉输入能量中最大的一部分是入炉煤粉所带入的通过燃烧释放出来的燃料化学能,在锅炉炉膛内煤粉通过燃烧将其中所蕴含的化学能释放出来转换成为高温烟气热能加以利用。

锅炉输入热量中还有进入炉膛时热风所带入的热量。

当入炉煤粉进入锅炉炉膛时具有一定的温度,作为具有一定温度的固体物质,当它进入锅炉炉膛时必带入煤粉颗粒固体的内能,我们称之为燃料物理热。

在锅炉运行过程中,常常因为入炉煤质差、锅炉负荷低而需投运燃油,为保证投入锅炉炉膛的燃油充分有效燃烧,常利用热蒸汽对燃油进行加热,以利于雾化、燃烧,这将带入雾化蒸汽热。由此可知锅炉输入热量包括:入炉煤粉所蕴含的化学能、热风带入热能、煤粉的物理热和燃油雾化蒸汽热。

$$Q_r = Q_{化学能} + Q_{热风} + I_r + Q_{wh}$$

式中:Q_r——锅炉输入能量,实际中常称之为输入热量;

I_r——入炉煤粉物理热;

Q_{wh}——燃油雾化蒸汽热。

为了便于进行锅炉热平衡问题的分析,我们以 1kg 煤粉投入锅炉炉膛所带入的输入能量为基本单元,分析工质侧的有效利用热和各项热损失。

那么在火电厂常见的大型室燃煤粉炉中,锅炉的输入能量(或锅炉输入热量)该如何计算呢?结合实际锅炉系统结构我们来看一下该如何进行分析计算。

入炉煤粉带入的化学能在锅炉炉膛内通过燃烧释放出来,理想中能够被锅炉工质侧所吸收利用的最大能量是煤粉的燃料发热量,即燃料的收到基高位发热量。但在实际中,室燃煤粉炉由于所燃用的煤粉中含有一定的硫分,在实际锅炉燃烧过程中将会产生 SO_2 和 SO_3。当 SO_2 和 SO_3 与烟气中的水蒸气结合将会形成硫酸蒸汽。沿尾部烟道高温烟气不断向各级对流受热面放热,烟气温度不断降低,当低于烟气中硫酸蒸汽的露点温度时,烟气中的硫酸蒸汽将冷凝在受热面管壁上,形成所谓低温腐蚀。为防止锅炉尾部受热面的低温腐蚀,锅炉排烟温度常控制在高于烟气中硫酸蒸汽的露点温度之上,在大多数火电厂室燃煤粉炉中排烟温度为 130℃~150℃。

接下来我们还需明白一个事实,当煤粉入炉燃烧,煤粉中必含有一定的水分,煤粉中的挥发分燃烧也会生成一定的水分,这两部分水在锅炉炉膛高温下会被不断加热由液态水变成为气态水,其所吸收的热量来自于燃料发热量,这其中最大的吸热量是由液态水转变为气态水过程中所吸收的水蒸气的汽化潜热,这部分热能储存在水蒸气的分子结构中。为防止烟气中硫酸蒸汽冷凝形成低温腐蚀,排烟温度高于硫酸蒸汽露点温度,这也远远高于了烟气中水蒸气的露点温度。被水蒸气吸收的那部分燃料发热量,始终储存在水蒸气的分子结构中无法释放出来参与热交换,因此在锅炉炉膛内真正可供传热交换的最大能量是燃料的收到基的低位发热量,即

$$Q_{化学能} = Q_{ar,net}$$

热风所带入的热量,在锅炉中无论是用于锅炉制粉系统干燥、输运煤粉的热风,还是将煤粉输入炉膛的一次风及用于炉内煤粉燃烧助燃的二次风都是远高于环境的热风,当它们进入锅炉炉膛时带入了可供交换的热量。但在目前大多数火电厂锅炉系统中,热风的热能来自于通过空气预热器吸收锅炉尾部烟气余热,这就是说热风所带入的可供交换的热能来自于锅炉系统自身内部的尾部烟气余热,而非来自于外部的输入能量。所以在此热风所带入的热量为零。在我国一些寒冷地区为稳定锅炉燃烧,提高热风温度,因此采用外加热源加热提高风温。这时热风所带入的热量不为零,而等于外加热源所耗热量。所以通常在无外

加热源加热入炉空气时：

$$Q_{热风} = 0$$

入炉煤作为具有一定温度的固体物质，当其进入锅炉炉膛时必带入相应煤粉的物理热。这里有一个必须注意的问题，即在工程上我们常关注于那些当其发生变化将引起关注对象发生很大变化的因素，如其变化很小且对关注对象不产生影响时，则在实际分析应用中常将其忽略不计。

在这里入炉煤粉所带入锅炉炉膛的燃料物理热，即

$$I_r = C_r t_r$$

式中：t_r——锅炉环境温度，通常取 $t_r = 20℃$；

C_r——入炉煤粉的比热容，对于直吹式制粉系统即为入炉煤的收到基比热容，即

$$C_r = \frac{4.19 W_{ar}}{100} + \left(\frac{100 - W_{ar}}{100}\right) C_d$$

其中，C_d——入炉原煤干燥基比热容。

入炉原煤的干燥基比热容：无烟煤与贫煤为 0.92，烟煤为 1.09，褐煤为 1.13。

实际入炉煤粉所带入发热量值通常在 16000kJ/kg 以上，入炉煤粉所带燃料物理热通常在 25～40kJ/kg，二者相比燃料物理热对锅炉燃烧过程影响甚微，故在锅炉输入热量计算中 $I_r \approx 0$。

在我国火力发电生产中，基于我国油少煤多的实际现状，火电厂锅炉基本燃用的是煤炭，燃油则用于锅炉负荷较低或入炉煤质较差时用于稳定锅炉燃烧。在我们所探讨的锅炉正常运行中，一般不使用燃油，也就不存在所谓燃油雾化蒸汽热。因此在常规的室燃煤粉炉的输入热量计算中：

$$Q_{wh} = 0$$

通过以上分析，对于室燃煤粉炉锅炉，其输入热量等于入炉煤粉的收到基的低位发热量，即

$$Q_r = Q_{ar,net}$$

已知了锅炉的输入热量，接下来我们将进一步分析锅炉有哪些能量输出。

如图 4-1 所示锅炉输出能量中最大的一项是锅炉工质侧所吸收的热量，通常称之为有效利用热，用 Q_1 表示。如图 4-2 所示，有效利用热是指当锅炉给水从省煤器进口进入锅炉，经过省煤器、水冷壁、汽水分离器、低温过热器、屏式过热器、高温过热器，工质沿各级受热面不断吸收锅炉燃烧所生成的高温烟气热，经锅炉主蒸汽管道进入汽轮机高压缸膨胀做功。然后再重新回到锅炉低温再热器进口，通过低温再热器、高温再热器，工质继续不断吸收锅炉燃烧所生成的高温烟气热。将工质在各级受热面所吸收的全部热量称为有效利用热。需要注意的是锅炉工质侧所吸收的热量大于用于汽轮机膨胀做功的工质吸热量，这是因为在锅炉汽轮机发电生产过程中有许多辅助设备与系统的运行也需要锅炉所生产的高温蒸汽。

锅炉在运行过程中会不断排出具有一定温度的烟气。通常为防止尾部低温受热面的低

温腐蚀,排烟温度常常在130℃左右,锅炉排烟带走了一部分锅炉输入热量。这部分因锅炉排烟而引起的输入热量,称为排烟热损失,用Q_2表示。

在锅炉运行的高温烟气中常常会含有一些可燃性气体或未完全燃烧的CO,这些含有一定化学能的可燃性气体当随烟气被排出锅炉引起的输入热量损失,称为化学不完全燃烧热损失,用Q_3表示。

在室燃煤粉锅炉运行中,我们有时会在锅炉的排渣中或是烟气的飞灰中发现未参加燃烧反应的微小碳颗粒。当这些微小的碳颗粒被排到锅炉炉体外时,其中所蕴含的化学能却没有释放出来。这种因未参加燃烧反应而随烟气和炉渣排出的化学能所引起的能量损失,称为锅炉机械不完全燃烧热损失,用Q_4表示。

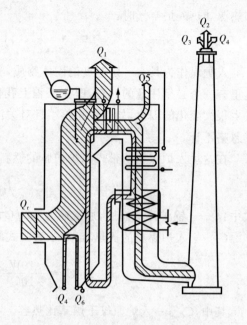

图4-1 室燃煤粉炉热平衡示意

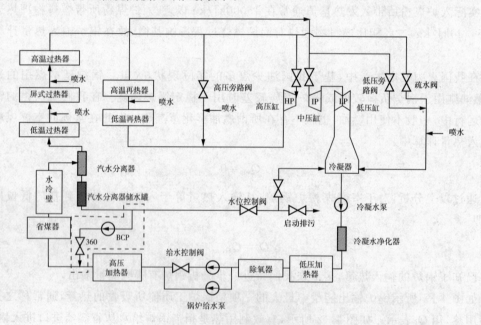

图4-2 锅炉汽水流程示意

锅炉在运行过程中,尽管在锅炉炉体表面加装了各种保温绝热材料,但是炉体温度仍高于环境温度,锅炉炉体必然会向锅炉周围环境散热,这种因锅炉炉体温度高而向环境散热引起的锅炉输入能量的损失,称为锅炉散热损失,用Q_5表示。

室燃煤粉炉在运行中,在锅炉膛底部不断排出高温的锅炉灰渣,当高温的锅炉灰渣被排出炉体外时,将会引起一部分输入热量随高温炉渣排出而被输出损失,这部分热量输出称为锅炉灰渣物理热损失,用Q_6表示。

这样我们可以知道锅炉的输出能量(或称之为输出热量),它包括 6 个部分。其中最大的一部分热量输出,也是我们最希望通过各种手段加以提高的部分是锅炉有效利用热,而希望加以降低的是:锅炉排烟热损失、锅炉化学不完全燃烧热损失、锅炉机械不完全燃烧热损失、锅炉散热损失和锅炉灰渣物理热损失。由此可以建立锅炉热平衡方程,即

$$Q_r = Q_1 + Q_2 + Q_3 + Q_4 + Q_5 + Q_6 (kJ/kg)$$

常常又做如下形式的变化

$$Q_r/Q_r = Q_1/Q_r + Q_2/Q_r + Q_3/Q_r + Q_4/Q_r + Q_5/Q_r + Q_6/Q_r$$

$$Q_1/Q_r = q_1, Q_2/Q_r = q_2, Q_3/Q_r = q_3, Q_4/Q_r = q_4, Q_5/Q_r = q_5, Q_6/Q_r = q_6$$

则可表示为

$$q_1 + q_2 + q_3 + q_4 + q_5 + q_6 = 100\%$$

锅炉效率是指锅炉工质侧的有效利用热与锅炉输入能量之比,在这里我们可以发现,q_1 正是锅炉效率,我们常用 η_{gl} 符号表示。

在以往的分析中人们只注重能量数量而未关注能量形式与品位上的差异,即以建立在热力学第一定律基础上的锅炉效率分析为目标。实际中我们将面临这样一种困境。当我们试图降低锅炉运行中最大的一项热损失——锅炉排烟热损失,通过降低锅炉排烟温度减少锅炉排烟损失时,发现尽管锅炉效率已很高,但整个发电循环效率并未明显改善。今天我们已经知道这是由于在锅炉的燃烧过程中入炉煤粉化学能在释放出高温烟气热能时,就已损失了能量品位,其中能够理论上转换为电能的能量份额在下降,当从1600℃的高温烟气热能通过传热成为540℃~605℃的工质热能时,理论上能够转换为电能的份额进一步降低,这是引起火力发电生产循环效率不高的根本原因。锅炉排烟热量在数量上尽管巨大,但其中理论上能够转换为电能的份额很低,而提高锅炉过热蒸汽温度和压力则有助于提高过热蒸汽热能中转换为电能的份额。这就是为什么在火电厂中要引进超临界和超超临界锅炉和不断提高锅炉过热蒸汽温度的原因,因为只有这样才能提高过热蒸汽热能中理论上转换为电能的份额,从而有效提高火电厂发电生产过程的热力循环经济性。

尽管热平衡方程分析法存在本质性的问题,但它也有应用存在的基础。我们依据某一煤质进行锅炉结构与系统设计,并依此进行制造、安装。当锅炉安装完毕,还需依据设计煤种或与之相近的校核煤种对锅炉运行工况性能进行试验调整,之后锅炉运行的相关运行指标和试验曲线将确定。在实际运行中当锅炉发电运行经济性指标不好时,常利用锅炉热平衡方法对锅炉各项热损失进行分析,这将能够帮助我们发现锅炉发电运行的问题所在,从而为改善锅炉发电生产效能提供必要的方向和落实点。

锅炉热平衡方程分析法应用的主要目的,在于锅炉运行效率的计算,并从热力学第一定律角度得出锅炉各项热损失的具体数据,进而在现有的锅炉运行条件下调整影响锅炉效率的主要因素,以获得锅炉运行的最佳效能。锅炉效率计算的最终目的:计算锅炉在额定负荷或某一运行负荷下运行时的入炉原煤折合成标准煤的燃料消耗量。

这里有几个问题需要解释,火电厂锅炉发电运行成本的 70%~80% 在火电厂的燃料运行成本上。显然生产运行的燃料消耗量应是锅炉运行的经济性考评最为值得关注的。但是投入锅炉的入炉原煤煤质并非总是一成不变,不要说不同煤质的入炉原煤发热量不同时原

煤价格是不同的;当锅炉负荷一定时,单位时间内在一定燃烧效能的运行工况下,锅炉对入炉燃料所带入的热量需有一个确定数值,这将影响入炉原煤的数量的变化。单纯依据入炉原原煤数量无法正确评估锅炉运行成本,依据入炉原煤发热量大小亦无法正确评估锅炉运行成本。为有效评估锅炉运行燃料成本,我们将实际运行中消耗的原煤折合成某一标准煤,依据实际运行过程中标准煤的消耗量的多少进行锅炉经济性评估分析,使燃用不同煤质、处于不同锅炉运行负荷条件下、不同锅炉容量、不同锅炉发电机组类型的燃料运行成本具有可比性。

我们将每千克可供锅炉热交换的热量为 7000kcal 或 29310kJ 的煤称为标准煤。我们对不同类型的锅炉、不同运行负荷状态下的锅炉、燃用不同煤质、工作环境及工作习性不同的锅炉实际燃用煤耗折合成标准煤耗,以此做出锅炉运行燃料消耗成本比较,对同一台锅炉不同的运行班组间亦提供了工作效能定量的可比平台。

在火电厂,锅炉的实际运行效率是利用锅炉热平衡方程通过两个完全不同的计量角度计算获得的。一种是依据锅炉实际运行负荷条件下单位时间内锅炉工质侧的有效吸热量与单位时间内实际入炉具有一定发热量的原煤所带入的可交换热量值之比,这种方式计算获得的锅炉效率称为锅炉正平衡效率。

$$\eta_{gl} = Q_{gl} / B Q_{ar,net} \%$$

锅炉效率的另一种计算方式则是通过计量、测算锅炉在实际运行负荷下的各项热损失,由此计算获得锅炉实际运行效率,通过此方法获得的锅炉实际运行效率称为锅炉反平衡效率。

理论上说无论通过锅炉正平衡方式还是通过反平衡方式计算获得的锅炉效率应该是相等的,但是实际情形是通过两种不同角度计算获得的锅炉效率之间总是存在一定误差。这是怎样的原因造成的呢?在实际工程定量分析中,基础数据来自于实际设备测量控制仪表的数据采集,所采集的数据精度受制于仪表本身结构、数据获取方式、环境的影响程度、测量精度等级等;数据处理过程中误差累积;由于某些本应计入其影响而被忽略的因素影响;以及某些人为设定或选择的特定数据值的牵制,如此便形成了实际中锅炉正平衡计算效率值与锅炉反平衡计算效率值总难完全一致。

在火力发电厂中常采用反平衡方式进行锅炉运行效率测算,这一方面是因为准确测算锅炉有效利用热有一定的困难,另一方面锅炉入炉煤量测定和发热量如何计值,缺乏统一的测算标准。在火电厂锅炉运行中利用反平衡锅炉效率测算,可以测算出锅炉各项热损失因素,与锅炉设计计算或校核试验效率进行比较易于发现影响锅炉效率的热损失,有助于尽快找出降低锅炉热损失的方法。例如,实际运行过程中当发现锅炉机械不完全燃烧热损失值偏高时,则可直接考量入炉煤粉的煤质与设计煤种或与之相近的校核煤种煤质的差异、煤粉细度、输粉风速与风温及炉内燃烧工况的组织,当然也应对相应工作设备是否运行正常进行检查,将机械不完全燃烧热损失降到正常水平。

但实际中由于锅炉反平衡效率测算涉及众多测量数据采集设备,在实际运行中常会引发未知的系统累计误差,在实际获得测算数据时还应对测算数据进行必要地校核,因此实际中常常定期测算工质侧有效吸热量、入炉燃煤计量和发热量计量,以正平衡方式求取锅炉效率进行对照,校核反平衡求取的锅炉效率。

此外利用锅炉正平衡方法计算锅炉效率,对火电厂实际生产管理过程亦有十分重大的影响。如对到厂煤量计量与入炉煤量计量的管理,到厂原煤发热量计量与入炉煤发热量计量管理,前者涉及火电厂生产成本核算而后者则涉及火电厂锅炉生产效能考评。通常到厂原煤过衡量和到厂原煤采样煤化验热值是火电厂燃料成本支付的主要依据。而入炉原煤计量与入炉煤化验热值则是考量锅炉生产过程效能的基本依据(但在很多火电厂内入炉煤化验热值仅依据入厂煤化验热值)。当原煤到厂之后被转运储存在煤场,储存时间越长则到厂原煤热值和量值丢失越多,该如何管理和分配入炉原煤管理,在目前努力提高火电厂生产效能和细化生产管理过程中是一个必须面对的重大问题。入炉煤如何计量?以往是通过一定时间内的总发电量与到厂原煤总煤耗量进行火电厂发电生产评估,将生产过程中的高煤耗量归于设备状况,入炉煤量与到厂煤量的差值在反平衡方法锅炉效率计算中无法体现生产工作过程中的管理缺位。提高锅炉生产原煤计量水平,如何有效进行到厂原煤与入炉原煤计量是一个必须考虑的问题。

仅仅利用反平衡效率方法,在目前技术高度发展的时代已不能有效促进生产效能的提高,要提高生产效能则必须从生产过程管理入手,提高数据测量水平和对现场监控数据信息的正确分析与评估。

二、锅炉生产过程的效能计算

效能计算最终目的在于对锅炉发电生产过程中燃料消耗量的计量与核算。

燃料的消耗量也有正、反平衡方法。利用锅炉效率计算获得的锅炉生产过程中燃料消耗量的方法为反平衡方法;而锅炉生产过程中入炉原煤的消耗量直接通过入炉电子皮带秤测得的方法为正平衡方法。这里需注意锅炉效率的正、反平衡方法与锅炉燃料消耗量的正、反平衡方法,是既相关又不同的概念。

在生产现场关于燃料消耗量有两个重要概念经常涉及。其一锅炉生产过程中实际燃料消耗量。单位时间内锅炉运行过程中实际投入锅炉的燃料量值,称为锅炉实际燃料消耗量,用符号 B 表示,单位为 kg/h 或 t/h。

在锅炉运行过程中为有效计算锅炉燃烧产物、入炉空气总体积量和燃烧所生成高温烟气对受热面的放热量,引入计算燃料消耗量。单位时间内锅炉运行过程中实际投入锅炉炉膛并参加燃烧反应的燃料量值,称为锅炉计算燃料消耗量,用符号 B_j 表示,单位为 kg/h 或 t/h。

$$B_j = B(1 - q_4/100)$$

式中,q_4 为机械不完全燃烧热损失,$(1 - q_4/100)$ 用于表示入炉参加燃烧原煤的份额数。

燃料消耗量是火电厂发电生产经济效能核算的基础,必须准确有效。而锅炉燃料消耗量的直接测定比锅炉工质侧的有效利用热的直接测定要相对便利、简单。锅炉效率的正、反平衡测定,两种方法可以互为补充,相互校核,而锅炉燃料消耗量的计量则无必要正、反两种方法并用,否则将会引起火电厂燃料统计数据的混乱。

反平衡燃料消耗量计算,即

$$B = Q_{gl}/\eta_{gl}Q_{rl}$$

式中：Q_{gl}——单位时间内锅炉工质侧吸收热量；

  Q_{rl}——单位时间内入炉煤粉所带入的输入热量；

  η_{gl}——对应实际运行负荷下的锅炉效率。

  需要强调说明的是，锅炉运行效率在锅炉运行过程中并非总是一成不变，而是随锅炉实际运行负荷的变化而变化。运行工况的变化将影响锅炉效率的变化，而效率的变化将会影响锅炉实际燃料消耗量的变化。按上式计算求得的燃料消耗量与锅炉实际运行的燃料消耗量值间存在误差，有时这种误差较大，将会影响锅炉燃料耗用量的正确计算，导致库存燃料量与实际情况不符。

  计算出燃料消耗量还可进一步计算出原煤耗率，即

$$b = B \times 1000 / N$$

式中：b——发电煤耗率；

  N——单位时间内与锅炉相配的发电机组的电能生产量。

  其中的 B 若是通过反平衡法算出，则 b 就为反平衡原煤耗率；如 B 是通过入炉煤皮带秤计量获得，则计算得出的 b 为正平衡原煤耗率。

  长期以来很多发电厂以反平衡热效率测试方法计算求得的锅炉原煤耗率，并据此计算锅炉燃煤耗用量。一段时间后再盘点库存煤量校核，并适量调整燃煤耗用量或原煤耗率。一旦库存出现大盈或大亏，据此调整锅炉燃煤耗用量或原煤耗率的大起大落时，则以盘盈或盘亏修正库存量，而人为地将锅炉燃煤耗用量或原煤耗率限制在约定的范围内。这样求得的锅炉燃煤耗用量或原煤耗率不能有效地真实反映锅炉实际运行状况和存在的问题，同时使占火电厂生产成本 70%～80% 的燃料生产管理存在严重管理漏洞和真实量化管理缺位。

  随着火电厂设备技术水准、设备稳定性和计量手段的不断提高，原有的利用反平衡计算的方法必须加以改变，以便于为锅炉生产的高效、安全运行提供真实有效的量化数据支持。

  所谓正平衡锅炉燃料耗用量计算就是利用锅炉入炉原煤在入炉前皮带上所安装的电子磅秤计量锅炉入炉原煤量，以电子磅秤计量值作为锅炉实际燃料耗用量。

  显然这种计量方式是动态的，较静态的反平衡计算更符合锅炉实际运行状况，因为锅炉的实际运行状况是动态的，当锅炉负荷稳定不变时入炉煤量、发热量始终处于变化的不稳定状态中，而当锅炉燃烧稳定时锅炉负荷又始终存在变化的可能。当然锅炉实际运行过程中电子磅秤计量也会产生计量误差，但是与反平衡锅炉效率测试计量相比，计算误差更易于控制，因为面对的是单一电子磅秤计量的误差校核，而在反平衡锅炉效率计算过程中，涉及众多计量仪器及一系列化学测试和数据处理所产生的误差累计。

  有鉴于此，正平衡计量更有助于推进和健全火电生产的燃料过程管理。为了使锅炉运行过程中入炉燃料耗用计量数据更正确、更符合生产实际，应该对锅炉入炉皮带电子磅秤计量勤校验（包括静态校验和动态校验）、勤维护。定期对电子磅秤进行实煤校验，并标定误差，以便正确计量。

工作任务

  通过本项目任务的学习，要求学生在火电厂生产现场实习或顶岗实训过程中，注意观察

火电厂发电生产过程中有哪些重要指标参数与自身所在锅炉运行岗位相关,它们是如何产生的,尽可能地去收集相关资料,作出个人的观察、思考与结论,进而提出完善相关指标的建议与措施。

能力训练

培养学生了解掌握火电厂锅炉重要运行指标参数数据的来源,知晓如何进行相关数据分析,并对数据分析结果与生产流程、过程管理间的关联引起足够重视,认识到实际生产数据依不同角度计算获得,数据常常存在误差,我们应利用怎样的分析方法消除偏差获取更为接近反映实际生产真实状况的指标数据,以更好地支持锅炉实际生产运行过程。

思考与练习

1. 什么是锅炉热平衡?实际火电厂生产过程中为什么要进行热平衡计算?热平衡计算有哪两种方法?它们各侧重实际锅炉运行生产工作过程的哪些方面?你认为在实际生产工作过程中哪种方法更有利于实际锅炉生产运行过程的效能提高、生产流程优化和管理工作水平的提高?

2. 何谓实际燃料消耗量?何谓计算燃料消耗量?它们分别应用于火电厂锅炉运行生产的哪些方面?就你所在区域,在锅炉正常负荷下,依设计煤种煤质发热量计算,300MW亚临界锅炉发电机组的实际发电煤耗量一般为多少?折合成标煤耗为多少?600MW超临界锅炉发电机组的实际发电煤耗量又是多少?折合成标煤耗为多少?600MW超超临界发电机组和1000MW超超临界发电机组的实际发电煤耗量为多少?折合成标煤耗为多少?

子任务二 火电厂典型室燃煤粉锅炉实际运行状况、设备系统结构及环境对锅炉各项热损失的影响分析

学习目标

通过对影响锅炉各项热损失的因素分析,了解掌握应从哪些方面对锅炉各项热损失进行综合控制与降低。

能力目标

通过对具体锅炉结构系统和相关锅炉运行工况的组织、调控与操作的认识,培养学生关注实际设备系统以及运行工况对锅炉运行安全、经济性影响的能力。

知识准备

关 键 词

锅炉运行负荷 实际入炉煤质 运行天气
干煤棚存煤容量 水分差调整

在火电厂锅炉运行过程中存在排烟热损失、化学不完全燃烧热损失、机械不完全燃烧热

损失、散热损失和灰渣物理热损失。

一、灰渣物理热损失

主要与锅炉入炉原煤的含灰量和锅炉的排渣方式有关。目前火电厂大多数室燃煤粉炉所采用的排渣方式均为固态排渣,固态排渣出炉时的灰温在 600℃ 左右,而如若锅炉采用液态排渣方式排渣,则出炉时灰温要高于入炉原煤灰熔点以上 100℃ 左右,即通常在 1200℃ 以上,二者差距极大,此时需考虑锅炉灰渣物理热损失,通常仅当入炉煤含灰量大、煤质灰熔点低时才考虑选用液态排渣方式。当锅炉采用固态排渣方式,入炉原煤含灰量通常总是 $A_{ar} < Q_{ar,net}/100$,锅炉固态排渣仅占入炉原煤总灰量的 5% 左右,故而一般固态排渣的室燃煤粉炉的灰渣物理热损失因排渣温度低灰渣量少,故而可忽略不计。但在实际工作过程中,当到厂原煤发热量低含灰量高时,如果其 $A_{ar} > Q_{ar,net}/100$ 时,锅炉灰渣物理热损失通常不能忽略,必须计算考量。

$$q_6 = \frac{A_{ar}\alpha_{lz}(c\vartheta)_{lz}}{Q_{ar,net}}$$

式中:α_{lz}——炉渣中纯灰占入炉原煤总灰量的份额,固态排渣室燃煤粉炉通常为 5% 左右;

$(c\vartheta)_{lz}$——排渣时灰渣温度与入炉原煤灰渣的比热容的乘积。

二、锅炉散热损失

主要与锅炉容量、锅炉炉墙结构、锅炉炉墙外表面保温层性质和锅炉炉体外部环境温度有关。通常锅炉容量越大,锅炉炉体容积也越大。但应注意锅炉炉体外表面积的增长速度低于锅炉炉体容积的增长速度,实际情形就是随着锅炉容量的增加,锅炉炉体容积在增大,入炉原煤量与锅炉容量成同比增长关系。当锅炉容量增加,则入炉单位燃料所摊到的锅炉外散热表面积却在下降。对于室燃煤粉炉通常炉内燃烧温度控制在 1600℃ 左右,这使得锅炉炉体外表面温度在锅炉正常运行时差别不大,当环境温度维持不变,由于锅炉容量的增加,单位燃料所摊到的散热表面积下降,则相应对于单位入炉燃料而言锅炉散热损失下降。因此随着锅炉容量的增加,锅炉的散热损失下降,但锅炉因容量增加炉体更为庞大,锅炉炉体总的散热量是增加的。600MW 锅炉发电机组锅炉散热损失一定小于 300MW 锅炉发电机组锅炉散热损失,但 600MW 锅炉发电机组锅炉总的炉体散热量一定大于 300MW 锅炉发电机组锅炉总的炉体散热量。在实际运行中,当锅炉负荷增加时,工质侧吸热量增加,则入炉燃料量增加,这就使得入炉单位燃料量所摊到的散热面积下降,因此类似锅炉容量增加对散热损失的影响。此时由于锅炉负荷增加,单位时间内入炉燃料量增加,则单位燃料所摊到的散热表面积下降,因此锅炉散热损失下降。当锅炉采用膜式水冷壁,此种结构锅炉炉墙密封性好,炉墙外表面采用绝热效果好的轻质隔热材料保温层,此种锅炉炉墙轻,适合于大型锅炉,但此种锅炉炉墙强度差,对于室燃煤粉炉运行燃烧过程中出现爆燃打炮时易损坏锅炉炉膛水冷壁,采用膜式水冷壁锅炉散热损失减少。在我国北方冬季室外温度很低,如锅炉采用室内非露天锅炉形式,则因炉体周围环境温度相对稳定,散热损失相对变化小;如采用半露天锅炉,则散热损失将随环境温度变化而变化,环境温度低则锅炉散热损失大,反之环境温度上升则锅炉散热损失减少。

三、锅炉排烟热损失

主要受锅炉排烟温度高低和锅炉排烟量的多少影响。锅炉排烟温度的高低首先与入炉原煤的硫的收到基的折算系数大小有关,即与单位时间入炉原煤所带入的硫的成分总量有关,而不能简单依据入炉原煤收到基煤质进行判断。入炉原煤硫的折算系数值越大,则意味着单位时间内锅炉炉膛内入炉煤粉所带入硫的含量越大。炉膛内含硫量高,在同等运行状况下则意味着烟气中硫酸蒸汽的含量高,这也意味着烟气中硫酸蒸汽的分压力上升,相应露点温度亦上升。为减少锅炉尾部低温各级受热面的低温腐蚀,则锅炉实际运行尾部排烟温度上升,以减小可能形成的低温腐蚀影响,排烟热损失增加。需要注意入炉原煤收到基硫的成分值低,并不意味锅炉排烟温度可以相应降低,锅炉炉膛内硫的含量的多少不仅与入炉原煤的收到基含硫量有关,还与入炉原煤煤质的发热量有关。入炉原煤煤质发热量低则意味着单位时间内为保证额定参数的蒸汽生产量,入炉煤粉量相应增加,则有可能使单位时间内炉膛内的含硫总量增加。在通常情况下要降低锅炉排烟热损失,就得降低相应的锅炉排烟温度,这就势必得增大锅炉尾部烟气与工质间的各级热交换受热面表面积,这将会增加锅炉尾部受热面造价;同时过多的布置尾部受热面也会造成烟气流通通道内受热面管排布置过密,增加烟气流通阻力,导致锅炉风烟系统风机通风电耗增加,增大了相应发电运行成本;受热面管排的密集布置也将会引起尾部受热面的积灰与堵灰现象的发生,如未能有效及时吹灰、清灰则会引起受热面传热效果下降,同时易形成烟气走廊,形成局部区域的受热面磨损和热偏差。受热面增大将增加锅炉运行控制难度与控制系统费用,造价与运行费用的增加使我们必须在降低排烟温度与费用增加和可能产生的运行问题之间进行综合考量,以确定最佳锅炉排烟温度。锅炉排烟温度的高低还与锅炉炉体密封性结构、性能相关,因大多数室燃煤粉炉为微负压运行锅炉,在现代工业技术保障下一般炉体漏风量相应较小。但当炉体因事故或检修安装不到位,漏风量大,炉体外部大量冷风漏入锅炉炉体内,降低炉内烟气温度,这将减少炉内高温烟气与受热面管内工质间的传热温差,炉内高温烟气传热量的减少将使锅炉排烟温度升高。在锅炉实际运行过程中当锅炉各级受热面表面发生结焦、积灰时,造成传热热阻增加,炉内高温烟气与锅炉尾部受热面管内工质相应传热量减少,则排烟温度上升,排烟热损失增加,实际运行中应注意监视锅炉各级受热表面的壁温,发现异常应及时判断,并及时进行受热面清渣和受热面吹灰处理,以提高锅炉受热面传热效率。锅炉受热表面长期超过材料许用温度范围的高温运行会造成对管材晶格的极大损害,导致受热管壁工作使用周期大大缩短,这应引起我们的足够重视。

锅炉排烟量的增加除与锅炉炉体漏风、锅炉炉体的密封状况有关外,还与锅炉炉膛过量空气系数的控制及锅炉炉膛燃烧烟气压力的微负压控制有关,锅炉炉膛过量空气系数控制过低不仅会影响到入炉煤粉在锅炉炉膛内的有效混合形成充分有效燃烧,还会降低高温烟气对锅炉尾部各级受热面对流换热效果,同时因烟气流速较低在尾部受热面管排管束密集区易于形成积灰和堵灰状况,这将会引起锅炉尾部烟道内的烟气走廊形成,增加局部区域的受热表面的磨损和受热面的壁温超温,形成热偏差。而过高的炉膛过量空气系数控制不仅因烟气量增加导致排烟热损失的增加,还会在锅炉尾部排烟中引起环境污染的有害气体成分增加,污染环境。过高的炉膛过量空气系数控制也会影响入炉煤粉在炉内的燃烧时间和炉内燃烧温度;同时增加锅炉风烟系统风机通风电耗,增大锅炉尾部低温烟气区域受热面的飞灰磨损。锅炉炉体的密封状况则取决于锅炉炉体炉墙结构设计和表面密封绝热材料的选择,实际安装检修工艺技术水平和工作流程是否规范也将会影响到锅炉炉体的运行密封性。锅炉炉膛内燃烧工作压力则主要受制于实际运行操控人员的锅炉运行监督控制,当然也应注意实际工作设备是否正常,如设备不能正常发挥效能将影响到发电实际运行安全稳定与经济效能。

四、化学不完全燃烧热损失

主要受锅炉运行负荷、锅炉炉内燃烧动力工况的组织、入炉原煤煤质及锅炉制粉系统所磨制加工的煤粉性质的影响。锅炉负荷的变化会影响到锅炉炉膛内的燃烧工况变化,锅炉在低负荷下运行,由于此时燃烧负荷低,炉内燃烧温度不稳,影响入炉煤粉在锅炉炉膛内的着火与充分完全燃烧,致使化学不完全燃烧热损失增加。而当在高于锅炉额定负荷下运行时,由于入炉煤粉在炉膛内燃烧时间被相应缩短,入炉煤粉缺乏在锅炉炉膛内的足够充分燃烧时间,入炉煤粉同样也会在锅炉炉膛内燃烧不够充分,因而造成化学不完全燃烧热损失的增加。当入炉风、煤粉量配合不当,将会影响煤粉在炉膛内的着火燃烧速度与燃烧过程中可燃质与氧气是否能够及时有效混合,一、二次风温控制同样也会影响到入炉煤粉的着火燃烧速度与充分完全燃烧,风粉配合,一、二次风分配与一、二次风风温控制对锅炉燃烧安全稳定及能否保持充分完全燃烧影响极大,实际工作中应引起我们足够关注。当入炉原煤挥发分较高时,为控制原煤在制粉和输粉过程中的运行安全,必须降低一次风温,这将会影响入炉煤粉着火燃烧速度,实际运行数据分析发现当入炉原煤挥发分较设计或锅炉校核试验煤种挥发分值高时,如不加运行调整常会引起化学不完全燃烧热损失增加。当入炉煤粉干燥水分值偏大,则会影响煤粉入炉着火燃烧速度,造成化学不完全燃烧热损失增加,但要注意这并不意味着要降低入炉煤粉干燥水分值,这会影响锅炉制粉系统运行安全,或因入炉煤粉水分值低导致煤粉气流着火提前而造成锅炉燃烧器一次风喷口烧蚀或结焦。入炉煤粉的细度与均匀性也会影响入炉煤粉在锅炉炉膛内的充分完全燃烧,煤粉均匀性差则意味在室燃煤粉锅炉燃烧过程中无法有效利用一、二次风对煤粉燃烧进行充分控制,细粉易于上漂,着火提前,粗粉易于下落,导致锅炉炉膛火焰下移,着火推迟,在锅炉炉膛有限燃烧时间内不易充分完全燃烧,这都将影响入炉煤粉在锅炉炉膛内的充分有效完全燃烧。

锅炉炉膛结构设计不合理或锅炉炉膛内实际燃烧空气动力场组织不当,在锅炉炉膛内形成燃烧死角或是炉膛内燃烧停留时间过短,燃烧过程中可燃质与氧气在燃烧过程中混合扰动不够充分,这都将会引起锅炉化学不完全燃烧热损失的增加。

五、机械不完全燃烧热损失

主要受锅炉实际运行负荷、锅炉炉膛结构设计、锅炉炉膛内的燃烧空气动力场是否组织有效、入炉原煤煤质与入炉煤粉性质的影响。在锅炉实际运行过程中,当锅炉实际运行负荷远低于设计额定负荷时,锅炉炉膛内燃烧温度不稳定,火焰充满程度较差,这将不利于入炉煤粉中碳颗粒的着火与在有限的锅炉炉膛燃烧时间内充分完全燃烧;当锅炉运行负荷高于锅炉设计额定负荷时,入炉煤粉中碳颗粒在锅炉炉膛内的燃烧停留时间相应缩短,同样无法保证煤粉中碳颗粒的充分有效燃烧。当锅炉炉膛结构设计、锅炉燃烧器布置与炉内燃烧空气动力场组织不相匹配时,易于出现炉膛内后期燃烧不够充分,形成锅炉机械不完全燃烧热损失的增加。当入炉煤煤质含灰量较大时,会增加煤粉在锅炉炉膛有限燃烧时间内的充分有效完全燃烧。当入炉煤粉水分控制不当,水分值偏低会危及锅炉燃烧器喷口和锅炉制粉系统的运行安全;水分值偏高则会导致入炉煤粉着火推迟,影响煤粉中碳颗粒的充分完全燃烧,锅炉机械不完全燃烧热损失增加。在这里需要重点关注的是入炉煤粉的细度值控制,入炉煤粉过细固然有利于入炉煤粉在锅炉炉膛内的充分有效完全燃烧,有效来降低锅炉机械不完全燃烧热损失,但是我们应注意到入炉煤粉细度增加,锅炉制粉系统磨煤电耗增加,这可能引起锅炉制粉系统运行的不安全,当细煤粉进入锅炉炉膛,煤粉气流着火会提前,这将会影响锅炉燃烧器喷口的运行安全,同时入炉风控制不当,炉膛火焰可能会上漂,危及锅炉上部的屏式过热器的运行安全,因此单纯依靠增加煤粉中细粉来降低锅炉机械不完全燃烧热损失并不可取。但是如果入炉煤粉颗粒增加,固然可节省制粉系统磨煤电耗,提高制粉系统运行安全,但这会影响入炉煤粉在锅炉炉膛内的着火燃烧速度,缩短煤粉在锅炉炉膛内的充分有效的燃烧时间,同时在燃烧风量未及时调整的情况下粗颗粒煤粉的增加,会使炉膛火焰下移,危及锅炉炉膛冷灰斗处水冷壁管的运行安全。对于采用四角切圆燃烧布置的锅炉燃烧过程,粗颗粒的煤粉会形成锅炉炉膛火焰高温区向外扩展,危及锅炉炉膛水冷壁的运行安全,易形成锅炉水冷壁的结焦。因此在实际运行控制过程中,为降低锅炉机械不完全热损失,我们必须采用综合多角度系统考虑问题的方法,而不是单纯依靠某一个生产运行指标的调整或改善。

此外应注意天气对于锅炉运行工作过程的影响,雨水会改变入炉原煤水分的变化,如未及时作出相应调整,将会影响到入炉煤粉的水分值发生变化,从而影响到锅炉的燃烧过程。而火电厂对于雨水天气的影响常常通过干煤棚储煤来进行调节,但应注意在一些地区,常常会在某一季节有一段持续很长时间的雨季,干煤棚的储煤量毕竟有限,对于火电厂大机组而言常常不足于保障免受雨水的干扰影响。在实际工作中我们也应关注入炉煤粉的水分差变化,及时作出相应调整,以保证锅炉燃烧运行的安全稳定与高效。

工作任务

就火电厂室燃煤粉锅炉的燃烧运行工作特点,分析影响锅炉化学不完全燃烧热损失与机械不完全燃烧热损失的因素,提出应如何从多角度多层面对锅炉运行安全稳定和高效的实现进行综合优化与运行控制的想法。

能力训练

培养学生学会对实际问题要从多角度综合考量,从而形成开阔的视野,提高综合分析问题的能力。

思考与练习

1. 就火电厂锅炉岗位实训,收集相关资料,整理发现实际生产运行锅炉,机械不完全燃烧热损失和化学不完全燃烧热损失受哪些因素影响,形成一个综合的降低锅炉机械不完全燃烧热损失和化学不完全燃烧热损失的实施方案。

2. 火电厂锅炉排烟热损失受哪些因素影响? 实际中我们是如何有效控制和降低锅炉排烟热损失的?

试从多角度进行分析。

3. 锅炉容量与锅炉散热损失间存在怎样的关系？为什么当锅炉容量增加时，锅炉散热损失下降？试从锅炉炉墙结构变化与锅炉散热损失概念上进行分析。

4. 试就入炉煤粉煤质变化和煤粉细度变化对锅炉燃烧运行工况的影响进行分析，写出当入炉煤粉煤质变化时应如何进行燃烧调整。结合锅炉岗位实训或锅炉仿真运行实训，给出力所能及的可操作方案。

任务二 火电厂锅炉运行安全、经济性指标

子任务一 锅炉运行基本指标参量及应用分析

学习目标

通过介绍理论空气量、过量空气系数的概念引入有效控制锅炉燃烧运行工况的定量控制指标，进而引入锅炉完全燃烧方程式、过量空气系数与烟气量、烟气成分间的定量关系式，为锅炉燃烧运行工况判断、调节控制提供量化参数判断依据。

能力目标

培养学生必要的、突出主要工作特性的、立足于实际运行数据分析（影响作用与误差效果）基础上的对实际生产问题进行简化的能力，以此获得有益的定量数据关联与重要生产运行参数的数值计算方法。

知识准备

关 键 词

理论空气量 过量空气系数 实际烟气量 干烟气量

烟气中水蒸气量 烟气成分 RO_2 O_2 CO RO_2^{max}

完全燃烧方程式 过量空气系数与烟气成分间关系 烟气焓

在锅炉实际结构设计、锅炉设备选型计算和实际运行控制过程中，我们始终需要围绕着锅炉燃烧工作过程与锅炉各级受热面传热过程控制进行分析，而这些都与锅炉在燃烧工作过程中所供给的入炉空气量和燃烧所生成的高温烟气量有着十分紧密的关联。锅炉入炉煤粉要在锅炉炉膛内极短的有限燃烧时间内着火并充分完全燃烧，就必须保证锅炉炉膛内具有足够的供给入炉煤粉充分完全燃烧的空气量，供给入炉空气量过大不行，尽管这会使锅炉炉膛内氧气更为充分，但也会降低锅炉炉膛内的燃烧温度，造成入炉燃料着火和燃烧速度的下降，可能引起燃烧工况不稳，过大的入炉空气量也会造成入炉煤粉在炉膛内的燃烧时间缩短，锅炉炉膛火焰上漂，造成锅炉机械不完全燃烧热损失和化学不完全燃烧热损失增加，并危及锅炉炉膛上部悬挂的屏式过热器；空气供给量过小尽管对锅炉炉内燃烧温度影响较小，

但在锅炉炉内燃料有限燃烧时间内所供给的氧气因无法及时有效地与煤粉颗粒中可燃质充分有效结合,易形成不完全燃烧。燃烧所形成的高温烟气量则会影响到高温烟气与锅炉各级受热面之间的辐射和对流传热热交换。对锅炉各级受热面的传热控制目的在于对各级受热面的壁温控制和保持单位时间内锅炉能够有效生产额定参数的过热蒸汽生产量。此外烟气量的大小将会涉及锅炉风烟系统的风机选型、锅炉尾部烟道设计和锅炉尾部烟道内对流受热面的布置,烟气量也将会影响锅炉尾部烟道内的烟气流速,这将涉及锅炉尾部受热面的积灰、飞灰磨损。

为了更为有效控制锅炉燃烧过程和锅炉各级受热面传热过程,十分有必要理清锅炉燃烧过程和锅炉各级受热面传热过程中的重要影响因素,建立定量分析计算基础,为锅炉有效的定量控制调节提供必要的理论依据。

在确定锅炉燃料燃烧实际空气量大小之前,我们有必要首先建立与实际原煤收到基成分关联的单位质量燃料完全燃烧的最小空气量,以此为量化基础,通过理论与实际结合,最终确定锅炉实际运行燃烧工作过程中的实际空气量值大小。

一、理论空气量

当单位物量的燃料完全燃烧时,通过化学燃烧方程式理论上所获得的最小空气量,称为理论空气量。这里需要说明:不是单位质量,而是单位物量,也就是说可以是单位质量也可以是单位容积或者是千摩尔物质量。这是因为在实际生产生活中,我们习惯于对固体物质采用质量单位,而对于液体与气体物质则习惯于用体积单位衡量,有时为便于化学运算而采用千摩尔物质单位。单位物量的燃料仅当定义为完全燃烧时,这时理论空气量才是唯一确定的,否则由于不完全燃烧的燃料份额不定,则燃烧所需氧气量也是不定的,相应无法确定燃烧空气量,因此必须在完全燃烧条件下。化学燃烧方程式指的是煤的成分中三种可燃成分:碳、氢、硫的完全燃烧化学方程式,理论上是指在理想条件下假如煤中所有可燃质都充分完全燃烧时所需要的最小空气量,事实上这种理想情况在有限的燃烧时间内很难实现。

最后还需要说明一个情况,火电厂大多数室燃煤粉炉在实际燃烧过程中,锅炉炉膛内燃烧压力控制在微负压的条件下,这有几个好处:其一锅炉运行过程中炉膛内燃烧火焰和高温烟气不会外喷,保证了锅炉工作现场安全、卫生;其二锅炉炉膛控制在微负压状态有利于减少锅炉炉膛漏风量,避免了大量冷空气的漏入影响锅炉燃烧;所谓微负压即锅炉炉膛内压力仅比环境大气压力低几十毫米水柱的压力,接近于一个大气压。在一个大气压下,根据实际经验,在锅炉炉膛内的空气、高温烟气都可以作为理想气体看,这带来一个好处,可以充分利用阿伏伽德罗定律:在标准状态下,每千摩尔物质量的理想气体容积均为 22.4 标准立方米。

下面我们简单地看一下如何利用基本的知识,计算理论空气量。

锅炉入炉原煤按元素成分分析可分为 7 个成分,其中有 3 个为可燃质:碳、氢、硫。碳、氢、硫完全燃烧方程式为:

$$C \quad + \quad O_2 = CO_2 \qquad 2H_2 \quad + O_2 = 2H_2O \qquad S \quad + \quad O_2 = SO_2$$

$$4 \qquad 22.4 \qquad\qquad 4 \qquad 22.4 \qquad\qquad 32 \qquad 22.4$$

$$C_{ar}/100 \quad V_1 \qquad\qquad H_{ar}/100 \quad V_2 \qquad\qquad S_{ar}/100 \quad V_3$$

可以发现当 12 千克的碳完全燃烧理论上需用 22.4 标准立方米的氧气,1 千克入炉燃烧

煤其中含有 $C_{ar}/100$ 千克的碳,由化学知识可知其所需空气量为 $22.4 \times C_{ar}/12 \times 100$;同理: 氢燃烧所需空气量为 $22.4 \times H_{ar}/4 \times 100$;硫燃烧所需空气量为 $22.4 \times S_{ar}/32 \times 100$。在锅炉计算中依据实际情况约定取自大气中氧气的容积百分数为 21%,氮的容积百分数为 79%,空气中的其他气体成分因对锅炉燃烧影响很小,故忽略不计。因要求取最小空气量,原煤在进入锅炉炉膛时携带了一部分氧量,所以在计算理论空气量时应扣除这一部分氧量,通过阿伏伽德罗定律可知其值为 $22.4 \times O_{ar}/32 \times 100$。每千克入炉煤粉其中三部分可燃质完全燃烧所需氧气减去煤本身自带的氧气则为入炉煤粉完全燃烧所需的最小氧气量,对应提供这一最小氧气量的空气量值正是所要求取的理论空气量值,由前面所做约定每标准立方米的空气容积中氧气占 21%,则由此可建立平衡关系式:

$$21\%V^O = (\frac{22.4}{12} \times \frac{C_{ar}}{100} + \frac{22.4}{4} \times \frac{H_{ar}}{100} + \frac{22.4}{32} \times \frac{S_{ar}}{100} - \frac{22.4}{32} \times \frac{O_{ar}}{100})$$

通过化简整理得到理论空气量的计算公式:

$$V^O = \frac{1}{0.21}(\frac{22.4}{12} \times \frac{C_{ar}}{100} + \frac{22.4}{4} \times \frac{H_{ar}}{100} + \frac{22.4}{32} \times \frac{S_{ar}}{100} - \frac{22.4}{32} \times \frac{O_{ar}}{100})(Nm^3/kg)$$

在这里我们得到了一个可以应用于实际的计算公式,如单看这个已经整理化简后的公式,常会让我们以为过程十分复杂,理论十分高深。事实是我们应该学会分析,利用简明的知识和实际数据的积累验证去完成我们实际工作的应用分析。如在这里实际中大多数火电厂室燃煤粉炉炉内燃烧压力为微负压,这是一个实际应用的事实。当我们已知阿伏伽德罗定律:在标准状态下,每千摩尔物质量的理想气体容积均为 22.4 标准立方米。又已知锅炉燃烧时入炉的空气中两个主要成分氧气会影响燃烧,而氮气则会引起对环境的污染,余下各种成分含量很小且对锅炉运行不构成影响,因而可约定取自大气的氧气占容积份额的 21%,余下 79% 为氮气,则所需空气量中的含氧量当等于入炉煤粉每千克完全燃烧所需最少氧量时,这个空气量即为所求的理论空气量。

在工程应用学习中,我们还需注意几个问题:

(1)在工程上许多概念与数据我们是通过符号进行交流的,常常有些符号在某一应用领域具有特定的意义,如在热能应用工程领域 Q 常表示热量,B 表示燃料耗用量。在这里 V^O 表示理论空气量,如在实际学习工作中不注意这种符号约定,在与人交流时将会引起问题,在阅读相关专业资料时将不知所指。所以应关注专业领域内重要和常用概念的表示符号。

(2)在工程上对于每一个定义量,除应明了定义量的实际内涵和数值变化范围外,还应关注其数值单位,没有单位的数值是无意义的数值,在工程应用领域有多种单位体系在通行应用。在我们一些并不熟悉的工程应用领域,当我们将得到的数据应用于我们的实际工作中时,由于不熟悉,对数值范围没有概念,而将之应用于不同的单位体系的运算中,由此引起的错误将造成计算的完全无效或带来应用事故。

(3)在工程上对于每一重要的定义量,在实际典型设备系统工作过程中的数量变化范围应加以记忆与掌握,这会帮助我们对工作中出现的问题,依据一些关键量的变化情况作出及时判断,也可帮助我们在工作中避免犯常识性错误。例如,在火电厂大型锅炉发电机组的锅炉效率计算中,计算得出锅炉排烟热损失为 15%,依常识火电厂大型锅炉的排烟热损失变化范围在 4%～6%,最多不超过 8%,所以一定错了。当我们具备了一些重要参数的变化范围知识,当数据与我们记忆的数据范围发生冲突时,将会提醒我们可能有问题了。

有了以上说明,我们再来关注一下理论空气量,它在热能应用工程领域常用符号 V^o 表示,单位为 Nm^3/kg 或 kg/kg,单位的分母表示当每千克入炉原煤完全燃烧时,单位的分子则表示相应所需理论空气量在标准状态下的容积的立方米数或千克质量数。

二、过量空气系数

所谓过量空气系数是指实际进入锅炉的空气量值与理论空气量值之比,即

$$\alpha(\text{或 }\beta)=\frac{V^k}{V^o}$$

式中:V^k——实际空气量;

V^o——理论空气量。

这里有几个问题需要说明:

(1)V^k 指实际进入锅炉的空气量值,这里指通过锅炉风烟系统风机送入锅炉炉膛的空气量,同时也包括由于各种原因漏入锅炉的空气量。这就引出一个必须在概念上有所修正的差别,由于沿锅炉烟气流动方向始终存在漏风问题,因此过量空气系数是一个在不断变化的量,通常火电厂中锅炉炉内压力维持微负压,锅炉外部空气不断漏入,因此过量空气系数沿烟气流动方向不断增大,这是一个基本事实。

(2)通常在锅炉燃烧过程的设计、运行调节所涉及的过量空气系数常指的是锅炉炉膛过量空气系数,即指在锅炉炉膛出口处进入锅炉炉膛内的空气量值与理论空气量值之比,在实际锅炉运行过程中锅炉炉内燃烧空气量值常依据锅炉炉膛出口过量空气系数值进行控制。

(3)对于不同燃烧方式的锅炉、燃用不同煤种和排渣方式不同的锅炉,锅炉炉膛过量空气系数值取值范围是不一样的。在实际工作中我们必须关注工作对象的结构差异所引起的工作特性的差别。在火电厂中目前我们所面对的大多数锅炉为固态排渣室燃煤粉炉,对于燃用烟煤的锅炉,通常锅炉炉膛过量空气系数为 1.15～1.20,而燃用无烟煤或贫煤、劣质烟煤时,锅炉炉膛过量空气系数为 1.20～1.25。在生产实际中我们常用符号 α''_1 表示。

在实际中为保证入炉煤粉在有限的炉内燃烧时间内充分完全燃烧,除要保证炉内有效的足够高的燃烧温度,还需保证入炉煤粉在炉内燃烧过程中氧气与煤粉中可燃质不断及时地充分接触反应,这就要求入炉的空气量值应大于理论空气量值。当入炉空气量值增加时,将有助于提高锅炉炉膛内的氧气含量,同时由于风量的增加将有助于提高煤粉颗粒与入炉空气中氧气的混合。但是要注意事物间是相互关联并互相制约的,如入炉风量过大则会引起锅炉炉膛燃烧温度降低,尽管入炉热风温度可高达 350℃ 左右,但与室燃煤粉炉炉内燃烧温度(1600℃ 左右)及煤粉主要可燃质碳的着火点相比仍属低温,同时入炉风量的增加将缩短煤粉在锅炉炉内的燃烧时间,近些年发现入炉风量控制不当还会增加锅炉烟气中有害气体的含量,这既会影响锅炉尾部对流受热面的低温腐蚀,同时将增大烟气中 SO_2 和 SO_3 及 NO_x 有害气体含量,污染环境。因此大量经验数据分析使我们将锅炉炉膛过量空气系数控制在 1.15～1.20 之间。实际工作中我们应将此作为我们的立足点,进而根据实际锅炉结构与运行环境进行优化。

在实际锅炉运行过程中,应注意检测锅炉漏风量大小。过高的漏风量不仅会因降低锅炉尾部受热面的传热温差,降低锅炉尾部传热,使锅炉排烟温度上升,锅炉排烟热损失增加,造成锅炉效率下降;同时因漏风量增加将增大锅炉风机电耗,锅炉运行厂用电量增加,降低了锅炉运行经济性。对火电厂室燃煤粉炉运行数据统计与分析发现:一般锅炉漏风系数每增加 0.1~0.2. 锅炉尾部排烟温度将上升 3℃~8℃,锅炉效率将下降 0.2%~0.5%;漏风系数每增加 0.1,将使锅炉风烟系统的送、引风机电耗增加 2kW/MW 电功率,因而无论在锅炉设计或运行中都应采取有效措施来减少锅炉漏风。

三、锅炉烟气量

当入炉煤粉与空气在锅炉炉膛内混合燃烧,则形成烟气与固体颗粒状的飞灰与炉渣,炉渣依靠重力落入锅炉炉膛下部的冷灰斗,经排渣槽通过捞渣机排出锅炉。而入炉煤粉中的大部分灰分将随锅炉烟气在锅炉尾部烟道内流动传热。当流经锅炉电气除尘器经电气除尘与锅炉烟气分离,除去飞灰后的烟气通过锅炉引风机由锅炉烟囱排入大气。

锅炉燃烧所生成的烟气量的大小不仅会影响锅炉尾部受热面的对流换热和受热面的布置,还将影响到尾部受热面的积灰与飞灰磨损;同时烟气成分的变化能够帮助我们判断锅炉炉膛内的燃烧工况和锅炉尾部烟道的漏风状况。由于现在火电厂锅炉大都采用微负压运行平衡通风的方式,烟气量的多少还将影响到锅炉送、引风机的选型。

那么锅炉的烟气量该如何计算呢? 通常将锅炉烟气分作为两部分:干烟气部分与水蒸气部分。由于大多数火电厂锅炉采用微负压运行,即锅炉炉膛内和锅炉尾部烟道内的烟气压力接近于一个大气压,而实际烟气温度高,大量实践数据分析证明此时锅炉内烟气可作为理想气体看,则组成烟气的各个成分气体也可以看作为理想气体。我们便可以利用简明的阿伏伽德罗定律进行问题求解。作为一个应用实例,如何运用各种简明的手段与知识去解决实际应用问题。首先看看如何求解烟气中水蒸气的容积。

烟气中的水蒸气无外乎来自于入炉原煤与入炉空气,来自于入炉原煤的水分有直接来自于进入锅炉炉膛煤粉所带水分,亦有当煤粉进入锅炉炉膛燃烧其中有机性挥发分燃烧所生成的水蒸气;烟气中水蒸气还有一部分来自于入炉空气所带入的水蒸气。在我们生活环境中的空气是含有一定水分的。在我国西北地区我们会感觉很干燥,而在南方则会感觉很潮湿,这是因为空气中水分的含量不同。

在锅炉中烟气温度很高,炉内烟气压力为微负压。其中所含水蒸气量很小,水蒸气的分压力亦很低,大量实践数据证明此时烟气中的水蒸气可作为理想气体。入炉原煤所带入的水分为原煤的收到基水分,当入炉原煤燃烧后这部分水分作为理想气体在锅炉烟气中,其容积为多少呢? 运用简明的阿伏伽德罗定律求出的即为烟气中水蒸气的容积。由阿伏伽德罗定律可知在标准状态下,每千摩尔物质量的理想气体的容积为 22.4 标准立方米。那么 18 千克的理想气体的水蒸气其容积为 22.4 标准立方米,那么每千克的入炉原煤中带入的水分量是 $\frac{M_{ar}}{100}$,则每千克入炉原煤所带入的原煤水分在烟气中的容积即为:

$$V'_{H_2O} = \frac{22.4 \times M_{ar}}{18 \times 100}$$

同理入炉原煤有机性挥发分入炉燃烧生成烟气中的一部分水蒸气,依据元素成分分析

定义,原煤中有机性挥发分主要通过氢的收到基成分来反映。则依据化学燃烧方程式,依据阿伏伽德罗定律可得:

$$2H_2 \quad + \quad O_2 = \quad 2H_2O$$

$$4 \qquad\qquad 2\times22.4$$

$$\frac{H_{ar}}{100} \qquad\qquad V''_{H2O}$$

则可知煤中挥发分燃烧可生成的水蒸气体积为 $\frac{22.4H_{ar}}{2\times100}$。

来自于空气的水蒸气应如何计算呢?在实际中我们常常测定所处环境大气每千克空气中所含水蒸气的克数,一般在每千克空气中含水蒸气 $d_k=10\sim13g$,那么与每千克单位入炉煤燃烧所需供给实际入炉空气量为 $\alpha''_1 V^O$,如前所述在目前火电厂大多数室燃煤粉炉炉内燃烧压力控制在微负压的条件下,入炉空气和燃烧所生成的干烟气和水蒸气都可以作为理想气体看。这里需记住空气的分子量为 28.97。则同样依据阿伏伽德罗定律可得 $\alpha''_1 V^O$ 容积的空气质量:

$$28.97 : M \quad = \quad 22.4 : \alpha''_1 V^O$$

由此可得 $M=\frac{28.97}{22.4}\alpha''_1 V^O$,则水蒸气的质量为 $\frac{28.97\times d_k}{1000\times22.4}\alpha''_1 V^O kg/kg$,则空气所带入的水蒸气容积为

$$18 : \frac{28.97\times d_k}{1000\times22.4}\alpha''_1 V^O = 22.4 : V_{H_2O}'''$$

$$V_{H_2O}''' = \frac{28.97\times d_k}{1000\times18}\alpha''_1 V^O$$

由此我们便计算出每千克单位入炉煤在锅炉燃烧过程中所生成的烟气中的水蒸气的容积为

$$V_{H_2O}=V_{H_2O}+V'_{H_2O}+V_{H_2O}'''=\frac{22.4\times M_{ar}}{18\times100}+\frac{22.4 H_{ar}}{2\times100}+\frac{28.97\times d_k}{1000\times18}\alpha''_1 V^O (Nm^3/kg)$$

烟气中水蒸气的容积我们通过简明的知识和分析已经计算出,接下来我们应如何计算烟气中干烟气的容积?

首先分析一下干烟气中有哪些气体成分。由元素成分分析知道原煤中有三个可燃质成分,当投入燃烧时其中的碳可能会生成 CO_2 和 CO,硫分燃烧生成 SO_2,而原煤中的氢分则燃烧生成水蒸气,如前述它不属于干烟气。由于提供的入炉空气量大于理论空气量,所以在干烟气中必含有多余的氧气。入炉原煤中含有氮气,尽管量微乎其微但来自于入炉空气中的氮气量却很大。这样我们就已知了锅炉烟气中干烟气的成分。氢分燃烧生成水蒸气不属于干烟气,而碳分当完全燃烧时则干烟气中只有 CO_2,当存在不完全燃烧时则干烟气中不仅含有 CO_2 且含有 CO,硫分燃烧生成 SO_2,干烟气中的气体成分无外乎来自于入炉原煤的燃烧产物和入炉空气所带入的气体成分,如前所述将空气的成分简化看作为每标准单位容积的空气中氮气占 79% 的容积,氧气占 21% 的容积。如此锅炉干烟气中含有因入炉空气量大于

理论空气量而在燃烧过程中多余的未参加燃烧反应的氧气、入炉空气所带入的氮气和入炉原煤自身所带入的氮气成分,即

$$V_{gy} = V_{co_2} + V_{co} + V_{so_2} + V_{O_2} + V_{N_2} + V_{煤N2} (Nm^3/kg)$$

这里有了一个问题,实际运行过程中我们无法事先预知入炉原煤中到底有多少完全燃烧又有多少入炉原煤不完全燃烧,原煤中的碳完全燃烧时所用氧量与在不完全燃烧时所用氧量相比要多出一倍,当无法预知有多少原煤中的碳完全燃烧又有多少不完全燃烧时,则就无法计算干烟气中到底有多少剩余的氧气量,进而无法准确计算锅炉的干烟气的容积。这是一个值得探究的问题,值得我们去思考。

回到问题中来,我们知道一件事物是否发生变化,它一定会留有变化的痕迹。那么当入炉原煤完全或不完全燃烧时则在干烟气中必含有 CO_2 或 CO 的相应成分,而完全与不完全燃烧的份额则会在干烟气的 CO_2 和 CO 的烟气量的多少中体现。这里有一个问题要问,我们实际中能否得到我们所需定量测定的 CO_2 和 CO 的烟气成分量呢?

这里答案是肯定的。我们引入并定义了一组可测量的所谓烟气成分的概念。那么什么是烟气成分呢?将干烟气中某一成分的容积与干烟气的容积之比,称为对应这一成分的干烟气成分。如 CO_2 的容积为 V_{co_2},其与干烟气的容积 V_{gy} 相比,就得到了相应的 CO_2 的烟气成分,并用 CO_2 来表示 CO_2 的烟气成分,即

$$CO_2 = \frac{V_{co_2}}{V_{gy}} \times 100\%$$

同理可得:

$$CO = \frac{V_{co}}{V_{gy}} \times 100\%$$

$$SO_2 = \frac{V_{so_2}}{V_{gy}} \times 100\%$$

$$O_2 = \frac{V_{O_2}}{V_{gy}} \times 100\%$$

在这个可测量的定义中我们发现了 V_{gy} 的容积,似乎只要将 CO_2 和 V_{co_2} 测定出来,则将 CO_2 的定义变形即可计算出 V_{gy}。但在实际工程应用测量中我们通常只测定三原子气体的烟气成分,即 CO_2 和 SO_2 的混合气体烟气成分

$$RO_2 = CO_2 + SO_2 = \frac{V_{co_2}}{V_{gy}} \times 100\% + \frac{V_{so_2}}{V_{gy}} \times 100\%$$

如此这般似乎问题已解决,但在这个式子中存在一个问题,RO_2 可以通过实际检测出数据,那么 V_{co_2} 和 V_{so_2} 如何求取? V_{so_2} 可以通过前述 $V_{so_2} = \frac{22.4 \times S_{ar}}{32 \times 100}$ 求取,而 V_{co_2} 为多少呢?因无法确知完全燃烧的碳的份额。这里我们再应用一下我们以往已学的简明知识,看一下能否发现什么。

当入炉原煤中的碳完全燃烧时,设其燃烧份额为 x,那么不完全燃烧份额则为 $1-x$,我们已学的简明知识就是碳的化学燃烧方程式:

$$C \quad + \quad O_2 \quad = CO_2 \qquad 2C \quad + \quad O_2 \quad = 2CO$$

$$12 \qquad 22.4 \qquad\qquad 2 \times 12 \qquad 2 \times 22.4$$

$$\frac{C_{ar}}{100}x \qquad V_{CO_2} \qquad\qquad \frac{C_{ar}}{100}(1-x) \qquad V_{CO}$$

将 V_{CO_2} 和 V_{CO} 相加,我们发现这二者之和为 $\dfrac{22.4 \times C_{ar}}{12 \times 100}$,即无论入炉原煤完全或不完全燃烧比例是多少,二氧化碳与一氧化碳的容积之和为定值,且等于当入炉原煤完全燃烧时的二氧化碳的烟气容积。

$$V_{CO_2} + V_{CO} = \frac{22.4 \times C_{ar}}{12 \times 100}$$

$$SO_2 + CO_2 + CO = \frac{V_{SO_2} + V_{CO_2} + V_{CO}}{V_{gy}} \times 100\%$$

则
$$V_{gy} = \frac{V_{SO_2} + V_{CO_2} + V_{CO}}{SO_2 + CO_2 + CO} = \frac{\dfrac{22.4 \times C_{ar}}{12 \times 100} + \dfrac{22.4 \times S_{ar}}{32 \times 100}}{RO_2 + CO} \; (\mathrm{Nm^3/kg})$$

这样我们将每千克入炉原煤燃烧过程中所生成的烟气量计算出来,即

$$V_y = V_{H_2O} + V_{gy} = \frac{22.4 \times M_{ar}}{18 \times 100} + \frac{22.4 H_{ar}}{2 \times 100} + \frac{28.97 \times d_k}{1000 \times 18} \alpha''_l V^0 + \frac{\dfrac{22.4 \times C_{ar}}{12 \times 100} + \dfrac{22.4 \times S_{ar}}{32 \times 100}}{RO_2 + CO} \; (\mathrm{Nm^3/kg})$$

从以上烟气容积的计算过程中,我们应该学会在实际工程计算中运用简明的知识对实际对象依据实际参量的影响和误差进行简化,必要时利用实际可操作过程定义相关参量以完成实际工程应用中的必要计算。

四、完全燃烧方程式

在实际锅炉运行过程中,为提高锅炉运行效能就必须保证入炉煤粉在锅炉炉膛内的充分完全燃烧。在实际燃烧过程中如何判断炉内燃烧过程是否充分完全燃烧,方法有许多种,在这里介绍一种常见的利用烟气成分进行炉内燃烧工况判断的方法。

依据烟气成分定义,当入炉煤粉在锅炉炉膛内完全燃烧时,利用简明的数学知识我们就可以得到下式:

$$21 - O_2 = (1 + \beta)RO_2$$

式中:β——燃料特性系数,它仅决定于入炉原煤的收到基成分;

O_2——氧气的烟气成分;

RO_2——三原子气体烟气成分。

这里需要注意几个问题:

(1)完全燃烧方程式中的 O_2 和 RO_2 应为同一测点的烟气成分,这是因为不同测点的 O_2 和 RO_2 是不相同的。由于大多数火电厂室燃煤粉锅炉炉内燃烧压力为微负压,则沿烟气流动方向不断会有外界空气漏入,这会改变 O_2 和 RO_2 的数值。

（2）不同的入炉煤质将会改变完全燃烧方程式中的燃料特性系数，所以在工作中不能将不同入炉煤质条件下的燃料特性系数不加区别地作为完全燃烧方程式中的固定燃料特性系数。

（3）实际工程应用中，当进行定量计算时数量间的运算总是误差运算，这就使得利用完全燃烧方程式进行计算判断时，方程式的左边在完全燃烧时未必等于右边，实际应用中我们可以依据具体检测数据确定出完全燃烧的误差范围。在此误差范围内则可视作为完全燃烧。

在实际工作中如果我们能够有效获得 O_2 和 RO_2 的数值，则可以利用完全燃烧方程编一段判断锅炉炉内是否完全燃烧的报警小程序，这里涉及误差计算，如何通过实践数据整理确定出完全燃烧判断的误差范围，和当入炉煤改变时燃料特性系数值的改变？实际工程应用问题的改进都是一个不断改进，由小变最终引起质的改变。

五、过量空气系数与烟气成分间的关系

在实际锅炉运行过程中，入炉过量空气系数的控制不仅会影响到锅炉炉膛内入炉煤粉的充分完全燃烧，还将影响到锅炉尾部烟道内对流受热面的传热过程、受热面的积灰与飞灰磨损。

那么实际中应如何有效监控锅炉炉内过量空气系数呢，在前面的讨论中我们已发现沿着锅炉尾部烟道烟气流动方向，由于在火电厂中大多数室燃煤粉锅炉炉内压力维持在微负压状态，则锅炉炉体外空气将不断会漏入锅炉炉体内，因此锅炉过量空气系数因不断漏入空气而增加，这改变了烟气中的相应烟气成分值。当锅炉炉膛内燃烧过程可看作为完全燃烧过程，并且入炉原煤中氮含量很小时，同样从过量空气系数定义出发，利用简明的知识与数学简化处理方法，可以得到如下锅炉炉内过量空气系数与锅炉炉内烟气成分间的定量关系：

$$\alpha = \frac{RO_2^{max}}{RO_2} = \frac{21}{21 - O_2}$$

在这里 RO_2^{max} 称为三原子气体最大烟气成分，其值仅与燃料特性系数有关，即仅与入炉原煤收到基成分有关，当入炉煤质一定时，则相应的原煤收到基成分一定，RO_2^{max} 值便随之而定。在完全燃烧条件下锅炉炉内过量空气系数与烟气成分间存在一一对应关系，从中也可发现对于微负压运行的锅炉，在尾部烟道内沿烟气流动方向由于不断有空气漏入，过量空气系数不断增大，因此 RO_2 变小，而 O_2 变大；如处在微正压运行状态，则 RO_2 变大，而 O_2 变小。在实际火电厂锅炉运行过程中，通常情况下锅炉炉内燃烧过程基本可认作为完全燃烧过程，则利用上述关系式可以帮助判我们断锅炉尾部烟道内各段的漏风状况。通常情况下由于锅炉尾部各段的特定结构正常漏风应在某一范围内，对应可知相应各段的烟气成分数值变化，当超出这一数值范围时则意味着锅炉尾部相应漏风量的增加。

在实际工作中如果我们能够有效获得 O_2 和 RO_2 的数值，则可以利用完全燃烧条件下的锅炉过量空气系数与烟气成分关系式编一段判断锅炉尾部各段受热面的漏风量是否超标的报警小程序，这里与完全燃烧方程处报警程序所述相似，涉及误差计算，如何通过实践数据整理确定出完全燃烧条件下锅炉尾部漏风量判断的误差范围，如何利用不同量对同一问题的相互校核？实际工程应用问题的改进都是一个不断积累、改进和逐渐扩展的过程，从小处开始积累我们的知识与能力吧。

六、烟气焓

在热力循环过程中当涉及能量传递或转换时，常常涉及焓差计算。如在锅炉吸热量计算中我们计算工质进出口的焓差，汽轮机内计算理论做功量时依然利用工质的进出口的焓差。焓是一个开口热力系统中流动工质所携带的可供热力过程能量交换的全部能量。在锅炉尾部受热面内如已知高温烟气在进入某一受热面前、后的进出口焓值，就能较正确地判断此受热面的传热工况，计算出传热量值。不过这里需要注意的是这种方法是建立在热力学第一定律基础上的能量守恒关系。所面对的是开口热力系统的稳态流动过程，通常锅炉在额定负荷或某一负荷下稳定运行时，锅炉受热面的热交换量为烟气进口焓与出口焓差。烟气焓的计算需注意几个问题：

（1）在气体焓的计算中，我们不能简单地认为因焓可以计算热交换量，因此焓的计算可以是气体容积比热容乘以气体容积再乘以气体所具有的温度，事实上气体容积比热容是分定压容积比热容与定容容积比热容，二者间如烟气或空气可被认作为理想气体看时是相差一个固定值。在开口稳定系统气体焓值计算中气体容积比热容为气体定压容积比热容，这是可以通过对稳定的开口系统建立在热力学第一定律基础上的能量守恒关系的数量分析中明确认证的。当我们计算以固体或液体形态进行热交换时的热量，我们是不区分定压比热容还是定容比热容，因为无论是固体还是液体在加热过程中容积变化与气体相比微乎其微，因此无须考虑在加热过程中因膨胀而多吸收的热能。记住在计算气体焓值时我们采用气体定压容积比热容，而在计算气体内能时采用气体定容容积比热容。

（2）在烟气焓的计算中，我们是区分烟气中各成分是所谓的双原子气体还是三原子气体。实际中气体的定压比热容是随温度的变化而变化的，不同的气体成分间它们的定压容积比热容是不相同的，随温度的变化关系也不同。但要注意在烟气中 CO_2 和 SO_2 这两个三原子气体成分的定压容积比热容在我们火电厂锅炉运行的温度范围内基本保持一致，因此在实际计算中我们只需查取 CO_2 的定压容积比热容即可进行 CO_2 和 SO_2 这两个气体成分的焓值计算。注意水蒸气也为三原子气体，但其不同于 CO_2 和 SO_2 这两个气体成分，因此它们间的定压比热容不可混用。

（3）当入炉原煤含灰量较大时，在烟气焓的计算中应考虑飞灰焓的计算。一般依据

$$A_{ar,zs} = \frac{1000A_{ar}\alpha_{fh}}{Q_{ar,net}} > 1.43 \text{ 时}$$

$$I_{fh} = (c\vartheta)_h \frac{A_{ar}\alpha_{fh}}{100}$$

α_{fh} 为烟气中飞灰占入炉原煤所带入的灰量的份额，对火电厂室燃煤粉炉固态排渣，通常情况下为 95%。

工作任务

理清本节所述定量计算内容利用了哪些实用简明的知识与方法，实际中是如何完成由复杂的实际事物对象到凸显对象问题本质，从而得出可以有效进行定量计算分析的量化数

据模型关系。

能力训练

当面对复杂实际工程应用问题时,培养学生学习如何利用简明的基础知识与常识,结合实际问题对象的工作过程特征与探求目的,简化对象的主要特性,以期获得有效、可以应用于工程实际的量化分析结果的方法。

思考与练习

1. 试通过理论空气量概念与相关计算的建立分析过程,体会说明实际工程应用过程中我们是如何利用简明的科学常识建立起有效的必要的应用数据量之间的关系。

2. 通过本项目任务学习,说明锅炉过量空气系数是一个怎样的概念,在实际应用中应如何选择锅炉炉膛过量空气系数? 锅炉炉膛过量空气系数选择或控制过大,会引起怎样的问题? 过小呢?

3. 试说明锅炉完全燃烧方程式是如何建立的,它具有哪些实际应用价值? 你会怎样利用这一关系式服务于锅炉运行生产实际工作?

4. 何谓烟气焓? 为什么在锅炉热交换计算过程中我们总是利用烟气焓差计算实际热量交换值,烟气焓应如何计算?

子任务二 锅炉发电运行综合性指标参数及应用分析

学习目标

通过对锅炉发电生产工作过程中综合运行指标参数及应用分析,使学生对锅炉发电生产运行综合性指标参数的实际应用意义和相关影响因素具有深刻认知,在今后的锅炉运行工作岗位上关注锅炉实际运行工况操控与发电运行综合性指标参数间变化关系,以期更好地完成运行岗位职责。

能力目标

培养学生依据量化的综合性指标参数变化,及时有效地对锅炉发电生产运行过程调控的能力,掌握锅炉运行基本工作特性,具备基本的优化锅炉生产运行过程意识与综合分析能力。

知识准备

关 键 词

发电标煤耗 供电标煤耗 标准煤 入炉煤质成分折算系数
锅炉负荷 电网基本负荷 电网调峰负荷 锅炉连续发电小时数
锅炉点火稳燃方式 锅炉事故率 厂用电率 锅炉辅机生产用电率

在火电厂发电生产运行过程中,运行人员的基本职责是保证锅炉发电机组的安全正常运行,在此前提下应尽可能地提高锅炉发电机组的运行经济性,减少对环境的污染和对环境资源的过多消耗。

一、发电标煤耗与供电标煤耗

在火电厂发电生产过程中我们对锅炉发电机组的经济性考量,常通过发电标煤耗、供电标煤耗指标参数来反映。这里所说的发电标煤耗,是指锅炉发电机组每发出一度电所耗用的标准煤的克数。所谓标准煤在考量锅炉发电机组经济性时是指每千克燃煤发热量定义为7000kcal/kg(或为29270kJ/kg)的煤。这里需注意几个问题:

(1)在火电厂锅炉发电生产工作过程中我们已接触到两个标准煤概念。其一是在燃料可磨性系数定义中我们将一种很硬、难磨的煤作为标准煤,用于考量锅炉入炉原煤的可破碎成粉的特性,一般原煤较这种规定的很硬、难磨的标准煤易于被破碎成粉,因此一般情况下燃料的可磨性系数总是大于1。燃料可磨性系数值越大则意味所测试入炉原煤就越易于破碎磨制成粉。一般入炉原煤破碎成粉的磨煤电耗量总是小于标准煤的磨煤电耗量。所以燃料可磨性系数一般不会小于1。其二,则是在锅炉发电运行经济性考量时,为了能有效真实地反映锅炉发电生产过程的成本支出,又引进了一个标准煤。在火电厂中锅炉入炉原煤的采购价格常常与原煤的发热量相联系。同一型号、同一时期投运,锅炉性能试验指标基本相同,当燃用相同入炉原煤煤质,发电生产负荷量相同时,可以十分简单确认单位时间内消耗入炉原煤量越大的锅炉发电机组其发电生产运行经济性越差。但在实际生产运行考评过程中对燃用不同原煤的两台锅炉该如何进行考评呢?显然我们不能简单地依据单位时间内入炉原煤消耗量的多少进行判断。这是因为某一种入炉原煤发热量只是另一种入炉原煤发热量的一半时,而其在同等锅炉发电负荷下入炉原煤量不到另一种入炉原煤量的两倍,尽管前者入炉原煤量大于后者入炉原煤量,但显见前者锅炉发电运行经济性好于后者。实际生产过程中入炉原煤发热量、入炉原煤消耗量未必如此简单,易于进行经济性比较。故在进行比较前将单位时间内入炉原煤带入的总热量折合成每千克发热量为7000kcal/kg(或为29270kJ/kg)的标准煤量,这样即可通过简单的折合标准煤消耗量比较,直接得出锅炉发电生产过程实际运行耗煤量的经济性比较。

(2)锅炉运行经济性考量,对于不同容量和参数的锅炉发电机组运行经济性是不相同的。通常锅炉容量越大、过热蒸汽参数越高,则锅炉相对经济性就越好。锅炉发电生产过程经济性考量是一个十分复杂的问题,实际生产运行中当锅炉处于不同负荷下运行时,实际生产数据统计显示锅炉发电运行经济性在不同负荷下具有较大差别。当入炉原煤煤质与锅炉设计入炉煤种煤质或运行试验校核煤种煤质差别较大时,也将会降低锅炉实际发电运行生产过程经济性。因此在对锅炉发电机组进行经济性分析时,应关注锅炉容量与机组过热蒸汽参数是否相类或相近;是否运行工作在相同负荷区间;实际运行煤质是否与设计煤种或运行试验校核煤种煤质相近;季节与环境温度的变化亦应作为影响锅炉运行经济性因素考虑,如在我国南方夏季都有一个较长时期的雨季,而北方冬季则气温偏低。

(3)当考量发电标煤耗时,常常会同时关注火电厂锅炉发电机组发电上网的成本核算,这就是所谓供电标煤耗。供电标煤耗与发电标煤耗相类,都是考量在完成发电生产的某一环节后所消耗的各类资源成本折合成标准煤的克数。供电标煤耗是完成每度电上网输出后的发电成本折合为标准煤的克数,显而易见供电标煤耗总是大于发电标煤耗。因为在供电标煤耗中不仅包含发电煤耗,还包含各类设备运行、维护成本,维持运行的财务成本与各类生产过程物质与能量耗损。

所谓供电标煤耗是指火电厂每发电上网输出一度电所耗用的各类成本与能量消耗折合成标准煤的克数。发电标煤耗反映的是发电生产运行过程中输出电量与入炉原煤消耗量折合成标准煤后每发一度电投入锅炉炉膛燃烧所消耗的标准煤克数。这更多地是反映生产运行状况,而供电标煤耗则不仅反映生产运行状况,通过二者之间的差值比较进一步深层反映生产运行与设备维护管理水平。当然设备初投资所产生的财务费用、锅炉发电运行机组的上网发电负荷分配与运行小时数、燃料运输环境和机组采用纯凝汽式发电还是采用热电联产方式都将会影响到供电标煤耗。不过在这里我们应更关注的是在已有设备和运行环境下的生产过程对发电标煤耗与供电标煤耗的影响。

二、入炉煤质成分折算系数

在火电厂发电生产过程中要保证锅炉燃烧运行的安全、稳定与充分完全燃烧,对锅炉生产运行状况进行有效监控和及时调节,必须充分掌握相关入炉原煤煤质数据。在火电厂中当通过各类运输工具如火车、运煤船及汽车等将原煤输送到火电厂时,便会对入厂原煤进行采样化验分析,有条件的火电厂在到厂原煤从储煤场入炉燃烧前还将对入炉原煤进行采样化验分析,以便于为锅炉燃烧运行生产过程的安全、高效提供有效的入炉原煤煤质数据支持。通常对原煤进行化验以便于为生产运行人员提供入炉煤的收到基的低位发热量、收到基灰分、全水分(收到基水分)、干燥无灰基挥发分、干燥基全硫和空干基氢分(如条件限制可每季分矿点化验一次)。

实际入炉煤的这些煤质数据,更多地侧重于反映每千克入炉原煤的发热量值,每千克煤当进入锅炉炉膛时所带入的灰量、水分量与硫分量。这些化验分析值并未直观地反映出单位时间内入炉原煤所带入锅炉炉膛的总灰量、总的水分量和总的硫分量的多少,而实际锅炉运行过程中单位时间内锅炉炉膛内的总灰量的增加不仅会因炉内灰量的增加造成飞灰浓度增加,且因灰分的妨碍而使烟气中还原性气体增加,这将导致入炉原煤灰熔点的下降,增大锅炉受热面结焦的危险性;同时烟气中飞灰量的增加将使锅炉受热面积灰增加,飞灰磨损增大;电气除尘、除灰系统电耗增加。

而入炉原煤带入锅炉系统的总水分量的增加,则会引起锅炉制粉系统磨煤出力的下降,入炉时延迟煤粉气流着火燃烧时间,降低锅炉燃烧效率,当然这并不是说入炉煤粉所含水分量越低越好,当入炉煤粉水分值低于锅炉设计或运行试验水分设定值时,将可能引起煤粉着火提前,危及锅炉制粉系统运行安全,引起锅炉燃烧器一次风喷口的烧蚀与结焦。

而入炉原煤带入锅炉炉膛内的总硫分量的增加,则会使烟气中含有更多的 SO_2 和 SO_3 及硫酸蒸汽,这将可能会引起锅炉高温受热面高温腐蚀加重,导致锅炉脱硫电耗增加,排烟温度上升,锅炉尾部低温受热面低温腐蚀严重。

在以上分析中我们发现,锅炉运行的安全、稳定性常常与入炉原煤单位时间内所带入锅炉炉膛的原煤成分中某一成分总量有关。而原煤成分分析数据并未直观地反映出这种数据特征和满足锅炉运行工作需求的实际化验分析数据。

入炉原煤单位时间内带入锅炉炉膛某一成分总量的多少,取决于单位时间内投入锅炉炉膛的入炉原煤量的多少,而入炉原煤量的多少则取决于入炉原煤发热量的大小。入炉原煤发热量越高,则在某一恒定锅炉运行负荷下投入锅炉炉膛的入炉原煤燃料量将递减。这也就是说当锅炉负荷一定时,入炉原煤某一成分总量的多少仅仅取决于入炉原煤的收到基的低位发热量的大小。折算系数的引入弥补了入炉原煤煤质成分分析数据不能反映单位时间内入炉原煤某一煤质成分带入锅炉炉膛总量多少的问题。在今后的火电厂锅炉发电生产运行岗位除关注原煤分析成分数据外,应学会自觉测算相应的入炉原煤的折算灰分、折算水分和折算硫分,以准确预知单位时间内锅炉炉膛内入炉煤粉所带入的灰的总量、入炉水分的总量和入炉硫的成分总量。当这些成分高于设计规定的总量值时,如灰分的总量高于设计值时,应注意可能引起的入炉煤粉灰分的灰熔点下降,当烟气流经锅炉各级受热面时将更易形成积灰和结焦;锅炉入炉煤粉水分总量的增加将会使得煤粉着火与燃烧受到干扰,燃烧热损失增加;而入炉煤粉硫分总量的增加则会增加锅炉各级受热面的高温腐蚀、低温腐蚀和积灰现象的发生。为有效防止锅炉尾部低温受热面的低温腐蚀,锅炉排烟温度提高,锅炉排烟热损失增加;为减轻锅炉排烟对大气环境的污染,锅炉脱硫系统电耗增加。

在火电厂中运行的锅炉发电机组,有些发电机组在电网中承担发电基本负荷的任务,即在发电机组运行期间发电负荷波动很少;而有些机组则承担电网调峰负荷的任务,即发电机组负荷依电网负荷变化不断波动。我们知道锅炉发电机组运行在设计额定负荷时,发电机组运行经济性好,机组运行安全稳定,而在低负荷时,常常需及时投入燃油以稳定燃烧,防止因锅炉燃烧负荷过低,燃烧温度不易维持而造成锅炉炉膛熄火。在有些大型锅炉机组中有利用等离子点火装置来稳定锅炉燃烧过程,而不必投入燃油以稳定锅炉燃烧。

在火电厂中常用三个运行指标来衡量锅炉发电机组的运行可靠性:

① 锅炉连续运行时数=锅炉二次检修之间的运行时数;

② 锅炉运行事故率=锅炉事故停用时数/(运行总时数+事故停用时数);

③ 锅炉可用率=(运行总时数+备用总时数)/统计时间总时数。

在我国通常统计时数以一年为基准周期。国内机组运行时间较长的可达 4000 小时以上,事故率则在 1% 以下。

火电厂投资建设是一个十分巨大的工程,锅炉本身的投资在很大程度上取决于锅炉制造时的钢材使用率。所谓锅炉钢材使用率是指锅炉每生产 1 吨过热蒸汽所消耗的钢材吨数。显而易见锅炉容量越大,锅炉钢材消耗率就越小,但这并不是说钢材消耗量小锅炉造价就低,事实上大容量锅炉工作压力和过热蒸汽温度常常远高于小容量锅炉。为保证锅炉运行工作安全,锅炉高温高压受热面常采用耐热合金钢,这大大提高了锅炉造价。巨大的前期投资必须通过锅炉发电机组的发电运行生产来偿付,因此火电厂锅炉发电机组必须保持一定的年发电小时数,否则将出现发电亏负。据一般火电厂发电生产运行成本测算,火电厂锅炉发电机组年发电小时数应维持在 4000 小时以上。

火电厂发电生产的运行成本,除需考虑发电生产过程中投入的燃料生产成本(这大约占火电厂发电生产成本的 80% 左右)外,火电厂的前期投资所形成的财务成本亦是必须面对的巨大数额。在火电厂生产过程中还有一项我们必须密切关注的生产运行成本,这就是发电生产过程中的厂用电率。所谓厂用电率,简单地说就是火电厂在发电生产过程中,为完成发电生产所需消耗的折算电能占发电生产电能量的百分数。显而易见,一台 600MW 锅炉发电机组,在额定负荷运行时,厂用电所占比率大则意味着相应输出电能的减少,即发电生产经济性差。在目前火电厂大型机组发电生产运行过程中,厂用电消耗主要来自于锅炉一次风机电耗、锅炉送风机电耗、引风机电耗、锅炉制粉系统磨煤机电耗,热力系统循环过程中循环水泵电耗和凝结水泵电耗,以及为有效防止火电生产过程对环境的污染而进行的烟气脱硫电耗和电器除尘电耗。实际运行统计发现,以 600MW 超临界同类发电机组为例厂用电率为 4.10%~5.10%,由此可见厂用电率仍有进一步降低空间。

在火力发电生产过程中,锅炉设备的安装检修技术水平和设备所用金属材料的质量、材料等级都会影响到锅炉生产运行的稳定性,从而间接地影响到锅炉运行的经济性。

此外还应注意到锅炉发电机组的投运时间,一般在锅炉发电机组的投运初期,设备系统整体各方面需要调整协调,运行经济指标未尽人意,在发电设备运行生产的末期设备成旧老化,发电运行经济性下降。

工作任务

就锅炉岗位运行实训,收集现场生产运行资料,试对不同容量锅炉发电机组锅炉辅机设备依厂用电率的大小进行排序、比较。

能力训练

通过对不同容量锅炉发电机组辅机设备厂用电率比较,以培养学生在实际生产运行过程中对相关设备运行能耗的关注。

思考与练习

1. 结合火电厂锅炉运行实训,依据本项目任务中所学去现场收集相关锅炉设备运行发电标煤耗、供电标煤耗是多少,对于不同发电容量的火力发电机组进行比较。

2. 什么是厂用电率?在锅炉发电生产运行过程中你知道哪些锅炉辅机设备厂用电量大,实际收集资料比较,并将锅炉辅机设备依厂用电率进行排序。

3. 对实际生产过程中入炉煤煤质发生变化时,相应燃料折算系数的改变对锅炉运行过程的影响进行分析,提出相应的改善措施。

项目五　火电厂锅炉水循环过程与蒸发设备系统

任务一　锅炉蒸发设备水循环系统组成与设备结构

学习目标

从自然循环锅炉工作原理引入自然循环锅炉蒸发设备系统组成,掌握自然循环锅炉蒸发设备系统的组成、作用及相关主要设备的结构与工作特性。

能力目标

熟悉自然循环锅炉蒸发设备系统的组成、设备布置及相关主要设备的结构、工作性能。

知识准备

关 键 词

自然循环锅炉　强制循环锅炉　蒸发设备　汽包　下降管　水冷壁

一、蒸发设备的组成

锅炉中吸收火焰或烟气的热量而使水产生蒸汽的受热面称为蒸发受热面。锅炉炉膛内的高温火焰向周围大量辐射热量,而在炉膛墙壁上装设水冷壁管,就构成吸收辐射热的蒸发受热面。

自然循环锅炉的蒸发设备如图 5-1 所示,由汽包、下降管、水冷壁、联箱及连接管道等组成。汽包、下降管、联箱、连接管道等在锅炉炉外不受热;水冷壁布置在炉膛四周,接受炉膛内高温火焰的辐射传热。给水经省煤器加热后被送入汽包,在汽包内保持一定的水位。汽包内的水通过下降管、水冷壁下联箱进入水冷壁(又称上升管),水在上升管内受热达到饱和并部分变成蒸汽,形成汽水混合物。由于上升管吸热,其管内汽水混合物的密度小于下降管内水的密度,两者的密度差使上升管中的汽水混合物自动上升,然后由水冷壁上联箱经汽水引出管引入汽包,并在汽包内依靠汽水密度差和分离装置的作用进行汽水分离。分离出来的蒸汽进入过热器系统;分离出来的饱和水与给水混合后再流入下降管,继续循环。由汽包、下降管、上升管、联箱和连接管道所组成的闭合蒸发系统,称为水循环回路。工质在依次沿着汽包、下降管、下联箱、水冷壁(上升管)、上联箱、导汽管、汽包这样的循环回路流动过程中,其流动的推动力是由汽水密度差产生的,故称为自然循环。

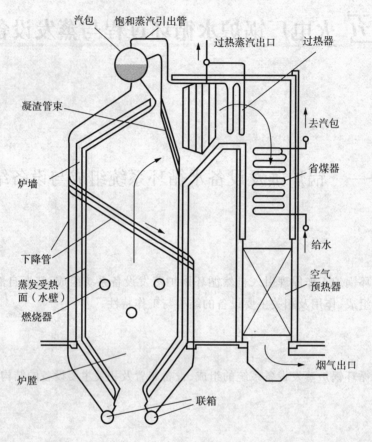

图 5-1   自然循环锅炉简图

为维持蒸发受热面中工质的良好换热,受热管中的工质要有足够大的流速。在亚临界压力时,由于汽水密度差减小,工质在循环回路中的流动速度下降,这时需要用辅助循环泵来推动工质的流动,这是一种控制流动方式。对于采用控制流动方式的控制循环锅炉,循环泵是其重要的蒸发设备之一。

二、汽包

1. 汽包的结构

汽包(又称为锅筒)是由钢板制成的长圆筒形压力容器,其外形结构如图 5-2 所示。它由筒身和两端的封头组成。筒身是由钢板卷制焊接而成;封头由钢板模压制成,与筒身焊在一起;在封头留有椭圆形或圆形人孔门,以备安装和检修时工作人员进出。在汽包上开有很多管孔,并焊上称作管座的短管,通过对焊,可分别连接给水管、下降管、汽水混合物引入管、蒸汽引出管以及连续排污管、给水再循环管、加药管和事故放水管等,还有一些连接仪表和自动装置的管座,如图 5-3 所示。

为了保证汽包能自由膨胀,早期的锅炉常采用滚柱支承。现代锅炉的汽包都用吊箍悬吊在炉顶大梁上。汽包横置于炉顶外部,不受火焰和烟气的直接加热,并具有良好的保温。各种参数锅炉常见汽包尺寸及材料如表 5-1 所示。

图 5-2　正在吊装的汽包　　　　　图 5-3　汽包的蒸汽引出管

表 5-1　各种参数锅炉常见汽包尺寸及材料

压力	中压	高压	超高压	亚临界
内径(mm)	1400～1600	1600	1600～1800	1700～1800
壁厚(mm)	46	90～100	100～120	140～200
材质	碳钢	C—Mn 钢	Mn—Ni—Mo 钢 Mn—Mo—V 钢	C—Mn 钢 Mn—Ni—Mo 钢

以 DG-1025/18.2-Ⅱ4 型锅炉为例,其汽包所用的材料为 13MnNiMo54,这种材料的机械性能及化学成分见表 5-2。

表 5-2　常温下 13MnNiMo54 的机械性能及化学成分

机械性能			化学成分(%)										
σ_s(MPa)	σ_b(MPa)	δ(%)	C	Si	Mn	P	S	Cr	Ni	Mo	Mb	V	Cu	Al
459	625	20.2	0.15	0.39	1.44	0.016	0.015	0.32	0.04	0.30	0.008	0.001	0.03	0.04

2. 汽包的作用

(1)汽包是加热、蒸发、过热三个过程的连接枢纽和大致分界点

如图 5-4 所示,省煤器出口与汽包连接;水冷壁、下降管分别与汽包连接,形成了自然循环回路;汽包出口与过热器连接。汽包成为省煤器、水冷壁、过热器的连接中心。锅水的蒸发起点在水冷壁下部的某一部位。在任何工况下汽包均产生饱和蒸汽,所以过热器进口

始终是饱和蒸汽。

（2）汽包具有一定的蓄热能力，能较快地适应外界负荷变化

汽包是一个体积庞大的金属部件，其中存有大量的蒸汽和锅水，具有一定的蓄热量。当锅炉负荷变化时，汽包通过自发释放部分蓄热量弥补输入热量的不足，或通过增加部分蓄热量吸收多余的输入热量，快速地适应外界负荷的需要。

例如：当外界负荷增加时，燃烧未能及时跟上，则锅炉汽压下降，对应饱和温度也下降，锅水变得过热，部分水汽化，水温降到对应压力下的饱和温度；同时，由于锅水温度下降而使汽包金属温度高于锅水温度，金属的部分蓄热向锅水释放，进一步使锅水汽化。产生的蒸汽可以弥补炉膛蒸发量的不足，缓解汽压的下降速度。

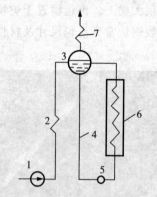

图 5-4　自然水循环系统示意图
1—给水泵；2—省煤器；3—汽包；
4—下降管；5—联箱；6—水冷壁；7—过热器

汽包直径大，长度长，壁厚，其内部空间贮水量多，汽包的蓄热能力就大，从而保证在运行中汽压稳定，并能快速适应外界负荷的变化，具有较好的负荷调节特性。

（3）汽包内部装置可以提高蒸汽品质

由水冷壁进入汽包的汽水混合物，利用汽包内部的蒸汽空间和汽水分离元件进行汽水分离，降低离开汽包的饱和蒸汽中的水分。对于超高压以上的锅炉汽包内有时还装蒸汽清洗装置，利用给水清洗蒸汽，减少蒸汽直接溶解的盐分。此外，布置在汽包内的锅内加药、排污装置通过控制锅水含盐量来提高蒸汽品质。

（4）汽包外接附件保证锅炉工作安全

汽包外接有压力表、水位计、安全阀等附件，汽包内还布置了事故放水管等，用来保证锅炉的安全运行。

3. 汽包的安全运行

汽包是有一定壁厚的压力热容器。汽包的工作压力高、机械应力大；汽包壁温度场不均匀，会产生热应力。因此，在锅炉运行中必须保证汽包在已定的工作寿命期间安全运行。

汽包在运行中必须限制工作压力。为防止压力超过允许限值，在汽包上和过热器出口装置100%容量的安全阀。当工质压力超过允许限值时，安全阀自动开启，释放蒸汽及降低压力。

汽包直径大、壁厚，在锅炉进水、启动、停运和负荷变化时都可能在汽包上、下及内、外壁发生较大的温差，产生很大的热应力，其机械应力和热应力的综合应力在局部区域的峰值将会接近或超过汽包材料的屈服极限。汽包的综合应力是低周期性的，每一个周期变化都会形成低周疲劳损耗，使工作寿命缩短。综合应力峰值越大，低周疲劳损耗越大。因此，在运行中必须限制汽包上、下及内、外壁温差。一般要求在锅炉启停和正常运行中汽包上、下及内、外壁温差不能大于50℃。

三、下降管

下降管的作用是把汽包中的水连续不断地送往下联箱供给水冷壁，以维持正常的水循环。下降管布置在炉外不受热，管外包覆有保温材料，以减少散热损失，如图 5-5 所示。

图 5-5　下降管

下降管分为小直径分散下降管和大直径集中下降管两种。小直径分散下降管，由于管径小（直径一般为 108～159mm）、数量多（40 根以上），故流动阻力较大，只用于小型锅炉。现代大型锅炉都采用大直径集中下降管（管径一般为 325～428mm），管子数目少（4～6 根）。大直径下降管上部与汽包下部下降管管座连接，垂直引至炉底，再通过小直径分支管引出接至下联箱，这种下降管的优点是流动阻力小，有利于水循环，并能节约钢材、简化布置。

下降管材料一般采用碳钢或低合金钢，如 20G 钢、SA－106B 等。

四、联箱

联箱的作用是汇集、混合、分配工质。联箱一般布置在炉外，不受热。

联箱由无缝钢管两端焊上平封头构成，在联箱上有若干管头与管子焊接相连（如图 5-6 所示）。水冷壁下联箱底部还设有定期排污装置、蒸汽加热装置。

联箱材料一般采用碳钢或低合金钢，如 20G 钢、12CrlMoV 等。

五、水冷壁

水冷壁是锅炉中的主要蒸发受热面。水冷壁由许多并列的上升管组成，紧贴炉墙形成炉膛四周内壁或布置在炉膛中部。

常用的水冷壁管子尺寸为：$\phi 42mm \times 5mm$、$\phi 60mm \times 5mm$、$\phi 60mm \times 6mm$、$\phi 57mm \times 6.5mm$、$\phi 63.5mm \times 7.5mm$。管材为碳钢或低合金钢，如 20G 钢、15CrMo 等。

1. 水冷壁的作用

（1）吸收炉膛中高温火焰和烟气的辐射热量，将水加热部分变成饱和蒸汽。

图 5-6　联箱

水冷壁是以辐射传热为主的受热面，辐射传热量与火焰或烟气温度的四次方成正比，而对流传热与烟气温度的一次方成正比，所以辐射蒸发受热面比对流蒸发受热面传热更强。如果吸收相同热量，则辐射蒸发受热面布置的少一些，可以节省部分钢材。

（2）使炉墙温度大大下降，因而炉墙结构简化，减轻了炉墙的重量。

（3）降低炉墙附近和炉膛出口处的烟气温度，防止或减少炉膛结渣。

2. 水冷壁的类型

水冷壁的主要型式有光管式、销钉式、膜式三种。

（1）光管式水冷壁

用外形光滑的管子连续排列成平面形成水冷壁。水冷壁的结构要素有管子外径 d、管壁厚度 δ、管中心节距 s 及管中心与炉墙内表面之间的距离 e，见图5-7。

水冷壁管排列的疏密程度用管间相对节距 s/d 表示，一般光管式水冷壁 $s/d=1.05\sim 1.25$。s/d 较小时，管子排列紧密，炉膛壁面单位面积的吸热量增多（但每根管子的吸热量减少），而且对炉墙的保护作用也好。s/d 较大时，情况正好与上述相反。随着锅炉容量的增大，炉膛容积成正比增大，但炉壁面积的增长较少。要保证炉膛温度不致过高造成结渣，必须增加水冷壁管的紧密程度，即选择较小的 s/d 值。当锅炉容量增加到一定程度后，炉壁面积有可能不能满足水冷壁管的敷设，则在炉膛中间，沿宽度方向布置1～3排双面曝光水冷壁。

管中心与炉墙内表面之间的相对距离 e/d 对水冷壁的吸热量与保护炉墙作用也有影响。e/d 较大时，炉墙内表面对管子背火面的辐射热增多，但对炉墙和固定水冷壁的拉杆的保护作用下降。e/d 较小时，情况则相反。

现代锅炉水冷壁管的一半被埋在炉墙里，使水冷壁与炉墙浇成一体，形成敷管式炉墙。光管式水冷壁的布置如图5-8所示。由于炉墙温度低，所以炉墙做得较薄，既节省了材料，又减轻了重量，还便于采用悬吊结构。

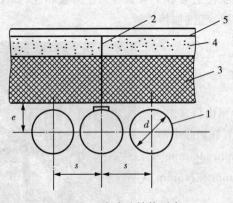

图5-7 水冷壁结构要素

1—上升管；2—拉杆；3—耐火材料；4—绝热材料；5—外壳

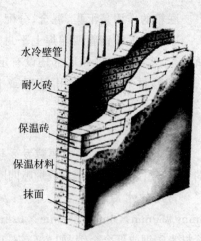

图5-8 光管式水冷壁的布置

（2）销钉式水冷壁

在水冷壁光管的外侧焊接上很多直径为9～12mm、长为20～25mm的圆钢就成了销钉式水冷壁。

用销钉可以敷设和固牢耐火塑料，使水冷壁吸热量减少，提高炉内温度，如图5-9所示。因销钉数目多，焊接工作量大，质量要求高，销钉式水冷壁一般用在固态排渣煤粉炉的卫燃带(如图 5-10 所示)、液态排渣煤粉炉的熔渣池、旋风炉的旋风筒等特殊区域。

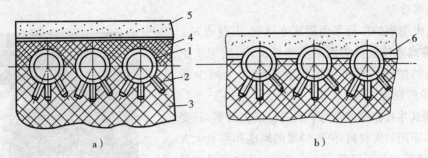

图 5-9 销钉水冷壁

a)带销钉的光管水冷壁;b)带销钉的膜式水冷壁

1—水冷壁管;2—销钉;3—耐火塑料层;4—铬矿砂材料;5—绝热材料;6—扁钢

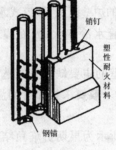

图 5-10 卫燃带及其结构

(3)膜式水冷壁

膜式水冷壁是由许多鳍片管沿纵向依次焊接起来,构成整体的受热面,使炉膛内壁四周被一层整块的水冷壁膜严密包围。

鳍片管有两种类型(如图 5-11 所示):一种是轧制而成,称轧制鳍片管;另一种是在光管之间焊接扁钢制成,称焊接鳍片管。

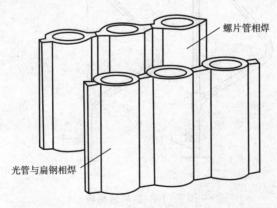

图 5-11 膜式水冷壁

国产超高压锅炉多采用轧制鳍片管焊接而成的膜式水冷壁,国产亚临界压力锅炉多采用焊接鳍片膜式水冷壁。焊接鳍片膜式水冷壁结构简单,没有轧制鳍片管的制作工艺复杂,但是焊接工作量大,每根扁钢有两条焊缝,焊接工艺要求高。如图 5-12 所示为在加工中的膜式水冷壁。

现代大型锅炉广泛采用膜式水冷壁,其优点是:

① 膜式水冷壁的炉膛的严密性良好,适用于正压或负压的炉膛。对于负压炉膛还能大大减少漏风,改善炉膛燃烧工况。

② 膜式水冷壁把炉墙与炉膛完全隔离开来,只要保温材料,不用耐火材料,使得炉墙的厚度和重量大大减轻。炉墙蓄热量可降低 75%～80%,可加快锅炉启动速度,而且由于炉墙重量减轻而简化了悬吊结构。

③ 膜式水冷壁能承受较大的侧向力,增加了抗炉膛爆炸的能力。

④ 在相同的炉壁面积下,膜式水冷壁的辐射传热面积比一般光管水冷壁大,因而膜式水冷壁可节约钢材。

图 5-12　在加工中的膜式水冷壁

膜式水冷壁的主要缺点是制造、检修工艺较复杂,此外在运行过程中为了防止管间产生过大的热应力,一般要求相邻管间温差不大于 50℃。

3. 折焰角

图 5-13 所示为早期折焰角结构,后墙水冷壁上部通过分叉管分为两路,一路是弯形管构成折焰角;另一路垂直向上,然后在中间联箱汇合。在垂直短管上装有节流孔板,以使大部分汽水混合物能从受热较强的折焰角通过。图 5-13 所示为新型锅炉的折焰角结构,它取消了中间联箱,后墙水冷壁自折焰角后分开,每三根中有一根作后墙水冷壁的悬吊管,其

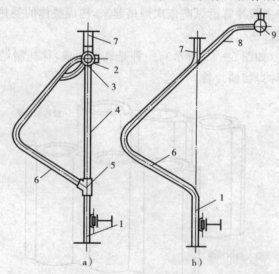

图 5-13　折焰角结构

a)早期折焰角结构;b)新型锅炉的折焰角结构

1—后墙水冷壁;2—中间联箱;3—节流孔板;4—垂直短管;5—分叉管;
6—折焰角;7—悬吊管;8—水平烟道底部包墙管;9—水平烟道底部包墙管联箱

余两根向后延伸形成水平烟道斜底,以简化水平烟道底部的炉墙结构。

采用折焰角既提高了火焰在炉内的充满程度,改善了炉内燃烧工况;又改善屏式过热器的空气动力特性,增加了横向冲刷作用;同时,延长了水平烟道的长度,便于对流过热器和再热器的布置,使锅炉整体结构紧凑。

4. 水冷壁的固定及刚性梁

水冷壁通过上联箱上的吊杆将其悬吊在炉顶钢梁上。运行中,水冷壁受热可以向下自由膨胀,但要限制它向水平方向移动,以免造成结构变形。水冷壁穿墙管处要留出膨胀空间,在间隙内填充石棉绳等材料防止漏风。对于敷管式炉墙,炉墙贴附在水冷壁管外面形成一个整体,穿墙处可不留间隙。

对于敷管式炉墙,沿炉膛高度每隔一定高度布置一层围绕炉膛周界的腰带形横梁,称为刚性梁,如图 5-14 所示。由耳板、拉杆、张力板、连接板、支撑耳板把刚性梁和膜式壁连接在一起,水平刚性梁的自重由垂直膜式壁管支撑。它能加固水冷壁炉墙,使其能承受炉膛内可能产生的爆燃压力和炉内正负压变化时对于水冷壁和炉墙产生的较大推力,不致凸起和出现裂缝。

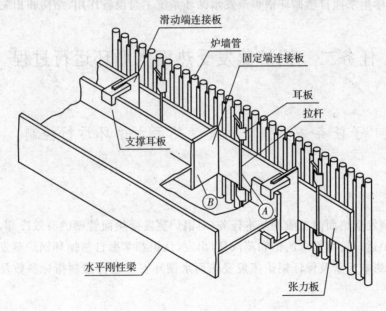

图 5-14　水平刚性梁

刚性梁固定在水冷壁上,水冷壁受热向下膨胀时,刚性梁和水冷壁一起位移。刚性梁在炉外不受热,水冷壁温度较高,两者存在着较大的温差,所以要考虑刚性梁与水冷壁之间的连接相对滑动的自由。拉杆穿过焊在水冷壁上的耳板,从而固定不与水冷壁焊接的水平布置的张力板,只有刚性梁膨胀中心(导向点)处的拉杆与张力板焊接固定(见图中 A 点),其余拉杆与张力板之间均可滑动,保证了张力板与水冷壁间的相对滑动。

张力板与连接板(包括固定端连接板和滑动端连接板)相焊,膨胀中心附近的固定端连接板与水平刚性梁焊接固定(见图中 B 点),此点起膨胀导向作用,其余滑动端连接板通过焊在其上的支撑耳板与水平刚性梁连接,支撑耳板承载水平刚性梁自重,同时支撑耳板形成膨胀导向滑槽,保证了水平刚性梁与张力板之间的相对滑动。炉内烟气压力通过膜式水冷壁、张力板、连接板,最终传递到水平刚性梁。这样可允许刚性梁与水冷壁间相对移动,又可承受水冷壁的侧向推力。

工作任务

(1)结合火电厂锅炉认知实习或岗位实训,收集资料了解汽包水位的测量中电接点水位计、双色水位计和水位变送器三种水位测量装置各具有哪些特点;在锅炉仿真系统上观察水位变化的规律,演练发生"虚假水位"时对汽包水位的控制。

(2)在锅炉试验实训室内,完成自然水循环试验的验证,并参观火电厂典型锅炉模型,指出各蒸发设备的空间位置和作用。

能力训练

(1)培养学生学会如何收集、查阅相关专业信息资料的方法以及对锅炉汽包水位计使用过程中可能出现的问题进行综合分析的能力。

(2)培养学生掌握自然循环锅炉蒸发水循环系统主要设备作用、结构和相关工作特性。

任务二 锅炉蒸发受热面水循环运行过程

子任务一 锅炉蒸发受热面水循环运行控制

学习目标

从锅炉蒸发受热面内工质的基本任务(对锅炉蒸发受热面管壁的有效冷却,单位时间内生产满足锅炉运行负荷需求的饱和蒸汽量)出发,认识和掌握自然循环锅炉蒸发受热面水循环原理、相关影响因素及保证锅炉蒸发受热面水循环安全运行控制指标参数及自然水循环工作特性。

能力目标

运用传热学知识分析锅炉蒸发受热面系统自然水循环过程,并综合考量分析掌握各项水循环安全性指标及其实际应用内涵。

知识准备

关 键 词

自然水循环安全性指标 循环流速 循环倍率 自补偿能力

一、水冷壁内汽液两相流流型及传热区段

工质在锅炉水冷壁管内流动的同时还吸收炉内的热量,使水沿管子流程逐步升温到沸腾状态产生蒸汽,形成汽水混合物。因此,水冷壁管内存在着水的单相流动和汽水两相流动,还进行着强烈的沸腾传热。

1. 汽水两相流的流型

图 5-15 表示在实验装置(压力不高、受热均匀)中两相流的流型变化情况。欠热水进入受热均匀的上升管后经历了下列流型(如图 5-16 所示):

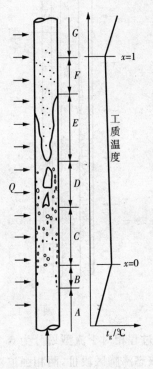

(1)单相水的流动(A 段)。水温逐渐升高,未达到饱和温度。

(2)过冷汽泡状流动(B 段)。壁面产生的汽泡遇过冷水又凝结。

(3)饱和汽泡状流动(C 段)。水温达到饱和温度,汽泡不再凝结并不断增加。

(4)弹状流动(D 段)。工质含汽量不断增大,汽泡聚合成汽弹并逐渐增大。

(5)环状流动(E 段)。工质含汽量进一步增大,汽弹连接成汽柱,形成环状流动。

图-5-15　垂直受热上升管中
汽水两相流动及传热

(6)雾状流动(F 段)。工质含汽量很大,壁面环状水膜蒸干,蒸汽携带水滴流动。

(7)单相汽流动(G 段)。水滴全部蒸干,进入过热状态,工质温度不断升高。

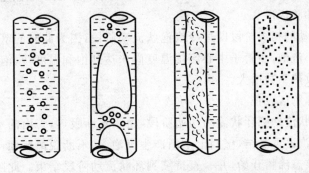

图 5-16　B、D、E、F 段两相流的流型变化情况

实际上,压力超过 10MPa 以后,汽弹状已不存在,管内通常处于汽泡状流动工况。

2. 管内传热区段

借助实验设备进一步进行管内沸腾传热过程的传热区段试验。试验条件为:垂直管子,管内工质上升流动,进口为欠热水,管子受热均匀,热负荷为 q。管内进行着单相水的传热,沸腾传热,单相汽的传热过程。

管内汽水两相流的流型、含汽率 x 的变化、放热系数 α_2、工质温度变化 t_g、管壁温度变化

t_{wb} 如图 5-17 所示。

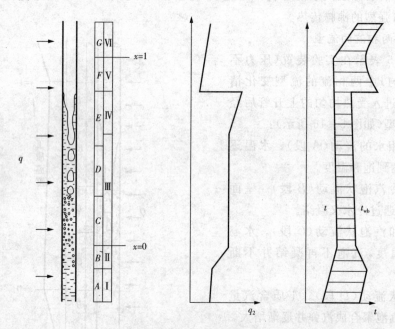

图 5-17　管内工质流动沸腾传热过程

其传热过程相对于流型划分为 6 个区段，即单相水的对流传热区段 I，欠热核态沸腾区段 II，饱和核态沸腾区段 III，两相强迫对流区段 IV，液体欠缺对流区段 V，单相过热蒸汽对流区段 VI。

（1）单相水的对流传热区段 I

处在管子入口的单相液体流动阶段，流体温度低于当地压力下的饱和温度，管壁温度低于产生汽泡所需的温度，为单相的过冷水对壁面的对流传热，放热系数基本不变。

（2）欠热核态沸腾区段 II

处在汽泡状流动的初级阶段即过冷汽泡状流动阶段，因为此时的壁面温度大于饱和温度，在壁面上产生小汽泡，而管子中心流体温度尚未达到饱和温度，汽泡被带到水流中很快地因凝结而消失，放热系数增大。

（3）饱和核态沸腾区段 III

处在饱和汽泡状流动到环状流动初始阶段，由于不断吸热，管内的水流达到饱和温度，在壁面上产生的蒸汽不再凝结，壁面上不断产生汽泡，又不断脱离壁面，水流中分散着许多小汽泡，此时饱和核态沸腾开始，并一直持续到环状流动阶段结束。此阶段中，管内放热系数变化不大，管壁温度接近流体温度。

（4）两相强迫对流区段 IV

处在环状流动阶段后期，环状流的液膜变薄，管子壁面上的热量很快通过液膜传递到液膜表面，此时在管子壁面上不再产生汽泡，蒸发过程转移到液膜表面进行。放热系数略有提高，管壁温度接近流体温度。

（5）液体欠缺对流区段 V

处在雾状流动阶段，由于管子壁面的水膜被蒸干，只有管子中心的蒸汽流中夹带着小液滴,壁面由雾状蒸汽流冷却,工质对管壁的放热系数急剧减小,管壁温度发生突变性提高。随后,由于流动速度的增加,工质对管壁的放热系数又有所增大,管壁温度略有下降。

(6)单相过热蒸汽对流传热区段Ⅵ

当雾状流蒸汽中水滴全部被蒸干以后,形成单相的过热蒸汽流动,放热系数低,随着蒸汽流速的增加而上升,管壁温度进一步上升。

二、自然循环原理

图5-18为自然水循环原理示意图。给水由省煤器进入汽包与炉水相混合后,通过下降管及下联箱进入水冷壁,如前面的实验那样,水在水冷壁中吸收炉膛火焰和烟气的热量达到饱和温度并产生部分蒸汽,而下降管为饱和或欠热水。由于汽水混合物的密度小于下降管中水的密度,下联箱左右两侧将产生压力差,推动上升管中汽水混合物向上流动,进入汽包,并在汽包内进行汽水分离,分离出来的蒸汽送往过热器,分离出来的水继续参加循环。这种利用工质本身的密度差所产生的循环称为自然循环。随着锅炉蒸汽参数的提高,锅炉中的汽水密度差越来越小。在亚临界参数下,自然循环所产生的动压头一般只有0.05～0.1MPa,这就使得工质在循环回路中的流动越来越困难。

自然水循环动力的特点是:

(1)锅炉冷态时下降管和上升管中的工质为相同温度的水,不流动。

(2)锅炉运行时,上升管接受炉膛辐射传热,水逐渐汽化变成蒸汽,此时管中的工质变为汽水混合物,而下降管在炉外不受热,其内部仍为水。

(3)由于汽水混合物的密度小于水的密度,于是就产生了一个流动压头,这个流动压头称为水循环动力,使管内工质产生流动。

由上述分析可以看出,自然循环的实质是由重位压差造成的循环推动力克服了上升系统和下降系统的流动阻力,推动工质在循环回路中流动。而自然循环锅炉的"循环推

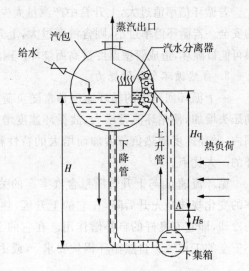

图5-18　自然水循环原理示意

动力"是由"热"产生的,即由于水冷壁管吸热,使水的密度改变成为汽水混合物的密度,在高度为 H 的回路中形成了重位压差。回路高度越高,且工质密度差越大,形成的循环推动力越大。而工质密度差不仅与压力有关,而且与水冷壁管吸热强度有关。在正常循环情况下,吸热越多,密度差越大,工质循环流动速度越高;而压力越高,汽、水的密度差降低,工质循环流动速度越低。

自然循环的一个重要特性是吸热较多的管子中,工质循环流量自动增加,循环流速会自动提高,循环安全性越高,这就是自然循环特有的自补偿特性。

三、自然循环的重要指标

反映自然循环工作可靠性的指标主要有循环流速和循环倍率。

1. 循环流速 ω_0

循环流速是指在循环回路中,按工作压力下饱和水密度折算的上升管入口处的水流速度。循环流速的大小,直接反映了管内流动的水将管外传入的热量及所产生蒸汽带走的能力,它是判断水循环好坏的重要指标之一。流速越大,单位时间内进入水冷壁的水量越多,从管壁带走的热量及汽泡也越多,对管壁的冷却条件也越好。一般循环流速为 $0.5\sim1.5\mathrm{m/s}$。

2. 循环倍率

循环倍率是指在循环回路中,进入上升管的水量 G 与上升管出口产生的蒸汽量 D 之比,用符号 K 表示。

循环倍率的意义是:上升管中每产生 1kg 的蒸汽,需要进入上升管的循环水量;或进入上升管的循环水量需要经过多少次循环才能全部变成蒸汽。

循环倍率的倒数称为上升管出口处汽水混合物的质量含汽率或干度,以符号 x 表示。循环倍率越大,则含汽率越小,表明上升管出口汽水混合物中水的份额越大,则管壁水膜越稳定,循环就越安全。

若循环倍率值过大,上升管中产汽量太少,运动压头过小,将使循环流速减小,不利于循环的安全。若循环倍率过小,则含汽率过大,上升管出口汽水混合物中蒸汽的份额过大,管壁水膜可能被破坏,造成管壁温度过高而烧坏。因此,循环倍率过大或过小,都对循环的安全不利。

3. 自然循环自补偿能力

一个循环回路中的循环速度常常随负荷变化而不同。当受热强时,产生的蒸汽量多,运动压头增加,使循环流量增大,故循环速度增大;反之,循环速度减小。在一定的循环倍率范围内,循环速度随热负荷增加而增大的特性称为自然循环自补偿能力。这个特性是自然循环的一大优点。

循环流速 ω_0 与上升管质量含汽率 x 的关系如图 5-19 所示。循环流速上升,质量含汽率的变化规律是先升后降,在它的上升区,热负荷增大会使循环流量上升,有利于对水冷壁的冷却,即它有良好的自补偿作用。在它的下降区,热负荷增大反而会使循环流量下降,是不安全的工作区。自然循环锅炉要求 x(或 K)必须在上升区。

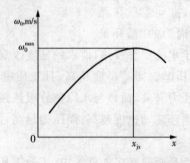

图 5-19 循环流速 ω_0 与上升管质量含汽率 x 的关系

对应最大循环速度时的上升管出口含汽率称为界限含汽率,记为 x_{jx}。对应循环倍率为界限循环倍率,记为 K_{jx}。当 $K>K_{jx}$ 时,若运行中负荷变化,则水循环具有自补偿能力。反之,水循环将失去自补偿能力,随热负荷增加,循环速度反而减小(见表 5-3)。

表 5-3　界限循环倍率和推荐循环倍率

锅炉压力（MPa）	3.92~5.88	10.2~11.76	13.73~15.69	16.67~18.63
锅炉蒸发量（t/h）	35~240	160~420	400~670	≥800
界限循环倍率 K_{jx}	10	5	3	>2.5
推荐循环倍率	15~25	7~15	4~8	4~6

4. 上升管单位流通截面蒸发量

在研究循环速度与循环倍率的内在关系时，引出上升管单位流通截面蒸发量 D_{ss}/F_{ss}，即

$$D_{ss}/F_{ss}=3.6\omega_0\rho/K$$

对于 300MW 机组，D_{ss}/F_{ss} 的推荐值为 650~800t/（$m^2 \cdot h$），界限值 1300t/（$m^2 \cdot h$）。

四、沸腾传热恶化

沸腾传热恶化是一种传热现象，它表现为管壁对沸腾工质的放热系数急剧下降，管壁温度随之迅速升高。

1. 分类

沸腾传热恶化分为第一类沸腾传热恶化和第二类沸腾传热恶化两类。

（1）第一类沸腾传热恶化（图 5-20a 所示）

第一类传热恶化（膜态沸腾）：热负荷很高，管内壁汽化核心急剧增加，形成连续的汽膜，其对流放热系数急剧下降，管壁得不到液体冷却造成超温破坏。这种传热恶化发生在质量含汽率较低处，是由于热负荷过高，核态沸腾转变为膜态沸腾造成的。

（2）第二类沸腾传热恶化（图 5-20b 所示）

第二类传热恶化（蒸干）：热负荷比前者低、但含汽率很高时（出现液雾状），汽流将水膜撕破或因蒸发使水膜部分或全部消失，管壁直接与蒸汽接触而得不到液体的足够冷却，其对流放热系数急剧下降，金属壁温急剧增加造成管子过热而烧坏。

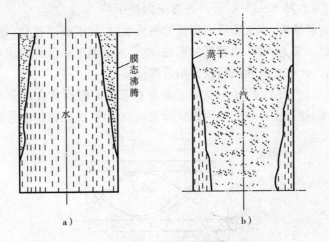

图 5-20　传热恶化示意

2. 自然循环锅炉水冷壁的沸腾传热恶化分析

对于超高压以下的自然循环锅炉,在循环正常的情况下,水冷壁不会发生传热恶化。

亚临界压力的自然循环锅炉,水冷壁中的工质压力接近临界压力,质量含汽率也相对较大。这样,虽然临界热负荷有所下降,但仍高于运行时水冷壁的局部最高热负荷,故一般不会发生第一类传热恶化。但是临界含汽率是随着压力的上升而下降的,故有可能发生第二类传热恶化。理论计算和经验证明,水冷壁安全运行的主要任务之一是防止沸腾传热的恶化。

在直流锅炉中一定会发生第二类传热恶化的,因为在水冷壁管子的出口处,所有的水一定要被蒸干的。

3. 沸腾传热恶化的防护措施

对沸腾传热恶化的防护有两个途径:一是防止沸腾传热恶化的发生;二是把沸腾传热恶化发生位置推移至热负荷较低处,使其管壁温度不超过许用值。一般防护措施有以下几项:

(1)保证一定的质量流速

提高质量流速,可以显著地降低传热恶化时的管壁温度,还可提高临界含汽率,使传热恶化的位置向低热负荷区移动或移出水冷壁工作范围而不发生传热恶化。

(2)降低受热面的局部热负荷

降低受热面的局部热负荷可使传热恶化区管壁温度下降。

(3)管内结构措施

受热管的内壁做成特殊形状结构,使流体在管内产生旋转扰动,增加边界层的水量,以增大临界含汽率,传热恶化位置向后推移。实现这个目的的管内结构目前已有多种,如内螺纹管、来复线管及扰流子管。

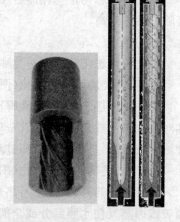

图 5-21　内螺纹管

采用内螺纹管(如图 5-21 所示):在管子内壁上开出单头或多头螺旋形槽道,当工质在内螺纹管内流动时,发生强烈扰动,将水压向壁面,并迫使汽泡脱离壁面被水带走,破坏汽膜层的形成,使管内壁温度降低。目前亚临界压力的自然循环锅炉水冷壁管,大都在高热负荷区使用内螺纹管。

加装扰流子(如图 5-22 所示):扰流子是塞在管中的螺旋状金属薄片。在推迟传热恶化和降低壁温方面,扰流子可起到与内螺纹管类似的作用,在强化传热方面不及内螺纹管。

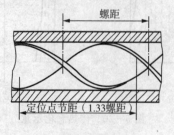

螺距

定位点节距(1.33螺距)

图 5-22　扰流子

（1）在指导教师帮助下收集查阅相关资料，对比亚临界自然循环锅炉与超临界直流锅炉"传热恶化"的现象、形成原因的差别，提出相应有效的控制防止措施。

（2）在锅炉仿真实训过程中，对亚临界自然循环锅炉在运行过程中形成传热恶化的现象发生情况加以观察，记录相关数据变化情况。

能力训练

培养学生深刻领会锅炉安全性指标内涵，并在实际工作中，结合锅炉设备系统结构特性分析问题，利用可测量的数据寻找解决途径、预防问题发生的基本判断能力。

子任务二 锅炉蒸发受热面水循环运行工质侧常见故障

学习目标

通过了解自然循环锅炉蒸发受热面上升管内水循环的停滞、倒流等水循环现象，分析形成原因和影响因素；掌握提高自然循环锅炉蒸发水循环系统安全性的措施。

能力目标

掌握自然循环锅炉蒸发水循环系统常见的典型事故现象及相关典型事故的预防与处理方法。

知识准备

关 键 词

下降管带汽 流动阻力 循环的停滞与倒流 汽水分层

一、影响循环安全性的主要运行因素

锅炉运行中，影响水冷壁安全运行的因素很多，既有管内诸多因素的影响，也有管外复杂因素的影响。影响循环安全性的主要运行因素包括：

1. 水冷壁受热不均或受热强度过高

锅炉运行中，炉内火焰偏斜、水冷壁局部结渣和积灰是造成水冷壁吸热不均的主要原因。如前所述，那些受热很弱的管子容易出现停滞或倒流，受热很强的管子可能出现膜态沸腾，其结果都是导致管子局部发生传热恶化，管壁温度升高。

2. 下降管带汽或自汽化

下降管入口产生旋涡漏斗时，旋涡中心将有部分蒸汽被水流抽吸进入下降管。这样，一方面进入下降管的实际水流量减少，即循环流量降低；另一方面，由于下降管内出现汽水两相流动，工质密度减小，使下降管侧的重位压差降低，且流动阻力也相应增大，使下降管压差下降。

这两方面的因素都会导致水循环安全裕度下降,即产生停滞、倒流的可能性增大。防止下降管带汽的办法,除了在下降管入口安装隔栅外,运行时,还应注意维持正常的汽包水位。水位过低,下降管入口不但容易产生旋涡漏斗,而且下降管入口处的静压力降低,容易产生水的自汽化。

3. 水冷壁管内壁结垢

锅炉运行水质不合格,含盐量超标,当水在管内受热蒸发时,盐分从水中析出,沉积在管壁上,管子金属内壁上无水膜冷却,而管外吸收高温火焰的热量不能被水流及时带走,管壁温度就会升高。这种破坏绝不亚于停滞、倒流和膜态沸腾的影响。与此同时,水冷壁管内结垢时,流动阻力也随着增大,容易引起停滞或倒流。

4. 上升系统的流动阻力

影响上升系统流动阻力的因素很多,如分配水管、水冷壁、汽水导管的管径、流通截面及管子弯头数量,汽水分离器的结构阻力系数,循环流速及锅炉负荷等。

5. 变负荷速度过快或低负荷运行时间过长

锅炉低负荷运行时,蒸发量减少,水冷壁管内工质密度增大,使水冷壁重位压差增大,循环回路的运动压头减小,循环流速就会降低,因而低负荷运行时的水循环安全性较差。在快速变负荷,尤其是在快速降负荷时,循环系统内由于压力降低,工质的自汽化过程加快。汽包内水的自汽化和下降管内水的自汽化,使循环流量和运动压头同时减小,循环安全性大幅降低。因此,控制变负荷速度是保证水循环系统安全工作的重要条件之一。

二、自然水循环系统常见故障

1. 蒸发管内的停滞、倒流

(1)循环停滞

水冷壁是将几百根管子并联组合成几个独立的循环回路。由于炉膛中温度场分布不均,随燃料和燃烧调整以及锅炉负荷(锅炉蒸发量)变化等因素变化,温度场分布也发生变化。这样,水冷壁管屏之间或管子之间的吸热强度就会存在偏差,加之上升管的结构偏差和流量分配偏差,将导致每根管子和管屏间的受热强度不同,阻力不同,循环推动力就不同。虽然管屏进出口联箱的压差是相同的,但每根管子的流动表现可能不同。受热弱的管子中,工质密度大,当这根管子的重位压头接近于管屏的压差时,管屏的压差只能托住液柱,而不能推动液柱的运动。这时,管内就出现了流体的停滞现象。图5-23所示为循环停滞示意图。

从循环特性来看,停滞现象的表现是:循环流速ω_0接近0,但不等于0,即循环流量$G=D$,但G不等于0;停滞管的压差等于下降管的压差。当汽水混合

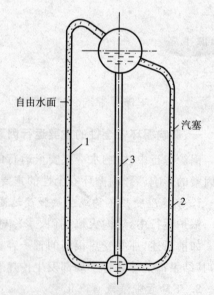

图5-23　循环停滞示意
1—引入汽包汽空间的上升管;
2—引入汽包水空间的上升管;3—下降管

物从汽包空间引入时,还会出现自由水面。这种现象的具体表现是:进入上升管的循环流量微小,以至在管子微弱吸热后被蒸发成汽泡。

在管内工质不流动的情况下,汽泡容易聚集在管子的弯头和焊缝处。由于管子受热和汽泡合并,可能形成大汽泡,造成蒸汽塞,管子局部就会过热超温。当存在自由水面时,管子上半部是汽,下半部是水,管子上部就会过热超温,且当自由水面的位置波动时,还会引起管子的疲劳应力。不过,超高压和亚临界参数自然循环锅炉水冷壁出口的汽水混合物引入汽水分离器,不会出现自由水面。所以,水循环的停滞实际上导致的是水冷壁管的传热恶化。

水循环停滞现象主要发生在受热弱的管子上。

(2)倒流

在并联工作的水冷壁管子之间,由于受热不均,上升管之间形成了自然循环回路。这时,有的管中工质向上流,有的管中工质向下流,工质向下流的管子就叫"倒流管"。从而倒流现象的定义就是本来应该是工质向上流的上升管,变成了工质向下流的下降管。

从循环特性来看,倒流现象的表现是:倒流管的压差大于同一片管屏或同一回路的平均压差,从而迫使工质向下流动。

在发生倒流的管子中,水向下流动,而汽泡由于受到浮力向上运动。当倒流速度较慢且等于汽泡向上运动的速度时,向下流的水带不走汽泡,造成汽泡不上不下的状态,引起汽塞,发生传热恶化,以致管子出现局部过热超温。当管内工质倒流速度很快时,管子仍能得到良好的冷却,不会出现超温。当汽水混合物引出管从汽包汽空间引入时,不会出现倒流。

当水冷壁受热不均比较严重时,受热最差的管子有时可能出现停滞,有时可能出现倒流。所以,同一根管子出现停滞和倒流以及向上流动的机会并不是固定的,而是随管外吸热状态和管内工质密度的变化而变化的。

(3)汽水分层

在循环回路中,水平或微倾斜上升管段,由于水、汽密度的不同,当流动工况差(流速低)时,会出现汽水分层现象,如图 5-24 所示。汽水混合物在水平管中流动,在浮力作用下,形成管子上部蒸汽偏多的不对称流动结

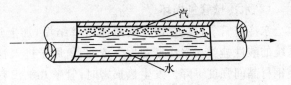

图 5-24　汽水分层

构。随着流速减小,流动结构的不对称性增加。当流速小到一定程度时,形成分层流动。管子上部与蒸汽接触,管壁温度升高,可能过热损坏;在汽水分层的交界面处,由于汽水波动,可能产生疲劳损坏。

管子的倾角愈小,汽水分层愈易发生。对自然循环锅炉,管子倾角应大于 30°,以防止发生分层流动。

2. 水冷壁的管内腐蚀

(1)水冷壁管的垢下腐蚀

水冷壁管垢下腐蚀是以紧贴管壁的垢下管壁为阳极,外围表面为阴极所构成的局部电池作用引起的电化学损害,严重时可导致鼓包或腐蚀穿孔。图 5-25 所示为水冷壁管道焊接处腐蚀示意图。

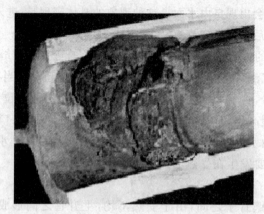

图 5-25　水冷壁管道焊接处腐蚀

【案例】　某厂一台 670t/h 炉在半年内先后停炉 6 次处理水冷壁管鼓包、穿孔。在喷燃器中心线部位换管 139 根、挖补 167 处。主要原因是凝汽器铜管泄漏,给水硬度长期严重超标(标准是 2Epb,最大竟达 392Epb,超标时间占运行时间 25%左右);其次是停炉保养效果不好;基建酸洗质量不好;给水含铁量超标;分析认为采用 Na_3PO_4 炉内处理时,大量向炉内加入 Na_3PO_4 调节炉水的 pH 值也不够妥当等。

当前防止垢下腐蚀最主要的防范措施是解决凝汽器泄漏后给水硬度超标问题,要加强给水含铁量的检测与控制,对已结垢的水冷壁进行化学清洗。总之,要加强化学监督工作。

对于超临界直流炉由于给水水质纯度较高,必须采用挥发性处理。所以美国通常采用氨-联氨方式,而德国和前苏联推荐采用氨-氧处理和中性水加氧的方式。前苏联试验肯定了中性水加氧的方式,认为可以大大降低炉管垢量。我国推荐采用加氧处理方式。当然,采用何种方式还与汽水系统中管道、阀门所用的材料有关,需综合考虑。

(2)水冷壁管氢损坏

水冷壁管氢损坏原因是受热面内壁结垢,加上炉水处于低 pH 值状态。当时入凝结水系统的酸性盐类在水冷壁管垢下浓缩,氢原子进入管壁金属组织中与碳化铁作用生成甲烷,使钢材晶间强度下降。发生氢损害时,管壁几乎没有明显减薄,有时发生“开窗式”破裂。所以一般的超声探伤技术难以发现发生氢损害使金属变脆的位置,使故障处理复杂化。

【案例】　某厂一台 1100t/h 强制循环汽包炉投产不到一年,运行只有 2110h,水冷壁19.5m 处向火侧应发生“开窗式”脆性爆破。事故主要原因是凝汽器铜管泄漏,除氧器长期运行不正常,凝结水处理设备不能投用,以致给水、炉水的 O_2、Fe 的 pH 和电导率等指标严重超标。经查共需换管 2900m,重 17t。迫使该机组停产 3 个月,并重新酸洗。

由于氢损坏是属于垢下发生的二次腐蚀,所以防范措施应补充:①严格控制锅水质量,不使管内壁腐蚀结垢;②发现腐蚀时要采取措施清洗管壁防止结垢;③防止凝汽器管泄漏,特别要控制锅炉水中酸性盐类,如 $MgCl_2$ 等盐类存在;④监测饱和蒸汽中含氢量。

3. 蒸发管外的结渣、腐蚀

现代大型锅炉的炉内过程是一个十分复杂的物理化学过程,炉内温度高,气流流场复杂,水冷壁处于十分恶劣的环境下工作,在实际运行中容易出现一些问题。固态排渣煤粉炉蒸发管外主要存在结渣和水冷壁高温腐蚀问题。

（1）固态排渣煤粉炉的结渣

结渣（俗称结焦）是指炉内高温烟气夹带的熔融或部分熔融的黏性灰粒碰撞在炉墙或受热面上，黏结形成灰渣层。结渣是固态除渣煤粉锅炉设计和运行中最突出考虑的问题。煤粉炉中发生结渣的部位，通常是在燃烧器布置区域和炉膛出口折焰角处，甚至还在屏式过热器及其后的对流管束入口等处，有时在炉膛下部冷灰斗处也会发生结渣。图5-26所示为水冷壁结渣。渣块向火面、内表面分别如图5-27、图5-28所示。

图5-26　水冷壁结渣

1）结渣对锅炉运行的影响

① 结渣引起过热汽温升高，易引起过热器超温损坏。

② 结渣可能造成掉渣灭火、损坏受热面和造成人员伤害。

③ 结渣会使锅炉出力下降，严重时被迫停炉。

图5-27　水冷壁渣块向火面

图5-28　水冷壁渣块内表面

④ 受热面易发生高温腐蚀。

⑤ 锅炉排烟温度升高，锅炉效率下降，锅炉的经济性降低。

总之，结渣不但增加了锅炉运行维护和检修的工作量，严重危及锅炉安全经济运行，还可能迫使锅炉降低负荷运行，甚至被迫停炉。结渣危及锅炉的安全和经济运行，造成的危害是十分严重的。图5-29即为原始人工除焦法。

图5-29　原始人工除焦法

2）影响结渣的主要因素

影响结渣主要有三个方面的因素：燃料特性、锅炉结构和运行因素。

① 煤的燃烧特性、锅炉负荷及炉内空气动力场所构成的炉内温度场以及煤灰的熔融特性，这影响到与壁面碰撞的灰粒是否呈熔融状态，并具有黏结的能力，这也与受热面的热负荷、受热面的清洁程度相联系的。

② 锅炉结构主要指炉膛容积热负荷、炉膛截面热负荷和燃烧器区域壁面热负荷。其值是否合理，对结渣影响很大。

③ 炉内的空气动力场、煤粉或灰的粒度和重度,这影响到烟气和灰粒在炉内的流动。

从运行的角度分析,主要因素有以下几点:

a. 炉膛出口烟温。炉膛出口烟温在相当程度上表征着炉内的温度水平、灰粒状态的条件、炉膛出口受热面的结渣倾向。因此燃用灰熔点低煤种的锅炉,其炉膛出口温度总是设计得偏低的。

b. 锅炉负荷。通过增大炉内燃料量和受热面的静热流而提高锅炉负荷,前者燃料量表征炉内的整体温度水平,后者意味着受热面的外壁温度。因此锅炉负荷增加就意味着炉内结渣可能性的增大。如发现锅炉结渣现象剧增时,主要处理措施之一是降低锅炉负荷。固态排渣煤粉炉的形状及温度场如图 5-30 所示。

c. 燃烧器上部的炉膛高度。从煤粉的燃烧过程来说,需要有一定的炉膛高度来满足燃烧过程或者说火焰长度的需要。炉内温度分布是与这一高度密切相关的,温度只有在燃烧基本结束后,才会较迅速下降,灰粒才有被冷却固化的可能。如果这一高度(最上层燃烧器到屏式过热器底部)较小,那么屏式过热器结渣可能性就会增大,甚至引起较严重的结渣。在锅炉设计中这一高度与燃用煤种特性及灰的熔融特性是相对应的。

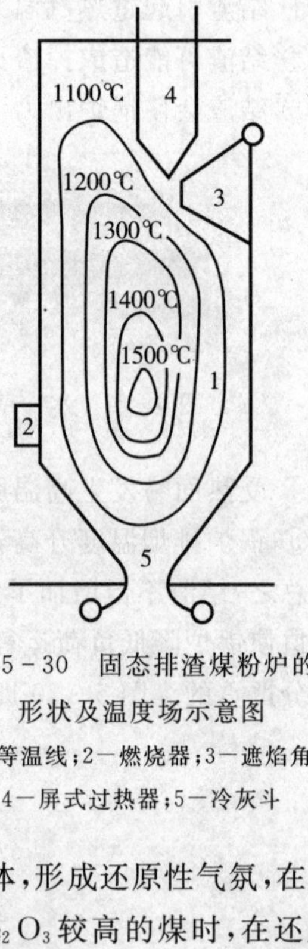

d. 炉壁热负荷和燃烧器区域热负荷。炉壁热负荷是投入炉内热量与炉壁投影面积之比,表征水冷壁对投入炉内热量的吸收能力,亦即炉内的温度水平,尤其是近炉壁区域的,它直接影响对接近壁面灰粒的冷却能力。燃烧器区域热负荷表征燃烧器布置的相对集中或分散。燃烧器区域是炉内速度和温度变化最激烈、燃烧最强烈、区域温度水平最高、最容易产生结渣的区域。因此燃用结渣倾向性高煤种的锅炉,燃烧器区域热负荷值取低限。

图 5-30　固态排渣煤粉炉的形状及温度场示意图
1—等温线;2—燃烧器;3—遮焰角;
4—屏式过热器;5—冷灰斗

e. 燃烧的空气量及风粉配比。运行中炉内空气动力工况组织不好,易形成死滞旋涡区,并产生 H_2S、CO 等还原性气体,形成还原性气氛,在还原性气氛中,灰的熔点降低,增大了结渣的可能性。例如燃用含 Fe_2O_3 较高的煤时,在还原性气氛中熔点较高的 Fe_2O_3 被 CO 还原成熔点较低的 FeO,而 FeO 与 SiO_2 等进一步形成熔点更低的共晶体,有时会使灰的熔点下降 $150℃\sim300℃$。

f. 火焰偏斜,煤粉气流贴壁。燃烧器的缺陷或炉内空气动力工况失常都会引起火焰偏斜或煤粉气流贴壁。火焰偏斜,使最高温的火焰层移至炉壁处,使水冷壁产生严重结渣。

g. 煤粉细度。煤粉粗时,火炬拖长,粗因惯性作用会直接冲刷受热面。另外,粗煤粉燃烧温度比烟温高许多,融化比例高,冲刷水冷壁后容易引起结渣。但煤粉太细也会带来问题。煤粉越细,燃烧状况越好,炉膛出口温度将升高,也易引起结渣。因此,针对具体的煤种,应该进行调整试验,以寻求最佳煤粉细度。

h. 吹灰操作。受热面一旦产生结渣,表面温度随之升高,对于接近受热面的灰粒的冷却能力减弱,会由此导致恶性循环(结渣越来越严重)。锅炉是通过吹灰器对受热面吹扫来维持受热面清洁,或不致严重被污染。一旦结渣严重,吹灰器的清扫能力就减弱。因此吹灰器的布置和运行必须与燃用煤种的结渣倾向相对应,使沉积灰渣能得到及时清扫。

3)防治结渣的措施

煤粉锅炉的结渣是在所难免的,问题是结渣的程度如何,如何减小结渣对锅炉运行的影响。防止结渣主要是从避免炉温过高和防止灰熔点降低两个方面着手。主要的防治措施有:

① 防止受热面附近温度过高,选取较小的炉膛热负荷,避免火焰冲刷受热面,同时降低整个炉膛温度,以减少结渣的可能性。堵塞炉底漏风,以防止火焰中心上移,导致炉膛出口结渣。燃烧器喉口周围布置水冷壁弯管,与高导热性的碳化硅砖面相结合,从而降低了燃烧器喉口的表面温度,有效防止燃烧器区域出现结渣。使用低 NO_x 燃烧器产生较低的燃烧器区域火焰温度,不仅确保有一个低 NO_x 排放出口烟温,同时也使结渣的可能性降到最低。

② 控制燃烧器燃料和空气的分布,保证沿整个炉膛宽度的均匀燃烧,防止炉内生成过多的还原性气体,特别是防止水冷壁等受热面附近出现还原性气氛。

③ 做好燃料管理工作。进行全面的燃料特性分析,特别是灰的成分分析及灰熔点和结渣特性分析。尽量使用固定煤种,避免锅炉运行时煤种多变。保持合适的煤粉细度和均匀度,防止煤粉过粗,造成火焰中心上移,导致炉膛出口结渣。例如天津某电厂引进了两台前苏联的 1650t/h 超临界直流锅炉,原设计燃用晋北烟煤,后改烧神华煤。改烧以来,一直存在锅炉大面积结渣和掉渣问题,而且锅炉结的渣非常硬,出现了砸伤冷灰斗斜坡水冷壁和影响除渣系统运行的问题。

④ 加强运行监视,及时吹灰除渣。运行中应根据仪表指示和实际观察来判断是否出现结渣。如发现过热汽温度偏高、排烟温度升高、炉膛负压减小等现象,就要注意水冷壁及炉膛出口是否结渣,合理吹灰。由于结渣过程是一个自动加速的过程,因此一旦发现结渣就应及时清除。

⑤ 做好设备检修工作。检修时应根据运行中出现的结渣情况,适当地调整燃烧器。检查燃烧器有无烧坏、变形情况,及时校正修复。检修时应彻底清除积存灰渣,而且应做好堵塞漏风工作。

(2)水冷壁烟气侧的腐蚀

炉膛水冷壁烟气侧的腐蚀是指水冷壁外壁在还原性气氛中,在挥发性硫、氯化物及熔融灰渣作用下,使管壁减薄引起的腐蚀现象。因在高温烟气环境下且管壁温度较高时发生的,又称为水冷壁高温腐蚀(如图 5-31 所示),大多发生在燃烧器区域被火焰直接冲刷的水冷壁上。

图 5-31 水冷壁的高温腐蚀

炉膛水冷壁发生高温腐蚀一般应具备三个条件:水冷壁面附近为还原性气氛、存在 H_2S 气体、水冷壁管壁温度在 450℃ 以上。只有这三个条件同时存在时,才能发生高温腐蚀现象。

一氧化碳,包括未燃烧的煤粒冲刷管壁,在硫酸盐和氨氯化物(英国煤有一些煤氯含量超过 0.6%)的作用下加速腐蚀,导致管壁减薄。当其腐蚀速度超过 25 μm/10^3h 时,表面已有明显腐蚀。此外低熔点的钠、磷的焦硫酸盐甩落在水冷壁管外表,能熔掉管外表的氢化铁保护层,也使金属受到腐蚀。超临界压力锅炉因其布置特点及壁温相对较高,容易发生圆周方向的沟槽或裂纹。

预防水冷壁向火侧腐蚀的措施是:①控制喷燃器喷射角度与烟气氧量,避免未燃煤粉与还原性气体冲刷水冷壁;②采用渗铝管或火焰喷涂的方法提高水冷壁管的抗腐蚀能力;③在降低烟气含氧量采用低氧燃烧或为降低 NO_x 而采用二次燃烧法时,要注意可能出现的向火侧腐蚀。

【案例】 SNCR 即选择性非催化还原(Selective Non-Catalytic Reduction,以下简写为 SNCR)技术。SNCR 方法主要是通过向烟气中喷氨或尿素溶液等含有 NH_3 基的还原剂,在高温(900~1100℃)(没有催化剂)的条件下,通过化学反应,把 NO_x 还原成氮气和水。

某电厂新装 SNCR 脱硝系统试验性运行约 4 个月后,发现 SNCR 喷口附近水冷壁的腐蚀问题,引起数次锅炉水冷壁的泄漏(如图 5-32 所示),造成多次锅炉非停事故。其中应力腐蚀、游离 CO_2 腐蚀和尿素溶液本身腐蚀是水冷壁泄漏的重要原因。

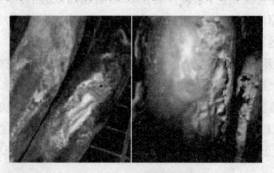

图 5-32 水冷壁损坏

工作任务

(1)在教师指导下,收集并查找相关资料信息,分析锅炉水冷壁爆管的原因、现象特征及实际运行过程的处理方法与措施。

(2)在锅炉实训室中观察水冷壁爆管部分样品,具备条件的情况下可进行相关金相组织的放大观察,了解因爆管原因。

(3)在锅炉仿真实训中,进行相关锅炉运行过程中水冷壁爆管事故处理演练,观察事故现象,对比并记录相关参数指标的变化。

能力训练

培养学生结合锅炉实际运行工作状况对锅炉自然水循环安全性要求进行综合考量和锅

炉运行蒸发受热面水循环事故的分析、判断能力。

知识拓展

一、汽包应力

1. 上水过程中汽包的应力

给水进入汽包时,由于水温比较高,汽包壁温升高,体积膨胀。当体积膨胀受到限制时,会产生内力,这种由于温度引起的单位截面上的内力叫做热应力。

当锅炉上水时,汽包内无压力,所以汽包只有热应力而无机械压力。进入汽包内的水温越高,汽温梯度越大,加热速度越快,汽包内壁温度升高越快,体积膨胀越大;而外壁温度较低,膨胀较小,内壁的膨胀受到外壁的限制,外壁受到内壁的拉伸,即外壁受拉伸热应力,内壁受压缩热应力。为了控制汽包的热应力,上水的温度不能太高,一般规定,水温与汽包壁温差不大于 50℃,上水时间不少 2h(冬季为 4h)。

2. 启、停过程中汽包的应力

锅炉在启动和停运过程中,由于汽包承受一定的压力,所以汽包壁的应力是由压力引起的机械应力和由温度变化引起的热应力组成的。此外,还有汽包自身重力、工质重力及连接件的重力等引起的附加机械应力。下面主要分析汽包在锅炉启、停过程中的机械应力和热应力。

(1)机械应力

由于汽包内外径之比一般小于 1.2,所以汽包属于薄壁容器。薄壁压力容器在内压力的作用下只向外扩张而无其他变形。在其纵向和横向断面上只有正应力而无剪应力。若在汽包壁的任一部位取一单元立方体进行分析,单元立方体上由于内压力而产生的切向应力为 σ_1、轴向应力为 σ_2、径向应力为 σ_3。根据力的平衡可以得出以下结论:机械应力与汽包内的工作压力成正比,工质压力越高,汽包的机械应力也就越大。

(2)热应力

锅炉升压过程中汽包壁的热应力主要是由汽包的上下壁温差和内外壁温差造成的,锅炉启动越快,汽包壁温差就越大,热应力也就越大,过大的热应力将使汽包的寿命损耗增大。

① 上下壁温差产生的应力。汽包内上部为蒸汽,下部为水。在锅炉启动过程中,工质温度逐渐上升,由于汽包壁的温度低于工质温度,形成了工质对汽包的加热。汽包内壁温度变化如图 5-33 所示。汽包下部的水对汽包壁的传热为对流放热传热,汽包上部为蒸汽,汽包壁的传热为凝结放热传热。后者的放热系数比前者大 3～4 倍,使汽包上半部的温升比下半部的温升快,汽包上部壁温高,金属膨胀量大;汽包下部壁温低,金属膨胀量较小,结果使上部金属的膨胀受到下部的限制,上部产生压应力,下部产生了拉伸应力。5-34 所示为汽包上下壁温差引起的热应力示意图。

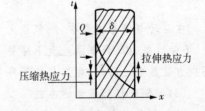

图 5-33　汽包内壁温度变化

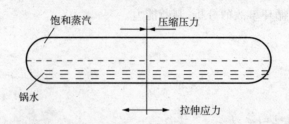

图5-34 汽包上下壁温差引起的热应力

② 内外壁温差产生的应力

在升压过程中,工质不断对汽包内壁加热,产生了内、外壁的温差,使内壁产生压应力,外壁产生拉伸应力。

在升压过程中,汽包受到了机械应力与热应力的合应力。如图5-35所示为汽包底部的轴向总应力的合成情况。图中1、2、3、4为由汽包内压力引起的机械应力,3、4、5、6为汽包内外壁温差引起的热应力,机械应力与热应力的合应力为1、5、6、2,它可能已超出材料的屈服极限 σ_s。由于汽包是由塑性材料制成的,合应力一旦超过屈服极限后不再增加,由塑性变形吸收,故实际应力图为1、7、8、9、2。可见汽包壁中存在的应力不会达到材料的抗拉强度而立即破坏材料,但会影响汽包的工作寿命。汽包应力峰值超过屈服极限的数值越大,塑性变形区越大,应力每循环一次的寿命损耗也越大。

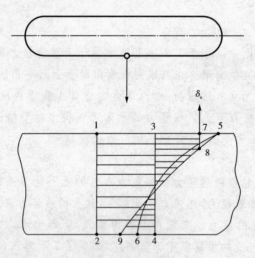

图5-35 汽包底部应力分析

在启动与停炉过程中,汽包最大峰值应力常在下降管进口处,该处的热应力是由汽包的上、下壁温差,内、外壁温差及下降管与汽包之间的综合温层形成的。另外,该处的结构也使得应力最集中。所以,在汽包的下降管孔处最容易产生裂纹,该处是汽包检验的重点部位。

(3)控制汽包壁温差的办法

以上各种应力是不可避免的,但这些应力太大时会影响汽包的寿命,所以必须严格控制。汽包的热应力是由汽包温差产生的,升压过程中必须严格控制汽包的壁温差。压力越高,允许的壁温差就越小。

锅炉启、停过程中控制汽包壁温差的主要办法有以下几种:

① 控制汽包内工质的升压和降压速度。

② 建立稳定的水循环。

③ 控制带负荷的升降速率。

控制汽包内外、上下壁温差的关键是控制工质升温速度。升压速度愈快,对应工质温升速度亦愈大。在低压阶段,升压速度应控制慢些,而在高压阶段则其升压速度可以快些。这是由于低压阶段饱和温度随压力变化率值较大,而高压阶段饱和温度变化率较小之故。另外对于自然循环锅炉,在启动初期,水循环未建立或不正常,使汽包下半部放热系数小,会使汽包上下壁温差增大。

4. 控制循环锅炉汽包热应力控制特点

控制循环锅炉为了降低汽包上下壁温差,提高启动速度,在汽包结构上作了改进。在汽包内部有与汽包同样长度的弧形衬板,从上升管来的汽水混合物全部从汽包顶部引入,沿弧形衬板与汽包内壁之间的狭长通道由上向下流动,从汽包下部自下而上进入汽水分离装置。汽水混合物在通道内有适当的速度及一定的热传导,因而使汽包内部表面温度基本相同,这样汽包上下壁温差几乎不存在,改善了汽包的应力特性。对于控制循环锅炉的汽包,限制其升压速度主要是汽包内外壁温差和汽包内压力。

对于控制循环锅炉在点火之前已建立了水循环,从点火一开始,汽包的受热就比较均匀,有利于升温、升压速度的提高,其锅水温升率一般控制在 $80\sim90$℃/h。据国外资料,如在 110℃/h 的升温率下,汽包寿命允许启停次数在七万次以上。

对于自然循环锅炉,在点火过程中,特别是在升温、升压的初始阶段,水冷壁的水循环不良,汽包上下壁温差大,这也是限制自然循环锅炉升温、升压速度的原因之一。为减少汽包上下壁温差,提高汽包下壁温,600MW 自然循环锅炉的汽包采用下部汽水混合物室连通以及两侧采用不同数量汽水混合物引入管,汽包下壁与流动的汽水混合物相接触,提高放热系数,减少上下壁温差。另外为使水循环及早正常,促使受热面加热均匀,根据机组结构特点和点火条件,采用各种促进汽包受热均匀或加强水循环的措施,例如,启动初期用蒸汽加热装置推动水循环建立,沿炉膛四周均匀对称投运燃烧器,对于水循环薄弱的受热滞后的水冷壁管,采用下联箱放水等,用这些方法提高汽包下部的放热系数,减少汽包上下壁温差,提高升压速度。

控制循环锅炉由于有锅水循环泵,水冷壁中流量是按热负荷大小来分配流量,即采用水冷壁进口装置节流孔板来进行合理分配。水循环与炉内燃烧工况有一定关系,但基本上各管流量按设计方案进行。因此从点火开始直至带满负荷,水循环是完全可靠的,即使点火时炉内热负荷有不均匀现象,也不至于引起水循环的问题,这是因为点火低负荷时,水冷壁内循环倍率较大,水冷壁内有足够水量流动。锅水进入锅水循环泵内混合后又进入各水冷壁,汽水混合物进入汽包,如此循环不息,不断混合,锅水温度得以均匀,因此各水冷壁的工质温度是均匀的。这样,控制循环锅炉的升温、升压速度可以提高,启动中对水冷壁的保护不需采用其他特殊措施,水冷壁也是比较安全的。

二、卫燃带及其作用

所谓卫燃带即在炉膛内燃烧器区域的部分水冷壁管表面焊接很多直径为 $3\sim12$mm、长为 $20\sim25$mm 的圆柱形销钉并敷设的耐火涂料覆盖层,如图 5-36 所示。可减少该部分水冷壁的吸热量,使燃烧器区域维持较高温度,改善燃料着火条件,增强燃烧稳定性。

用耐火材料将燃烧器周围的水冷壁覆盖起来,这部分被覆盖的面积称为卫燃带或燃烧带。

敷设卫燃带的目的:提高燃烧区域温度,使燃料尽快着火,稳定燃烧。同时减小燃料对该区域水冷壁管的磨损。另外,卫燃带也是锅炉结焦的发源地。

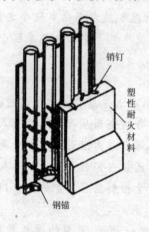
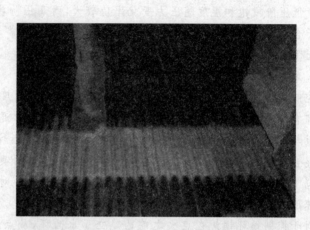

图 5-36 卫燃带

三、耐火材料和保温材料的区别

耐火材料是指耐火度不低于 1580℃ 的一类无机非金属材料。耐火度是指耐火材料锥形体试样在没有荷重情况下,抵抗高温作用而不软化熔倒的摄氏温度。

耐火材料种类繁多,通常按耐火度高低分为普通耐火材料(1580℃～1770℃)、高级耐火材料(1770℃～2000℃)和特级耐火材料(2000℃以上);按化学特性分为酸性耐火材料、中性耐火材料和碱性耐火材料;按矿物质组成可分为氧化硅质、硅酸铝质、镁质、白云石质、橄榄石质、尖晶石质、含炭质、含锆质耐火材料及特殊耐火材料等。

火电厂经常使用的耐火材料有 AZS 砖、刚玉砖、直接结合镁铬砖、碳化硅砖、氮化硅结合碳化硅砖,氮化物、硅化物等非氧化物耐火材料;氧化钙、氧化铝、氧化镁等耐火材料。经常使用的隔热耐火材料有硅藻土制品、石棉制品、绝热板等。

保温材料一般是指导热系数小于或等于 0.2 的材料。一般有材料的导热系数、吸水率、燃烧性能、强度等指标。材料的选用应符合 GB/T 17369—1998《建筑绝热材料的应用类型和基本要求》的规定。

绝热产品种类很多,包括泡沫塑料、矿物棉制品、泡沫玻璃、膨胀珍珠岩绝热制品、胶粉 EPS 颗粒保温浆料、矿物喷涂棉、发泡水泥保温制品。其中在火电厂中,硅酸钙绝热制品因具有抗压强度高、导热系数小、施工方便、可反复使用的特点,应用较为广泛。

四、锅炉的水压试验及其目的

锅炉水压试验分为工作压力试验、超压试验两种。

水压试验的目的是为了检验承压部件的强度及严密性。一般在承压部件检修后,如更换或检修部分阀门、锅炉管子、联箱等。锅炉的中、小修后都要进行工作压力试验。而新安装的锅炉、大修后的锅炉及大面积更换受热面管的锅炉,都应进行工作压力1.25倍的超压试验。

五、锅炉水压试验的过程

(1)锅炉上水期间,要经常检查空气门是否冒气,放水门是否未关严,进水管路是否有漏水地方,以便查明原因及时消除。

(2)当锅炉最高点的空气门向外冒水时,说明水已经注满。待残存空气排尽后,关闭进水和排气门。在满水的情况下对锅炉进行全面检查,看有无异常和结露现象。实际中为了防止大量给水浪费掉,经常采用待集汽联箱两侧温度指示相同且接近给水温度时,判断为锅炉上满水。

(3)水压试验起压前务必确认汽包壁温各点均大于35℃,最好在50℃以上为宜;各承压部件金属温度高于20℃。

(4)锅炉满水后检查无渗漏和结露现象时开始进行升压,升压速度一般不应大于0.3MPa/min。当压力升高到试验压力的10%时,停止升压,检查各部分严密性。

(5)水压试验中,加强对再热器冷段压力、温度的检查,防止再热器起压;加强对汽轮机各部金属温度的检查,防止因高中压主汽门、调门不严而进水。

(6)继续升压至工作压力时,应暂停升压,进行全面检查,检查有无漏水或异常现象。正常时再升压进行超压水压试验。

(7)做超压试验时,开始升压前,记录各部膨胀指示器一次。开启汽包事故放水一道门和集汽联箱疏水一道门,以防锅炉超压;关闭所有水位表一次门、各热工仪表一次门(压力表除外),退出一次汽所有安全阀。

(8)超压试验时,保持升压速度不超过0.1MPa/min,至超压试验压力。焊接锅炉应在试验压力下保持5分钟,铆接锅炉则应保持20分钟。在上述时间内,试验压力不能下降,如果压力下降,要查明原因。如果试验压力可维持到规定的时间,就将压力降到工作压力,在此工作压力下保持不变再进行一次全面详细的检查和记录,并在渗漏或变形异常处做出标记。

(9)试压结束后应缓慢降压。停止给水泵,通过减温器疏水门或一次汽疏水门进行降压。降压速度一般为0.20~0.30MPa/min(不超过0.5MPa/min)。待压力接近零时,投入水位计,打开所有空气门、排汽阀和疏水门,用事故放水门放水至汽包正常水位,投入安全阀,通知汽机对蒸汽母管和一级旁路进行疏水。

(10)如要进行全炉放水,应打开锅炉底部排污所有阀门和省煤器疏放水、给水管道疏放水门,将炉水全部放尽以防锅炉内部锈蚀和结冰冻坏。过热器如无疏水门,其中积水可用压缩空气吹出。锅炉放水时排污阀应开至最大,以便冲除污物对锅炉进行清洗。

(11)超压试验结束,降压后应再抄录锅炉各部膨胀指示器一次,以校对是否存在残余变形。

六、锅炉上水前将除氧器水箱内的水加热到规定温度的目的

一方面,锅炉在冷状态下上水时,上水温度要高于汽包材料所规定的无塑性转变温度33℃以上,若上水温度低于此温度,则可能发生设备的脆性破裂;但上水温度太高又将增大设备的热应力,因此,在冷状态下上水时,水温应控制在40℃~70℃的范围内。另一方面,锅炉在热状态下上水时,因为汽包壁很厚,内外壁温差也大,故热应力也很大。若此时向汽包上冷水,必须给汽包壁增加一个附加热应力,使汽包损坏或缩短使用寿命。因此,一般要求

上水的温度应与汽包壁金属温差不大于40℃为宜。鉴于上述原因,锅炉上水前应根据锅炉所处的状态将除氧器水箱内的水加热到所要求的温度。

七、脆性转变温度及发生低温脆性断裂事故的必要和充分条件

脆性转变温度是指在不同的温度下对金属材料进行冲击试验,脆性断口占试验断口50%时的温度,用FATT表示。含有缺陷的转子如果工作在脆性转变温度以下,其冲击韧性显著下降,就容易发生脆性破坏。发生低温脆性断裂事故的必要和充分条件是:①金属材料在低于脆性转变温度的条件下工作。②具有临界应力或临界裂纹,这是指材料已有一定尺寸的裂纹且应力很大。

八、炉膛容积热负荷、炉膛截面热负荷和燃烧器区域壁面热负荷的区别

炉膛容积热负荷q_v为每小时送入炉膛单位容积中的平均热量。q_v可近似看成炉内停留时间的倒数。q_v值大时,炉内停留时间缩短,影响燃尽程度。当然,容量相同,锅炉煤种不同,q_v也不同。研究表明,随锅炉容量的增加,q_v值相对减小。尤其是近几年来,对环境保护日益重视,低NO_x燃烧技术被推广使用,使有些大容量锅炉的q_v值更低。例如,禹州电厂350MW烧贫煤的锅炉,q_v为100.55kW/m³;盘山电厂二期600MW烧烟煤的锅炉,q_v仅为90.53kW/m³。

炉膛截面热负荷q_a为每小时送入炉膛燃烧器区域单位截面积的平均热量。当q_a选得大一些时,炉膛就瘦高一些,火焰行程较长,有利于燃尽。但同时,必须考虑燃料的结渣性能,因为设计时选过高的q_a值,会因热强度过高而造成结渣,尤其对于易结渣燃料,q_a应选得适当低些。研究表明,q_a值随锅炉容量的增加应适当增大。例如,盘山电厂600MW烧烟煤锅炉,q_a为5.27MW/m²。

燃烧器区域壁面热负荷q_r为每小时入炉膛燃烧器区域单位壁面积的热量。和q_a一样,它反映了燃烧器区域的温度水平,且还能反映火焰的集中情况。q_r越大,说明火焰越集中,燃烧器区域温度水平就越高,易造成结渣。其推荐值为:褐煤0.93~1.16MW/m²;无烟煤及贫煤1.4~2.1MW/m²;烟煤1.28~1.40MW/m²。

九、补给水、给水、凝结水、疏水和炉水

补给水是指原水经净化处理后,用来补充锅炉汽水损失的水。补给水按其净化方法可分为软化水、蒸馏水和除盐水。

给水是指送进锅炉的水,给水通常由补给水、凝结水及工艺冷凝水等组成。

凝结水是指在汽轮机中做完功后的蒸汽,经冷凝而成的水,有的称透平冷凝水或蒸汽冷凝液。

疏水是指各种蒸汽管道和用汽设备中的蒸汽凝结而成的水。

炉水是指在锅炉本体系统中流动的水。

思考与练习

1. 简述低压、中压、高压、超高压锅炉为自然循环锅炉的原因。
2. 简述亚临界锅炉可以做成控制循环锅炉的原因。
3. 简述自然循环锅炉蒸发受热面上升管的停滞、倒流现象发生的原因。
4. 自然循环锅炉蒸发受热面的自补偿特性与锅炉负荷的关系是怎样的?

项目六 锅炉蒸汽净化工作过程

任务一 蒸汽品质及其污染原因

学习目标

从锅炉过热蒸汽带盐,蒸汽品质下降对热力设备所产生的危害,引出目前火电厂中锅炉蒸汽带盐的常见方式,由此分析影响蒸汽带盐的原因及如何进行锅炉蒸汽含盐量控制,进而引入提高锅炉蒸汽品质的各种实际措施。

能力目标

结合火电厂热力设备安全运行工作过程对锅炉蒸汽品质要求进行讨论、分析,掌握锅炉过热蒸汽带盐的机械携带和蒸汽选择性溶盐机理及影响因素,知晓在实际工程应用中如何有效控制蒸汽品质的恶化以规避设备运行风险。

知识准备

关 键 词

蒸汽品质标准　机械性携带　选择性携带　排污

一、蒸汽品质

蒸汽是锅炉的产品。锅炉产生的蒸汽除了必须符合规定的压力和温度外,蒸汽中的杂质含量也不允许超过一定的限量,否则就是产品不合格了。

1. 蒸汽品质的定义

蒸汽中的杂质含量通常用蒸汽品质来描述,也就是指蒸汽的清洁程度。具体表述为单位质量的蒸汽中含有的杂质量,单位 μg/kg 或 mg/kg。在大型高压电厂中,对锅炉蒸汽品质的要求是十分严格的,因为它对设备的安全性和经济性有很大影响。

2. 蒸汽中的杂质对电厂热力设备的危害

蒸汽中的杂质包括气体和非气体杂质。O_2、N_2、CO_2 和 NH_3 等是常见的气体杂质,处理不当时这些气体可能腐蚀金属,而且 CO_2 还可参与沉淀过程。蒸汽中所含的杂质绝大部分为各种盐类,所以蒸汽中的杂质含量多用蒸汽中的含盐量来表示。通常将蒸汽中含有的盐类称为蒸汽污染。例如一台 400t/h 的电厂锅炉,假如每公斤蒸汽含有 1mg 的盐分,运行 5000h 后,其携带出来的盐分总量将达 2000kg。这些盐分随蒸汽流经过热器、蒸汽管道、汽轮机的通流部分并沉积下来,将会引起很大的问题。如沉积在过热器中,将影响蒸汽的流动、传热,并使过热器管子金属温度升高。过热蒸汽中含的盐有可能沉积在管道(如图 6-1 所示)、阀门、汽轮机的调节阀和叶片上。阀门上的积盐会使阀门动作失灵并影响其严密性。汽机叶片上的积盐会改变叶片的型线,降低效率;还会使蒸汽的流动阻力增加,降低汽轮机的功率,并增大轴向推力;当沿汽轮机圆周积盐不均匀时,将影响转子的平衡,甚至造成重大事故。如图 6-2 所示为清洗汽轮机转子。

图 6-1 管内积盐结垢

图 6-2 清洗汽轮机转子

3. 蒸汽品质要求

为了保证锅炉和汽轮机的长期安全运行,我国《火力发电厂水汽监督规程》对蒸汽的含盐量提出了如表 6-1 的要求。

表 6-1 蒸汽品质标准

炉 型	汽包压力(MPa)	含钠量(μg/kg)	含硅量(μg/kg)
汽包炉	3.82～5.78	凝汽式发电厂≥15 热电厂≥20	≥25
	5.88～18.62	<10	≥20
直流炉	5.88～18.62	<10	

从上表中可以看出,监督的主要项目是含钠量和含硅量:

含钠量——蒸汽中盐类一般以钠盐为主,所以可通过测量蒸汽含钠量以监督蒸汽的含盐量。表 6-1 中规定的蒸汽含钠量的允许值,是根据我国电厂长期运行经验制定的。

含硅量——蒸汽中含有的硅酸化合物会沉积在汽轮机内,形成难溶于水的二氧化硅的附着物,难于用湿蒸汽清洗法除掉,对汽轮机的安全经济运行有很大的影响。因此,含硅量也是蒸汽品质的主要监督项目之一。国内电厂的实践表明,蒸汽中硅酸化合物的含量(以二氧化硅表示)小于表 6-1 所列数值时,基本上可以防止汽轮机内沉积二氧化硅的附着物。

蒸汽中含钠盐和硅酸有着显著的不同。当带盐的蒸汽进入汽轮机后，随蒸汽压力的下降，蒸汽中的溶盐逐渐分离出来并沉积在汽轮机通流部分中。蒸汽中的钠盐首先分离出来，因而多沉积在汽轮机的高压级中，而硅酸则沉积在较低压力的各级中。钠盐能溶于水，但是叶片上沉积的硅酸几乎不能用水洗掉，有时要打开汽轮机，用其他方法清理。

从表中可以看出，工作压力小于 5.8MPa 的汽包炉的热电厂与同参数的凝汽式发电厂相比，允许的蒸汽含盐量要大一些，这是因为供热式汽轮机内的积盐量少些，所以蒸汽含盐量可以高些。

从表中还可以看出，蒸汽压力越高。对蒸汽品质的要求也越高。这是由于蒸汽压力提高时，蒸汽的比容减小，使汽轮机的通流截面相对减小，因而叶片上少量盐分的沉积，都将使汽轮机的出力和效率降低很多；同时由于大型汽轮机的用汽量非常大，即使含盐量低，在两次清洗期间汽轮机内沉积的盐量仍很大，将导致汽轮机轴向推力增加，危及机组安全运行。

一般说来，承担基本负荷的高压机组对蒸汽品质的要求较高。承担尖峰负荷的机组，因经常启动和停用，每次启停均有湿蒸汽通过，实际上起了清洗汽轮机的作用，因而对蒸汽品质的要求稍低。

二、蒸汽污染的原因

【案例】 死海是世界上最深的咸水湖、最咸的湖，之所以叫死海是因为它含盐量很高，比大洋的海水咸 10 倍，大部分生物都难以生存。死海位于约旦和巴勒斯坦交界的沙漠中，是世界上最低的内陆湖，湖面海拔为海平面下 422 米，湖长 67 千米，宽 18 千米，面积 810 平方千米。死海降雨极少，年均降雨量只有 50 毫米，而且夏季非常炎热，平均可达 34℃，最高达 51℃，致使从约旦河流入死海的水（每天 40～65 亿升）几乎都干涸了，湖水每年蒸发约 1400 毫米，湖面上常常是雾气腾腾，沉淀在湖底的矿物质越来越多，咸度越来越大。经年累月，便形成了世界上最咸的咸水湖——死海（图 6-3）。

图 6-3 死海

蒸汽被污染的原因是由于进入锅炉的给水中含有杂质。给水进入锅炉汽包以后，由于在蒸发受热面中不断蒸发产生蒸汽，给水中的盐分就会浓缩在炉水中，使炉水含盐浓度大大超过给水含盐浓度。炉水中的盐分是以两种方式进入到蒸汽中的：一是饱和蒸汽带水，也称之为蒸汽的机械携带；二是蒸汽直接溶解某些盐分，也称之为蒸汽的选择性携带。在中、低压锅炉中,由于盐分在蒸汽中的溶解能力很小,因而蒸汽带水的程度决定了蒸汽的清洁度;而在高压以上的锅炉中,盐分在蒸汽中的溶解能力大大增加,因而蒸汽的清洁度决定于蒸汽带水和蒸汽溶盐两个方面。

1. 饱和蒸汽带水

由水冷壁产生的汽水混合物引入汽包时,具有一定的速度,因而具有一定的动能。当汽水混合物进入汽包的蒸汽空间时,由于汽水流冲击水面、冲击汽包内部装置或互相撞击,将会引起大量水滴飞溅;当汽水混合物进入汽包的水空间时,蒸汽泡穿出汽包水面会破裂并形成许多小水滴(见图 6-4);当汽包水面发生剧烈波动时,也可能溅出许多小水滴。这些水滴进入蒸汽空间以后,有一部分较大的水滴,由于自身的重力作用又重新返回水面,其余则被蒸汽带走,这就是蒸汽带水的原因。

图 6-4　蒸汽泡破裂带水的过程

a)汽泡在水内上浮；b)汽泡到达水面；c)水膜破裂、形成小水滴；

d)汽泡破裂处,液体向中心集中形成波峰,抛出几个大水滴

影响蒸汽带水的含盐量主要因素为锅炉负荷、蒸汽压力、蒸汽空间高度和炉水含盐量。

(1)锅炉负荷的影响

锅炉负荷增加时,由于产汽量增加,一方面使进入汽包的汽水混合物动能增加,从而导致锅炉生成的细微水滴增多;另一方面也使汽包蒸汽空间的汽流速度增大,因而蒸汽湿度(蒸汽湿度为蒸汽中水滴量占蒸汽中汽水总质量的百分率)增加,蒸汽品质随之恶化。

(2)蒸汽压力的影响

随着蒸汽压力的增高,汽水密度差减小,这就使汽水分离更加困难,导致蒸汽携带水滴的能力增加,即在较小的蒸汽速度下就可卷起水滴,使蒸汽更易带水;此外,蒸汽压力高,饱和温度也高,水分子的热运动加强,相互间的引力减小,这就使饱和水的表面张力减小,水就越容易破碎成细小水滴被蒸汽带走。以上说明蒸汽压力越高,蒸汽越容易带水。

蒸汽压力急剧降低也会影响蒸汽带水。这是因为压力降低时,相应的水的饱和温度也降低,蒸发管和汽包中的水以及管壁金属都会放出热量产生附加蒸汽,使汽包水位膨胀,而且穿经水位面的蒸汽量也增多,其结果使蒸汽大量带水,蒸汽的湿度增加,蒸汽的品质恶化。

(3)蒸汽空间高度的影响

蒸汽空间高度在一定程度上对蒸汽带水影响较大。当蒸汽空间高度很小时,蒸汽不仅能带出细小的水滴,而且能将相当大的水滴带进汽包顶部蒸汽引出管,使蒸汽带水增多。随着蒸汽空间高度的增加,由于较大水滴在未达蒸汽引出管高度时,便失去自身的速度落回水面,从而使蒸汽湿度迅速减少。但是,当蒸汽空间高度达 0.6m 以上时,由于被蒸汽带走的细小水滴不受蒸汽空间高度的影响,因而蒸汽湿度变化就很平缓,甚至到达 1m 以上时,蒸汽湿度几乎不变化。

为了保证汽包有足够的蒸汽空间高度,控制好汽包内的水位高度至关重要。通常汽包的正常水位应在汽包中心线以下 100～200mm 处。锅炉正常运行时,水位应保持在正常水位线±(50～75)mm 范围内波动,因为水位过高,会使蒸汽空间高度减小,使蒸汽湿度增加。此外,水位过高,当负荷突然增加或压力突然降低时,都将导致虚假水位出现,使水位猛涨。因此,在运行中应注意监视水位波动,以防止蒸汽大量带水。图 6-5、图 6-6 给出了就地水位计示意图及双色就地水位计实物图,图 6-7 为运行人员现场观测就地水位计(在液汽共存时,云母双色就地水位计指示液相呈绿色,汽相呈红色,液位界线十分明显)。

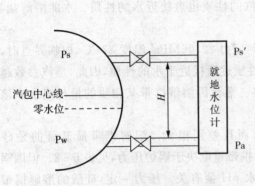

图 6-5　就地水位计示意图

图 6-6　双色就地水位计

图 6-7　现场观测就地水位计

　　(4)炉水含盐量的影响

　　炉水含盐量影响水表面的张力和动力黏度,因此也影响蒸汽的带水量。炉水含盐量增加,特别是炉水中碱性盐的增加,会使炉水的黏性增大,使汽泡在汽包水容积中的上升速度减慢,因而使汽包水容积中的含汽量增多,促使汽包水容积膨胀。此外,炉水含盐量增加,还将使水面上的泡沫层增厚。这些原因都将使蒸汽空间的实际高度减小,使蒸汽带水量增加。

　　300MW 及以上机组的饱和蒸汽机械携带率通常小于 0.2%,汽水分离效果最好的锅炉可以达到 0.01% 以下。如果汽水分离装置不正常，机械携带就会增加。例如，锅炉运行过程中，有的旋风分离器倾斜、倒塌或波纹板脱落，汽水分离就失去了应有的功能。这种现象有时不容易被觉察到；再例如，蒸汽分甲、乙侧取样，在检测过程中只检测某一侧，或检测甲、乙蒸汽的混合样，或分离效果不好的一侧，蒸汽流量所占比例太小，这都可能导致过热器的积盐。

2. 蒸汽的溶盐

(1) 高压蒸汽溶盐原因及影响因素

高压蒸汽不同于中低压蒸汽的一个很重要性质，就是不论饱和蒸汽或过热蒸汽，都具有溶解某些盐分的能力，而且随着压力的增加，直接溶解盐分的能力增加。高压蒸汽之所以能直接溶解盐类，主要是因为随着压力提高，蒸汽的密度不断增大，同时饱和水的密度相应降低，蒸汽的密度逐渐接近于水的密度，因而蒸汽的性质也愈接近水的性质。水能溶解盐类，则蒸汽也能直接溶解盐类。

锅炉压力增高，饱和蒸汽的密度也增加，到压力 22.06MPa、温度 374℃，即临界点时，蒸汽与水的密度相等。所以，压力升高，蒸汽的性质逐渐接近于水的性质，因此，蒸汽参数越高溶解物质的能力越强，被溶解携带的物质越多。蒸汽因溶解携带某物质的量与锅水中该物质的量的比称为溶解携带系数，以百分数表示。

蒸汽对各种盐类的溶解能力是不同的，而且差别很大。溶解携带最显著的是硅酸 (SiO_2)，它甚至在较低压力下也可发生。溶解携带量取决于锅炉压力，见表 6-2。但因锅水碱度值不同，硅化合物形态也不同，它还与锅水 pH 值有关。压力一定，硅酸的溶解携带系数会随锅炉水 pH 的降低而增大，如图 6-8 所示。当锅炉水采用全挥发处理时，高温锅炉水实际的 pH 值要比锅炉水采用磷酸盐处理或氢氧化钠处理时低得多，所以在蒸汽同等含硅量的情况下，就要求锅炉水的含硅总量低得多。以亚临界锅炉为例，通常锅炉水采用全挥发处理时其允许含硅量只有磷酸盐处理（或氢氧化钠处理）的 1/3～1/2。

表 6-2　硅酸溶解携带系数（锅水 pH 值在 9～10）

饱和蒸汽压力(MPa)	3.92	5.88	7.84	10.78	13.72	15.10	16.66	17.64
SiO_2携带系数(%)	0.05	0.20	0.50～0.60	1.00	3.50	5.00	6.00	8.00

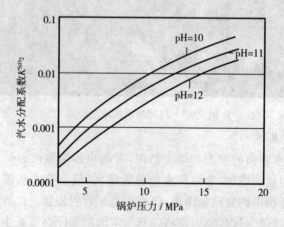

图 6-8　硅酸的溶解携带系数随锅炉水 pH 的关系

各种钠盐的溶解携带(见表6-3)随压力与锅水浓度的变化而异,还受结合的阴离子性质影响,但以 NaOH 的溶解携带量为最大。其溶解携带的大小顺序是:氢氧化钠＞氯化钠＞磷酸三钠＞磷酸氢二钠＞硫酸钠。

表6-3 高参数锅炉中各种盐类的溶解携带

锅炉压力(MPa)	17.3		18.6		20.0	
盐类浓度(mg/L)	15	500	15	500	15	500
硫酸钠(%)	0.02	0.03	0.04	0.07	0.28	0.48
磷酸氢二钠(%)	0.01	0.07	0.03	0.18	0.41	0.74
磷酸三钠(%)	0.02	0.11	0.04	0.30	0.35	1.3
氯化钠(%)	0.04	0.18	0.09	0.36	0.39	1.2
氢氧化钠(%)	0.02	0.31	0.08	0.69	0.55	2.2

(2)饱和蒸汽溶解携带各种盐类的规律

由于蒸汽和锅炉水始终处于电中性,蒸汽不可能单独选择携带某一种离子,而是以电中性的分子形式携带。关于各种不挥发物质的溶解携带,过去一直使用射线图,后来发现,射线图在接近临界压力时误差较大,有时可能差2个数量级。近代大型汽包锅炉的运行压力都接近于亚临界,所以,射线图已跟不上时代的发展。因此,世界各国科学家联合研究,得出比较切合实际的汽水分配系数,如图6-9所示。

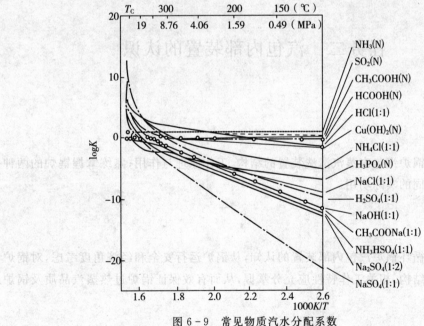

图6-9 常见物质汽水分配系数

K——蒸汽中某杂质的浓度与锅炉水中该杂质浓度之比,即汽水分配系数;

K/T——T表示温度,用绝对温度 K 表示,以 $1/T$ 表示的横坐标为等间距;

T_c——锅炉水温度,用℃表示,坐标为不等间距;

N——以分子状态携带;

1∶1——以离子状态携带,阴阳离子电荷比为1∶1。

按一般规则,盐、酸和碱在锅炉水中都倾向于离子化,且离子化程度总是随温度的升高而降低。由于不带电的非离子化物质更容易进入蒸汽中,因此,只要可形成不带电的物质,它们总是成为从锅炉水向蒸汽中溶解携带的主要路径。

最新研究结果表明,锅炉水采用磷酸盐处理时,蒸汽主要以磷酸分子溶解携带;采用氢氧化钠处理时,蒸汽主要以钠与氢氧根 1：1 的比例溶解携带;采用全挥发处理时,蒸汽主要以氨分子溶解携带。

为了提高锅炉的热效率,现代大型锅炉大都是变压运行,即锅炉压力随着负荷的升高而增高,如 300MW 及以上容量的机组在正常运行时,汽包压力的变化范围一般在 $11.0 \sim 19.5$MPa。也就是说,与低负荷相比,锅炉在高负荷运行时杂质的溶解携带更加严重。

工作任务

(1)某台锅炉正常运行时突然出现汽包水位大幅波动,水位计看不清水位,过热蒸汽温度急剧下降,饱和蒸汽的含盐量大的异常现象,请判断锅炉发生何种异常,应如何处理。

(2)对造成锅炉过热蒸汽污染的两种不同类型带盐污染方式进行比较,结合锅炉仿真实训,发现要保证蒸汽品质的工作条件及如何进行运行参数控制调节。

能力训练

培养学生结合锅炉实际运行工作状况对锅炉过热蒸汽品质要求进行综合分析的能力。

任务二 汽包内部装置的认识

学习目标

了解常用的锅炉汽包内蒸汽清洗装置的结构、工作原理与作用;熟练掌握锅炉的两种排污方式与各自不同的实际功用。

能力目标

通过对自然循环锅炉汽包内部装置的认知,从锅炉运行安全和经济角度考虑,对锅炉汽包内部各部件的结构、相关工作特性应充分掌握,从而有效保证锅炉过热蒸汽品质及锅炉运行的安全可靠。

知识准备

关 键 词

汽水分离　蒸汽清洗　排污　分段蒸发　化学加药

汽包内部装置主要由汽水分离装置和蒸汽清洗装置组成,实现降低饱和蒸汽带水、减少蒸汽中的溶盐和降低炉水含盐量,获得清洁品质很高的蒸汽的目的。目前高压以上锅炉,为减少蒸汽带水,汽包内装有汽水分离装置,常见的有内置旋风分离器、百叶窗分离器及均汽孔板等;为了减少蒸汽中的溶盐,可适当控制炉水碱度及采用蒸汽清洗装置;为了降低炉水含盐量,可采用提高给水品质、进行锅炉排污及采用分段蒸发等办法。

一、汽水分离装置

汽水分离装置的任务,是综合利用重力分离、惯性力分离、离心力分离、水膜分离等原理把蒸汽中的水分尽可能地分离出来,以提高蒸汽品质。

汽包内的汽水分离过程,一般分为两个阶段:一是粗分离阶段(一次分离阶段),其任务是消除汽水混合物的动能,并进行初步的汽水分离,使蒸汽的湿度降到 $0.5\% \sim 1\%$;二是细分离阶段(二次分离阶段),其任务是将蒸汽中的水分作进一步的分离,使蒸汽湿度降低到 $0.01\% \sim 0.03\%$。

目前电厂锅炉采用的汽水分离装置形式很多,一次分离元件有进口挡板、旋风分离器、水下孔板、涡轮分离器等几种,二次分离元件有波形板分离器、顶部多孔板(均汽板)等。下面分别就其结构和工作原理逐一介绍。

1. 进口挡板

进口挡板也称为导向挡板。当汽水混合物进入汽包的蒸汽空间时,可在汽包内壁进口处装设进口挡板,如图 6-10 所示。

进口挡板主要是用来消除汽水混合物的动能,使汽水初步分离。当汽水混合物碰撞到挡板上时,动能被消耗,速度降低。同时,汽水混合物从板间流出来时,由于转弯和板上的水膜黏附作用,从而使蒸汽中的水滴分离出来。

2. 旋风分离器

旋风分离器是一种粗分离装置,因其主

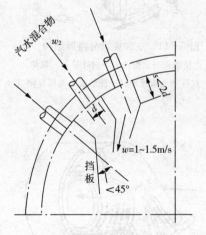

图 6-10　进口挡板

要以离心力原理产生旋转气流实现汽水分离而得名,通常装置在汽包内的叫内置式旋风分离器;装置在汽包外的叫外置式旋风分离器;其中最常用的是内置式旋风分离器。

内置旋风分离器的主要优点是:

(1)消除并有效地利用汽水混合物的动能。

(2)汽水混合物进入旋风分离器后,分离出来的蒸汽不从汽包水容积中通过,因此不致引起汽包水容积膨胀,故允许在炉水含盐浓度较高的情况下工作。

(3)沿汽包长度均匀布置,使汽流分布较均匀,避免局部蒸汽流速较高的现象发生。

(4)不承受内压力,因而可用薄钢板制成,加工容易,金属耗量小。

但是,内置旋风分离器由于装在汽包内,其高度受到限制,一般把它作为粗分离设备,与其他分离设备配合使用。同时,由于内置旋风分离器的单只出力受汽水混合物入口流速和蒸汽在筒内上升速度的限制,因此需旋风分离器的数量很多,使汽包内有限的空间更显阻塞,给拆装检修工作带来不便。

内置式旋风分离器常见有立式(图6-11、图6-12)、卧式(图6-13)、螺旋臂式(图6-14)和涡轮式(图6-15、图6-16)4种型式,表6-4对这4种旋风分离器工作过程和特点进行了比较。

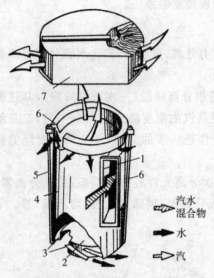

图6-11　立式旋风分离器结构

1—连接罩;2—底板;3—导向叶片;4—筒体;
5—拉杆;6—溢流环;7—波形板分离器顶帽

图6-12　立式旋风分离器

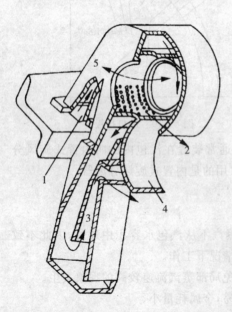

图6-13　卧式旋风分离器结构

1—汽水混合物进口;2—排水孔板;
3—排水通道;4—排水导向板;5—蒸汽出口

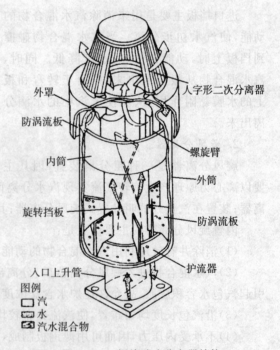

图6-14　螺旋臂式分离器结构

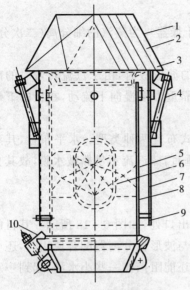

图 6-15 涡轮分离器结构

1—梯形顶帽;2—百叶窗板;3—集汽短管;4—钩头;

5—固定式导向叶片;6—芯子;7—外筒;

8—内筒;9—疏水夹层;10—支撑螺栓

图 6-16 汽包内的涡轮分离器

表 6-4 几种旋风分离器的比较

名 称	立式旋风分离器	卧式旋风分离器	螺旋臂式分离器	涡轮分离器
汽水混合物进入方式	侧面切向进入	自下而上切向进入	从下部沿轴向进入	从下部沿轴向进入
离心力的产生	依靠切向进入产生离心力作用进行汽水分离	依靠切向进入产生离心力作用	通过螺旋臂产生离心力的作用进行汽水分离	通过固定式导向叶片产生的离心力进行汽水分离
水走向	分离出来的水分被抛向筒壁,并沿筒壁流下,由筒底导向叶片排入汽包水容积	分离出来的水被甩向筒壁并经排水导向板和排水通道流入汽包水容积	分离出来的水通过内外筒体向下流动,由防涡流板消除,并通过扩散器将水流分配后流入汽包水容积	分离出来的水通过集汽短管与内筒体之间的环形截面流入内外筒体的疏水夹层,向下进入汽包水容积
蒸汽走向	分离出来的蒸汽沿筒体旋转上升,经顶部的波形板分离器径向流出	分离出的蒸汽由筒体两端的圆孔排出	分离出来的蒸汽通过顶部人字形波形板进一步汽水分离后,通过顶帽进入汽包汽空间	分离出来的蒸汽通过顶部波形板进一步汽水分离后,通过顶帽进入汽包汽空间
特 点	尺寸较大,分离效率高	因蒸汽轴向速度较低,故卧式旋风分离器可承担较大的蒸汽负荷,但在汽包水位波动时分离效果不稳定		涡轮分离器的分离效率高,但阻力较大,因此多作为控制循环锅炉的粗分离装置

3. 波形板分离器

波形板分离器(又叫百叶窗分离器,或叫波纹板干燥器),为蒸汽的细分离(二次分离)设备,如图6-17a所示。

它的工作原理如图6-17b所示,汽流通过密集的波形板时,由于汽流转弯时的离心力将水滴分离出来,黏附在波形板上形成薄薄的水膜,靠重力慢慢向下流动,在板的下端形成较大的水滴落下,使蒸汽的湿度降低。

波形板分离器可分为水平布置(卧式布置)和立式布置两种类型。水平布置,其蒸汽流向与水流向平行。立式布置因其蒸汽流向与水流向垂直,蒸汽流不易撕破水膜,故其分离效果较好,其蒸汽流速也可较高。

4. 顶部多孔板

顶部多孔板也叫均汽孔板,它装在汽包上部蒸汽出口处,如图6-18所示。其目的是利用孔板的节流作用,使蒸汽空间的负荷分布均匀。在与波形板分离器配合使用时,还可使波形板分离器的蒸汽负荷均匀,提高分离效果。此外它还能阻挡住一些小水滴,起到一定的细分离作用。

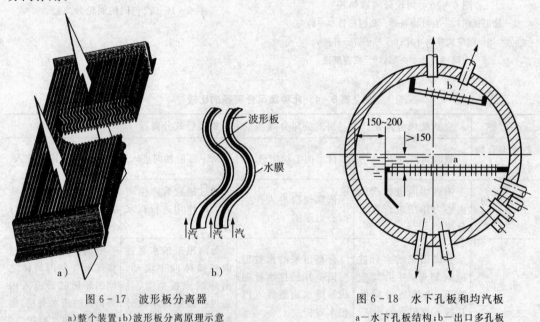

图6-17 波形板分离器
a)整个装置;b)波形板分离原理示意

图6-18 水下孔板和均汽板
a—水下孔板结构;b—出口多孔板

二、蒸汽清洗装置

汽水分离只能降低蒸汽的湿度而不能减少蒸汽中溶解的盐分。因此,对高压锅炉和超高压锅炉,除采用汽水分离装置外,还得采用蒸汽清洗的方法减少溶解于蒸汽中的盐(特别是蒸汽中溶解的硅酸)。

蒸汽清洗的基本原理是让含盐低的清洁给水与含盐高的蒸汽相接触,使蒸汽中溶解的盐分转移到清洗的给水中,从而减少蒸汽溶盐,同时,又能使蒸汽携带炉水转移到清洗的给水中,从而降低蒸汽的机械携带含盐量,使蒸汽的品质得到了改善。

蒸汽清洗装置的型式较多,按蒸汽与给水的接触方式不同,分为起泡穿层式、雨淋式和水膜式等几种。其中以起泡穿层式应用最广。它的具体结构又分为钟罩式和平孔板式两种

（如图 6 - 19 所示）。

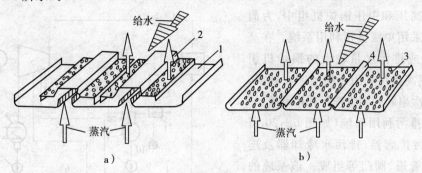

图 6 - 19　起泡穿层式清洗装置
a）钟罩式；b）平孔板式
1—底盘；2—顶罩；3—平孔板；4—U 形卡

超高压锅炉多采用平孔板式穿层清洗装置。平孔板式穿层清洗装置结构简单，阻力损失小，有效清洗面积大，清洗效果也很好。目前超高压以上锅炉，一般采用 40%～50% 的给水作为清洗水。实际清洗效率约为 60%～70%。

对亚临界压力的锅炉，由于硅酸的分配系数较大，蒸汽清洗的效果较差，因此主要依靠采用较好的水处理方法来提高给水品质，使给水含盐量降到很低的程度，保证蒸汽品质，即可不用蒸汽清洗装置。

三、锅炉排污及加药

1. 锅炉排污

锅炉排污是控制炉水含盐量、改善蒸汽品质的重要途径之一。排污就是把一部分炉水排掉，以便保持炉水中的含盐量和水渣在规定的范围内，从而改善蒸汽品质并防止水冷壁结水垢和受热面腐蚀。

锅炉排污可分为连续排污和定期排污两种。

连续排污是指在运行过程中连续不断地排出部分锅水、悬浮物和油脂，以维持一定的锅水含盐量和碱度。连续排污的位置是在锅水含盐浓度最大的汽包蒸发面附近，即汽包水位线下 200～300mm 处，这里锅炉水的含盐量是平均值的 1.2 倍。

定期排污的目的是定期排除炉水中的水渣，避免水渣堵塞上升管，造成水循环事故，所以定期排污的地点应选在水渣积聚最多的地方，即水渣浓度最大的部位，一般是在水冷壁下联箱底部。定期排污不是常开，而是每班开一次。

排污率是指排污量 G_{pw} 占锅炉蒸发量 D 的百分数。其表达式为

$$p = \frac{G_{pw}}{D} \times 100\%$$

增加排污率，一方面可以提高蒸汽品质，另一方面也会造成热量和工质的损失。这就使提高蒸汽品质与减少热量和工质损失之间发生了矛盾。排污量每增加 1%，将使燃料消耗量增加 0.12%～0.18%。对凝汽式电厂，排污率在 1%～2%；对热电厂，排污率在 2%～5%。

为了减少因排污造成的工质和热量损失，除根据机组型式和补给水品质控制排污率之外，还可对排污水进行回收利用。回收利用的方法就是设置连续排污利用系统。它主要有

单级和多级两种型式,而多级连续排污利用系统常用的是两级串联的排污利用系统。

在超高压和中压锅炉机组中,为简化系统常采用单级排污利用系统。在高压热电厂或排污水量较大的锅炉机组中,为了提高排污利用系统的回收效果,常采用依次串联的两级排污利用系统。

单级排污利用系统(如图6-20所示)由排污扩容器、排污水冷却器及连接它们的管道、阀门等组成。该系统的工作过程为:从汽包中含盐量最大的地方排出的连续排污水,经过阀门和节流装置(节流孔板或减压阀)降压后进入扩容器,在扩容器压力下一部分排污水扩容蒸发产生蒸汽。因扩容蒸汽含盐

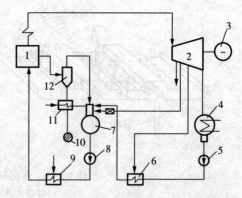

图6-20　锅炉单级连续排污利用系统
1—锅炉;2—汽轮机;3—发电机;4—凝汽器;
5—凝结水泵;6—低压加热器;7—除氧器;8—给水泵;
9—高压加热器;10—地沟;11—排污水冷却器;12—排污扩容器

量较少,允许回收进热力系统。一般送入相应压力下的除氧器或面式加热器中,从而回收一部分工质和热量。扩容器内剩下尚未汽化的浓缩排污水含盐量较大,且温度在100℃以上。为了不使较高温度的排污水影响自然环境并利用其热量,排污水流出扩容器后继续通过排污水冷却器,被化学补充水冷却,当排污水温降至许可的50℃以下后,排入地沟。

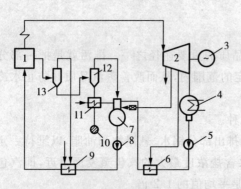

图6-21　锅炉两级连续排污利用系统
1—锅炉;2—汽轮机;3—发电机;4—凝汽器;5—凝结水泵;
6—低压加热器;7—除氧器;8—给水泵;9—高压加热器;
10—地沟;11—排污水冷却器;12—低压扩容器;13—高压扩容器

两级串联的连续排污利用系统(如图6-21所示)由高压扩容器、低压扩容器、排污水冷却器及连接它们的管道、阀门等组成。该系统中锅炉连续排污水经过阀门和节流装置降压后,先进入高压扩容器,部分排污水扩容蒸发产生蒸汽,这部分蒸汽引入相应压力的加热器或除氧器中。而高压扩容器的排污水再送入低压扩容器继续扩容蒸发,在低压扩容器内扩容蒸发产生的蒸汽送至相应压力的除氧器或低压加热器中。未汽化的排污水通过排污水冷却器冷却到50℃以下,排入地沟。

电厂设置连续排污利用系统的目的是为了减少工质和热量的损失,提高电厂的经济性。评价锅炉连续排污利用系统给电厂带来的热经济效益,应包括热能回收的经济效益和工质回收补充水量减少带来的经济效益总和。而这部分能量的回收是通过进入热力系统来实现的,这不仅会影响汽轮机组的热功转换效果,更主要是影响整个电厂的热经济性(如热效率和发电煤耗)。若只从汽轮机组的局部范围看,因回收的热量要记入汽轮机热耗,但它的质量却不及新蒸汽高,故机组的热功转换效率反而会降低。但从整个电厂的角度来看,这部分热量的回收因减少了工质和能量的损失,会使电厂的热经济性提高,发电煤耗下降。对于单

级系统和两级系统来说,其他条件不变,则因两级系统中高压部分扩容蒸汽的能量较高,排挤的较高压力回热抽汽,故两级系统实际的热经济效益比单级要高。

对于具有定期排污的锅炉也应设置连续排污类似的定期排污扩容系统。

2. 分段蒸发

分段蒸发就是将锅炉蒸发部分分为净段和盐段,让大部分蒸汽从含盐浓度低的净段炉水中产生,而锅炉的排污则从含盐浓度高的盐段炉水中进行,从而达到既减少排污量又提高蒸汽品质的目的。

分段蒸发系统示意如图 6 - 22 所示。汽包的水容积被隔板分隔成净段和盐段两部分,它们有各自独立的循环回路。锅炉给水全部送入净段,经过蒸发(产生 80％～90％的蒸汽)浓缩后,将净段的炉水通过隔板上的开孔

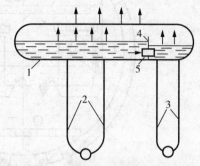

图 6 - 22　两段分段蒸发系统简图
1—汽包;2—净段;3—盐段;4—隔板;5—水连通管

再送入盐段作为盐段的给水。炉水在盐段进一步蒸发(产生 10％～20％的蒸汽)浓缩,其含盐浓度很高,锅炉排污即由此盐段引出,因而排污量可大大减少。

近年来由于我国水处理技术的日益完善,给水品质有了很大的提高,因此我国的超高压汽包锅炉一般都不再采用分段蒸发。

3. 化学加药

一般通过安装在汽包水容积下部的加药管向锅水中加入磷酸三钠(Na$_3$PO$_4$)溶液,使锅水中的钙、镁离子与磷酸根化合,生成难溶的磷酸钙和磷酸镁的软性沉淀物。这些沉淀物不易黏附在锅炉受热面上,而是以流动性很好的水渣形式存在,可借锅炉排污水排出,从而达到防止钙盐水垢(CaSO$_4$、CaSiO$_3$等)的目的。同时,加入的磷酸盐可在锅炉管壁表面上生成磷酸盐保护膜,防止锅炉金属腐蚀。超临界直流锅炉一般不通过加药的方式改善水质。

四、典型锅炉汽包内部装置介绍

1. 高压和超高压锅炉汽包内部装置介绍

高压和超高压锅炉典型汽包内部装置及其布置示意如图 6 - 23 所示。它是由内置旋风分离器、蒸汽清洗装置、百叶窗分离器、顶部多孔板等组成。内置旋风分离器沿整个汽包长度分前后两排布置在汽包中部,每两个旋风分离器共用一个联通箱,且其旋向相反。旋风分离器的上部装有平孔板型蒸汽清洗装置,配水装置布置在清洗装置的一侧或中部。布置于清洗装置一侧的为单侧配水方式,布置于清洗装置中部的为双侧配水方式,清洗水来自锅炉给水。平孔板型蒸汽清洗装置的上部装有百叶窗分离器和顶部多孔板。除上述设备外,汽包内还装有连续排污管、炉内加药管、事故放水管、再循环管等(在图中未示出)。

从上升管进入汽包的汽水混合物先进入联通箱,然后沿切线方向进入内置旋风分离器进行汽水分离。被分离出来的水从筒底导叶排出,被分离出来的蒸汽上升经立式波形板分离器顶帽进入汽包的有效分离空间。被初步分离后的蒸汽,经汽包的有效分离空间均匀地、由下而上通过上部平孔板型蒸汽清洗装置,进行起泡清洗。清洗后的蒸汽,最后再顺次经过顶部波形板(百叶窗)分离器和多孔板,使蒸汽得到进一步分离后,均匀地从汽包引出。

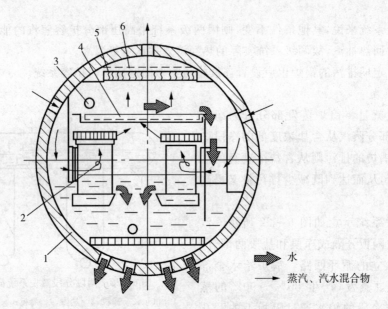

图 6-23　高压和超高压锅炉汽包内部装置示意图

1-汽包;2-内置旋风分离器;3-清洗水配水装置;4-蒸汽清洗装置;5-波形板(百叶窗);6-顶部多孔板

2. 亚临界锅炉汽包内部装置介绍

亚临界参数自然循环锅炉的汽包装置的主要特点是:锅炉压力越高,饱和蒸汽与饱和水对盐的溶解度越接近。因此亚临界汽包锅炉的汽包内部一般不设置蒸汽清洗装置;汽包体积相对较小;为了减小汽包的热应力,汽包下半部设置汽水混合物夹层,将经省煤器来的给水、锅水和汽包壁隔开,尽量减少汽包上下壁温差,为避免夹层内水层停滞过冷,必须使夹层内汽水混合物处于流动状态。

图 6-24 所示为 SG1025.7t/h 亚临界参数强制循环锅炉的汽包装置。汽包内径为 $\phi1778mm$,为了减少汽包金属耗量,采用上下不等厚壁结构,筒体材质为 SA-299,汽包内装 56 只涡轮式旋风分离器和波形板等分离元件,不设蒸汽清洗装置。

图 6-25 所示为 FW2027t/h 亚临界参数自然循环锅炉的汽包装置。汽包内径为 $\phi1676mm$,最小壁厚为 161.47mm,全长 30658mm,筒体材质为 SA-299,汽包内装 360 只水平离心式分离器和百叶窗二次分离元件。

工作任务

(1)在锅炉实训室,参观自然循环锅炉汽包结构模型,找到汽包内相关主要组件的位置,并能说出其作用与相关设备结构工作特性。

(2)在锅炉仿真系统上,熟悉锅炉汽包、排污利用等相关系统的联系,进行锅炉排污操作演练,了解相关汽水参数变化的规律。

能力训练

结合锅炉实际运行工作过程状况,培养学生具备对不同锅炉汽包结构类型、相关工作方式及参数关联性进行综合分析的能力。

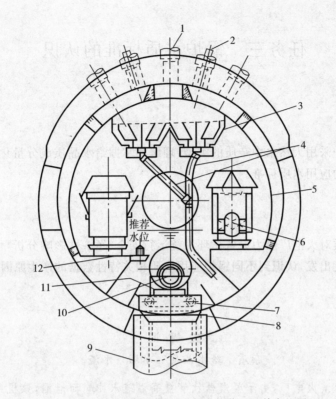

图 6-24 亚临界锅炉典型汽包内部装置及其布置图

1—蒸汽引出管座；2—汽水混合物引入管座；3—波形板分离器；4—疏水管；5—弧形衬套；6—涡轮分离器；
7—下降管进口联箱；8—焊接十字板；9—下降管短管；10—给水管；11—给水管支架；12—连续排污管

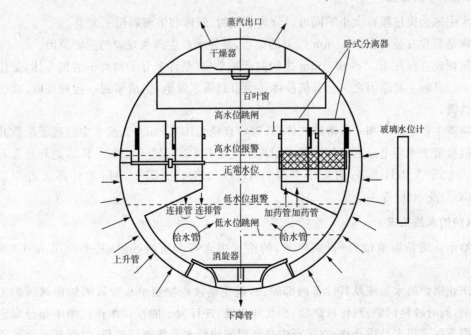

图 6-25 FW2027t/h 自然循环锅炉的汽包装置

任务三　锅炉水质标准的认识

学习目标

了解实际锅炉采用天然水中杂质的类型,理解和掌握给水品质成分量化分析的道理,定量掌握不同锅炉的应用水质标准。

能力目标

通过锅炉水质对火电厂热力设备循环系统运行安全、经济性影响分析,使学生从锅炉机组安全性运行角度出发,认识到不同锅炉应用水质相关特性数据的产生原因和重要性。

知识准备

关 键 词
杂质　给水品质　水垢　水渣

【案例】　某海滨火电厂,由于凝汽器钛管被高温疏水冲刷而泄漏,该机组又没有配置凝结水精处理设备,导致蒸汽含钠量严重超标,使过热器、汽轮机严重积盐。凝汽器泄漏 3.25h,过热器、汽轮机积盐的厚度高达 2mm 以上。

一、天然水中的杂质

天然水中的杂质按颗粒大小不同可以分为悬浮物、胶体和溶解物质三大类。

悬浮物是颗粒直径约在 10^{-4}mm 以上的杂质,是使水产生浑浊现象的主要原因。

胶体是颗粒直径在 $10^{-6}\sim10^{-4}$mm 之间的微粒杂质,是许多分子和离子的集合体,是使水产生色、味、臭的主要原因之一。有机胶体还会引起锅水发泡,当浓缩到一定程度时,就会产生汽水共腾。

溶解物质主要是离子和一些溶解气体,其颗粒直径$\leqslant10^{-6}$mm。天然水中的离子杂质几乎都是无机盐溶于水后电离形成的。其中阳离子主要有 Ca^{2+}、Mg^{2+}、Na^+、K^+,此外还含有少量的 Fe^{2+}、Mn^{2+}、NH^{4+} 等;阴离子主要有 HCO^-、$SO4^{2-}$、Cl^- 三种,此外还含有少量 $HSiO^{3-}$、CO^{3-} 及 NO^- 等。

二、锅炉的水质工况

锅炉给水品质是指单位容积(或质量)的给水中含有杂质的数量,其单位用$\mu g/L$(或$\mu g/kg$)表示。

为了防止锅炉给水系统及其设备内部腐蚀,避免腐蚀产物随给水带入锅炉而对锅炉工作造成影响,同时减轻锅炉、汽轮机结垢、积盐和腐蚀,并且为了能在锅炉排污率不超过规定数值的前提下保证锅水品质合格,在运行中必须对锅炉给水品质进行监督,以保证给水品质符合规定的要求。

根据国家标准,电厂锅炉水质量标准如表6-5所示。以 HG1952/25.4-YM1 型超临界参数变压运行本生直流锅炉为例,给水中的硬度,溶解氧、铁、铜、钠和二氧化硅的含量,应符合表6-6规定。

表6-5　锅炉水质量标准

锅炉压力 （MPa）	处理方式	总含盐量 （mg/L）	氯离子 （mg/L）	二氧化碳 （μg/L）	磷酸根（mg/L） 单段蒸发	pH 值 （25℃）
12.7～15.6	磷酸盐处理	≤50	≤4	≤0.45	≤2～8	9～10
15.7～18.3	磷酸盐处理	≤20	≤1	≤0.25	0.5～3	9～10
	磷酸盐处理	≤2.0	≤0.5	≤0.2		

表6-6　HG1952/25.4-YM1 型锅炉给水品质标准

	项　目	单　位	数　值
给水质量标准	正常时补给水量	t/h	97.5（按 BMCR 的 5% 计）
	启动或事故时补给水量	t/h	156（按 BMCR 的 5% 计）
	总硬度	mol/L	～0
	溶解氧（化水处理后）	μg/L	30～200
	铁	μg/L	≤10
	铜	μg/L	≤5
	二氧化硅	μg/L	≤15
	油	mg/L	～0
	pH 值（25℃）	—	8.0～9.0
	电导率（25℃）	μS/cm	≤0.2
	钠	μg/L	≤5

1. 硬度

锅炉给水的硬度是指给水中 Ca^{2+}、Mg^{2+} 离子的总量。对于汽包锅炉,监督给水硬度的目的是为了防止给水系统和锅炉中升成水垢,避免增加锅内磷酸盐处理的用药量而使锅水中产生过多的水渣;对于直流锅炉,由于钙、镁盐在蒸汽中的溶解度很小,随给水带入的钙、镁盐几乎都沉积在锅炉高热负荷区的受热面管内,因此直流锅炉给水中的硬度要求接近或等于零。

2. 二氧化硅

前面已经讲到二氧化硅在蒸汽中溶解度最大,蒸汽溶解的二氧化硅几乎都沉积在汽轮机的通流部分。当蒸汽中二氧化硅的浓度小于 20 μg/L,汽轮机通流部分几乎没有二氧化硅的沉积。但如果同时存在钠盐时,则二氧化硅与钠盐反应生成硅酸钠,将在汽轮机的高压部分析出而沉积在通流部分。所以一般给水中的二氧化硅应小于 20 μg/L。

3. 溶解氧

给水中的溶解氧是引起金属腐蚀的主要因素。溶解氧浓度的高低对给水系统和锅炉省煤器的腐蚀有较大的影响,因此监督给水中溶解氧的目的是为了防止腐蚀,同时还可以监督除氧器的除氧效果。通常规定直流锅炉给水含氧量为 $5\sim7~\mu g/L$。

4. 含铁量

铁在蒸汽中的溶解度随着压力升高。在亚临界压力及超临界压力锅炉中,铁的氧化物在过热蒸汽中的溶解度约为 $10\sim15~\mu g/kg$,给水中铁的化合物约 50% 沉积在锅炉高热负荷区产生铁垢,而超临界压力机组中,大约 $20\%\sim30\%$ 沉积在锅炉高热负荷区。为了防止氧化铁在高热负荷区受热面上沉积,造成垢下腐蚀,所以应控制给水中的铁含量。我国规定直流锅炉给水含铁量应不超过 $10~\mu g/L$。

5. 含铜量

给水中的铜元素以铜及氧化铜(CuO、Cu_2O)的形式存在,其中 CuO 在蒸汽中溶解度最大。随着压力的升高,Cu、CuO、Cu_2O 在过热蒸汽中的溶解度增大,铜及其氧化物不但会沉积在锅炉蒸发受热面管内,产生铜垢及垢下腐蚀,而且还会溶解在蒸汽中,并随蒸汽进入汽轮机,且主要沉积在汽轮机的高压缸通流部分,对汽轮机工作造成影响,所以必须控制给水中的铜含量。此外,给水中的铁和铜的含量还是评价热力系统金属腐蚀情况的重要依据之一。

对于亚临界压力及以下的直流锅炉,为了防止铜的氧化物在锅炉和汽轮机内沉积,规定给水含铜量不大于 $5~\mu g/L$。对于超临界锅炉,由于水处理技术的不断完善,汽水系统中的其他杂质较少,汽轮机内的铜垢问题较突出,因此为了减少超临界压力蒸汽的带铜量,规定给水含铜量小于 $2\sim3~\mu g/L$。

另外,为了避免铜的氧化物在汽轮机内沉积,有的超临界压力机组的热力系统不采用铜合金制件,各加热器全部采用钢管,并将给水的 pH 值提高到 $9.3\sim9.5$。

6. 含钠量

$NaCl$、$NaOH$ 属于第二类盐,其溶解度也较大。随着蒸汽参数的提高,其溶解度也增大,在超高压及以上压力时就会溶解在蒸汽中,一般 $NaCl$、$NaOH$ 不沉积在锅炉受热面中,而随着蒸汽进入汽轮机,并沉积在汽轮机通流部分,影响汽轮机的工作。但如果蒸汽中钠含量过大时,钠盐也会沉积在锅炉受热面管内。试验证明,当蒸汽中的 Na^+ 含量大于 $10~\mu g/L$ 时,在锅炉受热面管内就开始有钠盐的沉积,因此,为了保证锅水和蒸汽中的钠含量不超过允许值,并使锅炉排污率不超过规定值,必须监督给水中的含钠量。

7. pH 值

pH 值表征了水溶液的性质,不同 pH 值的水溶液对各种金属腐蚀不同。给水中铁含量随着给水 pH 值的提高而降低。为了防止给水系统的腐蚀,给水 pH 值应控制在 $8.8\sim9.2$ 或 $9.0\sim9.5$(加热器为钢管)的范围内,这时碳钢的给水腐蚀速率最低,若给水 pH 值超过上述范围,虽对防止铁的化合物对金属腐蚀有利,但又会引起热力系统中铜材的腐蚀,导致给水中铜含量的增加。因为目前国内多采用向给水中加氨来调节给水的 pH 值,所以给水 pH 值提高就意味着热力系统中的含氨量较多。而氨在热力系统中分配不同,在凝汽器空冷区、低压加热器的汽侧等是氨量最容易集中的地方,这样 pH 值过高,会引起凝汽器空冷区、低压加热器钢材的腐蚀。给水最佳 pH 值的数值应通过加氨处理的调整试验决定,以保证热力系统铁、铜腐蚀最小为原则,同时兼顾镍的腐蚀。最佳的 pH 值时给水含氨量一般在 1～2mg/L 以下。

8. 电导率

给水的电导率通常可以用来表征给水中溶解物质的含量,因此运行中要监督给水的电导率。经过氢离子交换后的电导率可以消除给水中氨含量对测量的影响。

9. 联氨

给水中的溶解氧是引起腐蚀的重要因素,通常采用除氧器加热除氧的方法来减少给水中的溶解氧。为了确保完全消除除氧器除氧后残留的溶解氧,并消除因给水泵不严密等异常情况时偶然漏入给水中的氧,在运行中常采用添加化学除氧剂的方法进行辅助除氧。联氨是目前采用较为普遍的化学辅助除氧剂。联氨不仅能除氧,而且在给水中还是有效的缓蚀剂,它能促进在钢铁表面形成具有缓蚀作用的 Fe_3O_4 氧化层;同时联氨还可以使氧化铜还原成稳定的具有保护性的氧化亚铜,对减缓热力系统金属腐蚀有较好的效果;但水中过剩联氨在高温下会发生分解反应形成氨,使汽水系统中的含氨量升高。因此为了确保辅助除氧的效果并减少过剩联氨的不利影响,运行中应监督给水中的过剩联氨量。

10. 含油量

当给水中含有油,并随给水进入锅炉后,会给锅炉带来以下危害:①油附着在蒸发受热面管壁上,受热分解成一种导热系数很小[$0.091～0.114W/(m \cdot K)$]的附着物,将影响蒸发受热面管的传热并危及蒸发受热面管的安全;②将使锅水中生成漂浮的水渣和促进泡沫的形成,而引起蒸汽品质恶化,危及锅炉和汽轮机的安全运行;③含油的细小水滴若被蒸汽携带到过热器中,会因为生成附着物而导致过热器管的过热损坏。可见,在运行中必须监督锅炉给水中的含油量。

11. 总碳酸含盐量

碳酸化合物随给水进入锅炉后,会分解成二氧化碳被蒸汽带出,并与水结合形成碳酸,使 pH 值降低,造成热力系统设备和管道的腐蚀。为减少系统中因二氧化碳引起的腐蚀,在运行中要对给水中的总碳酸含量进行监督。对于蒸汽压力高于 12.7MPa 的锅炉,给水中总碳酸含量应小于 1mg/L。

三、锅炉水垢和水渣

1. 锅炉水垢

热力设备内的水垢,其外观、物性和化学组成等特性因水垢生成部位不同、水质不同以及受热面热负荷不同等原因而有很大差异。

水垢的化学组成一般比较复杂,它不是一种简单的化合物,而是由许多化合物混合组成的。为确定水垢的化学组成应做以下两方面的工作。

(1)成分分析

通常用化学分析的方法确定水垢的化学成分。水垢的化学分析结果,一般以高价氧化物的重量百分率表示。表 6-7 和表 6-8 是两例锅炉水冷壁管内水垢的化学分析结果。

表 6-7 某高压锅炉内水垢的化学分析结果

垢样部位	化学成分(%)							
	Fe_2O_3	Al_2O_3	CaO	MgO	SiO_2	SO_3	P_2O_5	灼烧增量
锅炉水冷壁管	82.47	1.04	3.85	0.72	9.08	0.24	0.16	1.41

表 6-8 国外某高参数大容量锅炉内水垢的化学分析结果

垢样部位	化学成分(%)					
	Fe_2O_3	CuO	ZnO	CaO	MgO	SiO_2
锅炉水冷壁管向火侧	64.1	26.5	2.9	0.2	—	0.7

水垢中的化学组成虽然有许多种,但往往以某种化学成分为主。例如,直接使用天然水(或自来水)的热力设备和小型低压锅炉,其水垢的主要成分是碳酸钙等钙镁化合物;以软化水作补给水的中低压锅炉,还有因凝汽器泄漏冷却水(天然水)造成给水污染的锅炉,其锅炉内水垢的主要成分是碳酸钙、硫酸钙、硅酸钙等组分;以一级除盐水作补给水的普通高压锅炉,常因补给水除硅不完善或者汽轮机凝汽器泄漏等原因,锅炉水冷壁管内生成以复杂硅酸盐为主要成分的水垢;以二级除盐水作补给水的高压以上锅炉,由于凝汽器的严密性较高,水处理工艺也较完善,天然水中常见的一些杂质已经基本上除掉,给水水质较纯,给水中的杂质主要是热力系统金属结构材料的腐蚀产物,这类锅炉水冷壁管内的水垢,其化学成分往往以 Fe、Cu 为主,表 6-7 和表 6-8 的化学分析结果所表明的,就是这种水垢。

鉴于以上情况,为了便于研究水垢形成的原因,防止及消除水垢,通常将水垢按其主要化学成分分为以下几类:钙镁水垢、硅酸盐垢、氧化铁垢和铜垢等。

(2)水垢的危害

水垢的导热性一般都很差。不同的水垢因其化学组成不同,内部孔隙不同,水垢内各层次结构不同等原因,导热性也各不相同。表 6-9 列出了钢和各种水垢的导热系数。

表 6-9 钢和各种水垢的平均导热系数

名 称	钢 铁	碳酸盐水垢	硫酸盐水垢	硅酸盐水垢	被油污染的水垢	氧化铁垢
性 质	—	坚硬程度和孔隙大小不一	坚硬密实	坚硬	坚硬	坚硬
$\lambda/[W(m \cdot ℃)]$	46~70	0.6~6	0.6~2	0.06~0.2	0.1	0.1~0.2

从表中可以看出,水垢的导热系数仅为钢材导热系数的 1/10~1/100。这就是说,假若有 0.1mm 厚的水垢附着在金属管壁上,其热阻相当于钢管管壁加厚了几毫米到几十毫米。水垢导热系数很低是水垢危害性大的主要原因。

水垢的危害可归纳如下:

① 降低锅炉热效率,浪费大量燃料。锅炉或其热交换设备中结垢时,因水垢的导热性

很小,受热面的传热性能变差,燃料燃烧时所放出的热量不能迅速传递给锅炉水,因而大量热量被烟气带走,造成排烟温度升高,增加排烟热损失,使锅炉热效率降低。在这种情况下,要想保住锅炉额定参数,就必须更多地向炉膛投加燃料,并加大鼓风和引风来强化燃烧。其结果是使大量未完全燃烧的物质排出烟囱,无形中增加了燃料消耗。众所周知,锅炉炉膛容积和水冷壁面积是一定的,无论投加多少燃料,燃料燃烧是受到限制的,因而锅炉的热效率也就不可能提高。锅炉中水垢结得越厚,热效率就越低,燃料消耗就越大。例如有估算,火力发电厂锅炉省煤器中假若结 1mm 的水垢,燃煤消耗量将增加 1.5%～2%;锅炉水冷壁管内结垢厚 1mm,燃煤消耗量约增加 10%。

② 引起金属过热,强度降低,危及安全。锅炉的水垢常常生成在热负荷很高的水冷壁管上,因水垢导热性很差,导致金属管壁局部温度大大升高。当温度超过了金属所能承受的允许温度时,金属因过热而蠕变,强度降低。在管内工质压力作用下,金属管会发生鼓包、穿孔、破裂,引起锅炉爆管事故。高参数锅炉水冷壁管即使结生很薄的水垢(0.1～0.5mm),也有可能引起爆管事故,导致事故停炉。

锅炉受热面使用的钢材一般均为碳素钢和 Cr－Mo 低合金钢,在使用过程中,允许金属壁温在 450℃ 以下。锅炉在正常运行时,金属壁温一般不超过 380℃。当锅炉受热面无垢时,金属受热后能很快将热量传递给水,此时两者的温差约为 30℃。但是,如果受热面结生水垢,情况就大不一样。现以超高压锅炉常见的氧化铁垢为例,假设水垢的存在使水冷壁管内壁金属温度与管内工质温度之差为 Δt,假定锅炉高热负荷区域水冷壁管管内沉积有 0.1mm 厚的氧化铁垢,锅炉内该区域受热面的热负荷为 $q = 232 \times 10^3$ W/m^2,氧化铁垢的导热系数为 0.116W/(m·K),通过计算,可计算出 $\Delta t = 200℃$。这就是说,由于氧化铁垢使管壁温度提高约 200℃。我国制造的汽包压力为 15.19MPa 的超高压锅炉,相应的饱和水温度为 343℃。制造超高压锅炉水冷壁管用的是优质 20$^{\#}$ 钢,该钢管金属的温度不应超过 500℃。按上述计算结果,氧化铁垢将使水冷壁管温度达到 543℃。显然,若长时间在这样高的温度下工作,水冷壁管超温爆管事故是很难避免的。

另外,金属壁温的升高会使金属伸长,如 1m 长的炉管,每升高 100℃ 就会伸长 1.2mm,这对于没有伸缩余量的受热面来说,就会引起炉管的龟裂。实测数据表明,金属壁温是随着水垢厚度的增加而增加的,水垢越厚,金属壁温就越高,事故发生的概率就越大。

③ 破坏水循环,降低锅炉出力。锅炉水循环有自然水循环和强制水循环两种形式。前者是靠上升管和下降管的汽水密度不同产生的压力差而进行的水循环;后者主要是依靠水泵的机械动力作用而强制循环的。无论哪一种循环形式,都是经过设计计算的,也就是说保证有足够的流通截面积。当炉管内壁结垢后,会使得管内流通截面积减少,流动阻力增大,破坏了正常的水循环,使得向火面的金属壁温升高。当管路完全被水垢堵死后,水循环则完全停止,金属壁温则更高,就易因过热发生爆管事故。水冷壁管是均匀布置在炉膛内的,吸收的是辐射热。在离联箱 400mm 左右的向火面高温区,如果结垢,就最易发生鼓包、泄漏、弯曲、爆破等事故。

④ 导致金属发生沉积物下腐蚀(即垢下腐蚀)。锅炉水冷壁管内有水垢附着的条件下,从水垢的孔隙、缝隙渗入的锅炉水,在沉积的水垢层与管壁之间急剧蒸发。在水垢层下,锅炉水中的杂质可被浓缩到很高的浓度,其中有些物质(如 NaOH 等)在高温高浓度的条件下

会对管壁金属产生严重的腐蚀。结垢、腐蚀过程互相促进,会很快导致水冷壁管的损坏,以致锅炉发生爆管事故。垢下腐蚀分为两种:

a. 酸性腐蚀:当浓缩水中含有较多的 $MgCl_2$ 和 $CaCl_2$ 类物质,因水解而集起很多的 H^+。这样,在沉积物下会发生酸性水对金属的腐蚀:$Fe \rightarrow Fe^{2+} + 2e$,$2H^+ + 2e \rightarrow H_2 \uparrow$,生成的 H_2 受到沉积物的阻碍不能很快扩散到汽水混合物区域,因此促使金属壁和水垢之间积累起大量氢。这些氢有一部分可能扩散到金属内部,和碳钢中的碳化铁(渗碳体)反应:

$$Fe_3C + 2H_2 \rightarrow 3Fe + CH_4$$

造成碳钢脱碳,金相组织受到破坏,并且反应产物 CH_4 会在金属内部产生压力,使金属组织逐渐形成裂纹,引起脆化。

b. 碱性腐蚀:如果锅炉水中有 $NaOH$,那么在垢下会因锅炉水浓缩而形成很高浓度的 OH^-,发生碱性腐蚀。此时处于水垢外部的锅炉水和垢下相比,前者的 OH^- 浓度小,H^+ 的浓度大,因此阴极反应不是发生在垢下,而是发生在没有水垢的背侧的管壁上,这时,生成的 H_2 很快进入汽水混合物被带走,所以不会发生脱碳现象,而是在垢下形成一个个腐蚀坑,这就是碱性腐蚀。

⑤ 增加检修量,浪费大量资金,并缩短锅炉使用寿命。锅炉一旦结垢,就必须要清除,这样才能保证锅炉安全经济运行。而清除水垢就必须要采用化学药剂,如酸、碱等药剂。水垢结得越厚,消耗的药剂就越多,投入的资金也就越多。例如,670t/h 的锅炉若水冷壁管平均结垢量为 $300g/m^2$,除一次垢至少需资金 30 万元以上。按照锅炉吨位的不同,吨位增加,资金也相应增加。一般汽包内结垢,消除还是比较方便,但若水冷壁管内结垢,消除就相当困难。不仅如此,若发生爆管事故,换一节新水冷壁管时,要求高,时间长,焊接更为困难。总之,无论是化学除垢还是购买材料修理,都要花费大量的人力、物力和财力。同时,因为检修量的增加,使得锅炉和热力设备的利用时数大大减少,也造成巨大经济损失。

在正常使用条件下,电站锅炉一般能够连续运行 30 年左右。但大部分使用单位的锅炉都没有达到这一寿命,原因是多方面的,其中之一就有水垢的影响,导致炉管爆管、垢下腐蚀等一系列不利因素而缩短锅炉服役年限。

(3)水垢的预防

水垢对锅炉和热力设备的安全、经济运行有很大影响,必须重视结垢问题,实现锅炉和热力设备的长期无垢运行。为此,应该研究热力设备内水垢形成的物理—化学过程,找出防止各种水垢的方法。

根据水垢的生成机制可以选择最佳的防垢与除垢措施,其途径有两条,一是除去水中易于生垢的杂质;二是阻止水垢的形核、长大与形成,在水垢生成后采取有效措施将其去除掉。

现在去除水中杂质的方法很多,除垢的方法也陆续研究成功。要保证锅炉不结垢或薄垢运行,首先要加强锅炉给水处理,这是保证锅炉安全和经济运行的重要环节。通常采用下面两种方法:

① 炉外水处理:通过离子交换或膜化处理去除水中结垢物质,这种方法适用于各种锅炉。

② 炉内水处理:此法主要是向锅炉水中加入化学药品,与锅炉水中形成水垢的钙、镁盐

形成疏松的沉渣,然后用排污的方法将沉渣排出炉外,起到防止(或减少)锅炉结垢的作用。需强调的是,凡采用炉内水处理的,应加强锅炉排污,使已形成的泥渣、泥垢等及时排出炉外,可收到较好效果。

此外,也有人提出用磁场处理锅炉用水的方法,并指出这种方法投资少,简单易行,无污染,是一种最佳对策。磁场处理水的原理是:水在磁场作用下,因磁场方向与水流方向垂直,弱极性水分子和其他杂质的带电离子在流经磁场时将受到洛仑兹力的作用,其作用力的大小与水流速度、磁场强度和粒子的电量有关。同时,磁场的极化作用还使微粒子极性增强,结果改变这些分子和离子的外层电子云的分布,从而导致带电离子的变形和水中原有的较长的缔合分子链被截断成为较短的缔合分子链,于是破坏了离子间的静电吸引力,改变了结晶条件,造成被处理水的胶体化学和物理化学性质的变化,使其或者不能结合成晶体,或者形成分散的小晶体,浮散在水中或松散地附着在管壁之上,成为易被清除的松软泥浆状水垢,从排水中除去,起到防垢作用。已结在管道上的硬垢也会受到磁场的作用变得松软,容易脱落,起到除垢作用。

2. 锅炉水渣

在锅炉和热力设备的水中,除水垢外,还可能析出一些呈悬浮状态和沉渣状态的固体物质,即水渣。如果把锅炉水的指标人为地或自然地维持、调整到一个指定的范围内时,盐类就可能会在锅炉水中形成水渣。

(1)水渣的组成

水渣的组成一般也较复杂。水渣的化学分析和物相分析(X 射线衍射法)结果表明,水渣是由多种物质混合组成的,而且随水质不同组成也各异。以除盐水、蒸馏水或两级钠离子交换软化水作补给水的锅炉等产生蒸汽的设备中,水渣的主要组成物质是金属的腐蚀产物,如铁的氧化物(Fe_2O_3、Fe_3O_4)、铜的氧化物(CuO、Cu_2O),碱式磷酸钙(羟基磷灰石)$[Ca_{10}(OH)_2(PO_4)_6]$和蛇纹石($3MgO \cdot 2SiO_2 \cdot 2H_2O$)等,有时水渣中还可能含有某些随给水带入锅炉水中的悬浮物。水渣的化学分析结果的表示法与水垢基本上相同。表 6-10 是某锅炉水渣的化学分析结果,按这些数据可以推断此水渣的主要组成物质是碱式磷酸钙。

表 6-10 某锅炉水渣化学分析结果

水渣取样部位	化学成分(%)							
	$R_2O_3(Fe_2O_3+Al_2O_3)$	CaO	MgO	CuO	P_2O_5	SiO_2	有机物	其 他
汽包	25.56	40.62	0.20	0.50	30.90	0.10	0.81	1.31
下联箱	3.57	51.75	0.74	39.82	0.11	0.55	1.66	

低压锅炉常以炉内碳酸钠(Na_2CO_3)处理为主要防垢手段,这种热力设备中组成水渣的主要物质是碳酸钙($CaCO_3$)、碱式碳酸镁$[Mg(OH)_2 \cdot MgCO_3]$和氢氧化镁$[Mg(OH)_2]$等。此外,锅炉水磷酸盐处理不当的锅炉内,水渣中还可能有磷酸镁$[Mg_3(PO_4)_2]$等。

(2)水渣的分类

水渣的性质随着它的组成成分不同而不同,按其性质的不同,一般可分为以下两类:

① 不会黏附在受热面上的水渣。这类水渣较松软,常悬浮在锅炉水中,易随锅炉水的

排污从锅内排掉,如碱式磷酸钙和蛇纹石水渣等。

② 易黏附在受热面上转化成水垢的水渣。这类水渣容易黏附在受热面管内壁上(尤其是管子斜度小或水的流速低的地方),经高温烘焙后,常常转变成水垢。这种水垢松软、有黏性,又俗称为软垢,如磷酸镁和氢氧化镁等。

（3）水渣的危害

锅炉水中水渣太多,会影响锅炉的蒸汽品质,而且还有可能堵塞炉管,威胁锅炉的安全运行,所以应采用锅炉排污的办法及时将锅炉水中的水渣排除掉。此外,为了防止水渣变成水垢,应尽可能避免生成磷酸镁和氢氧化镁水渣。

四、给水处理的一般方法

锅炉在运行中进行排污,要损失一部分水;各种热力设备和汽水管道在运行中总有汽水泄漏,也要损失一部分水,因此要向锅炉补充水量。凝汽式发电厂的补给水率一般为 5%;热电厂由于供热回水损失较大,补给水率有的达 30% 以上。

如将未加处理的生水直接补入锅炉,不仅蒸汽品质得不到保证,而且还会引起锅炉结垢、腐蚀,从而影响机、炉的安全经济运行。因此生水补入锅炉之前,需要经过处理,以除去其中的杂质和气体,使补给水质符合要求。

补给水处理是除去水中的悬浮物、钙和镁的化合物,以及溶于水中的其他杂质,处理后的水称为软化水或除盐水。

水处理方式可分为软化、化学除盐、蒸发除盐三种。采用何种方式,要由锅炉型式、蒸汽参数以及生水水质情况来定。中压汽包炉一般可采用化学软化水(是指除掉水中钙、镁盐类的水);高压和超高压以上汽包炉,除对水软化处理外,还要进行除盐处理,即除去水中的各种盐类,使水基本上成为不含任何盐类的纯水。

现以图 6-26 所示的汽包炉的补给水处理系统为例,说明水的处理过程。经澄清和过滤,除去不溶于水的悬浮物和杂质后的生水,经生水泵 1 送入阳离子交换器 2。交换器内装有多孔的阳离子树脂,水中的钙、镁离子与树脂中的氢离子进行交换反应,钙、镁离子被树脂吸收,氢离子则与水中的碳酸根生成碳酸;在一定条件下,碳酸会变成二氧化碳和水。因此,从阳离子交换器出来的水便送入排气器 3,以除去二氧化碳。因为排气器中堆满了陶瓷管,当水沿陶瓷管自上而下流动时,便使水的表面得以增加。在排气器下部用鼓风机鼓风,空气沿陶瓷管自下而上流动,将溶于水中的二氧化碳气体排出。水进入下部水箱 4 后,由软化水

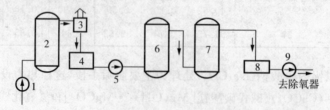

图 6-26 补给水处理系统示意图

1—生水泵;2—阳离子交换器;3—排气器;4—水箱;5—软化水泵;
6—阴离子交换器;7—混合交换器;8—贮水箱;9—水泵

泵 5 送入阴离子交换器 6。在阴离子交换器中装有阴离子树脂,其作用是将残留的硫酸根和硅酸根与氢氧根离子交换,以排除硫酸根和硅酸根。需处理的水经过阳离子和阴离子交换后已将其中溶解的盐分大部分清除,这叫一级除盐。为了满足锅炉给水的更高要求,一般高压以上汽包炉还要经过二级除盐。即将一级除盐水再通过阴阳离子混合交换器 7,进行更彻底除盐。从混合交换器出来的水进入贮水箱 8,最后由水泵 9 打入除氧器中进行除氧,经加热除氧的水再由给水泵送入锅炉。

　　阳离子树脂和阴离子树脂使用一段时间后,便会失效。为了使树脂能够连续使用,需要对树脂进行还原处理。阳离子树脂用稀盐酸还原,阴离子树脂用氢氧化钠还原。

　　蒸发除盐的方法是将经过阳离子交换器的软化水,送入蒸发器中加热使之蒸发,然后把二次蒸汽送入除氧器中。这种处理方式消耗化学药品少,但要消耗蒸汽,一般用于处理含盐量较高的水。

　　直流锅炉对给水品质要求很高,因此不仅补充水需要处理,凝结水也需要处理,这就使水处理系统更加复杂。图 6-27 为配 300MW 机组 1000t/h 直流锅炉的水处理系统。补充水经澄清、过滤后得到的澄清水,再经一级除盐后,由除盐水泵补充入凝汽器,与凝结水混合后由凝结水泵送入覆盖过滤器除去铜、铁,然后在混床中进一步深度除盐得到合格的凝结水,并由凝结水升压泵(凝升泵)升压,经低压加热器、除氧器、给水泵和高压加热器进入锅炉。

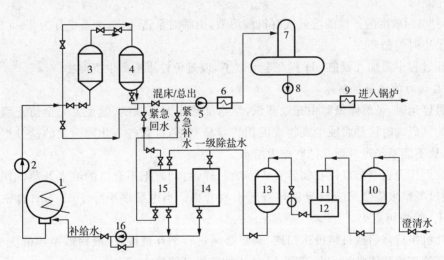

图 6-27　1000t/h 亚临界直流锅炉水处理系统

1—凝汽器;2—凝结水泵;3—覆盖过滤器;4—混床;5—凝升泵;6—低压加热器;7—除氧器;8—给水泵;
9—高压加热器;10—阳床;11—脱碳器;12—中间箱;13—阴床;14—除盐水箱;15—凝结水箱;16—除盐水泵

　　在此系统中,一级除盐由一级强酸性阳离子交换器、脱碳器和一级强碱性阴离子交换器组成。强酸性阳离子交换树脂能吸附水中的 Ca^{2+}、Mg^{2+}、Na^+,而树脂交换基因中的 H^+ 被置换出来,并与水中阴离子结合成相应的无机酸 H_2SO_4、HCl、HNO_3、H_2CO_3 等,故水呈酸性,$pH \leqslant 4$,H_2CO_3 几乎完全分解,分解出来的 CO_2 在水中以溶解的气体形式存在,因而两个交换器之间布置了脱碳器,以除去 CO_2。强碱性阴离子交换树脂能吸附水中所有阴离子(SO_4^{2-}、Cl^-、NO_3^-、HCO_3^-、$HSiO_3^-$ 等),而交换基团中的 OH^- 被置换出来,与水中 H^+

结合成 H_2O,达到一级除盐的目的。

经过一级除盐后的补给水与凝结水混合组成锅炉给水。由于凝汽器可能泄漏以及凝结水系统、疏水系统、热力设备中腐蚀产物使给水受污染,因此再经混床二级深度除盐,进混床前必须经覆盖过滤器除去铜、铁等微粒。混床出口的水至高压除氧器除氧,并辅以 N_2H_4 除氧,使水中溶解的氧降至规定值。在混床出口或除氧器后加入氨 NH_3,以调节水的 pH 值。实际运行表明,这套水处理系统能稳定地满足直流锅炉的水质要求。

五、超临界压力锅炉的水质管理

超临界压力锅炉的水质管理包括化学清洗、定期清洗及给水品质等几个方面。

1. 锅炉运行初期的蒸汽品质

锅炉运行初期的蒸汽品质主要决定于管内的清洁程度,因此安装后第一次启动前必须用化学方法把管内铁锈及脏物等尽量除去。此外,投入运行后,每隔 $1 \sim 2$ 年还需要进行定期化学清洗,以去除管内积垢。与以往采用盐酸进行酸洗不同,现在一般采用柠檬酸、醋酸、甲酸等有机酸。因此,过热器奥氏体钢不会产生氯离子的晶界腐蚀,故过热器也能进行酸洗。

由于酸洗的种类、浓度、温度及循环方法不同,酸洗方法也不同,典型方法有以下两种:

(1)把约 1%柠檬酸溶液用锅炉给水泵自给水系统一直循环至过热器出口。约需循环 20h 左右。

(2)把 3%浓度的柠檬酸溶液或有机酸溶液,由临时泵送入,整个系统分为 $2 \sim 3$ 段,分别经过几个小时的循环。

循环过程中需加入氨把 pH 提高至 5 以下,以避免柠檬酸产生沉淀物。

2. 启动时的水质控制

机组停运时,虽然除氧器中充以蒸汽,给水加热中充以联氨,但是要完全防止腐蚀是非常困难的。启动时这些腐蚀生成物或沉积物容易剥落,以这些氧化物为主的盐分严重污染了给水,故不能不经过处理就把它作为给水。

超临界压力机组与以往亚临界直流锅炉一样,启动时把不合格的给水及蒸汽回流到冷凝管,通过凝结水除盐装置反复循环直至水质合格。当电导率小导 $1 \mu S/cm$、含铁量小于 $100 \mu g/L$ 时,方可点火。

为此机组检修后或机组投运初期,锅炉必须进行循环清洗,一般约需循环清洗 2 天,停机 1 星期约需循环清洗 $2 \sim 3h$;停机 $2 \sim 3$ 天约需循环清洗 1.5h。

工作任务

结合火电厂岗位实训,收集来自不同火电厂锅炉的化学水质分析数据,进行比对分析,提出安全性分析意见。

能力训练

培养学生结合锅炉运行工作状况,对锅炉炉水品质、水质标准及出现水质问题时具有综合分析的能力。

知识拓展

一、蒸汽中的杂质在汽轮机中的沉积与分布规律

蒸汽中的杂质，一类是蒸汽中的可溶物质，包括盐类、酸或碱；另一类是不可溶物质，主要是以氧化铁为主的固体颗粒。蒸汽在汽轮机中做功的过程中，随着温度和压力的逐渐下降，如果这些可溶物质的浓度超过了它在蒸汽中的溶解度，便会在汽轮机的不同部位沉积下来，其分布如图6-28所示。

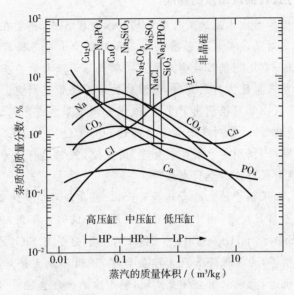

图6-28　汽轮机中沉积物的分布特性

对于不可溶物质，随时都有沉积的可能，如在蒸汽流速较低的部位、叶片的背面等都容易发生沉积。在汽轮机的高压缸部分最容易沉积的化合物是氧化铁、氧化铜和磷酸三钠，只有锅炉水水质非常差（如凝汽器泄漏、树脂进入锅炉等）的锅炉，才会在高压缸发生硫酸钠的沉积。中压缸的主要沉积物是二氧化硅和氧化铁，如果发生凝汽器泄漏而又没有凝结水精处理设备时，会发生氯化物的沉积；另外，低压加热器管为铜合金的机组还会发生单质铜以及铜的氧化物的沉积。低压缸主要沉积物是二氧化硅和氧化铁，并且在初凝区几乎聚集了蒸汽中所有还未沉积的杂质，如各种钠盐、无机酸和有机酸等。

二、过热器需要定期反洗

混在蒸汽中的少量炉水含盐量比蒸汽大得多，这部分炉水吸收热量后成为蒸汽，而炉水含有的盐分则沉积在过热器管的内壁上。当汽水分离装置工作不正常、水位控制太高或由于炉水碱度太大、锅炉负荷超过额定负荷太多、汽水分离恶化时，蒸汽携带炉水的数量显著增加，使过热器管内壁结的盐垢更多。

盐垢的导热系数只有钢材的几十分之一，盐垢使过热器管壁温度显著升高，过热器有过热烧坏的危险，使用寿命也将缩短。盐垢的存在还会在停炉期间产生垢下腐蚀。过热器管内壁结的盐垢一般都溶于水，所以可以采取定期用给水反洗过热器管的方法将盐垢洗掉。

三、"虚假水位"

当负荷急剧增加时，汽压很快下降，由于炉水温度是锅炉当时压力下的饱和温度，炉水蒸发汽水混合物的体积膨胀，所以促使水位很快上升，形成"虚假水位"。当炉水中产生的汽泡逐渐逸出水面后，汽水混合物的体积又收缩，所以水位又下降。当负荷急剧降低时，汽压很快上升，相应的饱和温度提高，用来蒸发炉水的热量则减少，汽水混合物的体积收缩，所以促使水位很快下降形成"虚假水位"。当炉水温度上升到新压力下的饱和温度以后，汽水混合物体积膨胀，所以水位又上升。

四、锅炉水处理方式对蒸汽品质的影响

根据锅炉运行特性和给水水质选用合理的锅炉水处理方式，锅炉在相同的运行工况下，不同的锅炉水处理方式对蒸汽品质的影响很大。如果锅炉水采用磷酸盐处理，蒸汽按锅炉水中的磷酸根浓度，以一定比例携带盐类杂质。在凝汽器无泄漏的情况下，应尽量减少向锅炉中加磷酸盐。当锅炉汽包压力特别高时，磷酸盐的溶解携带更严重。研究发现，凡是采用磷酸盐处理的锅炉，蒸汽中都可检测出 PO_4^{3-}，汽水分离效果差或汽包运行压力特别高的锅炉，汽轮机往往结磷酸盐垢，严重时磷酸盐含量高达 50% 以上。按 DL/T805.2—2004《火电厂汽水化学导则第二部分：锅炉炉水磷酸盐处理》的规定，汽包运行压力超过 19.3MPa 时不应采用磷酸盐处理，这时最好改为全挥发处理。

对于高参数机组，如果锅炉给水的含硅量较大，二氧化硅可能是污染蒸汽的主要杂质。

如果锅炉水采用全挥发处理，由于氨在高温锅炉水中的碱性降低，使锅炉水中的硅酸钠转化为二氧化硅，即 $SiO_3^{2-}+H_2O \rightarrow SiO_2+2OH^-$，由于分子态 SiO_2 的汽水分配系数要比离子态的 Na_2SiO_3 大很多，为了保证蒸汽含硅量合格，不得不加大锅炉排污，降低锅炉水含硅量。例如 350MW 机组，如果采用全挥发处理，锅炉水的允许含硅量只有 $60 \sim 80\ \mu g/L$，这就要求补给水的含硅量要低，否则锅炉排污量就会增加。如果采用磷酸盐处理，锅炉水允许含硅量可达 $100\ \mu g/L$ 以上。

五、洗硅

1. 洗硅原理

随着锅炉工作压力的提高，蒸汽密度不断增加，蒸汽性质也愈接近水的性质，溶解盐类的能力也就愈强。600MW 锅炉汽包工作压力达 19.4MPa，具有较大的蒸汽溶盐的能力。

蒸汽溶盐有下列特点：

(1)饱和蒸汽和过热蒸汽均可溶解盐类，凡能溶解于饱和蒸汽中的盐类也能溶解于过热蒸汽中。

(2)蒸汽的溶盐能力，随着压力升高，溶解度增大，随着压力下降，蒸汽溶解盐能力下降。例如，硅酸在蒸汽压力 8MPa 时，溶解于蒸汽中硅酸为锅水中溶解硅酸的 $0.5\% \sim 0.6\%$，当蒸汽压力达 18MPa 时，约为 8%。

(3)锅水中含盐量愈高，则溶解于蒸汽中盐量也愈高。

(4)蒸汽对盐分的溶解具有选择性，锅水中常遇到的各种盐类可分为三类：

第一类盐类，硅酸（H_2SiO_3），它在蒸汽中溶解度最大；

第二类盐类，$Na(OH)$、$NaCl$、$CaCl_2$ 等，这类物质在蒸汽中溶解度比第一类低得多。如

NaCl，蒸汽压力 11MPa 时，溶解于蒸汽中的 NaCl 约为锅水中的 0.0006％，即使达到 18MPa 时也只 0.3％。

第三类盐类，Na_2SO_4、Na_2SiO_2、Na_3PO_4（极毒品）、$Ca_3(PO_4)_2$、$CaSO_4$、$MgSO_4$ 等，在蒸汽中溶解度极低，即使蒸汽压力在 20MPa 时，也不考虑其溶解问题。

因此，对于亚临界压力的锅炉，最主要的是硅酸在蒸汽中的溶解。蒸汽中溶解硅酸会产生极坏的后果，硅酸随蒸汽带入汽轮机，蒸汽在汽轮机中膨胀作功，压力下降，硅酸以固态从蒸汽中析出，沉积在汽轮机低压部分，严重影响汽轮机安全经济运行。

因此，600MW 机组锅炉在启动过程中，对锅水含硅酸量进行严格的控制，排去硅酸浓度高的锅水，保证蒸汽含硅量在 0.02mg/kg 以内，这个过程称为洗硅。实际洗硅操作就是对锅水进行连续排污，排去含硅酸浓度高的锅水，来保证蒸汽品质。蒸汽中硅酸溶解量 $S_q^{SiO_2}$ 应等于分配系数 a 与锅水中硅酸溶解量 $S_{ls}^{SiO_2}$ 的乘积，即

$$S_q^{SiO_2} = \frac{a}{100} S_{ls}^{SiO_2}$$

式中，分配系数 a 与压力有关，压力增加，a 增大，所以当压力升高，a 增大，为保证蒸汽溶解硅酸不超过规定值，则应降低锅水中溶解硅酸量，即进行连续排污方法，使 $S_{ls}^{SiO_2}$ 下降。

2．洗硅控制

一般汽包锅炉升压至 10MPa 时开始洗硅，即以后的升压必须受锅水中含硅量的限制。根据化学分析取样，锅水中含硅量达到下一级压力允许含量才能升压至相应值，并继续进行洗硅。不同压力下锅炉的锅水允许含硅量如表 6-11 所示。

表 6-11　锅炉锅水允许含硅量

压力（MPa）	10	12	15	17	18
锅水中 SiO_2 含量（mg/L）	3.3	1.28	0.5	0.3	0.2

六、定期排污对汽温的影响

定期排污过程中，排出的是达到饱和温度的炉水（如中压炉饱和水温 256℃，高压炉为 317℃），而补充的是温度较低的给水（如中压炉，高压加热器投入运行时为 172℃，不投入运行时为 104℃；高压炉，高压加热器投入时为 215℃，不投入运行时为 168℃）。为了维持蒸发量不变，就必须增加燃料量。炉膛出口的烟气温度和烟气流速增加，汽温升高。

如果燃料量不变，则由于一部分燃料用来提高给水温度，用于蒸发产生蒸汽的热量减少，而炉膛出口的烟温和烟气流速都未变，所以汽温升高。

给水温度越低，则由于定期排污引起的汽温升高的幅度越大。如果注意观察汽温记录表，当定期排污时，可以明显看到汽温升高，定期排污结束后，汽温恢复到原来的水平。

七、汽包水位三冲量给水调节系统

汽包水位是锅炉运行中的一个重要的监控参数，它间接地表示了锅炉负荷和给水的平衡关系。维持汽包水位是保持汽机和锅炉安全运行的重要条件。汽包锅炉给水自动控制的任务是维持汽包水位在一定的范围内变化。汽包水位三冲量给水调节系统由汽包水位测量筒及变送器、蒸汽流量测量装置及变送器、给水流量测量装置及变送器、调节器、执行器等

组成。

所谓冲量,是指调节器接受的被调量的信号。在汽包水位三冲量给水调节系统中,调节器接受汽包水位、蒸汽流量和给水流量三个信号,称为"三冲量"。

八、控制炉水的 pH 值的目的

不同 pH 值的炉水,碳钢的腐蚀速度是不同的,控制炉水 pH 值在一定的范围,是为了防止对锅炉产生酸性或碱性腐蚀。当 pH 值低于 8 时,将产生酸性腐蚀,而且反应产物都是可溶的,不能形成保护膜,使腐蚀加快。当 pH 值高于 10.5 时,有可能出现游离的 NaOH,产生碱性腐蚀。

九、连续排污投运的步骤

连续排污投运时,由后向前,即先开连排至定排排水和连排至除氧器手动门,投入连排水位计,然后再开启汽包到连排各手动门、电动门,最后根据化学要求开启连排调整门。

十、汽水共腾

在汽包锅炉运行过程中要特别防止发生"汽水共腾"现象。汽水共腾是指蒸发表面(水面)汽水共同升起,产生大量泡沫并上下波动翻腾的现象。汽水共腾与满水一样,会使蒸汽带水,降低蒸汽品质,造成过热器结垢及水击振动,损坏过热器或影响用汽设备的安全运行。

发生汽水共腾时汽包水位计内的水位剧烈振动,看不清水位;过热蒸汽温度急剧下降,严重时发生水击;炉水导电度增大,蒸汽及炉水品质恶化;水位报警器间断地发出高或低报警信号。

发生汽水共腾的原因有:炉水含盐量超过规定指标太多,排污不及时;水位过高,炉水在极限程度时蒸汽负荷剧增;给水中含油和加药量太多;负荷增加和压力降低过快等。

汽水共腾的处理:发现汽水共腾时,应减弱燃烧,降低负荷,关小主汽阀;加强蒸汽管道和过热器的疏水;全开连续排污阀,并打开定期排污阀放水,同时上水,以改善锅水品质,待水质改善、水位清晰时,可逐渐恢复正常运行。

思考与练习

1. 什么是蒸汽品质? 蒸汽被污染的原因有哪些? 蒸汽净化的方法有哪些?

2. 什么是机械携带? 影响因素有哪些? 如何减少其影响?

3. 什么是溶解携带? 影响因素有哪些? 如何减少其影响?

4. 蒸汽溶解携带有什么特点?

5. 现代自然循环锅炉的汽包起什么作用? 电厂锅炉为什么进行汽水分离? 蒸汽在离开汽包、进入过热器之前为什么先要经过清洗?

6. 目前我国电厂锅炉采用的汽水分离装置有哪些? 请就其结构和工作原理作一介绍。

7. 蒸汽清洗装置的任务是什么? 简要介绍其工作原理。

8. 何谓分段蒸发? 分段蒸发装置对改善蒸汽品质有何意义? 为什么目前我国已经停止生产这种分段蒸发的汽包式锅炉?

9. 汽包式锅炉为什么必须定期或连续地进行排污?

10. 简述蒸汽清洗装置与锅炉压力的关系。

11. 说明锅炉连续排污和定期排污的目的和位置。排污率的大小与哪些因素有关?

项目七　过热器与再热器

任务一　过热器和再热器结构型式的认知

子任务一　过热器

学习目标

根据火电厂典型室燃煤粉锅炉的过热器设备结构及系统构成,分析火电厂中常见典型300MW及以上亚临界、超临界机组常见过热器布置方式和工作流程,熟悉相关典型过热器设备及系统的工作特性。

能力目标

培养学生从实际锅炉岗位工作需求出发,根据火电厂典型锅炉过热器设备结构及系统构成,掌握相关过热器设备工作特性,识别相关过热器类型及布置特点。

知识准备

关 键 词

过热器的分类　辐射式　半辐射式　对流式
顺流式　逆流式　混合式　横向布置　纵向布置

【案例】　2004年韶关发电厂锅炉受热面共发生了14次爆管事故。韶关发电厂10号炉是东方锅炉(集团)股份有限公司引进美国福斯特·惠勒能源公司技术设计、制造的DG1025/18.2-Ⅱ型亚临界、一次中间再热自然循环锅炉。其高温过热器在短短的6天内发生爆管事故2起,严重影响机组的安全经济运行。

据近年来对我国大容量机组的停运统计:三大主机中因锅炉事故所造成的非计划停运时间占全年总停运时间50%以上,其中因锅炉爆漏事故就占了38%左右。由表7-1可知,

300～600MW 机组锅炉过热器、再热器引起的锅炉受热面爆漏已经超过了 50％,情况相当严重。

表 7-1　300～600MW 等级机组的锅炉受热面爆漏统计概率

锅炉水冷壁	过热器	再热器	省煤器	减温器
35.5％	48.7％	5.7％	7.9％	2.2％

一、过热器作用及材料

过热器(superheater,简写 SH)是把饱和蒸汽加热成具有一定温度的过热蒸汽的设备。

过热器的作用:

(1)将饱和蒸汽加热成过热蒸汽后,提高了蒸汽在汽轮机中的做功能力,即蒸汽在汽轮机中的有用焓降增加,从而提高了热机的循环效率。

(2)采用过热蒸汽还可降低汽轮机排汽湿度,避免汽轮机叶片被侵蚀,为汽轮机进一步降低排汽压力及安全运行创造了有利条件。

尽管蒸汽温度的提高,可以实现机组热效率的提升,但受到钢材的高温特性及造价的限制。当前,大多数电站锅炉的过热蒸汽温度在 540℃～550℃之间。同时过热器管壁金属在锅炉受压部件中承受的温度最高,必须采用耐高温的优质低碳钢和各种铬钼合金钢等,在最高的温度部分有时还要用奥氏体铬镍不锈钢,锅炉运行中如果管子承受的温度超过材料的持久强度、疲劳强度或表面氧化所容许的温度限值,则会发生管子爆裂等事故,从而影响机组的安全经济运行。

过热器和再热器常用钢材如表 7-2 所示。

表 7-2　过热器和再热器常用钢材的允许温度

钢　　号	受热面管子允许温度(℃)	联箱及导管允许温度(℃)
20 号碳素钢	500	450
10CrMo910	540	540
12CrMo,15MnV	540	540
15CrMo,12MnMoV	550	510
X12CrMo91(HT)	560	
12Cr1MoV	580	540
12MoVWBSiRe(无铬 8 号)	580	540
12Cr2MoWVB(钢 102)	600～620	600
12Cr3MoWVSiTiB(H11)	600～620	600
Mn17CrMoVbBZr	620～680	620～680
Cr5o		650
X20CrMoMV121(F11)	650	600
X20CrMoV121(F12)	650	600

（续表）

钢　　号	受热面管子允许温度(℃)	联箱及导管允许温度(℃)
Cr6SiMo		800
4Cr9Si2		800
25Mn18A15SiMoTi		800
Cr18Mn11Si2N		900
Cr20Ni14Si2	700	1100
Cr20Mn9Ni2Si2N	700	1100
TP-347H	720	700
TP-304h	720	704
T91	700	700

二、过热器的布置、型式和结构

过热器的基本结构如图 7-1 所示。

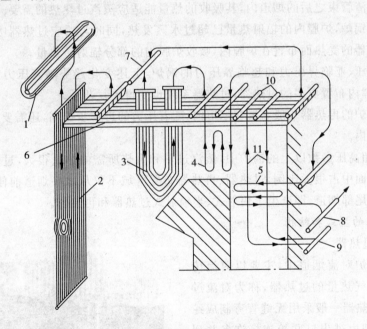

图 7-1　过热器的基本结构示例图

1—汽包(锅筒)；2—在炉膛壁上的二行程辐射式过热器；3—炉膛出口处屏式过热器；
4—立式对流过热器；5—卧式对流过热器；6—顶棚过热器；7—喷水减温器；
8—过热蒸汽出口集箱；9—悬吊管进口集箱；10—悬吊管出口集箱；11—过热器悬吊管

1. 过热器的布置

将水加热成过热蒸汽需经过水的加热、蒸发和蒸汽过热三个阶段。随着蒸汽参数的提高,过热蒸汽和再热蒸汽的吸热份额(吸热量占工质总吸热量的比例)越来越高,亚临界机组

锅炉设备与运行

已达 50% 以上,吸热份额增加,锅炉受热面的布置也会发生变化。不同参数下工质的吸热份额见表 7-3。

表 7-3　工质吸热分配份额

过热蒸汽压力 (MPa)	给水温度 (℃)	过热蒸汽温度 (℃)	再热蒸汽温度 (℃)	工质吸热分配份额(%)			
				加热份额	蒸发份额	过热份额	再热份额
1.27	105	300		14.8	75.6	9.6	
3.83	150	450		16.3	64.0	19.7	
9.82	215	540		19.3	53.6	27.2	
13.74	240	555	550	21.3	31.4	29.9	17.4
16.69	260	555	555	22.9	26.4	34.9	15.8

早期的低压锅炉,主蒸汽温度约为 350℃~370℃,过热器的吸热量少,因而其受热面积也少,在过热器前布置了大量的对流管束以满足蒸发热比例较大的要求。

中压煤粉锅炉,炉膛内水冷壁吸收的辐射热量与水的蒸发热大致相当,过热器布置在炉膛出口少量凝渣管束之后的烟道内,其吸收的热量能适应蒸汽过热热的需要。

高压煤粉锅炉,炉膛内的辐射热量已超过水蒸发热,同时为适应过热器吸热量的增大,故把部分过热器的受热面布置在炉膛内,吸收炉膛内的部分辐射传热量。

对于超高压、亚临界压力和超临界压力的锅炉,上述变化趋势随着压力的升高更为明显,必须在炉膛内布置更多的过热器,过热器系统也变得更复杂了。

超高压锅炉的再热器一般布置在烟道内,随着压力的进一步提高,还需要把部分再热器也布置在炉膛内。

因此,在超高压参数以上的锅炉中,蒸汽过热和再热所需的热量很大,过热器和再热器在锅炉总受热面中占很大比例,过热器、再热器布置区域不仅从水平烟道前伸到炉膛内,还向后延至锅炉尾部烟道,即产生了辐射式、半辐射式过热器和再热器。

2. 过热器的型式和结构

(1)对流过热器

布置在锅炉对流烟道中,主要以对流传热方式吸收烟气热量的过热器,称为对流过热器。对流过热器一般采用无缝管弯制成蛇形管式结构,即由进出口联箱连接许多并列蛇形管构成,如图 7-2 所示。

对流过热器根据烟气与管内蒸汽的相对流动方向,可分为逆流、顺流和混合流三种方式(见图 7-3)。根据对流受热面的放置方式可分为立式和卧式两种。对流过热器的类型及特点及见表 7-4 所示。

图 7-2　对流式过热器

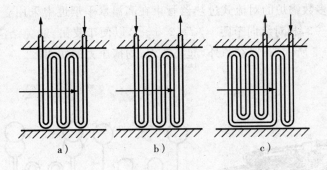

图 7-3 过热器中蒸汽与烟气流动方式

a)逆流;b)顺流;c)混流

蒸汽流向指:管内蒸汽温度由低向高

烟气流向指:管外烟气温度由高向低

表 7-4 对流过热器的类型及特点

分类方法	过热器名称	特 点
按蛇形管布置形式分类（见图 7-4 所示）	立式过热器	立式布置对流过热器都布置在水平烟道内。立式布置结构简单,吊挂方便,不易积灰。启动时易积存空气,易烧坏管子;停炉后,管内积水较难排除
	卧式过热器	蛇形管水平放置时称卧式布置方式,卧式布置对流过热器都布置在垂直烟道内,或用于塔型或箱型锅炉。卧式布置的优点是易于疏水,但支吊较困难,易积灰
按烟气与蒸汽的相对流动方向分类（见图 7-3 所示）	顺流式过热器	传热最差,受热面最多,过热器壁温最低,但顺流式过热器蒸汽入口处的几排管子内易结盐垢导致爆管;多用于过热器的最后一级
	逆流式过热器	传热效果最好,受热面最小,过热器壁温最高,但蒸汽出口处几排管子易超温过热,应采用耐热合金钢,多用于低温烟气区
	混流式过热器	传热效果、受热面及壁温大小在顺流式过热器和逆流式过热器之间
按自集箱引出的重叠管圈数目分类（见图 7-5 所示）	单管圈过热器	紧密布置的单管圈式过热器,可缩小过热器外形尺寸
	双管圈过热器或多管圈过热器	增加管圈数量,可降低蒸汽流速及管外烟气流速,使烟速和汽速符合过热器设计要求
按蛇形管与管外烟气流动分类（见图 7-6 所示）	顺列过热器	顺列过热器传热系数低,吹扫便利,支吊简单。国产锅炉的过热器,一般在水平烟道中采用立式顺列布置
	错列过热器	错列管的传热系数比顺列管的高,但管间易结渣,吹扫比较困难,同时支吊也不方便。在尾部竖井中则采用卧式错列布置

目前,我国大多数锅炉的对流式过热器管束在高温水平烟道中采用立式顺列布置,相对横向节距 $s_1/d=2\sim3$,相对纵向节距 $s_2/d=2.5\sim4$,以便于支吊,避免结渣和减轻磨损。过热器集箱(如图7-7所示)布置在炉外,起集蒸汽、均衡压力的作用。

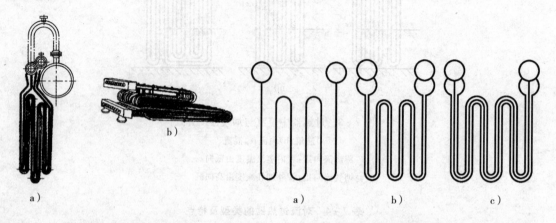

图7-4　过热器放置方式
a)立式过热器;b)卧式过热器

图7-5　蛇形管束结构
a)单圈;b)双圈;c)三圈

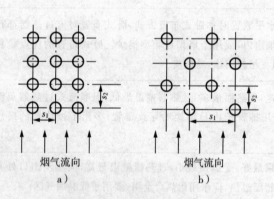

图7-6　顺列和错列管束
a)顺列;b)错列

图7-7　过热器集箱

管内工质冷却管壁的能力决定于工质流速及密度,常用质量流速 $\rho\omega$ 来反映。为了有效地冷却过热器管子金属,蒸汽应采用较高的质量流速,但工质流动的压降也随之增大,并且质量流速与受热面的热负荷有关。处于高温烟气区的受热面热负荷大,蒸汽质量流速高,同时蒸汽质量流速提高,流动压降增大。为了保证汽机的效率,整个过热器的压力降应不超过其工作压力的10%。一般,对流过热器低温段蒸汽质量流速 $\rho\omega=400\sim800\mathrm{kg/(m^2\cdot s)}$,高温段 $\rho\omega=800\sim1100\mathrm{kg/(m^2\cdot s)}$。

流经对流受热面管外的烟气流速受到多种因素的制约。烟速越高,传热越好。在传热相同条件下可减小受热面的面积,节约钢材,但受热面金属的磨损加剧,通风电耗也大。烟速太低,不仅影响传热,而且还将导致受热面严重积灰。为防止管束积灰,额定负荷时对流受热面的烟气流速不宜低于 6m/s;在靠近炉膛出口烟道中,烟气温度较高,灰粒较软,受热面的磨损不明显,煤粉炉可采用 10~14m/s 的流速;当烟气温度降至 600℃~700℃ 以下时,灰变硬,磨损加剧,烟气流速不宜高于 9m/s。

(2)辐射式过热器

布置在炉膛内,以吸收炉膛辐射热为主的过热器,称辐射式过热器。在高参数大容量热锅炉中,蒸汽过热及再热的吸热量占的比例很大,而蒸发吸热所占的比例较小。因此,为了在炉膛中布置足够的受热面以降低炉膛出口烟气温度,就需要布置辐射式过热器。在大型锅炉中布置辐射式过热器对改善汽温调节特性和节省金属消耗是有利的。

辐射式过热器的布置方式很多,若辐射式过热器设置在炉膛内壁上,称为壁式过热器;若辐射式过热器布置在炉顶,称为顶棚过热器(如图 7-8 所示);如辐射式过热器悬挂在炉膛上部,称为前屏过热器,此外在垂直烟道和水平烟道的两侧墙上布置了大量贴墙的包墙管(包管)过热器,如图 7-9 所示。图 7-10、图 7-11 分别为包墙过热器下集箱、锅炉竖直烟道中的包墙过热器和低温过热器示意图。

图 7-8 顶棚过热器

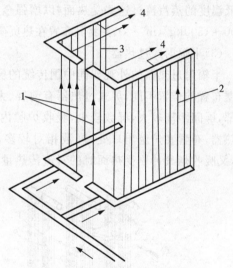

图 7-9 包墙管(包管)过热器

1—前墙管;2,3—两侧墙管;4—上联箱工质引出管

图 7-10 包墙过热器下集箱

图 7-11 锅炉竖直烟道中的包墙过热器和低温过热器

现代大型锅炉广泛采用平炉顶结构。炉顶布置顶棚管式过热器,吸收炉膛及烟道内辐射热量。水平烟道、转向室及垂直烟道的四周壁面也都布置包墙管过热器,又称包覆管。包墙管过热器由于靠近炉墙处的烟气温度和烟气流速都较低,因此包覆管过热器的吸热量很少。这样布置包覆管过热器的主要作用就是:便于采用敷管式炉墙,以简化烟道炉墙的结构和重量,为悬吊结构创造了条件;同时提高了炉墙的严密性,减少了烟道漏风。

例如,国产 1000/16.7-I 型自然循环汽包锅炉的顶棚管及包覆管都为膜式受热面。顶棚管管子直径为 $\phi48.5 \times 6mm$,管中心节距 114.3mm,鳍片宽 65.8mm,管子材料为 15CrMo 合金钢;包覆管的管子直径为 $\phi50 \times 7mm$,管中心节距 130mm,鳍片宽 79mm,管子材料为 20 钢和 12Cr1MoV 合金钢。

布置在炉膛内高热负荷区的壁式过热器,对改善汽温调节特性和节省金属材料有利。但由于炉膛热负荷很高,辐射过热器的工作条件较差,管壁金属温度的最大值通常比管内蒸汽温度高出约 100℃~120℃,尤其在启动和低负荷运行时,管内工质流量很小,问题更突出,因此,对其安全性应特别注意。为改善其工作条件,一般将辐射式过热器作为低温段,即以较低温度的蒸汽流过这些受热面,以增强金属的冷却;同时采用较高的质量流速,一般 $\rho\omega = 1000 \sim 1500 kg/(m^2 \cdot s)$,并将其布置在热负荷较低的远离火焰中心的区域等,以防管子被烧坏。

(3)半辐射式过热器

半辐射过热器的外观如同中国传统的屏风形状,故又称屏式过热器。由图 7-12 可知,根据布置的位置不同,屏式过热器有前屏、大屏及后屏三种。大屏或前屏过热器布置在炉膛前部,屏间距离较大,屏数较少,吸收炉膛内高温烟气的辐射传热量。后屏过热器为半辐射过热器,布置在炉膛出口处,屏数相对较多,屏间距相对较小,它既吸收炉膛内的辐射传热量,又吸收烟气冲刷受热面时的对流传热量。

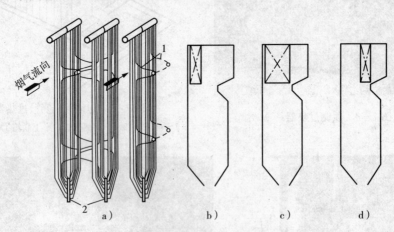

图 7-12 屏式过热器

a)屏式过热器结构;b)前屏;c)大屏;d)后屏

1—定位管;2—扎紧管

现代大型锅炉广泛采用屏式过热器,其主要优点是:

① 利用屏式受热面吸收一部分炉膛的高温烟气的热量,能有效地降低进入对流受热面的烟气温度,防止密集布置的对流受热面产生结渣。后屏过热器的横向节距比对流管束大很多,接近灰熔点的烟气通过它时减少了灰黏结在管子上的机会,有利于防止结渣。烟气通

过后屏烟温下降,也防止了以后的对流管束结渣。

② 装置屏式过热器后,使过热器受热面布置在更高的烟温区域,因而减少了过热受热面的金属消耗量。

③ 由于屏式过热器吸收相当数量的辐射热量,适应大容量高参数锅炉过热器吸热量相对增加、水冷壁吸热量相对减少的需要,它补充了水冷壁吸收炉膛辐射热的不足,也适应了大型锅炉过热器吸热量相对增加的需要。同时使过热器辐射吸热的比例增大,改善了过热汽温的调节特性。由于屏式过热器吸收了相当数量的辐射热量,使炉膛出口烟气温度能降低到合理的范围内。

④ 对于燃烧器四角布置切圆燃烧方式的炉膛,由于炉内气流的旋转运动,在炉膛出口处会发生流动偏转、速度分布不均、烟温左右有偏差,屏式过热器对烟气流的偏转能起到阻尼和导流作用。

后屏过热器和前屏过热器的结构基本相同。每片屏由联箱并联15～30根U型管或W型管组成,如图7-13所示。为了将并列管保持在同一平面内,每片屏用自身的管子作包扎管,将其余的管子扎紧。屏的下部根据折焰角的形状可作成三角形,也可作成方形。

图7-13 屏式过热器

屏式过热器悬挂于炉膛出口,吸收烟气的对流和辐射传热,但以对流为主。故其工作特性近似于对流过热器。其汽温随负荷增加而增高,但随负荷增加汽温的上升趋势比较平稳。屏式过热器可降低炉膛出口烟温,对防止对流过热器结焦有利。但它处于高烟温区又受到炉膛火焰的热辐射,因此,热负荷很高,工作条件较差,特别是各并列管的结构尺寸和受热条件差异较大,管间壁温可能相差80℃～90℃,往往成为锅炉安全隐患。

由于辐射过热器和对流过热器的工作特性恰好相反,设计过热器时,如果使辐射过热器与对流过热器的吸热量比例保持适当(满负荷时,辐射过热器吸热量占总吸热量的40%～60%),则可得到比较平坦的汽温—负荷变化曲线。

屏式过热器的布置如图7-14所示。屏的水平布置和垂直布置的优缺点与对流式过热器相同。图7-15是某2020t/h亚临界压力自然循环锅炉的前屏过热器,垂直布置于炉膛上部,靠近前墙。从低温过热器来的蒸汽,通过连接管(及一级减温器)1进入前屏的入口联箱2,再通过5个垂直布置的联箱3进入前屏5,蒸汽在管内向上流动,最后进入前屏出口联箱

7。前屏有 5 片，其间距 s_1＝3904mm。每片屏有 126 根外径为 ϕ50.8mm 的管子，分成三组。图 7－16 所示为某塔式锅炉中应用的卧式屏结构。

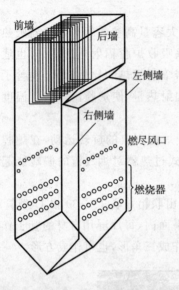

图 7－14 屏式过热器的布置

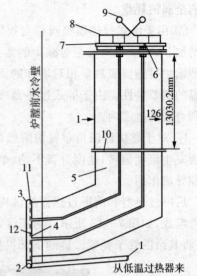

图 7－15 某 2020t/h 亚临界压力自然循环锅炉的前屏过热器

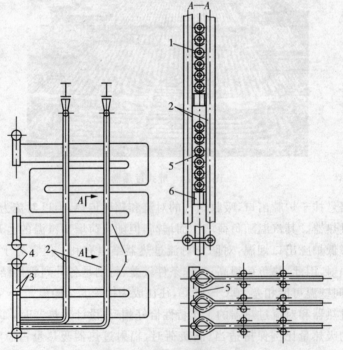

图 7－16 卧式屏的布置

1—卧式屏；2—悬吊管；3—联箱；4—连接联箱；5—定位块；6—管屏支架

三、过热器系统

中低压锅炉，由于过热汽温不高，所以过热器面积不大。一般采用纯对流式过热器，系统比较简单。它主要考虑顺流、逆流的合理组合，能够保证管壁的工作可靠，同时受热面消耗的金属也少。

　　高压、超高压锅炉,开始更注意过热器及再热器的安全可靠。例如,过热器应多分几级,级的工质焓增不要太多(≤170kJ/kg),每级之间应有混合及交叉,末级过热器蛇形管组不宜沿整个烟道宽度布置,以减少热偏差,各级布置的烟温区域则应考虑到最高金属壁温不超过该级材料允许值,金属耗量不要过多,过热器热力特性平稳等。过热器如采用对流—辐射—半辐射(屏式)—对流的系统,可使第一级过热器布置在低烟温区域,以吸取较多热量而工质温度增加不多。因接近饱和温度处工质比热容大,这样有可能应用碳钢管制造。但这种系统的缺点是,由于第二级辐射过热器中工质温度已较高,受热面热负荷不能过高,焓增也不能过多,这样使过热吸热中辐射吸热份额较小,汽温特性也不平稳。如采用辐射—半辐射—低烟温对流系统可克服上述缺点。辐射式过热器可沿炉膛全高度布置,过热吸热中辐射吸热份额较大,从而使气温特性平稳。考虑到过热器的安全,常采用上述后一种系统,例如:国产400t/h超高压具有一次中间再热锅炉的热力系统中,即采用此种过热器系统,辐射过热器采用了炉顶布置。

　　亚临界压力以上锅炉的过热器系统普遍采用辐射、半辐射与对流型多级布置的混流组合方式,过热器的蒸汽高温段采用对流型,低温段采用辐射型或半辐射型,以降低受热面管壁钢材温度。受热面的组合模式为:辐射—包墙管—低温对流(逆流)—辐射—半辐射—高温对流(顺流)。

1.300MW亚临界锅炉过热器系统

300MW亚临界锅炉过热器系统如图7-17所示。

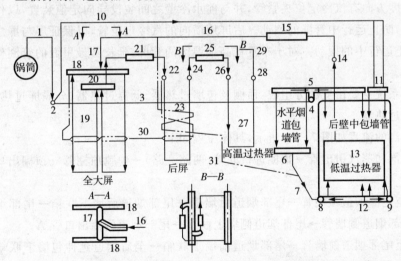

图7-17　300MW亚临界锅炉的过热器布置

1—饱和蒸汽连接管;2—顶棚过热器进口集箱;3—顶棚过热器;4—顶棚过热器出口集箱;5—水平烟道及侧包墙上集箱;6—水平烟道及侧包墙下集箱;7—水平烟道包墙至环形集箱(前)连接管;8—后竖井侧包墙环形集箱(前);9—后竖井侧包墙环形集箱(后);10—饱和蒸汽旁路连接管;11—后竖井侧包墙上集箱;12—后竖井侧包墙环形集箱(侧);13—低温过热器;14—低温过热器出口集箱;15—一级减温器;16—低温过热器至大屏连接管;17—大屏过热器前分支管;18—大屏过热器进口集箱;19—大屏过热器;20—大屏过热器出口集箱;21—二级减温器及大屏至后屏连接管;22—后屏过热器进口集箱;23—后屏过热器;24—后屏过热器出口集箱;25——、二级减温器及后屏至高温过热器连接管;26—高温过热器进口集箱;27—高温过热器;28—高温过热器出口集箱;29—过热器出口导管;30—夹持管;31—汽冷定位管

2.600MW 亚临界锅炉过热器系统

HG-2045/17.3-PM6 型锅炉是哈尔滨锅炉厂引进美国燃烧工程公司（CE公司）成熟技术生产的第6台600MW机组锅炉，也是首台设计煤种为贫煤的锅炉，其过热器和再热器布置如图7-18所示。

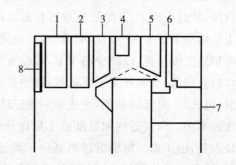

图7-18 HG-2045/17.3-PM6 型锅炉
过热器和再热器布置示意图
1—分隔屏过热器；2—后屏过热器；3—屏式再热器；
4—末级再热器；5—末级过热器；6—立式低温过热器；
7—水平低温过热器；8—壁式再热器

过热器系统采用辐射—对流组合式，包括炉顶和包覆管过热器、低温过热器、分隔屏过热器、后屏过热器和末级过热器五部分。炉顶和包覆管均布置在烟温较低区域，吸热少，其主要特点是简化了炉墙结构。低温过热器由水平过热器和立式过热器两部分组成，顺列布置，横向节距较大，以控制烟气流速，减少飞灰对管子的磨损。炉膛的前上方布置有分隔屏过热器，起到分割炉膛出口烟气的作用，减少烟气在炉膛出口的残余扭转，以使炉膛出口气流均匀。后屏过热器布置在炉膛上方分隔屏过热器之后，末级过热器布置于水平烟道的后部。

各级过热器最大限度地采用蒸汽冷却的定位管和吊挂管，以保证运行的可靠性。前、后屏沿炉膛深度方向有汽冷定位夹紧管，并与前水冷壁之间装设导向定值装置，以作为管屏的定位和夹紧，防止运行中管屏的摆动。后屏用横向的汽冷定位管，以保证屏与屏之间的横向节距，并防止运行中的摆动。对于布置在高烟温区的管屏，延长其最里面的管圈作为管屏底部的夹紧用。

过热器系统主要由五部分组成：顶棚及包墙过热器、低温过热器、分隔屏过热器、后屏过热器及末级过热器。

过热蒸汽的流程如图7-19所示，具体流程如下：

汽包→饱和蒸汽引出管→顶棚进口联箱（两路旁路）→炉膛顶棚管→顶棚出口联箱→分Ⅰ、Ⅱ两路。

Ⅰ路：至尾部烟道顶棚管→尾部烟道后墙管→尾部烟道后墙下联箱→尾部烟道侧墙进口联箱→尾部烟道侧墙管→尾部烟道侧墙上联箱→尾部烟道侧墙出口管A。

Ⅱ路：至尾部烟道前墙管→尾部烟道前墙下联箱→至后烟道延伸包墙下联箱→后烟道延伸包墙→后烟道延伸包墙上联箱→尾部烟道侧墙上联箱→尾部烟道侧墙出口管A。

侧墙进口联箱→尾部烟道侧墙管→尾部烟道侧墙上联箱→尾部烟道侧墙出口管A。

尾部烟道侧墙出口管A→低温过热器进口联箱→低温过热器管→低温过热器出口联箱→过热器一级减温器→分隔屏过热器进口联箱→分隔屏过热器→分隔屏过热器出口联箱→后屏过热器进口联箱→后屏过热器→后屏过热器出口联箱→过热器二级减温器→末级过热器进口联箱→末级过热器→末级过热器出口联箱→主蒸汽管道→高压缸。

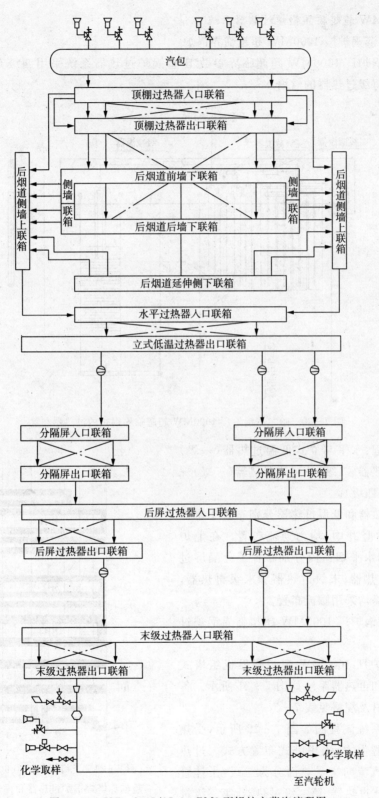

图 7 - 19　HG - 2045/17.3 - PM6 型锅炉主蒸汽流程图

3.1000MW 超超临界锅炉过热器系统

(1)哈尔滨锅炉厂 1000MW 超超临界锅炉

哈尔滨锅炉厂 1000MW 超超临界参数 Ⅱ 型锅炉过热器系统采用四级布置(如图 7-20),以降低每级过热器的焓增。

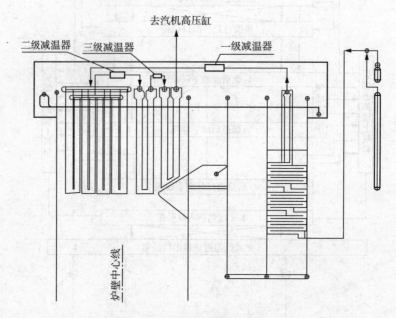

图 7-20　哈尔滨锅炉厂 1000MW 超超临界锅炉的过热器布置

蒸汽流程:水平与立式低温过热器(一级)→分隔屏过热器(二级)→屏式过热器(三级)→末级过热器(四级)。

低温再热器和低温过热器分别布置于尾部烟道的前、后竖井中,均为逆流布置。在上炉膛、折焰角和水平烟道内分别布置了分隔屏过热器、屏式过热器、末级过热器和末级再热器,由于烟温较高均采用顺流布置。

(2)上海锅炉厂 1000MW 超超临界锅炉过热器系统

上海锅炉厂 1000MW 超超临界机组塔式锅炉过热器和再热器系统如图 7-21 所示。各级过热器选材及规格见表 7-5。

过热器系统流程图如图 7-22 所示,受热面布置在炉膛上方,采用卧式布置方式。过热器系统按蒸汽流向主受热面分为三级:吊挂管和第一级屏式过热器、第二级过热器、第三级过热器。

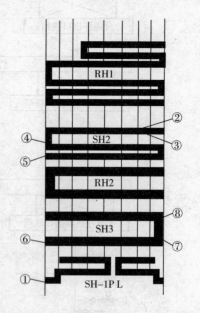

图 7-21　上海锅炉厂 1000MW 超超临界塔式锅炉过热器和再热器系统

表 7-5 各级过热器选材及规格

管子位置	材 质	规 格
一级过热器管屏①位置	SA213T92	$\phi 48.3 \times 9.03$
二级过热器管屏②位置	SA213T91	$\phi 44.45 \times 6.78$
二级过热器管屏③位置	SA213T91	$\phi 44.45 \times 7.33$
二级过热器管屏④位置	SA213T91	$\phi 44.45 \times 8.47$
二级过热器管屏⑤位置	SA213T91	$\phi 44.45 \times 7.33$
三级过热器管屏⑥位置	Super304H	$\phi 48.3 \times 7.9$
三级过热器管屏⑦位置	HR3C	$\phi 48.3 \times 9.0$
三级过热器管屏⑧位置	HR3C	$\phi 48.3 \times 10.2$

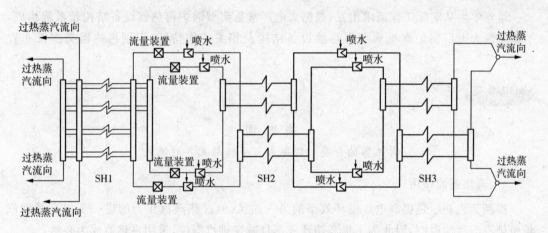

图 7-22 1000MW 塔式锅炉过热蒸汽系统流程图

其中第一级过热器和第三级过热器布置在炉膛出口断面前,主要吸收炉膛内的辐射热量。第二级过热器布置在第一级再热器和末级再热器之间,靠对流传热吸收热量。第一、第二级过热器逆流布置,第三级过热器顺流布置。过热器系统的汽温调节采用燃料/给水比和两级六点喷水减温,在第一级和第二级过热器、第二级和第三级过热器之间设置二级喷水减温并通过两级受热面之间的连接管道的交叉,一级受热面外侧管道的蒸汽进入下一级受热面的内侧管道,来补偿烟气导致的热偏差。

工作任务

(1)在教师的指导下,在锅炉实训室中参观过热器模型、过热器爆管部分样品,观看过热器三维立体动画演示,指出不同类型过热器在锅炉中的常见位置。

(2)在教师的指导下,收集查找相关资料信息,分析比较在自然循环锅炉、直流锅炉和循环流化床锅炉中,相关过热器布置、型式及金属材质使用的不同。

(3)在教师的指导下,结合锅炉仿真实训,在锅炉仿真系统上熟悉锅炉过热器系统的DCS画面中各参数的含义和变化情况。

培养学生理论联系实际,熟练掌握常见典型锅炉过热器的结构、布置方式与工作特性。

子任务二　再热器

掌握锅炉实际应用中常见再热器的结构、作用和相关工作特性。

培养学生从实际工作需求出发,根据火电厂常见典型锅炉再热器设备结构及系统构成,了解掌握火电厂锅炉常见典型再热器设备结构及相关工作特性,识别再热器类型及布置特点。

关 键 词

再热器的分类　辐射式　半辐射式　对流式

一、再热器的作用

提高蒸汽初压是提高电厂循环效率的另一途径,但过热蒸汽压力的进一步提高受到汽轮机排汽湿度的限制,因此为了提高循环效率且减少排汽湿度,采用再热器成为必然。

再热器(reheater,简写 RH)是将汽轮机高压缸或中压缸的排汽再次加热到规定温度的锅炉受热面,如图 7-23 所示。

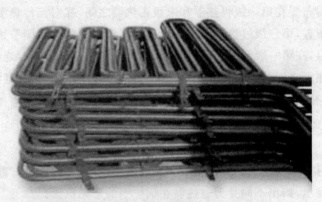

图 7-23　再热器

再热器的作用:从锅炉过热器出来的主蒸汽在汽轮机高压缸作功后,送到再热器中再加热以提高温度,然后送入汽轮机中、低压缸继续膨胀作功,降低水蒸气的湿度,有利于保护汽轮机的叶片,并可以提高汽轮机的相对内效率和绝对内效率。

通常,再热蒸汽压力为过热蒸汽压力的20%左右,再热蒸汽温度与过热蒸汽温度相近。我国125MW及以上容量机组都采用了中间再热系统。机组采用一次再热循环热效率提高4%~6%,采用二次再热循环热效率进一步提高2%。

过热器与再热器在系统中的位置如图7-24所示,过热器负责把锅炉中首次蒸发的蒸汽加热成高品质的过热蒸汽;过热蒸汽在汽轮机高压缸中做功后,低压低温的蒸汽(称冷再)被重新引入再热器,再热器负责把这部分蒸汽重新加热成高温蒸汽,在再热器中,通常压力不能提高,而是把温度提高到和过热蒸汽相同或略低的温度。加热后的再热蒸汽(称热再)再进入汽轮机中、低压缸继续做功,最后进入凝汽器凝结成水。从以上过程可知,再热器和过热器都是用来加热蒸汽的,只是其中蒸汽的参数不一样。过热器中的蒸汽属于高温高压蒸汽,而再热器中的蒸汽属于高温中压蒸汽。

提高过热蒸汽、再热蒸汽的压力与温度均可提高循环效率。有计算表明对于亚临界压力机组,当过热蒸汽/再热蒸汽温度由535℃/535℃提高到566℃/566℃,热耗下降约1.8个百分点,若采用两次再热,热耗可下降2个百分点。

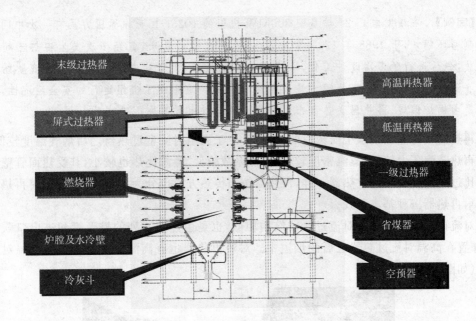

图7-24 过热器与再热器在锅炉中的位置

二、再热器的结构与布置特点

由于再热器的蒸汽来自汽轮机高压缸的排汽,其压力约为过热蒸汽压力的20%~25%,再热后的蒸汽温度一般与过热汽温相同,流过再热器的蒸汽量约为过热蒸汽量的80%。因此,再热器的工作有它本身的一些特点:

(1)再热器是一个中压过热器,蒸汽压力低,蒸汽密度小,放热系数小[如某台1000t/h的直流锅炉在额定工况时,过热蒸汽放热系数是4000W/(m²·℃),再热蒸汽放热系数为800W/(m²·℃),仅为过热蒸汽系数的1/5],对金属管壁的冷却能力差。在同样蒸汽流量和吸热条件下,再热器管壁温度高于过热器壁温。例如同样1kg蒸汽获得4.18kJ热量,亚临界的过热蒸汽温度升高1.57℃,而中压的再热蒸汽则要升高1.84℃。

（2）再热器系统阻力对机组热效率有很大影响，例如再热系统的阻力增加0.1MPa，汽轮机的热耗将增加0.28%。因此再热器系统的阻力，在设计时要求不超过再热器进口压力的10%，也即不超过0.2~0.3MPa，其中再热器和连接管阻力约各占50%。为了使再热器的阻力减小，除采用较大管径、多管圈并列以缩短管子长度外，还采用较大的蒸汽流通截面，很少用混合、交叉，因而热偏差大。

（3）一方面进口的蒸汽是高压缸的排汽，低负荷时来汽温度降低了，但是要求出口汽温达到额定值，这就要求再热器多吸收热量。另一方面再热器布置在过热器的后面，有比较强的对流特性，低负荷时吸热少。两个因素矛盾，因此要再热器系统有比较大的调温幅度。

（4）采用再热器目的是降低汽轮机末几级叶片的湿度和提高机组的热经济性，在亚临界压力机组中，再热汽温与过热汽温采用相同的温度。而在超临界压力机组中，如果再热汽温采用与过热汽温相同值，则汽轮机末几级叶片的湿度仍比较大，则需采用较高的再热汽温，以减小其末几级叶片的湿度。

【案例】 石横发电厂2#炉是配300MW机组的1025t/h亚临界压力具有一次中间再热的控制循环锅炉，于1988年12月投入运行，锅炉自投运以来，曾经多次发生再热器超温爆管事故，先后进行了多次改进工作，取得了一定的效果，但是再热器超温爆管的威胁始终未能彻底消除，再热器进口事故喷水量最高达50t/h，严重影响了机组运行的安全经济性，主要原因是由锅炉偏烧、再热器受热面布置偏多以及管材耐温等原因造成的。

再热器实际上相当于中压蒸汽的过热器，位于高温对流型过热器之后烟气温度较低处，因为再热蒸汽压力较低，蒸汽密度较小，放热系数较低，蒸汽比热也较小，其受热面管壁金属温度比过热器更高。与过热器一样，再热器按照传热方式也分为对流再热器、辐射再热器和半辐射再热器三种基本型式。

对流再热器的结构与对流过热器结构相似，也是由许多并列的蛇形管和进出口联箱组成，布置在高温对流过热器之后的烟道中。对流再热器也有高温对流再热器和低温对流再热器（如图7-25）两种。

图7-25 低温再热器

辐射再热器一般采用墙式,布置在炉膛上部的前墙和两侧墙的上前侧,又称壁式再热器。由于受热面热负荷较大,因此多作为低温再热器。与采用烟气挡板调节方式相比,再热器的受热面积约减少65%,使再热蒸汽流动阻力控制在0.2MPa以下。

半辐射再热器也采用屏式,一般布置在后屏过热器之后。

在超高压锅炉上一般只采用对流式再热器,在亚临界及以上的锅炉中则多采用"墙式辐射再热器—屏式半辐射再热器—对流再热器"多级串联组合式再热器。亚临界压力控制循环锅炉中,再热器系统就是由壁式辐射再热器、后屏再热器和对流式再热器组成的。

三、再热器系统

1.300MW 锅炉再热器系统

如以 DG-1025/18.2-Ⅱ型锅炉为例,在额定工况下,再热器的进口、出口蒸汽压力和温度分别为 3.76/3.58MPa 和 321/540℃,再热器布置见图7-26。

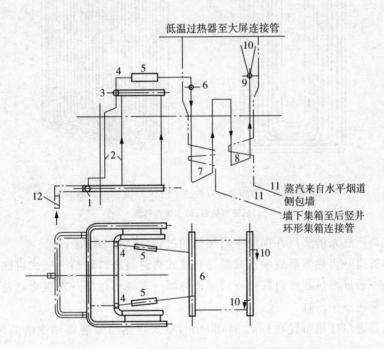

图7-26 300MW自然循环锅炉的再热器布置

1—壁式再热器进口集箱;2—壁式再热器;3—壁式再热器出口集箱;4—壁式再热器出口至低温再热器连接管;
5—再热器减温器;6—中温再热器进口集箱;7—中温再热器;8—高温再热器;
9—高温再热器出口集箱;10—高温再热器出口导管;11—汽冷定位管;12—事故喷水减温器

2.600MW 锅炉再热器系统

以 HG-2045/17.3-PM6 型锅炉(图7-27)为例,其再热器系统由三部分组成:壁式再热器、后屏再热器和末级再热器。壁式再热器布置在水冷壁上部的前墙和两侧墙,直接吸收炉膛的辐射热;屏式再热器布置于后屏过热器和后墙水冷壁悬吊管之间;末级再热器布置在水平烟道的前部(处于水冷壁后墙悬吊管和后墙水冷壁延伸对流排管之间)。这种再热器布置改善了再热汽温特性,在负荷变化时汽温变化较小,尤其在机组启动阶段,能使再热汽温较早地达到要求。

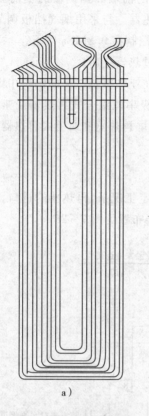
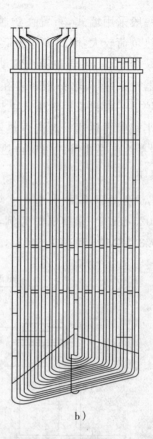

图 7 - 27 HG - 2045/17.3 - PM6 型锅炉再热器

a)后屏再热器;b)末级再热器

由汽轮机高压缸来的蒸汽在锅炉中再加热的过程(图 7 - 28)如下:

冷段再热管道→再热器事故喷水减温器→壁式再热器进口联箱→壁式再热器→壁式再热器出口联箱→后屏再热器进口联箱→后屏再热器→末级再热器→末级再热器出口联箱→热段再热蒸汽管道→中压缸。

壁式再热器进口联箱布置在标高 54460mm,壁式再热器分前墙和侧墙两部分,紧贴水冷壁管,前墙壁式再热器共 2×116 根,侧墙壁式再热器共 2×134 根。后屏再热器共 44 屏,每屏由 18 根绕成,通过交叉分成 66 排末级再热器。每排由 12 根绕成。通过末级再热器出口联箱分两路进入再热蒸汽管道。

3. 1000MW 超超临界锅炉再热器系统

(1)哈尔滨锅炉厂 1000MW 超超临界锅炉再热器系统

哈尔滨锅炉厂 1000MW 超超临界锅炉再热器布置、选材分别如图 7 - 29、图 7 - 30 所示。

哈尔滨锅炉厂 1000MW 超超临界锅炉的再热器系统由低温再热器和高温(末级)再热器两级组成。

① 再热器系统组成

a. 低温再热器。低温再热器位于尾部烟道的前竖井中。

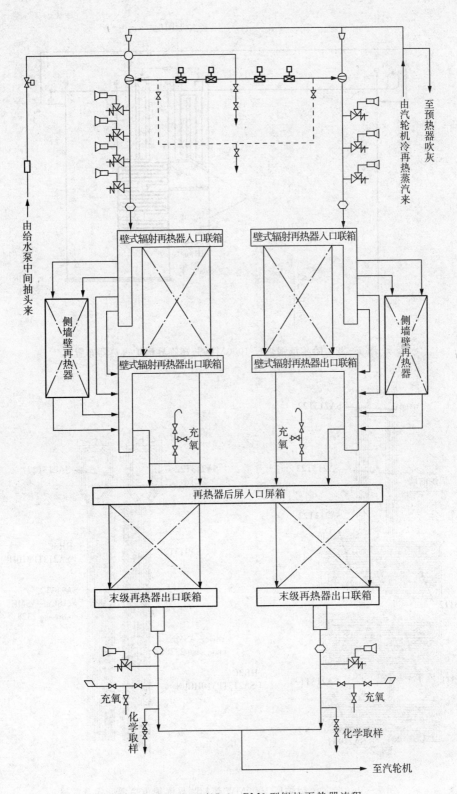

图 7-28 HG-2045/17.3-PM6 型锅炉再热器流程

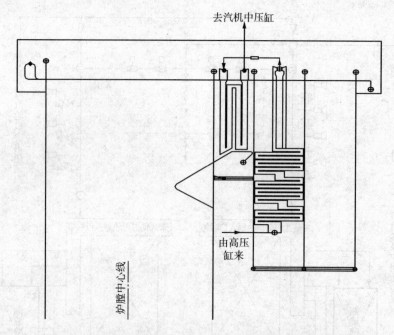

图 7-29 哈尔滨锅炉厂 1000MW 超超临界锅炉再热器布置

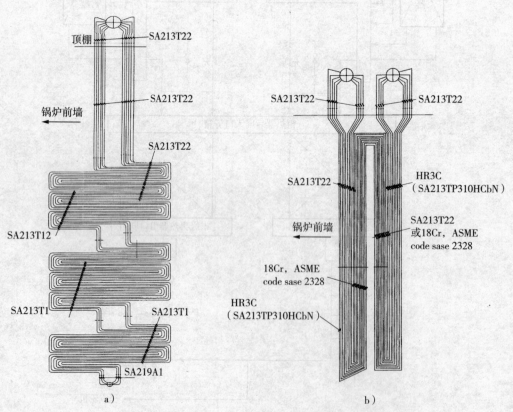

图 7-30 哈尔滨锅炉厂 1000MW 超超临界锅炉再热器型式及选材

a)低温再热器管材分界图；b)高温再热器管材分界图

低温再热器为顺列排列,与烟气成逆流布置。低温再热器蛇形管由水平段和垂直段两部分组成。

由汽机高压缸来的排汽用两根 $\phi762mm \times 25mm$(A672 B70 CL32)的导管送入水平低温再热器入口集箱,水平低温再热器共 240 片,每片由 6 根管子组成,横向节距为133.5mm,管子规格为 $\phi63.5mm$,分下、中、上三组,材质依次为 SA209T1、SA213T12 及SA213T22,壁厚为 3.5~4.1mm。

水平低温再热器出口端与垂直低温再热器相接。垂直低温再热器共有 120 片,节距为267mm,管径为 $\phi63.5mm$,材质为 SA213T91,壁厚为 3.5mm。

低温再热器管材分界图如图 7-30a 所示。

b. 末级再热器。末级再热器位于水平烟道内,与烟气成逆流布置。由垂直低温再热器出口集箱引出两根 $\phi762mm \times 47mm$(SA335P22)的连接管,其出口蒸汽进入末级再热器入口集箱,集箱为 $\phi711.2mm \times 59mm$,材质为 SA355 P22。

末级再热器蛇形管共 120 片,每片由 9 根管组成,横向节距为 267mm,其材质为 ASMEcode sase 2328 和 SA213TP3310HCbN。

末级再热器出口集箱为 $\phi787.4mm \times 67mm$,材质为 SA355P91,由末级再热器出口集箱引出的两根再热导管将再热汽送往汽机中压缸,热段再热蒸汽导管采用 $\phi813rnm \times 15mm$,材质为 A691CrP91。

末级再热器管材分界图如图 7-30b 所示。

② 再热器系统的流程

再热蒸汽的流程为:高压缸排汽经两根再热蒸汽冷管道→低温再热器进口集箱→低温再热器管组→低温再热器出口集箱→事故喷水减温器→高温再热器进口集箱→高温再热器管组→高温再热器出口集箱→经再热蒸汽热管道进入汽轮机中压缸。

③ 再热器系统的保护

a. 压力保护。在再热器的进口导管上装有 8 只弹簧式安全阀,在再热器的出口导管上装有 2 只弹簧式安全阀。再热器出口管道上安全阀的整定压力幅度低于再热器进口管道上的,因此安全阀动作时,再热器中有足够的蒸汽流过,确保再热器得到有效的保护。

b. 温度监测保护。再热蒸汽温度的监视是通过设置在再热器系统上的热电偶来实现的,管子金属壁温的监视是通过再热器管出口的壁温测点来实现的。

另外,在锅炉启动初期,还通过炉膛出口烟温探针的监控来实行对再热器的保护。

c. 旁路保护。机组采用高、低压两级串联旁路系统,可保证再热器在任何工况都有蒸汽通过,可有效地保护再热器系统。

(2)上海锅炉厂 1000MW 超超临界塔式锅炉再热器系统

上海锅炉厂 1000MW 超超临界塔式锅炉再热器系统分为两级,即第一级再热器(低再)和第二级再热器(高再)。第二级再热器布置在第二级过热器和第三级过热器之间,第一级再热器布置在省煤器和第二级过热器之间。第二级再热器(高再)顺流布置,受热面特性表现为半辐射式;第一级再热器逆流布置,受热面特性为纯对流。再热器的汽温调节主要靠摆动燃烧器,在低温过热器的入口管道上布置事故喷水减温器,两级再热器之间设置有一级微量喷水,内外侧管道采用交叉连接。整个流程图如图 7-31 所示。

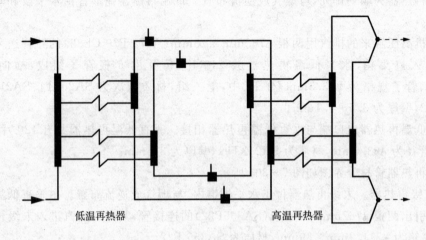

低温再热器   高温再热器

图 7 - 31   上海锅炉厂 1000MW 超超临界塔式锅炉再热器系统流程图

工作任务

    （1）在教师的指导下，结合锅炉仿真实训，在锅炉仿真系统上熟悉再热器系统的 DCS 画面中各参数的含义和变化情况。

    （2）结合锅炉岗位实训，收集查找相关资料信息，绘制出 600MW 亚临界锅炉和 600MW 超临界锅炉的再热蒸气设备系统图。

能力训练

    加强学生对火电厂锅炉再热蒸汽设备系统连接与位置关系的理解力度，培养学生将锅炉热力系统图与锅炉仿真系统 DCS 画面有效相结合的能力。

任务二   锅炉过热蒸汽和再热蒸汽汽温调节的方法

学习目标

    重点掌握燃料、负荷、过量空气等因素对锅炉蒸汽汽温的影响和过热蒸汽的不同调温方式（蒸汽侧、烟气侧）的工作特性。

能力目标

    结合锅炉仿真实训，使理论和岗位技能需求相结合，培养学生对锅炉过热蒸汽和再热蒸汽汽温调节方式、方法及调节力度的直观感受。

知识准备

关 键 词

汽温特性　蒸汽温度调节方式　表面式减温器　喷水减温器
微量喷水减温器　事故喷水减温器　汽-汽热交换器
蒸汽旁路　烟气挡板　烟气再循环　火焰位置

一、影响锅炉汽温变化的因素

12Cr1MoV 钢在 585℃时,有 10 万小时的持久强度,但是在 595℃时,3 万小时后就会丧失它的持久强度。由此看来,温度过高,会使得金属的寿命大为降低,影响到设备的安全工作。根据相关计算,过热器在超过其规定温度 10～20℃的条件下长期工作,材料的寿命会减少一半以上,而如果过热器在低于其规定温度 10℃的条件下工作,又会引起循环效率下降 5%左右。在实际工作过程中,过热蒸汽和再热蒸汽温度受到锅炉运行多方面因素的影响,产生温度波动是不可避免的。因此,在锅炉运行中,一般规定蒸汽温度不允许偏离其规定温度-10～+5℃。

影响过热蒸汽和再热蒸汽温度变化的因素,主要有过热器和再热器系统受热面的辐射、对流吸热的比例、锅炉负荷、燃料性质、给水温度、炉膛过量空气系数以及炉膛出口烟温的变化等。还有其他影响汽温变化的运行因素,下面简要地说明运行中影响汽温的主要因素。

1. 锅炉负荷

过热器和再热器出口蒸汽汽温与锅炉负荷之间的变化关系称为汽温特性。采用不同传热方式的过热器和再热器,它们的汽温特性也是不同的,如图 7-32、图 7-33、图 7-34 所示。

对流受热面的汽温特性:锅炉负荷增加,流经对流受热面烟速和烟温提高,工质焓增升高,出口蒸汽温度上升,如图 7-32 中曲线 a 所示。

辐射受热面的汽温特性:锅炉负荷增加,工质流量和煤耗量相应增加,炉内辐射热并不按比例增多,导致辐射受热面中蒸汽的焓增减少,出口蒸汽的温度下降,图 7-32 中曲线 b,炉膛出口烟温因此上升。

半辐射式受热面的汽温特性:如图 7-32 中曲线 c 所示,可获得较为平坦的汽温变化特性,减小汽温调节幅度,提高机组对负荷变化的适应性。

总之,辐射式过热器的出口汽温随着负荷的升高而降低;对流式过热器的出口汽温随着负荷的升高而升高。由于辐射过热器和对流过热器的工作特性恰好相反,设计过热器时,如果使辐射过热器与对流过热器的吸热量比例保持适当(满负荷时,辐射过热器吸热量占总吸热量的 40%～60%),如图 7-33 所示,则可得到比较平坦的汽温—负荷变化曲线。

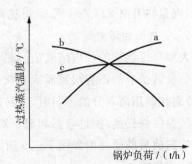

图 7-32　过热器的汽温特性
a—对流式受热面;b—辐射式受热面;
c—辐射式和组合式受热面

再热蒸汽因为它远离炉膛出口,因而它的汽温特性有比较强的对流特性。过热蒸汽或再热蒸汽系统一般具有对流汽温特性(如图 7-34 所示),即随锅炉负荷升高(或下降),汽温也随之上升(或降低)。但过热器系统的汽温特性变换比较平缓。

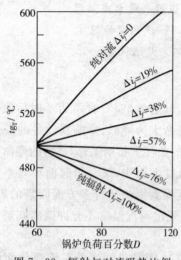

图 7-33 辐射与对流吸热比例
不同时,过热汽温的变化规律

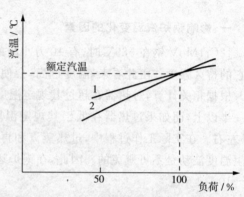

图 7-34 过、再热器的汽温特性
1—过热器;2—再热器

2. 燃水比

燃水比就是燃料量与给水量的比值。锅炉燃水比是影响直流锅炉过热汽温最根本的因素。锅炉燃水比增大,过热汽温升高。

3. 过量空气系数

过量空气增大时,燃烧生成的烟气量增多,烟气流速增大,对流传热加强,导致过热汽温升高。

4. 给水温度

我国大容量机组的高压加热器投入率普遍较低,有的机组高压加热器长期停运。对于 200MW 机组,高压加热器投入运行与不投入运行对给水温度影响在 80℃ 左右。计算及运行经验表明,给水温度每降低 1℃,过热蒸汽温度上升 0.4℃~0.5℃。因此,高压加热器停运时,汽温将升高 32℃~40℃。可见给水温度变化对蒸汽温度影响之大。

5. 受热面的污染情况

大型电厂锅炉的炉内结渣沾污是各类锅炉中较普遍的问题,只是程度上各有差别。国产部分量锅炉有的不装吹灰器或有吹灰器不能正常投用,往往造成炉膛和过热器受热面积灰,特别在燃用高灰分的燃料时,容易造成炉膛结焦,会使炉内辐射传热量减少,过热器区域的烟气温度将提高,使过热器超温。对于汽温偏低的锅炉,如过热器积灰,将使汽温愈加偏低。吹灰前后的受热面如图 7-35 所示。因此,吹灰器能否正常投用,对锅炉安全和经济运行有一定影响。

受热面管内壁积垢、外壁氧化。例如某发电厂 2 号锅炉管内壁结垢 0.7mm,使过热器壁温升高 20℃~30℃;外壁氧化皮 1.0mm,又使管壁减薄,因此爆管频繁。

图 7 - 35　吹灰前、后的受热面

6. 饱和蒸汽用汽和排污

当锅炉采用饱和蒸汽作为吹灰等用途时,用汽量增多将使过热汽温升高。汽包锅炉的排污量对汽温也有影响。

7. 燃烧器的运行方式

当摆动燃烧器喷嘴向上倾斜时,因火焰中心提高会使过热汽温升高。但是,对流受热面布置区域距炉膛越远,喷嘴倾角对其吸热量和出口温度的影响就越小。

对于沿炉膛高度具有多排燃烧器的锅炉,运行中不同标高燃烧器的投停,也会影响过热蒸汽的温度。

8. 燃料种类和成分

我国大容量锅炉绝大部分处于非设计煤种下运行,主要表现在实际用煤与设计煤种不符、煤种多变和煤质下降等。燃烧煤种偏离设计煤种,使着火点延迟,火焰中心上移,当炉膛高度不足,过热器就会过热爆管。

燃料成分对汽温的影响是复杂的。一般说来,直接影响燃烧稳定性和经济性的因素是燃料的低位发热量和挥发分、水分等。此外,灰熔点及煤灰组分与炉膛结焦和受热面沾污的关系极为密切。当燃料热值提高时,由于理论燃烧温度和炉膛出口烟温升高,可能导致炉膛结焦,过热器和再热器超温。当灰分增加时,会使燃烧恶化,燃烧过程延迟,火焰温度下降。一般,燃料中灰分越多,在实际运行中汽温下降幅度越大,还会使受热面磨损和沾污加剧;挥发分增大时,燃烧过程加快,蒸发受热面的吸热量增加,因而汽温呈下降趋势。当水分增加时,如燃料量不变,则烟温降低,烟气体积增加,最终使汽温上升。对过热汽温变化影响的因素见表 7 - 6 所示。

表 7 - 6　某些运行因素对过热汽温影响(大致数据,仅作参考)

影 响 因 素	过热汽温变化(℃)
锅炉负荷变化±10%	±10
炉膛过量空气系数变化±10%	±10~20
给水温度变化±10℃	±4~5
燃煤水分变化±1%	±1.5
燃煤灰分变化±10%	±5

二、对蒸汽温度调节设备的基本要求

在锅炉运行中为了能保持蒸汽温度在规定的范围内波动,必须采用调温设备。对蒸汽温度调节设备的要求主要有:

(1)设备结构简单,体积小,重量轻,价格低,运行可靠。

(2)调节灵敏,反应快,过程连续,汽温偏差小,易于实现自动化。

(3)不影响锅炉或热力系统的效率。

(4)调节幅度能满足锅炉运行的要求。

在选择蒸汽温度调节设备的容量时,对于对流过热器系统的锅炉,要求较大容量的调温设备;对于辐射-对流复合型的过热器系统,调温设备的容量可以小些;燃用多灰分或灰熔融温度变化大或煤种变化大的燃料时,需要较大容量的调温设备;对于新设计的尚缺乏运行经验的炉型,调温设备的容量应大一些,以便适应锅炉投运后对受热面进行必要的调整。

三、蒸汽温度的调节方法

蒸汽温度调节方法主要分为蒸汽侧调节和烟气侧调节两类。蒸汽侧调节是指通过改变蒸汽热焓来调节汽温;烟气侧调节则是通过改变锅炉内辐射受热面和对流受热面的吸热分配比例的方法或改变流过过热器和再热器的烟气量的方法来调节汽温的。

1. 蒸汽侧调温方法

蒸汽侧调节温度的方法包括喷水减温器和汽-汽热交换器等,前一种方法主要用于调节过热蒸汽温度,后一种方法用于调节再热汽温。

(1)喷水减温器

喷水减温器又称混合式减温器(如图7-36所示),根据喷水的方式分为喷头式、文丘里式(如图7-37所示)、旋涡式、笛形管式四种。原理是将减温水直接喷入过热蒸汽中,使其雾化、吸热蒸发,达到降低蒸汽温度的目的。一般减温水量是额定蒸发量的5%~8%。过热器减温水通常取自主给水管道,属于不饱和水。在过热器减温器处沿蒸汽流向的蒸汽管道内布置有内套管,可以防止减温水对蒸汽管道的热冲击。喷水减温的优点是:结构简单;调节灵敏,减温器出口的汽温延迟时间仅5~10s;调温幅度可达100℃以上;压力损失小,一般不超过50kPa。但在使用中也存在着减温水系统设计不合理、调节阀调节性能差等问题,例如某电厂的600MW机组锅炉曾出现过热器减温水量过大的问题,在额定负荷下过热器减温水量的设计值为75t/h,实际运行中竟达到300t/h。

图7-36 减温减压器外部图

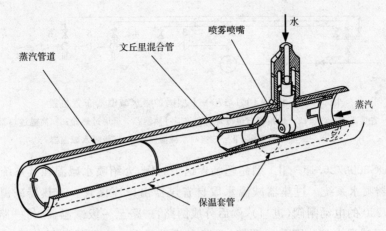

图 7-37　文丘里式减温器内部结构示意图

现在大型电站锅炉过热蒸汽温度的调节都采用喷水减温的方法,对于多级布置的过热器系统,为减少热偏差,可采用 2~3 级喷水减温。在摆动式燃烧器参与调温过程中,喷水量与锅炉负荷的关系如图 7-38 所示。对于再热蒸汽,喷水使再热蒸汽的流量增加,增加再热蒸汽压损,会使汽轮机中低压缸的做功能力增大,排挤高压蒸汽的做功,降低电站的循环效率。例如对于定压运行超高压机组,当喷水量为蒸发量的 1% 时,循环热效率将降低 0.1~0.2 个百分点。所以,在再热蒸汽温度的调节中,喷水减温只是作为烟气侧调温的辅助手段和事故喷水之用。现代锅炉有二级或三级减温器(如图 7-39、图 7-40 所示),都布置在过热器中间位置,它既可保护前屏、后屏及高温段过热器,使其管壁金属材料工作温度不超过许用温度,高温段过热器的减温器又可得到较高的汽温调节灵敏度。

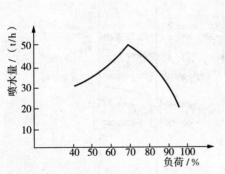

图 7-38　喷水量与锅炉负荷的关系
（摆动式燃烧器调温）

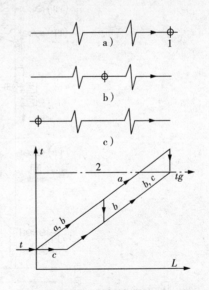

图 7-39　喷水减温器在过热器系统中的布置

a)减温器布置在过热器出口;b)减温器布置在过热器中间;

c)减温器布置在过热器进口

1—喷水减温器;2—额定汽温

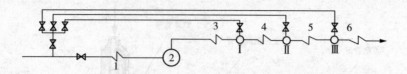

图 7-40　DG-1001/170-Ⅰ型锅炉喷水减温器布置位置

1—省煤器；2—汽包；3—炉顶管与包覆管；4—前屏过热器；5—后屏过热器；6—高温过热器；

Ⅰ—一级喷水减温器；Ⅱ—二级喷水减温器；Ⅲ—三级喷水减温器

下面以 DG3000/26.15—Ⅱ1 型超超临界锅炉为例，介绍喷水减温在其系统中的应用。

① 过热器喷水系统。过热器减温水取自省煤器出口连接管。过热器减温水总管路上设有 1 只 DN250 的电动闸阀（进口），然后分成两路，一路至一级减温器，另一路至二级减温器。一级、二级减温水又分别分成两路，每路上均设置有一台流量测量装置、1 只气动隔离阀（进口）、1 只气动调节阀（进口，供调节减温水流量用），在调节阀后设置有 1 只电动闸阀。系统设计一级减温水最大流量为 114t/h，二级减温水最大流量为 152t/h。过热器减温水管系示意图如图 7-41 所示。

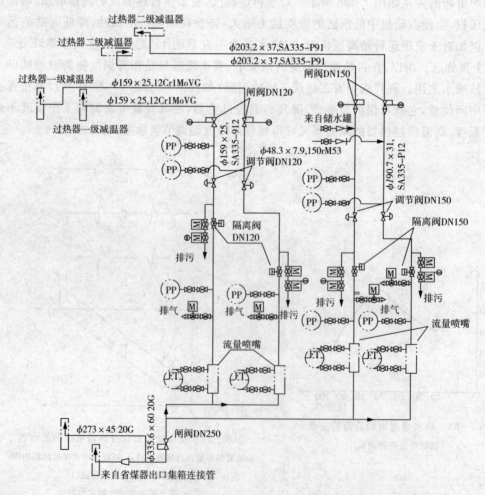

图 7-41　DG3000/26.15—Ⅱ1 型超超临界锅炉过热器减温水管系示意图

② 再热器喷水系统。作为再热器事故状态下控制再热蒸汽温度的喷水减温装置,设置于低温再热器出口至高温再热器进口的连接管道上,减温水取自给水泵中间抽头,主路上设置一台流量测量装置和 1 只气动隔离阀(进口),然后分成两路,每路上均设置 1 只气动调节阀(进口),其后设置有一只电动闸阀。系统设计喷水流量最大为 74t/h。再热器减温水管系示意图如图 7-42 所示。

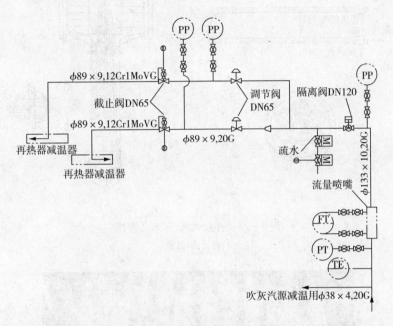

图 7-42 DG3000/26.15—Ⅱ1 型超超临界锅炉再热器减温水管系示意图

(2)汽-汽热交换器

汽-汽热交换器用于调节再热汽温,它通过使用过热蒸汽来加热再热蒸汽,从而达到调节再热汽温的目的。根据布置方式的不同,汽-汽热交换器有烟道外布置和烟道内布置两种类型。汽-汽热交换器布置图如图 7-43 所示。

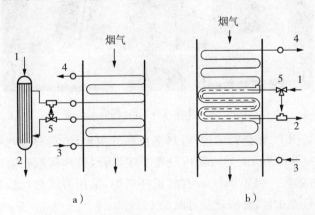

图 7-43 汽-汽换热器布置图
a)外置式;b)内置式
1—过热蒸汽进口;2—过热蒸汽出口;3—再热蒸汽进口;4—再热蒸汽出口;5—三通阀

布置在烟道外的汽-汽热交换器有管式和筒式两种,如图7-44、图7-45所示。

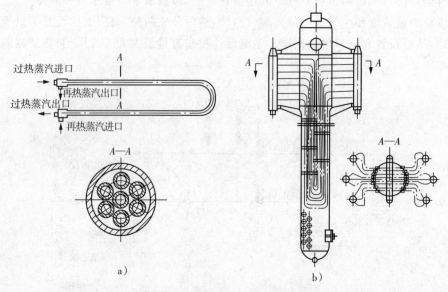

图7-44 外置式汽-汽热交换器

a)管式;b)筒式

图7-45 外置式筒式汽-汽热交换器

管式热交换器采用U形套管结构,过热蒸汽在管内流动,再热蒸汽在管间流动。筒式热交换器是在$\phi800\sim\phi1000$mm的圆筒内设置了蛇形管,再热蒸汽在筒内多次横向迂回冲刷,具有更高的传热系数。例如670t/h自然循环锅炉,采用管式热交换器时需要48台,采用筒式热交换器时只需4台,金属耗量可减少45%。

布置在烟道内的汽-汽热交换器采用管套管结构。过热蒸汽在内管中流动,再热蒸汽在管间流动,管外受烟气加热。这种热交换器的制造工艺较高,穿墙管的数量较多,锅炉气密性较差。

汽-汽热交换器适用于以辐射过热器为主的锅炉中,由于此时过热汽温随负荷降低而升高,可用多余的热量来加热再热蒸汽,常见于苏制锅炉的再热汽温的调节。

2. 烟气侧调温方法

烟气侧调节汽温的主要方法有改变烟气流量和改变烟气温度两种。两种方法都存在着调温滞后和调节精确度不高的问题,常作为粗调节,多用于调节再热蒸汽温度。我国现代大型电站锅炉主要采用以下三种具体的调节方法:

(1)烟气挡板

烟气挡板是利用改变烟气流量的方法来调节蒸汽温度的装置,现代锅炉上主要用来调节再热蒸汽温度。它有旁通烟道和平行烟道两种。平行烟道又可分为再热器与省煤器并联和再热器与过热器并联两种。图 7-46 所示为平行烟道布置示意图。

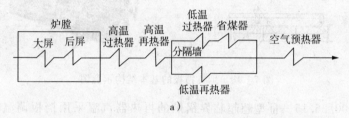

a)

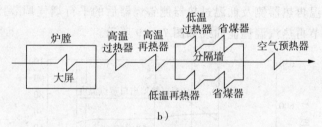

b)

图 7-46 平行烟道布置示意图

a)再热器与省煤器并联;b)再热器与过热器并联

烟气挡板调节汽温装置的原理是通过挡板改变再热器的烟气通流量,使烟气侧的放热系数及其吸热量发生变化,从而改变再热器的出口汽温。

对于再热器与过热器的并联结构挡板调节汽温的原理示于图 7-47。锅炉负荷降低时,再热器侧挡板开大,过热器侧挡板关小,再热器烟气通流量增加,过热器烟气通流量减小,前者使再热汽温升高,后者使过热汽温下降,形成反相调节,在调节负荷范围内过热汽温都高于额定值,再用减温器降低其温度至额定值。对于其他结构,调节原理相同。图 7-48 给出了烟气挡板的基本结构示意。

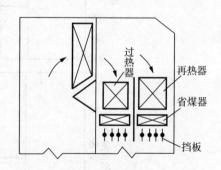

图 7-47 烟气挡板调节汽温装置

对于旁通烟道方式,当锅炉负荷降低时,烟气挡板开度关小,再热器烟气流量增多,再热汽温上升至额定值。由于旁通烟道烟气通流量减少,进入省煤器的烟气温度下降,省煤器吸热量减少,使过热汽温升高。旁通烟道方式的缺点是烟气挡板温度高,进入省煤器的烟气温度不均匀,有较大的烟温偏差。

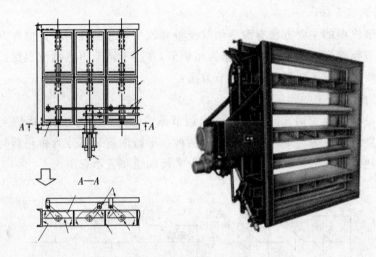

图 7-48　烟气挡板的基本结构示意图

例如,DG3000/26.15—Ⅲ型超超临界锅炉的再热器汽温采用挡板调温方式,由布置在尾部竖井烟道中低温再热器侧及低温过热器侧省煤器后的平行烟气调节挡板来控制的。平行烟气调节挡板调节再热汽温性能曲线如图 7-49 所示。

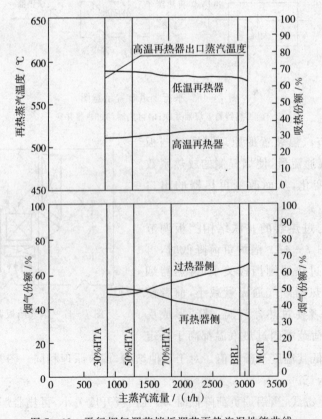

图 7-49　平行烟气调节挡板调节再热汽温性能曲线

采用烟气挡板调温装置的锅炉再热蒸汽温度问题要好于采用汽-汽热交换器的锅炉。挡板调温可改变烟气量的分配,较适合纯对流传热的再热蒸汽调温,但在烟气挡板的实际应用中也存在一些问题:

① 挡板开启不太灵活,容易出现锈死现象;

② 再热器侧和过热器侧挡板开度较难匹配,挡板的最佳工作点也不易控制,运行人员操作不便,汽温变化存在较为严重的滞后性。

(2)改变炉膛火焰中心位置

改变炉膛火焰中心位置可以增加或减少炉膛受热面的吸热量,改变炉膛出口烟气温度,因而可以调节过热器汽温和再热器汽温。火焰中心位置上移,炉膛出口烟气温度升高;火焰中心位置下移,炉膛出口烟气温度下降,但要在运行中控制炉膛出口烟温,必须组织好炉内空气动力场,根据锅炉负荷和燃料的变化,合理选择燃烧器的运行方式。按燃烧器形式的不同,改变火焰中心位置的方法一般分为两类:摆动式燃烧器和多层燃烧器。摆动式燃烧器多用于四角布置的锅炉中,在配 300MW 和 600MW 机组的锅炉中应用尤为普遍。试验表明,燃烧器喷嘴倾角的变化对再热器温和过热器温都有很大的影响。大型锅炉一般都用改变燃烧器倾角来调节再热汽温,在调节过程中对过热汽温的影响用改变混合式减温器的喷水量来修正。摆动燃烧器调温多用于燃用烟煤或较高挥发分的贫煤,因为燃烧器的摆动对易燃且燃烧稳定的燃料,在运行时不会造成不利影响。根据 HG1021/18.2 - YM 型锅炉的运行试验资料,燃烧器倾角向上摆动 20°时,过热汽温升高 19℃,再热汽温的调节幅度可达 40℃～60℃,锅炉负荷在 70%～100% 额定负荷范围内可维持再热汽温在额定值。当采用多层燃烧器时,火焰位置改变可以通过停用一层燃烧器或调节上下一、二次风的配比来实现,如停用下排燃烧器可使火焰位置提高。燃烧器倾角与炉膛吸热量、炉膛出口烟温之间的关系如图 7-50 所示。

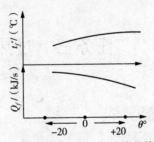

图 7-50 燃烧器倾角 θ 与炉膛吸热量 Q_f、炉膛出口烟温 t_f 之间的关系

(3)烟气再循环

烟气再循环是将省煤器后温度为 250℃～350℃的一部分烟气,通过再循环风机送入炉膛,改变辐射受热面与对流受热面的吸热量比例,以调节汽温,如图 7-51 所示。

采用这种调温方式能够降低和均匀炉膛出口烟温,防止对流过热器结渣及减小热偏差,保护屏式过热器及高温对流过热器的安全。一般在锅炉低负荷时,从炉膛下部送入,起调温作用;在高负荷时,从炉膛上部送入,起保护高温对流受热面的作用。此外,还可利用烟气再循环降低炉膛的热负荷,防止管内沸腾传热恶化

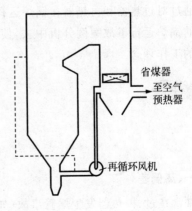

图 7-51 烟气再循环示意图

的发生,并能抑制烟气中 NO_x 的形成,减轻对大气的污染。但是,由于这种方式需要增加工作在高烟温的再循环风机,要消耗一定的能量,并且目前再循环风机的防腐和防磨问题远未得到解决,因而限制了烟气再循环的应用。此外,采用烟气再循环后,对炉膛内烟气动力场及燃烧的影响究竟如何也有待于进一步研究。

因此,从原理上讲,烟气再循环是一种较理想的调温手段,对于大型电站锅炉的运行是十分有利的。但因种种原因,实际运行时极少有电厂采用。

工作任务

(1)在教师的指导下,在锅炉仿真系统上进行过热器喷水量调节、烟气挡板开度调节等操作,观察并记录 DCS 画面中相关运行参数的变换规律。

(2)在教师的指导下,收集查找相关资料信息,分析整理出烟气再循环调温方式在实际锅炉运行过程中应用的优劣之处。

能力训练

培养学生根据锅炉不同的调温方式、相关原理和工作特性差别,合理地选择锅炉过热蒸汽调温手段并能加以掌控的能力。

任务三   过热器和再热器运行中的问题

学习目标

掌握锅炉热偏差的概念、产生原因及减小热偏差的方法与措施;掌握高温积灰与腐蚀现象的形成和控制措施。

能力目标

通过对过热器和再热器在锅炉运行过程中典型问题的介绍,把现象、原因及措施统一到具体的锅炉运行事故案例分析中去,使学生树立起有效预防事故、控制事故程度、及时处置事故的工作理念。

知识准备

关 键 词

热偏差   受热面结焦   高温腐蚀

一、热偏差

常常在过、再热器发生爆管事故(如图 7-52),分析事故原因时,听到过、再热器热偏差过大这样的说法,那么什么是热偏差?

1. 热偏差现象

热偏差是沿烟道宽度方向并列管子间因吸热不均和工质流量不均引起的管内工质焓增不等的现象,蒸汽焓增大于管组平均值的管子称偏差管,热偏差程度用热偏差系数 φ 表示,即

$$\varphi = \frac{\Delta i_p}{\Delta i_{pj}} \qquad (7-1)$$

式中:Δi_p——偏差管焓增;

Δi_{pj}——管组平均焓增。

图 7-52　过热器爆管

显然,φ 越大,偏差管与管组工质平均温度偏差越大,偏差管越容易超温。

如图 7-53 所示,某发电厂 600MW 超临界锅炉过热器在 BMCR 工况下,沿炉膛宽度方向,最高出口汽温 596℃(报警温度 610℃),最低温度 562℃,过热器温度偏差高达 34℃。

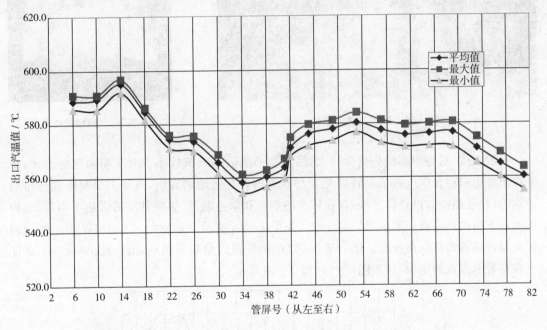

图 7-53　某发电厂 600MW 超临界锅炉过热器出口汽温分布图(BMCR)

2. 影响热偏差的因素

影响热偏差的主要因素有热负荷不均、结构不均和流量不均。对于大多数过热器和再热器而言,面积和结构差异很小,因此过热器和再热器的热偏差主要考虑的是热力不均和流量不均。下面分别介绍影响它们的主要因素。

(1)烟气侧热负荷不均匀引起的偏差

影响受热面并联管圈之间吸热不均的因素较多,有结构因素,也有运行因素。

① 受热面的污染。受热面积灰和结渣会使管间吸热严重不均。结渣和积灰总是不均匀的,部分管子结渣或积灰会使其他管子吸热增加。图 7-54 所示为屏式过热器结焦。

② 炉内温度场和速度场不均。炉内温度场和速度场不均将引起辐射换热和对流换热不均。由于燃烧器设计或锅炉运行等原因，使风速不均、煤粉浓度不均，火焰中心的偏斜，四角切圆燃烧所产生的旋转气流在对流烟道中的残余旋转等，都会使炉内温度场和速度场不均，造成对流受热面的吸热不均。例如美国 CE 公司习惯采用，也是我国大容量锅炉中应用最广泛的四角布置切圆燃烧技术（如图 7-55）常常出现炉膛出口较大的烟温或烟速偏差。炉内烟气右旋时，右侧烟温高；左旋时左侧烟温高。有时，两侧的烟温偏差还相当大（例如某电厂 6 号 1025t/h 锅炉烟温偏差一度曾达 250℃），因而引起较大的汽温偏差。

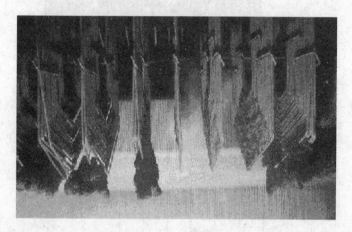

图 7-54 屏式过热器结焦

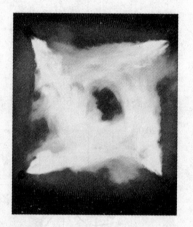

图 7-55 四角切圆燃烧

一般来说，烟道中部的热负荷较大，沿宽度两侧的热负荷较小。对于切向燃烧方式，由于在炉膛出口存在烟气残余旋转以及Ⅱ型布置的转弯流动的影响，再加上煤粉浓度分布的不均匀，在过热器和再热器区域，存在较大的烟温和烟速偏差，导致管屏的吸热不均匀，沿炉膛宽度方向的热负荷一般呈"M"型分布。如图 7-56 所示是某发电厂 600MW 切向燃烧锅炉高温再热器的热负荷分布。国内某 300MW 锅炉因四角切圆燃烧，沿炉膛出口宽度、高度上存在着烟温及烟速偏差（如图 7-57、图 7-58 所示）。

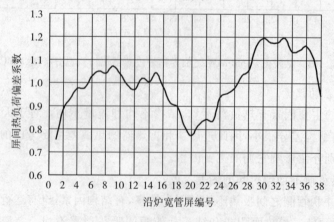

图 7-56 某发电厂 600MW 切向燃烧锅炉再热器出口汽温分布图

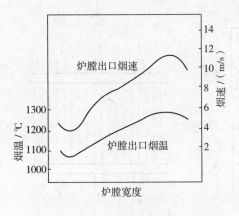

图 7-57 某 300MW 锅炉沿炉膛
出口宽度的烟温及烟速

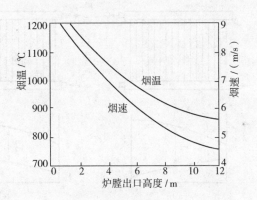

图 7-58 某 300MW 锅炉沿炉膛
出口高度的烟温及烟速

对流受热面中横向节距不均匀时,在个别蛇形管片间具有较大的烟气流通截面,形成烟气走廊。烟气走廊阻力小,烟气流速快,加强了对流传热,烟气走廊还具有较大的烟气辐射层厚度,也加强了辐射传热。因此,烟气走廊中的受热面热负荷不均系数较大。

屏式过热器在接受炉膛的辐射热中,同一屏各排管子接受辐射换热的强度沿着管排的深度不断减少。因此,屏式受热面的热力不均系数较大。图 7-59 所示为运行中的过热器。

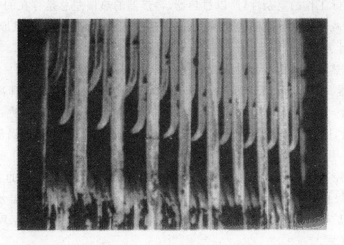

图 7-59 运行中的过热器

(2)流量不均

影响并列管子间流量不均的因素也很多。例如联箱连接方式的不同,并列管圈的重位压头的不同和管径及长度的差异等。此外,吸热不均也会引起流量的不均。

① 连接方式。连接方式的不同,会引起并列管圈进出口端静压差的变化。图 7-60 示出过热器 Z 型和 U 型两种连接方式的进出口联箱压差变化曲线。对于端部引入引出布置方式,Z 型布置与 U 型布置相比,其集箱间压差分布很不均匀,相应的工质侧流量分布也很不均匀;而采用多管连接的方式,可以保证流量分布更均匀,如图 7-61 所示。

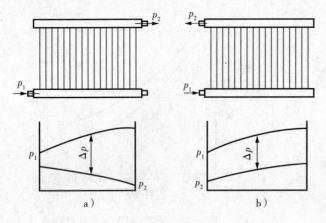

图 7-60 集箱结构和压差分布图
a)Z 型布置;b)U 型布置

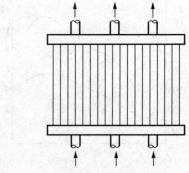

图 7-61 过热器的多管连接方式

① 热力不均对流量不均的影响。热力不均对流量不均的影响较大,即使沿联箱长度各并列管圈两端的压差 Δp 相等,也会产生流量不均,主要是由于吸热不均而引起工质密度的差别,从而导致流量不均。吸热多的管子工质密度较小,容积增大,阻力上升,导致流量下降,也就是说,吸热不均将导致流量不均,热偏差加大,使其恶性发展直至管子超温。

3. 减小热偏差的措施

由于锅炉实际工作的复杂性,所以过热器、再热器的热偏差总是存在的,它只能减小,不能消除。要尽量减小并联管组间的热偏差,需要从设计和运行两个方面采取措施。

(1)结构设计方面的措施

过热器和再热器的结构设计应从以下几方面考虑减轻热偏差:

① 将过热器、再热器分级布置,级间采用中间联箱进行中间混合,即减少每一级过热器(再热器)焓增,中间进行均匀混合,使出口汽温的偏差减小。对于蒸汽由径向引入进口集箱的并联管组,因进口集箱与引入管的三通处形成局部涡流,使得该涡流区附近管组的流量较小,从而引起较大的流量偏差。引进美国 CE 公司技术设计的配 300MW 和 600MW 机组的控制循环锅炉屏再与末再之间不设中间混合集箱,屏再的各种偏差被带到末级去,导致末级再热器产生过大的热偏差。如宝钢自备电厂、华能福州和大连电厂配 350MW 机组锅炉,石横电厂配 300MW 机组锅炉以及平圩电厂配 600MW 机组锅炉再热器超温均与此有关。

② 沿烟道宽度方向进行左右交叉流动,以消除两侧烟气的热偏差(图 7-62c)。但在再热器系统中一般不宜采用左右交叉,以免增加系统的流动阻力,降低再热蒸汽的做功能力。

③ 连接管与过热器(再热器)的进出口联箱之间采用多管引入和多管引出的连接方式,以减少各管之间压差的偏差。但这会使系统复杂,增加管路阻力。现在大容量机组很少采用,多采用 U 型连接系统。

④ 因同屏(片)并联各管的结构(如管长、内径、弯头数)差异,引起各管的阻力系数相差较大,造成较大的同屏(片)流量偏差、结构偏差和热偏差,如陡河电厂日立 850t/h 锅炉高温过热器超温就是如此。

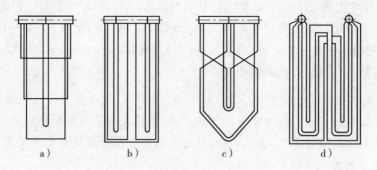

图 7-62　屏式过热器减小外管圈热偏差的方法

a)外圈管子截断；b)外圈管子短路；c)内外圈管子交叉；d)内外圈管屏交换

⑤ 减少屏前或管束前烟气空间的尺寸，减少屏间、片间烟气空间的差异。受热面前烟气空间深度越小，烟气空间对同屏、同片各管辐射传热的偏差也越小。用水冷或汽冷定位管（600MW 发电机组的锅炉用汽冷定位管）固定各屏或各片受热面，防止其摆动和变形，并使烟气空间固定，传热稳定。

⑥ 适当均衡并列各管的长度和吸热量，增大热负荷较高的管子的管径，减少其流动阻力，使吸热量和蒸汽流量得到匹配。

⑦ 将分隔屏过热器中每片屏分成若干组，对于 600MW 发电机组的锅炉，由于蒸汽流量大，四片分隔屏的每屏流量都很大，因此管圈数多。为减小同屏各管的热偏差，采用分组方法，使每一组的管圈数和同组各管的热偏差减小。

⑧ 对大型（如 600MW 发电机组）锅炉的过热器（再热器）采用不同直径和壁厚的管子。按受热面所处运行条件，采用不同管径（即阶梯形管）、壁厚及材料，以改善其热偏差状况。

⑨ 消除炉膛出口烟气余旋造成的热偏差，除采用分隔屏外，还可以采用二次风反切的措施。

（2）运行方面的措施

① 在设备投产或大修后，必须做好炉内冷态空气动力场试验和热态燃烧调整试验，以保证炉内空气动力场均匀，炉内火焰中心不偏斜，使炉膛出口处烟气分布均匀，温度偏差不超过 50℃。

② 在正常运行时，应根据锅炉负荷，合理投运燃烧器，调整好炉内燃烧。烟气要均匀充满炉膛空间，避免产生偏斜和冲刷屏式过热器。尽量使沿炉宽方向的烟气流量和温度分布均匀，控制好水平烟道左右侧的烟温偏差。

③ 及时吹灰，防止因结渣和积灰而引起的受热不均现象产生。

二、受热面的积灰和高温腐蚀

1. 积灰

煤燃烧后的灰分，其中一部分在炉膛高温区熔化聚结成大块渣落入炉底称为炉渣，其余的随烟气离开炉膛的细灰称为飞灰。

飞灰根据直径可分细径灰群（≤10 μm）、中径灰群（10～30 μm）和粗径灰群（≥30 μm）三个灰群。煤灰根据其易熔程度可分为三类：低熔灰、中熔灰和高熔灰。低熔灰的主要成分是金属氯化物和硫化物[$NaCl$,Na_2SO_4,$CaCl_2$,$MgCl_2$,$Al_2(SO_4)_3$等],它们的熔点大都在850℃～1700℃。中熔灰的主要成分是FeS、Na_2SiO_3、K_2SO_4等,熔点900℃～1100℃。高熔灰是金属氧化物(SiO_2,Al_2O_3,CaO,MgO,Fe_2O_3)组成,熔点1600℃～2800℃。

(1)高温过热器与再热器的高温积灰

【案例】 某热电厂5号锅炉NG220/9.8—M22型高压、自然循环汽包锅炉,采用露天布置、平衡通风、固态机械除渣、单炉膛正四角布置(角置式水平浓淡型燃烧器)、切圆燃烧方式,中间储仓式钢球磨制粉系统,热风送粉,以燃用焦作方庄无烟煤和山西晋城无烟煤为主,锅炉启动、稳燃用油为0号轻柴油。

该锅炉在2007年1月21日4点班开始出现炉膛冒正现象,被迫减负荷运行,在引风机进口挡板全开的情况下,负荷只能维持到100t/h左右,经过对尾部烟道的检查,发现是高温过热器区域出现了严重的结焦积灰堵塞现象,被迫安排22日9:00停炉。经过42个小时的清理作业,该锅炉于24日3:00点火,8:00恢复供汽。停炉之前,该锅炉连续运行只有60天。

该锅炉停后,发现存在的主要问题是:高温过热器管道间隙自下而上基本被焦渣堵死,厚度在0.5～1m之间,焦渣普遍比较疏松;低温过热器下部严重积灰,高度在1m左右;屏式过热器上也附有疏松焦渣。

高温过热器与再热器布置在烟温高于700℃～800℃的烟道内,在这种高温烟气环境中飞灰极易沉积在过热器与再热器管束外表面,这种现象被称为高温积灰。如图7-63所示为高温黏结灰积结过程。积灰使传热热阻增加、烟气流动阻力增大,还会引起受热面金属的腐蚀。

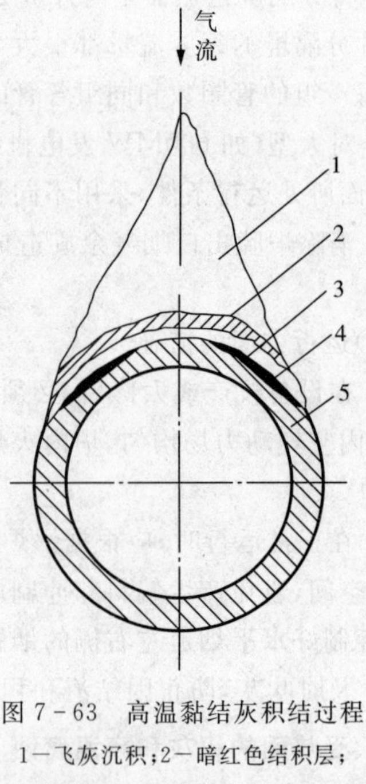

高温过热器与再热器出现高温积灰后(如图7-64、图7-65),管子的外表面积灰由两部分组成,内层灰紧密,与管子黏结牢固,不容易清除;外层灰松散,容易清除。

煤灰中的碱金属Na、K在燃烧过程中生成碱金属氧化物(Na_2O、K_2O),而碱金属氧化物的熔点较低,在700℃～800℃升华成气态,在随烟气流经高温过热器和高温再热器,遇到温度相对较低的管壁时,就会凝结在管壁表面。烟气中的三氧化硫SO_3与凝结在管壁上的碱金属氧化物反应生成碱金属硫酸盐。

碱金属硫酸盐的熔点较低,在一定范围呈液

图7-63 高温黏结灰积结过程
1—飞灰沉积;2—暗红色结积层;
3—白色升华物质;4—黑色腐蚀产物;5—管壁

态,会捕捉烟气中的飞灰而形成一层积灰。碱金属硫酸盐(Na_2SO_4、K_2SO_4)与飞灰中的三氧二铁Fe_2O_3以及烟气中的三氧化硫SO_3,长期作用在管壁上生成白色密实烧结性复合硫酸盐(焦硫酸盐)$Na_3Fe(SO_4)_3$、$K_3Fe(SO_4)_3$,随着灰层厚度的增加,其外表面温度继续升高,低熔灰的黏结结束。但是中熔灰和高熔灰在密实灰层表面还进行着动态沉积,形成松散而且多孔的外灰层。

另外,当灰中氧化钙(CaO)含量大于40%时,开始在管壁外积结松散的灰层,但在高温下(烟气温度大于600℃~700℃)与烟气中的三氧化硫长期作用也会烧结成坚实的灰层。

图7-64 屏式过热器积灰

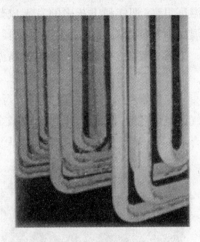

图7-65 过热器的积灰

高温黏结性积灰主要发生在燃用含碱金属的燃料锅炉中,同时与管壁温度、烟气流速因素有关。炉内过量空气系数、燃烧方式和炉膛结渣程度等都会影响进入对流烟道的烟气温度,从而影响灰层的烧结强度。烧结强度随着时间而增大,时间越长灰层越结实。通常可根据燃料矿物质的性质初步判断积灰特性。

图7-66 低温再热器的积灰

(2)低温过热器和低温再热器的积灰

烟气温度低于600℃~700℃的烟道内的低温过热器与低温再热器在其管子表面形成松散的积灰层,如图7-66所示。由于此处温度较低,低熔灰已凝固成固体颗粒,CaO等灰也无烧结现象。

如图7-66所示,管后面的积灰比正面的严重,因为管正面受到烟气流的直接冲刷,而管后面存在涡流区,只有在烟气流速$\omega \leqslant 5m/s$时才有管正面明显积灰。

松散灰层的形成原因:细径灰群随着烟气的流线运动,在管表面积灰是极少的。中径灰群在烟气绕流管子流动时,由于灰粒运动的惯性,直接接触管子,沉积在管子外表面,是形成松散层主要灰群。粗径灰具有较大的动能,在撞击管子表面的灰层时起着破坏灰层的作用。因此,中径灰和粗径灰对积灰的作用是相反的,灰层的最终厚度决定于中径灰在管子表面的连续沉积和粗径灰对灰层的连续破坏的动态平衡。它与烟气流速有关,前者与烟气速度成正比,后者与烟气流速的三次方成正比,故烟气流速增大,灰层厚度减薄。当烟气流速为3~4m/s时,灰层明显增厚,一般不允许在这种流速下运行。

此外,松散灰层的厚度还与管束的错、顺列结构,立式、卧式布置方式及错列管束的纵向相对节距等有关。一般水平管与倾斜管的积灰比垂直管严重。

2. 高温腐蚀

对于高参数的高温过热器与高温再热器的管束,以及管束的固定件、支吊件,它们的工作温度很高,烟气和飞灰中的有害成分与金属发生化学反应,使管壁变薄、强度下降,这称为高温腐蚀。高温腐蚀常发生在过热器及吊挂和定位零件的向火侧外表面。

下面分别对油、煤两种燃料的高温腐蚀进行简要分析:

(1)煤灰高温腐蚀

高温腐蚀主要是煤中硫的腐蚀行为。高温腐蚀的机理:在高温积灰的内层有碱金属,与烟气飞灰中的铁、铝相互作用形成碱金属的硫酸盐。熔化和半熔化状态的碱金属硫酸盐的复合物对金属管壁有腐蚀作用。大量的研究结果认为,在煤燃烧过程中,煤中硫化合物

图 7-67 过热器管腐蚀

(FeS$_2$ 和有机硫 RS)与氧发生反应,同时在高温燃烧中煤中的 K、Na 盐类转化为它们的高价氧化物 K$_2$O 和 Na$_2$O,这些氧化物会与生成的 SO$_3$ 反应,生成它们的硫酸盐,硫酸盐进一步与 Fe$_2$O$_3$、SO$_3$ 发生反应而生成复合硫酸盐。在高温积灰的内层,这些复合硫酸盐在 550℃～580℃ 的温度范围内呈熔融状态黏附在管壁上与 Fe 发生反应,从而加速了炉管的腐蚀。如图 7-67 所示为过热器管腐蚀示意图。

(2)燃料油灰的腐蚀

煤粉炉启动中燃油或燃油锅炉会发生受热面的严重腐蚀问题,并且在有些情况下比燃煤锅炉来得严重。受腐蚀的受热面位置多是燃烧器区域的水冷壁,过热器、再热器的高温级,以及空气预热器低温段的受热面。

锅炉燃油时在炉膛高温区会产生 V$_2$O$_5$ 气体,同时燃油中含有氧化钠时,产生熔点低于 600℃ 的 5V$_2$O$_5$·Na$_2$O·V$_2$O$_4$ 复合物。当过热器、再热器以及固定件、支吊件的温度达到 610℃ 或以上时,就会在它的表面形成液态灰层,它对碳钢、低合金钢及奥氏体钢等都会发生腐蚀作用。当烟气中存在氧化硫时,产生 Na$_2$S$_2$O$_7$ 与 V$_2$O$_5$,合在一起具有更严重的腐蚀作用。内灰层温度接近 600℃ 时就发生腐蚀,700℃～950℃ 时腐蚀最严重。这种高温腐蚀又称为钒腐蚀(如图 7-68 所示)。

图 7-68 燃油锅炉的钒腐蚀

3. 减少或防止高温积灰与腐蚀的措施

(1)主蒸汽温度不宜过高

20 世纪 60 年代,国外有些电厂采用高达 650℃ 以上的主蒸汽温度,运行一段时间发生

了严重的高温积灰与腐蚀。后来将主蒸汽温度降低到 540℃ 左右,高温积灰与腐蚀明显减轻。

（2）控制炉膛出口烟温

据调查,导致受热面高温腐蚀的主要原因是炉内燃烧不良和烟气动力场不合理,控制管壁温度是减轻和防止过热器和再热器外部腐蚀的主要方法。因而,目前国内对高压、超高压和亚临界压力机组,锅炉过热蒸汽温度趋向于定为 540℃,在设计布置过热器时,则尽量避免其蒸汽出口段布置于烟温过高处。

降低火焰温度,一方面可以减少对高温积灰和腐蚀影响最大的 Na、K 气态物质的生成量,还可以防止气态硅化物 SiS_2、SiO_2 的生成;另一方面,炉膛温度及炉膛出口烟温低时,受热面的壁温也较低,这些气态物质在到达受热面之前已经固化,不具有黏性,从而减少气态矿物质的沉积量,并可降低积灰的烧结强度和烧结速度。

（3）管子采用顺流布置,加大管间节距

高温对流受热面,尤其是处于高烟温区的末级过热器和再热器,采用顺流布置并加大横向节距,能有效地防止积灰搭桥,减轻积灰和腐蚀。

（4）选用抗腐蚀材料

V_2O_5 和 Na_2SO_4 低熔点化合物破坏管子外表面的氧化保护层,与金属部件相互作用,在界面上生成新的松散结构的氧化物,使管壁减薄,导致爆管。

① 高铬钢管。高铬钢管表面生成一层致密的 Cr_2O_3,抗熔融硫酸盐的溶解能力比一般碳钢好。合金钢的含铬量增加,将明显增强其防腐蚀性。但对腐蚀性特别强的灰沉积物,高铬钢仍不能完全满足防腐要求。

② 双金属挤压管。双金属管的内层是普通合金钢（如图 7-69）,具有较高的断裂强度和蠕变强度,并可防水和蒸汽中杂质的腐蚀;外层是防腐合金,如 25Cr20Ni、18Cr14Ni、18Cr11Ni 或 18Cr9Ni,它们的腐蚀速度仅为低碳钢的 1/3～1/5,但双金属挤压管的价格十分昂贵。表 7-7 列出了各种受热面采用双金属管材的匹配例子。

图 7-69　双金属挤压管

表 7-7　各种受热面使用的双金属挤压管

应用部位	内　管		外　管	
	材　料	壁厚（mm）	材　料	壁厚（mm）
水冷壁管	低碳钢	6.5	18Cr10Ni	2
过热器管	15Cr10Ni	3	25Cr20Ni	3.5
再热器管	15Cr10Ni	1.5	25Cr20Ni	2.5

③ 防护涂层。用火焰喷镀、电弧或等离子弧喷镀（如图 7-70）等方法,在管子外表面增

图 7-70 等离子弧喷镀

加防护涂层,可延长过热器的使用寿命。

④ 管子表面渗铬或渗铝。

(5)采用添加剂

用石灰石（$CaCO_3$）和白云石（$MgCO_3 \cdot CaCO_3$）作添加剂,可除去炉内部分 SO_2、SO_3 气体,减轻硫酸盐型高温腐蚀,而且生成的 CaO、MgO 还可与 K_2SO_4 反应生成 $K_2Mg_2(SO_4)_3$ 取代了 $K_3Fe(SO_4)_3$,使管壁上的黏结性灰层转变成松散性灰层,因而也可减轻高温腐蚀。

在燃油中加入各种碱性剂(如 $MgCl_2$),可降低钒腐蚀。在每吨油中加入 $0.6 \sim 0.8kg$ 的 $MgCl_2$,可有效地防止钒腐蚀。

(6)其他

① 布置高效吹灰装置,建立健全吹灰制度,以保持受热面清洁。

② 低氧燃烧。降低燃油的过量空气系数 α'' 到 1.03 以下,可使烟气中 SO_3 的含量减少,并使钒化合物较多地形成高熔点的 V_2O_3 和 V_2O_4,从而减少 V_2O_5 的生成量,有利于减轻腐蚀。

三、对流过热器的水塞现象

在锅炉启动过程中,当负荷较低时,立式对流过热器个别蛇形管束下部,因各种原因在 U 形管内存有积水,而形成水封,通称水塞(如图 7-71 所示)。

锅炉点火启动前,对流过热器立式蛇形管束下部 U 形管内积水原因如下:

(1)因立式对流过热器的疏水管装在上部联箱上,锅炉水压试验后,过热器管束内积存水放不出去。

(2)锅炉停运冷却过程中,部分蒸汽凝结水积于过热器 U 形管下部。

(3)锅炉点火启动前,从锅炉水冷壁下联箱引入外来蒸汽进行加热,当锅炉汽包内产生蒸汽时,在对流过热器管束内产生凝结水积于该管束下部 U 形管内。

(4)减温器系统疏水门开度过小或关闭过早;锅炉点火启动初期,负荷较低时,减温水量过大;减温器喷水孔故障;减温水雾化不良等,均会造成对流过热器下部 U 形管束内积水。

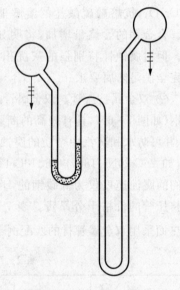

图 7-71 高温对流过热器水塞示意图

【案例】 某发电厂 HG670/140-9 型锅炉曾多次发生高温对流过热器爆管事故,其中 3 次发生在锅炉点火启动的初始阶段。表 7-8 列出了该锅炉减温水量与减温器温度异常的分析。

表7-8　某发电厂锅炉减温水量与减温器温度异常的分析表

时间	负荷/MW	主蒸汽压力/MPa	主蒸汽温度/℃		减温水量/t·h⁻¹	减温器（二）前后温差/℃		减温器（二）前后汽温/℃		饱和蒸汽温度/℃
			左	右		左	右	左	右	
通常情况	200	13.7	540	540	29.5	33	33	474	474	335.1
22:00	64	4.0	353	361	27.5	155	128	230	257	250.6
22:00	140	13.2	490	492	30.5	85	57	311	339	332.2

从表7-8看出，在锅炉启动初始阶段，负荷较低时，减温水量使用过大，减温器出口汽温有时接近甚至低于同压力下的饱和蒸汽温度，这就会使对流过热器水塞较长时间不能消除。

锅炉对流过热器水塞导致的爆管事故通常具有以下特征：

（1）锅炉对流过热器爆管事故发生在机组启动初期。

（2）爆管发生在锅炉水压试验后的启动过程中。

（3）锅炉启动过程中发现个别过热器管壁金属温度陡降，或锅炉过热器出口主汽温度突然陡降。

（4）锅炉启动初期曾发现减温水量超标，减温器出口温度接近或低于同压力下的饱和蒸汽温度。

（5）爆管经常发生在高温对流过热器入口处的管束上，因来自二级减温器未汽化的减温水首先流入这些管束内，在此易形成水塞。

（6）爆管的破口形状、颜色及其金属组织具有短期大幅度超温特征。

工作任务

（1）在教师的指导下，结合锅炉仿真运行实训，在锅炉仿真系统运行过程中观察比较过热器泄漏与再热器泄漏现象的区别，找出实际判断的方法和依据。

（2）在教师的指导下，在锅炉仿真系统上进行过热器、再热器爆管事故处理演练，并分析不同类型的受热面爆管事故处理上的不同之处。

能力训练

培养学生结合锅炉实际运行工作状况对锅炉过、再热器事故进行综合分析和初步判断的能力。

＊＊＊＊＊＊＊＊＊＊知识拓展
＊＊＊＊＊＊＊＊＊＊

一、过热器和再热器超温的危害

过热器和再热器是锅炉承压受热面中工质温度和金属温度最高的部件。其工作可靠性与金属的高温性能有很大关系。

1. 高温蠕变

在高温下金属的机械强度明显降低。高温金属在承压状态下，还有另一特点：即使金属所承受的应力远未达到它的强度极限，但在应力和高温这两个因素的长期作用下，金属连续不断地发生缓慢的变形，最后导致破坏。蠕变是指金属在高温和应力作用下，发生缓慢的连续的塑性变形，有时称"蠕胀"。蠕变的结果使管子变粗，金属晶界发生变化，强度下降。

图 7-72 所示为金属蠕变的典型曲线。曲线可大致分为三个阶段。第一阶段（线段 ab）为蠕变速度不稳定段，开始时变形速度较高，与金属开始施加应力有关。在第二阶段（线段 bc），蠕变速度较慢也比较均匀。在第三阶段（线段 cd），蠕变速度加速，最后导致金属断裂。锅炉受热面所容许的蠕变速度为：100000h 的积累变形不得超过 1%。

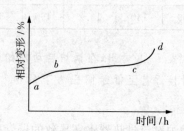

图 7-72　金属的蠕变典型曲线

在内部压力一定的情况下，金属的蠕变速度与温度有很大关系，温度升高，蠕变速度加快，金属的使用时间（寿命）就要缩短。假如某管子在 540℃ 温度时能连续工作 100000h，那么，长期在 550℃ 下工作，它的寿命就可能只有 50000h，即寿命缩短一半。碳素钢在 400℃ 以上即产生蠕变，在 400℃～500℃ 范围内，平均每升高 12℃～15℃，蠕变速度增加一倍。过热器管处于烟气温度较高的区域，而且管内介质的温度较高，所以蠕变常在过热器管上产生。要定期测量过热器管的外径，监视过热器管的胀粗率，合金钢管胀粗率超过 2.5%，碳钢管胀粗率超过 3.5% 就应更换。可见严格控制蒸汽温度上限的重要性。炉内火焰偏斜、水冷壁结渣，过热器和再热器的积灰、受热面内的结垢和其他吸热不均及流量不均，都会造成整个管组或个别管子的超温，必须设法避免。

腐蚀和磨损会使管壁变薄、应力增大，并加速管子的损坏；周期性的温度变化或管子的振动会产生交变应力，使金属内部结构发生变化，会引起金属的疲劳损坏。因此运行中保持稳定汽温是很重要的。

2. 高温硫腐蚀

高温硫腐蚀是由于管子外部结灰，灰中含有硫及碱性化合性，它们形成复合硫酸盐 $MFe(SO_4)$（M 为某种金属元素），该复合盐在 600℃ 时显固态，不熔化，不起腐蚀作用。而在 600℃～750℃ 时，处在熔化状态，和管子金属发生反应，导致管壁外部腐蚀，大部分发生在迎风面，使管子强度下降。

衡量高温腐蚀其中最重要的影响因素是金属温度，当金属温度处于 600℃～750℃ 时，不考虑管子材质是什么，此时，腐蚀速率最快（通常是高温过热器不能允许的数值）。在此温度区间，对于具有腐蚀性的液态钠钾铁的硫酸盐是最具有腐蚀性的时候。直到现在，还没有商业应用的管子材料能够显著地改善这种腐蚀，而通常使用不锈钢管防护罩或高铬/高镍防护罩来保护这些运行在此温度范围内的管子。

3. 高温氧化腐蚀

受热面管子在运行中与烟气、空气、蒸汽接触，会使金属表面发生氧化反应，并生成氧化膜。如果生成的氧化膜是致密牢固的,氧化过程就会减弱,金属就得到保护。如果生成的氧化膜是疏松不牢固的,氧化过程就会继续反应,金属被腐蚀。管壁材料的温度愈高,氧化过程愈加剧。例如当过热蒸气管壁温度高于 500℃ 时,水蒸气可与碳钢直接反应,发生水蒸气腐蚀,反应式为

$$3Fe + 4H_2O \rightarrow Fe_3O_4 + 4H_2\uparrow$$

当温度达到 570℃ 以上时,可生成 Fe_3O_4。

碳钢在 570℃ 以下时,生成的氧化膜是 FeO 及 FeO,它们是致密牢固的,可以防止钢材的进一步氧化。当管材温度达 570℃ 以上时,其氧化膜由 $Fe_2O_3 + Fe_3O_4 + FeO$ 三层组成,FeO 在最内层,它们的厚度比为 1∶10∶100,即氧化膜成分主要为 FeO,它是疏松不牢固的,使金属腐蚀加剧。

为了防止和改善氧化腐蚀,一般在材料里加入 Cr、Al、Si 等元素,以提高抗氧化性。

高温氧化腐蚀的结果是一层层氧化皮脱落,管壁减薄,强度下降。

4. 脱碳

当受热面管子在运行中与烟气接触,而烟气中含有大量的 H_2 时,H_2 与管材中的 C 元素发生反应,导致管子表面脱碳。

$$2C + 2H_2 \rightarrow C_2H_4$$

管材温度愈高,脱碳加剧,其后果是:管子表面强度下降,使用寿命下降。

管壁温度超温除了以上所谈的危害以外,还有氢脆、钒腐蚀、金属组织性质变化等。总之,管壁超温影响设备的安全运行和设备的寿命,我们必须有足够的重视。

二、过热器长、短期超温爆管的显著特征

短时期超温爆管(如图图 7-73)的特征是破口为纵向破裂,破口大,呈喇叭状,边缘薄而锐利,断口整齐呈撕裂状,外壁呈黑蓝色。

爆管的机理是管壁超温,超过 A_{c1}(723℃)和 A_{c3}(855℃)。超温时间短,抗拉强度急剧下降,在管内介质压力的作用下,塑性变形发生及进展迅速,爆管呈突发性。破口处的金相组织珠光体球化,有马氏体淬火组织,但破口对面仍保持原始组织,破口附近严重胀粗,硬度明显上升。图 7-74 为某厂超临界锅炉高温过热器爆口形貌,图 7-75 则给出了爆口宏观形貌。

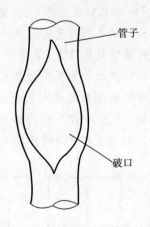

图 7-73　短期超温爆管图示意

长期超温爆管(图 7-76)的特征是纵向破口,破口不大,断面粗糙,破口边缘较钝,破口附近管周围有许多细小轴向裂纹,外层有氧化皮。破口处的金相组织珠光体严重球化。

爆管机理是管壁过热温度虽不超过 A_{c1}(723℃)线,但超温时间长,由于高温和应力的作用,一方面在晶界处产生珠光体碳化物的球化,并长大,出现二次再结晶的粗大晶粒,同时产生蠕变。在晶界处,特别是在三晶粒结合处先产生蠕变微裂纹。因此破口处可看到珠光体严重球化现象和蠕变裂纹。管子胀粗不太严重,属长期过热爆管。

图7-74 某厂超临界锅炉高温过热器爆口形貌

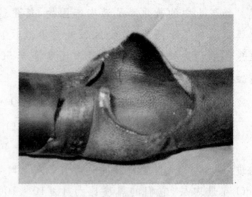

图7-75 爆口宏观形貌

三、再热器运行保护

当锅炉启动、停炉和汽轮机甩负荷时,再热器内没有工质通过,对这些情况,再热器的冷却要采取专门的措施。许多具有再热系统的机组,设有旁路系统,其作用是在锅炉启动、停炉和汽轮机甩负荷时保护再热器。

图7-77所示为再热机组的旁路系统图。其中图7-77a图为超高压125MW单元机组旁路系统,锅炉为自然循环汽包锅炉;图7-77b图为亚临界压力300MW单元机组旁路系统,锅炉是直流锅炉。在过热器出口的主蒸汽管道与再热器入口管道之间设置的I级减温减压旁路(简称I级旁路),可以在锅炉启动或停炉而汽轮机没有蒸汽流过或汽轮机组突然甩负荷时将主蒸汽管内的蒸汽,经减温减压后送入再热器,使其冷却。这些蒸汽随后经II级旁路(图7-77a)送至凝汽器或排至大气(图7-77b)。

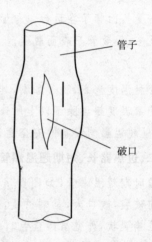

图7-76 长期超温爆管示意

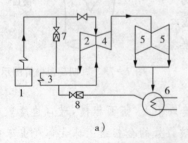

a)

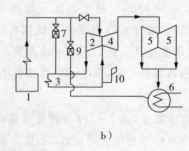

b)

图7-77 保护再热器的旁路系统

a)超高压125MW中间再热机组;b)亚临界压力300MW中间再热机组

1—锅炉;2—高压缸;3—再热器;4—中压缸;5—低压缸;6—凝汽器;

7—I级减温减压旁路;8—II级减温减压旁路;9—大旁路;10—向空排汽

旁路系统除保护再热器外,还具有以下作用:

(1)在汽轮机甩负荷或负荷较少时,锅炉可以在较高负荷下运行以维持燃烧稳定,并使过热和再热汽温尽量接近额定值。这时,锅炉多余的蒸汽经旁路送入凝汽器。

(2)在汽轮机启动时,尤其是热态启动时,会发生蒸汽温度和汽缸壁温不相协调的情况,可以通过旁路系统来使锅炉汽温满足汽轮机的要求。

四、锅炉爆管的机理

据美国电力研究院对锅炉爆管机理的分析,将锅炉爆管进行了分类,见下表 7-9。

表 7-9　锅炉爆管机理分类

类　别	爆 管 机 理
应力断裂	短期过热、高温蠕变、异种钢焊接
水侧腐蚀	苛性腐蚀、氢损伤、孔蚀、应力腐蚀裂纹
烟气侧腐蚀	低温腐蚀、水冷壁腐蚀、煤灰腐蚀、油灰腐蚀
磨损	飞灰磨损、落渣磨损、吹灰磨损、煤粒磨损
疲劳	振动疲劳、热疲劳、腐蚀疲劳
质量缺陷	维修损伤、化学偏离、材料缺陷、焊接缺陷

五、煤粉变粗导致过热汽温升高

煤粉喷入炉膛后燃尽所需的时间与煤粉粒径的平方成正比。设计和运行正常的锅炉,靠近炉膛出口的上部炉膛不应该有火焰而应是高温的烟气。在其他条件相同的情况下,火焰的长度决定于煤粉的粗细。煤粉变粗,煤粉燃尽所需时间增加,火焰必然拉长。由于炉膛容积热负荷的限制,炉膛的容积和高度有限,煤粉在炉膛内停留的时间很短,煤粉变粗将会导致火焰延长到炉膛出口甚至过热器。

火焰延长到炉膛出口,使炉膛出口烟温提高,不但过热器辐射吸热量增加,而且因为过热器传热温差增加,使得过热器的对流吸热量也随之增加。而进入过热器的蒸汽流量因燃料量没有变化而没有改变,因此,煤粉变粗必然导致过热汽温升高。

六、过热汽温的控制方式

目前锅炉的过热蒸汽温度主要依靠喷水减温作为调节手段。由于过热器系统的整体汽温特性为对流式,即当锅炉负荷增大时,过热器系统的出口汽温是升高的,所以喷水减温调节的目的:在一定的负荷范围内,靠减温水维持额定汽温。超过这个范围后(减温水量已经为零),如果负荷继续降低,过热蒸汽的温度只能自然降低了。锅炉能够维持额定温度的范围称为调温范围:减温水量为零时(汽温为额定值)的负荷称为负荷控制点。例如,HG2045/17.3-PM6 型控制循环锅炉的调温范围为 50%～100%BMCR;负荷控制点就是 50%BMCR。当采用滑压运行时,调温范围可以扩展到 40%～100%BMCR。

HG2045/17.3-PM6 型控制循环锅炉的过热器系统布置了两级喷水减温调节,第一级喷水在分隔屏入口,由于此处距离过热器系统的出口较远,故只能作为对过热蒸汽温度的粗调。它的主要任务有两个:一个是将分隔屏过热器出口的汽温维持在设定值上;另一个是保护后屏过热器,使其不超温。第二级喷水减温布置在末级过热器入口,距离系统出口近,故时滞小,调节的灵敏度高,所以该喷水是对过热汽温的细调,它最终将汽温维持在额定值。图 7-78 为该锅炉运行中的减温水喷水量与负荷的关系。图 7-78a 为定压运行,此时,随着锅炉负荷的升高,过热器出口的汽温将上升,所以,负荷越高,减温水的投入量就越大;图 7-78b 为滑压运行,由于此时过热器出口温度的最大值出现在 57% 负荷左右,故相应的最大减温水量也出现在这个阶段。当锅炉的负荷升高到 100% 负荷时,减温水量也基本上降低到零。

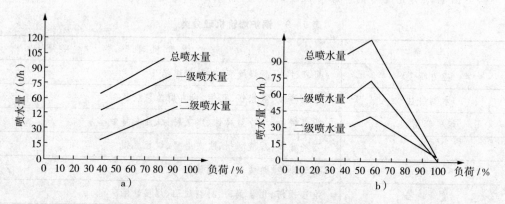

图 7-78　HG2045/17.3-PM6 型控制循环锅炉负荷与过热器喷水量的关系
a)定压运行;b)滑压运行

锅炉过热器系统可采用不同的控制方案。一种是分段控制法,就是在不同负荷下运行时,均将各段出口汽温维持在设定值,每段设立独自的控制系统,如图 7-79a 为分段控制系统示意图。整个过热蒸汽系统共设置了两级喷水减温,从而将系统分成了三段,其中一级喷水减温的任务是保证 Ⅱ 段过热器出口的汽温 t_2 为设定值 t_{ad}。调节器 G1 接受第 Ⅱ 段过热器出口汽温 t_2 信号及入口汽温 t_1 的微分信号,去控制第一级喷水量 q_v,以实现调节目的。第一级喷水为第二级喷水打下基础。第二级喷水减温的任务是保证第 Ⅲ 段过热器出口的汽温 t_d 为设定值。各段过热器出口的汽温控制值(设定值)可在 CRT 上利用"偏置"按钮加以改变。当偏置向正增加时,喷水量自动减少;向负减小时,喷水量自动增大,借此可对各级减温水量进行分配以及对屏式过热器进行壁温保护。

另一种是按温差控制的方案(图 7-79b)。对于第 Ⅱ 段过热器显示较强辐射特性而第 Ⅲ 段过热器又显示较强对流特性的过热器系统,若仍采用分段控制方案,那么随着负荷的降低,第一级喷水(控制大屏出口汽温)将增大,第二级喷水却要减小。整个过热器喷水量不均衡,因此采用保持二级减温器的降温幅度的温差控制系统。调节器 G1 接受二级减温器的前后的温差信号 Δt_2(为 $t_2 - t_2'$),其输出作为一级减温调节器的比较值,去控制一级减温器的喷水量,维持二级减温器的前后温差 Δt_2 随负荷而变化。Δt_2 与负荷的关系见图 7-80。图中 T 为给定值。由图可见,当负荷降低时 Δt_2 是增加的,这意味着允许第 Ⅱ 段过热器出口汽温 t_2 随负荷的降低而适当增大(即辐射式汽温特性),所以,与分段控制相比,一级喷水量必须适当减少些,才能将 t_2 维持在较高值。这样可防止负荷降低时一级喷水量增加,达到两级减温水量相差不大的目的。Δt_2 与负荷的具体对应,主要取决于减温器前后受热面的汽温特性。

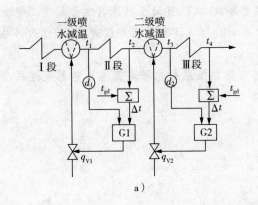

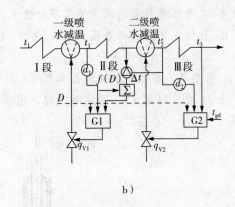

图 7 - 79　汽温控制系统

a)分段控制系统;b)温差控制系统

以上两种汽温控制方式均采用了减温器出口温度的变化率作为前馈信号送入调节器,用来及时反映调节的作用。这是因为若只采用被调量出口汽温做调节信号(称单回路系统),那么由于延迟和惯性的存在,就可能出现过调,即虽然出口汽温仍高于给定值,但其实减温水量已足够,只不过出口汽温尚未"感到"而已。因此,调节装置会在被调量偏差的作用下去继续开大减温水门,产生动态偏差 Δt_{dt} 前馈信号起粗调的作用,而被调量(过热汽温)则起校正作用,

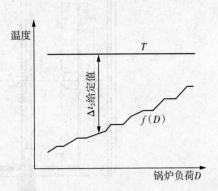

图 7 - 80　Δt_2 给定值与锅炉负荷的关系

只要过热汽温不恢复给定值,则调节器就不断改变减温水量。为进一步提高调节质量,在有的调温系统中还加入能提前反映汽温变化的其他信号,如锅炉负荷(图 7 - 79b 中 D)、汽轮机功率等。

七、燃煤锅炉再热汽温调节方式

目前,燃煤锅炉中较为常用的再热汽温调节方式有采用摆动燃烧器及分隔烟气挡板调节器两种,既可单独采用,也可联合采用。

摆动燃烧器调温多用于烟煤或较高挥发分的贫煤,因为燃烧器的摆动对易燃且燃烧稳定的燃料在运行时不会造成不利影响。但对贫煤、无烟煤而言,由于燃料本身的着火、稳燃特性不及烟煤,故从有利于贫煤、无烟煤的着火及燃尽的角度出发,不宜采用摆动燃烧器作为调节再热汽温的手段,而是采用固定式燃烧器,在锅炉尾部分别布置低温再热器和低温过热器,通过烟气调节挡板改变再热器侧的烟气份额,达到调节再热汽温的目的。烟气调节挡板作为电站锅炉的主要辅助设备,因其具有调温幅度大、操作安全可靠、运行费用低等优点,已被国内外锅炉制造厂所广泛采用。

以 DG3000/26.15—Ⅲ型超超临界锅炉为例,其再热器汽温采用挡板调温方式,由布置在尾部竖井烟道中低温再热器侧及低温过热器侧省煤器后的平行烟气调节挡板来控制的。

虽然烟气挡板调温具有诸多优越性,但调节的滞后性是它的不足之处。为了增加其灵

敏度,在两级再热器之间设置了事故喷水以备紧急事故工况、扰动工况或其他非稳定工况时投用,达到保护高温再热器的目的;另外,在低负荷时还可以适当增大炉膛进风量,作为再热蒸汽温度调节的辅助手段。

再热蒸汽事故喷水减温器如图7-81所示,布置在低温再热器至高温再热器间连接管道上,分左右两侧喷入,减温器喷嘴采用多孔式雾化喷嘴。

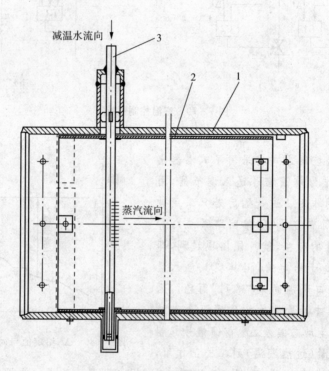

图7-81 再热器事故喷水减温器
1—筒体;2—混合管;3—喷管

八、过、再热器管内化学腐蚀与结垢的危害

管内化学腐蚀与结垢是当给水品质不良时,锅水中的 Fe、Cu、Ca、Mg、SiO_2 等杂质在蒸发受热面中被浓缩,并从锅水中游离析出附着在管内表面,形成水垢,水垢的传热系数只有钢管的1/200,热阻很大,使壁温上升,导致管壁过热、鼓包或破裂。喷水减温水质不良,锅炉分离装置损坏或其他原因使饱和蒸汽品质恶化时,过热器、再热器的管内可能发生结垢,引起过热胀粗直至爆管。锅炉停用时,管内水或漏入湿空气中的 O_2、CO_2 和 SO_2 与管内壁接触也会产生化学腐蚀。图7-82给出了过热器管内化学腐蚀示意。

九、"烟气走廊"

在布置锅炉对流管束时,管束不应碰到炉墙,管束与炉墙之间留有一定的间隙,该间隙即所谓的"烟气走廊",一般有几厘米宽。在"烟气走廊"中的气流因阻力较小,所以其中的烟气速度逐渐增大。对于均匀并列管组的管子某处出现过大的间隙,流动阻力减少,流速增加,也会形成"烟气走廊",使受热面受热增强,磨损加剧。"烟气走廊"内烟气流速比平均流速大3~4倍。在"烟气走廊",磨损量比正常磨损量增大几十倍。

<---- 0.559mm

图 7-82　过热器管内化学腐蚀

思考与练习

1. 什么是过热器的热偏差? 哪些因素会导致热偏差? 锅炉设计和运行时如何减小或消除热偏差?

2. 某锅炉采用烟气再循环调节再热汽温,制定了三个方案,即再循环烟气分别从炉底、燃烧器附近区域及炉膛出口附近送入炉内,试定性分析其对再热汽温的影响,并从中选出最佳方案。

3. 按照蒸汽和烟气相对流动方向的不同,过热器在烟道中有哪几种布置方式? 包墙管或顶棚过热器、屏式过热器以及对流过热器通常分别布置在哪里?

4. 试述影响过热与再热汽温的因素分别有哪些?

5. 什么是汽温特性? 过热器的汽温特性有哪几类?

6. 试述调节过热汽温的主要手段与辅助手段分别有哪些?

7. 电厂锅炉何以常常需要采用蒸汽减温器? 减温器有哪几种型式? 通常把减温器装在何处? 为什么?

8. 某电厂一台高压煤粉锅炉,运行中发现过热器汽温偏低,试分析可能的原因并提出在运行调整与锅炉改造中可以采用哪些技术措施提高汽温?

项目八 省煤器与空气预热器

任务一 省煤器与空气预热器型式的认知

子任务一 省煤器

学习目标

掌握锅炉省煤器的作用、相关结构和工作特性;熟知省煤器的不同布置方式。

能力目标

通过对现有火电厂锅炉常见典型省煤器结构、工作特性的学习,掌握省煤器分类、工作特性,培养学生对锅炉运行安全、经济性影响分析的基本能力。

知识准备

关 键 词

尾部受热面　钢管式省煤器　省煤器的再循环

在锅炉尾部烟道的最后,烟气温度仍有 400℃左右,为了最大限度地利用烟气热量,大型锅炉在尾部烟道都布置一些低温受热面,通常包括省煤器和空气预热器。因布置在锅炉的尾部,这些受热面又被称为尾部受热面。

省煤器(英文名称 Economizer)就是在锅炉尾部烟道中将锅炉给水加热成汽包压力下的饱和水的受热面,由于它吸收的是低温的烟气,降低了烟气的排烟温度,节省了能源,提高了效率,所以称之为省煤器。

省煤器的作用就是让给水在进入锅炉前,利用烟气的热量对之进行加热,同时降低排烟温度,提高锅炉效率,节约燃料耗量。省煤器的另一作用在于给水流入蒸发受热面前,先被省煤器加热,这样就降低了炉膛内传热的不可逆热损失,提高了经济性,同时减少了水在蒸发受热面的吸热量,因此采用省煤器可以取代部分蒸发受热面。也就是以管径较小、管壁较薄、传热温差较大、价格较低的省煤器来代替部分造价较高的蒸发受热面。因此，省煤器实际上已成为现代锅炉中不可缺少的一个组成部件。

　　省煤器按所用材料的不同，可分为铸铁省煤器（图8-1）和钢管省煤器（图8-2、图8-3）；按给水预热程度的不同，可分为沸腾式省煤器和非沸腾式省煤器。

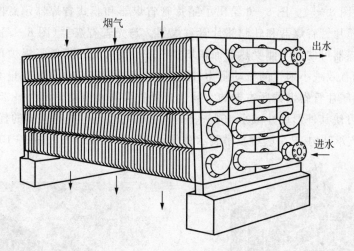

图8-1　铸铁式省煤器

图8-2　钢管式省煤器

图8-3　钢管式省煤器集箱

　　铸铁的耐磨性和抗腐蚀能力较强，故在工业锅炉中铸铁省煤器用得最普遍，特别是对于没有除氧设备的工业锅炉更为适宜。但铸铁性脆，承受应力的能力不如钢材。因此，一般用于工作压力 $P \leqslant 1.6\text{MPa}$ 的低压锅炉，且应为非沸腾式省煤器，其出口水温应较相应压力下饱和温度低 $30℃$ 以上，以保证其工作的安全性、可靠性。钢管省煤器可以是沸腾式，也可以是非沸腾式的。由于钢管省煤器承压能力强，凡锅炉工作压力 $P \geqslant 2.4\text{MPa}$ 均必须采用钢管省煤器。

　　省煤器管内水侧的放热系数高达 $6000 \sim 12000\text{W}/(\text{m}^2 \cdot ℃)$，而管外烟气侧的放热系数仅为 $70 \sim 100\text{W}/(\text{m}^2 \cdot ℃)$，在烟气通过省煤器管对水进行传热时的主要热阻在烟气侧。由于烟气流经省煤器的平均温度较低，辐射传热所占的比例仅为 $5\% \sim 6\%$，因此，要增加省煤器的传热系数只有提高烟气流速。烟气侧的放热系数与烟速的 0.8 次方成正比，提高烟速

锅炉设备与运行

可以有效地提高烟气侧的放热系数。但是由于省煤器管是锅炉各受热面中磨损最严重的，其磨损速度与烟气速度的三次方成正比，进一步提高烟气速度受到磨损急剧增加和通风阻力上升的制约，烟速难于进一步提高。根据我国的情况，省煤器的烟气流速约为 9~12m/s。

为强化传热和使省煤器结构更加紧凑，现代锅炉也逐渐采用了鳍片管省煤器（图 8-4）和膜式省煤器（图 8-5）。图 8-6 给出了鳍片管省煤器和膜式省煤器示意图。鳍片管省煤器可分为焊接鳍片管省煤器和轧制鳍片管省煤器。与光管省煤器（图 8-7）比较，鳍片管省煤器和膜式省煤器可使烟气侧受热面面积增加 30％左右，从而降低了锅炉单位蒸发量的金属消耗；并且能有效减小烟气的流动阻力，减轻受热面的积灰。在金属耗量和通风电耗相同的情况下，焊接鳍片管省煤器所占据的空间比光管省煤器大约减少 20％~25％，而采用轧制鳍片管省煤器可使其外形尺寸减小 40％~50％，膜式省煤器也具有同样的优点。

省煤器的支承结构、悬吊装置及吊装示意分别见图 8-8、图 8-9、图 8-10、图 8-11 所示。

图 8-4　H 型鳍片管

图 8-5　膜式省煤器

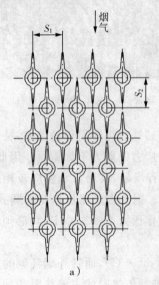

a)

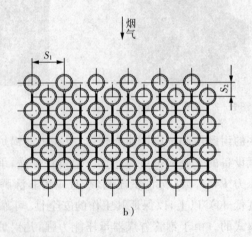

b)

图 8-6　鳍片管省煤器和膜式省煤器示意图

a)鳍片管省煤器；b)膜式省煤器

· 304 ·

图 8-7 光管省煤器

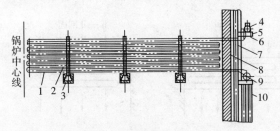

图 8-8 省煤器的支承结构

1—蛇形管;2—固定支架;3—支持梁;4—省煤器出口集箱;

5—托架;6—U 型螺栓;7—立柱;8—烟道侧墙;

9—省煤器进口集箱;10—进口联箱连接管

图 8-9 省煤器的悬吊装置

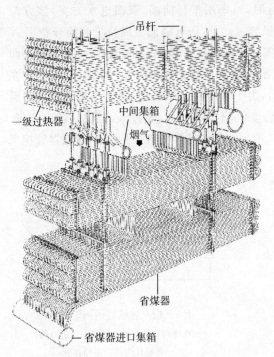

图 8-10 省煤器的悬吊结构

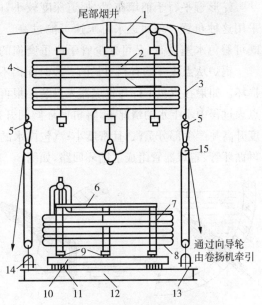

图 8-11 省煤器吊装示意图

1—低温再热器;2—低温过热器;3—前包墙过热器;

4—后包墙过热器;5—前、后包墙过热器二集箱;

6—临时加固拉条;7—管夹;8—省煤器上组组件;

9—省煤器空心梁;10—组合架底梁;11—道木;

12—托架;13—托架吊耳;14—卸卡;15—葫芦

钢管式省煤器由进、出口集箱和许多并列蛇形管组成。对于水平布置的蛇形管,非沸腾段水速过低,不易排出气体,氧气(给水除氧不完善)将附着在管子上部内壁上,造成金属局部氧腐蚀。运行经验表明,当水的流速大于 0.3m/s 可顺利排出气体。如沸腾段水速过低,管内易出现汽水分层,蒸汽接触的那部分管子金属可能过热损坏,在汽水分界面附近,由于水面上下波动,管子金属温度时高时低,易引起金属疲劳损坏。因此,对沸腾式省煤器进口水速要求不低于 1.0m/s。

省煤器水速也不宜过高,否则会使流动阻力增大。作悬吊管用的管子内,水的流速应取高些,以防水倒流。省煤器的水阻力,对中压锅炉应不大于汽包压力的 8%,对高压和超高压锅炉应不大于汽包压力的 5%。

蛇形管在烟道中的布置方向有两种,即垂直和平行于前墙布置,如图 8-12 所示。

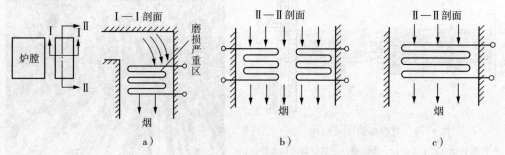

图 8-12 省煤器蛇形管在烟道中的布置方式

a)蛇形管垂直于锅炉前墙布置;b)、c)蛇形管平行于锅炉前墙布置

蛇形管平行于前墙布置,烟道深度较小,由于并联管根数少,水的流通截面小,大型锅炉采用这种布置。单面进水时水速可能过高。这时,可采用平行前墙,双面进水方案,该方案既可避免水速过高,又可减少管子严重磨损的根数。此外,还可降低金属耗量和检修费用。

锅炉从点火开始有相当长的一段时间内不需要水,省煤器内如没有水流过,可能因过热而损坏。如果在汽包下部与省煤器入口装一根再循环管,其连接套管如图 8-13 所示,当锅炉在点火过程中不上水的情况下,将再循环阀门开启,由于省煤器在烟气的加热下,其管内水的温度升高并产生部分蒸汽,且密度小;汽包内水的温度低,不含蒸汽,且密度大。这样,就由汽包、再循环管、省煤器管组成了循环回路,如图 8-14 所示。再循环管相当于下降管,省煤器管相当

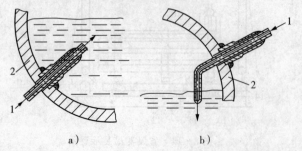

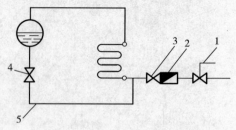

图 8-13 省煤器引出管与汽包壁之间的连接套管

a)给水引入汽包水空间的内部套管;

b)给水引入汽包汽空间的外部套管

1—给水;2—汽包壁

图 8-14 省煤器的再循环管

1—自动调节阀;2—止回阀;3—进口阀;

4—再循环门;5—再循环管

于上升管,汽包里的炉水在此循环压头的推动下,不断地流经省煤器进入汽包,防止了省煤器因无水流过而过热损坏。当锅炉补水时,为了防止给水短路,水从再循环管直接进入汽包,再循环阀应关闭。

铸铁式省煤器因为不耐水击,不允许产生蒸汽,故不能采用设置再循环管的方法来解决点火过程中省煤器的冷却问题。安装铸铁式省煤器的锅炉通常设置旁路烟道来解决省煤器在点火过程中的冷却问题。

工作任务

(1)在教师的指导下,在锅炉实训室参观省煤器模型,从传热学角度分析掌握省煤器热交换的影响因素。

(2)结合锅炉仿真实训,在锅炉仿真系统上熟悉锅炉省煤器相关系统操作界面、参数含义,了解省煤器再循环系统的工作要求。

能力训练

(1)培养学生熟悉锅炉省煤器的布置、结构及结合传热学基本理论进行相关传热分析的能力。

(2)结合锅炉仿真实训,培养学生弄清省煤器各相关系统控制屏上各操作单元与操作对象之间的联系和动作特点,了解各监控测点的位置及所测参数的控制范围,并进行综合分析的能力。

子任务二　空气预热器

学习目标

掌握火电厂锅炉典型空气预热器的作用、结构和相关工作特性;熟知火电厂锅炉典型空气预热器的布置方式。

能力目标

从锅炉空气预热器结构特点及系统连接出发,掌握火电厂锅炉空气预热器分类、工作特性,培养学生对锅炉运行安全、经济性影响的分析能力。

知识准备

关 键 词
三分仓式空气预热器　漏风　密封

一、空气预热器的作用

空气预热器(英文名称 air perheater,简称APH)是利用锅炉尾部的烟气加热空气的低温受热面。主要作用是:①利用空气吸收烟气的热量,降低排烟温度,提高锅炉效率,节省燃料,并有利于引风机工作;②提高燃烧用空气的温度,使燃料易于着火,燃烧稳定,进一步提高燃烧效率。节约金属,降低造价,采用热风作干燥剂有利于制粉系统的正常工作。

二、空气预热器的类型

空气预热器按传热方式分可以分为:传热式和蓄热式(再生式)两种。前者是将热量连续通过传热面由烟气传给空气,烟气和空气有各自的通道。后者是烟气和空气交替地通过受热面,热量由烟气传给受热面金属,被金属积蓄起来,然后空气通过受热面,将热量传给空气,依靠这样连续不断地循环加热。

1. 钢管式空气预热器

在电厂中常用的传热式空气预热器是管式空气预热器(图8-15、图8-16),主要在中小型锅炉上应用。管式空气预热器按管子的放置方向可分为立式和卧式两种,应用最广的为立式管式空气预热器。

图8-15 管式空气预热器的外观

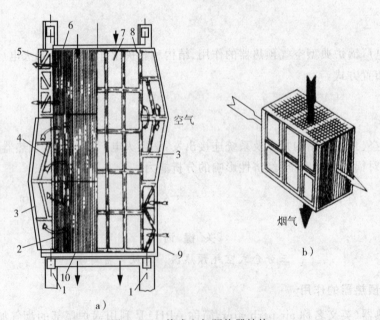

图8-16 管式空气预热器结构

1—锅炉钢架;2—预热器管子;3—空气连通罩;4—导流板;5—热风道的连接法兰;
6—上管板;7—预热器墙板;8—膨胀节;9—冷风道的连接法兰;10—下管板

在立式钢管空气预热器中,烟气在管内自上而下纵向流动,空气在管外横向冲刷管子,两者为交叉流动,如图 8-17 所示。为实现烟气与空气间的逆流换热,把空气加热到较高温度,可在中间用管板(厚度在 10mm 以下)将管箱沿高度方向分隔成几段,使空气作多次交叉流动。

立式钢管空气预热器通过下管板支承在预热器外壳框架上,框架再支承在锅炉的钢架结构上。锅炉运行时,管子、外壳和钢架的温度依次递减,其膨胀量也依次递减,管箱的膨胀量最大。因此,管板和外壳就不能完全固定死,应允许它们之间有相对移动。故在上管板与外壳间、外壳与钢架间装设由薄钢板弯制而成的膨胀补偿装置,常见的有波形、双波形膨胀补偿器。膨胀补偿装置允许管箱和外壳有少量的膨胀,还起到密封作用,防止预热器

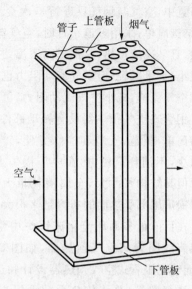

图 8-17 立式钢管空气预热器

的漏风。若空气漏入烟气或大气,会增加风机电耗,还会加大排烟热损失,降低锅炉效率。

烟气在管内是纵向冲刷管壁。烟气流速过高,传热效果较好,积灰轻,但磨损严重;烟气流速低,磨损减轻,但传热效果变差,易积灰和堵灰。烟气流速一般为 10~14m/s。

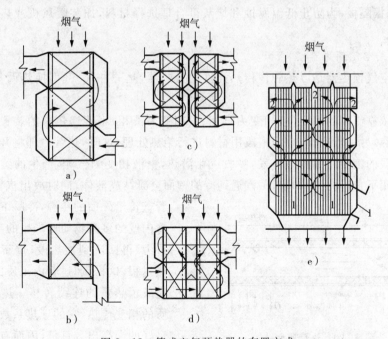

图 8-18 管式空气预热器的布置方式

a)多道单面进风;b)单道单面进风;c)多道双面进风;d)多道单面双股平行进风;e)多道多面进风

1—空气进口;2—空气出口

空气预热器管均采用错列排列,空气在管子的外面横向冲刷(图 8-18)。以提高空气侧的换热系数,同时空气的流速及流动阻力还可通过管子的布置进行调整。在单道单面进风

的布置中,空气与烟气只进行一次交叉换热,平均传热温差小,传热效果差,但流动阻力较小,结构简单;采用多道布置时,空气流速有所增加,烟气与空气进行两次或两次以上的交叉换热,且呈逆流换热,这都提高了温差、受热面利用系数和空气预热器的传热强度,使整体尺寸减小,重量减轻,但空气流动阻力也有所增加。随着锅炉容量的增大,空气需要量增加,为降低空气流速,减小空气流动阻力,可将单面进风改为双面进风或多面进风。

钢管式空气预热器没有转动部件或设备,结构简单,制造、安装和检修方便,工作可靠,漏风少,不消耗厂用电,在电厂锅炉上应用较广。但其结构尺寸大,金属消耗量大,尤其给大型锅炉尾部受热面的布置带来很大困难。

在目前很多循环流化床锅炉中常见有一种螺旋线圈管式空气预热器,如图 8-19 所示,能够克服管式空气预热器设计和运行中存在的诸多弊端,总体传热系数可提高 20%～50%,管内换热系数可提高一倍以上;最低壁温提高 20℃,有利于减轻低温腐蚀;还具有一定的抗积灰和自清灰的作用。

图 8-19　螺旋槽管外观

钢管式空气预热器在运行中主要的问题:一是振动;二是低温腐蚀和堵灰。为了防止振动,可加装防振隔板;为防止低温腐蚀和堵灰可合理选择材料,加装暖风机或热风再循环提高入口风温。

2. 热管式空气预热器

热管式空气预热器是以热管作传热元件的换热器,是一种气-气型换热设备,利用烟气加热空气。

热管是依靠流体的相变(液相变为汽相、汽相变为液相)来传递热量的装置。如果将热管的一端加热,另一段冷却,中间一段用材料进行绝热处理,这时,热管内部将开始两相传热过程。加热段的工质将沸腾或蒸发,吸收汽化潜热,由液相变为汽相,产生的蒸汽在管内一定压差的作用下,流动到冷却段,蒸汽遇到冷的壁面会凝结成液体,同时放出汽化潜热,通过

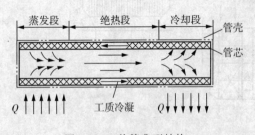

图 8-20　热管典型结构

管壁传给外面的冷源,冷凝下来的液体靠管内壁的多孔物质所产生的毛细管力(或重力)再回流到加热段,重新开始蒸发吸热过程,这样,通过管内工质的连续相变,完成了热量的连续转移。热管由于靠工质的相变传热,它的导热系数比导热性能良好的铜高出数百倍,因而有超导热体之称。热管典型结构如图 8-20 所示。

热管式空气预热器由热管束、隔板和外壳组成。热管束穿过隔板并被截成两段,一段与高温介质接触,吸收其热量,通过热管内的介质相变过程传到另一段,将热量传递给低温介质而完成热交换过程。如图 8-21 所示为热管预热器布置及结构示意图。

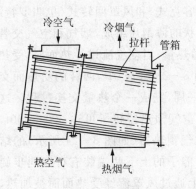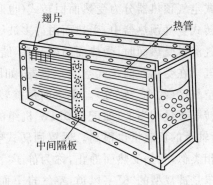

图 8-21 热管预热器布置及结构示意

热管的传热与传统的换热器的传热有着本质的不同,其热段和冷段分别与热冷流体接触,冷热流体均在管外流动,因此两端均可充分肋化,这就同时提高了冷热流体两侧分界面上的对流换热系数。同时,它是接近真空下的介质相变传热,因而传热速度很快,传热效率很高,因此,传输相同的热量,其所需体积和重量可大为减少。总之,热管换热器具有如下一些优点:

(1)传热效率高。

(2)结构紧凑,热冷两段的传热面可以自由布置。

(3)压降低、阻力损失小,且无运动部件,工作可靠,维护费用低。

(4)当传热元件局部损坏时,没有掺混污染。

如图 8-22 所示为现场安装的热管式空气预热器。

图 8-22 现场安装的热管式空气预热器

3.回转式空气预热器

回转式空气预热器是一种蓄热式换热器,它是利用烟气和空气交替流过受热面进行换热的。随着电厂锅炉蒸汽参数和机组容量的加大,管式空气预热器由于受热面的加大而使体积和高度增加,给锅炉布置带来影响。通常 300MW 及以上机组就不再采用管式空气预热器了,而采用结构紧凑、重量轻的回转式空气预热器,体积只有管式预热器的 1/10,钢材消耗量可比管式预热器节省 30%~50%。

回转式空气预热器分为受热面回转式(也叫容克式)和风罩回转式(也叫罗特缪勒式)两种。在回转式空气预热器中,受热面由许多波纹状的薄钢片组成,烟气和空气交替流过受热面。当烟气流过受热面时,受热面温度升高,储蓄热量;当空气流过受热面时,受热面放出蓄热加热空气。在受热面回转式空气预热器(如图 8-23 所示)中,回转的受热面交替地通过烟气区和空气区(约 15 转/分)。受热面每旋转一周,完成一个热量交换过程。这种回转式预热器的转子重量相当大,如配 300MW 机组的空气预热器转子可达 200~300t,转动部分较重,支承轴承的负载量也很高。风罩回转式空气预热器(如图 8-24 所示)的结构与受热面回转式相类似,只是受热面静止,称为静子,而静子的上下两端装有可以同步旋转的上下风罩。风罩是裤衩型的"8"字风道,空气自下而上通过风罩流经受热面而被加热,烟气在风罩没遮盖区域自上而下流经受热面,把热量传递给受热面。风罩每旋转一周,烟气与空气进行两次热交换过程。这种预热器的转动部分较轻,轴承负载轻;静子部分膨胀均匀,转动部分温度一致,使密封间隙易于调整及保证,是减小漏风的因素;但上下风罩与固定风道之间多了两道密封,又是漏风可能增大的因素。

回转式空气预热器的特点:

(1)结构紧凑,外形尺寸小,重量轻,节省金属,易于布置。

(2)低温腐蚀危险性低。

(3)传热元件允许有较大的磨损。

(4)漏风量大,结构复杂,制造加工工艺要求高,维护工作量大,消耗电量。

(5)受热面易堵灰、积灰。

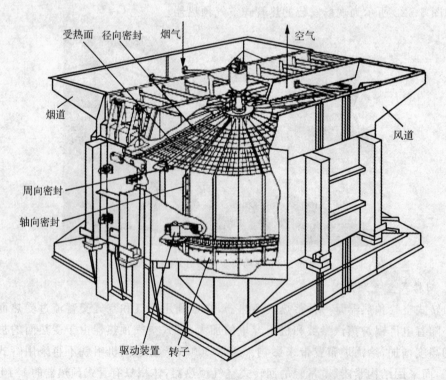

图 8-23　受热面回转式空气预热器

受热面回转式预热器广泛采用二分仓或三分仓回转式空气预热器（如图8-25、图8-26所示）。二分仓是指烟气和热风（即一次风、二次风）各走一路。三分仓结构，就是把流通工质分为烟气（负压）、一次风（高压）和二次风（低压）三个通道，三个通道之间采用可靠的密封装置分隔。

二分仓空气预热器存在的主要问题是热风带灰。烟气携带灰尘，经过预热器时，由于阻力作用，烟气流速越来越低，灰尘就会积落在受热面上，尤其是靠近中心的仓格，灰尘积落更为严重。当受热面从烟气侧转到空气侧时，刚刚停滞的灰尘又被空气吹起，并随着空气进入热风道，形成热风带灰，热风带灰引起的最大问题是热一次风机磨损，例如某热电厂410t/h锅炉热一次风机的叶轮被磨出6mm深的凹痕，只能涂抹防磨涂料。

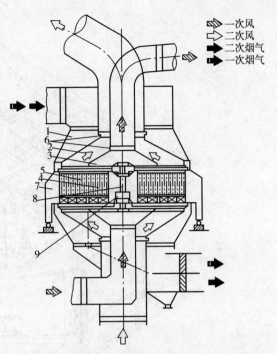

一次风
二次风
二次烟气
一次烟气

图8-24　双流道风罩转动回转式空气预热器

1—烟罩；2—二次风风罩；3—一次风风罩；4—二次风蓄热板；
5—一次风蓄热板；6—密封环；7—支座；8—轴；9—轴承

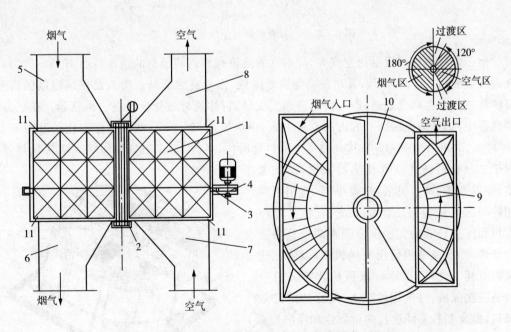

图8-25　二分仓回转式空气预热器

1—转子；2—轴；3—环形长齿条；4—主动齿轮；5—烟气入口；6—烟气出口；
7—空气入口；8—空气出口；9—径向隔板；10—过渡区；11—密封装置

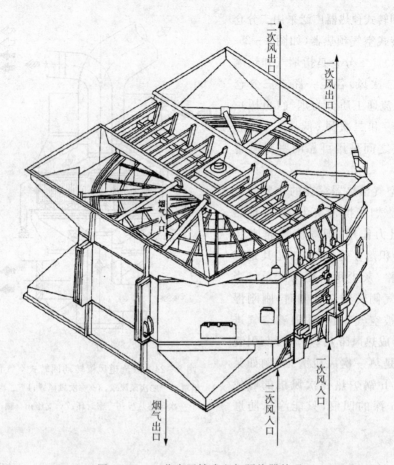

图 8-26 三分仓回转式空气预热器外观

由于烟气的容积流量比空气大,故烟气的通流截面占转子总的通流截面40%~50%,空气通流截面占30%~45%,其余截面为扇形隔板,作为密封部分。为满足热风温度的需要,有的将空气分为两个通道,即一次风道和二次风道,称其为三分仓式空气预热器。在三分仓预热器中,烟气通流截面一般占圆心角165°,一次风占50°~55°(我国的标准化角度为35°和50°)。二次风占95°~100°,其余被三个密封仓所占,各为15°。三分仓回转式空气预热器相对于二分仓回转式空气预热器来说,结构紧凑,布置方便,调节灵活,热效率高,适用于采用冷一次风机的正压制粉系统,它将高压一次风和压力较低的二次风分隔在两个仓内进行预热,二次风可用低压头送风机,以降低送风机电耗。此外,以冷一次风机代替二分仓的热一次风机,可选用体积小、电耗低的高效风机,提高制粉系统运行的可靠性和经济性。

四分仓回转式空气预热器(如图 8-27 所示),其中一个分仓为烟气,二个分仓为二次风,另一个分仓为一次风,较三分仓空气预热

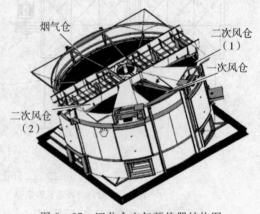

图 8-27 四分仓空气预热器结构图

器的漏风率明显减少,但是系统复杂,热风出口温度有偏差,四分仓回转式空气预热器常用于大型循环流化床锅炉中。

某电厂1000MW超超临界锅炉配备的三分仓式空气预热器型式如表8-1所示。

表8-1 空气预热器主要技术参数和运行数据

型 号		34-Ⅵ(T)-180 SMR
传热元件	总高度	1800mm
	热端	厚度:0.5mm;波形板:DU型;材质:碳钢
	热端中间层	厚度:0.5mm;波形板:DU型;材质:碳钢
	冷端	厚度:1.2mm;波形板:NF6型;材质:CORTEN钢
转子密封 (热端和冷端)	径向密封片	δ=2.5mm;材料:CORTEN钢
	转子中心筒密封片	δ=6mm;材料:CORTEN钢
	轴向密封片	δ=2.5mm;材料:CORTEN钢
	旁路密封片	δ=1.5mm;材料:CORTEN钢
转子传动装置	减速机	TWDV28涡轮减速机;正常输出轴转速为1rpm
	主电机	Y200L 485型30kW,380V,56.8A,1470rpm双轴伸
	备用电机	Y200L 485型30kW,380V,56.8A,1470rpm双轴伸转子正常转动速度为1rpm;采用变频调速慢速挡转子转动速度为0.25rpm
转子支承轴承		推力向心滚子轴承294/800E
转子导向轴承		双列向心球而滚子轴承23192
近似润滑油容量	导向轴承	在最高运动温度下最小黏为10000SSU,油量约为43.5L
	导向轴承	在最高运动温度下最小黏度为10000SSU,油量约为200L
支承轴承润滑油牌号		N680~1000号中负荷或重负荷极压工业齿轮油
吹灰器		伸缩式吹灰器,吹灰介质为蒸汽
水清洗装置		多喷嘴固定式清洗管

受热面回转式预热器的结构如图8-28所示,一般由转子、外壳、传动装置和密封装置四部分组成。下面以三分仓式回转式空气预热器为例,说明其基本构造。

(1)转子

转子被径向和切向隔板分隔成许多扇形格,每个扇形格内装满波浪形薄钢板(蓄热板)。

转子是放置受热元件的,由12块或24块径向隔板与中心筒和转子壳体连结形成12个或24个扇形仓。每个扇形仓是由横向隔板分成多个梯形小室,作为放置受热元件的"篮子"。冷段和热段中间层受热元件制成抽屉式结构,以便更换。如图8-29所示为回转式空气预热器本体结构图。

转子的分仓角度一般分为15°和30°两种。仓格角度大小取决于下列条件:制造工艺的装配焊接条件、密封惰性区的覆盖程度、金属材料耗量以及转子的携带风量等。

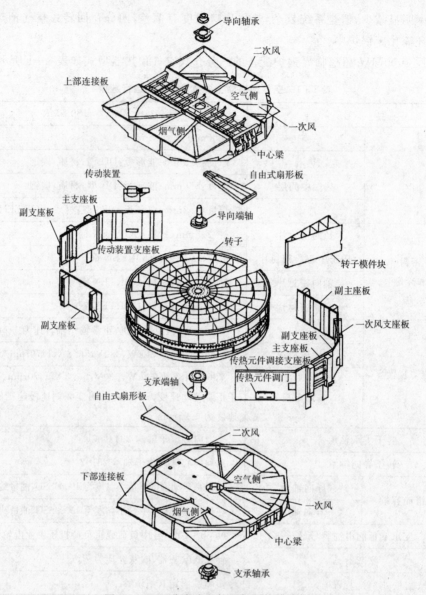

图 8-28 三分仓式空气空气预热器分解图

图 8-29 回转式空气预热器本体结构图

转子的结构有整体式、分片式、64 型、模块和半模块式等,主要取决于运输条件和现场安装条件。现在大型电厂空气预热器常采用模块式。

图 8－30 为 64 型转子的模块结构。转子是由中心筒、8 只 30°仓格的扇形仓组装件、每两个扇形仓组装件之间有 15°工地安装的仓格拼装组成。这种设计,工地安装工作量大,需拼装焊棒、组装。

模块式转子如图 8－30a 所示,它是由中心筒和 24 个模块件组成。模块件是由凸耳座、横向隔板、径向隔板、转子壳板焊接而成,如图 8－30b 所示。模块件置于中心筒底部,用销轴定位,上部的耳板嵌入中心筒槽内,并用销轴定位和承载,相邻的模块件用螺栓连成一体。模块式转子结构的工地安装工作量比其他型式少 1/3,提高了预热器安装质量,这种结构多为大型预热器所采用。但金属耗量和制造工作量大。

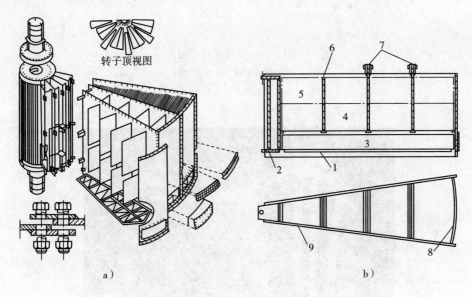

图 8－30 转子结构图

a)模块式转子结构;b)模块件

1—栅架;2—凸耳座装配件;3—冷端层;4—中间层;

5—热端层;6—横向隔板;7—起吊件;8—转子壳板;9—径向隔板

常用的受热元件板型有 DU、CU 和 NF 三种,如图 8－31 所示。每一种板型都是由定位板和波纹板组成。对于固体燃料,热端和热端中间层采用 24GA 材料 DU 型受热元件。冷端层或冷端中间层采用 18GA 材料 NF 型受热元件。对于气体燃料,采用 CU 受热元件。CU 型受热元件的单位容积的受热面积多,材料采用普通碳钢,冷端采用耐腐蚀的低合金材料,在腐蚀严重的条件下,冷端也可采用涂搪瓷的受热元件。回转式空气预热器蓄热板箱如图 8－32所示。

（2）外壳

空气预热器本体由三部分组成:上部烟气进口、一次和二次风出口连接风道;中心部分形成一个包围转子的罩壳;下部烟气出口、一次和二次风连接风道。从各检修门可以进入与空气预热器相邻的风道以及壳体的中心。

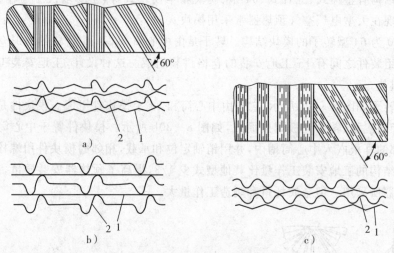

图 8-31　受热元件板型
a)DU 型；b)NF 型；c)CU 型
1—波纹板；2—定位板

图 8-32　回转式空气预热器蓄热板箱

受热面回转式空气预热器外壳呈八角形。由 8 块外壳板拼接而成，分主壳体板、副壳体板和侧壳体板。主壳体板与下梁及上梁连接，通过主壳体板上的立柱，将空气预热器的绝大部分重量传给锅炉构架。主壳体板内侧设有弧形的轴向密封装置，外侧有若干个调节点，可对轴向密封装置的位置进行调整。

主壳体板和副壳体板的立柱下面设有膨胀支座，以适应预热器壳体径向膨胀。

上梁、下梁与主壳体板连接，组成一个封闭的框架，成为支承预热器转动件的主要结构。上梁和下梁分隔了烟气和空气，上部与梁、下部与梁又将空气分隔成一次风和二次风，分别形成烟气和一、二次风进、出口通道。

（3）驱动装置

驱动装置是驱动转子转动的动力组件。空气预热器的驱动装置安装在其壳体上。

空气预热器的传动采用中心传动，即在导向端轴上设置一个大齿轮，通过传动装置，利用大齿轮驱动转子。中心传动装置包括主电动机和辅助电机各一台、气动电动机及其附件等。主电动机采用直连方式，备用电动机通过超越离合器同减速机相连。主电动机、备用主电动机和空气电动机可自动切换，并配有手动摇把。另外，传动装置配有变频器控制系统，使空气预热器实现软启动。减速机正常输出轴转速为 1rad/min，转子正常转速 1rad/min，采用变频调速慢速挡转子转速为 0.25rad/min。启动系统之前应先确定高、低速挡（速度切换主令开关），按启动按钮，电动机将慢速启动，约需 60s 系统达到设定转速。

（4）密封装置

回转式空气预热器的主要问题是漏风大。由于空气侧的压力比烟气侧高，因此漏风通常是指空气漏入烟气中。例如，600MW 机组预热器的设计漏风系数为 0.07～0.08，实际漏风系数为 0.08～0.10。如果制造质量不良，维修不及时，有的机组漏风系数可达 0.20 以上。

密封装置的作用就是尽可能地减少空气泄漏量，主要包括冷态密封和热态密封。

冷态密封系统主要包括轴向密封、径向密封、环向（周向）密封和中心筒密封四部分。

① 轴向密封。回转式空气预热器的转子外圆周与机壳之间有较大的空间，装设轴向密封可减少沿转子周向漏入烟气侧的空气量。轴向密封装置如图 8-33 所示，它由轴向密封片和轴向密封板组成。轴向密封片由 1.5mm 厚的耐腐蚀低合金钢（考登钢）制成折角式结构，用螺栓固定在各扇形仓格径向隔板上，分成两段沿整个转子的轴向高度布置，随转子一起转动。轴向密封板由弧形密封板、支架、调整螺栓及保护罩等组成，用支架及调整螺栓支承在机壳上，位于转子 3 个密封区（过渡区）的外侧。

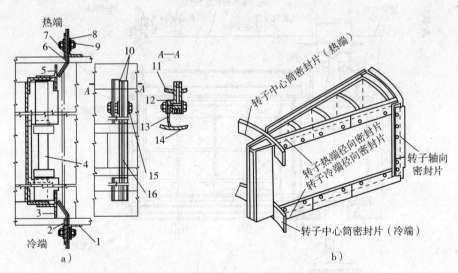

图 8-33 动密封副典型设计

a)动密封副结构；b)转子中心密封片

1、8—旁路密封角钢；2、6—旁路密封片；3、5—T 字钢；4—传动围带；7—压板；

9、15—螺栓、螺母和垫片；10—径向隔板；11—转子壳体；12—成型压板；

13—轴向密封片；14—空气预热器的外壳体；16—径向隔板定位块

② 径向密封。预热器的径向密封装置如图 8-33a 所示，主要由密封扇形板、径向密封片以及间隙调整装置组成，用于防止和减少空气沿转子上、下端面通过径向间隙的泄漏量。在转

子的 24 块径向隔板的上、下端,各装有一系列用 1.5mm 厚的考登钢制成的密封片,沿转子径向分成数段。用螺栓固定在转子模数仓格的径向隔板上,随转子一起转动,如图 8 - 33b 所示。

③ 旁路密封。由旁路密封片和 T 字钢组成。旁路密封片是由 1.5mm 耐腐蚀低合金钢制成折角式结构,并开有凹槽。两块密封片重叠放置,两块密封片的凹槽错开,弥合槽缝,固定于旁路密封角钢上,形成圆弧。T 字钢弯成圆弧,并固定于转子壳体角钢上,半径方向的允许偏差为 1.5mm。

④ 中心筒密封。由中心筒密封片和扇形板组成。密封间隙通常保持在 5～6mm。中心筒密封片是由 5～6mm 耐腐蚀低合金钢制成,整个圆环等分成 4 片,每片之间在工地安装时焊接。

预热器运行时上端的烟气温度、空气温度都比下端高,转子上端的径向膨胀量大于下端,再加上转子重量的影响,转子就会产生如图 8 - 34a 所示的蘑菇状变形,导致扇形隔板与转子之间的间隙增大,加重漏风。例如 1000MW 机组空气预热器的转子热变形量就达到 50～60mm。

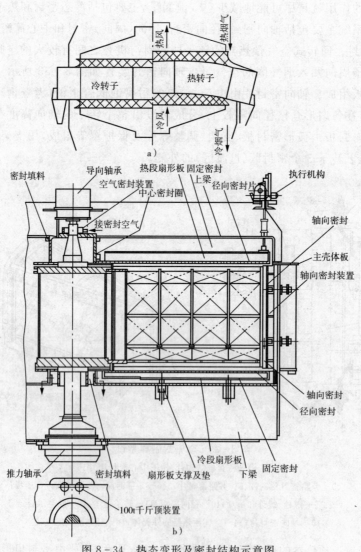

图 8 - 34 热态变形及密封结构示意图

a)热态变形示意图;b)密封结构示意图

为了减小热态时的径向间隙,现在大型空气预热器的热端扇形板采用了图8-35所示的可弯曲结构。每块扇形板有3个支点,其中靠近轴中心的一点支吊在转子的中心密封筒上,后者吊挂在导向轴承的座套上,可随主轴的膨胀一起上下移动。

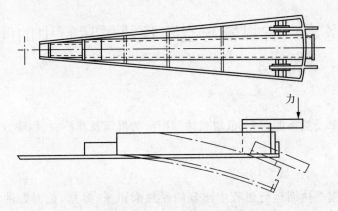

图8-35　可弯曲扇形板结构

　　为了保证热态间隙,大型空气预热器还采用较先进的自动跟踪密封系统(图8-36),以保持径向密封的间隙。

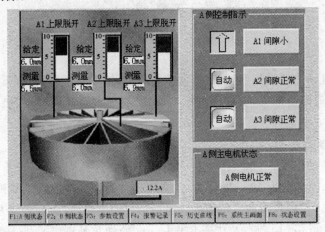

图8-36　间隙跟踪显示图

工作任务

　　(1)在教师的指导下,在锅炉实训室参观空气预热器结构模型,依据教材中的空气预热器结构图,对照找出相应部件,指出其基本作用。

　　(2)结合锅炉仿真实训,通过锅炉仿真系统实训操作熟悉锅炉风烟系统中空气预热器系统启、停操作界面和基本操作规程。

能力训练

　　(1)培养学生熟悉火电厂锅炉典型空气预热器的布置、结构、工作性能特点及其系统关联的基本岗位认知。

（2）结合锅炉仿真实训,培养学生弄清空气预热器各相关系统控制屏上各操作单元与操作对象之间的联系和操控特点,了解各监控测点的位置及所测参数的控制范围,并具备综合分析的能力。

任务二　省煤器与空气预热器运行中的问题

学习目标

掌握锅炉尾部受热面的磨损、低温腐蚀与积灰的机理及其控制、消除方法与相关措施。

能力目标

分析锅炉低温受热面运行过程中出现的受热面积灰、磨损、低温腐蚀等问题的产生原因,并结合锅炉仿真系统的运行操作演练,学习综合判断锅炉运行故障类型。

知识准备

关 键 词

积灰　磨损　低温腐蚀

一、积灰

省煤器和空气预热器受热面积灰后,使传热恶化,排烟温度升高,降低锅炉效率,积灰可能使烟道堵塞,气流阻力加大,引风机电耗增加,受热面腐蚀加剧,降低出力,严重时可能被迫停炉清灰,影响安全运行。

1. 积灰的机理

对于固态排渣的煤粉炉,烟气中含有大量的飞灰。这些飞灰,具有不同的颗粒尺寸,一般都小于 $200~\mu m$,大多数为 $10 \sim 20~\mu m$。当携带飞灰的烟气横向冲刷蛇形管或流经预热器的传热元件波纹板时,在管束或波纹板的背风面形成涡流区,较大颗粒飞灰由于惯性大不易被卷进去,而小于 $30~\mu m$ 的颗粒尤其是小于 $10~\mu m$ 的细灰粒则容易进入涡流区。由于受到分子吸力及静电引力的作用,使部分灰粒在金属管板壁上沉积下来,形成楔形积灰。

同时由于金属管束表面特别是波纹板金属壁的凹凸不平,在摩擦力的作用下,亦能挂住部分微小的灰粒,此时所形成的积灰也是疏松的。

当受热面壁温较低时,烟气中的水蒸气或硫酸蒸汽在受热面上发生凝结时,潮湿的表面会将部分灰粒粘住,此时积灰被"水泥化",形成低温黏结灰。

应该强调指出的是,发生在预热器受热面(波纹板)上的积灰与低温腐蚀是相互"促进"的。受热面上积灰后会吸收水分和 SO_3 以及其他腐蚀性气体,使受热面的腐蚀速度加快。而水蒸气和硫酸蒸汽的凝结,不仅造成受热面的腐蚀,同时潮湿的波纹板表面能捕集烟气中的飞灰,形成低温黏结性积灰,使受热面的积灰程度加剧。尤其是受热面的沉积物与硫酸液起化学变化,会在空气预热器上形成复合硫酸铁盐为基质的水泥状物质,使积灰呈硬结状(酸灰垢),造成气流通道堵塞,而且所形成的硬灰垢是不易清除的。

2. 减轻积灰的措施

(1)控制烟气流速及空气流速。提高烟气流速及空气流速可以减轻积灰,但会加剧磨损,增大流动阻力损失。这是因为烟气流速高,在受热面上不易积灰,而提高烟气及空气的流速,还能增强自吹灰能力。为了使积灰不过分严重,对回转式预热器,在锅炉最大连续蒸发量下,烟气流速一般不小于 8~9m/s,空气的流速不小于 6~8m/s。

(2)提高空气预热器传热元件的壁温,以防止结露。干燥的壁面有助于改善积灰的情况,但将会降低锅炉的效率。

(3)装设效能良好的吹灰装置,并定期进行吹灰。

二、省煤器管内氧腐蚀

省煤器蛇形管中水的流速不仅影响传热,而且对金属的腐蚀也会有一定的影响。在给水 AVT(全挥发分处理:NH_3 和 N_2H_4 联合处理)处理时,当给水除氧不完善时,进入省煤器的水在受热后会放出氧气。这时如果水的流速很低,氧气就会附着在金属的管壁上,造成局部金属腐蚀。因此,对于水平管子当水的流速大于一定值时(非沸腾式省煤器大于 0.5m/s,沸腾式省煤器大于 1.0m/s),可以避免氧气的附着,从而避免金属的局部腐蚀。

三、磨损

【案例】 某厂两台高压煤粉锅炉型号为 WG240－10.3/2,露天双框架形式,固态排渣煤粉炉,四角切圆燃烧,省煤器由高温省煤器、低温省煤器两部分组成。省煤器管采用平行于侧墙布置,由 $\phi38×4.5$ 蛇形碳钢管组成,材料为 20G。2000 年 3 月份正式投产,8 月,$2^#$高压煤粉锅炉就发生了省煤器泄漏的事故。2001 年 4 月 13 日,$2^#$炉省煤器爆管检修至 5 月 21 日开车,而 5 月 26 日,运行仅 5 天,省煤器再次发生爆管,又一次被迫停炉检修。对电厂安全、稳定、长周期运行造成了极大的影响。锅炉省煤器爆管,必须停炉才能处理,不仅影响生产,而且检修工作量大,环境恶劣。为解决这个问题,该厂集中技术人员进行了研究,终于找到了磨损泄漏的根本原因,采取了相应的防范措施,消除风道漏风,2001 年 6 月运行至今,$2^#$高压煤粉锅炉没有发生一起省煤器爆管事故。

燃煤锅炉尾部受热面飞灰磨损是一种常见的现象。进入尾部烟道已硬化的大量飞灰,随烟气冲击受热面时,会对管壁表面产生磨损作用,管子变薄,强度下降,造成管子损坏。特别是省煤器,灰粒较硬,更易发生磨损。这种由于飞灰磨损而造成的省煤器管排损坏,最主要的表现特征就是省煤器的爆管。

省煤器发生爆管的现象:锅炉水位下降,给水流量不正常,大于蒸汽流量;省煤器附近有泄漏响声,炉墙的缝隙及下部烟道门向外冒汽漏水;排烟温度下降,烟气颜色变白;省煤器下部的灰斗内有湿灰,严重时有水往下流;烟气阻力增加,引风机声音不正常,电机流量增大。

影响磨损的主要因素有:烟气速度、飞灰浓度、灰粒特性、管束的结构特性、飞灰撞击率和管壁温度的影响等。

为避免受热面过大的磨损,最主要的是正确地选取烟气流速,同时也应尽量减小速度分布不均。适当提高烟速可以提高受热面的传热效果,节省钢材,但将增大通风阻力和飞灰磨损。锅炉设计中,对于烟气横向冲刷管束,额定负荷下的烟速不应低于 6m/s。这样在低负荷运行时,烟速可不低于 3m/s。烟气纵向冲刷受热面时取用的烟速应不低于 8m/s。但为防止严重磨损,烟速也不应过大,而这又同烟气中的飞灰浓度、飞灰磨损特性以及受热面的容许磨损速度等有关。根据国内调查,省煤器中的烟速不宜超过 9m/s,否则会引起严重磨损(受热面每年磨损可达 0.5~0.6mm)。

减少烟气中飞灰浓度,特别是防止局部浓度过高,也是避免严重磨损的有效方法。例如液态排渣炉,特别是旋风炉,可使烟气携带的飞灰量大为减少,这时就可采用较高的烟速。另外,加装炉内除尘设备也可使进入尾部烟道的飞灰量有所降低,磨损减轻。

在飞灰颗粒撞击磨损和冲刷磨损的综合作用下,受热面磨损是不均匀的,不仅烟气在烟道截面不同部位受热面的磨损量不均匀,而且沿管子周界的磨损量也是不均匀的。锅炉中发生的飞灰磨损绝大多数属于局部磨损。磨损最严重的部位有:当烟气横向冲刷时,错列布置的管束是在管子迎风面两侧 30°~50°内,顺列布置的管束是在 60°处;当烟气纵向冲刷时(如管式空气预热器),发生在管子进口约 150~200mm 长的不稳定流动区域的一段,邻近或穿过"烟气走廊"的受热面管子,如管子的弯头、省煤器引入、引出管,省煤器靠近后墙处的管子或部位等。

【案例】 某电厂 4#~6# 锅炉低温省煤器采用扩展受热面(用鳍片管代替光管)进行改造,增加了低温省煤器吸热量,4# 炉降低排烟温度 15℃,排烟损失减少 0.89%;5# 炉烟气流速由 9.18m/s 降至 7.8m/s,排烟温度降低 12℃,锅炉效率提高 0.53%;6# 炉在保证低温省煤器吸热量基本不变的前提下,适当加大了横向节距,管排数减少 20%,烟速降低 5.6%。从实际效果看,受热面管壁比较干净,没有积灰及局部磨损现象,因而提高了设备的安全性、可靠性、经济性和使用寿命。

四、管式空气预热器的振动

管式空气预热器的声学共振过程是锅炉机组升负荷时,卡门涡流频率逐渐接近于气室固有频率。首先在锅炉低负荷时可能重合,但由于激发能还不足以产生强烈的振动,随着锅炉负荷的增加,使空气预热器产生强烈的振动,并发出噪声,导致设备疲劳破坏和锅炉机组被迫降负荷运行。

预热器振动的特点是振动剧烈,噪音特大,可达 140 分贝以上,使人难以忍受,甚至会振裂预热器的壁板。

管式空气预热器的声学共振的消除方法一般有下述三种:

(1)圆管改为流线型或螺旋肋片式管子,消除卡门涡流效应。

(2)改变管子节距,从而改变卡门涡流频率。

(3)提高气室固有频率,加装消振隔板将气室分成几个空腔,提高振风量,避免声学共振。

【案例】 茂名热电厂建于 1958 年,锅炉设备为两台 220t/h 和两台 410t/h 的燃油锅炉,到了 20 世纪末,油价不断上升,为了降低发电成本,茂名热电厂发展水煤浆应用技术,以煤代油,推广洁净燃料水煤浆燃料。于 2001~2002 年先后把两台 220t/h 燃油炉(空气预热器为管式)改为燃水煤浆、油两用炉,成为国家级水煤浆燃烧发电的示范基地。2004 年,又把 3# 炉为 WGZ410/100-3 型燃油炉改烧水煤浆。为保证锅炉的出力,进行了锅炉炉膛扩容,降低炉膛热负荷等技术改造,尾部回转式预热器改为管式预热器。炉改安装施工完,进行了锅炉的风压和冷态试验,在试验过程中,当送风机的调节挡板开到 40% 时,管式空气预热及其入口风道出现了较为剧烈的振动,风机无法继续升负荷。随着送风机负荷的升高,管式空气预热器振动加剧,被迫进行管式空气预热器防振改造处理。在空气预热器低温段下部每组加装防振板 5 块,低温段上部加装防振板 3 块,高温段每组加装防振板 4 块。改造后启动风机试验,风机挡板开度 100%,管式空气预热器振动及噪音正常,达到预期效果。

五、漏风

管式空气预热器往往由于低温腐蚀和磨损,使空气预热器管束腐蚀、磨损穿孔,造成漏风、烟气量增大,对低温省煤器的磨损加剧。

回转式空气预热器漏风是运行中比较常见的问题,回转式空气预热器的漏风率一般在 8% 左右,漏风严重时可能达到 20%。解决漏风问题是火力发电厂迫切的要求。

空气预热器漏风主要可以分为以下两类:

(1)携带漏风。携带漏风主要是因为空气预热器在转动过程中,一部分驻留在换热元件中的空气被携带到烟气中去,一部分驻留在换热元件中的烟气被携带到空气中去。这种漏风是空气预热器的构造无法避免的,携带漏风造成的漏风量很小。

(2)直接漏风。直接漏风主要是由于空气预热器结构本身为保证安全运行而使烟气与空气之间存在一定的间隙;同时,由于烟气和空气之间存在压差也会产生漏风。直接漏风主要包括径向漏风、轴向漏风、旁路漏风、中心筒漏风。径向漏风占直接漏风量的 80% 左右,主要是因为转子上、下端温度差异而发生蘑菇状变形,进而造成密封间隙的增大和漏风量的增加。图 8-37 给出了漏风率与运行时间的关系。

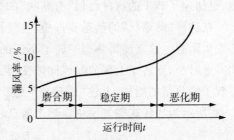

图 8-37　漏风率与运行时间的关系

在回转式空气预热器的转子的上、下工作面和转子的圆周筒体上,安装有许多径向和轴向密封片,分别与上部活动式扇形密封板、下部固定式密封板、轴向密封板形成狭小的漏风间隙;而圆周密封板则与转子上、下法兰圆周侧形成狭小漏风间隙。这些漏风间隙分别称为:空气预热器径向漏风间隙、空气预热器轴向漏风间隙、空气预热器圆周漏风间隙。而这些间隙在冷态时又分别根据位置的不同,预留了不等的间隙距离,如图 8-38 所示。

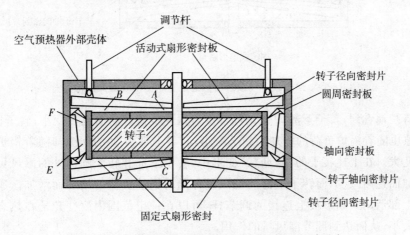

图 8-38　回转式空气预热器的纵剖图和漏风间隙示意

以常见的 300MW 机组回转式空气预热器为例。上部活动式扇形板与转子上部径向密封片之间的冷态预留距离为：A 端 1.5mm，B 端 1.5mm；下部固定式扇形板与转子下部径向密封片之间的冷态预留距离为：C 端 0mm，D 端 19～20mm；空气预热器轴向密封板与转子轴向密封片之间的冷态预留距离为：F 端 9～10mm，E 端 5.5～6.5mm。从图中可以看出在冷态时，转子上部径向漏风间隙近似为矩形形状，转子下部径向漏风间隙近似为三角形形状，转子的轴向漏风间隙近似为梯形形状。

分析回转式空气预热器的热态漏风间隙时，首先分析空气预热器的转子的变形情况。由于转子的不断转动，转子上表面持续受到热风侧的高温烟气加热，温度较高；而转子的下表面也连续受到冷风侧一、二次冷风的冷却，温度较低。这样就使得转子的上部热膨胀大于下部的热膨胀，由于转子的下端受到推力轴承、中心驱动装置、支撑横梁的支撑作用，使得转子在受热后的热态变形为向上部膨胀。这种膨胀的结果使得转子中心的上表面较冷态时升高，并且由于转子上部的径向膨胀大于下部，使得转子的上部受到的热膨胀径向力矩大于转子下部。这种力矩致使转子以下部为原点发生向下、向外的翻转变形，加止转子的自重力矩，更加速了转子的这种行似"蘑菇状"的热态变形。

在这种"蘑菇状"的热态变形中，空气预热器转子的外周发生向下的沉降现象，而转子中心发生隆起。这就使得热态时转子下部的三角形漏风间隙和转子圆周的轴向漏风间隙变得比冷态时小，而转子上部的漏风间隙变得比冷态时大。而且随着锅炉负荷的升高，空气预热器转子换热量的增加，上述"蘑菇状"变形就越明显，各处漏风间隙的变化也就越大。如图 8-39 所示为回转式空气预热器热态蘑菇状变形及漏风间隙示意图。

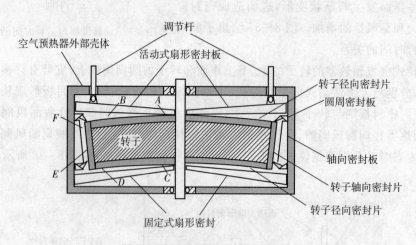

图 8-39　回转式空气预热器热态蘑菇状变形及漏风间隙示意

可以清楚地看到，转子下部 D 处的间隙随着锅炉负荷升高而逐渐变小；转子圆周 F 处、E 处的间隙也随着锅炉负荷的增加而趋于变小；转子上部 B 处的间隙却随着锅炉负荷的增加而逐渐变大。在上述转子的"蘑菇状"变形中，转子下部和转子圆周处的漏风量随着锅炉负荷的增加而逐渐减少，而转子上部的漏风量却随着锅炉负荷的增加而增加。通过空气预热器转子上部活动式扇形板上连接的调节杆，可以在一定范围内改变转子在热态时上部的漏风间隙大小，从而达到调节漏风量的作用。

空气预热器发生漏风的现象主要有:空气预热器空烟侧压差降低;送风机电流增加,预热器出入口风压降低;引风机电流增加;漏风严重时,送风机入口动叶全开风量仍不足,满足不了负荷要求;大量冷空气漏入烟气,使排烟温度下降。

减少空气预热器漏风对机组运行经济性影响明显:

(1)漏风率降低,可保持锅炉燃烧氧量充足,减少锅炉不完全燃烧热损失和排烟热损失。排烟温度每降低 19℃,锅炉效率大致提高 1%。

(2)漏风率降低,减少空气和烟气流量,降低送风机、引风机电耗,节省厂用电,同时也避免了因风机出力不足而影响整台机组的出力。

(3)漏风率降低,减少了空气预热器出口烟气流量,降低了烟气流速,从而使静电除尘器的效率增加,同时所有在空气预热器下游的设备磨损降低,其维修、维护量大大减少。

(4)对空气预热器本身,漏风率减小,空气侧漏向烟气侧的风量下降,流速降低,各易磨损件的寿命也延长,维修、维护工作量减少。

【案例】 华电青山热电厂 12 号炉是哈尔滨锅炉厂生产制造的配 300MW 机组的锅炉,蒸汽流量1025t/h,过热蒸汽温度540℃,主蒸汽压力 18.25MPa,给水温度279.4℃。在锅炉尾部烟道下面配置了 2 台 ϕ10.318m 的三分仓立式倒流回转式空气预热器,其结构由转子、外壳板、轴承传动元件、传动装置、自控系统等组成,空气预热器转子的高度为 1780mm,在满负荷和低负荷时的转速分别为 1.139r/min 和 0.32r/min。热端和热端中间层由厚度为 0.6mm 的 DU 型碳钢波纹板叠制而成,冷端由厚度为 1.2mm NF-6 型 H=300mm 考登钢 (CORTEN)波纹板叠制而成。

空气预热器的径向、周向和轴向均有密封装置,以防止和减少漏风,密封片由考登钢制成。径向密封片厚度 δ=2.5mm;转子中心筒周向密封板厚度 δ=6mm;轴向密封片厚度 δ=2.5mm,旁路密封片厚度 δ=1.6mm。空气预热器配有漏风控制系统和 2 台伸缩式吹灰器及多喷嘴清洗管。

投产后,这台锅炉的回转式空气预热器在运行中存在漏风量偏大的问题,漏风率最高时曾达到 33%。后经过两轮的回转式空气预热器改造完毕后,经测试运行:回转式空气预热器漏风率为 7.4%,显著降低了漏风率,提高了锅炉效率,取得了较为明显的经济效益。

六、低温腐蚀

低温腐蚀是烟气中的硫酸、亚硫酸在低于露点的受热面上凝结,使受热面腐蚀的一种现象。煤、油含硫量高,壁面温度低是产生低温腐蚀的主要原因。大容量电站锅炉低温腐蚀主要发生在空气预热器,且腐蚀最为严重,可达 1.4mm/a。图 8-40 给出了空气预热器冷端蓄热元件的腐蚀现象示意图。

1. 低温腐蚀产生的原理

燃料中含有硫,硫与空气中的氧气作用生成 SO_2,在炉膛内 SO_2 继续被氧化,生

图 8-40 空气预热器冷端蓄热元件的腐蚀现象

成 SO_3，SO_3 与水蒸气结合生成硫酸蒸汽的概率很大，硫酸蒸汽将在温度比较低的空气预热器上凝结（烟气中水蒸气凝结的温度称为水露点；硫酸蒸汽凝结的温度称为酸露点）产生腐蚀。硫酸浓度为零时，纯水沸点为 45.45℃，随浓度增高，沸点也随之升高。烟气中只要含有少量硫酸蒸汽，就会使露点大大超过纯水的露点；当硫酸蒸汽的浓度为 10% 时，露点可达 190℃ 左右。即使燃油锅炉烟气中的硫酸浓度仅有 0.0005% 左右，它也会使露点升高很多。此外，虽然烟气中硫酸蒸汽的浓度很低，但凝结下来的液体中的硫酸浓度却可以很高。因此，必须严格控制烟气中 SO_3 含量，即控制燃料中的硫含量。

2. 低温腐蚀的危害

强烈的低温腐蚀会造成空气预热器热面金属的破裂，大量空气漏进烟气中，使得送风量减少、燃烧恶化，锅炉效率降低，影响回转式空气预热器传热效率，同时腐蚀也会加重积灰，使烟风道阻力加大，影响锅炉安全、经济运行。

3. 影响低温腐蚀的因素

影响金属腐蚀速度主要有凝结的酸量、酸露的浓度和金属壁温三个因素。

(1)凝结的酸量：当壁温在露点时，壁面凝结的酸量很少，腐蚀速度很慢。随着壁温降低，凝结酸量增加，腐蚀速度显著增加。通常最大腐蚀点的壁温比露点约低 20℃～45℃。当壁温进一步降低时，凝结的酸量已足够，此时腐蚀速度与酸浓度几乎无关，而仅仅取决于壁温。随着壁温的降低，酸露中酸浓度也随之降低。虽然酸露中酸浓度的降低使腐蚀速度增加，但壁温对腐蚀速度的影响大于酸浓度对腐蚀速度的影响，因此腐蚀速度下降。下降至一定程度后，由于浓度的影响超过了壁温的影响，随着壁温的降低，腐蚀速度又加快。酸沉积和管壁温度之间的关系如图 8-41 所示。

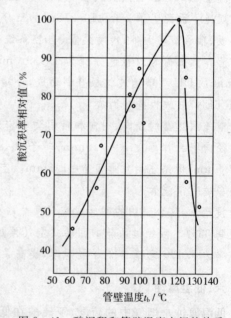

图 8-41 酸沉积和管壁温度之间的关系

(2)凝结液中硫酸的浓度：烟气中的水蒸气与硫酸蒸汽遇到低温受热面开始凝结时，硫酸的浓度很大。随烟气的流动，硫酸蒸汽会继续凝结，但这时凝结液中硫酸的浓度却逐渐降低。开始凝结时产生的硫酸对受热面的腐蚀作用很小，而当浓度为 56% 时，腐蚀速度最大。随着浓度继续增大，腐蚀速度也逐渐降低。

(3)受热面的壁温：受热面的低温腐蚀速度与金属壁温有一定的关系。通过实践发现：腐蚀最严重的区域有两个：一个发生在壁温在水露点附近；另一个发生在烟气露点以下 20℃～45℃区（D 点附近）。在两个严重腐蚀区之间有一个腐蚀较轻的区域（AC 区域）。空气预热器低温段较少低于水露点，为防止产生严重的低温腐蚀，必须避开烟气露点以下的第二个严重区域。腐蚀速度与金属壁温之间的关系如图 8-42 所示。

4. 低温腐蚀的减轻和防止

(1)燃料脱硫。燃料中含硫越多,生成的SO_3也越多,露点就越高,当燃料的硫含量为1%时,SO_3浓度已超过腐蚀危险浓度的下限,与此相应,露点则提高到130℃左右。当硫含量为0.2%~0.5%时,露点温度接近水蒸气的凝结温度,增大了换热器表面积灰及硫酸生成的概率。因此通过分离出燃料中的黄铁硫,可以减少低温腐蚀的发生概率。

(2)低氧燃烧。过剩氧的存在是使SO_2氧化成SO_3的基本条件。空气过剩系数越大,过剩氧越多,SO_3也越多。随着空气过剩系数的降低,烟气中的SO_3浓度显著减少,接近或小

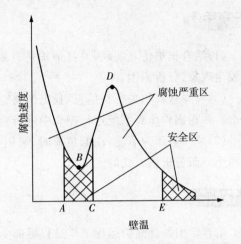

图8-42　腐蚀速度与金属壁温之间的关系

于腐蚀危险浓度,同时露点也随之降低。当空气过剩系数小于1.1(含氧量小于2%)时,露点急剧下降。另外,减少锅炉漏风也是减少烟气中剩余氧气的措施。

(3)采用降低酸露点和抑制腐蚀的添加剂。将添加剂——粉末状的白云石混入燃料中,或直接吹入炉膛,或吹入过热器后的烟道中,它会与烟气中的SO_2和H_2SO_4发生作用而生成$CaSO_4$或$MgSO_4$,从而能降低烟气中的H_2SO_4的分压力,降低酸露点,减轻腐蚀。

(4)提高空气预热器受热面的壁温是防止低温腐蚀的最有效的措施。通常可以采用热风再循环或暖风器两种方法,如图8-43所示。

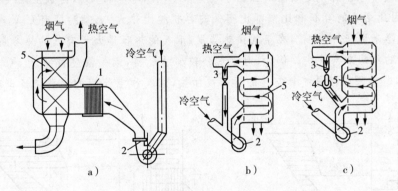

图8-43　加装暖风器和热风再循环系统

a)加装暖风器;b)利用送风机再循环;c)利用再循环风机再循环

1—蒸汽暖风器;2—送风机;3—调节挡板;4—再循环风机;5—空气预热器

(5)采用回转式空气预热器。因它在相同的烟温和空气温度下,其烟气侧受热面壁温较管式空气预热器高,这对减轻低温腐蚀有好处;同时在回转式空气预热器中,烟气和空气交替冲刷受热面,使凝结在受热面上的硫酸迅速蒸发,从而降低腐蚀。

(6)定期吹灰和冲洗,利于清除积灰,又利于防止低温腐蚀。如空气预热器冷段积灰,可以用碱性水冲洗受热面清除积灰。冲洗后一般可以恢复至原先的排烟温度,而且腐蚀减轻。

工作任务

(1)结合锅炉仿真实训,通过锅炉仿真系统进行锅炉运行省煤器泄漏事故处理,观察事故发生现象、分析原因。

(2)收集查找相关资料信息,找出区别空气预热器受热面积灰和着火异常的主要依据是什么?并在锅炉仿真系统运行操作中进行验证。

(3)某些电厂为节能,在低负荷时,采用单风烟系统运行,请查阅资料,从安全性和经济性两个方面分析该方式的优劣。

 能力训练

培养学生结合锅炉运行工作过程尾部受热面实际工作状况对锅炉运行工况进行综合分析、判断的能力。

知识拓展

一、省煤器和空气预热器在尾部烟道里的布置形式

省煤器和空气预热器在尾部烟道里的布置有单级布置和双级布置两种。

单级布置如图 8-44a 所示。这种布置方式较为简单,但热风温度一般只能达到 300℃左右,再高则难度很大。这是由于流过空气预热器的空气中主要是双原子气体,而流过空气预热器的烟气中却含有一定数量的三原子气体(CO_2、SO_2 和 H_2O),再加上烟气流量要比空气流量大,因此烟气的容积和比热都比空气的容积和比热大。这样,即有 $C_k V_k < C_y V_y$。对于空气预热器来讲,这意味着,在空气预热器里,烟气的热容量大于空气的热容量,空气的加热要比烟气的冷却来得快些。例如,对于水分较少的燃料,烟气温度每降低 1℃。空气大约升温 1.4℃,其结果必然是随着空气的逐渐被加热,烟气和空气间的温差将逐渐减小。显而

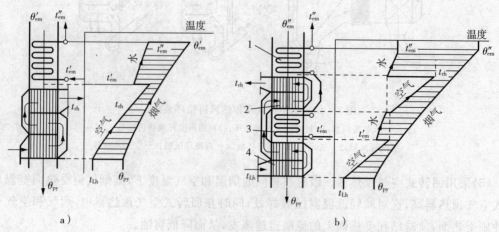

图 8-44 尾部受热面的布置

a)单级布置;b)双级布置

1—高温级省煤器;2—高温级空气预热器;3—低温级省煤器;4—低温级空气预热器

易见,在空气预热器热空气出口端,这个温差将达到最小值。温差影响到换热强度。从经济上考虑空气预热器的热端应该保持一定的温差,通常热端温差为 $\Delta t \geqslant 30℃ \sim 40℃$。再进一步提高预热器出口热空气温度将是无益的。因为这时在空气预热器热端温差 Δt 变得很小,传热效果会愈来愈差,将使受热面积陡然增大。如若保持适当的热端温差,势必使排烟温度增高。

由上述分析可知,为保持经济排烟温度和空气预热器热端一定的温差,单级空气预热器中空气的温升是有限的。如果要求更高的热空气温度时,就需采用双级布置。

双级布置如图 8-44b 所示。这时省煤器和空气预热器是交错布置的。由于把空气预热器的高温部分移到了更高的烟温区域里,这样既可做到低温级空气预热器出口端有足够大的温差,同时排烟温度也可保持在适当的水平上。

对于逆流换热系统中的省煤器,与空气预热器恰恰相反,由于水的热容量比烟气大,所以随着水逐渐被加热,省煤器中水与烟气间的温差是逐渐增大的。因而从技术经济上考虑,主要应该保证省煤器入口端烟气与水的温差。

若采用回转式空气预热器,其布置形式如图 8-45 所示。

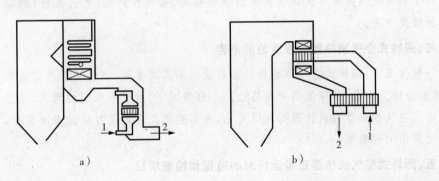

图 8-45　回转式空气预热器的布置
a)单级布置;b)双级布置
1—空气;2—烟气

在所有的布置方式中,空气和给水总的流动方向都是自下而上,而烟气则是自上而下,这样可以形成良好的逆流传热系统,获得较大的传热温差。

在超高压及以上压力锅炉的尾部烟道中,除了布置低温级对流过热器外,通常还布置有再热器受热面,因而尾部受热面通常采用单级布置。

二、省煤器飞灰磨损的原因

含有硬粒飞灰的烟气相对于管壁流动,对管壁产生磨损称为冲击磨损,亦称冲蚀。冲蚀有撞击磨损和冲击磨损两种。

撞击磨损是指灰粒相对于管壁表面的冲击角较大,或接近于垂直,以一定的流动速度撞击管壁表面,使管壁表面产生微小的塑性变形或显微裂纹。在大量灰粒长期反复的撞击下,逐渐使塑性变形层整片脱落而形成磨损。

冲刷磨损是指灰粒相对管壁表面的冲击角较小,甚至接近平行。如果管壁经受不起灰粒锲入冲击和表面摩擦的综合切削作用,就会使金属颗粒脱离母体而流失。在大量飞灰长期反复作用下,管壁表面将产生磨损。

省煤器磨损,一般都是撞击磨损和冲刷磨损综合作用的结果。显然,烟气的流速越高,灰粒的质量越大,灰粒的硬度越大,灰粒的锐角越多,飞灰浓度越大,对受热面管子的磨损作用越强烈。在省煤器中局部烟气流速和飞灰浓度偏高的情况下,这种磨损是难以避免的。通常采用较大节距顺列布置对减轻磨损是有利的,同时加装烟气阻流板和防磨套管,以避免或减轻磨损的影响。

三、空气预热器的漏风率

空气预热器的漏风率就是从一、二次风漏到烟气侧的风量与一二次风总量之比。反映空气预热器的严密性。

空气预热器漏风率=(空气预热器出口过量空气系数-空气预热器入口过量空气系数)/空气预热器入口过量空气系数。

其中,空气预热器出口过量空气系数-空气预热器入口过量空气系数,即空气预热器漏风系数。

对于回转式预热器与预热器的密封装置有关,管式预热器(立式布置)的与入口防磨套管磨损程度有关。

四、回转式空气预热器低温腐蚀的危害

一般情况下,回转式空气预热器低温腐蚀并不构成事故,但影响机组的长期安全可靠运行,增加检修工作量,并降低锅炉经济性。个别情况下,由于不均匀的堵灰、腐蚀,使烟、风压随回转式空气预热器的旋转而周期性变化,当影响燃烧稳定及自动控制质量时,可能成为锅炉强迫停用的因素之一。

五、回转式空气预热器正常运行时的监视和检查项目

1. 转子运转情况

空气预热器的运行情况由内置式指示仪进行监测。驱动电动机的正常电耗约50%～80%。在启动过程中或者在密封轴瓦调整之后的自身磨合过程中,电流可能变大或上下起伏。

密封间隙控制系统。为了控制转子和密封板之间的距离/间隙,安装有两个传感器。径向和圆周密封的执行器对密封板进行调节。DCS计算的实际密封间隙定义为转子完整旋转一圈过程中所收集到的所有信号的平均值。通过检测实际值与预设值之间的偏差,指导执行机构动作。

转子运转情况要求传动平稳,无异常的冲击、振动和噪声。

2. 传动装置的工作情况

要求电动机、减速箱轴承、液力耦合器等温度正常,无漏油现象,电动机的工作电流正常。为了控制转子的旋转,在导向轴承区域的轴端安装了三个接近开关。

3. 转子轴承与油循环系统的运转情况

要求油泵出油正常,油压稳定,无漏油现象,油温和油位在正常范围内,油泵电动机电流正常。

(1)支承轴承油位。油位是由带有油位限位开关的油位指示器进行监测的。

(2)导向轴承的温度。导向轴承的温度是由一个电阻式温度计进行监测的。当温度 $t>$ 120℃时指示报警。

(3)支承轴承的温度。支承轴承的温度是由一个电阻式温度计进行监测的。当温度 $t>$ 100℃时指示报警。

4. 监视预热器进、出口的烟气和空气温度

如发现其中一处温度有不正常地升高,必须及时查明原因,以防不测。这一点在锅炉点火启动阶段特别要注意,因为在点火启动阶段,炉内燃烧不完全,很可能使未燃尽的油雾滴和碳粒沉积在预热器的传热元件上而引起二次燃烧。

火灾报警系统的温度传感器安装在一次和二次风道的冷端,以便能及时发现空气预热器内的着火。一、二次风入口温度高于500℃,则报警。一旦空气预热器着火,监测装置将启动一个预报警和一个主报警。

5. 预热器进、出口之间压差

空气和烟气的压力指示仪安装在控制室内,当发现进、出口压差,即气流阻力明显增加时,表明转子积灰严重,应加强吹灰,即增加预热器的吹灰次数。按制造厂的要求,当预热器的空气压力损失在增加30%以上时,需停机进行水清洗。

吹灰蒸汽压力可以在一个内置的压力表上读取,并由两个压力开关监测。吹灰蒸汽的温度由一个温度指示仪监测。

六、回转式空气预热器漏风分析及控制措施

1. 回转式空气预热器漏风分析

(1)转子热端蘑菇状变形

回转式空气预热器在热态时,烟气和空气分别从上、下进入预热器转子,通过转子蓄热元件进行热交换。在这个过程中,热端温度高、膨胀量大,而冷端温度低、相应的膨胀量小,使得转子沿径向向下发生变形,呈蘑菇状。图8-46所示为某机组回转式空气预热器转子热端蘑菇状变形。

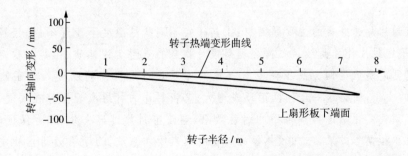

图8-46 转子热端蘑菇状变形示意

从图8-46可看出,转子下垂量最大达到50mm,而且半径越大,转子外缘下垂量越显著。通过推算得知,转子变形量与转子半径的二次方成正比,关系式如下:

$$Y = \frac{0.5\lambda \times \Delta t \times R^2}{h}$$

式中：Y——转子下垂量，mm；

　　　λ——平均温度下转子的线性膨胀系数，m/℃；

　　　Δt——热端与冷端的平均温差，℃；

　　　R——转子半径，m；

　　　h——蓄热元件高度，m。

现有的回转式空气预热器广泛利用可调节扇形板与转子径向密封片配合，达到控制转子冷、热端漏风的目的，如图8-47所示。但由于转子特殊的蘑菇状变形，使得直线形式的扇形板与径向密封片无法达到良好的密封，控制漏风的效果难以保证。

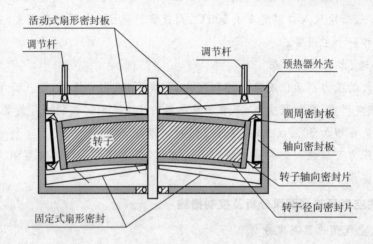

图 8-47　回转式空气预热器的密封装置

(2)密封片(板)磨损

运行过程中，为保证转子与定子构架之间相对较小的间隙，转子密封片与定子密封板均匀接触产生磨损。虽然在一定时期内可以维持相对较低的漏风面积，但随着设备磨合，漏风率将增大，而且随着设备工作稳定期的结束，设备逐渐进入工况恶化期，漏风量急剧增加（见图8-37）。

造成密封片加速磨损的主要原因有：①转子在不同排烟温度下变形不同，经过一段时间的运行，转子密封片外端曲线将不符合理想设计状态的变形曲线性质，在某一稳定工况下形成一个不规则的漏风区间。高压侧空气气流高速通过这个区间间隙进入负压侧的烟气通道，空气流的吹损，使得这一区间间隙逐渐增大；②密封片的材质或规格存在问题，不能保证在环境温度频繁变化等恶劣条件下的耐磨效果，导致密封片过早失效；③为保证转子清洁、气流流通面积和换热效果，空气预热器一般配有蒸汽吹灰系统，为了有效排出吹灰时产生的疏水，吹灰器枪管均为内高外低式设计。当吹灰器每次投入运行时，初始产生的部分冷凝水会聚集在枪管第一喷口处，在高压蒸汽的推动下，夹带大量水滴的蒸汽高速冲击转子某一固定位置，造成该部位的密封片首先产生磨损。之后，高速汽流还会扩大磨损部位，在某一段长度上产生锯齿状的磨损，导致漏风量的骤增。

（3）转子水平度

转子的水平度是影响漏风量的主要因素之一。如果转子水平度不达标，各向（径向、轴向、环向、旁路等）密封会在某些固定部位产生大量漏风；同时，其反向位置的密封也会严重磨损，致使磨损部位转至其反向位置后，间隙更加明显，漏风量更大，产生恶性互动结果。

一般情况下，转子水平度的控制标准为 0.4mm/m。机组在中级以上检修时，都应测量转子水平度，如果不符合上述标准要求，应及时进行调整。

（4）负荷变化

负荷变化与漏风面积有关。当锅炉负荷降低时，送风机出力将相应降低，致使空气与烟气压力差 Δp 降低，在其他参数不变的情况下，锅炉负荷降低将显著降低漏风量。

（5）其他因素

除上述影响因素外，其他影响空气预热器漏风的因素还有：①结构设计不良，密封装置在热态运行中补偿不足；②制造工艺欠佳，加工精度不够，焊接质量差；③安装与检修质量差，未能按设计要求安装和检修；④运行与维护不当，造成预热器积灰、腐蚀及二次燃烧等。

2. 回转式空气预热器漏风的控制措施

回转式预热器漏风的原因主要有：携带漏风和密封漏风。前者是由于受热面的转动将留存在受热元件流通截面的空气带入烟气中，或将留存的烟气带入空气中；后者是由于空预热器动静部分之间的空隙，通过空气和烟气的压差产生漏风。为了减小漏风，需在转子等处加装密封装置和系统（见图 8-48、图 8-49、图 8-50、图 8-51 所示）。

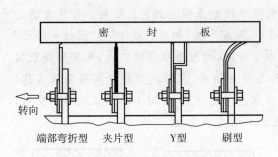

图 8-48　软密封示意图

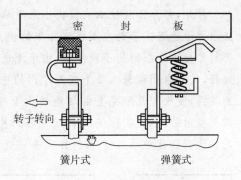

图 8-49　弹簧密封示意图

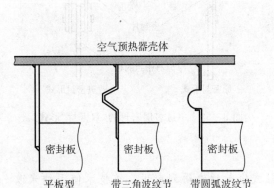

图 8-50　焊接静密封示意图

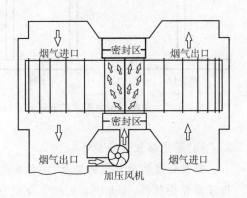

图 8-51　加压密封系统示意图

还可以用以下措施加以综合控制：

(1)多段式折线密封

多段式折线密封原理基于转子热态时特殊的蘑菇状变形，主要目的是保证密封间隙的均匀、一致性。传统的直线安装热端径向密封片，在热态时会随同转子一起发生蘑菇状变形，从而与热端扇形板平面产生间隙，尤其是越靠外缘，间隙更加明显。而转子发生变形后，径向密封如果能够形成一条直线，就可有效避免上述情况的发生。把密封片沿径向分为若干段，其最内、最外两段原则上可以认为无需调整，设为0，其余各部分，根据相似三角形理论计算出相应的调整量，并相应地下调密封片安装高度，使其与热态转子蘑菇状变形的变形量相抵消，达到直线状态，形成均匀的间隙。这样就不会造成局部严重摩擦和损坏，从而保证漏风控制系统安全、可靠运行，延长密封片使用寿命，降低维护费用，提高电厂经济效益。实践验证，分段数保持在3或4段较为实际和理想，生产中可根据自有设备情况具体分析，一般均可取得良好的效果。

(2)双密封与多密封

双密封技术就是时刻保证转子上的密封片最少有2片处于与密封板的密封状态下，使空气与烟气间的压力差相应地降低(见图8-52)。由经验公式可计算出双密封技术的使用可以使漏风量减少30%。同理，如果把密封道数增加为3道、4道，漏风量分别可以减少50%、65%。但当继续增加时，效果将不明显，同时还会增加现场方案实施的难度，所以并不建议使用。

另外，部分工程技术人员提出采用单道多层密封的"双密封"方式(见图8-53)。这种方式来源于迷宫式密封在工程实际中的使用，它利用节流的原理达到密封目的。当气流通过密封片与扇形板间的小间隙时，由于流通面积减小，气流形成"加速—减速"的"压缩—膨胀"过程，气流自间隙进入2个密封片间的中间压力空腔时，通流面积突然扩大，气流形成很强的旋涡，使气流几乎完全由动能转化为热能，产生阻尼效果，从而达到减少间隙漏风目的。需要指出的是，在实际使用中，2个密封片间隔应保持一定距离，否则不易形成大容积空腔，无法达到膨胀效果；2个密封片间隔一般设定在30mm左右为宜。

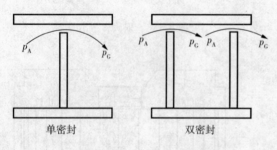

图8-52 采用双密封形式的漏风量示意

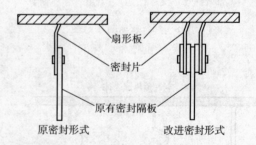

图8-53 单道多层密封的"双密封"形式

(3)新型接触式密封

随着新型纳米材料的普及，一种新型的接触式密封逐渐得到应用。该技术使用纳米改性石墨合成材料、稀土铁基双相合金钢材料与U形弹簧构成接触式密封组件，其结构和工作原理如图8-54所示。

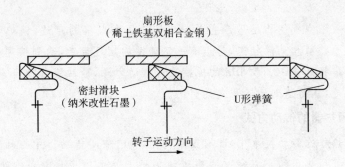

图 8-54　新型接触式密封的结构和工作原理

由于滑块的低摩擦系数($a=0.08$)、高硬度(HS60)、防磨护板的高耐磨性(相当于 A3 钢的 3 倍),使得这种密封组件每年的磨损量在圆周处最大只有 0.6mm 左右,基本可以忽略,同时,由于组件造成的烟气阻力(以 16 组密封为例)只有 83.2Pa,因此适用范围得以推广。

(4)降低空气预热器漏风的其他措施

降低空气预热器漏风的其他措施还有:①合理选择预热器型号,尽量选用低转速的,提高转子充满度,降低结构漏风;②安装漏风自动控制系统;③设置可调性扇形板和轴向密封板,正确计算转子变形量;④保证转子和扇形板的水平度;⑤进行有效吹灰,保持受热面清洁等。

七、常见的吹灰方式

吹灰器是以蒸汽、空气等作为吹灰介质,吹扫锅炉受热面上的积灰和结渣的,主要用在清除过热器、再热器和省煤器等部位的结灰,也可用来清除炉顶和管式空气预热器的积灰(见图 8-55、图 8-56)。

图 8-55　长伸缩式蒸汽吹灰器

图 8-56　安装在锅炉上的蒸汽吹灰器

1. 蒸汽吹灰

一定压力和一定干度的蒸汽,从吹灰器喷口高速喷出,对积灰受热面进行吹扫,达到清除积灰的目的。蒸汽吹灰器的工作原理是利用高温高压蒸汽流经连续变化的旋转喷头高速喷出,产生较大冲击力吹掉受热面上的积灰,随烟气带走,沉积的渣块破碎脱落。

2．声波吹灰

金属膜片在压缩空气的作用下产生具有一定声压和频率的声波，锅炉受热面的积灰在声波的作用下处于松动和悬浮状态，易被有一定速度的烟气带走，达到清理受热面积灰的目的。其工作原理是将 $0.4\sim0.55$MPa 的压缩空气做动力源，震动膜片产生声波，声波使积灰震动而被烟气带走，从而达到清除积灰的目的。

八、回转式预热器的传动方式

在回转式预热器的传动技术中，既有围带传动，也有中心传动。中心轴传动在空气预热器的小型卧式布置预热器和小直径立式布置预热器上使用较多。中心传动有布置简便、不使用成本较高的围带、转子设计简单、轴向泄漏相对较小的优点，但也存在对机组负荷变化适应慢、对运行密封副阻力敏感、容易卡阻的缺点，从 1980 年代起，随着预热器向大型化发展，预热器逐步停止使用中心驱动技术，现在基本采用围带传动。目前全球预热器制造厂家中，绝大多数使用转子周边传动即围带传动方式。

研究表明传动方式和漏风的关系并不密切。这是因为围带部位仅仅轻微增加了预热器轴向漏风量，而一台旁路密封结构完善的预热器，轴向漏风仅仅占 1/20 左右，由围带部位漏风引起的漏风率仅仅是 $0.05\%\sim0.1\%$ 量级。

在近年实际使用中心传动的机组来看，中心传动预热器的减速箱的主要构件（传动齿轮、末级蜗杆蜗轮等，有些是整个减速箱）使用寿命普遍较短，不能适应转子变形大于设计值时的恶劣状况。近年投产的机组上，采用中心传动的预热器出现了不能和锅炉同步启动、传动装置损毁、预热器停转等事故，备件更换频繁，费用昂贵，这也说明了围带传动在可靠性上有很大的优势。

预热器围带传动选择采用能适应密封片全部摩擦时的工作状况的马达。在预热器出现火灾时，转子仍能维持转动，不会停转。

预热器传动机构考虑最多使用三种动力运转，保证安全。减速箱有最多三根输入轴，能接受交流马达/直流电动机/空气马达的动力，保证在没有电源时也能维持一段时间转动。

预热器的启动有变频和液力偶合器两种保护方式。都能实现减小启动转子惯性矩对马达的冲击，实现无级调速。其优缺点比较如表 8-2 所示。

表 8-2　变频器驱动与液力耦合器驱动优缺点

序号	启动方式	优　点	缺　点
1	变频器	无级调速启动； 启动阶段节能； 可以使用小传动马达	电器定期维护工作多； 在预热器出现异常阻力上升时不能起作用，配置马达在不能投入变频器时余量不足； 使用寿命相对短，备件成本高
2	液力偶合器	无级调速启动； 维护方便，成本低； 转动异常时自动响应； 可以在运行时检修或更换传动马达	动耗能多一些（20 秒钟左右）； 运行时要定期查油位

目前两种启动方式我国都有采用。一般而言，围带传动的预热器用液力偶合器启动利

于电厂运行维护。

九、SCR 技术对预热器的影响

目前应用的火电厂锅炉脱硝技术中,选择性催化还原(Selective Catalytic Reduction 简称 SCR)法脱硝工艺被证明是应用最多且脱硝效率最高、最为成熟的脱硝技术,是目前世界上先进的火电厂烟气脱硝主流技术之一。

SCR 法是一种燃烧后 NO_x 控制工艺,关键技术包括将氨气喷入火电厂锅炉燃煤产生的烟气中,把含有 NH_3(气)的烟气通过一个含有专用催化剂的反应器。在催化剂的作用下,NH_3(气)同 NO_x 发生反应,将烟气中的 NO_x 转化成 H_2O 和 N_2 等过程,脱硝效率 $\geqslant 90\%$。

对带有 SCR 脱硝装置的机组,SCR 系统脱硝反应未完全耗尽的氨气 NH_3 和烟气中的 SO_3、水蒸气,很容易产生下列反应:

$$NH_3 + SO_3 + H_2O \rightarrow NH_4HSO_4 \qquad (NH_3 : SO_3 < 2 : 1 \text{ 时})$$

$$2NH_3 + SO_3 + H_2O \rightarrow (NH_4)_2SO_4 \qquad (NH_3 : SO_3 > 2 : 1 \text{ 时})$$

$$SO_2 + O_2 \rightarrow SO_3$$

反应产物中 NH_4HSO_4 在温度 149℃～191℃区域(高尘布置 SCR)开始凝聚,这一温度一般位于传统设计预热器的中温段下部和冷端上部,形成传热元件表面的额外吸附层,通常 2～3 月就吸附大量的灰分,导致传热元件内部流通通道堵塞,特别是传统预热器的热段和中间层之间区域。预热器堵灰后严重影响风机工作,由于恰好位于分层处,大量的沉积物卡在层间,导致吹灰气流无法清除掉。SO_3 的增加使尾部烟气露点提高,加剧了预热器的低温腐蚀。

采用传统流道设计的高换热效率波形(FNC,DU 等),由于烟气流通转弯多,不构成封闭流道,吹灰气流穿透深度不足(一般只有 200～300mm),不能有效清除沉降在离冷端 800～1100mm 的 NH_4HSO_4。

由于 NH_4HSO_4 黏性很强(在预热器内呈液相或液固两相混合物),采用松排列的传热元件也不能有效改善堵灰。据国外的资料,有些传热元件配置不佳的机组往往要每 3 个月水洗一次预热器,给电厂带来了很大损失。

考虑到这些因素,从 20 世纪 70 年代起,ALSTOM 日本和德国公司经过大量现场测试,总结了一套行之有效的预热器设计方案,目前已推广使用:

采用高冷段层元件布置方式(800～1000mm),使传热元件分层位置提高到 NH_4HSO_4 和 $(NH_4)_2SO_4$ 的沉积区以上。

传热元件使用小封闭流道,保证吹灰气流穿透,同时压力损失不大。

用搪瓷表面冷端元件,既保证抗腐蚀,又保证表面清洗干净。

采用双介质吹灰器(高压水＋蒸汽)或一点多喷口形式吹灰器,增加吹灰动量,使吹灰穿透深度达到 800～1000mm。

预热器转子采用较高规格材料,如不锈钢旁路密封片等。

为保证运行效果,SCR 出口氨气逃逸率应控制在 2ppm 以内,并采用良好的氨气喷入控制系统,切忌为提高脱硝效果而纯粹依赖增加氨气注入量的运行模式。

十、直流锅炉省煤器的保护措施

直流锅炉的省煤器保护是为防止非沸腾式省煤器产生沸腾现象,导致省煤器管道损坏而采用的一种控制方式。尾部烟道出现沸腾,主要因为给水和燃料之间的配比不当,导致给水吸收的热量大于汽化潜热,给水出现沸腾,在尾部烟道再燃烧、给水出现异常或断水的情况下会出现这种情况。省煤器沸腾的判断条件为在省煤器水温大于对应压力下的饱和温度(或与饱和温度在一定的温度偏差范围内),出现省煤器保护动作的情况后,应首先增加给水,抑制省煤器沸腾。一般在自动控制下,给水系统会自动将给水量作一个正向的偏置。

十一、非沸腾式省煤器的安全部件

非沸腾式省煤器进口和出口应各装一只温度计;进口处安装一只压力表;出口处装一只安全阀;出口的最高处还应装一只空气阀,以排除省煤器中积存的蒸汽和空气;在省煤器进口的最低处还要装排污阀,以便在检修时排掉省煤器中的积水;此外还应装备有一条直通给水管路,使给水能直接进入锅炉,以免省煤器出故障时影响锅炉供水。

思考与练习

1. 尾部受热面包括哪几个设备?
2. 省煤器和空气预热器的作用是什么?
3. 什么是省煤器的启动保护?
4. 空气预热器有什么作用?有哪些类型?
5. 简述回转式空气预热器工作的基本原理。
6. 锅炉受热面一般什么地方容易发生严重磨损,如何减轻与防止?
7. 什么是尾部受热面的积灰?积灰会带来哪些危害?
8. 烟气中三氧化硫的含量与哪些因素有关?
9. 什么是低温腐蚀?哪些因素会导致低温腐蚀?锅炉设计和运行时如何减小或消除低温腐蚀?

项目九　强制循环锅炉

任务一　强制循环锅炉的认知

学习目标

从自然循环锅炉提高经济效能的局限性阐述引入强制循环锅炉,掌握强制循环锅炉的类型、工作原理及结构特点。

能力目标

通过比较各种强制循环锅炉的工作原理,掌握各自不同的工作特性,比较认知与自然循环截然不同的结构与工作特性。

知识准备

关 键 词

控制循环锅炉　　直流锅炉　　复合循环锅炉

按工质在蒸发受热面的流动方式,电厂锅炉有自然循环和强制流动锅炉两大类。自然循环锅炉就是依靠下降管中水与水冷壁中汽水混合物的密度差实现工质的流动;强制流动锅炉则主要是借助水泵的压头实现工质的流动。由于当压力增至一定值,汽水密度差下降,运动压头下降,汽水分离困难,必然取消汽包,要借助水泵来强迫工质流动。因此在 22.1MPa(水的临界压力)之上,超临界压力和超超临界压力锅炉必须采用强制流动锅炉。

强制流动锅炉有控制循环锅炉、直流锅炉和复合循环锅炉三种基本类型。

一、控制循环锅炉

1. 工作原理

控制循环锅炉(如图 9-1 所示)是在自然循环锅炉的基础上发展起来的,它在循环回路的下降管上装

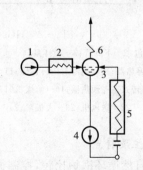

图 9-1　控制循环锅炉工作原理图
1—给水泵;2—省煤器;3—汽包;
4—锅水循环泵;5—水冷壁;6—过热器

置了锅水循环泵。循环回路中工质的循环是靠自然循环运动压头和锅水循环泵的提升压头来推动的,自然循环运动压头一般为 0.05～0.1MPa,循环泵提升压头为 0.25～0.5MPa。由此可见,控制循环锅炉的循环推动力要比自然循环的大 5 倍左右。因此循环回路能克服较大的流动阻力,并由此带来了控制循环的一些特点。

大型控制循环锅炉结构示意图如图 9-2 所示。

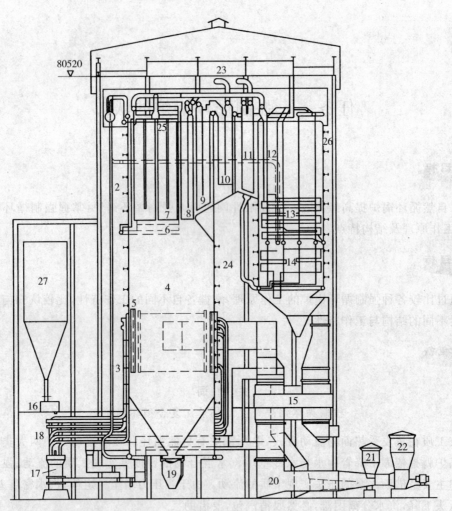

图 9-2　HG2008/18.3－540.6/540.6－M 型控制循环锅炉

1—汽包;2—下降管;3—循环泵;4—水冷壁;5—燃烧器;6—墙式辐射再热器;7—分隔屏过热器;8—后屏过热器;9—屏式再热器;10—高温对流再热器;11—高温对流过热器;12—立式低温过热器;13—水平低温过热器;14—省煤器;15—回转式空气预热器;16—给煤机;17—磨煤机;18—一次风煤粉管道;19—除渣装置;20—风道;21—一次风机;22—送风机;23—大板梁;24—水冷壁刚性梁;25—顶棚过热器;26—包覆墙过热器;27—原煤仓

2. 主要特点

与自然循环锅炉比较,控制循环锅炉的主要技术特点是低压头锅水循环泵＋内螺纹管水冷壁＋水冷壁入口装节流圈。低压头锅水循环泵为循环流动提供足够的循环压头,内螺纹管用来防止发生膜态沸腾,节流圈用来控制流量分配。

(1)结构特点

水冷壁可采用较小的管径,一般为 $\phi 42 \sim \phi 51mm$,水冷壁的布置较自由,不受垂直布置的限制。水冷壁下联箱的直径较大,在水冷壁的进口处装置有滤网和不同孔径的节流圈,如图9-3所示。滤网的作用是防止杂物进入水冷壁管内。节流圈的作用是合理分配各并联管的工质流量,以减小水冷壁的热偏差。

由于采用锅炉水循环泵(如图9-4所示)的压头来克服汽水分离器的阻力,所以可采用分离效果较好而尺寸较小的涡轮汽水分离器,减少了汽水分离器的数量。另外,控制循环锅炉的循环倍率低,循环水量少,所以其汽包尺寸比自然循环锅炉的小。

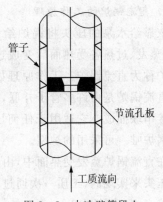

管子
节流孔板
工质流向

图9-3　水冷壁管段上
装设的节流圈结构

图9-4　检修中的锅炉水循环泵

(2)循环特点

水冷壁管内工质质量流速较大, $\rho\omega = 900 \sim 1500kg/(m^2 \cdot s)$,对管子的冷却条件较好,流动阻力较大。为了尽量减小锅水循环泵的体积,必须限制锅水循环泵的流量,在蒸发流量一定的条件下,只能减少蒸发回路的循环流量,因此控制循环锅炉的循环倍率比较小,一般 $K = 2 \sim 4$。

(3)运行特点

控制循环可提高启动、停运及升降负荷的速度,适用于滑压运行等。与自然循环锅炉相比,控制循环锅炉的汽包尺寸小,水冷壁管径小且管壁薄,其金属储热量和工质的储热量减少,使蒸发系统的热惯性减小。同时在锅炉尚未点火之前先启动锅水循环泵,建立水循环,点火后水冷壁的吸热均匀,水冷壁温差减小,可保持同步膨胀。由于创造了这些有利条件,允许加快燃料投入速度,有利于提高启动和变负荷速度,以适应机组调峰的需要,并节省启动燃料。其允许负荷变化速率一般为:定压运行,5%MCR/min(MCR指机组最大连续出力);滑压运行,3%MCR/min。事故停炉后可利用锅水循环泵和送、引风机联合运行,快速冷却炉膛和水冷壁,缩短检修时间。

二、直流锅炉

1. 直流锅炉的工作原理

依靠给水泵的压头将锅炉给水一次通过预热、蒸发、过热各受热面后变成过热蒸汽,这种锅炉称为直流锅炉。工作原理如图 9-5 所示。直流锅炉是由许多管子并联,然后再用联

图 9-5 直流锅炉的工作原理图

箱连接串联而成。它适用于任何压力,通常用于工质压力≥16MPa 的情况,而且是超临界参数锅炉唯一可采用的炉型。

在直流锅炉蒸发受热面中,由于工质的流动不是依靠汽水密度差来推动的,而是通过给水泵压头来实现的,工质一次通过各受热面,蒸发量 D 等于给水量 G。故可认为直流锅炉的循环倍率 $K=G/D=1$。

直流锅炉没有汽包,在水的加热受热面和蒸发受热面之间及蒸发受热面和过热受热面之间无固定的分界点,在工况变化时,各受热面长度会发生变化。

直流锅炉启动过程水的加热、蒸发及蒸汽的过热三个受热面段是逐渐形成的。整个过程历经三个阶段,如图 9-6 所示。

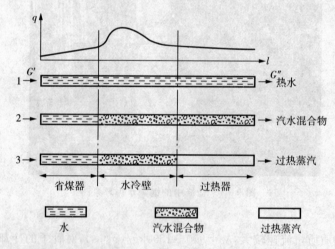

图 9-6 直流锅炉受热面区段的变化

1-第一阶段;2-第二阶段;3-第三阶段

G'-给水流量;G''-锅炉排出流量;l-受热面长;q-受热面负荷

第一阶段:启动初期,全部受热面用于加热水。特点为工质相态没有发生变化,锅炉出水流量等于给水流量。

第二阶段:锅炉点火后,随着燃烧投入量的增加,水冷壁内工质温度逐渐升高,当燃料投入量达到某一值时,水冷壁中某处工质温度达到该处压力对应的饱和温度,工质开始蒸发,形成蒸发点,开始产生蒸汽。此时,其后部的受热面内工质仍为水,产汽点的局部压力升高,将后部的水挤压出去,锅炉排出工质流量远大于给水流量。当产汽点后部的受热面内水被汽水混合物代替后,锅炉排出工质流量回复到等于给水流量,进入了第二阶段。这阶段的受热面分为水加热和水汽化两个区段。由第一阶段转变为第二阶段的过渡期,锅炉排出工质

流量远大于给水流量的现象称为工质膨胀。

第三阶段：锅炉出口工质变成过热蒸汽时，锅炉受热面形成水加热、水汽化及蒸汽的过热三个区段。

在直流锅炉受热面管内流动的工质，其状态和参数的变化情况如图9-7所示。由于要克服流动阻力，工质的压力沿受热面长度不断降低；工质的焓值沿受热面长度不断增加；工质温度在预热段不断上升，而在蒸发段由于压力不断下降，工质温度不断降低，在过热段工质温度不断上升；工质的比容沿受热面长度不断上升。

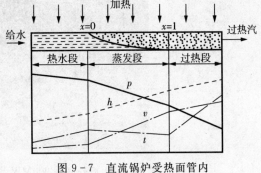

图9-7　直流锅炉受热面管内工质的状态和参数变化

2. 直流锅炉的特点

（1）结构特点

直流锅炉没有汽包，工质一次通过各受热面，且各受热面之间无固定界限。直流锅炉的结构特点主要表现在蒸发受热面和汽水系统上。直流锅炉的省煤器、过热器、再热器、空气预热器及燃烧器等与自然循环锅炉相似。

（2）适用于压力等级较高的锅炉

根据直流锅炉的工作原理，任何压力的锅炉在理论上都可采用直流锅炉。但实际上没有中、低压锅炉采用直流型，高压锅炉采用直流型的较少，超高压、亚临界压力等级的锅炉较广泛地采用直流型，而超临界压力的锅炉只能采用直流型。图9-8、图9-9为上海外高桥900MW超临界煤粉锅炉。

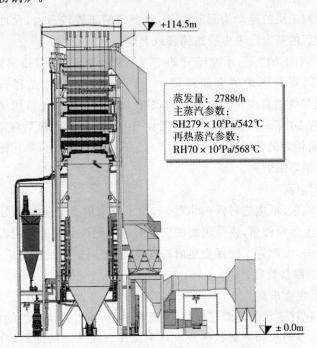

蒸发量：2788t/h
主蒸汽参数：
SH279×10⁵Pa/542℃
再热蒸汽参数：
RH70×10⁵Pa/568℃

图9-8　上海外高桥900MW超临界煤粉锅炉

图 9-9　上海外高桥 900MW 超临界煤粉锅炉内燃烧器布置

中低压锅炉容量较小,仪表较简单,自动化控制水平较低,对给水品质的要求不高,自然循环工作可靠,在经济上采用自然循环较合理。

当压力超过 14MPa 时,由于汽水密度差越来越小,采用自然循环的可靠性降低。自然循环锅炉的最高工作压力在 19~20MPa。

当压力等于或超过临界压力时,由于蒸汽的密度与水的密度一样,汽水不能靠密度差进行自然循环,只能采用直流锅炉。

(3)可采用小直径蒸发受热面管且蒸发受热面布置自由

直流锅炉采用小直径管会增加水冷壁管的流动阻力,但由于水冷壁管内的流动为强制流动,且采用小直径管大大降低了水冷壁管的截面积,提高了管内汽水混合物的流速,因此保证了水冷壁管的安全。

由于直流锅炉内工质的流动为强制流动,蒸发管的布置较自由,允许有多种布置方式,但应注意避免在最后的蒸发段发生膜态沸腾或类膜态沸腾。

在工作压力相同的条件下,水冷壁管的壁厚与管径成正比,直流锅炉采用小管径水冷壁且不用汽包,可以降低锅炉的金属耗量。一台 300MW 自然循环锅炉的金属重量为 5500~7200t,相同等级的直流炉的金属重量仅有 4500~5680t,与自然循环锅炉相比,直流锅炉通常可节省约 20%~30% 的钢材。但由于采用小直径管后流动阻力增加(例如 600MW 以上的直流锅炉的流动阻力一般为 5.4~6.0MPa),给水泵电耗增加,因此直流锅炉的耗电量比自然循环锅炉大。

(4)给水品质要求高

直流锅炉没有汽包,不能进行锅内水处理,给水带来的盐分除一部分被蒸汽带走外,其余将沉积在受热面上影响传热,使受热面的壁温有可能超过金属的许用温度,且这些盐分只有停炉清洗才能除去,因此为了确保受热面的安全,直流锅炉的给水品质要求高。通常要求凝结水进行 100% 的除盐处理。

(5)自动控制系统要求高

直流锅炉无汽包且蒸发受热面管径小,金属耗量小,使得直流锅炉的蓄热能力较弱。当负荷变化时,依靠自身炉水和金属蓄热或放热来减缓汽压波动的能力较弱。当负荷发生变化时,直流锅炉必须同时调节给水量和燃料量,以保证物质平衡和能量平衡,才能稳定汽压和汽温。所以直流锅炉对燃料量和给水量的自动控制系统要求高。

（6）启停和变负荷速度快

为了保证受热面的安全工作，且为了减少启动过程中的工质损失和能量损失，直流锅炉须设启动旁路系统。

直流锅炉由于没有汽包，在启停过程及变负荷运行过程中的升、降温速度可快些，锅炉启停时间可大大缩短，锅炉变负荷速度提高。

3. 直流锅炉的基本形式

（1）早期直流锅炉的形式

在20世纪20年代，瑞士、德国及前苏联就开始采用直流锅炉。由于当时锅炉的容量小，蒸汽参数低，且控制技术和水处理技术差，直流锅炉的发展较慢。直到20世纪60年代，由于锅炉向大容量、高参数发展，且采用了膜式水冷壁和滑参数运行，给水处理技术也得到提高，因此直流锅炉得到较快发展。

直流锅炉的结构特点主要表现在蒸发受热面和汽水系统两方面上，根据蒸发受热面的结构不同，早期直流锅炉有三种基本形式，即多次串联垂直上升管屏式（本生式）、回带管屏式（苏尔寿式）及水平围绕上升管圈式（拉姆辛式）。三种形式直流锅炉的结构如图9-10。

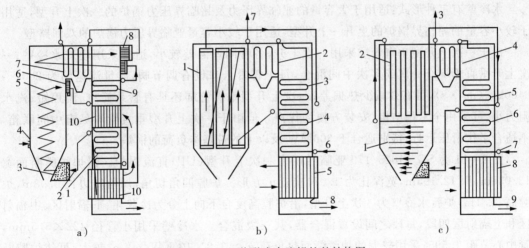

图 9 - 10　三种形式直流锅炉的结构图

a)水平围绕管圈式；b)垂直上升管屏式；c)回带管屏式

a):1—省煤器；2—炉膛进水管；3—水分配集箱；4—燃烧器；5—水平围绕圈；

6—汽水混合物出口集箱；7—对流过热器；8—壁上过热器；9—外胃式过渡区；10—空气预热器

b):1—垂直管屏；2—过热器；3—低温过热器；4—省煤器；

5—空气预热器；6—给水入口；7—过热范汽出口；8—烟气出口

c):1—水平回带管屏；2—垂直回带管屏；3—过热蒸汽口；4—过热器；

5—低温过热器；6—省煤器；7—给水入口；8—空气预热器；9—烟气出口

① 本生式。本生式直流锅炉的蒸发受热面由多组垂直布置的管屏构成，管屏又由几十根并联的上升管和两端的联箱组成，每个管屏宽1.2～2m，各管屏间用2～3根不受热的下降管连接，相互串联。

本生式的直流锅炉具有热偏差不大、安装组合率高、制造方便等优点；其缺点为金属耗量较大，对滑压运行的适应性较差。

② 苏尔寿式。苏尔寿式直流锅炉的蒸发受热面由多行程回带管屏构成。依据同带迂回方式的不同,可分为水平回带和垂直同带两种。

苏尔寿式锅炉具有布置方便、金属耗量较少的优点。由于此种锅炉很少采用中间联箱,两联箱间的管子很长,管子间及管屏间的热偏差很大;另外还具有制造困难、垂直升降回带小易疏水排气、水动力稳定性较差等缺点。

③ 拉姆辛式。拉姆辛式直流锅炉的蒸发受热面由多根并联的水平或微倾斜管子沿炉膛周界盘旋而上构成。

拉姆辛式直流锅炉具有水动力较稳定、热偏差较小、金属耗量较少、疏水排气方便、适宜滑压运行等优点。但支吊困难,膨胀问题不易解决,现场组装工作量大。

(2)现代直流锅炉的形式

现代直流锅炉有三种主要形式:一次垂直上升管屏式(UP型),螺旋式水冷壁直流锅炉,炉膛下部多次上升、炉膛上部一次上升管屏式(FW型)。

① 一次垂直上升管屏式直流锅炉(通用压力锅炉)。美国拔柏葛锅炉公司首先采用一次垂直上升管屏式直流锅炉(UP型),此种锅炉是在本生锅炉的基础上发展而来的,锅炉压力既适用于亚临界也适用于超临界。

水冷壁有三种形式:适用于大容量的亚临界压力及超临界压力锅炉的一次上升型,适用于较小容量的超临界锅炉的上升—上升型,适用于较小容量亚临界压力锅炉的双回路型。

由于一次上升型垂直管屏采用一次上升,各管间壁温差较小,适合采用膜式水冷壁;一次上升垂直管屏有一次或多次中间混合,每个管带入口设有调节阀,质量流速约为 2000～3400kg/(m² · s),可有效减少热偏差;一次上升型垂直管屏还具有管系简单、流程短、汽水阻力小、可采用全悬吊结构、安装方便的优点。但由于一次上升型垂直管屏具有中间联箱,不适合于作滑压运行,特别适合于 600MW 及以上的带基本负荷的锅炉。

图 9－11 为 SG－1025/170 亚临界压力一次上升型(UP)直流锅炉。锅炉炉膛断面宽13.035m,深 12.195m,宽深比为 1.07,接近正方形。炉膛四角切角,切角斜边长 0.98m,炉膛高 52.1m,炉膛水冷壁为一次上升型,沿炉膛高度自下向上分为冷灰斗、下辐射区、中辐射区和上辐射区四段,每段之间设置混合器,共三级混合。水冷壁采用小管径 $\phi22\times5.5$mm,管中心节距 1.595;采用较大的炉膛断面热负荷 $q_A = 3.8\times10^3$ KW/m²,q_A 越大,可使炉膛断面面积减小,炉膛周界也相应缩短,水冷壁管上升次数减小。

② 螺旋式水冷壁直流锅炉。此种锅炉是德国等国为适应变压运行的需要发展起来的一种形式。水冷壁采用螺旋围绕管圈,由于管圈间吸热较均匀,在蒸汽生成途中可不设混合联箱,因此锅炉滑压运行时不存在汽水混合物分配不均的问题。由于螺旋管圈承受荷重的能力差,有时在锅炉上部采用垂直上升管屏。

图 9－12 为石洞口二厂引进的 600MW 机组锅炉简图。该锅炉为中国首次采用的超临界参数锅炉,水冷壁下部采用螺旋围绕管圈(图 9－13),上部采用一次上升垂直管屏,两者间采用中间混合联箱过渡(如图 9－14、图 9－15、图 9－16 所示)。锅炉压力随负荷而变,在 0～34％负荷时,锅炉压力为 10.2MPa;在 34％～89％时,锅炉压力为 10.2～25.1MPa;在 89％～100％负荷时,锅炉压力为 25.1～25.4MPa。这台 600MW 机组于 1992 年投入运行,运行初期测得的发电煤耗率为 281.2g/(kW · h),热效率为 42％。

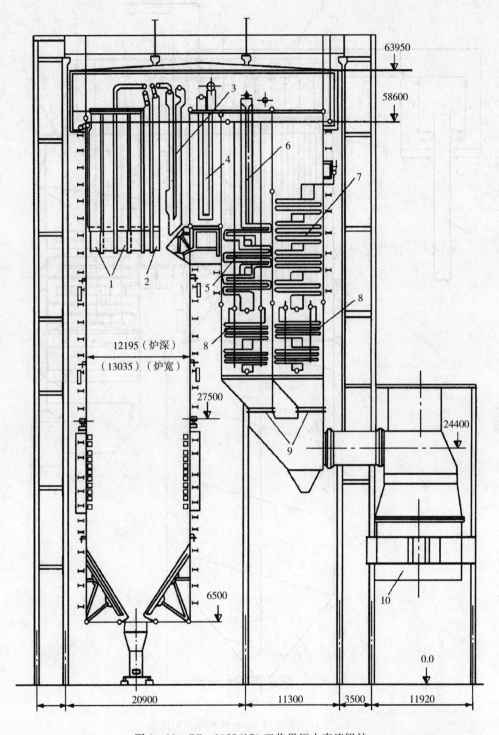

图 9-11　SG-1025/170 亚临界压力直流锅炉

1—前屏过热器;2—后屏过热器;3—高温过热器;4—第二级再热器;5—第一级过热器;
6—低温再热器引出管;7—低温过热器;8—省煤器;9—调节挡板;10—空气预热器

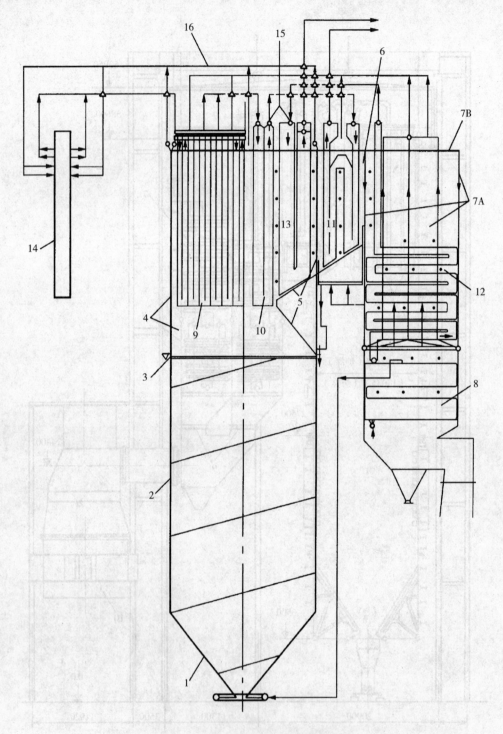

图 9-12　引进的 600MW 机组锅炉简图

1—炉膛灰斗；2—螺旋水冷壁；3—过渡件；4—垂直水冷壁；5—折焰角及管屏；6—延伸侧墙；

7A—尾部包覆管及管屏；7B—炉顶管；8—省煤器；9—大屏过热器；10—后屏过热器；

11—末级过热器；12——级再热器；13—末级再热器；14—汽水分离器；15—联箱；16—连接导管

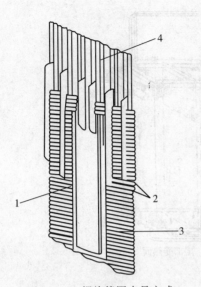

图 9-13　螺旋管圈支吊方式

1—定位块；2—吊板；3—螺旋管圈；4—垂直水冷壁管

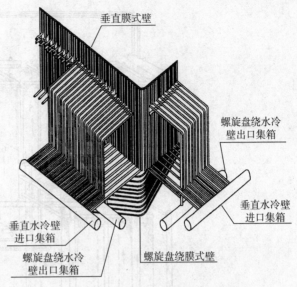

图 9-14　过渡段水冷壁结构示意图

图 9-15　过渡段水冷壁厂内组装

图 9-16　过渡段水冷壁安装后

③ 炉膛下部多次上升、炉膛上部一次上升管屏式直流锅炉（FW型）。此种锅炉是美国福斯特·惠勒（FW）公司以本生型锅炉为基础发展起来的一种形式（如图 9-17 所示）。该类型锅炉的蒸发受热面采用较大管径，由于炉膛下部热负荷较高，通常下部采用 2～3 次垂直上升管屏，使每个流程的焓增量减少，且各流程出口的充分混合可减少管子间的热偏差；而炉膛上部热负荷低，且工质比容大，故采用一次上升管屏。炉膛上、下部间由于采用了中间混合，故不适合滑压运行。

三、复合循环锅炉

复合循环锅炉是随着超临界压力的应用及炉膛热负荷的提高，由直流锅炉和控制循环锅炉联合发展起来的一种新型锅炉，如图 9-18 所示。

直流锅炉在稳定工况下，水冷壁内的工质流量等于蒸发量。随着锅炉负荷的降低，水冷壁内工质流量按比例减少，而炉膛热负荷下降缓慢。为保证水冷壁管得到足够的冷却，直流锅炉的最低负荷因此受到限制，最低负荷一般为额定负荷的 25%～30%。如果要保证低负

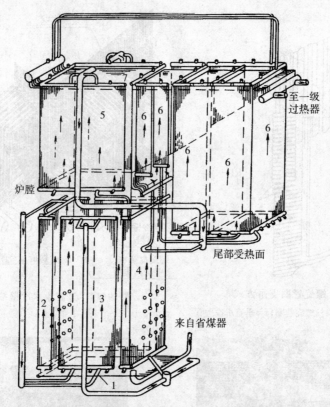

图 9-17　FW 型直流锅炉炉膛受热面布置图

1—回路 1 炉膛底部；2—回路 2 炉膛下部前墙和两侧墙（前部）；3—回路 3 炉膛下部两侧墙（中间）；

4—回路 4 炉膛下部后墙和两侧墙（后部）；5—回路 5 炉膛上部四侧；6—回路 6 对流烟道各侧；7—顶棚

荷时水冷壁管内的质量流速和管壁的安全，则在额定负荷时水冷壁管内工质的质量流速必然很高，因为管内工质的质量流速与锅炉负荷成正比。这样汽水系统阻力大，给水泵能量消耗很大，垂直一次上升管屏必将采用小直径管子，这都是我们所不希望的。另外，在锅炉启动时，为保护水冷壁，管内工质流量也要维持在额定负荷的 $25\% \sim 35\%$，从而使得启动系统的管道和设备庞大复杂，工质和热量损失也很大。

为了克服纯直流锅炉以上的不足及适应超临界压力应用的需要，在 20 世纪 60 年代产生了复合循环锅炉。它与直流锅炉的基本区别是在省煤器和水冷壁之间连接循环泵、混合器、逆止阀、分配器

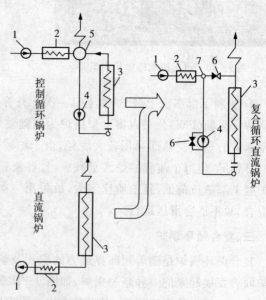

图 9-18　复合循环锅炉构成原理

1—给水泵；2—省煤器；3—水冷壁；

4—循环泵；5—汽包；6—逆止阀；7—混合器

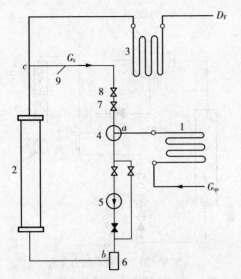

图 9-19　超临界压力复合循环锅炉的再循环系统
1—省煤器；2—水冷壁；3—过热器；4—混合器；5—循环泵；
6—分配器；7—逆止阀；8—再循环阀；9—再循环管

和再循环管。图 9-19 所示为超临界压力复合循环锅炉的再循环系统。它可使部分工质在水冷壁中进行再循环。这种锅炉的循环特点是在低负荷时进行再循环，而在高负荷时转入直流运行。来自省煤器的给水经连接管送到混合器 4 中，混合器出水从一根下降管送到锅炉循环泵 5，从循环泵出来的水再送到球形分配器（分配球）6 中，由此经许多分配管送到水冷壁下部联箱。水在炉膛水冷壁 2 中受热蒸发后引向过热器 3，在过热器前装有调节阀，在调节阀前用连接管接到再循环管 9，这样可取出部分工质通过再循环阀 8 和逆止阀 7 汇集到混合器 4 中，并与来自省煤器的给水混合后进行再循环，这样锅炉的循环倍率大于 1。这种循环泵接在混合器后而与省煤器前的给水泵形成串联的再循环系统称为串联式复合循环，这也是超临界压力复合循环锅炉通常采用的再循环方式。而将循环泵接在水冷壁出口、混合器之间的再循环管上，与给水泵形成并联的系统叫并联式复合循环，并联式复合循环在超临界压力复合循环锅炉上较少采用。

与纯直流锅炉相比，复合循环锅炉具有如下特点：

（1）由于水冷壁管壁温度工况由再循环得到可靠的保证，可选用较大直径的水冷壁管和采用垂直一次上升管屏而不必装中间混合联箱，也不需在局部热负荷高的区域采用加工困难和流动阻力大的内螺纹管，因此结构简单可靠。

（2）由于再循环使流经水冷壁管的工质流量增大，因此额定负荷时的质量流速可选得低些，以减小流动阻力和水泵能耗。

（3）锅炉的最低负荷可降到额定负荷的 5% 左右，启动旁路系统可按额定负荷的 5%～10% 设计，既减小设备投资又减少启动时的热量损失。

（4）再循环工质使水冷壁进口工质的焓提高，工质在蒸发管内焓增减少，有利于管内工质的流动稳定和减少热偏差。

（5）循环泵长期在高温高压下工作，制造工艺复杂，且技术性能要求高。另外，循环泵要消耗一定量的电能，致使机组运行费用提高。

（6）由于启动负荷低，再热器前烟温便于控制，为简化保护再热器的旁路管道创造了条件。

（7）锅炉在低负荷范围内运行时，工质流量变化小，温度变化幅度小，减小了热应力，有利于改善锅炉低负荷运行时的条件。

（8）由于复合循环锅炉能降低在额定负荷下工质的质量流速，因而可降低整个锅炉汽水系统的流动阻力。所以，它目前不仅应用于超临界压力锅炉，而且还应用在亚临界压力锅炉上。亚临界压力复合循环锅炉的汽水系统中，除有混合器外还应设有汽水分离器，如

图 9 - 20 所示。汽水分离器断面不大,水位波动大,所以给水调节比较困难。

工作任务

(1)在教师的指导下,在锅炉实训室中参观强制循环锅炉模型,观察它们不同的布置结构,结合理论学习内容,对其工作性能和性能局限进行比较。

(2)在教师的指导下,在锅炉仿真系统实训运行过程中调出三种强制流动锅炉的 DCS 画面,观察并指出画面中不同锅炉系统的差别。

能力训练

结合实际锅炉类型状况,培养学生对强制循环锅炉系统主要设备的差别和工作特性进行综合分析比较的能力。

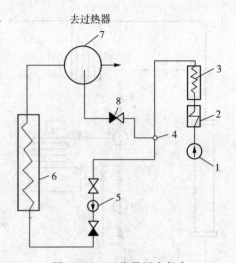

图 9 - 20 亚临界压力复合
循环锅炉的再循环系统

1—给水泵;2—加热器;3—省煤器;4—混合器;
5—循环泵;6—水冷壁;7—汽水分离器;8—逆止阀

任务二 直流锅炉启动系统的认知

学习目标

通过对直流锅炉启动工作特点的分析,了解直流锅炉常见的不同类型启动疏水系统的布置、工作性能和技术特点。

能力目标

通过比较各种直流锅炉启动疏水系统工作原理,掌握各自不同的启动特点,比较认知它与自然循环锅炉截然不同的系统布置与启动方式。

知识准备

关 键 词

启动系统 分离器 疏水

一、直流锅炉与汽包锅炉的启动区别

汽包锅炉有自然循环锅炉和强制循环锅炉两种类型。自然循环锅炉蒸发受热面内的工质流动依靠下降管中的水和上升管(水冷壁)中的汽水混合物之间的密度差产生的压力差进行循环流动。强制循环锅炉蒸发受热面内的工质除了依靠水和汽水混合物的密度差以外，主要依靠炉水循环泵的压头进行汽水循环流动。自然循环锅炉和强制循环锅炉均带有一个很大的汽包对汽水进行分离。汽包作为分界点将锅炉受热面分为加热蒸发受热面和过热受热面两部分。直流锅炉是靠给水泵的压力，使锅炉中的工质——水、汽水混合物和蒸汽一次通过全部受热面。它只有互相连接的受热面，而没有汽包。

自然循环锅炉在点火前锅炉上水至汽包低水位，此时水冷壁中的水处于静止状态。锅炉点火后，水冷壁吸收炉膛辐射热，水温升高，水循环开始建立。随着燃料量的增加，蒸发量增大，水循环加快，受热强的水冷壁管内工质流速增加。因此，启动过程水冷壁冷却充分，运行安全。强制循环锅炉在锅炉上水后点火前，循环泵就开始工作，水冷壁系统建立了循环流动，从而保证了水冷壁在启动过程中的安全。

直流锅炉在启动前必须由锅炉给水泵建立一定的启动流量和启动压力，强迫工质流经受热面。只有这样才能在启动过程中使受热面得到冷却。但是，直流锅炉不像汽包锅炉那样有汽包作为汽水固定的分界点，水在锅炉管中加热、蒸发和过热后直接向汽轮机供汽，而在启停或低负荷运行过程中有可能提供的不是合格蒸汽，可能是汽水混合物，甚至是水。因此，直流锅炉必须配套一个特有的启动系统，以保证锅炉启停和低负荷运行期间水冷壁的安全和正常供汽。

二、直流锅炉启动特点

1. 启动压力

启动压力一般指启动前在锅炉水冷壁系统中建立的初始压力。它的选择除与锅炉型式有关。还与下列因素有关：

（1）受热面内的水动力特性

直流炉蒸发受热面内的水动力特性与其工作压力有关，随着压力的提高，能改善或避免水动力不稳定性，减轻或消除管间脉动。

（2）工质膨胀现象

启动压力越高，汽水比容差越小，工质膨胀量越小，这样启动分离器的容量可以相对选择的小一些。

（3）节流阀的磨蚀

对于外置式分离器和全压启动内置式分离器来说，在锅炉启动时，本体压力高于分离器压力，用阀门进行节流。显然压力越高，阀门的节流越大，对阀门的磨蚀就越大。

（4）给水泵的电耗

启动压力越高，启动过程中，给水泵的电耗越大。

综上所述，为了水动力稳定、避免脉动、减少膨胀量，希望启动压力高；但从减少节流阀的磨蚀、噪音和给水泵电耗考虑又不能选得太高。目前超临界和超超临界锅炉水冷壁普遍采用了螺旋管圈或垂直内螺纹管，启动压力对水动力的稳定性影响不大，锅炉基本都选用了零压力启动，启动分离器采用了足够容量的排放阀，可满足汽水膨胀时水的排量。由于采用内置式分离器和滑参数启动，对排放阀门的磨蚀甚微。国产 1000t/h 直流炉的启动压力为 0.7MPa；而我国引进前苏联超临界锅炉均采用全压启动，启动压力为 24.5MPa。

2. 启动流量

纯直流锅炉启动流量由给水泵提供,带启动循环泵和复合循环超临界锅炉的启动流量由循环泵提供 20%～25%MCR 流量,给水泵提供 5%～10%的流量。锅炉启动流量的大小直接影响启动的安全性和经济性。启动流量越大,工质流经受热面的质量流速也越大,这对受热面的冷却、改善水动力特性都是有利的,但工质的损失及热量损失也相应增加,同时启动旁路系统的设计容量也要加大。反之,启动流量过小,受热面冷却和水动力稳定就得不到保证,因此,选择启动流量的原则是在保证受热面得到可靠冷却和工质流动稳定的条件下,启动流量尽可能选择得小一些。超临界直流炉的启动流量一般选取为额定流量的 25%～35%。我国引进前苏联超临界锅炉启动流量均为 30%MCR;石洞口二厂超临界锅炉的启动流量为 35%MCR;丹麦超超临界锅炉的启动流量为 30%MCR;日本超临界锅炉启动流量选取的较小,一般为 25%MCR。直流锅炉启动流量与启动压力建立方法如表 9 - 1 所示。

表 9 - 1 直流锅炉启动流量与启动压力建立方法

锅炉类型	启动压力建立方法	水冷壁启动质量流速建立方法
螺旋管圈、内置分离器的直流锅炉	燃烧加热水冷壁逐渐产汽升压	点火前由给水泵建立启动流量
螺旋管圈、内置分离器的直流锅炉(有辅助循环泵)	燃烧加热水冷壁逐渐产汽升压	点火前由给水泵和辅助循环泵共同建立启动流量
一次上升型直流锅炉	给水泵建立压力	点火前由给水泵建立启动流量

3. 工质膨胀现象

在直流锅炉的启动过程中,工质加热、蒸发和过热 3 个区段是逐步形成的。启动初期,分离器前的受热面部起加热水的作用,水温逐步升高,而工质相态没有发生变化,锅炉出来的是加热水,其体积流量基本等于给水流量。随着燃料量的增加,炉膛温度提高,换热增强,当水冷壁内某点工质温度达到饱和温度时开始产生蒸汽,但在其后部的受热面中的工质仍然为水。由于蒸汽比容比水大很多,引起局部压力升高,将后部的水挤压出去,使锅炉出口工质流量大大超过给水流量,这种现象称为工质膨胀现象。当蒸发点后部受热面中的水被汽水混合物替代后,锅炉出口工质流量才恢复到和给水流量一致。

启动过程中工质膨胀量的大小与分离器的位置有关。分离器前受热面越多膨胀量越大;与启动压力有关,较高的启动压力可减少膨胀量;与启动流量有关,随着启动流量的增加膨胀流出量的绝对量增加;与给水温度有关,给水温度降低,蒸发点后移,膨胀量减弱;与燃料投入速度有关,燃料投入速度愈大,膨胀量愈大;与锅炉型式有关,一次上升型(UP)直流炉膨胀量小,而螺旋上升型直流炉膨胀量大。

工质膨胀现象只在亚临界直流锅炉和启动压力在临界压力以下的超临界直流锅炉的启动过程中出现,全压启动的超临界直流锅炉不存在膨胀现象。因此,全压启动的超临界直流锅炉启动分离器设计的较小。华能南京电厂 300MW 超临界锅炉水冷壁为垂直管圈,配置了 4 只直径 $\phi377\text{mm}\times50\text{mm}$,长度 2006mm 的正式启动分离器。4 只分离器的总容积为 8952m³。华能石洞口二电厂由于锅炉采用零压方式,加上螺旋管水冷壁的水容积大,工质膨胀的峰值也大,使得启动分离器设计的较大,启动分离端直径为 $\phi638mm\times94mm$,长度为 $2348mm$,分离器的总容积为 $19859m^3$。

因此,超临界锅炉启动分离器设计中,应充分考虑工质的膨胀量,使其容量能满足工质的膨胀要求。

4. 启动小的相变过程

采用滑参数启动方式的超临界直流锅炉,整个启动过程,锅炉压力经历了一个从低压、高压、超高压到亚临界,再到超临界的过程。锅炉送出去的工质开始是热水,然后是汽水混合物、饱和蒸汽,最后为过热蒸汽。从启动开始到临界点,工质经过加热、蒸发、过热三个阶段。当达到临界点时,汽化潜热为零,汽水重度差为零,水被全部汽化,随机组负荷继续增加,机组进入超临界范围内运行,工质只经过加热和过热两个阶段,呈单相流体变化。

工质在临界点附近,存在着相变点,被称为最大比热区,这时汽水性质发生剧变,在相变点比容会急剧增加,工质热焓迅速增加,定压比热会达到最大值。

5. 启动速度

自然循环和强制循环锅炉有一只容积很大的汽包,它的直径、长度和厚度都较大。在启动升温、停炉降温过程中都要保证汽包各部分加热、冷却均匀,这必然限制了升温和降温速度。直流锅炉没有汽包,受热部件中厚壁部件较少,承压部件大部分是由小直径薄壁管组成,即是内置式启动分离器,其直径、壁厚比汽包小得多,如 $600MW$ 级超临界锅炉内置式启动分离器壁厚比亚临界锅炉汽包壁厚薄一半多。因此,在启、停过程中工质元件受热、冷却容易达到均匀,升温、冷却速度可加速,与汽包炉相比将大大缩短启、停时间。

三、直流锅炉的启动系统

直流锅炉与汽包锅炉不同,在机组清管和点火之前,为减少流动的不稳定,确保水冷壁管壁温度低于允许值,需要建立一个不低于水冷壁最小流量的给水流量,但由于在启动和清管阶段,给水吸收热量较少,部分或全部水无法蒸发生成汽,而这部分水不能进入过热器系统,这样就需要在过热器之前建立一个启动旁路系统将多余的水排放出去,因此直流锅炉的启动旁路系统的主要作用如下:

(1)在启动、低负荷运行及停止锅炉运行的过程中,维持锅炉的最小给水流量,以保护炉膛水冷管,同时满足机组启、停及低负荷运行对锅炉流量的要求。

(2)超临界直流锅炉对给水品质有严格的要求,在锅炉点火时,给水品质必须满足要求,因此启动系统另一个作用是在锅炉冷态清洗时为清洗水返回给水系统提供一个流通通道。

超临界直流锅炉的启动系统主要有内置式和外置式汽水分离器两种。在超临界锅炉发展初期,由于金属材质的限制,基本上采用外置式汽水分离器,随着锅炉超临界技术和金属制造技术的发展,目前大型锅炉大多采用内置式启动分离器系统。

1. 外置式汽水分离器系统

外置式汽水分离器系统仅在机组启动和停运过程中投入使用,而在机组正常运行期间将汽水分离器隔离,汽水分离器独立于系统之外。

外置式汽水分离器设计制造简单,投资成本低,适用于定压运行带基本负荷的机组,其主要缺点是在启动系统解列或投运前后过热蒸汽温度波动大,难以控制,对汽轮机运行不利,切除和投运汽水分离器时操作比较复杂,难以适应机组快速启动和停止的要求。机组正常运行时,汽水分离器处于冷态,或在停炉进行到一定阶段要投入汽水分离器运行的时候,就必然对汽水分离器产生较大的热冲击,系统复杂,阀门多,维修工作量大。在欧洲、日本和我国的超临界机组基本没有使用该类分离器,只有在俄制机组上才使用该种分离器。

2. 内置式分离器系统

内置式分离器系统在锅炉启停和正常运行过程中,汽水分离器均串联在系统中运行,在锅炉启动和停止的时候,汽水分离器起到分离汽水和稳定蒸发点的作用,在机组正常运行后,汽水分离器串联在系统中,作为水冷壁与过热器之间的连接管道。

内置式分离器设在锅炉蒸发受热面区段与过热蒸汽受热面区段之间,与外置式汽水分离器相比较,有以下优点:

① 汽水分离器与蒸发段、过热蒸汽受热面之间没有任何阀门,不需要外置式分离器解列或投运操作,从根本上消除了分离器解列或投运操作所带来的气温波动问题。

② 在锅炉启动停止过程中,由于汽水分离器一直串联在系统中运行,不会因为分离器疏水对分离器产生热冲击。

③ 系统简单,操作方便,阀门数量少,减少维护成本。

但汽水分离器是全压力运行,对材料要求高,壁厚比较厚,需要通过控制升降负荷率来控制汽水分离器的表面应力。

内置式汽水分离器系统根据疏水回收系统不同,分为凝气疏水式、大气扩容式、循环泵式和热交换器式。由于热交换器式对设备要求高,系统比较复杂,国内电厂一般没有采用。

(1)凝汽疏水式启动系统

凝汽疏水式启动系统简图如图 9-21 所示。

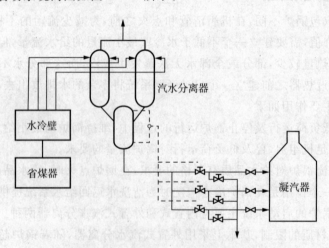

图 9-21 凝汽疏水式启动系统简图

汽水分离器疏水箱下有一根疏水管道,该管道直接与凝汽器相连。当水质合格的时候,该部分水排往凝汽器;当该部分水质不合格时,该部分水直接排到锅炉疏水扩容器,经扩容后排往锅炉废水槽。当锅炉转干态后,汽水分离器液位为 0,逻辑强制疏水控制阀关闭。

该系统设备简单,疏水可以回收到凝汽器内,但疏水的热量无法进行利用,导致机组启动时间拉长,且该部分热水增加了凝汽器的换热面积。在疏水控制阀之前的管道采用高等级材料,投资大。液位控制阀后为真空状态,阀门前后压差大,容易出现阀门泄漏和阀体冲刷的现象。为了减小启动阶段的热量损失,往往会降低启动流量,在水冷壁入口采用节流孔板来控制水冷壁管道的流量均匀,在低负荷的时候容易导致水冷壁的金属温度超限,所以此种设计一般适用在 MHI 带节流孔的传统锅炉上。

(2)大气扩容式启动系统

大气扩容式启动系统简图如图 9-22 所示。本系统主要包括以下组件:从分离器贮水箱至除氧器的管道(配有控制阀及隔离阀),从分离器水箱至大气式扩容器的管道(配有控制阀及隔离阀),通过扩容器的再循环系统,包括凝结水箱及冷凝水泵、暖管用装置。大气扩容式汽水分离器系统在汽水分离器疏水箱下设置有 3 个疏水阀,分别为 AA、AN、ANB(国内和日本称之为 361 阀),其中通过 ANB 阀疏水到除氧器,AA、AN 阀疏水到锅炉大气式疏水扩容器,经过扩容后的蒸汽转变成水,该部分水水质合格时,可以通过回收水泵打到凝汽器;当水质不合格时,该部分水直接排放到锅炉废水槽。各个阀门根据汽水分离器疏水箱的液位和汽水分离器出口压力控制开度。分离器液位控制阀除控制汽水分离器液位外,也根据汽水分离器压力控制阀门的开关。

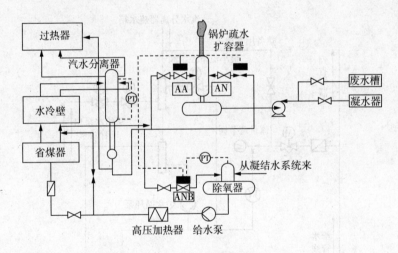

图 9-22 大气扩容式疏水系统简图

在机组正常运行中,汽水分离器疏水管中无热水通过,该部分管道温度会降低。为防止机组跳闸后,汽水分离器液位控制阀突开导致汽水分离器疏水管道产生热冲击,从省煤器入口引一段加热水加热汽水分离器疏水阀和疏水管道。该部分水与疏水方向相反,进入汽水分离器疏水箱后,沿一段小的管道进入锅炉主蒸汽减温水管道,这样可以达到在机组正常运行中暖疏水管的作用。

这种设计可以在机组清管水质合格后,将该部分疏水进入除氧器,利用一部分疏水的热量,机组启动较快,系统设计比较简单,为 ALSTOM 锅炉传统的疏水方式设计。

该系统在启动初期,疏水量较大的时候,除氧器只能回收部分介质,仍然有部分介质经锅炉疏水扩容器排放,有部分热量和介质浪费。排水到除氧器,利用给水泵将该部分水打到给水中,可以不用重新设置结构复杂的炉水循环泵,但对除氧器的安全存在极大的威胁。大量的热水进入除氧器,导致汽水除氧器的液位无法按照三冲量的设计进行控制,除氧器液位波动大,容易满水。

(3)带炉水循环泵式启动系统

带炉水循环泵式启动系统(图 9-23)与大气扩容式启动系统最大的不同是将大气扩容式启动系统中排往除氧器的疏水改到排往省煤器入口(华能玉环电厂将排往锅炉扩容器的疏水改为排往凝汽器,相当于在凝汽式疏水系统中加入一台炉水循环泵),为克服该部分疏水与给水压力的偏差,在该部分疏水管道上安装了一台炉水循环泵及辅助设备。系统具体包括:

① 从分离器贮水箱至再循环泵进口的管道。

② 从再循环泵出口至给水管道上混合装置处的管道,给水管道上配有控制阀、隔离阀、止回阀及流量测量装置。

③ 再循环泵本身。

④ 带节流阀的再循环泵最小流量管道。

⑤ 带隔离阀及控制阀的过冷管道。

⑥ 暖管用管道。

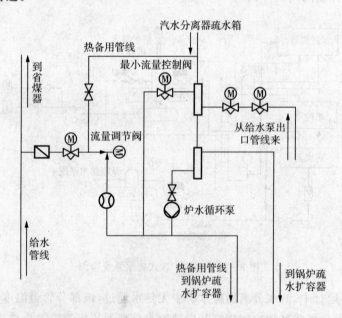

图 9-23　带炉水循环泵式启动系统

带再循环泵的启动系统在锅炉启动的过程中,利用循环泵来维持蒸发系统所需的最小冷却流量。循环泵使分离器贮水箱的回水回到省煤器入口的给水母管系统中,分离器贮水箱的水位由锅炉给水泵控制。

在没有蒸汽产生的情况下,整个蒸发器内的工质都通过循环系统再循环。当锅炉水冷壁中产生的蒸汽越来越多,所需的给水流量也越多,同时回水量越来越少。当回水量小于循环泵的最小流量时,并接在循环泵进出口的再循环回路的调节阀开始工作,以保护循环泵的安全。这种趋势一直持续到给水流量完全被蒸发,此时,锅炉过渡到直流状态,循环泵可以停运。在直流模式下,给水全部蒸发为蒸汽,进入水冷壁的所有水均由给水泵提供。

当锅炉降低负荷时,从纯直流锅炉方式切换到启动运行方式,由温度控制切换到水位控制。锅炉负荷指令同时减少燃烧率和给水流量,当锅炉主蒸汽流量降至 30%BMCR 以下,干态信号消失。保持给水流量不变,燃烧率继续减小,在分离器中的蒸汽过热度降低,开始有水分离出。汽水分离器与贮水箱的连接如图 9-24 所示。

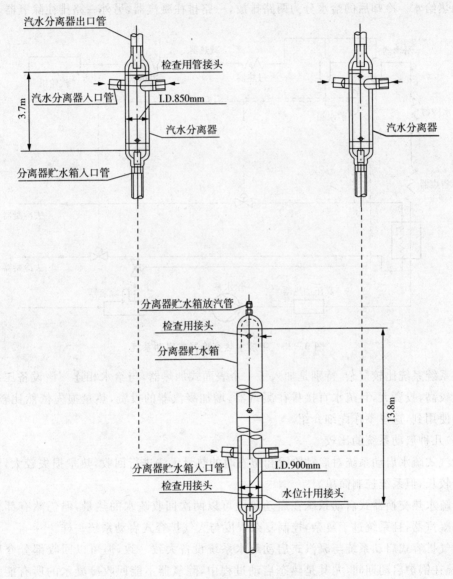

图 9-24　汽水分离器与贮水箱的连接

进一步减小燃烧率,给水流量不变,分离器入口蒸汽湿度增加,贮水箱中开始积水。当贮水箱水位上升到一定高度,开启循环泵最小流量再循环回路的调节阀,关闭循环泵出口的隔离阀。当循环泵启动条件满足后,启动循环泵。为了在启动循环泵时其入口不产生汽化,过冷水管道系统中的调节阀开始工作,当循环泵启动后,过冷水管道系统停运,当贮水箱的疏水量超过循环泵的最小流量,循环泵最小流量再循环回路的调节阀关闭。当给水母管流量小于 30％BMCR 时,就自动切换为湿态运行即贮水箱水位控制,水位由锅炉给水自动调节。

(4)带疏水热交换器式启动系统

带疏水热交换器式启动系统(如图 9 - 25)汽水分离器疏水箱出来的疏水分为两路,其中一路直接排往凝汽器,另外一路与安装在省煤器入口的一个表面式换热器相连,利用疏水的高温加热给水。冷却后的给水分为两路排放,一路排往凝汽器,另外一路排往除氧器。

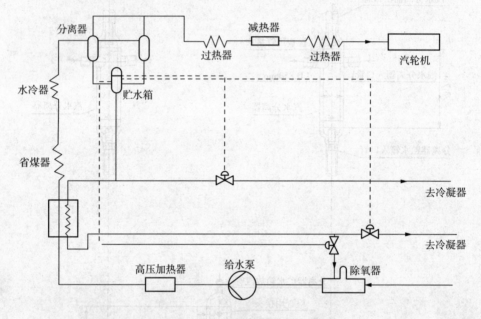

图 9 - 25　带疏水热交换器式启动系统

该系统系统比较复杂,特别是加入了一个表面式加热器,与给水相连。该设备压力等级要求比较高,投资大,且疏水直接排往凝汽器,增加凝汽器的投资,热量损失依然比较大,一般很少使用到,这里不作详细介绍。

(5)几种启动系统的比较

凝汽式疏水启动系统对启动阶段和湿态时的热量无法进行回收,热量损失较大,机组启动时间较长,但系统控制简单。

带疏水热交换器式启动系统在启动阶段可以两次回收疏水的热量,但仍然有部分热量损失到凝汽器,且系统过于复杂,控制复杂程度与大气扩容式启动系统一样。

大气扩容式启动系统与凝汽式启动疏水系统设备大致一致,但可以回收部分介质的热量,系统在锅炉启动期间,尤其是热态启动过程中,除氧器不能回收冷凝水的所有能量。除此以外,能回到除氧器流量的多少取决于除氧器内的情况及除氧器设计上的限制(如最高给水温度/压力、温升、水位等),控制比较复杂。

带泵的启动系统与简单疏水启动系统相比,具有高热量回收及低工质损失的优点。炉水的再循环系统保证再循环水所含热量又回到炉膛水冷壁中。在锅炉启动的大部分时间中,没有热量损失及工质损失。这样可以减少启动时所需要的燃料量,同时也减少水处理的量。仅在锅炉启动早期的很短一段时间内,由于锅炉汽水膨胀,向扩容器内排出少量的水,但给水的控制比较复杂,且设备投资多,汽水分离器液位控制不当容易导致炉水循环水泵跳闸,从而导致给水流量低跳闸。

针对以上情况,一般直流锅炉的启动疏水系统采用大气扩容式或带炉水循环泵的启动系统。

四、中间点温度

在直流锅炉运行中,为了维持锅炉过热蒸汽温度的稳定,通常在过热区段中取一个温度测点,将其固定在相应的数值上,这就是中间点温度。超临界直流锅炉中间点温度是指水冷壁出口汽水分离器中工质的温度。实际上把中间点至过热器出口之间的过热区段固定,这与汽包炉固定过热器区段情况相似。在过热汽温调节中,中间点温度与锅炉压力存在一定的函数关系,那么锅炉的煤水比按中间点温度来调整,中间点至过热器出口区段的过热汽温变化主要靠喷水来调节。

调节煤水比最关键的仍然首先是控制中间点的温度。因为超临界锅炉水冷壁中工质温度的变化与过热器类似,所以在本质上超临界锅炉的水冷壁多吸收的热量就等于过热器多吸收的热量。而不像汽包炉那样,水冷壁多吸收的热量反映出来的参数变化首先是压力变化,而温度变化并不剧烈。

工作任务

(1)对直流锅炉常见的不同类型启动系统的布置、工作性能和技术特点进行比较,收集查阅相关资料信息,了解不同启动系统的运行要求。

(2)在教师的指导下,在锅炉仿真系统上完成直流锅炉启动系统的投运操作。

能力训练

培养学生收集查阅相关技术资料信息的能力,并能结合锅炉启动系统仿真运行,进行相关实践的能力培养。

任务三　发现强制流动锅炉运行的典型故障

学习目标

了解强制循环锅炉水动力特性,掌握脉动、传热恶化等故障类型的基本现象特征、形成原因等知识,为防止此类故障发生提供理论基础。

能力目标

培养学生深刻理解强制循环锅炉水循环故障类型、原因,并能结合现场实际进行分析的能力,综合分析比较自然循环和强制流动两种锅炉类型的流动故障差异。

知识准备

关 键 词

水动力特性　脉动　沸腾传热恶化

一、水动力特性

锅炉受热面是由许多根平行管子(圈)组成,各管的热负荷及工质流量可能有所不同,只要其中有一根管子被烧坏,整个受热面就不能正常工作。因此,必须从结构方面和运行方面消除受热不均和工质分配不均。直流锅炉蒸发受热面的受热不均匀与自然循环汽包锅炉并无差异;但工质分配不均匀由各种因素引起,其中一个重要因素就是蒸发受热面的水动力不稳定性(又称水动力多值性)。

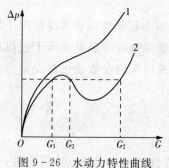

图 9-26　水动力特性曲线
1-单值特性曲线;2-多值特性曲线

水动力特性是指在一定的热负荷下,强制流动受热管圈中工质质量流量 G 与流动压降 Δp 之间的关系,如图 9-26 所示。

如果对应一个压降只有一个流量 G,这样的水动力特性是稳定的,或者说是单值的,如图 9-26 所示的曲线 1 即为稳定的水动力特性曲线。但如果水动力特性曲线如图 9-26 所示的曲线 2 那样,则对应一个压降可能有两个甚至三个流量,即在并联工作的各管子中,虽然两端压差是相等的,却可以具有不相等的流量,则称为水动力不稳定性。在管组总的流量不变的情况下,某一根管子中的流量却可以时大时小(非周期性的变化,显然,同管组中其他管子的流量也相应发生非周期性变化)。这样的水动力特性会导致并联各管子出口的工质状态参数不均匀,有的出口是汽水混合物,有的出口是过热蒸汽,有的可能是未饱和水。对一根管子来说,又会产生有时出口是汽水混合物,有时是过热蒸汽或水的情况,显然是很不安全的工况。

1. 水动力不稳定性产生的原因

(1)水平蒸发受热面中的水动力特性

对于螺旋管圈水冷壁的水动力特性可按水平布置管圈来分析影响水动力不稳定性的因素。

管圈进口为未饱和水,并假定沿管子长度的热负荷分布均匀并且保持不变。当进入管圈的流量 G 增加时,由于加热区段长度增加,蒸发区段长度减小,因此蒸汽产量下降,并且管圈中汽水混合物的平均比体积减小。可见,在流量 G 增加的同时引起了工质平均比体积 v 的减小。压降 Δp 随流量 G 的变化,要看 G 与 v 的变化幅度,如图 9-27 所示。图中上部所示为水动力特性曲线,下部为相应各流量时管圈出口工质的状态参数(干度 x)的变化曲线。

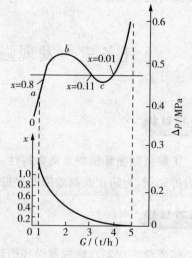

图 9-27　水平管圈的水动力不稳定曲线

在 $0-a$ 段中,工质流量较小,管子出口为过热蒸汽。此时流量增加,汽水混合物的平均比体积变化较小,因此压降 Δp 总是随着流量的增加而增加。

在 $a-b$ 段中,当流量 G 继续增加时,由于管外热负荷未变化,蒸汽产量因蒸发段长度的减少而有所下降,平均比体积 v 也随之减小,这样压降 Δp 的增加就要逐渐缓慢一些。

在 $b-c$ 段中,流量已相当大,随着流量 G 进一步增加,管内蒸汽量更少,且逐渐趋近于零,工质的平均比体积 v 急剧减小。此时平均比体积 v 较流量对压降的影响更大,压降 Δp 随流量 G 的增加而下降。

在 c 点以后,管内产汽量为零,即管子出口为单相水,这时流量 G 的增加对工质比体积已无多大影响,因而压降 Δp 又随流量 G 的增加而增加。这样,水动力特性曲线表明,即使管圈的热负荷不变,在强制流动的蒸发受热面中,当管圈进口为未饱和水时,在同一压差 Δp 下,各并联工作的管子的流量可能有三个值,出口工质的蒸汽干度也相应不同。由以上分析可知,强制流动蒸发受热面中产生这种多值性(即不稳定性)流动的根本原因是蒸汽和水的比体积或密度不同所引起的,发生在既有加热段又有蒸发段的受热蒸发管内。

影响水动力多值性的因素主要有三个:

① 工作压力。锅炉蒸发受热面内工作压力高时,蒸汽与水的密度或比体积差减小,则在流量 G 增加时工质平均比体积 v 的减小要少,水动力特性便趋向单值,图 9 - 28 所示为水动力特性曲线与压力的关系。

由此可以看出,工作压力越高,水动力特性越稳定。不过,即使是亚临界压力的直流锅炉,在启动时若选取的启动压力低仍会存在流动的不稳定性。但是超临界压力直流锅炉也可能发生水动力多值性,这是因为超临界压力的相变区内,比体积 v 随温度的上升而急剧增大。

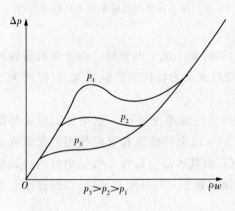

图 9 - 28　压力对水动力多值性的影响

② 入口焓值。当管圈进口工质为饱和水,即进口工质欠焓(工质焓低于饱和水焓的数值)为零时,在热负荷一定的情况下,蒸汽产量不随流量变化而改变,压降 Δp 随流量 G 的增加单值地增加。因此可以说,管圈进口工质的状态越接近饱和水,即欠焓越小,或管圈进口工质的温度越接近于对应管圈进口压力下的饱和温度,则水动力特性越趋向稳定。图 9 - 29 给出了压力一定时,在管圈入口工质温度不同情况下的水动力特性曲线。从图中可以看出,管圈进口工质温度(或焓值)越高,水动力特性趋向越稳定。

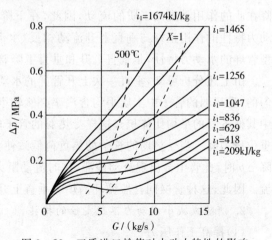

图 9 - 29　工质进口焓值对水动力特性的影响

③ 管圈热负荷和锅炉负荷。除工质压力和进口焓值对水动力特性有影响外,管圈热负荷和锅炉负荷对水动力特性也有影响。当管圈热负荷增加时,水动力特性趋向于稳定。这是因为热负荷高时,缩短了加热区段的长度,即相当于减少了工质欠焓的影响,且在高热负荷时,管圈中产生的蒸汽量多,阻力上升也快,水动力特性曲线上升也要陡一些,即水动力特性趋向于稳定一些。螺旋管圈水冷壁的水动力特性在锅炉负荷高时比负荷低时具有较高的稳定性。这是因为锅炉负荷高时,压力和热负荷都相应提高,水动力特性较稳定。锅炉负荷低(变压运行或启动)时,锅炉压力和热负荷都较低,特性曲线可能会出现不稳定性(图9-30)。因此,在进行水平蒸发管圈的设计和调整时,更应注意锅炉在低负荷时的水动力特性。尤其在启动和低负荷运行时,若高压加热器未投入运行,给水欠焓较大,则将对水动力特性带来不利影响。

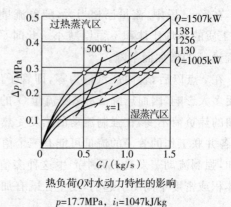

热负荷 Q 对水动力特性的影响
$p=17.7MPa$, $i_1=1047kJ/kg$

图9-30 压力和热负荷对水动力特性的影响

(2)垂直布置蒸发受热面中的水动力特性

直流锅炉垂直布置的蒸发受热面包括多次上升管屏和一次上升管屏。由于垂直布置的管屏的高度相对较高,接近于管子长度,重位压力降对水动力特性的影响很大,有时成为压降的主要部分。

在垂直一次上升管屏中,重位压力降 Δp 总是单值性地随流量 G 一起增加。也就是说重位压力降 Δp 的水动力特性是单值的,因此对总的水动力特性能起稳定作用。在垂直上升管中,如重位压力降对压降 Δp 的影响占主导地位,则其水动力特性一般是单值的。如重位压力降还不足以使水动力特性达到稳定时,则必须在管子入口处装节流圈,以保证水动力特性的稳定。

在垂直下降流动蒸发管屏中,流动阻力使上端进口压力大于下端出口压力,但重位压力降在此的作用是推动工质的流动,因此,在下降流动的蒸发受热面中,重位压力降 Δp 对水动力特性的作用正好与垂直上升流动相反,水动力的不稳定性更严重。对多流程回带管圈型管屏的水动力特性,是垂直上升和垂直下降管屏水动力特性的综合结果。

由上述分析可知,垂直一次上升管屏的水动力特性一般是稳定的,但各管受热总是不均匀的,受热弱的管子中工质平均含汽率必然较小,则该管内工质的平均比体积就要小于管屏中其他各管的平均比体积。这样受热弱的管子的重位压力降就大于管屏中其他各管的平均重位压力降。当受热弱的管子的热负荷低致使其重位压力降 Δp 增加到恰好等于管屏总压降 Δp 时,此管中会出现流动停滞,这时流动阻力等于零;热负荷进一步降低时,甚至发生倒流。因此,这种管屏同自然循环锅炉的垂直上升管屏一样,也会出现停滞甚至倒流现象。

2. 消除或减小水动力不稳定性的措施

(1)提高工作压力

引起强制流动水动力不稳定的根本原因是蒸汽与水的比体积(或密度)有差别。但随着压力的提高,蒸汽与水的比体积(或密度)差将减小,因而水动力特性趋于稳定。

（2）适当减小蒸发区段进口水的欠焓

当管圈进口水的欠焓为零时，管圈中没有加热区段，在一定热负荷下，管圈内蒸汽产量不随工质流量而变化，而流动阻力总是随工质流量的增加而增加。所以，进口水的欠焓越小，水动力特性越趋向稳定。但进口水的欠焓过小也是不合适的，因为这时工况稍有变动，管圈进口处就有可能产生蒸汽，会引起进口联箱至各管的工质流量分配不均，使热偏差加剧。

（3）增加加热区段阻力

增加加热区段阻力的方法，一般是在管圈进口处加装节流圈（如图9-31所示）。加装节流圈对水动力特性的影响如图9-32所示。

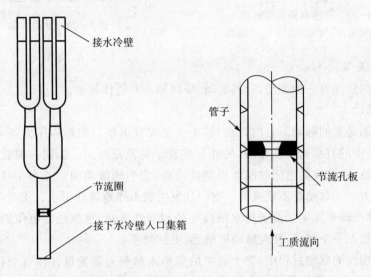

图9-31　水冷壁管段上装设的节流圈、节流孔板结构

图中曲线1表示节流圈的阻力特性；曲线2表示原有管圈的水动力不稳定特性，曲线3表示加装节流圈后管圈的水动力特性。可见，加装节流圈后管圈的总流动阻力增加，但能使水动力特性稳定。另一个方法是在管圈进口采用小管径，然后再逐级扩大，同样起着节流圈的作用。

（4）加装呼吸联箱

当蒸发管中产生不稳定流动时，由于各并列管子间的流量不同，沿各管子长度的压力分布也就不同。这是因为并列管子的进、出口端连接在其进口联箱上，具有相同的进口压力和出口压力，但在管子中部，由于各管工质流量互不相同，流动阻力则不同。流量大的管子加热段阻力增大，故管子中部的压力较低；而流量小的管子加热段阻力较小，则中部压力较高。如果将各并列蒸发管的中部连接至公共联箱——呼吸联箱，如图9-33所示，则各管中部的压力趋于均匀，因而可减小流动的不稳定性。

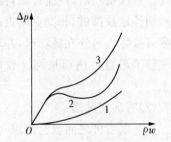

图9-32　节流管圈
对水动力特性的影响

1—节流管圈阻力特性；

2—未加节流管圈的水动力特性；

3—加节流管圈后的水动力特性

呼吸联箱应设置在并列管间压差较大的位置，一般装在相当于蒸汽干度0.1～0.2的地

方,效果比较显著。

二、脉动现象

在强制流动蒸发管中,流量随时间发生周期性的变化,称为脉动,如图 9-34 所示。

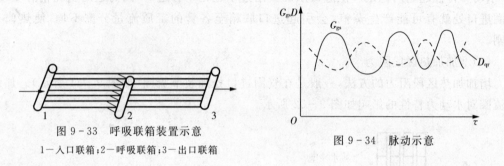

图 9-33　呼吸联箱装置示意

1—入口联箱;2—呼吸联箱;3—出口联箱

图 9-34　脉动示意

1. 脉动的类型

水冷壁管的脉动有三种类型:管间脉动、屏间脉动和整体脉动。

(1)管间脉动

最常发生的是管间脉动。它的特点是:①在蒸发管进出口集箱内压力基本不变的情况下,管屏间管子中的有些流量在增加,另外一些管子的流量减少。②同一根管子,给水量随时间作周期性波动,蒸发量也随时间作周期性波动,它们的波动相位差为 180°,且给水量波幅比蒸汽波幅大。③脉动是不衰减的。它一旦发生就不停地波动下去。④对于垂直上升管屏,也有管间脉动现象发生。由于热水段高度的周期性波动,重位压差也作周期性波动,并与流量的波动相差一个相位,且对脉动更敏感,更加严重。

在这种周期性的脉动过程中,整个管组的总给水量和总蒸发量并没有变化。但对某一根管子而言,进口水量和加热段阻力以及出口汽流量和蒸发段阻力的波动是反向的。这种波动经一次扰动后,便能自动持续地以不变的频率振动。一旦发生这种管间脉动时,管壁水膜周期性地被撕破,相变点附近的金属壁温波动很大,严重时甚至达到 150℃,因而使管子产生疲劳破坏。另外在脉动时,并联各管会出现很大的热偏差,当超过容许的热偏差值时,也将使管子超温过热而损坏。管间脉动是直流锅炉各种运行工况必须避免的一种不正常现象。

(2)管屏间脉动

在并联管屏之间也会出现与管间脉动相似的脉动现象。在发生脉动时,进出口总流量和总压头并无明显变化,只是各管屏间的流量发生变化。

(3)锅炉整体脉动

整体脉动是指整个锅炉或个别部件受热面中工质流量的波动。这种脉动在燃煤量、给水量、蒸发量急剧波动时,以及给水泵—给水管道—给水调节系统不稳定时可能发生,当这个扰动消除后即消失。如图 9-35 给出了直流锅炉的整体衰减性脉动。

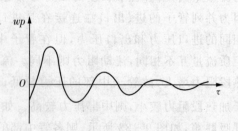

图 9-35　直流锅炉的整体衰减性脉动

脉动现象发生时,工质压力和温度周期性地变化。由于过热段长度周期性变化,因而出口汽温周期性变化,即引起较大的热偏差,甚至引起管壁温度高于材料的允许温度。

脉动现象与水动力不稳定的区别在于,前者是周期性的波动,后者是非周期性的波动。当发生脉动时,热水段、蒸发段、过热段长度发生周期性变化。在热水段、蒸发段、过热段的交界处,交替接触不同状态的工质,使管壁温度发生周期性变化,引起金属管子的疲劳破坏。脉动严重时,由于受工质脉动性流动的冲击作用和工质汽水比体积变化引起管内局部压力波周期性变化的作用,还会造成管屏的机械振动,引起管屏的机械应力破坏。

2. 脉动原因

在一个并联管组内,当某根或几根管子的吸热量偶然增大时,加热水段缩短,原来的热水段变成了汽水混合物段,使产汽量增加,流动阻力增大,管内的压力升高。但是进口联箱压力并未改变,故进水流量减少。由于出口联箱压力也未改变,这些管子的排出流量增大。

上述结果使管子输入、输出能量失去平衡,管内压力下降到低于正常值,流量开始向反方向变化。在上述管内压力升高期间,工质的饱和温度升高,管壁金属温度也随着升高,蓄热增大。当管内压力下降,工质饱和温度也下降,较高温度的管壁金属向工质放热即释放蓄热,这相当于吸热量的增大。上述过程重复进行,脉动继续下去。

产生脉动的外因是某些管子蒸发开始处的局部热负荷突然升高;内因则是由于局部压力的升高,造成工质及金属的蓄热变化。在开始蒸发段附近交替地被水或汽水混合物所占据,又由于工质温度、局部压力以及放热系数(工质速度的改变)的变动,就改变着其中工质和金属的蓄热量。当该处局部压力升高时,从炉内得到的热量部分储蓄在管子金属及水中,蒸发量减少;当压力降低时,这些储蓄在管子金属与水中的热量又重新释放给了工质,蒸发量增加。这就是脉动得以持续进行的内在因素。

3. 防止脉动的措施

(1)在管子的入口端加装节流圈

增加蒸发管圈加热段的阻力和降低蒸发段阻力可减小脉动现象的产生。因为此时在开始蒸发点附近局部压力升高对进口工质流量影响较小,且可加快把工质推向出口,压力恢复。

此外,增加加热段进口工质欠焓,使热水段长度增加,从而增加了热水段阻力,对减少脉动现象也是有利的。减小蒸发段的长度即减小进入管圈出口联箱的工质的干度值,亦可减少脉动现象的产生。

如图 9-36 所示为沿管长的压力变化示意图。采用节流圈可使管内蒸发造成的局部压力升高值远低于进口压力,从而减小流量波动,直至消除。另外,节流圈还可增加热水段的阻力,提高热水段的压差,保证进口水量的稳定性。

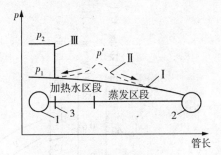

图 9-36　沿管长的压力变化

Ⅰ—无脉动;Ⅱ—有脉动;Ⅲ—节流圈中的压力

1—进口联箱;2—出口联箱;3—节流圈

节流圈的孔径一般随机组参数的提高而减小。例如某厂 300MW 机组的水冷壁节流圈孔径最大为 $\phi18.64mm$,最小为 $\phi11.13mm$;而 1000MW 机组的水冷壁节流圈孔径:上炉膛前墙和侧墙节流圈孔径为 $\phi9.5mm$,后墙节流圈孔径为 $\phi10.5mm$。由于超临界机组的节流圈孔径较小,很容易造成异物(如氧化皮)堵塞,这是超临界机组面临的重大问题。

(2)提高质量流速

质量流速大,汽泡很快被带走而不会在管内变大,阻滞工质流动的局部蒸汽容积增大现象就不易发生,管内就不会形成较高的局部压力,可以保持稳定的进口流量。

(3)提高进口压力

归根到底,脉动现象总是由于汽与水的两相流动所引起的。压力越高,汽水的比体积越接近,管内局部压力升高的现象不容易发生。实践证明:当 $p \geqslant 14\mathrm{MPa}$ 时,基本不发生脉动现象。但是,对于直流锅炉仍应注意启动及低负荷时可能产生脉动现象。

(4)降低蒸发点热负荷和热偏差

热负荷对脉动的产生也有影响,开始蒸发点附近如热负荷高,容易发生局部压力升高的可能性。把蒸发点移到负荷低的区域,汽泡产生量相对减少,避免管内局部压力较大的变化。减小热偏差,可减小流量偏差,防止个别管中流量降低导致比容发生剧烈变化。

(5)合适的给水泵

离心式给水泵的流量随压头的增加而减小,当锅炉蒸发区段由于短期热负荷升高压力上升时,离心泵送给蒸发管的给水流量减少,同时蒸汽流量增大,随着短期热负荷增值的消失,蒸发区段必须考虑重位压降对热偏差的影响。

垂直上升蒸发管屏中,如果流动阻力损失所占份额相当大(如锅炉高负荷时),当个别管圈热负荷偏高时,因偏差管中工质平均比体积的增大将引起流动阻力增大,并导致其流量降低。但与此同时,因偏差管中工质密度减小而使其重位压力降低,又促使其流量回升。因此,在垂直上升管屏中,重位压降有助于减小流量偏差。但是,如果管屏总压降中流动阻力损失所占份额较小(低负荷时),重位压降占总压降的主要部分,则重位压降将引起不利影响。此时,受热弱的偏差管中由于平均密度很大,重位压降很大,致使该管中可能流动停滞。

三、沸腾传热恶化

对于超临界压力直流锅炉,因为水在水冷壁中一次性加热变成蒸汽,因此,一定会在水冷壁中出现沸腾传热恶化现象。如图 9-37 所示为超临界压力下的工质参数变化。在工质

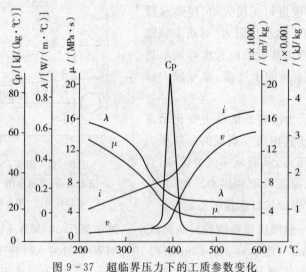

图 9-37 超临界压力下的工质参数变化

的高比热容区,比容(密度)的变化相当大,工质的温度几乎不变;在管子内壁面附近工质密度比中心处小 $3\sim4$ 倍,在流动截面上存在不均匀性,出现最小的传热系数。当热负荷高时,也会出现传热恶化,称为类膜态沸腾。根据近几十年来锅炉运行和实验研究表明,超临界压力锅炉的水冷壁在一定条件下会因为发生传热恶化现象,而导致爆管事故。

图 9-38 为超临界压力下 q 保持在 $700kW/m^2$ 时得到的试验曲线。由图可见,当 $\rho w=400kg/(m^2 \cdot s)$ 和 $700kg/(m^2 \cdot s)$ 时,存在传热恶化和壁温突升现象;但当 ρw 提高到 $1000kg/(m^2 \cdot s)$ 时,传热恶化现象消失,壁温随工质温度上升而均匀上升。

对沸腾传热恶化问题有两种预防方法:一是彻底防止沸腾传热恶化发生;二是允许它发生,但把沸腾传热恶化发生的位置推移至热负荷较低处,使管壁温度不致超过允许值。在直流锅炉中,蒸发管内必然会出现蒸干现象。因此,问题的关键是降低沸腾传热恶化时管壁温度,而不是防止它的产生。目前采取的措施有:

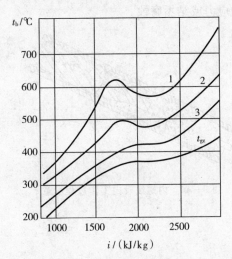

图 9-38 超临界压力下提高 ρw
时对传热恶化的影响

（$p=22.5MPa, q=700kW/m^2$）
$1-\rho w=400kg/(m^2 \cdot s); 2-\rho w=700kg/(m^2 \cdot s);$
$3-\rho w=1000kg/(m^2 \cdot s)$
t_{gz} —工质温度;t_b —管壁温度

1. 保证一定的质量流速

提高沸腾管中工质的质量流速是改善传热工况、降低沸腾传热恶化时出现壁温峰值的有效措施,还可提高临界含汽率,使传热恶化的位置向低热负荷区移动或移出水冷壁工作范围而不发生传热恶化。不论是亚临界压力还是超临界压力直流锅炉,提高工质的质量流速都可使管壁温度工况得到改善。但是,过高的质量流速势必增加锅炉中工质的流动阻力和水泵功率消耗,因此质量流速也不能过高。

2. 采用内螺纹管

如在直流锅炉蒸发受热面容易出现传热恶化的区段中采用内螺纹管可显著降低管壁温度。内螺纹管的结构如图 9-39 所示,内螺纹管内的工作过程如图 9-40 所示,对降低壁温

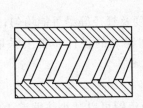 

图 9-39 内螺纹管

的效果如图 9-41 所示。由于内螺纹管增加了管内流体的扰动,传热恶化大大推迟。如果推迟到沸腾区出口端,而该处热负荷也相对降低,管内汽水混合物的流速又较高,因而管壁温度已不致因传热恶化而飞升。用内螺纹管来推迟传热恶化,降低管壁温度是有效的。但其主要缺点是这种管子的加工工艺复杂,流动阻力比光管的大,工艺不良的内螺纹管还容易产生应力或结垢腐蚀。

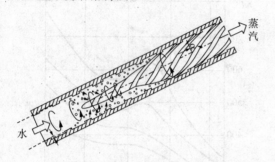

图 9-40 内螺纹管内工作过程示意

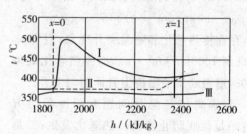

图 9-41 光管和内螺纹管
的管内壁温与工质焓的关系

$p=21MPa$;$\rho w=950kg/(m^2 \cdot s)$;$q=495kW/m^2$;$d_n=10mm$

Ⅰ—光管;Ⅱ—内螺纹管;Ⅲ—饱和温度;t—管壁温度

3. 加装扰流子

在沸腾管内加装扰流子也是推迟传热恶化的有效方法。扰流子是插入沸腾管内的扭成螺纹状的金属片。为了避免结垢引起腐蚀以及保证扰动流体的效果,扰流子两端固定在管壁上,并且每隔一段长度留有顶住管壁的定位小凸缘。加装扰流子后,流动阻力有所增加,但截面中心及沿管壁上的流体则因受扰动而充分混合,致使传热恶化得以推迟。扰流子与内螺纹管相比工艺上要简单一些,技术要求也较低,因而具有一定的优越性。

4. 降低受热面的热负荷

传热恶化区管壁温度的峰值同该处受热面的热负荷有直接关系,热负荷越高则壁温峰值越大。为了降低传热恶化时的壁温峰值,可将炉膛燃烧器沿高度方向拉开,采用多个功率较小的燃烧器,设法减小炉内的热偏差,以减小炉内局部热负荷。在燃油及燃气锅炉上采用烟气再循环,对降低传热恶化时的壁温也是有效的。

四、水冷壁管屏间的热偏差

热偏差是指并列管之间工质温度的偏差而造成的管壁温度偏差,会导致个别管子超温,对水冷壁管子安全有很大的影响,不可忽视。超临界压力时,工质不存在恒定的饱和温度,偏差管工质温度差别更高。

为减小热偏差,在锅炉结构上应使并联各管的长度及管径等尽可能均匀;燃烧器的布置和燃烧工况要考虑炉膛受热面热负荷均匀;另外,在锅炉的设计布置上采取一些相应的措施。

1. 加装节流圈

在并联各管进口加装节流圈或在管屏进口加装节流圈可以减小热偏差。相应于各管屏的热负荷,在各管屏入口前装设不同节流程度的节流阀或节流圈,在锅炉投运时加以调整,使热负荷高的管屏中具有较高的质量流速,以便使各管屏得到几乎相近的出口工质焓值。

还应指出,在具体设计和调整节流圈时,必须同时考虑水动力稳定、消除脉动和减小热偏差。

2. 减小管屏或管带宽度

减小管屏或管带宽度,即减小同一管屏或管带中的并联管圈根数,则在相同的炉膛温度分布和结构尺寸情况下,可减少同屏或同管带各管间的吸热不均匀性和流量不均匀性,从而使热偏差减小。

3. 装设中间联箱和混合器

在蒸发系统中装设中间联箱和混合器,可使工质在其中进行充分混合,然后再进入下一级受热面,这样前一级的热偏差不会延续到下一级,工质进入下一级的焓值趋于均匀,因而可减小热偏差。

4. 采用较高的工质流速

采用较高的工质质量流速可以降低管壁温度,使受热多的管子不致过热。对于垂直管屏,由于其重位压降较大,如果质量流速过低,则在低负荷运行时容易因吸热不均而引起不正常的情况,因而额定负荷时工质质量流速采用了较大的数值,一般为 $2000\sim2500kg/(m^2 \cdot s)$。

5. 合理组织炉内燃烧工况

一般认为,四角切圆燃烧方式具有较好的炉膛火焰充满度,炉内热负荷较均匀,火焰中心温度和炉膛局部最高热负荷也较低,因而蒸发受热面吸热不均匀性较小。运行中应尽可能减少产生热偏差的各种因素。如燃烧中心的位置要调整好,不使火焰中心偏斜。各个燃烧器的给粉量应尽可能均匀,燃烧器的投入和停运要力求对称均匀,防止炉内结渣和积灰等。

此外,还要严格监督锅炉的给水品质,防止蒸发管内结垢或腐蚀,从而避免引起管内工质流动阻力的变化。

工作任务

在教师指导下,在锅炉仿真系统上调用强制流动锅炉某一特定工况,结合相关 DCS 画面试分析锅炉运行故障及对相关系统、运行参数的影响,并对锅炉事故的预防进行分析探讨。

能力训练

培养学生结合实际锅炉生产运行工作状况,对锅炉运行过程中工质侧所出现的水循环故障进行综合分析、判断的能力。

任务四　关注超临界锅炉及超超临界锅炉的发展

学习目标

了解超临界参数,掌握超临界及超超临界锅炉的类型、结构特点、典型布置及运行工作特性。

能力目标

系统掌握超临界锅炉的发展,对典型锅炉结构、典型问题有所掌握。

知识准备

关 键 词
临界点　超临界

一、超临界参数

工程热力学将水的临界状态点的参数定义为:压力为 22.115MPa,温度为 374.15℃。当水的状态参数达到临界点时,在饱和水和饱和蒸汽之间不再有汽、水共存的两相区存在。与较低参数的状态不同,这时水的传热和流动特性等也会存在显著的变化。当水蒸气参数值大于上述临界状态点的压力和温度值时,则称其为超临界参数。

工程热力学将水的临界点状态参数定义为:压力 $P=22.115$MPa、$t=374.15$℃。当水的参数达到该临界点时,水的完全汽化会在一瞬间完成,饱和水和饱和蒸汽之间不再有气、水共存的两相区。当机组参数高于这一临界状态参数时,通常称其为超临界参数机组。水分子密度与压力、温度关系如图 9-42 所示。

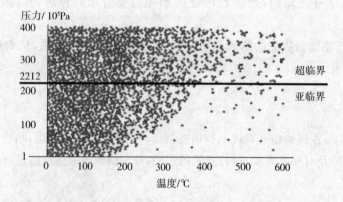

图 9-42　水分子密度与压力、温度关系

与较低压力下的水的特性不同,在压力很高的情况下,特别在临界点附近,水的质量定压热容 C_p 值会有较显著的变化。水的比热随着温度升高而升高,而蒸汽的比热随着温度的增加而下降。在临界点处水的比热达到最大,比容和焓值也随压力增加而迅速增加(但随着压力的增加,其增加幅度逐渐减小),而其动力黏度、导热系数和密度均出现显著下降。显然进入超临界以后,水的物性随温度的变化异常巨大,流动和传热特性也将出现显著的变化。

水蒸气动力循环焓熵图如图 9-43 所示,在超临界点 C(22.115MPa、374.15℃)附近,水的液态和气态密度趋于相同,蒸发热量也趋近于零。亚临界下蒸汽动力循环为 1→2→3→4→5→6→1(见图 9-43a),超临界下蒸汽动力循环为 1→2→5→6→1(见图 9-43b)。

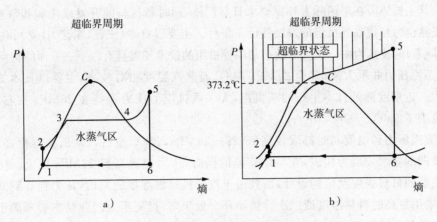

图 9-43　水蒸气动力循环焓熵图
a)亚临界下蒸汽动力循环；b)超临界下蒸汽动力循环

当水蒸气的状态参数高于上述临界点的压力和温度时，则称为超临界参数。而超超临界参数的概念实际为一种商业性的称谓，热力学中没有这个分界点，为表示出发电机组具有更高的压力和温度，因此各国、甚至各公司对超超临界参数的开始点定义也有所不同，例如，日本的定义为压力大于 24.2MPa 或温度达到 593℃，丹麦定义为压力大于 27.5MPa，西门子公司的观点是应从材料的等级来区分超临界和超超临界机组等。我国电力百科全书则将超超临界定义为：蒸汽参数高于 27MPa。综合以上观点，一般将超超临界机组设定在蒸汽压力大于 25MPa，蒸汽温度高于 580℃的范围。

二、国际超临界及超超临界参数锅炉的发展情况

从 20 世纪 50 年代开始，世界上以美国和德国等为主的工业化国家就已经开始了对超临界和超超临界发电技术的研究。经过近半个世纪的不断进步、完善和发展，目前超临界和超超临界发电技术已经进入了成熟和商业化运行的阶段。

世界上超临界和超超临界发电技术的发展过程大致可以分成三个阶段。

第一个阶段，是从 20 世纪 50 年代开始，以美国和德国等为代表。当时的起步参数就是超超临界参数。但随后由于电厂可靠性的问题，在经历了初期超超临界参数后，从 60 年代后期开始美国超临界机组大规模发展时期所采用的参数均降低到常规超临界参数。直至 80 年代，美国超临界机组的参数基本稳定在这个水平。

第二个阶段，大约是从 20 世纪 80 年代初期开始。由于材料技术的发展，尤其是锅炉和汽轮机材料性能的大幅度改进，及对电厂水化学方面认识的深入，克服了早期超临界机组所遇到的可靠性问题。同时，美国对已投运的机组进行了大规模的优化及改造，可靠性和可用率指标已经达到甚至超过了相应的亚临界机组。通过改造实践，形成了新的结构和新的设计方法，大大提高了机组的经济性、可靠性、运行灵活性。其间，美国又将超临界技术转让给日本（GE 向东芝、日立转让技术，西屋向三菱转让技术），联合进行了一系列新超临界电厂的开发设计。这样，超临界机组的市场逐步转移到了欧洲及日本，涌现出了一批新的超临界机组。

第三个阶段，大约是从 20 世纪 90 年代开始进入了新一轮的发展阶段。这也是世界上超超临界机组快速发展的阶段，即在保证机组高可靠性、高可用率的前提下采用更高的蒸汽温度和压力。其主要原因在于国际上环保要求日益严格,同时新材料的开发成功和和常规超临界技术的成熟也为超超临界机组的发展提供了条件。主要以日本(三菱、东芝、日立)、欧洲(西门子、阿尔斯通)的技术为主。这个阶段超超临界机组的技术发展具有以下三方面的特点:

(1)蒸汽压力并不太高,多为 25MPa 左右,而蒸汽温度相对较高,主要以日本的技术发展为代表。近期欧洲及日本生产的新机组,大多数机组的压力保持在 25MPa 左右,进汽温度均提高到了 580℃~600℃左右。

(2)蒸汽压力和温度同时都取较高值(28~30MPa,600℃左右),从而获得更高的效率。主要以欧洲的技术发展为代表,在采用高温的同时,压力也提高到 27MPa 以上。压力的提高不仅关系到材料强度及结构设计,而且由于汽轮机排汽湿度的原因,压力提高到某一等级后,必须采用更高的再热温度或二次再热循环。近年来,提高压力的业绩主要来源于欧洲和丹麦一些设备制造厂家。

(3)开发更大容量的超超临界机组以及百万等级机组倾向于采用单轴方案。为尽量减少汽缸数,大容量机组的发展更注重大型低压缸的开发和应用。日本几家公司和西门子、阿尔斯通等在大功率机组中已开始使用末级钛合金长叶片。

为了发展高效率的超超临界机组,从 20 世纪 80 年代初开始美国、日本和欧洲都投入了大量财力和研究人员开展了各自的新材料研发计划,这些材料分别针对不同参数级别的机组,如 593℃(包括欧洲的 580℃机组和日本的 600℃机组)级别、620℃级别、650℃级别和正在研发之中的更高温度级别的机组。新开发的耐热材料在投入正式使用之前进行了大量的实验室和实际验证试验。到目前为止欧洲已经成功投运了主汽温度为 580℃的超超临界机组,日本投运了主汽温度为 600℃的机组,从材料的实际验证结果来看,国际上目前成熟的材料已经可以用于建造 620℃的机组,而据日本最新的报导称已经可以提供 650℃机组所需的关键部件材料。据统计,21 世纪全世界已投入运行的超临界及以上参数的发电机组大约有 600 多台。其中在美国有 170 多台,日本和欧洲各约 60 台,俄罗斯及原东欧国家 280 余台。目前发展超超临界技术领先的国家主要是日本、德国和丹麦等。

超临界火电技术经几十年的发展,目前是世界上唯一的先进、成熟和达到商业化规模应用的洁净煤发电技术,在不少国家推广应用并取得了显著的节能和改善环境的效果。当前,在实际应用中机组的主蒸汽压力最高已达到了 31MPa,主汽温度最高已达到 610℃,容量等级在 300~1300MW 内均有业绩。与同容量亚临界火电机组的热效率比较,在理论上采用超临界参数可提高效率 2%~2.5%,采用更高的超临界参数可提高约 4%~5%。目前世界上先进的超临界机组效率已达到 47%~49%,同时先进的大容量超临界机组具有良好的运行灵活性和负荷适应性;超临界机组大大降低了 CO_2、粉尘和有害气体(主要 SO_x、NO_x 等)等污染物排放,具有显著环保、洁净的特点。实际运行业绩表明,超临界机组的运行可靠性指标已经不低于亚临界机组的值,有的甚至还要高。另外还有一个很重要的因素是,相对其他洁净煤发电技术来说,超临界技术具有良好的技术继承性。正因如此超临界发电技术得到各国电力界的重视,又进入了新一轮的发展时期,进一步发展的方向是保证其可用率、可靠性、运行灵活性和机组寿命等的同时,进一步提高蒸汽的参数,从而获得更高的效率和环保性。

我国电力工业总体与国外先进水平相比有较大差距,能耗高、环境污染严重是目前我国火电厂中存在的两大突出问题,并成为制约我国电力工业乃至整个国民经济的重要因素。为迅速扭转我国火电机组煤耗长期居高不下的局面,缩小我国火电技术与国外先进水平的差距,发展国产大容量的超临界火电机组,以达到煤电机组"高效、节能、环保"的目标是十分必要的。

三、我国超临界机组锅炉的发展

我国从上海锅炉厂引进 CE 公司技术制造出第一台超临界 600MW 机组以来,已经陆续由三大公司引进国外 600MW 级超临界机组先进技术制造出多台 600MW 超临界机组,并已经掌握了全部的制造技术,现三大公司又陆续引进国外先进超超临界技术生产 1000MW 级机组,其中上海锅炉厂引进 ALSTOM 技术(Ⅱ型锅炉、塔式锅炉)、哈尔滨锅炉厂引进日本三菱公司技术(单炉膛、双火球、双切圆Ⅱ型锅炉)、东方锅炉厂引进日本日立公司技术(单炉膛、对冲燃烧Ⅱ型锅炉)。目前,超临界机组在我国电力工业生产中发展迅速,截止 2010 年 3 月的统计数据,我国已投产的仅 1000MW 超超临界机组就有 24 台,另有 68 台 1000MW 超超临界机组在建。其中,华润常熟电厂的国产首台 600MW 超临界锅炉(如图 9 - 44 所示)、邹县电厂的 1000MW 超超临界锅炉(如图 9 - 45 所示)采用 605℃/603℃的主、再热蒸汽温度,锅炉效率 93.88%,发电煤耗 270.6g/kWh,供电煤耗 283.2g/kWh,整厂的循环效率已经达到 43.4%。

图 9 - 44 国产首台 600MW 超临界锅炉(华润常熟电厂)

图 9 - 45 邹县电厂 1000MW 超超临界机组锅炉

表9-2列出了我国部分超临界、超超临界机组技术指标。

表9-2 我国部分超临界、超超临界机组技术指标

项 目	沁北 600MW 超临界机组	营口 600MW 超临界机组	玉环 1000MW 超临界机组
主蒸汽参数	21.5MPa,566℃/566℃	25MPa,600℃/600℃	26.25MPa,600℃/600℃
汽轮机热耗(kJ/kWh)	7522(THA)	7428(THA)	7316(BMCR)
锅炉效率(%)	93.0(设计煤种)	93.34(设计煤种)	93.65(设计煤种)
管道效率(%)	99	99	98
机组绝对效率(%)	47.86	48.465	
发电厂热效率(%)	44.06	44.8	45.16
发电煤耗(g/kWh)	279.15	274.65	272
厂用电率(%)(含脱硫)	6.29	6.623	6.5
供电标准煤耗	297.887	292.898	290.9

目前我国国产的超超临界机组容量主要为 660MW 和 1000MW 两种等级,以下主要介绍国产 660MW、1000MW 超超临界机组的概况。

1. 国产超超临界锅炉的结构特点

国内制造的 1000MW 超超临界锅炉的型式见表9-3所示。

表9-3 国内制造的 1000MW 超超临界锅炉的型式

生产厂家	哈尔滨锅炉厂	上海锅炉厂	上海锅炉厂	东方锅炉厂、北京巴威
锅炉炉型	Ⅱ型炉	Ⅱ型炉	塔式炉	Ⅱ型炉
燃烧方式	单炉膛八角切圆燃烧	单炉膛八角切圆燃烧	单炉膛四角切圆燃烧	单炉膛前后墙对冲燃烧
燃烧器型式	直流摆动燃烧器	直流摆动燃烧器	直流摆动燃烧器	旋流燃烧器
技术源头	CE MIH	ALSTOM(CE)	ALSTOM(EVT)	BABCOK
水冷壁型式	上、下部水冷壁均采用内螺纹垂直管圈水冷壁,上下部水冷壁向设有两级混合集箱,水冷壁入口装设节流孔板	下部水冷壁采用内螺纹螺旋管圈布置,上部水冷壁为垂直管圈,上下部水冷壁向采用混合联箱过渡	上部水冷壁采用内螺纹管螺旋管圈布置,上部水冷壁为垂直管圈,上下部水冷壁间采用中间混合联箱过渡	下部水冷壁采用内螺纹螺旋管圈布置,上部水冷壁为垂直管圈,上下部水冷壁间采用混合联箱过渡
启动系统	带启动循环泵	带启动循环泵	带启动循环泵	带启动循环泵
最小直流负荷(%)	25	30	25	25～30
内热器主要调温方式	烟气挡板上摆动燃烧器	烟气挡板上摆动燃烧器	烟气挡板	烟气挡板

（1）超超临界锅炉主要参数

我国超超临界机组，汽轮机进汽参数为 25MPa，相应锅炉的设计参数为 26.25MPa，主、再热蒸汽温度分别为 605℃和 603℃。

由于上海汽轮机厂（简称上汽厂）汽轮机进口参数为 26.25MPa，主、再热蒸汽温度均为 600℃，因此与上汽厂配套的锅炉主汽压力有所提高，约 27.5MPa。

（2）炉型

超超临界锅炉的整体布置主要采用 Ⅱ 形和塔式两种。国产 600MW 超超临界机组全部采用 Ⅱ 形布置；1000MW 超超临界机组锅炉，哈尔滨锅炉厂（简称哈锅）、东方锅炉厂（简称东锅）采用 Ⅱ 形布置，上海锅炉厂（简称上锅）采用 Ⅱ 形和塔式两种。

（3）燃烧方式

根据燃烧器结构和布置的不同，主要有切向燃烧和墙式燃烧两种。墙式燃烧主要是前后墙对冲燃烧方式，切向燃烧有四角、六角、八角燃烧方式和单炉膛双切圆燃烧方式。

（4）水冷壁

变压运行超超临界锅炉水冷壁有两种形式：一种是内螺纹垂直管，另一种是下炉膛采用螺旋管圈，上部采用垂直管，如图 9-46 所示。图 9-47、图 9-48 为螺旋冷灰斗的结构及外观图。

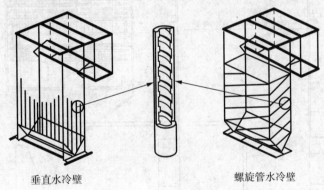

垂直水冷壁　　　　　　　　　螺旋管水冷壁

图 9-46　两种水冷壁形式

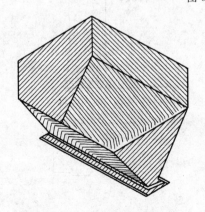

图 9-47　螺旋冷灰斗的结构

图 9-48　螺旋冷灰斗外观图

（5）超超临界锅炉启动旁路系统

超超临界锅炉均采用带再循环的内置式分离器的启动旁路系统。

锅炉设备与运行

2. 国产典型超临界及超超临界锅炉简介

(1) 配 660MW 机组的超超临界锅炉简介

DG－2030/26.15/605/603 型(见图 9－49)锅炉是东方锅炉(集团)股份有限责任公司与日本巴布科克·日立公司联合制作的 660MW 超超临界直流锅炉。该锅炉为超临界参数变

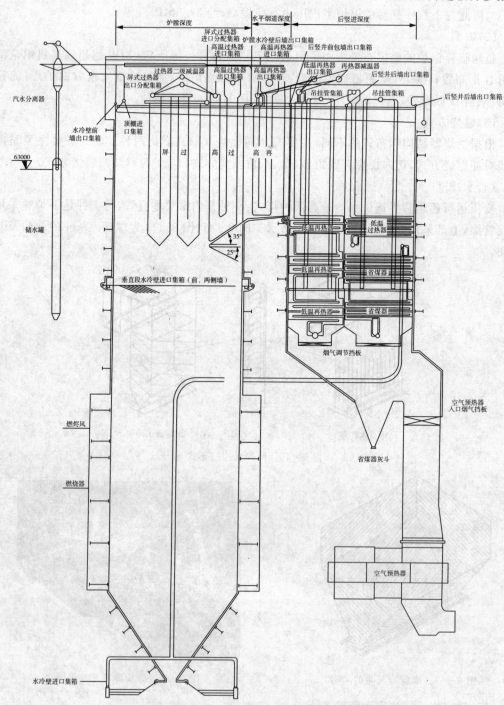

图 9－49　DG－2030/26.15/605/603 型锅炉示意图

压运行本生型锅炉,一次中间再热、前后墙对冲燃烧,Ⅱ型单炉膛,尾部双烟道结构,采用挡板调节再热汽温,固体排渣,全钢构架,全悬吊结构,平衡通风,露天布置。

① 锅炉主要汽水参数。660MW 超超临界锅炉主要汽水参数见表 9-4 所列。

表 9-4 660MW 超超临界锅炉主要汽水参数(DG-2030/26.15/605/603 型锅炉)

名 称	单位	参数	名 称	单位	参数
过热蒸汽			再热蒸汽		
最大连续蒸发量(B-MCR)	t/h	2030	蒸汽量(B-MCR)	t/h	1698
额定蒸发量(BRL)	t/h	1969	进口/出口蒸汽压力(B-MCR)	MPa(g)	5.43/5.18
额定蒸汽压力(过热器出口)	MPa(g)	26.15	出口蒸汽压力(B-MCR)	℃	603
额定蒸汽压力(汽机入口)	MPa(g)	25.0	给水温度(B-MCR)	℃	298
额定蒸汽温度	℃	605			

② 锅炉整体布置。锅炉的循环系统由启动分离器、贮水箱、下降管、下水连接管、水冷壁上升管及汽水连接管等组成。在负荷≥28%B-MCR 后,直流运行,一次上升,启动分离器入口具有一定的过热度。锅炉水冷壁分为上下两个部分,下部水冷壁采用全焊接的螺旋上升膜式管屏,螺旋水冷壁管为内螺纹管,上部水冷壁采用全焊接的垂直上升膜式管屏,上下部水冷壁采用中间混合集箱形式过渡。

(2)配 1000MW 机组的超超临界锅炉简介

宁海电厂 1000MW 机组采用的锅炉为超超临界参数变压运行螺旋管圈直流炉,锅炉采用一次再热、单炉膛单切圆燃烧、平衡通风、露天布置、固态排渣、全钢构架、全悬吊结构塔式布置。由上海锅炉厂有限公司引进 Alstom-Power 公司 BoilerGmbh 的技术生产。

锅炉型号为 SG3091/27.56-M54X,其中 SG 表示上海锅炉厂,3091 表示该锅炉 BMCR工况额定蒸汽流量,单位 t/h。27.56 表示该锅炉额定工况蒸汽压力,单位是 MPa。锅炉最低直流负荷为 30%BMCR,本体系统配 30%BMCR 容量的启动循环泵。锅炉不投油最低稳燃负荷为 30%BMCR。

① 锅炉简图。如图 9-50 所示为 SG3091/27.56-M54X 型锅炉总体布置图。

② 锅炉烟气流程。烟气流向顺次为一级过热器(屏管)、三级过热器、二级再热器、二级过热器、一级再热器、省煤器、一级过热器(悬吊管)、脱硝装置、空气预热器。在各受热面中,除三级过热器、二级再热器和省煤器为顺流布置外,其余都是逆流布置。围绕炉膛四周的炉管组成蒸发受热面(水冷壁)并兼具炉墙作用。

③ 锅炉整体布置。锅炉炉膛宽度 23.16m,深度 23.16m,水冷壁下集箱标高为 4m,炉顶管中心标高 117.91m,大板梁上端面标高为 126.16m。

锅炉炉前沿宽度方向垂直布置 6 只汽水分离器,汽水分离器外径 0.61m,壁厚 0.08m,每个分离器筒身上方布置 1 根内径为 0.24m 和 4 根外径为 0.2191m 的管接头,其进出口分别与汽水分离器和一级过热器相连。当机组启动,锅炉负荷小于最低直流负荷 30%BMCR时,蒸发受热面出口的介质经分离器前的分配器后进入分离器进行汽水分离,蒸汽通过分离器上部管接头进入两个分配器后进入一级过热器,而不饱和水则通过每个分离器筒身下方 1

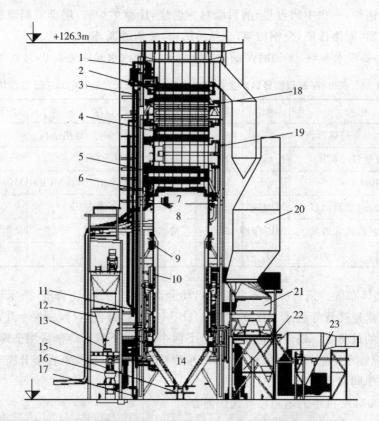

图 9-50　SG3091/27.56－M54X 型锅炉总体布置图
1—汽水分离器；2—省煤器；3—汽水分离器疏水箱；4——二级过热器；5—三级过热器；
6——一级过热器；7—垂直水冷壁；8—螺旋水冷壁；9—燃尽风；10—燃烧器；11—炉水循环泵；
12—原煤斗；13—给煤机；14—冷灰斗；15—捞渣机；16—磨煤机；17—磨煤机密封风机；
18—低温再热器；19—高温再热器；20—脱硝装置；21—空气预热器；22——一次风机；23—送风机

根内径 0.24m 的连接管进入下方 1 只疏水箱中，疏水箱直径 0.61m，壁厚 0.08m，疏水箱设有水位控制。疏水箱下方 1 根外径为 0.57m 疏水管引至 1 个连接件。通过连接件一路疏水至炉水再循环系统，另一路接至大气扩容器中。

炉膛由膜式水冷壁组成，水冷壁采用螺旋管加垂直管的布置方式。从炉膛冷灰斗进口到标高 68.18m 处炉膛四周采用螺旋水冷壁，管子规格为 φ38.1mm，节距为 53mm。在螺旋水冷壁上方为垂直水冷壁，螺旋水冷壁与垂直水冷壁采用中间联箱连接过渡。垂直水冷壁分为两部分，首先选用管子规格为 φ38.1mm，节距为 60mm，在标高 88.88m 处，两根垂直管合并成一根垂直管，管子规格为 φ44.5mm，节距为 120mm。

炉膛上部依次分别布置有一级过热器、三级过热器、二级再热器、二级过热器、一级再热器、省煤器。

锅炉燃烧系统按照中速磨正压直吹系统设计，配备 6 台磨煤机，正常运行中运行 5 台磨煤机可以带到 BMCR，每根磨煤机引出 4 根煤粉管道到炉膛四角，炉外安装煤粉分配装置，每根管道分配成两根管道，分别与两个一次风喷嘴相连，共计 48 个直流式燃烧器，分12 层布置于炉膛下部四角（每两个煤粉喷嘴为一层），在炉膛中呈四角切圆方式燃烧。

紧挨顶层燃烧器设置有紧凑燃尽风(CCOFA),在燃烧器组上部设置有分离燃尽风(SOFA),每个角有 6 个喷嘴,采用 TFS 分级燃烧技术,减少 NO_x 的排放。

在每层燃烧器的两个喷嘴之间设置有油枪,燃用 0 号柴油,设计容量为 25%BMCR,在启动阶段和低负荷稳燃时使用。

锅炉设置有膨胀中心及零位保证系统,炉墙为轻型结构带梯形金属外护板;屋顶为轻型金属屋顶。

B 磨对应的燃烧器改造成等离子点火器,在启动阶段和低负荷稳燃时,也可以投入等离子系统,减少柴油的耗量。

过热器采用三级布置,在每两级过热器之间设置喷水减温,主蒸汽温度主要靠煤水比和减温水控制。再热器两级布置,再热蒸汽温度主要采用燃烧器摆角调节,在再热器入口和两级再热器布置危急减温水。

在 ECO 出口设置脱硝装置,脱硝采用选择性触媒 SCR 脱硝技术,反应剂采用液氨汽化后的氨气,反应后生成对大气无害的氮气和水汽。

尾部烟道下方设置两台三分仓回转容克式空气预热器,两台空气预热器转向相反,转子直径 16.421m,空气预热器采用两段设计,没有中间段,低温段采用抗腐蚀大波纹 SPCC 搪瓷板,可以防止脱硝生成的 NH_4HSO_4 的粘连。

锅炉排渣系统采用机械出渣方式,底渣直接进入捞渣机水封内,水封可以冷却、裂化底渣,同时可以保证炉膛的负压。

④ 锅炉特点。该锅炉由 APBG 提供技术、上海锅炉厂制造,在设计和制造上继承了 ALSTOM 公司先进的经验,确保了锅炉的安全性和可靠性。它具有以下特点:

a. 锅炉系统简单;

b. 锅炉省煤器、过热器和再热器采用卧式结构,具有很强的自疏水能力;

c. 锅炉启动疏水系统设计有炉水循环泵,锅炉启动能力损失小,同时具备优异的备用和快速启动特点;

d. 采用单炉膛单切圆燃烧技术,并对烟气进行了消旋处理,在所有工况下,水冷壁出口温度、过热器再热器烟气温度分布均匀;

e. 针对神华煤易结焦特点加大了炉膛尺寸,降低炉膛截面热负荷和燃烧器区域壁面热负荷,同时降低了烟气流速,减少烟气的转折,受热面磨损小;

f. 采用低 NO_x 同轴燃烧技术 LNTFSTM(low NO_x trangel fire system 的缩写),ECO 出口 NO_x 可控制在 300mg/Nm³ 以下;

g. 过热蒸汽温度采用煤水比粗调,两级八点喷水减温细调;再热器温度采用燃烧器摆角调节,在再热器进口和两级再热器中间装有微量喷水,作危急喷水,在低负荷时,可以通过调节过量空气系数调节再热器温度;

h. 水冷壁设置有中间混合联箱,再热器、过热器无水力侧偏差,蒸汽温度分布均匀;

i. 在不同受热面之间采用联箱连接方式,不存在管子直接连接的现象,不会因为安装引起偏差;

j. 受热面间距布置合理,下部宽松,不会堵灰;

k. 锅炉采用全悬吊结构,悬吊结构规则,支撑结构简单,锅炉受热后能够自由膨胀,同

时塔式锅炉结构占地面积小;

l. 锅炉高温受热面采用先进材料,受热面金属温度有较大的裕度。

3. 超临界直流锅炉运行中存在的四管泄漏问题

(1)四管泄漏问题产生的主要原因

①·长期、短期超温爆管泄漏。锅炉受热面管壁造成长时超温过热的原因主要有两种:一是管子内进入异物使管子堵塞,或是焊接时的焊瘤等易造成管子堵塞;二是氧化物太多。

第一种情况管子内进入异物主要是基建安装时造成,短时间内就发生爆管。如某超临界锅炉Ⅱ级屏在 168h 试运期间曾发生 5 次爆管,其材质为 12Cr18Ni12Ti,规格为 $\phi 32mm \times 6mm$。破口宏观特征为:爆破口较大,呈尖锐喇叭形,管壁减薄较多,胀粗明显,破口边缘薄而锋利。爆管原因为:安装时酸洗不合格,管子里有异物堵塞。

第二种情况氧化物脱落造成爆管的过程为:大型电站锅炉的高温过热器和再热器多为立式布置,每级过热器和再热器由数百根竖立的 U 形管并列组成。机组在停机和启动,以及负荷、温度和压力变化较大时,锅炉受热面上达到剥离条件的氧化皮开始逐渐剥离下来,堆积在锅炉过热器蛇行管受热面底部(如图 9-51 所示)。剥离下来的氧化皮垢层,一部分被高速流动的蒸汽带出过热器,另有一些会落到 U 形管底部弯头处。当某一根管子开始有了一些脱落物堆积后,使得管内通流截面减小,造成流动阻力增加,导致管内的蒸汽流通量减少,使管壁金属温度升高。当堆积物数量较多时,造成管壁超温引起爆管。爆破口特征为:爆破口外壁颜色较深,表面有多道蠕变纵向裂纹,爆破口处无明显胀粗,边缘减薄不明显。

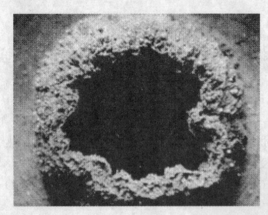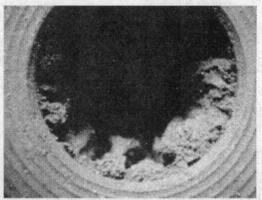

图 9-51 超超临界直流锅炉磁性氧化铁沉积

② 材质不良导致发生爆管。超临界锅炉机组材质规格繁多,如某电厂锅炉一级屏式过热器材质为 12Cr1MoV,二级屏式过热器、三级屏式过热器材质为 12Cr18Ni12Ti,二级对流过热器、二级对流再热器材质为 12Cr18Ni12Ti,水冷壁材质为 12Cr1MoV,一级对流再热器材质为 12Cr1MoV,一级对流过热器材质为 12Cr1MoV。如基建安装时由于检验把关不严导致材质错用,则很容易发生爆管问题,爆管宏观特征为:爆破异常剧烈,爆破口呈大喇叭状,边缘粗钝,为典型脆性断裂。

③ 管材磨损引起锅炉泄漏原因：

a. 易磨损部位受热面防磨瓦脱落，烟气磨损使管子泄漏；

b. 锅炉蒸汽吹灰器设计安装位置、角度不合理，蒸汽长时间工作，直吹受热面管某一固定部位导致泄漏。

④ 因设计、安装原因引起锅炉泄漏。某电厂超临界锅炉在投产初期启停过程中出现过几次下辐射区水冷壁前后墙和侧墙连接处水冷壁撕裂现象。分析引起水冷壁撕裂的原因为：该电厂锅炉属于典型的"一炉两锅"，两个流道的沿程受热面汽水互不混合，运行中易形成温度偏差，前后墙水冷壁的热膨胀程度与侧墙水冷壁热膨胀程度不同，但整个水冷壁通过鳍片焊接成一个整体，造成前后墙与侧墙连接处焊缝存在拉应力，而且这种拉应力在锅炉停炉时表现得尤为剧烈。由于锅炉的频繁启停，这种拉应力使前后墙与侧墙连接处金属的局部组织产生疲劳，引起撕裂，属设计不合理。采取的改进措施为：将 10m 处前后墙与侧墙连接鳍片从中间割开 1m 多，边缘磨出止裂孔，使前后墙与侧墙分开，两个流道停炉时自由收缩。运行表明改造效果明显。

⑤ 异种钢接头失效造成爆管。某直流炉过热器的异种钢焊口布置在炉顶，珠光体钢 12Cr1MoV 和奥氏体钢 12Cr18Ni12Ti，两种钢的耐热能力相差很大。当炉内管出现过热时一定首先体现出 12Cr1MoV 材质胀粗过热和泄漏，因此检查炉内异种钢过热器超温情况时应重点检查异种钢焊口及 12Cr1MoV 管材的过热和胀粗情况。

异种钢接头失效的过程主要体现在如下方面：

a. 在运行温度下，碳原子从低合金母材侧进入奥氏体焊缝，在熔合线附近形成脱碳层和增碳层。脱碳层的形成使接头强度和蠕变性能降低，蠕变强度不匹配更加严重。

b. 由线膨胀系数的差异引起的热应力和残余应力与正常的管运行应力相叠加，在接头熔合区产生应力集中。在该区可能还存在马氏体相组织。

c. 由于蠕变强度的差异，在应力集中的作用下，应变主要集中在蠕变强度较低的区域，即低合金母材侧熔合线附近，运行一段时间后，该区域内部产生蠕变裂纹，外部产生类似咬边缺陷的沟槽。

d. 长期运行产生的蠕变裂纹相互联合。

e. 联合的裂纹沿熔合线扩展，最终导致接头断裂。

(2)四管泄漏问题检修及预防的主要措施

① 设计与材质选用。超临界机组高压蒸汽管道、过热器、再热器、水冷壁、联箱等部件的工作条件相对较为苛刻，对材料要求也比较严格，其常见的典型失效机制最主要表现为蠕变、疲劳、腐蚀和磨损等。因此，机组用热强钢应满足以下几个基本方面的要求：第一，500℃～600℃的工况下应具有足够高的高温蠕变强度、持久强度和热疲劳强度；第二，具有良好的高温组织稳定性；第三，具有良好的高温抗氧化性，耐腐蚀性；第四，具有良好的冷加工性能和焊接性能。

在锅炉设计或投运以后的改造中，更换 Cr 含量高的管材以提高金属抗氧化能力，氧化皮脱落的现象在铁素体和奥氏体材料上均有发生，各种材料在抗氧化和剥落上有所差别，材料中 Cr 含量的提高有助于提高抗氧化能力，减缓氧化皮剥落的发生。T91 抗氧化性能优于 T22 材料，其允许管壁温可在 620℃～650℃以上。大量的研究和试验工作还表明：细晶

TP347FG 钢管在 550℃ 以上时的抗蒸汽氧化性能较强,其蒸汽侧氧化皮生长速度较低,已在国内外电厂开始应用。

② 受热面检修解决方法。根据超临界机组运行实际情况和几年来积累的经验确定检查周期,冲刷严重部位每年检测一次,其他部位进行常规检查,在一个大修期内做到全部检查一遍。以下重点部件需详细检查:

a. 穿墙管、悬吊管、管卡处管子和省煤器、水平烟道内过热器上部管段、卧式布置的再热器等易磨损部位受热面。

b. 水冷壁四角管子,燃烧器喷口,孔、门弯管部件的管子,工质温度不同而连在一起的包墙管,包烟、风道滑动面连接处的管子等易因膨胀不畅而拉裂的部位。

c. 受蒸汽吹灰器的汽流冲击的管子及水冷壁或包墙管上开孔装吹灰器部位的近邻管排。

d. 屏式过热器、高温过热器和高温再热器等有经常超温记录的管排。

e. 在大、中修期间采用氧化皮监测仪对过热器、再热器进行氧化皮检测,同时对管材进行寿命评估并及时更换氧化较严重的管材。

检查的重点项目是:包墙过热器鳍片焊口咬边及顶棚过热器对接焊口检查;炉外水管一次门前焊口、弯头磨损检查;一、二级屏式过热器、末级过热器内圈吹灰器附近磨损部位;检查低温再热器悬吊管根部是否有异常情况。

③ 运行操作的主要预防措施

a. 注意主汽温及锅炉金属壁温的监视与调整,启动时严格按运行规程控制好升温速度,防止运行中超温。滑停过程中控制汽温下降率小于 1.85℃/min,平稳下降,机组负荷降至 100MW 以下时少用二级减温水。尽量避免紧急停炉,严禁停炉后通风快速冷却,以防止氧化皮脱落。但机组大修停炉时快速停炉冷却,使氧化皮尽快脱落,在大修期间得到一次彻底清除。

b. 做好停炉防腐工作,防止过热器、再热器弯头积水造成停运期间腐蚀。

c. 采用汽轮机启动旁路系统对氧化皮进行吹扫,在机组启动初期利用机组本身的一、二级旁路系统对锅炉过热器、再热器进行蒸汽吹管,通过监测凝结水中铁含量的变化判断是否有氧化皮脱落。

d. 超临界锅炉大多采用直吹式制粉系统,改善磨煤机出口煤粉均匀性,保证其偏差不大于 10%,煤粉均匀性改善后优化调整配风,降低炉膛出口烟气温度,降低过热器、再热器超温以减小氧化皮产生。

工作任务

在教师的指导下,结合锅炉仿真实训,在 1000MW 超超临界锅炉仿真系统上对锅炉系统构成及相关系统启动操作具备基本认知。

能力训练

结合锅炉仿真实训,培养学生对超超临界锅炉系统构成、运行基本操作及岗位综合认知的能力。

知识拓展

一、超临界、超超临界机组使用的材料

早期的超超临界锅炉使用了大量的奥氏体钢,而奥氏体钢比铁素体钢具有高的热强性,但热膨胀系数大、导热性小、抗应力腐蚀能力低、工艺性差、热疲劳和低周疲劳性能(特别是厚壁件)也比不上铁素体钢,且成本高得多,出现许多奥氏体钢制部件损伤事故。

目前,超超临界锅炉材料开发了新型铁素体钢和改进了奥氏体耐热钢。

1. 低铬耐热钢

包括:$1.25Cr-0.5Mo$(SA213、T11)、$2.25Cr-1Mo$(SA213、T22/P22)、$1Cr-Mo-V$(12Cr1MoV)以及9%～12%Cr系的$Cr-Mo$与$Cr-Mo-V$钢等,其允许主汽温为538℃～566℃。

2. 改良型9%～12%铁素体-马氏体钢

包括:$9Cr-1Mo$(SA335、T91/P91)、NF616、HCM12A、TB9、TB12等,一般用于566℃～593℃的蒸汽温度范围。其允许主汽温为610℃,30MPa再热汽温625℃;使用壁温:锅炉625℃～650℃,汽机600℃～620℃。

3. 新型奥氏体耐热钢

包括:18Cr-8Ni系,如SA213、TP304H、TP347H、TP347HFG、Super 304H、Tempaloy A-1等;20-25Cr系,如HR3C、NF709、Tempaloy A-3等。这些材料使用壁温达650℃～750℃,可用于汽温达600℃的过热器与再热器管束,具有足够的蠕变断裂强度和很好的抗高温腐蚀性。

奥氏体钢大致可分为4类,即15Cr、18Cr、20-25Cr和高Cr奥氏体不锈钢。它们的发展过程从最初的添加Ti和Nb元素来提高抗腐蚀性,到降低Ti和Nb含量来提高奥氏体钢的蠕变强度,而后又通过添加Cu元素提高钢的固溶强化作用,现在又趋于采用0.2%Ni和W做添加剂来提高奥氏体钢的固溶强度。

二、直流锅炉按启动状态的分类

启动分离器外壁金属温度<100℃或锅炉压力为0MPa,停炉时间>72h,为冷态;停炉时间10～72h为温态;停炉时间1～10h,或锅炉压力>8.4MPa为热态;停炉时间<1h为极热态。

三、超超临界水的特性

当纯水的温度达到374.15℃、压力达到22.15MPa时,即达到临界状态,该临界点以上的水称为超临界水,其密度介于液态水(密度$1g/cm^3$)和低压水蒸气(密度<$0.001g/cm^3$)之间,临界密度为$0.32g/cm^3$。当纯水的温度达到450℃,压力达到25MPa时,超临界水的密度大约为$0.1g/cm^3$。因此超临界水与普通状态下作为溶剂的水在物理性质和溶剂性能方面发生了非常显著的变化,水的离子积大大降低,具有独特的理化性质,例如扩散系数高,传质速率高,黏度低,混合性好,介电常数低,与有机物、气体组分完全互溶;对无机物溶解度低,利于固体分离,反应性高,分解力高;超临界水本身可参与自由基和离子反应等。

锅炉设备与运行

表 9-5　超(超)临界压力锅炉典型用材

	承压件	介质温度	材　料
受热管	炉膛水冷壁	350℃～430℃	0.5Mo(A209T1a) 0.5Cr0.5Mo(A213T2) 1Cr0.5Mo(A213T12)
	过热器	430℃～600℃	1Cr0.5Mo(A213T12) 2.25Cr1.6W (A213T23) 9Cr1.8W (A213T92) 9Cr1MoV(A213T91) 18Cr9Ni3Cu(Super304) 18Cr10NiCb(A213TP347H) 25Cr20NiCbN(HR3C)
	再热器	350℃～610℃	0.5Mo(A209T1a) 1Cr0.5Mo(A213T12) 2.25Cr1Mo(A213T22) 9Cr1MoV(A213T91) 9Cr2W(A213T92) 18Cr10NiCb(A213TP347H) 18Cr9Ni3Cu(Super304H)
集箱及管道	过热器集箱 主蒸汽管道	600℃	9Cr1MoV(A335P91) 9Cr2W(A335P92)
	再热器集箱 再热管道	610℃	9Cr1MoV(A335P91)

四、锅炉水循环泵的结构

目前,世界上已有不少国家具有制造循环泵的能力。德国的 KSB 公司、英国的海伍德—泰勒公司、日本的三菱公司、美国的 CE－KSB 公司、中国沈阳水泵厂和哈尔滨电机厂引进了德国 KSB 的全套设计与制造技术,并取得 KSB 合格认可。国产引进型循环泵已经投入运行。

图 9－52a 所示为英国 Tyier 泵的剖视图,图 9－52b 所示为德国 KSB 泵的剖视图。

循环泵结构的主要特点是将泵的叶轮和电机转子装在同一主轴上,置于相互连通的密封压力壳体内,使泵与电机结合成一体,避免了泵的泄漏问题。电机运行中产生的热量由高压冷却水带走,因此,泵体内的电机必须配有冷却水系统。从图 9－52 中可以看出,两种泵的出口管结构并不相同,KSB 型泵出口管两侧沿径向对称布置,泵壳为球体,球体内腔大,与叶轮流向不吻合,结构比较笨重。但泵壳体壁薄,热应力较小。Tyier 型泵出口管两侧切向布置,泵壳体内腔与叶轮流向紧密吻合,结构比较紧凑。

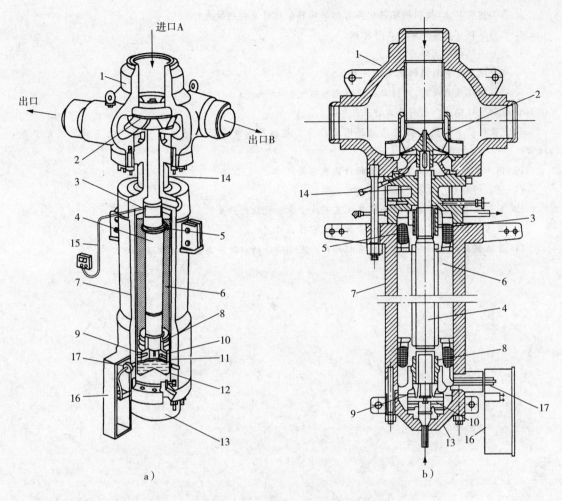

图 9-52　Tyier 泵与 KSB 泵的剖视图

a)Tyier 泵；b)KSB 泵

1—泵壳；2—叶轮；3—上端轴承；4—主轴；5—定子线圈端部；6—定子线圈断面；7—电动机外壳；
8—下端轴承；9—推力轴承推力块；10—辅助叶轮；11—推力盘；12—滤网；13—电动机下座盖；
14—隔热体；15—温度报警指示器；16—接线盒；17—引线密封

五、直流锅炉冷态启动的一般过程

　　启动锅炉的目的就是要向汽机供应蒸汽，在单元机组中，机炉启动是联合进行的，锅炉冷态启动一般由上水、吹扫、点火暖管、冲转暖机和升速并网、升负荷等几个过程组成。

　　具体步骤为：启动前的相应准备工作，锅炉上水，锅炉冷态冲洗，启动风机，炉膛吹扫，点火，升温升压，热态清洗，冲转，并网，达到相应负荷进行干、湿态转换，压力达临界点时锅炉转入超临界状态，锅炉达额定压力。

思考与练习

1. 控制流动锅炉主要分哪几类？各有何特点？

2. 与汽包锅炉比较，直流锅炉主要有哪些特点？

3. 在工质循环上,控制循环锅炉与自然循环锅炉比较有哪些特点?

4. 说明低循环倍率锅炉的工作原理。

5. 复合循环锅炉有哪些特点?

6. 锅炉循环泵电机内的热量由何产生?

7. 锅水循环泵启动前,为什么要进行充水排气?

8. 控制循环锅炉汽包有什么特点?

9. 直流锅炉水冷壁不稳定流动原因是什么?超临界锅炉在什么情况下可能产生不稳定流动?为什么?

10. 消除或减小水动力不稳定性的措施有哪些?

11. 什么叫脉动?脉动产生的原因有哪些?

12. 为什么在蒸发管入口端加装节流圈能减少脉动现象的产生?

13. 超临界压力直流锅炉的启动旁路系统有什么作用?

14. 直流锅炉的启动分离器系统有哪几种?直流锅炉的启动分离器主要作用是什么?

项目十 锅炉运行调节及事故处理

任务一 锅炉运行基本认知概述

学习目标

主要结合华塑热电厂 300MW 机组锅炉设备系统设计特点、设备构成,介绍与锅炉运行相关的基本知识。

能力目标

使学生在进入锅炉运行岗位前,确立实际锅炉运行操控必须建立在对实际操控设备系统与设备结构及工作特性的充分认知基础之上。

知识准备

关 键 词

锅炉系统 设备结构与作用 基本工作特性

电站锅炉设备的运行,是发电生产过程中一个十分重要的环节,本书主要介绍锅炉启动、停运、停运后的锅炉保养、运行调节、巡回检查和事故处理等。锅炉运行的主要任务是保证连续稳定地生产品质合格的蒸汽,并使锅炉的出力随着电、热负荷的变化而相应地变化。同时,锅炉本身又是在高温、高压条件下运行的特种设备,锅炉运行的特殊工况条件决定了锅炉的特殊性,这就是:存在着发生事故的可能,而且一旦发生事故,特别是爆炸事故,会造成重大的人身和经济损失,所以,必须确保锅炉的安全运行。

锅炉的核心构成部分是"锅"与"炉"。

"锅"是容纳水与蒸汽的受压部件,包括锅筒(汽包)、受热面、联箱、管道等,组成完整的水汽系统,进行水的加热和汽化、水和蒸汽的流动、汽水分离等过程。

"炉"是燃料燃烧的场所,即燃烧设备和燃烧室(也叫炉膛)。广义的"炉"是指燃料、烟气这一侧的全部空间。

锅和炉是通过传热过程相互联系在一起的,受热面是锅和炉的分界面。通过受热面进行放热介质(火焰和烟气)向受热介质(水、蒸汽或空气)的传热。受热面从放热介质吸收热量并向受热介质放出热量。受热面根据从放热介质吸收热量方式主要分辐射受热面和对流受热面,在沸腾燃烧锅炉中的埋管受热面,主要是以导热方式为主。受热面向介质放热主要是以对流换热的方式进行。

锅炉类型不同,运行特点也不同,启动、停运、运行调节、事故处理等内容和要求也有差异。

影响锅炉运行的主要因素有:锅炉水循环方式、蒸汽压力和温度、燃烧方式、燃料、控制方式等。

本任务主要结合安徽华塑股份公司自备热电厂一期工程两台 300MW 机组锅炉设备及运行要求,以理论结合实际运行模式介绍 SG - 1025/17.5 - M4010 自然循环锅炉的运行特性、锅炉的运行参数调整、锅炉的启动和停运、锅炉制粉系统的运行、锅炉常见事故以及处理等。

安徽华塑股份公司自备热电厂一期工程两台 300MW 机组锅炉为亚临界参数、一次中间再热、自然循环汽、单汽包、单炉膛平衡通风、燃烧器摆动调温、直流式燃烧器、四角切圆燃烧方式、固态排渣、煤粉炉,型号:SG - 1025/17.5 - M4010。锅炉以最大连续负荷(即 BMCR 工况)为设计参数,锅炉的最大连续蒸发量为 1025t/h;机组电负荷为 300MW(即额定工况)时,锅炉的额定蒸发量为 946.5t/h。

炉本体主要设计特点:

锅炉为单炉膛,采用摆动式直流燃烧器、四角布置、切圆燃烧方式,每角燃烧器为五层一次风喷口,燃烧器采箱壳由隔板将大风箱分隔成若干风室,在各风室的入出口处布置喷嘴,风室的入口布置二次风挡板。顶部二次风喷嘴及 SOFA 喷嘴为手动,单独摆动。其他一、二次风喷嘴按协调控制系统给定的信号同步成组上下摆动。一次风喷嘴可上下摆动各 20°。二次风喷嘴可作上下各 30°的摆动,顶部手动二次风喷可上摆 30°、下摆动各 6°,分离燃尽风喷嘴手动可上下各摆 30°,水平摆+15°到-15°。锅炉运行中,通过燃烧器摆动可以调节再热汽温。每角燃烧器共有 15 个室;其中分离燃尽风室 3 个,燃尽风室 1 个,上部二次风室 1 个,煤粉风室 5 个,油风室 3 个,中间空气风室 1 个,下端部风室 1 个。喷嘴制粉系统正压直吹式,配 5 台 ZGM80G-Ⅱ中速磨煤机,在 BMCR 工况时,4 台磨煤机运行,1 台备用。

每台锅炉装有两台三分仓容克式空气预热器,具有占地面积小、金属耗量低、防腐蚀性能好的特点。由于设计煤种水分不高,采用较低的干燥剂温度,故预热器采用逆转式,以获得较高的热二次风温,满足炉内燃烧的需要,同时获得较低的一次风作干燥剂用。

锅炉的汽包、过热器出口及再热器进、出口均装有直接作用的弹簧式安全阀共 10 只。在过热器出口处装有一只动力控制阀(PCV)以减少安全阀的动作次数。

汽温调节方式:为消除过热器出口左右汽温偏差,过热汽温采用二级喷水调节。第一级喷水减温器设于低温过热器与分隔屏之间的大直径连接管上,第二级喷水减温器设于过热器后屏与末级过热器之间的大直径管上,减温器采用笛形管式。再热汽温的调节主要靠燃烧器摆角摆动来调节,再热器的进口导管上装有两只雾化喷嘴式的喷水减温器,主要作为事故喷水用。过量空气系数的改变对过热器和再热器的调温也有一定的作用。

在炉膛、各级对流受热面和回转式空气预热器处均装设不同形式的吹灰,吹灰器的运行采用可编程序控制,所有的墙式吹灰器和伸缩式吹灰器根据燃煤和受热面结灰情况每 2～4 小时全部运行一遍。尾部烟道和回转式空气预热器采用脉冲式吹灰器。锅炉烟气侧二次风系统如图 10-1 所示,锅炉风烟系统如图 10-2 所示,锅炉炉膛风烟测点布置如图 10-3 所示。

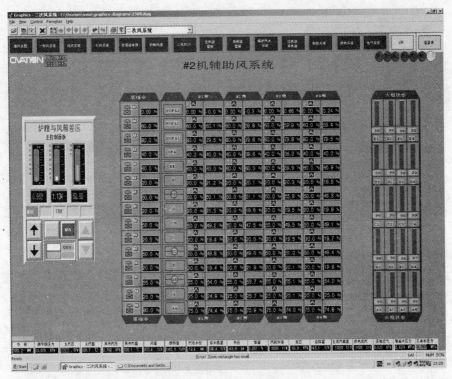

图 10-1　锅炉二次风系统图

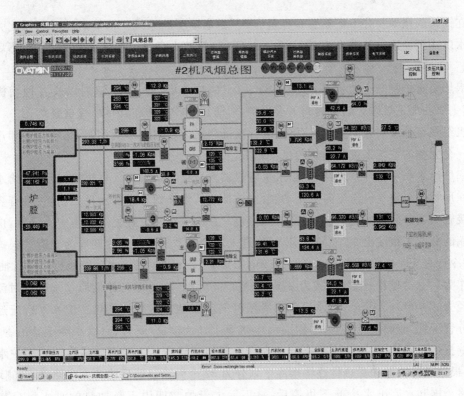

图 10-2　锅炉风烟系统图

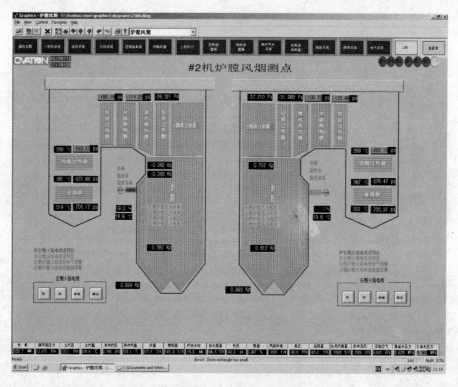

图 10-3　锅炉炉膛布置图

在锅炉的尾部竖井下集箱装有容量为 5％ 的启动旁路系统。锅炉启动时利用此旁路进行疏水以达到加速过热器升温的目的。此 5％ 容量的小旁路可以满足机组冷、热态启动的要求。

锅炉装有炉膛安全监控系统（FSSS），用于锅炉的启、停、事故解列以及各种辅机的切投，其主要功能是炉膛火焰检测和灭火保护，对防止炉膛爆炸和"内爆"有重要意义。

机组装有分散式控制系统（DCS），进行汽机和锅炉之间的协调控制，它将锅炉和汽轮机作为一个完整的系统来进行锅炉的自动调节。

锅炉给水和水循环系统：锅炉给水从省煤器入口集箱依次流入省煤器蛇形管，给水在省煤器蛇形管中与烟气成逆流向上流动，给水被加热后汇集到省煤器出口集箱，再经省煤器出口连接管引到炉前，并从汽包的底部进入汽包。在汽包底端设置了 4 根集中下降管，由下降管底端的分配集箱接出 92 根分散引入管，进入水冷壁下集箱。炉膛四周为全焊式膜式水冷壁，水冷壁有 664 根管径为 $\phi60\text{mm}\times8\text{mm}$，节距 $s=76\text{mm}$。后墙水冷壁经折焰角后抽出 28 根管作为后水冷壁吊挂管，管径为 $\phi76\text{mm}\times17.5\text{mm}$。水冷壁延伸侧墙及水冷壁对流排管的管径为 $\phi70\text{mm}\times9\text{mm}$。炉水沿着水冷壁管向上流动并不断被加热。炉水平行流过以下三部分管子：①前墙水冷壁管；②侧墙水冷壁管；③后墙水冷壁管、后墙水冷壁悬吊管、后墙水冷壁折焰角部管、后墙水冷壁排管和水冷壁延伸侧墙管。为保证亚临界压力锅炉水循环可靠，根据几何特性和受热特性将水冷壁划分为 32 个回路。前后墙各 8 个回路，两侧墙各 8 个回路。饱和水流出水冷壁下集箱后，自下而上沿炉膛四周不断加热的汽水混合物进入 $\phi273\text{mm}\times50\text{mm}$ 水冷壁上集箱，然后由 104 根引出管引至汽包，在汽包内进行汽水分离。

干蒸汽则被 18 根连接管引入炉顶过热器进口集箱。

省煤器:省煤器布置在锅炉尾部竖井烟道下部,管子为 $\phi51mm \times 6mm$,沿锅炉宽度方向顺列布置 107 排水平蛇形管。所有蛇形管都从省煤器入口集箱接入,终止于省煤器出口集箱。给水经省煤器入口集箱,再进入蛇形管。水在蛇形管中与烟气成逆流向上流动,以此达到有效的热交换,同时减小蛇形管中出现汽泡造成停滞的可能性。在省煤器入口集箱端部和汽包之间装有省煤器再循环管。在锅炉启动停止上水时,打开再循环,将炉水引到省煤器,防止省煤器中的水产生汽化。

汽包:汽包内径 $\phi1743m$,壁厚 135mm,筒身长度 20100mm,总长 22111mm,汽包总重 157t。汽包由 13MnNiMo54 材料制成。汽包筒身顶部装焊有饱和蒸汽引出管座、放气阀管座,两侧装焊有汽水混合物引入管座;筒身底部装焊有大直径下降管座、给水管座及紧急放水管座;封头上装有人孔门、安全阀管座、加药管座、连续排污管座、两只就地水位表管座、2只电接点水位计管座、4 只压差式水位测量装置及 1 只高值电接点水位计管座、液面取样器管座、试验接头管座等。

过热器:由五个主要部分组成:顶棚过热器和包墙过热器,立式低温过热器和水平低温过热器,分隔屏过热器,后屏过热器,末级过热器。

顶棚过热器和包墙过热器由顶棚管、后烟道侧墙、前墙及后墙、水平烟道延伸侧包墙组成。后烟道包墙过热器形成一个垂直下行的烟道。水平低温过热器位于尾部竖井烟道省煤器上方,共分 4 组水平蛇行管,每组为 99 排,管径为 $\phi51mm$,以 140mm 的横向节距沿炉宽方向布置。分隔屏过热器位于炉膛上方前墙水冷壁和后屏过热器之间,沿炉宽方向布置 4大片,横向节距为 2736mm、3420mm、2736mm,每大片又沿炉深方向分为 6 小片。管径为 $\phi51mm$,分隔屏不仅吸收炉膛上部的烟气吸收热,降低炉膛出口烟温,并能分隔烟气流,降低炉膛出口烟温差。后屏过热器位于炉膛上方折焰角前,共 20 片,管径为 $\phi60mm/\phi54mm$,以 684mm 的横向节距沿整个炉膛宽度方向布置。末级过热器位于后水冷壁排管后方的水平烟道内,共 81 片,管径为 $\phi51mm$,以 171mm 的横向节距沿整个炉宽方向布置。

再热器:再热器由三个主要部分组成:末级再热器、前屏再热器、墙式辐射再热器。末级再热器位于炉膛折焰角后的水平烟道内,在水冷壁后墙悬吊管和水冷壁排管之间,共 60 片,管径为 $\phi63mm$,以 228mm 的横向节距沿炉宽方向布置。前屏再热器位于后屏过热器和后水冷壁悬吊管之间,折焰角的上部,共 30 片,管径 $\phi63mm$,以 456mm 的横向节距沿炉宽方向布置。墙式辐射再热器布置在水冷壁前墙和侧墙之间靠近前墙的部分,约占炉膛高度的1/3 左右。前墙辐射再热器由 204 根管径为 $\phi50mm$ 的管子组成,侧墙辐射再热器由 119 根管径为 $\phi54mm$ 的管子组成。在后屏过热器下方、炉膛两侧各装有一只烟温探针,在锅炉启动过程中,监视炉膛出口烟气温度,当炉膛出口烟气温度超过 538℃时自动退出,防止烟温探针烧坏。

工作任务

通过本任务所述内容的学习,基本了解掌握锅炉本体的组成,设备的布置、流向,了解自然循环锅炉设计特点和工作特性。

能力训练

　　培养学生对锅炉设备系统结构的关注,认识到设备系统的工作特性与设备系统架构、设备结构、设备布置紧密相关。

思考与练习

1. 简述"锅"和"炉"的概念。
2. 简述锅炉各受热面的布置;了解什么是过热系统,什么是再热系统。
3. 了解炉内工质的流向。

任务二　锅炉运行参数的监控

学习目标

　　主要介绍锅炉正常运行中需控制的运行参数以及如何控制调节。

能力目标

　　培养学生充分掌握实际锅炉运行岗位操控需关注的锅炉运行参数与锅炉监控的主要方法。

知识准备

关 键 词

锅炉运行　锅炉运行监控参数　锅炉运行监控方法

　　机组启动后便进入正常运行状态。锅炉正常运行的任务是:监督锅炉各个系统及其部件,使其始终保持正常运行;调整锅炉燃烧状态,保证燃烧的稳定性和经济性;调整锅炉的各种运行参数,满足发电机组对外界负荷的响应;使锅炉能长期连续稳定、安全、经济地运行。监控锅炉的各种运行参数是锅炉正常运行的主要任务。

一、锅炉监控的主要运行参数

1. 主蒸汽流量

　　锅炉出口主蒸汽流量,即锅炉蒸发量,它是锅炉运行负荷大小的标记。在额定主蒸汽压力和温度条件下,主蒸汽流量与机组有功负荷之间应有一一对应的关系。

　　锅炉容量主要有锅炉额定蒸发量、锅炉最大连续蒸发量、汽轮发电机组最大连续蒸发量。

　　锅炉额定蒸发量是指在额定蒸汽参数和给水温度,使用设计燃料,并能保证锅炉热效率的条件下,由锅炉厂家在型号中所规定的蒸发量,它也是锅炉的额定负荷。

锅炉最大连续蒸发量(BMCR)是指在额定蒸汽参数和给水温度,使用设计燃料,长期连续运行的条件下,所能达到的最大蒸发量,它是锅炉的最大负荷。

汽轮发电机组最大连续蒸发量(TMCR)是指在汽轮发电机组可连续发出最大出力的条件下所对应的锅炉蒸发量。具体是指在额定蒸汽参数,使用设计燃料,在夏季最高冷却水温时,保证凝汽器中平均背压与额定冷却水温相对应和补给水为零的条件下,汽轮发电机组连续发出最大出力所对应的锅炉额定蒸发量。

此外,锅炉运行中还有经济负荷和最低负荷的概念。对锅炉热效率最高时的负荷即为经济负荷。最低负荷是指在不投油情况下能连续稳定运行的锅炉最低负荷。

2. 主蒸汽压力

过热器出口集箱蒸汽压力称为主蒸汽压力,它是锅炉运行中必须监视和控制的主要参数之一。安徽华塑热电厂2X300MW燃煤机组 2#锅炉型号 SG－1025/17.5－M4010,过热器出口蒸汽压力为 17.5MPa。

当主蒸汽压力过高时,会危及机组承压部件的安全,造成锅炉爆管;对于汽轮机,将使其调节级叶片过负荷,叶片弯曲应力增大,也会使末级叶片中的蒸汽湿度增大,对叶片的冲蚀加剧。为了防止锅炉超压运行,锅炉在主蒸汽管道出口布置有电磁释放阀、安全阀。当压力过高时,锅炉安全门自动打开,这样会造成大量工质和能量损失,锅炉给水难以控制;安全门动作次数过多,高压蒸汽冲击安全阀芯造成结合面磨损,阀门回座后关闭不严,形成蒸汽泄漏,甚至不能回座而被迫停炉。

主蒸汽压力过低,减少了蒸汽在汽轮机内做功的焓降,使汽轮机汽耗增加,机组热效率减低。与额定值相比,当汽压降低5%时,汽轮机汽耗降低将增加1%。

3. 主蒸汽温度和再热蒸汽温度

过热器出口蒸汽联箱和再热器出口蒸汽联箱出口的蒸汽温度分别称为主蒸汽温度和再热蒸汽温度。主蒸汽温度和再热蒸汽温度也是锅炉运行监视和控制的主要参数。在锅炉正常运行中,主蒸汽温度和再热蒸汽温度必须维持在额定值运行,只允许小范围内波动。安徽华塑热电厂锅炉主蒸汽温度和再热蒸汽温度额定值为 541℃/541℃,允许波动范围为＋5℃和－10℃。

4. 汽包水位

汽包水位是运行中必须监视和控制的重要参数,它是保证锅炉安全运行的最重要的条件之一。汽包水位有正常水位、报警水位和保护水位。汽包水位值和允许波动值,对于不同型号的锅炉具体有不同的要求。现代大型锅炉,炉内相对存水量和相对汽包容积都很小。在额定蒸发量下运行,汽包水位处于正常水位时,如果给水突然中断,炉内存水会在很短时间内消失。如果蒸汽流量和给水流量稍有不平衡,就能引起汽包水位剧烈波动,若处理不当,在很短时间内就会发生水位事故。一旦汽包出现干锅或者满水,都将会产生无法估量的损失,所以锅炉水位监视和控制十分重要。

在正常运行中,汽包水位过高,汽包蒸汽空间高度减少,汽水分离效果下降,蒸汽带水严重,这样便促使蒸汽品质恶化,过热器、主蒸汽管道和汽轮机通流部分积垢。当水位严重过高时,蒸汽带水增大,主蒸汽温度急剧下降,甚至会导致过热器出口蒸汽带水,造成汽轮机水冲击。

汽包水位过低易促使下降管进口带汽,蒸发受热面循环流动压头降低,可能引起水循环不稳定,严重时,可导致水循环被破坏,水冷壁发生爆管。

安徽华塑热电厂汽包水容积为 $53.5m^3$,正常运行中水容积为 $23.2m^3$。正常水位为 $-50\sim+50mm$,报警水位 $\pm50mm$,高水位联锁紧急放水水位 $+150mm$,低水位闭锁定排排污水位 $-150mm$,MFT 保护水位为 $-350mm$、$+250mm$。

5. 炉膛出口过量空气系数(含氧量)

炉膛出口过量空气系数是送入炉膛风量大小的标记,它是通过含氧量来测定的。为保证烟气取样的稳定性,通常取样点设在省煤器出口。炉膛出口过量空气系数主要依据煤种和燃烧方式而定的。

燃用无烟煤和贫煤时,炉膛出口过量空气系数一般控制在 $1.2\sim1.25$;燃用褐煤和烟煤时,一般控制在 1.2;燃用重油或者天然气时,过量空气系数可控制在 $1.02\sim1.10$ 之间。炉膛出口过量空气系数越大,意味着送入炉膛的风量越大,有利于炉内完全燃烧,气体和固体不完全燃烧损失降低,但排烟损失增大。实际锅炉运行中最佳的炉膛出口过量空气系数是通过锅炉热效率试验来确定的。但在油煤混燃时,应保持在较大的过量空气系数,以保障锅炉燃烧安全。

6. 炉膛压力

大型燃煤锅炉大都采用平衡通风。所谓平衡通风,就是从送风机入口到燃烧器出口之间的流动阻力由送风机来克服,由燃烧器出口到引风机进口之间烟气的流动阻力由引风机来克服。风道处于正压状态运行,锅炉炉膛、烟道及除尘器都处于负压状态运行。

对于平衡通风的锅炉,炉膛风压保持微负压,一般控制在 $-50Pa$ 左右,允许小范围波动。由于炉膛内燃烧存在一定的不稳定性,如果负压太低,炉膛内风压易反正,这时易从看火孔处向外喷射高温烟气,不但给环境带来污染,还会伤害运行人员;如果负压太高,锅炉漏风增大,增加了锅炉的排烟热损失和引风机电耗,还可能引起燃烧恶化,导致锅炉灭火。锅炉在燃烧不稳定情况下,炉膛风压会有明显的波动,在灭火之前或炉膛受热面发生爆破时,炉膛负压会产生很大幅度的波动。因此,炉膛风压是反应燃烧是否稳定和判断事故的重要参数。

安徽华塑热电厂炉膛风压取样点在炉膛上方,靠近炉膛出口折焰角斜上方,两侧对应布置,采用一套模拟量风压测点和一套开关量风压测点组合监控。模拟量测点作为正常监视数据调整依据,开关量起报警和保护作用。炉膛风压报警值为:高Ⅰ值 $+500Pa$ 报警,高Ⅱ值 $+998Pa$ 报警,高Ⅲ值 $+3240Pa$ 锅炉 MFT 动作;低Ⅰ值 $-500Pa$ 报警,低Ⅱ值 $-998Pa$ 报警,低Ⅲ值 $-2490Pa$ 锅炉 MFT 动作。

7. 煤粉细度

煤粉细度是锅炉运行的一个重要指标。煤粉过粗,使飞灰中未完全燃烧含碳量上升,加大了固体未完全燃烧热损失;煤粉过细,则增加了磨煤机电耗。将磨煤机电耗折算成热损失,最经济的煤粉细度为:固体未完全燃烧热损失与磨煤机电耗之和达到最小值所对应煤粉细度。对于不同锅炉,具体的最经济煤粉细度是由热效率试验来确定的。

经济煤粉细度与煤种、磨煤机的类型有关。安徽华塑热电厂采用的是直吹式中速磨煤机制粉系统,磨煤机出口带有旋转式变频分离器,煤种来源为淮北矿业集团提供,干燥无灰基挥发分在 33.5%~38.52%。

8. 炉水含盐量

炉水含盐量,是汽包锅炉控制蒸汽品质的重要指标。炉水含盐量对锅炉蒸汽品质有较大的影响,炉水含盐量越大,蒸汽携带的含盐量就越多。在变工况运行时,蒸汽携带的和溶解的含盐量会发生改变,同时会在受热面上积累一些含盐杂质,影响锅炉受热面的传热效果,严重时导致受热面爆管。

二、锅炉监控的主要方法

机组正常运行或者启停过程中,需要对运行参数进行监控,锅炉监控的主要方法有自动控制和操作台控制。大型机组需要的监控点很多,光靠人完成几乎很难,运行人员只能监控一些主要的点或容易出现故障的点。因此必须采用自动控制系统和自动保护系统。虽然运行人员可在控制室内的操作台上监视和操作锅炉机组的启动、停运和正常运行过程,但采用自动控制系统和自动保护系统后,可以做到:简化运行人员的人工操作;始终维持各种参数在规定范围内,以保证整台机组效率最高、热耗量和厂用电量最低;能正确而快速地响应电网负荷的变化;当机组发生异常情况时,能进行正常的程序处理,快速恢复正常运行或者紧急停机。

安徽华塑热电厂锅炉是上海锅炉制造厂生产的额定蒸发量为 1025t/h 的自然循环汽包炉,微机监控系统采用艾默生公司生产的 OVATION 控制系统,包括了目前 DCS 系统的绝大部分功能:数据采集系统 DAS、模拟量控制系统 MCS、炉膛安全监控系统 FSSS、数字电液控制系统 DEH、汽机危急遮断系统 ETS、顺序控制系统 SCS 等功能,能够实现机组安全稳定运行的自动控制和安全保护。

安徽华塑热电厂 300MW 燃煤机组锅炉的自动控制系统和自动保护系统包括有数据采集系统(DAS)、协调控制系统(CCS)、顺序控制系统(SCS)、炉膛安全监督控制系统(FSSS)。

CCS 协调控制系统即为 MCS 模拟量控制系统,包括有:①负荷管理控制中心,称为主控制系统。②锅炉自动控制系统,包括锅炉燃料主控、给水自动控制、氧量自动控制、炉膛负压控制、主/再热蒸汽温度控制,其中燃料主控包括给煤机煤量自动、磨煤机风量自动和磨煤机出口风粉温度自动。

锅炉 SCS 顺序控制系统包括锅炉风烟系统、锅炉汽水系统的控制、联锁、保护功能。由于这部分的大部分设备都随主设备联锁操作,故没有设计功能子组操作,所有控制操作都通过联锁保护和驱动级两层次控制结构实现。任何设备一旦转为 LOCAL 即就地控制方式,将屏蔽所有 DCS 对其控制功能。

FSSS 系统属于炉膛安全监视控制系统,它的许多功能与燃烧管理系统相似,它的主要功能有炉膛火焰检测、灭火保护、燃烧管理等。

工作任务

通过本任务内容的学习,了解锅炉正常运行中控制哪些主要参数,初步了解锅炉自动控制系统的组成,了解锅炉监控的方法以及锅炉控制系统有哪些模块组成,其功用是什么。

能力训练

　　培养学生在锅炉运行岗位对应掌握的锅炉主要运行监控参数及锅炉运行的主要监控方法的基本认知。

思考与练习

　　1. 锅炉正常运行中控制哪些主要参数？

　　2. 锅炉监控的主要方法有哪些？

　　3. 锅炉自动控制系统主要包括哪些内容？其主要功用是什么？

任务三　锅炉运行参数的调整

学习目标

　　关于锅炉运行参数主蒸汽压力、温度、给水的调节，调节的目的、方法，各参数变化的影响因素。

能力目标

　　基于锅炉运行岗位主要运行参数调节控制的能力培养。

知识准备

关 键 词

运行参数调节　主蒸汽压力　主蒸汽温度　再热蒸汽温度

锅炉给水调节　内扰　外扰　定压运行　滑压运行　机炉协调控制

　　锅炉运行是一个动态过程，由于内扰和外扰使锅炉各项运行参数不断地发生变化，对运行参数的调节是锅炉正常运行中最基本的任务。调整锅炉燃烧状态，保证燃烧的稳定性和经济性，减少炉膛介质和对流受热面的结灰，确保各受热面传热正常，通过控制锅炉连续排污和定期排污，以确保蒸汽品质，严格监视锅炉机组的各个系统、部件和所有的辅机，排除各种隐患，确保锅炉能长期连续安全、经济地运行。

一、主蒸汽压力的调节

　　主蒸汽压力的调节与机组的运行方式有关。当外界负荷变化时，机组有定压和滑压运行两种运行方式，以适应外界负荷要求。

　　1. 定压运行时的调节

　　定压运行，是指汽轮机主汽门前蒸汽压力保持额定的范围内，以改变汽轮机调速汽门的开度，来满足外界负荷的变化。在负荷变化过程中，锅炉应当严格控制主蒸汽压力变化的幅度和变化的速率。汽压的变化是锅炉蒸发系统能量不平衡引起的,当蒸发系统输出能量大于输入能量时,蒸发系统内部能量减少,蒸汽压力降低;当蒸发系统输入能量大于输出能量时,蒸发系统内部能量增加,蒸汽压力升高。输出能量的变化为外扰,输入能量的变化为内扰。

外扰通常是在正常运行中机组负荷发生了改变,汽轮机供热抽汽量增加或减少,发电机有功出力增加或减少。当外界负荷突然增加时,汽轮机调速汽门开大,主蒸汽流量增加。但由于燃料未能及时变化或者燃烧系统的惯性,炉内辐射吸热量不能及时增长,锅炉蒸发系统输出能量大于输入能量,主蒸汽压力下降。由于汽包锅炉蒸发系统具有相当大的热惯性,汽压下降时产生部分附加蒸发量,弥补了锅炉蒸发量的不足,对压力下降的幅度和速度都有缓冲作用。

内扰通常是炉膛水冷壁辐射吸热量的变化。送入炉膛的燃料量、煤质、风量、煤粉细度及燃烧状态的改变,都会引起水冷壁辐射吸热量的变化。当汽轮机调速汽门的开度不变,锅炉燃烧突然增强,水冷壁辐射吸热量随之增加,蒸发系统输入能量大于输出能量,蒸发系统内部能量增加,蒸汽压力升高。由于汽包锅炉蒸发系统的热惯性,产生负的附加蒸发量,吸收了锅炉蒸发量的过剩,对蒸汽压力的升高起到缓冲作用。

无论外扰还是内扰,都是通过改变送入锅炉炉内燃料量和风量来进行调节。主蒸汽压力下降,加强燃烧;主蒸汽压力上升,减弱燃烧,这是锅炉正常运行的基本调节手段。在特殊情况下,如主蒸汽压力急剧上升时,燃烧调节难以及时控制汽压,可改变汽轮机调速汽门开度或打开旁路系统、过热器出口联箱的疏水门或排汽门,以确保安全。

机组定压运行中,主汽压力的调节有三种:炉跟机、机跟炉、机炉协调控制。

炉跟机是指锅炉通过燃烧来维持主蒸汽压力,汽轮机通过控制调速汽门开度来调整机组功率。炉跟机方式有利于机组参与电网调频,锅炉蒸发系统具有较大的热惯性,当电网负荷发生改变时,机组能很快响应,主蒸汽压力在锅炉的热惯性下不会产生较大的变化。但锅炉燃烧系统也具有较大的惯性,因此在负荷变化较大时,需要限制负荷变化的速率。

机跟炉是指汽轮机通过改变调速汽门的开度维持调速汽门前的蒸汽压力不变,锅炉改变燃烧强度来调整机组功率。机组的实发功率的控制是由锅炉燃料调节机构来完成的。机跟炉方式不利于机组参与电网调频,但因主汽压力波动较小,有利于锅炉稳定运行。但另一方面,锅炉燃烧系统和蒸发系统的惯性较大,响应机组功率很慢。

机炉协调控制(如图10-4所示),综合了机跟炉和炉跟机两种运行方式的优点,克服了它们的缺点。一方面,汽轮机调速汽门动作,对外界负荷需求响应很快,又使锅炉蒸发系统热惯性参与功率调节;另一方面,压力偏差和功率偏差都参与锅炉燃料的调节。因此机炉协调控制对负荷的适应性能好,跟踪能力强,又能使主蒸汽压力得到及时地控制,主蒸汽压力稳定性也好。

2. 滑压运行时的调节

机组滑压运行,是根据滑压曲线运行的。机组的滑压曲线是根据保证机组安全经济运行来制定的。对于一定的汽轮机调速汽门开度定值,在滑压运行曲线上,主蒸汽压力与发电机负荷都有一一对应的关系,根据发电机负荷便可确定主蒸汽压力的汽压定值。运行时调节主蒸汽压力与汽压定值保持一致。滑压运行方式也同样分炉跟机方式、机跟炉方式和协

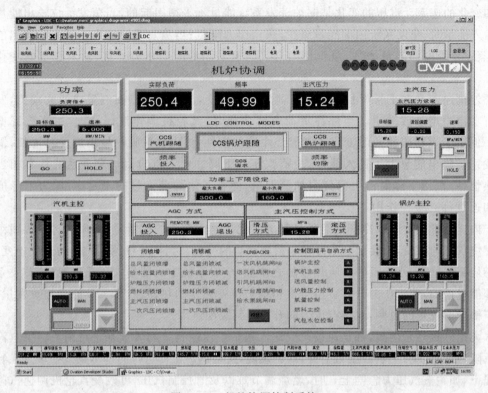

图 10-4 机炉协调控制系统

调控制方式三种。安徽华塑热电厂正常运行方式采用机炉协调控制锅炉跟随滑压运行模式,能满足汽轮机 50%~100%BMCR 滑压运行范围。

二、主蒸汽温度、再热汽温度调节

1. 主汽温度调节

在 50%~100%负荷范围内,主蒸汽温度应保持额定值 541℃。

锅炉主蒸汽温度采用两级喷水减温器,一级减温器用于调节二级过热器出口汽温,二级减温器调节锅炉主汽温度。

当减温器的调节门全关(<0.5%)或发生 MFT 时,过热器减温水快关门应自动关闭;当其中一只减温水调节门开启时,快关门应"自动"开启。

锅炉运行中,主蒸汽温度自动调节的设定值根据主汽流量自动设定。

2. 再热汽温调节

滑压运行时,在 50%~100%负荷范围内;定压运行时,在 65%~100%负荷范围内应维持额定汽温 541℃。

再热汽温采用燃烧器角度调整方式,喷水减温不在正常运行中使用。当再热汽温超限时,喷水自动投入,作紧急调节;当再热汽温恢复时,应关闭。

再热汽温自动调节的设定值根据主汽流量自动设定。

当再热减温器调节门全关(<0.5%)或机组发生 MFT 时,再热减温水快关门自动关闭;当减温水调节门开启时,再热减温水快关门应自动开启。

图 10 - 5 为锅炉过热器、再热器系统减温水系统图。

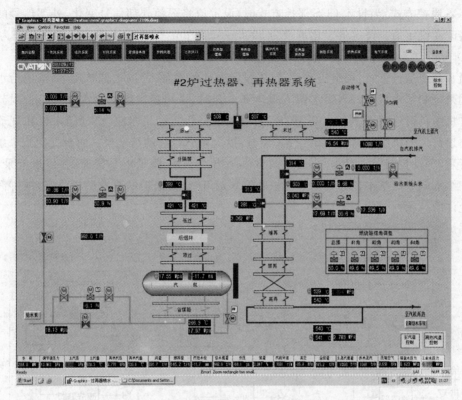

图 10 - 5　锅炉过热器、再热器系统减温水系统图

三、锅炉给水系统的调节

自然循环汽包锅炉汽包的水位在锅炉的启停及正常运行中比较重要,汽包水位的保障直接关系到锅炉受热面的安全运行。水位过低,易造成水冷壁吸热偏差大,造成局部过热或者干烧,锅炉水循环易被破坏;水位过高,汽包内汽水分离效率下降,蒸汽携带盐分和水分加大,易在过热器和汽轮机叶片积盐,蒸汽带水也容易造成过热器受热面内管道形成水塞或者过热蒸汽温度下降,蒸汽带水,对汽轮机造成水冲击。因此为保障汽包水位稳定可靠,安徽华塑热电厂每台机组设置一台电动给水泵和两台气动给水泵。给水主管道设置了 30% 的给水旁路,并以调节阀控制锅炉启动初期或锅炉停运过程中汽包水位。

电动给水泵采用液偶调节,调速范围在 1180~4681rpm,最大出力 379t/h,电动给水泵额定出口流量 348.29t/h,设计容量为 30%MCR;每台气动给水泵的容量为 50%BMCR,最大出力 629.42t/h,气动给水泵额定出口流量为 580.49t/h。

气动给水泵的 MEH 有三种控制方式:手动控制方式、转速自动控制方式、CCS 遥控方式。

气动控制方式:主要通过 MEH 上的增减键,操作控制 MEH 输出;首先在控制方式中选择"手动",进入手动控制面板,按"+""-"键进行操作。通过对"+""-"两按钮的操作,直接改变 MEH 输出,控制低压调节门及高压调节门的开度,使汽机转速到达操作者要求值。

转速自动控制方式:当手动控制方式切到自动控制方式时,首先进入的是转速自动控制方式,进入这种控制方式后,运行人员可在目标值、速率值选择窗口上选取目标转速值及升降速率值,则转速设定将按所选取速率向目标转速接近,直到相等为止。

CCS遥控方式:当投入CCS遥控方式时,设定值将跟随外部信号变化,外部信号的变化将直接改变设定值。设定值变化范围为3000~5900rpm,因此遥控方式的工作范围为3000~5900rpm。当转速小于3000rpm时不能投入遥控方式运行。

给水泵组运行方式:机组启动后,首先投运电动给水泵,并以较低转速运转,用给水旁路调节阀来控制给水流量。当给水调节阀达到全开时,采用控制电动给水泵转速来调节给水流量。机组负荷达到25%~30%MCR时,投入第一台气动给水泵,电动给水泵和气动给水泵并列运行。当机组负荷达到50%MCR时,投入第二台气动给水泵。两台气动给水泵都投入运行后,手动控制电动给水泵,调整两台汽泵出力一致,降低电泵转速,并停运电泵,投入备用。给水调节的基本任务是调节锅炉的给水量,使它与锅炉的蒸发量相适应,维持汽包水位在允许的范围内变化。

锅炉给水调节原理如图10-6所示。

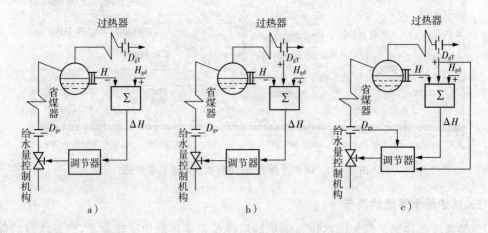

图10-6　锅炉给水调节原理图

a)单冲量系统;b)双冲量系统;c)三冲量系统

在单冲量给水调节系统中,汽包水位型号 H 与水位给定值信号 H_{gd} 送入加法器,它们所产生的水位差信号送入调节器,控制给水量调节机构来控制汽包水位在允许的范围内变化。在锅炉负荷或主蒸汽压力发生变化时,汽包会产生虚假水位,而单冲量调节系统无法识别,造成误动作,故单冲量调节系统只能在低负荷下使用。

在单冲量调节系统中,如果在加法器中加入主蒸汽流量信号即为双冲量系统。主蒸汽流量增加,由于汽包产生虚假水位,使 H 值上升。主蒸汽流量信号比水位信号提前,在加法器的输出信号 $\Delta H = 0$,防止虚假水位造成误动作。但双冲量系统无法反映出因给水压力变化而引起的给水流量的变化。

在双冲量系统中,将给水流量信号和主蒸汽流量信号送入调节器即为三冲量系统。三冲量系统既考虑了给水流量和主蒸汽流量相等的原则,又抵消了虚假水位同时还考虑到了给水扰动的影响。

安徽华塑热电厂单元机组在启动初期时,采用单冲量控制系统,在机组负荷达到30%左右时,并入一台气动给水泵,并将给水旁路切至主路运行,投入给水三冲量控制,通过控制电泵和汽泵的转速来提升给水压力,控制给水流量来调节汽包水位。在机组负荷达到50%左右时,并入第二台气动给水泵,停运电泵做备用。两台汽泵在投入给水自动控制后,转速控制跟踪给水调节器输出指令,来维持汽包水位在设定值附近波动。但在汽泵转速低于3200rpm 或高于5900rpm 时,给水自动切为手动控制,转速自保持。图10-7为锅炉给水系统图。

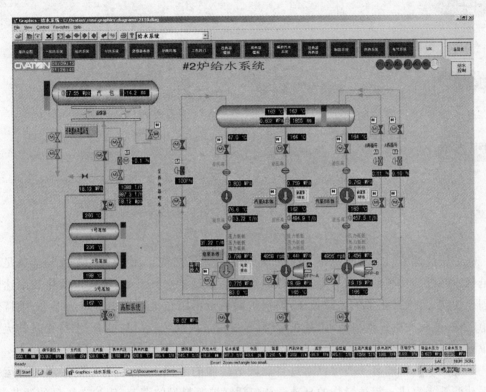

图 10-7 锅炉给水系统图

工作任务

学习掌握锅炉汽水系统调整的主要参数,给水的调节方法、原理,了解锅炉运行参数变化的原因。

能力训练

结合锅炉仿真实训,操作演练锅炉基本运行参数调节、锅炉给水调节,并注意观察相关运行参数变化。

思考与练习

1. 锅炉主蒸汽调节有哪两种方法?
2. 什么叫内扰和外扰? 有何区别?
3. MEH 控制系统有几种控制方式?
4. 什么叫三冲量调节? 各反馈调节对象是什么?

任务四 锅炉燃烧的自动调节

学习目标

主要介绍锅炉燃烧的自动调节方法、目的。

能力目标

基于锅炉运行岗位的锅炉燃烧调节控制的认知与能力培养。

知识准备

关 键 词

锅炉燃烧　锅炉燃料自动调节　锅炉送风量的自动调节
锅炉引风量的自动调节

锅炉燃烧调节目的是维持正常的主蒸汽压力、主蒸汽温度,使锅炉的蒸发量能满足汽轮发电机所共处的功率的要求。维持最佳的炉膛出口过量空气系数,使锅炉的热效率达到较为理想的状态;维持正常的炉膛负压,使锅炉漏风量不致过大而增加排烟热损失;维持燃烧的稳定性,避免发生灭火事故;维持正常燃烧,避免炉内或炉膛出口结渣;维持正常的火焰中心位置,保证炉膛出口气流不出现过大偏斜和左右侧烟温不出现过大的偏差。

燃烧调节的目的有一些可以通过自动调节控制的手段来完成,有一些必须通过运行人员手动调整来完成。锅炉燃烧的自动调节包括锅炉燃料量的调节、锅炉送风量的调节、锅炉引风量的调节。这三个自动调节系统既相互联系,又相互独立,其中任何一个系统都可以单独投入,其他两个系统手动调节。三个系统都投入运行,才能实现燃烧系统全部自动调节。

一、锅炉燃料量的自动调节

锅炉的制粉系统不同,锅炉燃料量的调节方式也不同。安徽华塑热电厂为中速磨直吹式制粉系统,磨煤机出力与锅炉燃料量之间存在直接的关系。燃煤量的调节主要依靠投入磨煤机的台数和改变磨煤机的给煤量来实现。

安徽华塑热电厂每台锅炉配有5台磨煤机,每一台磨煤机都是一套制粉系统,设计运行状态为:正常运行4套制粉系统,一套备用。

当锅炉负荷变化不大时,依靠同时改变已投入运行的磨煤机出力对系统进行调节。锅炉负荷增加时,首先开大一次风的总风门。增大磨煤机通风量,利用磨煤机内的存煤量来作为负荷调节缓冲手段,再增加磨煤机的给煤量,同时开大相应的二次风门的开度。当锅炉负荷减小时,首先减少磨煤机的给煤量,再减小磨煤机通风量和二次风量。若锅炉负荷变化很大时,需要投入或切除一套制粉系统,必须考虑相应燃烧器配置的合理性,以及煤层分布的均衡性。

直吹式制粉系统锅炉燃料量的自动调节系统有两种:以给煤机转速为反馈信号的燃烧

调节系统和以一次风量为反馈信号的燃烧调节系统。

1. 以给煤机转速为反馈信号的燃烧调节系统

在锅炉投入协调控制后,当外界要求负荷增加时,锅炉主控控制系统发指令至送风控制,待增加送风量后,燃料主控才增加给煤量,最后达到新的平衡,实现加负荷先加风后加煤的原则。当外界要求负荷减少时,锅炉主控发指令至燃料控制系统,先减少给煤量,待给煤量减少后,送风量控制才能减少风量,最后达到新的平衡,实现减负荷先减煤后减风的原则。

燃料主控中磨煤机一次风量调节回路是一个简单控制系统,以给煤机转速为主要控制信号,它是定值指令。反馈信号是经温度校正后的一次风量,通过一次风自动控制器的输出信号去控制磨煤机进口总风门,其中磨煤机进口温度的调节应当保证磨煤机进口温度为给定值,用磨煤机进口温度为主信号与定值信号进行比较。一次风量控制器的输出与一次风量为前馈信号叠加后控制磨煤机热风调节门开度。

2. 以一次风量为反馈信号的调节系统

磨煤机的一次风量为给煤量控制的定值信号。磨煤机内装载的煤量与磨煤机进出口压差成正比,用磨煤机进出口压差作为反馈信号,保持进口一次风量与磨煤机进出口压差成比例。同时二次风量调节器控制二次风量与一次风量成比例,作为定值信号的一次风量,通过一定比例传到二次风量调节器内,使一、二次风保持一定的比例关系。通过改变磨煤机入口冷风调节门开度来控制磨煤机出口温度为定值。

图 10-8 为锅炉燃烧系统图。

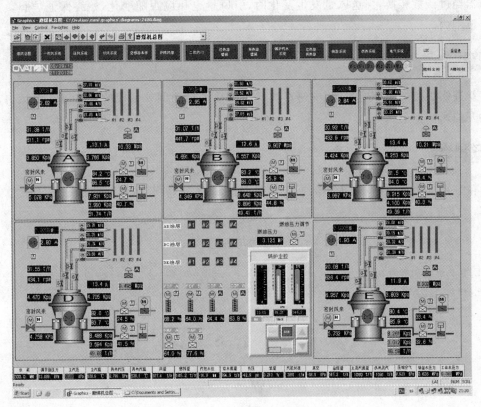

图 10-8 锅炉燃烧系统图

二、锅炉送风量的自动调节

为了保持锅炉运行中具有较高的热效率,锅炉的送风量控制应当使炉膛出口过量空气系统达到最佳值。炉膛出口锅炉空气系统是通过烟气中含氧量的测量而获得的。

送风量定值指令取锅炉主控输出的函数和燃料控制器的大值,并保证不低于30%吹扫额定值。

锅炉总风量由氧量校正回路进行修正,氧量是在省煤器后的烟道中测得。氧量修正回路具有下列功能:运行人员改变回路中的负荷系数,调节氧量设定值,根据负荷大小自动改变总的过剩空气量,运行人员可以根据氧量分析器的指示或退出运行的氧量校正子回路调整过剩空气,实现手动/自动调整氧量设定值的功能。氧量调节器的输出与风量定值求和作为风量控制的最终定值,手动方式下改变氧量调节器的输出即手动修正风量定值,自动方式下氧量调节器自动根据实际氧量的大小修正风量定值。

三、锅炉引风量的自动调节

随着锅炉负荷的增减,进入炉内的燃料量和送风量都会改变,因此燃烧所产生的烟气量也会改变。为了控制炉膛负压在允许范围内波动,必须进行引风量的调节。

引风量的改变对炉膛负压的变化反应比较快,采用简单的控制回路就能达到控制炉膛负压的目的。因此,以炉膛负压为主要信号,送风量的变化是引起炉膛负压扰动的主要因素。为了保证炉膛负压等于给定值,以送风量的变化作为前馈信号。前馈信号送到引风量调节器经过函数转换,当送风量发生变化时,引风量也相应跟随变化,始终保证炉膛负压在允许范围内。

工作任务

掌握锅炉燃烧调节的目的,中速直吹式制粉系统自动调节采取的方法,送、引风自动控制的互相影响。

能力训练

结合锅炉仿真实训,操作演练锅炉燃烧基本运行参数调节,并注意观察相关运行参数变化。

思考与练习

1. 锅炉燃烧调节的目的是什么?
2. 锅炉炉膛负压的扰动因素有哪些?

任务五　锅炉制粉系统的运行

学习目标

主要介绍 ZGM80G 中速磨煤机的工作原理,启动、停运操作步骤,主要监视参数控制、调节方法。

能力目标

基于锅炉运行岗位的锅炉制粉系统运行调节、控制的认知与能力培养

知识准备

关 键 词

磨煤机　磨煤机启动　磨煤机停运　制粉系统运行调节方法

制粉系统是锅炉燃烧系统中重要的组成部分。制粉系统的类别较多,可以大致分两类:中间储仓式系统和直吹式系统。安徽华塑热电厂一期 2×300MW 工程锅炉制粉系统是正压直吹式系统,每台锅炉配 5 台 ZGM80G－Ⅱ中速磨煤机,每台磨煤机额定出力 36.1t/h,在 BMCR 工况时,4 台磨煤机运行,一台备用。图 10-9 为锅炉制粉系统图。

ZGM80G－Ⅱ型中速磨煤机工作原理:ZGM80G－Ⅱ型中速磨煤机属于外加力型辊盘式磨煤机。电动机通过主减速机驱动磨盘旋转,磨盘的转动带动 3 个磨辊(120°均布)自转。原煤通过进煤管落入磨盘,在离心力的作用下沿径向向磨盘周边运动,均匀进入磨盘辊道,在磨辊与磨盘瓦之间进行碾磨。整个碾磨系统封闭在中架体内。碾磨压力通过磨辊上部的加载架及 3 个拉杆传至磨煤机基础,磨煤机壳体不承受碾磨力。碾磨压力由液压系统提供,可根据煤种进行调整。碾磨压力及碾磨件的自重全部作用于减速机上,由减速机传至基础。3 个磨辊均布于磨盘辊道上,并铰固在加载架上。加载架与磨辊支架通过滚柱可沿径向作倾斜 12°～15°的摆动,以适应物料层厚度的变化及磨辊与磨盘瓦磨损时所带来的角度变化。用于输送煤粉和干燥原煤的热风由热风口进入磨煤机,通过磨盘外侧的喷嘴环将静压转化为动压,并以一定的速度将磨好的煤粉吹向磨煤机上部的分离器。同时通过强烈的搅拌运动完成对原煤的干燥。没有完全磨好的原煤被重新吹回磨盘碾磨。原煤中铁块、矸石等不可破碎物落入磨盘下部的热风室内,借助于固定在磨盘支座上的刮板机构把异物刮至废料口处落入排渣箱中,排出磨外。磨好的煤粉进入磨煤机上部的分离器后,满足细度要求的合格煤粉被选出,并由分离器出口管道输送到煤粉仓或者燃烧器。较粗的煤粉通过分离器下部重新返回磨盘碾磨。

一、磨煤机的启动

(1)启动两台一次风机,调整一次风母管压力在 10kPa 左右保持稳定。

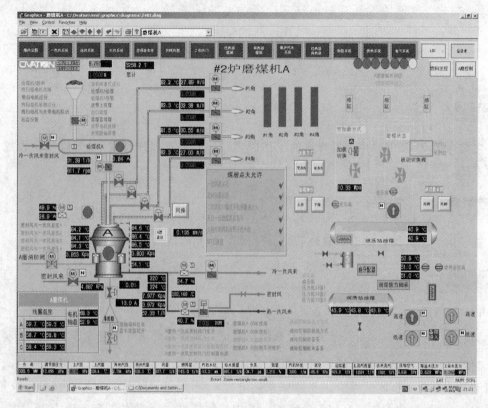

图 10-9 锅炉制粉系统图

（2）启动一台密封风机，调整密封风机出口母管压力在16kPa左右保持稳定。

（3）启动磨煤机润滑油站，在油温低于28°时启动低速油泵，并投入电加热。当油温大于28°时高速油泵应联启，油温大于40°时电加热应联停。检查润滑油母管油压在0.13～0.22MPa之间。磨煤机润滑油站冷却水应根据情况投入。

（4）启动磨煤机分离器电机，选择变频方式运行，根据煤粉细度要求设置变频频率。

（5）投入磨煤机液压油站运行，关闭液动关断阀，提升磨辊。根据油温投入电加热和冷却水。

（6）投入磨煤机密封风，磨煤机密封风压与磨煤机一次风压差应大于2kPa。

（7）打开磨煤机四角燃烧器进粉挡板，打开磨煤机出口4个煤粉排出阀。

（8）打开磨煤机排渣箱进渣门，关闭排渣箱出口门。

（9）关闭磨煤机消防灭火蒸汽阀。

（10）打开磨煤机进口冷电动关断阀和热风气动隔离阀。

（11）调整磨煤机冷热风调节阀，控制磨煤机出口温升速度，一般为3℃～5℃/min。直至磨煤机出口温度达到规定值（60℃～110℃内，一般控制在70℃～80℃）。

（12）调整磨煤机入口一次风量，使磨煤机出口风粉压力大于1.5kPa，磨煤机入口一次风量大于39t/h，磨煤机出口粉管风速在23～28m/s。

（13）确认磨煤机煤层点火条件满足。

（14）确认磨煤机点火能量建立。

(15)确认磨煤机各温度均满足启动允许。

(16)启动磨煤机,启动对应给煤机,检查给煤机密封风已投入,打开给煤机上下闸板门,启动给煤机。

(17)适当提高给煤机转速,将给煤量提升至10t以上,降下磨煤机磨辊,打开液动换向阀,调整冷、热一次风比例。使磨煤机出口温度在70℃～80℃。当磨煤机振动偏大时适当增加给煤量。

(18)当负荷增加,需要增加投入的磨煤机台数时,注意适当提高一次风母管压力。同时要考虑煤层点火条件及点火能量的建立。

(19)当磨煤机调整稳定后可投入磨煤机风量自动和磨煤机出口温度自动。

二、磨煤机的停运

(1)减少给煤机的给煤量,降低磨煤机出力,调节磨煤机冷、热风比例,控制磨煤机出口温度,严防超温运行。

(2)将磨煤机冷热风调节门切手动控制,开大冷风挡板,关小热风挡板,对磨煤机进行冷却。

(3)停运给煤机,关闭给煤机出口闸板门。

(4)待磨煤机电流下降接近空载电流时关闭液动换向阀,提升磨辊。

(5)继续吹扫和冷却工作,待磨煤机出口温度低于规定值后,减小磨煤机一次风量,适当降低一次风母管风压,停运磨煤机。

(6)磨煤机停运后,自动联关磨煤机出口排粉阀,磨煤机进口冷、热风挡板及调节阀。

(7)降磨辊,待磨辊降到位后,打开液动换向阀。加强停运磨煤机壁温监视,防止磨煤机停运后有自燃现象。

(8)所有磨煤机停运后且磨煤机壁温不高时,才能停运密封风机和一次风机。

三、制粉系统的运行调节

磨煤机及制粉系统运行调节的主要任务是:连续地、定量地磨制煤粉,并向燃烧器提供煤粉,满足锅炉负荷要求;维持磨煤机及制粉系统各种运行参数在正常范围内;防止煤粉自燃,预防各种事故;提高运行的经济性,降低磨煤机单耗。

1. 煤质变化对中速磨煤机运行的影响

中速磨煤机对煤质的变化较为敏感,包括煤的可磨性、水分、灰分和磨损指数。

哈氏可磨性系数HGI每降低1,磨煤机出力将下降2.4%～2.6%。磨制可磨性系数越低的煤种,对可磨性系数越为敏感,下降幅度更大。

倘若煤中的水分、灰分增高,会使磨煤单耗上升。原煤灰分越高,磨煤机磨煤效率越低。原煤水分过高,磨煤机电流上升,严重时会限制磨煤机出力,倘若造成磨辊黏结,对磨煤机安全运行构成威胁。

如果煤的磨损指数增高,磨辊容易磨损,影响使用寿命。

2. 中速磨煤机的煤粉细度和调节方法

在实际运行过程中,对于中速磨煤机,影响煤粉细度的因素包括煤质的变化、磨煤通风量、磨煤出力、加载压力、分离器的转速等。煤质变硬或水分增加,或可磨性系数降低时,磨制不易,煤粉变粗,煤粉细度增加。磨煤通风量增加,携带较粗煤粉能力增加,煤粉变粗,煤粉细度增加。随着磨煤出力增加,煤粉变粗,煤粉细度也增加。降低分离器的转速,煤粉细度也增加。降低磨辊加载压力,磨煤机出力降低,煤粉细度也增加。

在运行过程中改变磨辊液压初始加载压力时,在相同煤层厚度的条件下,加载力越大,磨煤出力也随之增高。过大的初始加载力将增加磨煤单耗和磨辊的磨损量,加剧磨煤机的振动;过小的初始加载力将磨煤出力降低,煤粉变粗,磨煤单耗也增加。当原煤可磨性系数较高或发热量较高时,初始加载力可稍降低,当原煤可磨性系数较低或发热量较低时,初始加载力可稍高。

3. 磨煤出力的调节

影响磨煤出力的因素很多,包括煤质、碾磨压力、磨煤通风量和给煤量等。对于直吹式制粉系统,磨煤出力必须与锅炉负荷一致。磨煤出力通常依靠改变磨煤通风量和给煤量来实现。

在足够通风量的前提下,给煤机的给煤量增加,煤层厚度增加。在变加载的工况下,碾磨压力增加,磨煤出力增加。但过分地增加给煤量,煤层厚度过大,而碾磨压力不再增加,煤粉细度会增加,有可能造成煤粉溢出磨盘,以石子煤形式排出或者堵住风环。

磨煤通风量增加,磨煤出力随之增加。但在不改变给煤量和分离器转速的情况下,单独增加磨煤通风量,使磨煤机内煤层减薄,煤粉变粗,所以必须与给煤量协调调节,在需要增加磨煤出力时,先增风,后增煤;在需要减少磨煤出力时,先减煤,后减风。

4. 风煤比的调节

所谓风煤比是指磨煤通风量与给煤量的比值。由于中速磨煤机直吹系统无旁路风,磨煤通风量即为一次风量。因此风煤比不但要考虑磨煤通风和干燥通风的要求。还需要考虑到燃烧和输送煤粉对一次风量的要求。制造商按不同的负荷推荐不同的风煤比,如表 10 - 1 所示。

表 10 - 1　风煤比

负荷(%)	35	40	50	60	70	80	90	100
风煤比	3.17	2.85	2.40	2.10	1.89	1.72	1.6	1.5

从经济性角度分析,由于磨煤机内煤粉再循环量决定了磨煤出力,而磨煤通风量影响较小,风煤比对磨煤单耗影响不是很大,随着风煤比的提高,磨煤单耗稍有下降。但风煤比增加,一次风机的出力将增加,制粉单耗却上升得较快。在综合考虑下,尽量降低风煤比,对运行的经济性有利。

从运行安全性角度分析,风煤比较大,磨煤机内煤层厚度小,不易发生磨煤机堵塞事故,尤其对水分较大的煤种。

从石子煤角度分析,在低负荷区磨盘边缘煤层薄,较小的风量即能将煤粉带走,石子煤量不致太大。在高负荷区需要较大的风量才能减少石子煤量,应适当维持较高的风煤比

5. 中速磨煤机运行参数的监视

监督参数包括磨煤机出口温度、磨煤机出口一次风管风速、磨煤机出口风粉压力、磨煤机进出口压差、密封风压差、磨煤机的电流、磨煤机入口一次风量等。

(1)磨煤机出口温度

磨煤机出口温度是指磨煤机出口煤粉气流的温度。它的低限取决于煤粉的干燥出力。原煤水分大,露点高,要求较高的磨煤机出口温度,保证煤粉不结块。它的高限取决于煤粉的爆燃。燃用挥发分高的煤种,磨煤机出口温度不能太高。由于磨煤出力经常变化,造成磨煤机出口温度变化。有两种调节控制磨煤出口温度的方法:调节磨煤通风进口温度或调节风煤比。一般情况下采用调节磨煤通风进口温度的方法来调节磨煤机出口温度,仅在原煤水分变化较大时,才采用调节风煤比的方法。

(2)磨煤机出口一次风管风速

磨煤机出口一次风管风速是指磨煤机出口和炉膛之间的一次风管内风粉流通速度。当磨煤通风进口压力太低或磨煤机压差太大,一次风管内介质流速低,磨煤机与炉膛压差减小,当风速降低到一定程度,携带煤粉的能力大大下降,一次风管就有堵塞的危险。

(3)磨煤机出口风粉压力

磨煤机出口风粉压力是指进入磨煤机的一次风量在磨内及一次风管内受到的阻力。当磨煤通风量太小或磨内煤层太薄时,磨煤机出口风粉压力下降,当降低到一定程度,对应给煤机跳闸。

(4)磨煤机进、出口压差

正常运行状态下,随着磨煤量或磨煤机内煤层厚度的增加,或通过风环的风速增加,磨煤机压差增大,此外,当磨煤机分离器转速增加,磨煤机内再循环煤量加大,磨煤机压差加大。

倘若给煤量和磨煤通风量没有变化,在一段时间内,磨煤机压差逐渐加大,说明有可能发生堵煤的危险,应立即加大磨煤通风量,减少给煤量。

(5)密封风与一次风压差

密封风压差是指密封风压与磨煤机内的风压差值。密封风压差不能太低,否则煤粉向外泄漏,污染环境,倘若煤粉进入轴承间隙内,会造成轴承磨损。但该压差太大,会增加密封风机的电耗。

(6)磨煤机的电流

当给煤量增大,磨煤机内煤层厚度增加,磨煤机电流增高,磨煤机的制粉能力加强;当给煤量不变,磨煤机电流增加,磨煤机压差加大,或者石子煤量增加。

当磨煤机电流波动大,则有可能磨煤机煤层薄,或者是磨煤机内有异物等。

工作任务

掌握中速直吹式磨煤机的磨煤制粉工作原理,磨煤机及制粉系统的启、停步骤,运行中参数控制。

能力训练

结合锅炉仿真实训,操作演练锅炉制粉系统启、停操作和制粉系统运行参数调节,并注意观察相关运行参数变化。

思考与练习

1. 中速直吹式磨煤机的工作原理是什么?
2. 简述制粉系统的启、停步骤。
3. 制粉系统运行中主要控制参数有哪些?

任务六 锅炉机组的启动

学习目标

锅炉的启动,启动前的准备工作,冷态启动的过程、控制要点。

能力目标

基于锅炉运行岗位的锅炉机组的滑参数启动过程和基本操作的认知与能力培养。

知识准备

关 键 词

锅炉滑参数启动 冷态启动 热态启动 冷态启动前的检查 冷态启动过程

锅炉的启动过程是指锅炉由静止状态转变为带负荷状态的全部过程。在整个启动过程中,锅炉内部工质温度、受热面金属温度和其他部件的温度不断地发生变化,锅炉的启动过程是一个不稳定过程。在汽包锅炉的启动过程中,汽包存在较大的内外壁温差和上下壁温差,从而使汽包金属壁内产生热应力,限制锅炉的升压速度是控制汽包内外壁温度差和上下壁温度差的重要手段。同时,各个受热面内工质流动过程尚未建立或很不稳定,因此受热面保护是锅炉启动中的重要问题。由于炉膛处于较低温度水平,容易发生灭火事故,控制炉内正常燃烧状态,也是锅炉启动中的一个重要问题,在启动过程中不可避免有大量的工质损失和热损失,如何减少损失也是启动过程中的一个经济问题。

机组停运事件不同,锅炉和汽轮机的金属温度也不同。粗糙的分类方法是:停机一周为冷态启动,停机48h为温态启动,停机8h为热态启动,停机2h为极热态启动。以汽轮机金属温度分类为:冷态启动,汽轮机调节级处高压内缸内上壁金属壁温度≤150℃;温态启动,汽轮机调节级处高压内缸内上壁金属壁温度在150℃~300℃;热态启动,汽轮机调节级处高压内缸内上壁金属壁温度在300℃~400℃;极热态启动,汽轮机调节级处高压内缸内上壁金属壁温度≥400℃。

大型单元机组的启动都采用滑参数方法启动。启动过程中,在锅炉升温升压的同时,汽轮机完成冲转、升速、暖机并网和带负荷。所谓滑参数启动是相对额定参数启动而言。额定参数大多是小型机组在采用母管制的情况下进行。

滑参数启动优点有:充分利用锅炉低参数蒸汽,减少汽水损失和热损失;低参数蒸汽容积流量大,使汽包、管道、汽缸、转子等在启动过程中得到均匀的加热或冷却,减少汽轮机的胀差和热变形;缩短启动时间,提高机组利用率。滑参数启动也有缺点:锅炉长时间在低负荷下,燃烧不稳定,启动过程中燃油量增加。

一、启动前的准备

单元机组启动前的准备工作由机、炉、电、热控分别进行,准备工作的目的是使机组的全部设备、所有系统都处于启动前的预备状态,确保安全启动,力求缩短启动时间。

机组大小修后锅炉启动点火前应确认各项检修工作结束,验收合格,工作票注销并收回,临时安全设施全部拆除,原设施(如平台、楼梯、围栏及盖板)均已恢复正常,孔洞等修补完整。设备及通道周围无杂物,地面清洁。此外,还应做到:

(1)设备变更应有设备变更单,并且经运行人员验收、检查、试验合格。

(2)消防器材、设施齐全完好。

(3)厂房照明充足、正常,通讯设施齐全好用。

(4)锅炉本体内无人、无杂物、无结渣、无积灰,受热面清洁;外形正常,燃烧器无变形、卡涩;油枪、高能点火器、摆动燃烧器、调节小风门等传动装置完好,动作灵活;排渣机内无杂物,液压关断门开关灵活,关闭严密。

(5)各管道临时加装的堵板拆除,系统正常,保温良好。

(6)所有辅机电机及电动门电动头绝缘测试合格,接地线良好牢固。

(7)各电动门、气动门、调整门开关联动试验正常,动作灵活,开度与实际相符。

(8)各辅机分部试运结束并调试正常,锅炉大联锁、MFT、OFT、各辅机联锁保护、油枪跳闸保护等试验合格。

(9)各表计齐全完好,仪表及保护等热工电源已送,OVATION能正常连续运行,声光报警正常。

(10)联系电气送上各辅机电机动力电源和操作电源。

(11)在接到机组启动准备点火命令后,还应检查:

① 各岗位值班人员检查启动用具(如振动表、测温仪、听针、阀门扳手、手电筒、记录表纸、运行日志等)。

② 检查锅炉汽水系统的各阀门上水准备状态。

③ 检查锅炉制粉风烟系统的各挡板及动叶是否满足启动状态。

④ 所有压力表、流量表、液位表及其他仪表所属一次门开启,使表计投入。

⑤ 各岗位值班人员检查本岗位所属设备、系统已具备启动运行条件,否则立即汇报值长。

⑥ 检查冷却水是否正常

⑦ 检查压缩空气系统是否正常。

⑧ 恢复炉前油循环。

1. 锅炉上水

锅炉上水有4个方面的问题:水质合格、水温满足要求、上水速度不能太快、锅炉水冷壁系统膨胀均匀。

确认水质合格后,才能进行锅炉上水。上水温度太高或速度太快,会使汽包产生较大的内外壁温差,在汽包壁内造成过大的热应力。一般规定冷炉进水温度不得超过 90℃,用 104℃的除氧水上水,流经省煤器之后,水温降低约 70℃左右。一般锅炉上水温度不超过 90℃～110℃,上水温度也不能太低,必须高于钢材冷脆性转化温度。如果锅炉是热态上水, 上水温度与汽包壁温差不大于 40℃。

上水速度不但受到汽包热应力的限制,而且上水速度过快会造成水冷壁四壁上水不均 匀。上水过程中必须密切监视水冷壁膨胀指示器,以避免发生膨胀不均匀。上水时间:冬季 不小于 4 小时,夏季不小于 2 小时。

安徽华塑热电厂为汽包炉自然循环,省煤器水容积 87t,水冷壁及下降管联箱系统水容 积 187t,汽包正常运行水容积 23.2t。给水系统设计了两台 50％负荷的气动给水泵和一台 30％负荷的电动给水泵,同时在给水管道上设计了 30％的给水旁路,在启动或停炉过程中通 过给水旁路调节阀来调整控制锅炉水位。

上水方式有两种:一是气泵前置泵上水;二是电动给水泵上水。

给水水质要求:硬度≈0 μmol/L;溶解氧≤7 μg/L;铁≤15 μg/L;铜≤3 μg/L;SiO_2≤ 20 μg/L;pH 值 9.2～9.6。

上水速度:夏季 2～4h;冬季 4～6h。控制上水温度与汽包壁温差不大于 20℃,汽包上下 壁温差不大于 50℃。

上水前各阀门位置如表 10-2。

表 10-2 上水前各阀门位置

序号	阀门名称	阀门	备注
1	给水管道放水门	关	
2	给水管道取样一次门	开	
3	给水管道取样二次门	关	
4	省煤器放水阀	关	
5	省煤器再循环阀	关	
6	给水主电动截止阀	关	
7	给水旁路调节阀及前后截止阀	关	
8	过热蒸汽减温水总阀	关	
9	再热蒸汽减温水总阀	关	
10	过热蒸汽一、二级减温水截止阀、调节阀	关	
11	再热蒸汽事故喷水截止阀、调节阀	关	
12	过热蒸汽、再热器减温水管道疏水阀	关	
13	A、B 侧汽包放空气一、二次门	开	015MPa 关
14	A、B 侧汽包充氮门	关	
15	炉水、饱和蒸汽取样一次门	开	
16	炉水、饱和蒸汽取样二次门	开	

（续表）

序号	阀门名称	阀门	备注
17	顶棚过热器入口集箱疏水一、二次门	开	0.5MPa 关
18	1～4 组 5％环形集箱疏水一、二次门	开	
19	分隔屏过热器入口空气门	开	0.15MPa 关
20	分隔屏过热器入口充氮门	关	
21	后屏过热器入口空气门	开	0.15MPa 关
22	后屏过热器入口充氮门	关	
23	高温过热器入口空气门	开	0.15MPa 关
24	高温过热器入口充氮门	关	
25	高温过热器出口空气门	开	0.15MPa 关
26	高温过热器出口充氮门	关	
27	过热蒸汽取样一次门	开	
28	过热蒸汽取样二次门	关	
29	汽包加药门	关	
30	汽包紧急放水门	关	
31	锅炉连续排污截止门	关	
32	锅炉定排门、放水门及疏水门	关	0.3MPa 定排放水
33	锅炉 PCV 阀	关	
34	一、二级减温器排污门	关	1MPa 反冲洗
35	主汽至吹灰系统截止门	关	
36	辅汽至空气预热器吹灰截止门	关	
37	墙再出口空气门	开	0.15MPa 关
38	屏再出口空气门	开	0.15MPa 关
39	末级再出口空气门	开	0.15MPa 关
40	墙再出口充氮门	关	
41	屏再出口充氮门	关	
42	末级再出口充氮门	关	
43	再热器事故喷水减温器排污门	关	1MPa 反冲洗
44	再热蒸汽取样一次门	开	
45	再热蒸汽取样二次门	关	

不投底部加热之前,将底部加热系统所有阀门均关闭。

以下是电动给水泵上水方式的操作方法。

(1)关闭省煤器再循环电动门,开启给水旁路调节阀前后截止门,调节阀开度指示零位。

(2)启动电动给水泵,调整电动给水泵勺管开度,提高电泵出口压力在合适范围内,对给水管道注水后打开电泵出口阀,向锅炉上水。

(3)通过电泵勺管和给水旁路调节阀控制给水流量在 50~100t/h。

(4)锅炉上水至-100mm,联系化学化验炉水品质,若合格,停止上水;若不合格,加强定排及下联箱放水,边上水边排污,直至水质合格,保持水位-100mm。

(5)关闭给水旁路调节阀至零位。根据补水情况可选择电泵旋转备用。停止上水后应打开省煤器再循环,防止点火后省煤器内工质静止沸腾。

注意上水结束后,应检查锅炉有无泄漏,汽包水位下降情况,若有异常,应检查各排污门、放水门是否关闭严密,承压部件受热面漏点应立即联系检修进行处理。

2. 锅炉底部加热(水位至-100mm,水质合格)

(1)联系汽机开启辅汽至炉底加热总门(注意操作缓慢)。

(2)开启炉底加热蒸汽联箱疏水阀。

(3)稍开炉 A、B 侧底部加热蒸汽母管进口阀。暖管 10min 以上,关闭疏水阀。

(4)开启下联箱各加热阀。

(5)缓慢开启 A、B 侧加热总阀。

(6)开启省煤器再循环阀。

(7)加热过程中注意事项。加热过程中炉水升温率≤40℃/h。加热前记录膨胀指示位置,加热过程中注意膨胀有无异常。管道振动时,应关小加热门或停止加热。加热过程汽包壁温差不大于 40℃。

(8)汽包水位至+120mm 时用事故放水降低汽包水位。

(9)待汽包壁温 100℃以上或炉点火后解列炉底加热。

(10)关闭下联箱各加热阀(联系汽机注意辅汽联箱压力)。

(11)关闭 A、B 侧加热总阀。

(12)联系汽机关闭锅炉底部加热供汽总门。

(13)开启底部加热联箱疏水阀。

3. 投入锅炉除渣系统运行,联系除灰投入除灰系统运行

4. 联系汽机开启辅汽至空气预热器吹灰汽源总门,投入空气预热器吹灰汽源并预暖

5. 锅炉点火应具备的条件

(1)所有检修过的辅机均经满负荷试运合格。

(2)影响正常运行的热机、电气、热工检修工作结束,工作票终结。

(3)各电动门、气动门、调整门开关联动试验正常、动作灵活;锅炉大联锁、MFT 及OFT、各辅机联动保护试验、油枪跳闸试验合格并投入。

(4)安全阀整定合格并投入。

(5)水压试验合格,汽包水位-50~-100mm,汽包壁温 100℃以上。

(6)各种临时设施拆除并恢复原设施。

(7)汽包水位计完好并投入,其差值不大于 40mm,水位电视投入。

(8)电泵可靠备用。

(9)除检修转机,其他转机均应送动力电源及操作电源。

(10)OVATION 系统工作正常,各报警装置试验良好并投入。

(11)各角、层油枪及点火装置可靠备用。

(12)30%高、低压旁路备用。

(13)汽机真空在−30kPa 以上,盘车运行。

(14)原煤仓煤位合适。

二、锅炉冷态滑参数启动

1.点火前的准备及点火

锅炉具备点火条件,接到启动命令后即可进行锅炉的启动操作。

(1)投入各联锁开关及保护。

(2)解列底部加热。

(3)联系汽机启动电泵。

(4)安排巡检员检查空气预热器、引风机、送风机及其润滑油、液压油系统。

(5)检查各火检探头冷却风挡板开启,火检冷却风机启动条件满足,启动一台火检冷却风机,检查运行正常,另一台投备用。

(6)检查启动条件满足,启动 A、B 空气预热器(空气预热器油循环控制系统投自动)。

(7)检查启动条件满足,启动 A、B 引风机。

(8)检查启动条件满足,启动 A、B 送风机(环境温度≤10℃时应投入暖风器)。

(9)调整引风机动叶、辅助风挡板、送风机动叶,使炉膛负压维持在−50~−150Pa,投入引风机自动;调整辅助风挡板至 20%~30%;炉膛/风箱压差不小于 180Pa;送风量在 30%~40%MCR 工况。

(10)投入炉膛烟温探针,联系热工投入炉膛火焰电视。

(11)进行燃油泄漏试验。

(12)检查炉膛吹扫条件,吹扫炉膛,复位 MFT。

(13)通知邻炉操作员及油库值班员注意油压,复位 OFT,调节供油压力稳定,得点火命令后,投入 AB 层油枪,投油时注意油枪检查,防止漏油。

(14)投入空气预热器连续吹灰。

(15)联系汽机投入 30%旁路系统。

(16)开启汽包加药一次门,通知化学加药,联系化学,开启取样二次门(给水、炉水、过热蒸汽、再热蒸汽、饱和蒸汽)。

2.升温升压阶段

(1)冷态启动,炉蒸汽升温率<1.5℃/min。

(2)按照汽机启动参数要求,炉启动特性曲线,调整高低压旁路开度,调整燃烧(调整油压及增减投油枪)及炉 5%疏水阀组控制升温、升压速度。

(3)检查各部膨胀情况,如有异常则停止升压,查明原因,消除后方可继续升压,对膨胀不良的联箱加强定排放水。

(4)用给水调节阀控制汽包水位,并保持−50~+50mm。

(5)汽包压力升至 0.10MPa,冲洗就地水位计。

(6)汽包压力升至 0.15MPa,关闭所有汽包及过热器各电动、手动放空气门,联系热工冲洗表管,投入给水、蒸汽流量表。

(7)汽包压力升至 0.3MPa 时,进行水冷壁下联箱疏水。

(8)汽包压力升至 0.5MPa,定排放水,关闭顶棚入口集箱疏水阀。

(9)锅炉连续进水时关闭省煤器再循环阀。主蒸汽压力升至 1.0MPa,进行减温器反冲洗。

(10)投入连排系统。注意连排扩容器水位。

(11)再热蒸汽压力升至 0.15MPa,关闭再热蒸汽各手动放空气门。

(12)当机侧主蒸汽压力升至 3.45MPa,主蒸汽温度 300℃,再热器压力 0.686MPa,再热蒸汽温度 237℃以上,保持燃烧及各参数稳定,汇报值长汽机冲转。

(13)汽机冲转时注意水位的调整;同时由于再热蒸汽的流量少,注意炉膛出口烟温不超过 540℃,否则烟温探针退出,再热器超温。

(14)汽机冲转后主蒸汽压力下降,及时调整 30%汽机旁路或提高油压或增投油枪来稳定主蒸汽压力,并注意水位波动。

(15)汽机暖机过程中对炉本体全面检查,并通知值班员检查制粉系统,做好启磨投煤粉前的准备。

(16)汽机在 3000rpm,在空负荷暖机时,调整主蒸汽压力为 5.88MPa 以上;主蒸汽温度为 370℃。

(17)锅炉保持较低水位,发电机并网,带电负荷 5%。

(18)5%负荷以下控制炉膛出口烟温不大于 540℃,机组并网之后烟温针自动退出。

(19)关闭锅炉 5%启动疏水阀组。

(20)调整 30%汽机旁路,稳定压力、汽温。

3. 升负荷

(1)负荷由 5%升至 10%。

① 升压率:0.10MPa/min。

② 升负荷速度:3MW/min。

③ 主蒸汽温度升温率<57℃/h,再热蒸汽温度升温率<84℃/h。

④ 逐渐关小 30%汽机旁路至全关,增投第二层两只油枪,负荷升至 10%,主汽压力 4.9MPa 以上,主蒸汽温度在 330℃以上,再热蒸汽温度在 280℃以上,且有 56℃以上的过热度。

⑤ 汽机主控可投自动,汽机调节门主要控制主汽门前压力;负荷主要由锅炉燃烧控制。

(2)负荷由 10%升至 20%。

① 升压率:0.10MPa/min。

② 升负荷速度:1MW/min。

③ 主蒸汽温度升温率<57℃/h,再热蒸汽温度升温率<84℃/h。

④ 给水流量接近 10%MCR 时,给水由给水流量调节阀切为电动给水泵转数调节(即由勺管调节),根据情况投单冲量汽包水位自动。

⑤ 空气预热器出口二次热风温度 170℃ 时允许启动制粉系统。

检查,若满足启动条件,依次启动 A、B 一次风机,调整 A、B 一次风风机入口导叶开度,同时注意炉膛负压,使一次风母管与炉膛压差约为 10.0kPa。投入一次风自动。检查,若满足启动条件,启动一台密封风机,另一台投备用。调整各层辅助风门开度并投入自动,使二次风箱与炉膛压差约为 390Pa,当二次热风温度达 170℃ 时,启动 A 制粉系统。先增加送风量,手动缓慢增加 A 磨通风量调整磨煤机出口温度在 70℃ 左右,启动 A 给煤机增加给煤量,可视情况投入磨煤机的通风量及风温自动;投入该层燃料风。

⑥ 严格执行空气预热器吹灰制度。

⑦ 负荷至 20% 时。

主汽压力为 6.7MPa,主蒸汽温度为 380℃,再热蒸汽温度为 325℃,且有 56℃ 以上的过热度;汽机投高压加热器时,注意汽包水位、汽温、汽压,且严格控制升压升温率;对于新安装或大修后的机组及准备作汽轮发电机组超速试验时,需 30MW 负荷暖机 3h 以上,此时炉侧应稳定汽温、汽压。

(3)负荷由 10% 升至 30%。

① 升压率:0.10MPa/min。

② 升负荷速度:1MW/min;主蒸汽温度升温率<1.5℃/min,再热蒸汽温度升温率<1.5℃/min。

③ 负荷至 30% 时,给水旁路切至主路控制,给水可由单冲量自动切为三冲量自动。

④ 负荷在 80MW 时,A 给煤机给煤量在 50% 额定给煤量以上时,先增加送风量,启动 B 制粉系统,缓慢增加 B 磨通风量,调整磨煤机出口温度在 70℃ 左右,增加 B 给煤机给煤率,投入磨风量、风温、燃料风挡板自动。增大给煤量,燃烧稳定可根据情况减少运行油枪个数。注意一次风机自动的跟踪,必要时手动调整一次风母管压力。

⑤ 负荷在 30% 时,主汽压力为 6.5MPa 以上,主蒸汽温度为 511℃,再热蒸汽温度为 473℃,且有 56℃ 以上的过热度;电气进行厂用电切换操作,注意监视各转机运行情况;根据情况投入过热器减温水系统保持升温率 1.5℃/min。

锅炉洗硅,稳定汽压、汽温、负荷,当硅量达到 3.3ppm 以下,方可继续升压。

4. 提升负荷

机组大约在 105MW 负荷时,进入下滑点,此时高压调节阀接近 90% 额定阀位,机组随锅炉升压开始提升负荷,此时 DEH 控制系统不参与调节(指不参与负荷控制),直至机组负荷接近 90%ECR。

(1)负荷 35%~50%。

① 升压率:0.10MPa/min。

② 负荷在 105MW 时:启动第一台气动给水泵,升转速至 3100rpm 以上投入小机协调控制后并泵,调节使两台泵出口流量一致,可投给水三冲量自动。

③ 负荷达 140MW 时。启动 C 制粉系统,缓慢增加 C 磨通风量,调整出口温度 70℃,增加 C 给煤机给煤率,投 C 磨风量、风温、燃料风挡板自动,调整 A、B、C 三台给煤机给煤量相等,可投入三台给煤机自动,总的给煤量可由煤量主控手动增减。根据情况全部退出运行油枪,置为备用。

④ 在负荷 50％时第一层燃尽风挡板投入自动,使其根据负荷自动调节。

⑤ 当所有油枪退出运行时,联系外围投入电除尘器、脱硫装置。

(2)负荷 50％升至 80％。

① 升压率:0.10MPa/min。

② 负荷在 150MW 时:启动第二台气动给水泵,调节使两台气泵出口流量一致,退出电泵运行,转为备用。

③ 负荷至 180MW 时:可投入风量主控自动、煤量主控自动、锅炉主控自动,投入机组在协调控制方式下运行。

④ 再热汽温在 530℃ 以上时,投入燃烧器摆角自动、再热蒸汽减温水阀自动来调节再热蒸汽温度。

⑤ 负荷 75％第一层燃尽风门全开,可投入第二层燃烬风挡板自动,使其自动根据负荷开启。

⑥ 负荷升至 80％,启动 D 或 E 制粉系统,投入磨煤机风量、风温及燃料风挡板自动。调整给煤量与其他几台给煤机给煤量相等,并投入给煤机自动。

⑦ 负荷至 80％,主汽压力 16.4MPa,主、再热器出口蒸汽温度应到额定值 541℃。

⑧ 锅炉吹灰系统汽源正常,投入 A、B 侧吹灰电动阀、疏水阀。

(3)负荷 80％~100％。

① 负荷变化率:1.5MW/min。

② 用协调控制方式设定负荷 300MW。

③ 根据实际情况决定投入机组 RB 联锁。

④ 化验连排扩容器的疏水水质合格后,可投入至除氧器的疏水阀自动。

⑤ 负荷至 300MW 时:锅炉过热器主汽出口压力为 17.5MW、主汽温度为 541℃,再热器蒸汽出口压力为 3.4MW,温度为 541℃。

⑥ 空气预热器进行全面吹灰一次,锅炉根据受热面清洁程度吹灰。

⑦ 全面对锅炉检查一次,并记录各部分膨胀指示一次。

5. 锅炉启动过程中注意事项

(1)炉膛出口烟温不大于 538℃。

(2)炉水升温率不大于 110℃/h。

(3)主蒸汽温升率不超过 1.5℃/min;再热蒸汽温升率 2℃/min。

(4)每根主蒸汽管道蒸汽温度之差及再热蒸汽管道蒸汽温度之差不应超过 17℃。

(5)启动过程中汽包上下壁不大于 50℃、内外温差不大于 40℃。

(6)严格监视和控制汽包水位并及时调整,不得大开、大关、间断进水。

(7)监视并记录各部膨胀。

(8)监视并及时调整汽温,合理使用减温水,防止各受热面的金属壁温超限。

(9)先加风后加燃料。根据风量和烟气含氧量手动干预或调整,加风时要注意炉膛负压的波动。

(10)投燃烧器时应根据汽压汽温情况选择投入时间,且应先投下层后投上层。

(11)锅炉洗硅及其他情况大量换水时,应及时联系值长、注意保持除氧器水位,保证足够的除盐水。

(12)投油燃烧时,加强巡检,以防油泄漏,当油枪退出时,油系统应随时处于热备用状态。若有油枪投入必须进行空气预热器连续吹灰。

(13)燃油时严禁电除尘运行。

三、锅炉机组热态启动

(1)热态的规定见表 10-3。

表 10-3　锅炉机组热态启动规定

温　态	汽压 3.92MPa	汽温 290℃
热　态	汽压 5.88MPa	汽温 360℃
极热态	汽压 8.82MPa	汽温 450℃

(2)汽包壁温与给水温差不大于 40℃。

(3)热态启动和冷态启动操作过程基本相同,但要注意。

(4)点火前各疏水阀及空气阀关闭。

(5)点火后 5%疏水旁路阀全开 5min,旁路投入时要缓慢开启,投入后及时调整 5%疏水阀,用其配合来控制炉升温、升压,主蒸汽温升率不大于 2℃/min。

(6)根据负荷情况或参数要求启动制粉系统,在锅炉低负荷情况下启动制粉系统,应特别注意管壁温度和汽温调整。

(7)启动过程中,汽包壁温差不大于 40℃。

(8)温态启动和热态启动炉水升温率<120℃/h

(9)冲转参数由汽机当前缸温和启动方式确定。

(10)机组按汽机要求升负荷。

工作任务

掌握锅炉启动前的检查事项、启动过程中的注意事项、控制方法,能够区分冷、热态启动,对电厂锅炉的启动有初步认识。

能力训练

结合锅炉仿真实训,操作演练锅炉机组启动操作和启动过程中相关运行参数调节,并注意观察相关运行参数变化。

思考与练习

1. 简述锅炉启动状态的划分方式。
2. 滑参数启动的特点是什么?
3. 锅炉启动前上水有什么要求?
4. 锅炉启动过程中的注意事项有哪些?

任务七 锅炉机组的停运

电厂锅炉的停运,主要是正常滑参数、定参数停运,滑参数停运的要点,停炉后的工作。

基于锅炉运行岗位的锅炉机组的停运操作及锅炉停运过程的认知与能力培养。

关 键 词

锅炉停运 停运前的准备 滑参数停炉 定参数停炉

汽包锅炉的停运过程可分为:正常滑参数停运、定参数正常停运、紧急停运。

在汽轮机调速汽门全开的条件下,随着锅炉参数的降低,机组负荷逐渐下降。当功率为零时,机组与电网解列。随着锅炉参数的进一步降低,汽轮机转速不断下降,直至全部停机。此过程即为滑参数停运。滑参数停运过程如图 10 - 10 所示。

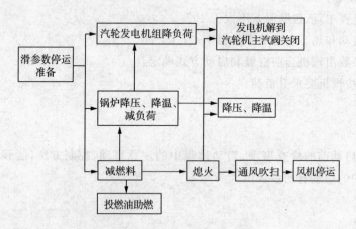

图 10 - 10 滑参数停运过程

一、停运前的准备工作

(1)大修停炉前,了解原煤仓存煤情况,确定磨煤机的运行方式,并要求燃运停止上煤,烧空原煤仓存煤。

(2)小修及机组备用停炉前,也应根据原煤仓煤量情况通知燃运停止上煤。

(3)停炉前对锅炉本体设备进行全面检查一次,详细记录设备缺陷。检查油枪备用是否良好,燃油系统运行是否正常,油库是否有充足存油,辅汽压力是否合适(必要时启动锅炉)。

(4)停炉前对锅炉受热面吹灰一次。

(5)冲洗、对照双色水位计。

(6)通知外围值班员停止向锅炉加药。

(7)定排一次。

(8)联系汽机确认 30％旁路可靠备用。

二、滑参数停炉

滑参数停炉保持汽压不变,先降主、再热汽温,为使热应力不过度增加,可采用分段降温,每次降温幅度 50℃,稳定 30 分钟,直到汽温降到其过热度不低于 100℃,以免汽轮机末级叶片湿度过大。

汽温必须精心调节,当采用减温水调节时,应避免汽温突变给金属带来热冲击。特别是低负荷时,易产生汽温大幅度波动,严禁过量使用减温水,避免使减温器后的蒸汽进入饱和区。

(1)负荷由 100％降至 60％时

① 目标负荷 60％;负荷变化率 3.0MW/min。

② 主蒸汽压力目标值 12.0MPa;主蒸汽压力变化率 0.098MPa/min。

③ 主汽、再热汽温度保持稳定不变。

④ 降负荷方法:先降低上层给煤机给煤率,然后从上层开始逐步停止制粉系统。操作如下:将欲停给煤机调节置"手动",逐渐降低转速至最小值,关闭给煤机入口煤阀,待给煤机走空煤粉后停止给煤机,关给煤机出口煤阀,吹空磨煤机,停止该制粉系统,并要及时调整风量,风量不能过大过小。

⑤ 注意汽压、汽温的调节。

⑥ 负荷降至 80％,稳定运行 15min。吹灰汽源可视情况关闭总阀,停止最上层一台磨煤机。

⑦ 负荷 60％时,解除机炉协调控制,调整锅炉燃烧(即通过手动调整锅炉主控器),使主汽压力 12.0MPa,主汽温度 530℃,再热汽温度 530℃,而后保持压力稳定 12.0MPa,以不大于 1.5℃/min 降温速度将主汽温度降至 500℃,再热汽温度降至 480℃～490℃,且再热汽温不得超过主汽温度。

(2)负荷由 60％降至 30％时

① 目标负荷 30％;负荷变化率 0.85MW/min。

② 主汽压力目标值 5.5MPa;主汽压力变化率 0.061MPa/min。

③ 主、再热蒸汽降温速度不大于 1.4℃/min。

④ 停止运行最上层的制粉系统。燃烧主控、风量主控切为手动。

⑤ 视燃烧情况,投入助燃油。按规定对空气预热器吹灰。

⑥ 投油之后可通知外围解列电除尘器,停止脱硫装置。

⑦ 负荷至 150MW 时,停止一台气动给水泵运行,增开电动给水泵运行。

⑧ 负荷至 105MW 时,停止另一台气动给水泵运行,给水自动切换为单冲量或手动控制。

(3)负荷由 30％降至 15％时

① 汽机解列高压加热器时,注意控制汽温、汽压。

② 停止第三套制粉系统运行。

③ 负荷 15％时,主汽压力 3.0MPa,主汽温度 300℃,稳定运行 1 小时。

④ 负荷 15％时,增投油枪;停用最后一套制粉系统,停用密封风机及两台一次风机。

(4)负荷由 15％降至 5％时

① 给水流量至 10％时,给水切至 10％由给水调节门控制。

② 逐渐减少运行油枪个数。

③ 降压率应据炉水降温率不大于 1℃/min。

④ 主汽降温率不大于 1.4℃/min。

⑤ 摆动燃烧器调至水平位置。

⑥ 负荷至 5％时,联系值长,汽机打闸,发电机解列,锅炉熄火。

⑦ 关闭汽包加药门,连排一次门,联系汽机停止连排系统运行,关闭各取样二次门。

⑧ 关闭所有疏、放水门,使锅炉自然冷却降压,防止汽包壁温差过大,按要求进行汽包壁温记录。

三、锅炉熄火后工作

(1)锅炉熄火,检查所有燃料全部切断。

(2)手动调节送风量在 30％～40％MCR;所有辅助风门全开,通风吹扫炉膛 5～10 分钟。

(3)将事故放水电动门开关置"就地"或联系热工解列事故放水联锁,汽包水位上至最高可见水位,水位降低,应及时补水,但不可大量进水,待水位无明显下降时,通知汽机停电动给水泵,开启省煤器再循环阀。

四、停炉后的工作

(1)停炉后冷却

① 强制冷却:炉膛吹扫完毕,减少通风量至 10％冷却炉膛,待空气预热器入口烟温＜200℃,停止送风机、引风机运行,开启引风机出入口挡板,调节挡板及预热器入口烟气挡板。

② 自然冷却:炉膛吹扫结束,停止送、引风机,关闭所有风门挡板,密闭炉膛自然冷却。

(2)24h 后,根据渣量停止除渣系统运行。

(3)停止向磨煤机灭火、燃油吹扫供汽,待停炉后烟道无异常情况后,停止空气预热器吹灰。

(4)炉膛出口烟温＜150℃以下时,才可停止火检风机运行。

(5)继续监视空气预热器出口烟温,发现有不正常升高时,立即就地检查原因,如发现二次燃烧,按空气预热器着火处理。

(6)空气预热器入口烟温＜150℃以下时,方可停止其运行。

(7)热炉放水。汽包压力 0.5～0.8MPa,汽包壁温＜200℃时开始放水,汽包压力 0.2MPa 开启汽包空气门。

(8)冷炉放水。汽包压力为 0.15MPa,炉水温度＜80℃时放水。

(9)停止火焰电视。

(10)进行空气预热器水冲洗。冲洗水温度与空气预热器入口烟温差不大于50℃,将空气预热器由主电机切至辅电机运行。冲洗之后将疏水放尽。

五、定参数停炉

机组负荷80%以上,汽机逐渐关小调节门降负荷,锅炉降低燃烧率,维持主汽压力基本不变,主汽温度应保持100℃以上过热度,如主汽压力维持不住应降低其压力设定值。

(1)机组运行方式为定压方式,主汽压力16.0MPa。

(2)熄火前保持两台引、送风机运行。

(3)通知化学停止加药系统。

(4)锅炉熄火后,锅炉汽包水位上至+500mm,停止电泵运行,联系热工取消汽包事故放水保护或将其开关置"就地")。

(5)其他操作同滑参数停炉。

(6)锅炉热备用的监视及操作。

① 注意汽包水位维持在最高可见水位。

② 应注意监视运行中的空气预热器烟温、风温,防止空气预热器着火。

③ 监视运行中的火检风机。

④ 注意汽包压力及汽包壁温差变化。

⑤ 锅炉处于热备用状态,应有专人监视。

工作任务

掌握锅炉停运的方式,停运后需要做的工作,定参数和滑参数停炉的区别。

能力训练

结合锅炉仿真实训,操作演练锅炉机组停运操作和在锅炉停运过程中的相关参数调节,并注意观察相关运行参数变化和设备保护。

思考与练习

1. 锅炉停运有几种方法?各有什么特点?

2. 锅炉停运后有哪些工作?

3. 简述锅炉滑停步骤。

任务八 锅炉常见事故处理

学习目标

锅炉常见的典型事故,讲述事故处理的原则、注意事项;各种事故发生的原因、现象,处理方法与措施。

能力目标

基于锅炉运行岗位的锅炉机组运行常见典型事故判断与处理,事故发生时锅炉运行的调节、控制和设备保护的认知与能力培养。

知识准备

关 键 词

锅炉事故　水位事故　锅炉承压部件损坏　燃烧异常
锅炉厂用电中断事故　转动机械故障　锅炉制粉系统故障

一、事故处理的原则及注意事项

(1)发生事故后应立即采取一切可行的方法,消除事故根源,迅速恢复机组正常运行,满足系统负荷的需要。在设备确已不具备运行条件时或继续运行对人身、设备有直接危害时,应停炉处理。

(2)发生事故时,应迅速果断地按照现场规程的规定处理事故。对调度的命令,除对人身、设备有直接危害外,均应坚决执行。

(3)当发生未知事故情况时,应根据自己的经验与判断,头脑清醒,沉着冷静,主动采取对策,迅速处理。事故处理后应如实地把事故发生的时间、现象以及采取的措施记录在案,并进行事后分析讨论,以总结经验吸取教训,做到"三不放过"。

(4)遇有下列情况之一应申请停炉:①给水、炉水、蒸汽品质严重恶化,经多方处理无效;②锅炉承压部件泄漏无法消除;③受热面金属严重超温,经降低负荷多方调整无效;④锅炉严重结焦、堵灰,无法维持正常运行;⑤所有汽包低位水位计损坏;⑥两台电除尘器故障无法在短时间内恢复;⑦控制气源失去,短时间内无法恢复;⑧安全门起座经采取措施不回座。

(5)遇有下列情况之一,操作员应手动紧急停止锅炉运行:①MFT达动作条件而拒动作;②给水管道、蒸汽管道破裂,不能维持正常运行或危及人身、设备安全;③水冷壁管、省煤器管爆管无法维持正常汽包水位;④所有水位计损坏;⑤锅炉压力不正常地升至安全门动作压力,所有安全门拒动作,且30%旁路不能投入,PCV阀均无法打开;⑥锅炉尾部烟道发生二次燃烧;⑦炉膛或烟道发生爆炸,使设备遭到严重损坏;⑧锅炉房发生火灾,直接影响锅炉安全运行;⑨锅炉严重缺水,任一侧汽包水位计水位低于-350mm,锅炉无法自动解列;⑩锅炉严重满水,任一侧汽包水位计水位高于+250mm,锅炉无法自动解列;⑪送风机或引风机全停。

二、锅炉水位事故

1. 锅炉满水

(1)现象:①所有水位计指示水位高,且发出声、光报警信号;②给水流量不正常地大于蒸汽流量;③严重满水时主蒸汽温度急剧下降,蒸汽管道发生强烈水冲击;④蒸汽含盐量增大,导电度增大;⑤水位高至+250mm时,MFT动作。

(2)原因:①给水泵调速系统失灵;②给水自动失灵;③水位计失灵或指示低,引起误判断、误操作;④负荷或汽压变化过大,控制不当;⑤正常运行监视水位不够或误判断、误操作。

(3)处理:①以就地水位计为准立即对照水位计,水位确实高时,解列给水自动,降低给水泵转速,适当减小给水流量;②若运行给水泵控制失灵,自动或手动均无法降低给水流量,应停止其运行,并启动备用给水泵运行;③迅速开启紧急事故放水阀,水位恢复正常后关闭;④根据汽温下降情况适当关小或全关减温水,必要时开启过热器疏水阀;⑤汽包水位继续升高至+250mmMFT动作,否则手动MFT;⑥关闭锅炉给水主电动阀及旁路门,注意防止给水管道超压;⑦开启省煤器再循环阀;⑧全关减温水门,开启过热器疏水门;

⑨加强放水,注意水位;⑩其他操作同MFT动作后处理;⑪查明原因,因设备故障应及时联系检修处理;⑫水位正常后,请示值长后重新点火启动。

2. 锅炉缺水

(1)现象:①所有水位计指示低于正常水位,且发出水位低声光报警信号;②给水流量不正常地小于蒸汽流量(炉管爆破或省煤器泄漏时相反);③严重时蒸汽温度升高,投自动时减温水流量增大;④汽包水位低于-350mm时MFT动作;

(2)原因:①给水泵调速系统失灵;②给水自动失灵;③低位水位计失灵,指示高,引起误判断、误操作;④负荷、压力变化水位控制不当;⑤正常运行时对水位监视不够或误操作;⑥给水、排污系统泄漏严重;⑦省煤器、水冷壁爆管严重;⑧机组甩负荷;⑨给水泵跳闸。

(3)处理:①立即对照所有水位计,水位低至-150mm时,解列给水自动,增加给水泵转速,加大给水流量,维持正常水位;②给水自动失灵时应立即手动操作;③停止连续排污及定期排污;④给水压力低经调整无效时,联系汽机启动备用给水泵;⑤汽包水位低至-350mm,MFT动作,否则应手动MFT;⑥关闭锅炉给水总阀;⑦解列减温水;⑧关闭连排及加药门,严禁向锅炉上水;⑨查明原因,请示总工决定上水时间;⑩其他操作同MFT动作后处理。

3. 汽水共腾

(1)现象:①汽温急剧下降;②汽包水位同时剧烈波动,严重时,汽包就地水位计看不清水位;③严重时,在蒸汽管道内发生水冲击,法兰接合处向外冒汽;④饱和蒸汽盐量值增大,炉水盐量值增大;

(2)原因:①炉水品质不合格,悬浮物或含盐量过大;②锅炉负荷突增或变化过大;③汽水分离设备有缺陷;④水位过高,未按规定进行排污。

(3)处理:①降低锅炉负荷,并保持稳定;②将给水自动调节改为手动调节,根据水位情况,调整给水量,并加大连续排污,开启事故放水或下降管排污门,保持低水位-50mm运行;③注意保持汽温,关闭或关小减温水,适当提高火焰中心,如汽温低于520℃时,适当降负荷;低于430℃时,打闸停机;④通知水化值班员,停止加药,取炉水样品分析,并按分析结果进行排污,采取措施,改善炉水质量;⑤在炉水质量未改变之前,应降低和保持稳定负荷,不允许增加负荷;待正常后,逐渐恢复运行,关闭各疏水及放水门,增加锅炉负荷;⑥故障消除后,应冲洗汽包就地水位计。

4. 汽包双色水位计的损坏

(1)现象:①法兰结合面或测点漏汽,云母片损坏或爆破,有强大的排汽声;②电源中断或测点断线(汽水分界线无指示)。

(2)原因:①炉水品质差、结垢而运行中未能定期冲洗,汽、水长时间冲刷测点。②汽、水一次门阀芯脱落,冲洗水位计操作不正确。③水位计本体或盖板有变形,使其受力不均。

(3)处理:①结合电接点水位计比照压差水位计水位,加强水位监视。②如汽包就地水位计全部损坏,而具备下列条件时,允许锅炉继续运行:a. 给水自动调节器动作可靠;b. 水位报警好用,可靠;c. 压差水位计的指示正确,并且每小时内与汽包电接点水位指示对照过,此时,应保持锅炉负荷稳定,并采取紧急措施,尽快修复一台汽包就地双色水位。③如果水位自动不可靠,在汽包双色水位计全部损坏时,应请示总工和相关领导是否停炉。④如汽包水位计全部损坏,且压差水位计运行不可靠时,应立即停炉。

三、锅炉承压部件损坏

1. 锅炉水冷壁管的损坏

(1)现象:①汽包水位下降,严重时水位急剧下降;②给水流量不正常地大于蒸汽流量;③炉膛负压变小或变正压;④炉膛不严密处向外喷烟气和水蒸气,并有明显响声;⑤蒸汽压力下降;⑥各段烟气温度下降,排烟温度降低;⑦锅炉燃烧不稳定,火焰发暗,严重时引起锅炉灭火;⑧引风机投自动时,静叶开度不正常地增大、电流增加。

(2)原因:①给水、炉水品质不合格使管内结垢超温;②停炉后防腐不当,管内腐蚀;③燃烧方式不当,火焰偏斜;④长期低负荷运行;⑤排污门泄漏,水循环破坏;⑥严重缺水,下降管带汽引起水冷壁过热;⑦炉内严重结焦,使水冷壁管受热不均匀;⑧煤粉或吹灰损坏水冷壁管;⑨管内异物;⑩大块结焦砸坏水冷壁管;⑪水冷壁膨胀受阻;⑫钢材质量不合格,焊接质量不合格;⑬操作不当,锅炉超压运行;⑭启动升温升压速度过快。

(3)处理:①汇报值长,退出机炉协调控制和自动控制水位;②投油助燃,稳定燃烧,控制炉膛负压正常;③解列水位自动,手动调节水位正常;④水冷壁泄漏不严重,尚能维持燃烧和水位时,可以降低压力,申请降负荷运行;⑤水冷壁泄漏严重,不能维持燃烧和水位时,应立即停止锅炉运行;⑥停炉后水位不能维持时,关闭给水门,停止向锅炉上水,省煤器再循环门不能开启;⑦停炉后保留一台引风机运行,待炉膛正压消失后停止引风机运行;⑧通知解列电除尘、脱硫装置运行;⑨锅炉灭火则按 MFT 动作紧急停炉处理。

2. 省煤器管损坏

(1)现象:①给水未投自动时,汽包水位迅速下降;②投自动时,给水流量不正常地大于主蒸汽流量;③省煤器两侧烟气温差大,泄漏侧排烟温度下降;④空气预热器两侧出口风温偏差大,且风温降低;⑤烟道负压变小;⑥烟道不严密处漏灰、漏水;⑦省煤器爆破处有泄漏声,并从不严密处冒蒸汽和烟气;⑧投自动的引风机电流增大。

(2)原因:①给水品质不合格,使管内腐蚀;②停炉后防腐不当,使管壁腐蚀;③飞灰磨损、冲刷使管壁变薄;④管材质量不合格,焊接质量不良;⑤管内有杂物;⑥操作不当,省煤器超压运行;⑦吹灰不当造成管壁磨损;⑧省煤器再循环阀在启、停炉过程中未及时开启,正常运行过程中未及时关闭;⑨运行中发生断水、严重缺水、超温;⑩烟道发生二次燃烧,使省煤器管壁过热。

(3)处理:①汇报值长,退出机炉协调和自动控制系统;②解列给水自动,手动调节水位,保持汽包水位正常;③泄漏不严重尚能维持正常汽包水位时,可降压、降负荷运行;④泄漏严重无法维持正常汽包水位时,紧急停止锅炉运行;⑤注意监视汽包水位、给水流量以及泄漏情况,防止扩大损坏范围;⑥关闭所有排污门及放水门;⑦水位不能维持时停止向锅炉汽包上水;⑧禁开省煤器再循环门;⑨停炉后保留一台引风机运行,待正压消失后停止其运行;⑩通知电除尘值班员,停止电除尘和输灰管线运行;⑪锅炉灭火,则按 MFT 动作紧急停炉处理。

3. 过热器管损坏

(1)现象:①炉膛冒正压,投自动的引风机电流不正常地增大,烟道负压减小;②主蒸汽流量不正常地小于给水流量;③过热器爆管侧排烟温度下降;④主蒸汽压力下降;⑤过热器爆管侧有泄漏声,不严密处向外冒蒸汽;⑥屏式过热器爆管时,可能导致锅炉灭火;⑦低过爆管,主蒸汽温度升高。

(2)原因:①化学监督不严,蒸汽品质不合格,过热器管内结垢,引起管壁超温;②燃烧不正常,炉膛结焦,局部过热;③过热器管壁长期超温运行;④汽水分离器损坏或长期超负荷运行,使蒸汽品质恶化;⑤飞灰磨损造成管壁减薄;⑥过热器区域发生烟道二次燃烧;⑦管材质量不合格,焊接质量不良;⑧过热器管内有杂物;⑨吹灰器使用不当造成管壁磨损;⑩使用减温器操作不当造成水塞引起局部过热,或交变应力引起疲劳损坏;⑪启动升压、升温速度过快;⑫操作不当,锅炉超压运行;⑬停炉后防腐不当,使管内腐蚀;⑭运行年久,管材老化。

(3)处理:①汇报值长,退出机炉协调控制和自动控制系统;②过热器管壁爆破不严重时,立即降压、降负荷运行;③严密监视过热器管壁损坏情况,防止扩大损坏范围;④爆管严重无法维持正常燃烧、汽温时,应立即停止锅炉运行;⑤锅炉灭火时,则按 MFT 紧急停炉处理;⑥停炉后保留一台引风机运行,直到炉内正压消失;⑦通知电除尘值班员解列电除尘器。

4. 再热器管损坏

(1)现象:①再热蒸汽压力下降,再热蒸汽流量下降;②炉膛冒正压,烟道负压变小;③壁式再热器、屏式再热器爆管时可能导致锅炉灭火;④爆管侧再热汽温不正常地升高,减温水量增大;⑤再热器爆破处有响声,不严密处向外喷烟气;⑥泄漏侧排烟温度下降。⑦投自动的引风机电流增大。

(2)原因:①燃烧方式不当,局部壁温过热;②管材质量不合格,焊接质量不良;③受热面积灰、结焦使管壁过热;④管内有杂物堵塞;⑤飞灰磨损使管壁变薄;⑥吹灰器使用不当;⑦蒸汽品质不合格使管内结垢;⑧再热器区域发生二次燃烧;⑨30%旁路系统未及时投入;⑩再热器管壁长期超温运行;⑪操作不当,再热器超压运行;⑫停炉防腐不当,使管壁腐蚀;⑬运行年久,管材老化。

(3)处理:①汇报值长,退出机炉协调控制和自动控制系统;②爆管不严重时,立即降压、降负荷运行;③严密监视再热器管壁损坏情况,防止扩大损坏范围;④爆管严重无法维持正常汽温、汽压时,应立即停止锅炉运行;⑤锅炉灭火时,则按灭火紧急停炉处理;⑥停炉后保留一台引风机运行,直到炉内正压消失;⑦30%高压旁路不允许开启;⑧通知外围值班员,停止电除尘器及脱硫装置运行。

5. 管道水冲击

(1)现象:①听到管道内有剧烈的冲击声;②管道振动,当振动厉害时,甚至使保温层脱落;③压力表剧烈摆动。

(2)原因:①给水压力或给水温度剧烈变化;②给水管道,省煤器充水时,没有排尽空气或给水流量过大;③冷炉上水过快,水温过高或蒸汽加热门开度过大;④锅炉点火时,蒸汽管道暖管不充分,疏水未排尽;⑤蒸汽温度过低或蒸汽带水;⑥给水管道逆止阀动作不正常。

(3)处理:①当给水管道发生水冲击时,可适当降低给水泵的转速,降低给水压力;②如果在启动初期,锅炉给水旁路调节门后的给水管道发生水冲击时,可用关闭给水调节门(开启省煤器再循环门),而后再缓慢开启的方法消除;③如在操作阀门时发生水冲击,应立即关小或关闭(给水门关闭后必须开启省煤器再循环门),检查造成水冲击的原因并加以消除,再将阀门缓慢开启;④锅炉由于点火时使用加热装置不当而产生水冲击时,可适当关小加热蒸汽门或暂停加热;⑤锅炉运行中,蒸汽管道内发生水冲击时,应立即开启过热器疏水及主汽门前疏水,通知厂调度并加强对汽温的监视;⑥经常注意锅炉水位及汽温,应保持其正常,检查蒸汽管路的各支吊架,应完整。

6. 蒸汽及给水管道的损坏

(1)现象:①管道轻微泄漏时,发出响声,保温层潮湿或漏汽、滴水;②管道爆破时,发出显著响声,并喷出汽、水;③蒸汽或给水流量变化异常,爆破部位在流量表前,流量减少;在流量表之后,则流量增加;④蒸汽压力或给水压力下降。

(2)原因:①蒸汽管道超温运行,蠕胀超过标准或运行时间过久,金属强度降低;②蒸汽管道暖管不充分,产生严重水冲击;③给水质量不良,造成管壁腐蚀;④给水管道局部被冲刷致使管壁减薄;⑤给水系统运行不正常,压力波动过大,发生水冲击或振动;⑥安装、制造、材质和焊接不良等。

(3)给水管道损坏的处理:①如给水管道泄漏轻微,能够保持锅炉给水,且不致很快扩大故障时,可维持短时间运行,尽快带压堵漏;若故障加剧,直接威胁人身或设备安全时,则应停炉;②如给水管道爆破,无法保持汽包水位时,应紧急停炉。

(4)蒸汽管道损坏的处理:①如蒸汽管道泄漏轻微,不致很快扩大故障时,可维持短时间运行,尽快查找漏点,采用带压堵漏或者请示停炉处理;若故障加剧,直接威胁人身或设备安全时,则应停炉。②如锅炉蒸汽管道爆破,直接威胁人身和设备安全时,应紧急停炉。

7. 减温器故障

(1)现象:汽温不正常地升高,两侧汽温差值增大,减温水流量偏小。

(2)原因:①减温器喷嘴堵塞或脱落;②减温水调节幅度太大;③减温器套管移位。

(3)处理:①如减温器喷嘴堵塞,可开大减温水门,调整燃烧,降低火焰中心位;②采取一切减温措施后,汽温或过热器管壁温度仍上升超过正常时,应降低负荷运行并向厂领导和调度汇报;③如汽温超过565℃或过热器管壁超过规定值,经采取措施无效时,应请示停炉。

8. 安全门动作

(1)现象:①汽压"高"报警,锅炉上部有很大的排汽声;②锅炉负荷迅速下降,汽压下降,水位先升高后急剧下降。

(2)处理:①降低锅炉蒸汽压力使安全门回座;②若汽压下降至安全门回座压力而不回座时,应降低锅炉负荷运行,根据汽温汽压带负荷,控制汽包水位正常范围,请示停炉;③若安全门不回座,汽温或汽压、水位难以维持,则紧急停炉;④若安全门误动作,经上述处理后,应联系有关人员消除缺陷。

9. 主蒸汽压力高

(1)现象:①主蒸汽压力"高"报警;②主蒸汽压力、汽包压力达安全门动作值时,所有安全门应动作;③安全阀动作后汽包水位先高后低;④甩负荷时汽包水位先低后高。

(2)原因:①电负荷骤降且幅度大;②锅炉主控失调。

(3)处理:①退出机炉协调控制及自动控制系统;②压力高至动作值时开启电磁释放阀;③投 30%旁路系统;④停止部分制粉系统运行;⑤注意调节汽包水位、汽温调节;⑥当主汽压力达 19.2MPa 及以上持续 3 秒手动紧急停止锅炉运行;⑦如主蒸汽压力恢复正常时,关闭电磁释放阀,关闭 30%旁路系统;⑧查明原因恢复机组稳定。

四、燃烧异常

1. 锅炉 MFT

(1)现象:①MFT 动作,并发出报警信号。②FSSS 显示首次跳闸原因。③切断进入炉膛的所有燃料,炉膛熄火。④MFT 动作自动执行以下操作(否则应操作员进行手动紧急停炉):a. 切断进入炉膛的所有燃料;b. 停止全部给煤机;c. 停止全部磨煤机;d. 关闭所有油枪角阀及来油跳闸阀、回油阀;e. 停止全部运行一次风机;⑤向 CCS 系统送入超前信号,控制炉膛负压。⑥向 SCS 系统送入超前信号,关闭过热器、再热器减温水总阀。⑦气动给水泵跳闸。

(2)MFT 动作后手动操作原则:①检查空气预热器运行正常;②检查火检冷却风机运行正常;③停止吹灰器;④复位跳闸转机开关;⑤减少送风量至 30%额定值,吹扫炉膛不得少于5min,控制炉膛负压正常;⑥关闭过热器、再热器减温水阀;⑦非水位事故,应注意保持汽包水位正常;⑧停止电除尘器;⑨停止脱硫装置;⑩立即查明事故原因并消除;⑪辅机故障引起MFT 动作,应尽快消除故障并恢复其运行;⑫通知本机组人员做好恢复准备;⑬吹扫炉膛、复位 MFT;⑭如动作原因短时间难以查明或消除,应停止通风,关闭各风门、挡板,密封炉膛。

2. 锅炉灭火

(1)现象:①锅炉负压突然增大并报警;②DCS 上火焰检测器无火焰,火焰 TV 无火焰;③汽温、汽压急剧下降;④汽包水位瞬间下降后上升;⑤MFT 动作并显示首次跳闸原因;⑥所有一次风机、磨煤机、给煤机跳闸。

(2)原因:①全投油或投油量较多时,油质差、油枪雾化不好、油压低、油系统故障、仪表气源中断;②煤质差、煤粉过粗,调整不及时;③炉负荷低、炉膛温度低、燃烧调整不当;④启、停制粉系统操作不当;⑤启、停风机操作不当;⑥制粉系统运行方式不当;⑦制粉系统故障:磨煤机、给煤机跳闸,磨煤机满堵煤,给煤机断煤等;⑧一次风机入口挡板自关、误跳;⑨水冷壁管、过热器管、再热器管爆破;⑩炉膛内大面积掉焦;⑪吹灰、除渣操作不当;⑫部分或全部引风机、送风机、一次风机、空气预热器跳闸;⑬厂用电源部分或全部中断。

(3)处理:①锅炉灭火、MFT 动作,否则应手动 MFT;②其他操作按 MFT 动作操作执行;③严禁用爆燃法挽救灭火或点火。

3. 尾部烟道再燃烧

(1)现象:①炉膛负压和烟道负压急剧变化并偏正,燃烧不稳;②烟气温度及热风温度不正常地升高;③烟囱冒黑烟,烟气含氧量变小,严重时烟道及引风机不严密处有火星或烟气冒出;④烟道内有爆炸声,烟道的防爆门动作。

(2)原因:①锅炉在启动前或熄灭后未对锅炉进行足够的通风;②燃烧调整不当,风量不足或配风不当;③燃烧器运行不正常,煤粉自流或煤粉过粗,使未完全燃烧的煤粉进入烟道;④燃油雾化不良,除尘器入口烟道堵塞;⑤吹灰不及时,没有将尾部受热面和烟道内沉积的可燃物除掉;⑥炉膛负压过大,将未燃尽的煤粉带入烟道;⑦低负荷运行时间过长,烟速过低,烟道内堆积大量的可燃物。

(3)烟道再燃烧的处理:①轻微二次燃烧时,排烟温度不正常地升高20℃以内时应立即检查各段烟温,判断二次燃烧部位并进行蒸汽吹灰;②停止上部燃烧器运行,调整燃烧,使火焰中心下移;③增减减温水量,控制过热蒸汽温度、再热蒸汽温度;④汇报值长联系汽机、电气降低部分负荷;⑤二次燃烧严重,排烟温度不正常继续升高时紧急停止锅炉运行;⑥蒸汽温度＞565℃时应请示停炉;⑦运行中严禁用减风的方法降低汽温;⑧停炉后停止所有引风机、送风机,并关闭所有风门、挡板密封炉膛,严禁通风;⑨投入烟道蒸汽吹灰器灭火;⑩空气预热器着火则应投入空气预热器灭火和吹灰器;⑪检查尾部烟道各段烟温正常后,开启检查孔,确认无火源后,谨慎启动引风机冷却;⑫点火前应充分进行空气预热器吹灰;⑬如设备未损坏请示值长点火启动。

4. 负荷骤降

(1)现象:①汽压急剧升高,蒸汽流量急剧下降;②控制不当时,PCV阀及安全门动作;③汽包水位先低后高;④蒸汽温度升高。

(2)原因:①电力系统发生故障;②汽轮机或发电机发生故障。

(3)处理:①解列自动,根据负荷情况,立即切除部分燃烧器,手动调节燃烧;②控制好汽温、水位,必要时可开PCV阀泄压;③待故障消除后,恢复锅炉正常运行。

5. 炉膛压力低

(1)现象:①炉膛压力低并报警;②各风压表指示异常低;③炉膛压力低至−2490Pa时动作。

(2)原因:①部分或全部制粉系统故障;②部分或全部一次风机、送风机、空气预热器故障;③锅炉灭火;④锅炉风压自动控制失灵;⑤送风机动叶、一次风机入口挡板、空气预热器一、二次风挡板关闭;

(3)处理:①如炉膛负压未达到MFT动作值时立即控制炉膛风压;②当引风机投自动时,应立即解列自动手动调节,调节过程中注意风机喘振;③投入助燃油稳定燃烧;④控制汽温、水位正常;⑤根据不同原因分别进行处理;⑥如锅炉灭火或炉膛负压至−2490Pa时MFT动作,紧急停止锅炉运行,否则手动MFT;⑦MFT动作后按其操作执行。

6. 炉膛压力高

(1)现象:①炉膛压力高并报警;②各风压表指示异常高;③炉膛不严密处冒火星;④炉膛压力高至＋3240Pa时MFT动作。

(2)原因:①引风机动叶、出口挡板、烟气挡板关;②引风机跳闸而未联动、送风机跳闸或一次风机跳闸;③启动制粉系统时操作不当;④燃烧不稳局部爆燃;⑤炉膛负压自动控制失灵;⑥炉膛负压控制不当。

(3)处理:①如未达MFT动作值时立即控制炉膛负压;②当引风机投自动时,应立即解列自动手动调节,调节过程中注意风机喘振;③控制汽温、水位、燃烧;④根据不同原因分别进行处理;⑤炉膛负压+3240Pa时,MFT动作,紧急停止锅炉运行,否则手动MFT;⑥MFT动作后按其操作执行。

7. 事故减负荷(RB)

(1)现象:①RB保护动作,光子牌报警;②主蒸汽流量下降;③主蒸汽压力波动;④水位先低后高。

(2)原因:①两台一次风机运行,其中一台跳闸(减负荷至150MW);②两台送风机运行,其中一台跳闸(减负荷至180MW);③两台引风机运行,其中一台跳闸(减负荷至180MW);④两台给水泵运行,其中一台跳闸(减负荷至150MW)。

(3)处理:①RB动作后应自动执行。②按RB动作原因不同降负荷。③FSSS自动进行燃料选择:a. 引、送风机RB动作时,自动投入AB层油枪,保留三台磨运行;b. 一次风机、给水泵RB动作时,自动投入AB层油枪,保留两台磨运行。④退出机炉协调控制和自动系统。⑤手动操作:a. 快速控制锅炉燃烧率降到50%～75%;b. 手动控制主蒸汽、再热蒸汽温度;c. 手动控制汽包水位;d. 调整燃烧,必要时投入助燃油防止锅炉灭火;e. 查明引起RB动作原因;f. 如单侧风机跳闸则按其规定处理;g. 机组恢复正常后,投入机炉协调控制和自动系统;h. 如锅炉灭火则按MFT动作处理。

8. 锅炉结焦

(1)现象:①各部烟气温度及蒸汽温度上升;②除灰时发现有大块焦渣或除灰量减少;③锅炉过热器管结焦,燃烧室负压减小,引风机前负压增大甚至影响蒸发量;④燃烧器附近结焦,使煤粉喷射困难,严重时观察孔火光变暗;

(2)原因:①燃煤灰熔点低;②风量不足,燃烧工况不佳;③燃烧室热负荷过大,燃烧温度过高;④煤粉过粗,燃烧器工作不正常,火焰偏斜;⑤吹灰不彻底或没有吹灰;⑥一、二次风配比不合理,燃料风和辅助风配比不合理。

(3)处理:①调整火焰中心位置,适当增加过剩空气量;②加大燃料风量,适当降低二次风箱与炉膛压差;③及时清除焦渣,防止结成大块;④在燃烧室不易清除的部分结焦时,为维持锅炉继续运行,应适当降低锅炉蒸发量;⑤当燃烧室内结有不易清除的大焦渣且有坠落损坏水冷壁的可能时,应及时停炉。

9. 空气预热器积灰

(1)现象:①空气预热器进出口烟气压差增大,出口风温下降,排烟温度上升;②若积灰严重时,空气预热器电机电流较大且波动,引风机电流增加。

(2)原因:①长期低负荷运行、长期不吹灰或吹灰次数少;②省煤器泄漏使烟气带水,排烟温度低于露点;③煤粉颗粒粗,大颗粒飞灰过多。

(3)处理:①加强空气预热器吹灰,加大引风机出力;②积灰严重无法保持正常引、送风量,造成燃烧不稳或锅炉正压运行,应调度汇报,要求降低锅炉负荷。

五、锅炉厂用电中断事故

1. 厂用电中断的原因

(1)厂用电系统发生故障,备用电源自投失败;

(2)继电保护动作。

2. 锅炉 10kV 厂用电中断

(1)现象:①光字牌报警灯闪动;②10kV 故障母线电压指示到零;③对应 10kV 的辅机跳闸,燃烧波动大或灭火;④汽包水位不稳,汽温汽压波动大。

(2)处理:①如单侧厂用电源中断而锅炉未灭火时:a. 立即控制炉膛负压,投油助燃;b. 停止部分制粉系统运行;c. 关闭跳闸转机挡板,复位跳闸转机开关;d. 解列自动,手动调整水位、汽压,汽温,燃烧稳定;e. 根据情况降低负荷;f. 空气预热器跳闸投入气动马达。②单侧 10kV 厂用电源中断如锅炉灭火、MFT 动作,则紧急停炉。③两侧 10kV 厂用电源中断,MFT 动作,应紧急停炉。④按 MFT 动作后操作执行。⑤厂用 10kV 电源恢复,重新吹扫,点火启动。

3. 锅炉 400V 电源中断

(1)现象:①声光报警信号发;②400V 母线电压指示回零;③故障段转机跳闸,电流回零;④MFT 保护可能动作;⑤两侧厂用电源中断时,锅炉灭火、MFT 动作,紧急停止锅炉运行。

(2)原因:10kV 厂用电源故障,备用电源自投失败。

(3)处理:①如单侧厂用电源中断,RB 保护动作而锅炉未灭火时:a. 立即控制炉膛负压,投入油枪稳定燃烧;b. 停止部分制粉系统运行;c. 关闭跳闸转机挡板,复位跳闸转机开关;d. 解列自动,手动调整水位、汽温、燃烧;e. 快速降负荷。②如运行火检风机跳,备用风机应启动,否则立即启动备用火检风机。③单侧 400V 厂用电源中断如锅炉灭火,则 MFT 动作,紧急停止锅炉运行。④两侧 400V 厂用电源中断 MFT 动作,紧急停止锅炉运行。⑤厂用 400V 电源恢复,重新点火,启动。

六、转动机械故障及处理

1. 转动机械遇下列情况之一时应紧急停运

(1)危及人身安全时;

(2)设备剧烈振动,有损坏设备的危险时;

(3)轴承冒烟,温度超过规定值时;

(4)电动机冒火、冒烟或有被水淹的危险时。

2. 空气预热器故障

(1)现象:①空气预热器故障跳闸声光报警信号发;②空气预热器电流摆动或不正常地增大;③轴承温度不正常地升高;④转动部分有剧烈的摩擦撞击声;⑤跳闸空气预热器电流回零并报警;⑥单侧空气预热器跳闸时保护动作联跳同侧引、送一次风机;⑦排烟温度急剧升高,一次风温、二次风温下降;⑧两台空气预热器故障跳闸则 MFT 动作。

(2)原因:①空气预热器导向轴承、支持轴承损坏;②转子与外壳碰撞或有杂物;③电机或减速器故障;

④空气预热器油泵故障;⑤电气系统故障。

(3)处理:①单侧空气预热器主电机故障跳闸,辅电机自启动或抢合成功时,监视辅电机运行情况,查明故障原因处理,故障消除,恢复主电机运行;②单侧空气预热器主、辅电机均停时,RB 保护动作,联跳本侧送、引风机;③降锅炉负荷至 150~180MW;④空气预热器跳闸应投入气动马达或手动盘车;⑤处理过程中应注意保持燃烧、汽温、水位正常;⑥两台空气预热器跳闸,MFT 保护动作,紧急停止锅炉运行,否则手动 MFT。

3. 引风机故障跳闸

(1)现象:①引风机跳闸,转机电流回零并报警;②锅炉汽温、汽压下降;③炉膛冒正压;④单侧引风机故障跳闸,联跳同侧送风机、RB 保护动作;⑤两台引风机故障跳闸,锅炉 MFT 动作,紧急停止锅炉运行。

(2)原因:①电动机或润滑油系统故障;②引风机机械故障;③厂用电源系统故障;④误动事故按钮;⑤引风机保护动作。

(3)处理:①引风机跳闸不允许强合闸,复位跳闸转机开关;②立即增加运行引风机出力,注意电流不得超限和风机喘振;③RB 动作,否则应手动选跳磨煤机;④退出机炉协调控制系统,紧急减负荷至 150～180MW;⑤手动调整汽温、汽压、水位、燃烧稳定,必要时投油助燃;⑥调整运行引风机动叶控制炉膛负压正常;炉膛负压达+3240Pa 时,MFT 动作;⑦MFT 动作按其操作执行;⑧查明原因,故障消除后恢复运行。

4. 送风机故障处理

(1)现象:①跳闸转机电流回零并报警;②锅炉汽温、汽压下降;③炉膛负压增大;④送风机出口风压降低,送风量减少;⑤单台送风机故障跳闸,联跳同侧引风机,RB 保护动作;⑥两台送风机故障跳闸,MFT 动作,紧急停止锅炉运行。

(2)原因:①电动机或润滑油系统故障;②送风机机械故障;③厂用电源系统故障;④误动事故按钮;⑤送风机保护动作。

(3)处理:①送风机跳闸不允许强合闸,复位跳闸转机开关;②立即增加运行风机出力,注意风机电流不得超限和防止风机喘振;③RB 动作,否则应手动选跳磨煤机;④退出机炉协调控制,紧急减负荷至 150～180MW;⑤手动调整汽温、汽压、水位,燃烧稳定,必要时投油助燃;⑥调整运行引风机、送风机动叶,控制炉膛负压正常;⑦当炉膛总风量小于 30% MFT 动作,按其操作执行;⑧查明原因,故障消除后恢复其运行。

5. 一次风机故障跳闸

(1)现象:①跳闸转机电流回零并报警;②锅炉汽温、汽压下降,水位先低后高;③炉膛负压增大;④一次风机出口风压降低,磨煤机通风量减少;⑤单台一次风机故障跳闸,RB 保护动作;⑥两台一次风机故障跳闸,锅炉 MFT 保护动作,紧急停止锅炉运行。

(2)原因:①电动机或润滑油系统故障;②机械部分故障;③厂用电源系统故障;④误动事故按钮;⑤保护动作。

(3)处理:①一次风机跳闸不允许强合闸,复位跳闸开关;②增加运行一次风机出力,注意风机电流不得超限;③及时投入 AB 层油枪稳燃;④RB 动作,否则应手动选跳磨煤机;⑤退出机炉协调控制系统,紧急减负荷至 150～180MW;⑥手动调整汽温、汽压、水位;⑦调整运行引风机动叶、送风机动叶、一次风机入口调节挡板,控制炉膛负压正常;⑧MFT 动作按其操作执行;⑨查明原因,故障消除后恢复其运行。

6. 磨煤机故障跳闸

(1)现象:①光子牌报警;②对应给煤机跳闸;③一次风母管压力升高;④炉膛负压波动;⑤汽温、汽压波动大;⑥其他运行给煤机,投燃料主控时煤量加大,对应一次风量加大。

(2)原因:①RB 动作;②磨煤机电气故障;③误动事故按钮;④磨煤机运行参数调整不及

时,达到保护动作值。

(3)处理:①若 RB 动作引起磨煤机跳闸,按 RB 动作处理;②若三台磨运行,一台磨跳闸,及时投油稳燃;③调整运行给煤机煤量和一次风量合适比例;④查看跳闸磨煤机首出原因,若故障已查明,具备重新投入条件,及时增加一套制粉系统运行,若短时间内不能增加制粉系统,根据情况适当降低负荷;⑤若燃烧波动大,向调度申请,退出协调控制,手动调整燃烧稳定;⑥若汽温水位波动大,手动调节汽包水位和过、再热蒸汽温度。

七、制粉系统故障

1. 磨煤机煤粉自燃及爆炸

(1)现象:①磨煤机分离器壁温急剧上升;②磨煤机排石子煤处有火星冒出;③磨煤机推力轴承油槽油温上升较快;④自燃严重时磨煤机外壳发红;⑤磨煤机出口温度上升,磨冷风调门全开;⑥磨煤机内爆炸时,磨附近有爆炸声,磨煤机防爆门打开,磨煤机瞬间振动大。

(2)原因:①煤质发生变化,磨煤机进口温度过高;②磨煤机密封环故障,磨煤机内摩擦起火;③磨煤机停运时温度控制不严,磨煤机内煤粉积集,磨煤机停运后煤粉自燃;④原煤内含有雷管等易爆物品。

(3)处理:①磨煤机自燃处理:a. 适当增加给煤量,减少热风,加大冷风,降低分离器转速;b. 若经上述处理无效,应立即停止该制粉系统运行,设法消除火源,必要时投入蒸汽灭火。②磨煤机爆炸处理:a. 紧急停运该制粉系统;b. 投入备用磨煤机运行,必要时投油稳燃。

2. 给煤机断煤

(1)现象:①光子牌报警;②给煤机给煤信号消失;③给煤机转速先升后恢复;④给煤机投自动时,对应磨一次风量下降;⑤对应磨煤机出口温度上升,热风调节门关小,冷风调节门开大;⑥磨煤机振动逐渐加大,磨煤机进出压差下降,磨煤机电流波动大呈下降趋势;⑦其他运行给煤机,投燃料主控时,煤量加大,未投燃料主控时则燃料量下降。

(2)原因:①给煤机皮带打滑;②原煤仓棚煤、落煤管堵塞;③煤仓烧空。

(3)处理:①若皮带打滑,及时联系维护调整皮带张紧装置;②落煤管堵塞,及时疏松,敲打落煤管;③原煤仓烧空,及时联系输煤上煤;④长时间内不下煤时,提升对应磨煤机磨辊,控制磨出口不超温,投入备用制粉系统,若低负荷情况下燃烧不稳,及时投油稳燃;⑤若长时间内不下煤,负荷较高时,煤质太差,其他给煤机达到满出力时,应向调度申请降负荷。

3. 一次风粉管堵塞

(1)现象:①风速表测点前堵塞,一次风速变小,风速表测点后堵塞,一次风速变大;②炉膛受热面温度出现偏差,蒸汽温度两侧偏差大,炉膛负压波动;③磨煤机进出口压差大,磨煤机电流大。

(2)原因:①一次风量过低或指示不正确;②磨煤机出口风粉温度过低;③煤水分过大;④燃烧器火嘴严重变形。

(3)处理:①适当提高磨出口温度,减少对应给煤机煤量;②停止对应给煤机、升磨辊,将磨煤机切手动控制,加大一次风量进行吹扫,注意汽温、汽压的变化;③若一次风粉管堵塞严重,应停止该制粉系统,人工疏通。

(4)预防:①一次风量不宜太小;②运行中发现磨出口粉管风速不正常时,及时加大相应的磨煤机风量,并通知维护,对风速取样装置进行吹扫校核;③经常注意磨煤机出口各风速值的变化;④加强磨煤机各运行参数的监视,对磨煤机进出口压差、磨煤机一次风量、磨煤机分离器温度、磨煤机电流加强监视,及时调整。

工作任务

　　了解锅炉的常见事故,能够对事故发生的现象、处理方法有初步认识。

能力训练

　　结合锅炉仿真实训,操作演练锅炉常见典型事故判断,事故处理与相关锅炉运行参数调节、设备保护,并注意观察相关运行参数变化。

思考与练习

　　1. 锅炉事故处理的原则及注意事项有哪些?

　　2. 锅炉紧急停运的条件是什么?

　　3. 锅炉的水位事故有哪些?如何处理?

　　4. 锅炉四管泄漏的判断,各有什么区别?

　　5. 转动机械故障的处理方法有哪些?

　　6. 制粉系统故障的处理方法有哪些?

参考文献

[1] 陈学俊,陈听宽. 锅炉原理(第二版). 北京:机械工业出版社,1991.

[2] 林宗虎,等. 锅炉手册. 北京:机械工业出版社,1989.

[3] 国家电力调度通信中心. 燃料管理工程. 北京:冶金工业出版社,1995.

[4] 西安电力学校. 锅炉设备及运行. 北京:水利电力出版社,1983.

[5] 电力行业职业技能鉴定指导中心. 锅炉运行值班员(第二版). 北京:中国电力出版社,2008.

[6] 电力行业职业技能鉴定指导中心. 锅炉本体检修(第二版). 北京:中国电力出版社,2008.

[7] 电力行业职业技能鉴定指导中心. 锅炉辅机检修(第二版). 北京:中国电力出版社,2008.

[8] 电力行业职业技能鉴定指导中心. 管阀检修(第二版). 北京:中国电力出版社,2008.

[9] 电力行业职业技能鉴定指导中心. 集控运行值班员(第二版). 北京:中国电力出版社,2008.

[10] 蒋敏华,肖平. 大型循环流化床锅炉技术. 北京:中国电力出版社,2009.

[11] 唐必光. 燃煤锅炉机组. 北京:中国电力出版社,2003.

[12] 杨成民. 600MW 超临界压力火电机组系统与仿真运行. 北京:中国电力出版社,2010.

[13] 华东六省一市电机工程(电力)学会. 锅炉设备及其系统. 北京:中国电力出版社,2006.

[14] 周菊华,等. 电厂锅炉(第二版). 北京:中国电力出版社,2005.

[15] 刘彦臣,等. 300MW(中储)火电机组集控运行与仿真. 北京:中国电力出版社,2007.

[16] 中国动力工程学会. 600/1000MW 超超临界机组技术交流 2010 年会论文集.

[17] 中国电机工程学会. 大机组供热改造与优化运行技术 2010 年会论文集.

[18] 中国电机工程学会. 大机组供热改造与优化运行技术 2012 年会论文集.

[19] 中国能源学会. 循环流化床锅炉技术交流 2011 年会论文集.

[20] 中国电机工程学会. 第九届电站金属材料学术年会论文集.